Kuchling
Taschenbuch der Physik

TASCHENBUCH DER PHYSIK

von
Horst Kuchling, Oberstudienrat i. R.

21., aktualisierte Auflage

Mit zahlreichen Bildern und Tabellen

FACHBUCHVERLAG LEIPZIG
im Carl Hanser Verlag

MIX
Papier aus verantwortungsvollen Quellen
FSC® C013736
www.fsc.org

Bibliografische Information der Deutschen Nationalbibliothek

Die Deutsche Nationalbibliothek verzeichnet diese Publikation in der Deutschen Nationalbibliografie; detaillierte bibliografische Daten sind im Internet über http://dnb.d-nb.de abrufbar.

ISBN 978-3-446-44218-4

Fachbuchverlag Leipzig im Carl Hanser Verlag

www.hanser-fachbuch.de
Projektleitung: Ute Eckardt
Herstellung: Katrin Wulst
Zeichnungen: Peter Palm, Berlin
Druck und Bindung: Kösel, Krugzell
Printed in Germany

VORWORT

Von diesem sehr erfolgreichen „Taschenbuch der Physik" wurden bis zu dieser **Jubiläumsausgabe** in verschiedenen Sprachen insgesamt **70 Auflagen** gedruckt.

Das Buch entstand vor etwa **50 Jahren** als „Nachschlagebuch für das Grundlagenfach Physik", sollte Schülern und Studenten eine Hilfe bei der Ausbildung sein und später im Beruf zum Nachschlagen dienen.

Ständig aktualisiert, verbessert und erweitert wurde es so zu einem **Standardwerk** für Lernende aller Altersstufen und Fachrichtungen. Es informiert präzis und verständlich über alle Teilgebiete der Physik. An vielen Hoch- und Fachhochschulen sowie Gymnasien wird es empfohlen; in der beruflichen Praxis ist es bekannt und eingeführt.

Dieses Taschenbuch

- **hilft** Studenten und Schülern beim Erarbeiten und Wiederholen des Stoffes;
- ist **unentbehrlich** bei der Vorbereitung auf Klausuren und Prüfungen;
- **nützt** im Beruf bei der Auffrischung früher erworbenen Wissens;
- **informiert** zuverlässig über Einheiten, Naturkonstanten und Materialwerte;
- **ersetzt** kein Lehrbuch; denn quantitativ nicht erfassbare, also nur beschreibende Fakten sind nicht oder nur stichwortartig dargestellt;
- **ist viel mehr** als eine Formelsammlung, denn es enthält alle wichtigen Formeln und Gesetze, erläutert ihre Anwendung und gibt Hinweise auf Einheiten und Gültigkeitsgrenzen;
- **eignet** sich auch für Benutzer mit geringeren mathematischen Kenntnissen;
- **enthält** mehr als 500 den Text erläuternde Zeichnungen;
- **ermöglicht** schnellen Zugriff durch ein gut gegliedertes Inhaltsverzeichnis, das Daumenregister und ein umfangreiches Sachwortverzeichnis.

I

I

I

I

GRÖSSEN UND EINHEITEN G

1 Physikalische Größen

Physikalische Größen sind messbare Merkmale (Eigenschaften) physikalischer Objekte (Dinge, Zustände, Vorgänge).

Physikalische Gesetzmäßigkeiten sind mathematische Verknüpfungen solcher Größen.

> Der **Wert** jeder physikalischen Größe (**Größenwert**) ist das Produkt aus einem *Zahlenwert* und einer *Einheit*.
> **Größenwert = Zahlenwert × Einheit.**

Der Ausdruck Zeit = 5 Sekunden

$$t = 5\,\text{s}$$

besagt also, dass die gemessene Zeit das 5fache einer Sekunde beträgt.

Der Zahlenwert allein reicht zur Bestimmung des Wertes einer physikalischen Größe nicht aus. Die entsprechende Einheit darf demnach niemals weggelassen werden!

Beachte:

- Für Zahlenwert und Einheit werden manchmal noch die Bezeichnungen *Maßzahl* und *Maßeinheit* benutzt.

1.1 Basisgrößenarten

In der Physik werden 7 Basisgrößenarten (früher Grundgrößenarten genannt) verwendet. Es sind dies:

> **Länge, Zeit, Masse, Temperatur, elektrische Stromstärke, Stoffmenge und Lichtstärke.**

1.2 Abgeleitete Größenarten

Aus den Basisgrößenarten lassen sich alle weiteren Größenarten entweder als Aussage eines Naturgesetzes oder als zweckmäßige Definition in Form von Potenzprodukten (Produkte und Quotienten) ableiten.

Beispiel:

Geschwindigkeit = Weg/Zeit; Arbeit = Kraft · Weg;
Dichte = Masse/Volumen; Ladung = Stromstärke · Zeit;
Kraft = Masse · Beschleunigung; Leistung = Arbeit/Zeit.

1.3 Formelzeichen

Die Bezeichnungen physikalischer Größen dürfen besonders in Gleichungen, Tabellen, grafischen Darstellungen usw. durch ein Symbol, das **Formelzeichen**, ersetzt werden. In Übereinstimmung mit internationalen Vereinbarungen (IUPAP-Dokument U.I.P.20 und andere) wurden die Formelzeichen der physikalischen Größenarten durch entsprechende Normen (besonders DIN 1304, Teil 1–Teil 8) festgelegt.

Diese Bestimmungen gelten auch für die Anwendung der Formelzeichen außerhalb der Physik, z. B. in der Technik.

Als Formelzeichen werden Buchstaben des lateinischen und des griechischen Alphabets verwendet. Entsprechend DIN 1338 sind sie in Büchern und Zeitschriften *kursiv (schräg)* zu drucken. Das gilt auch für Indizes, sofern sie aus einem Formelzeichen bestehen. Abkürzungen und Zahlen werden dagegen senkrecht gedruckt.

Alle genannten Bestimmungen und Festlegungen wurden in diesem Buch berücksichtigt.

- Eckige Klammern [ ] um ein Formelzeichen bedeuten „Einheit von …“; z. B.

$[U] = \mathrm{V}$ gelesen: Einheit der Spannung = Volt.

Eckige Klammern um eine Einheit (z. B. [V]) sind **falsch**, wenn auch eine immer noch weit verbreitete **Unsitte**!

- Geschweifte Klammern { } um ein Formelzeichen bedeuten „Zahlenwert von …“; z. B.

$\{U\} = 230$ gelesen: Zahlenwert der Spannung = 230.

Da der Wert einer Größe (Größenwert) aus dem Produkt *Zahlenwert* mal *Einheit* besteht, ergibt sich für obiges Beispiel:

Spannung $U = \{U\} \cdot [U] = 230\,\mathrm{V}$.

- Zwischen Zahlenwert und Einheit einer physikalischen Größe ist beim Schreiben stets ein Abstand zu lassen, z. B.

$A = 5\,\mathrm{mm}^2$; $r = 12\,\mathrm{cm}$; $\varphi = 0{,}2\,\mathrm{rad}$; $T = 300\,\mathrm{K}$; $t = -5\,°\mathrm{C}$.

Ausnahme: Winkelangaben in Grad (°), Minute (′) und Sekunde (″), z. B. $\alpha = 22°30'15''$; $\beta = 90°$.

1.4 Dimension

Die Dimension einer physikalischen Größenart gibt deren Zusammenhang mit den Basisgrößen an. Sie ist das Potenzprodukt der Dimensionszeichen der Basisgrößenarten. Als Dimensionszeichen werden senkrechte lateinische und griechische Großbuchstaben verwendet.

Übersicht:

Basisgrößenart	Formelzeichen	Dimensionszeichen
Länge	l	L
Zeit	t	T, Z
Masse	m	M
elektrische Stromstärke	I	I
Temperatur (thermodynamische, absolute)	T	Θ, T
Stoffmenge	n	N
Lichtstärke	I_V	J, $\mathrm{I_L}$

Demnach lautet z. B. die Dimension der Geschwindigkeit = Länge/Zeit: $\dim v = \mathrm{LT}^{-1}$.

Beachte:

- Zwischen den Begriffen **Dimension** und **Einheit** ist sorgfältig zu unterscheiden. Gelegentlich wird die Einheit **fälschlich** als Dimension bezeichnet.
- Die Dimension physikalischer Größenarten → [3.6].

1.5 Skalare Größen

Es muss zwischen **skalaren** und **vektoriellen** Größen unterschieden werden.

Skalare Größen sind durch **Zahlenwert** und **Einheit** vollständig bestimmt.

Beispiel:

Zeit t, Temperatur T, elektrische Ladung Q, Masse m.

Als Formelzeichen skalarer Größen werden *kursive* (*schräg* gedruckte) kleine und große Buchstaben des lateinischen sowie des griechischen Alphabets verwendet.

Mit skalaren Größen wird wie mit reellen Zahlen gerechnet. Alle dafür geltenden Gesetzmäßigkeiten sind ohne Einschränkung anwendbar.

Skalare Größen sind positiv oder negativ, wenn ihr Zahlenwert positiv oder negativ ist.

Ausnahmen: absolute Temperatur, Flächeninhalt, Volumen, Masse u. a. sind immer *positiv*.

1.6 Vektorielle Größen

Vektorielle Größen sind durch **Zahlenwert**, **Einheit** und **Richtung** vollständig bestimmt.

Beispiel:

Geschwindigkeit, Kraft, elektrische Feldstärke.

Als Formelzeichen vektorieller Größen verwendet man ebenfalls *kursive* kleine und große Buchstaben des lateinischen und des griechischen Alphabets.

Der vektorielle Charakter wird durch einen Pfeil über dem sonst üblichen Formelzeichen ausgedrückt: $\vec{v}$, $\vec{F}$, $\vec{E}$ usw.

Beachte:

- Manchmal werden Vektoren in Büchern auch durch *Fettdruck* gekennzeichnet: $\boldsymbol{v}$, $\boldsymbol{F}$, $\boldsymbol{E}$ usw.
- Früher war die Kennzeichnung durch *Frakturbuchstaben* (deutsche Buchstaben) üblich: $\mathfrak{v}$, $\mathfrak{F}$, $\mathfrak{E}$ ...

Spielt bei der Anwendung einer vektoriellen Größe $\vec{A}$ ihre Richtung keine Rolle, benötigt man also nur Zahlenwert und Einheit, **Betrag** der Größe $\vec{A}$ genannt, so schreibt man $|\vec{A}|$ oder kurz A.

Veranschaulicht wird eine vektorielle physikalische Größe durch eine Strecke mit bestimmter Länge und Richtung.

Freie Vektoren können parallel zu sich selbst (in der Ebene oder im Raum) verschoben werden. In der Physik sind Vektoren meist an ihre Wirkungslinie gebunden und nur längs dieser verschiebbar (**linienflüchtige Vektoren**). **Gebundene Vektoren** beginnen in einem bestimmten festen Punkt (z. B. im Koordinatenursprung) und können überhaupt nicht verschoben werden, z. B. **Ortsvektoren**. Für das Rechnen mit vektoriellen Größen gelten besondere Gesetzmäßigkeiten → [1.7].

1.7 Rechnen mit vektoriellen Größen

Es werden hier nur die wichtigsten Regeln für das Rechnen mit vektoriellen Größen angeführt. Sie reichen i. Allg. für den Umgang mit den Formeln dieses Buches aus. Weitere Angaben müssen jedoch entsprechenden Mathematikbüchern entnommen werden.

1.7.1 Summe vektorieller Größen

Bei dieser **geometrischen Addition** werden die beiden Vektoren unter Beibehaltung ihrer Richtung aneinander gereiht.

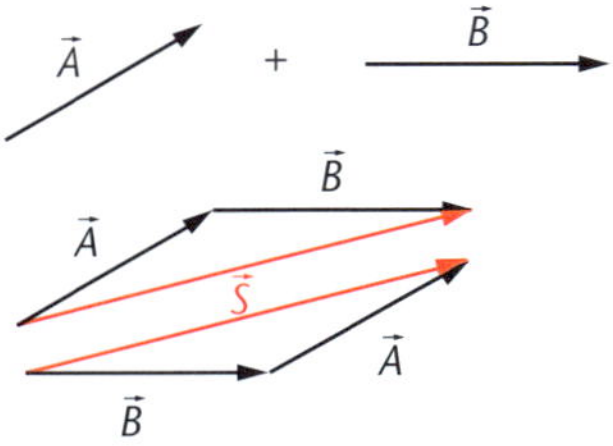

(G 1.1) $$\vec{A} + \vec{B} = \vec{B} + \vec{A} = \vec{S}$$

Der Summenvektor $\vec{S}$ verbindet den Anfang des ersten Vektors mit dem Ende des zweiten.

1.7.2 Differenz vektorieller Größen

Bei dieser **geometrischen Subtraktion** wird zunächst der Gegenvektor des Subtrahenden gebildet und dieser dann addiert.

(G 1.2) $$\vec{A} - \vec{B} = \vec{A} + (-\vec{B}) = \vec{D}$$

Der Differenzvektor $\vec{D}$ verbindet den Anfang des ersten mit dem Ende des zweiten (Gegen-)Vektors.

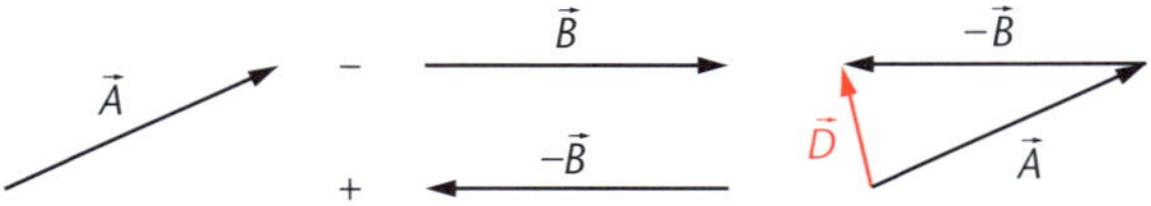

Beachte:

- Summen- und Differenzvektor bilden die beiden Diagonalen eines Vektorparallelogramms.

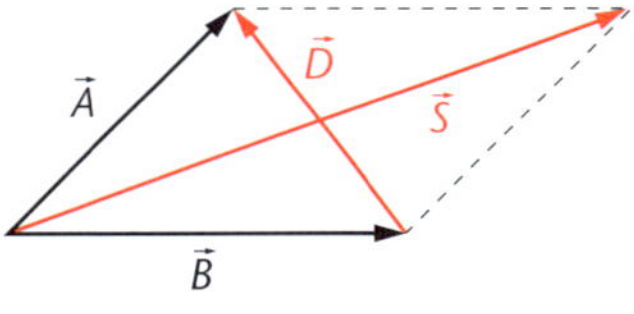

1.7.3 Produkt einer vektoriellen mit einer skalaren Größe

Die Multiplikation eines Vektors mit einem Skalar ergibt ebenfalls einen Vektor gleicher oder entgegengesetzter Richtung.

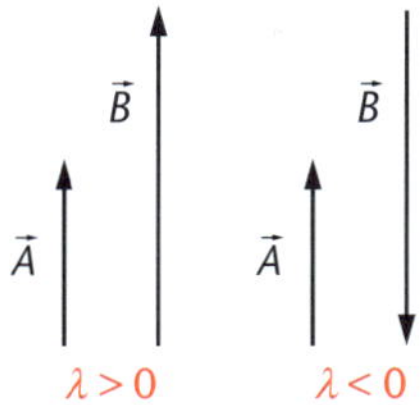

(G 1.3) $$\vec{B} = \lambda \vec{A} \quad \text{oder} \quad |\vec{B}| = |\lambda|\,|\vec{A}|$$

Beachte:

- Für $\lambda > 0$ hat $\vec{B}$ die gleiche Richtung wie $\vec{A}$; für $\lambda < 0$ hat $\vec{B}$ die Gegenrichtung von $\vec{A}$.

Nach (G 1.3) kann man zu jedem Vektor $\vec{A}$ durch Multiplikation mit $\lambda = 1/A$ den **Einheitsvektor** $\vec{A}^0$ finden. $\vec{A}^0$ stimmt in der Richtung mit Vektor $\vec{A}$ überein, besitzt jedoch den Betrag $|\vec{A}^0| = A^0 = 1$.

So lässt sich jeder Vektor darstellen als Produkt aus seinem Betrag und seinem Einheitsvektor.

(G 1.4) $$\vec{A} = |\vec{A}|\vec{A}^0 = A\vec{A}^0$$

Setzt man in (G 1.3) $\lambda = 0$, so ergibt sich nach der Multiplikation mit $\vec{A}$: $\vec{B} = \vec{0}$.

$\vec{0}$ ist richtungslos und hat den Betrag $|\vec{0}| = 0$. Er wird als **Nullvektor** bezeichnet, bei ihm fallen Anfangs- und Endpunkt zusammen.

1.7.4 Skalarprodukt zweier vektorieller Größen

Unter dem skalaren Produkt zweier Vektoren versteht man das Produkt aus dem Betrag des einen Vektors mit dem Betrag der Projektion des anderen auf ihn.

Wenn

$\vec{A}, \vec{B}$	2 Vektoren,
$(\vec{A}, \vec{B})$	Winkel zwischen den Vektoren $\vec{A}$ und $\vec{B}$,

dann gilt für das skalare Produkt beider Vektoren

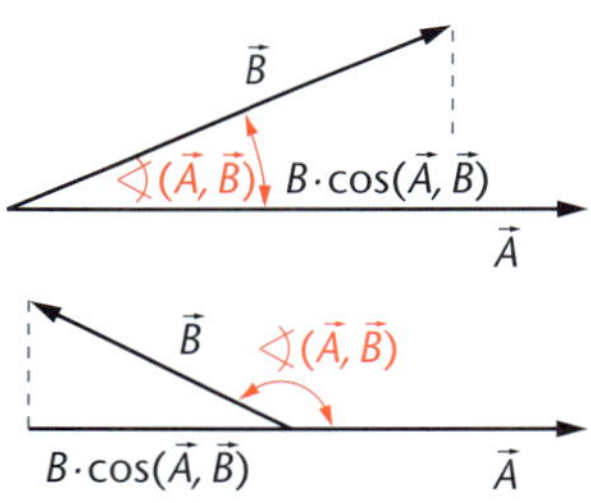

(G 1.5) $$\vec{A} \cdot \vec{B} = AB\cos(\vec{A}, \vec{B})$$

G

Beachte:

- $\vec{A} \cdot \vec{B}$ (sprich: A Punkt B) heißt skalares Produkt, weil das Ergebnis ein Skalar ist.
- Das Ergebnis kann – abhängig vom Winkel – jeden Wert von $+AB$ bis $-AB$, auch null, besitzen.
- Das skalare Produkt wird häufig auch als inneres Produkt bezeichnet.

■ Für das skalare Produkt des Vektors $\vec{A}$ mit sich selbst folgt aus (G 1.5)

(G 1.6) $$\vec{A} \cdot \vec{A} = \vec{A}^2 = A^2$$

1.7.5 Vektorprodukt zweier vektorieller Größen

Unter dem Vektorprodukt zweier Vektoren $\vec{A}$ und $\vec{B}$ versteht man den Vektor $\vec{P}$, der senkrecht auf einer Fläche eines von den Vektoren $\vec{A}$ und $\vec{B}$ gebildeten Parallelogramms steht und dessen Betrag gleich dem Flächeninhalt dieses Parallelogramms ist.

Wenn
$\vec{A}, \vec{B}$ 2 Vektoren,
$(\vec{A}, \vec{B})$ Winkel zwischen den Vektoren $\vec{A}$ und $\vec{B}$,

dann gilt für das Vektorprodukt zweier vektorieller Größen

(G 1.7) $$\vec{P} = \vec{A} \times \vec{B} = AB \sin(\vec{A}, \vec{B}) \vec{P}^0$$

wobei $|\vec{P}| = P = AB \sin(\vec{A}, \vec{B})$,
$\vec{P} \perp \vec{A}$ und $\vec{P} \perp \vec{B}$

sowie $\vec{A}, \vec{B}$ und $\vec{P}$ in dieser Reihenfolge ein Rechtssystem bilden.

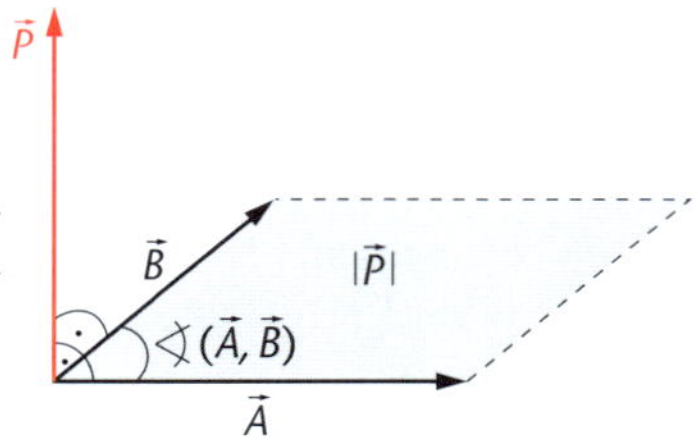

Beachte:

- $\vec{A} \times \vec{B}$ (sprich: A Kreuz B) heißt Vektorprodukt, weil das Ergebnis ein Vektor ist. Es wird häufig auch als vektorielles Produkt, Kreuzprodukt oder äußeres Produkt bezeichnet.

1.7.6 Komponentendarstellung vektorieller Größen

Wenn

$\vec{A}$ Vektor im kartesischen (rechtwinkligen) Koordinatensystem,

$\vec{A}_x, \vec{A}_y, \vec{A}_z$ vektorielle Komponenten von $\vec{A}$,

A_x, A_y, A_z Beträge (skalare Komponenten) von $\vec{A}$, auch als Koordinaten des Vektors $\vec{A}$ bezeichnet,

$\vec{i}$ Einheitsvektor in Richtung der x-Achse,

$\vec{j}$ Einheitsvektor in Richtung der y-Achse,

$\vec{k}$ Einheitsvektor in Richtung der z-Achse,

dann gilt

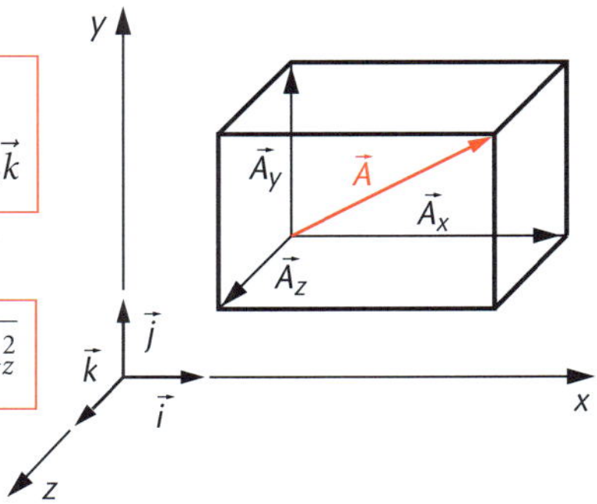

(G 1.8)
$$\vec{A} = \vec{A}_x + \vec{A}_y + \vec{A}_z = A_x\vec{i} + A_y\vec{j} + A_z\vec{k}$$

und für den Betrag des Vektors $\vec{A}$

(G 1.9)
$$A = \sqrt{A_x^2 + A_y^2 + A_z^2}$$

Ortsvektor (Radiusvektor)

Der Ortsvektor $\vec{r}$ bestimmt die Lage eines beliebigen Punktes P im Raum. Er reicht vom Koordinatenursprung bis zum Punkt P.

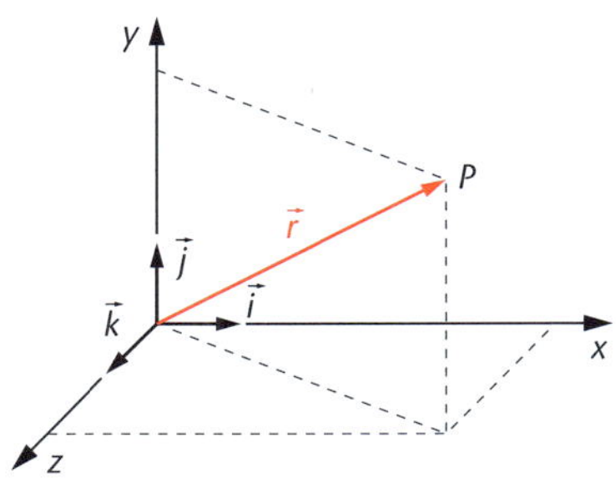

Wenn

$\vec{r}$ Radiusvektor, Ortsvektor,

x, y, z Koordinaten des Punktes P,

$\vec{i}, \vec{j}, \vec{k}$ Einheitsvektoren,

dann gilt für den Ortsvektor $\vec{r}$ analog zu (G 1.8) und (G 1.9)

(G 1.10)
$$\vec{r} = \overrightarrow{OP} = x\vec{i} + y\vec{j} + z\vec{k}$$

und für seinen Betrag $|\vec{r}|$

(G 1.11)
$$r = \sqrt{x^2 + y^2 + z^2}$$

2 Gleichungen physikalischer Größen

Die Verknüpfung physikalischer Größen erfolgt mit mathematischen **Gleichungen** (allgemein „Formeln" genannt). Es ist zwischen drei Arten zu unterscheiden:

- Größengleichungen → [2.1],
- zugeschnittene Größengleichungen → [2.2] und
- Zahlenwertgleichungen → [2.3].

2.1 Größengleichungen

Grundsätzlich sollten nur Größengleichungen verwendet werden. In ihnen stellt jedes Formelzeichen → [1.3] die Kurzbezeichnung einer physikalischen Größe dar, deren Wert das Produkt Zahlenwert × Einheit ist. Größengleichungen sind deshalb **unabhängig von den benutzten Einheiten**. Es können alle Einheiten verwendet werden, ohne dass die Gültigkeit einer Größengleichung eingeschränkt wird. Auch in diesem Buch sind alle Gleichungen als Größengleichung geschrieben.

2.2 Zugeschnittene Größengleichungen

Muss häufig mit derselben Gleichung gerechnet werden oder enthält diese Konstanten oder Materialwerte, so ist es zweckmäßig, die Einheiten zusammenzufassen und auch die wiederkehrenden Zahlenwerte bereits auszurechnen. Natürlich können dann die Einheiten der restlichen Größen nicht mehr frei gewählt werden. Man erhält eine Größengleichung, die für den konkreten Fall „zugeschnitten" ist. Die Angabe der Einheit erfolgt direkt am Formelzeichen unter einem (meist schrägen) Bruchstrich, z. B.

U/V Spannung in Volt,

$v\Big/\dfrac{\mathrm{km}}{\mathrm{h}}$ Geschwindigkeit in Kilometer je Stunde, oder auch $\dfrac{v}{\mathrm{km/h}}$,

P/W Leistung in Watt u. Ä.

Auch in zugeschnittenen Größengleichungen bedeutet jedes Formelzeichen eine physikalische Größe, deren Wert ebenfalls das Produkt aus Zahlenwert und Einheit ist. Nach dem Einsetzen eines Wertes lässt sich die Einheit kürzen.

Beispiel:

Für die Endgeschwindigkeit eines Elektrons im elektrischen Feld gilt nach [33.4.1]

$$v = \sqrt{\frac{2eU}{m_e}} \quad \text{mit} \quad e = 1{,}602 \cdot 10^{-19}\,\text{C} \quad \text{und} \quad m_e = 9{,}11 \cdot 10^{-31}\,\text{kg}.$$

Erweitert man die Größen mit den gewünschten Einheiten und setzt die gegebenen Konstanten ein, so erhält man

$$\frac{v}{\text{km/s}} \cdot \text{km/s} = \sqrt{0{,}352 \cdot 10^{12}\,\frac{\text{C}}{\text{kg}} \cdot \frac{U}{\text{V}} \cdot \text{V}}.$$

Mit $\text{C} = \text{A} \cdot \text{s} = \frac{\text{W} \cdot \text{s}}{\text{V}} = \frac{\text{kg} \cdot \text{m}^2}{\text{s}^2 \cdot \text{V}}$ und $1\,\text{km} = 10^3\,\text{m}$ folgt nach Umstellung

$$\frac{v}{\text{km/s}} = \sqrt{0{,}352 \cdot 10^{12}\,\frac{\text{kg} \cdot \text{m}^2 \cdot \text{s}^2 \cdot \text{V}}{\text{s}^2 \cdot \text{V} \cdot \text{kg} \cdot 10^6\,\text{m}^2} \cdot \frac{U}{\text{V}}}.$$

Kürzen führt zur zugeschnittenen Größengleichung

$$v \Big/ \frac{\text{km}}{\text{s}} = 593\sqrt{U/\text{V}}.$$

Die *übersichtlichste* Schreibweise erhält man nach Umstellung

$$v = 593\sqrt{U/\text{V}}\,\frac{\text{km}}{\text{s}}.$$

Nach Einsetzen einer Spannung U in V(olt) ergibt sich mit dieser zugeschnittenen Größengleichung die Geschwindigkeit v direkt in km/s.

2.2.1 Tabellen

Zahlenangaben in Tabellen bilden zusammen mit den Angaben im Tabellenkopf ebenfalls eine zugeschnittene Größengleichung, denn Zahlenwerte haben natürlich nur bei gleichzeitiger Angabe der entsprechenden Einheit einen Sinn.

Beispiel:

Schallgeschwindigkeit	$c \Big/ \frac{\text{m}}{\text{s}}$
Luft (0 °C)	332
Blei	1 200
Stahl	5 100
usw.	

G

Als Gleichung gelesen: Geschwindigkeit in Meter/Sekunde = 332; also $c \big/ \frac{\mathrm{m}}{\mathrm{s}} = 332$ oder umgestellt $c = 332\,\frac{\mathrm{m}}{\mathrm{s}}$.

2.2.2 Koordinatenachsen

In grafischen Darstellungen werden zur Beschriftung der Achsen stets Größengleichungen verwendet. Sie müssen jedoch zugeschnitten werden, weil auch hier der Zahlenwert nur bei gleichzeitiger Festlegung der entsprechenden Einheit einen Sinn hat.

Beispiel:

Zu einem Punkt der Kurve des Diagramms gehört folgendes Wertepaar:

$5 = v \big/ \frac{\mathrm{m}}{\mathrm{s}}$ und $3 = t/\mathrm{s}$.

Diese zugeschnittenen Größengleichungen ergeben nach Umstellung das Wertepaar

$v = 5\,\mathrm{m/s}$ und $t = 3\,\mathrm{s}$.

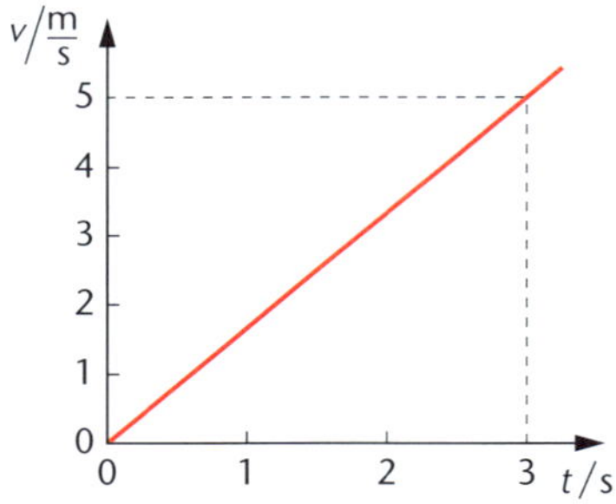

2.3 Zahlenwertgleichungen

Sie sind grundsätzlich abzulehnen, weil in ihnen Formelzeichen lediglich den Zahlenwert einer Größe verkörpern. Sie gelten demnach nur, wenn bestimmte, genau vorzuschreibende Einheiten verwendet werden.

Da Zahlenwertgleichungen im **Widerspruch** zur Festlegung

Größenwert = Zahlenwert × Einheit → [1]

stehen, werden sie in der physikalischen Literatur *nicht benutzt*. Leider findet man sie gelegentlich noch in **veralteter** technischer Literatur.

3 Internationales Einheitensystem (SI)

Das Messen ist eine der wichtigsten Aufgaben in Physik und Technik. Neben den erforderlichen Messgeräten werden dafür vor allem genormte Einheiten benötigt, die in einem System („Maßsystem“) zusammengefasst sind.

Heute wird ausschließlich das 1960 international vereinbarte „Système International d’Unités“ verwendet. Dieses „Internationale Einheitensystem“ wird in allen Sprachen der Welt mit SI abgekürzt, seine Einheiten werden als **SI-Einheiten** bezeichnet.

3.1 Basiseinheiten des SI

Das SI baut auf folgenden 7 Basiseinheiten (Grundeinheiten) auf:

▶ Einheit der Länge	**das Meter**	(m)
▶ Einheit der Zeit	**die Sekunde**	(s)
▶ Einheit der Masse	**das Kilogramm**	(kg)
▶ Einheit der elektrischen Stromstärke	**das Ampere**	(A)
▶ Einheit der Temperatur	**das Kelvin**	(K)
▶ Einheit der Stoffmenge	**das Mol**	(mol)
▶ Einheit der Lichtstärke	**die Candela**	(cd)

3.2 Abgeleitete SI-Einheiten

Die weiteren SI-Einheiten werden als *Potenzprodukte* aus den Basiseinheiten **kohärent**, also *ohne* Verwendung von Zahlenfaktoren, abgeleitet. In [3.6] sind sie mit „SI“ gekennzeichnet. Alle anderen Einheiten sind **inkohärent** und somit keine SI-Einheiten.

Eine Liste der SI-Einheiten mit besonderem Namen → vordere Einbandinnenseite.

Beispiel:

Watt (W) ist eine *kohärente* Leistungseinheit, weil

$1\,\text{W} = 1\,\text{kg} \cdot \text{m}^2/\text{s}^3$, also *ohne* Zahlenfaktor abgeleitet.

Kilowatt (kW) ist eine *inkohärente* Leistungseinheit, weil

$1\,\text{kW} = 10^3\,\text{kg} \cdot \text{m}^2/\text{s}^3$, also *mit Hilfe* eines Zahlenfaktors abgeleitet.

3.3 Dezimale Vielfache und Teile der SI-Einheiten

Weil die SI-Einheiten für den praktischen Gebrauch vielfach zu groß oder zu klein sind, dürfen von ihnen dezimale Vielfache und Teile mit Hilfe besonderer **Vorsätze** gebildet werden, sofern dies im Einzelfall nicht ausdrücklich untersagt ist. Eine Tabelle mit diesen SI-Vorsätzen → hintere Einbandinnenseite.

Bei der Anwendung der Vorsätze müssen einige Regeln beachtet werden. Die wichtigsten sind:

- Keine Einheit darf gleichzeitig mehr als einen Vorsatz erhalten.
- Die Kombination der Kurzzeichen des Vorsatzes und der Einheit gilt als **ein** Symbol, das ohne Verwendung von Klammern in eine Potenz erhoben wird. Oder anders ausgedrückt: Exponenten der Einheit gelten auch für den dezimalen Vorsatz.
- Vorsätze, die einer ganzzahligen Potenz von 10^3 entsprechen (also 10^{3n}), sind zu bevorzugen. Die Vorsätze Hekto, Deka, Dezi und Zenti sollen nur bei den Einheiten verwendet werden, bei denen sie *bereits üblich* sind.
- Bei zusammengesetzten Einheiten darf jede der Einheiten einen dezimalen Vorsatz erhalten, sofern er für diese Einheit zulässig ist. Angestrebt werden soll jedoch, möglichst nur einen Vorsatz, und diesen im Zähler, zu verwenden.
- Die Einheiten von Ergebnissen sollen mit *dem* Vorsatz versehen werden, der den Zahlenwert möglichst in den Bereich **0,1 ... 1 000** bringt.

Einheiten, die mit einem Vorsatz für dezimale Vielfache und Teile versehen wurden, sind zwar *inkohärent* und nicht Bestandteil des SI. Sie gelten jedoch als *gesetzliche* Einheiten, z. B. 1 Kilometer (km) = 10^3 m.

In [3.6] sind sie mit „VT" gekennzeichnet.

3.4 Einheiten außerhalb des SI (SI-fremde Einheiten)

Sie sind *inkohärent* abgeleitet, aber wegen ihrer Bedeutung in Wissenschaft, Technik und Wirtschaft zugelassen; einige jedoch nur in **Spezialgebieten**.

In [3.6] sind sie mit „g" bzw. „(g)" gekennzeichnet.

G

3.5 Gesetzliche Einheiten

Mit dem „Gesetz über Einheiten im Messwesen“ und der „Ausführungsverordnung“ zu diesem Gesetz vom 13.12.1985 in Verbindung mit DIN 1301, Teil 1 (12.93) wurde festgelegt, dass in Deutschland gesetzliche Einheiten sind:

- die Basiseinheiten des SI → [3.1],
- die abgeleiteten SI-Einheiten → [3.2],
- die dezimalen Vielfachen und Teile von SI-Einheiten → [3.3],
- bestimmte SI-fremde Einheiten, z. T. mit eingeschränktem Anwendungsbereich.

3.6 Physikalische Größenarten und ihre Einheiten

In der folgenden Liste sind alle wesentlichen physikalischen Größenarten in alphabetischer Reihenfolge mit Angabe von Formelzeichen und Dimension zusammengestellt. Für jede Größe ist zunächst die *SI-Einheit* und ihre Beziehung zu den Basiseinheiten angegeben. Es folgen *SI-fremde* sowie *ungültige* und *ausländische* Einheiten mit ihren Beziehungen zur jeweiligen SI-Einheit.

Erläuterungen zu folgender Übersicht:

Dimensionssymbole:

L	Länge
M	Masse
T	Zeit
I	elektrische Stromstärke
Θ	Temperatur
N	Stoffmenge
J	Lichtstärke

Abkürzungen in der Spalte „Gültigkeit“:

SI	SI-Einheit (Basis- oder kohärent abgeleitete Einheit)
VT	dezimale Vielfache oder Teile von SI-Einheiten
g	SI-fremde Einheit, jedoch gesetzlich
(g)	SI-fremde Einheit, jedoch gesetzlich, aber Gültigkeit eingeschränkt auf bestimmten Anwendungsbereich
o	SI-fremde Einheit, in Spezialgebieten benutzt und von den gesetzlichen Bestimmungen nicht betroffen
ug	ungesetzliche (ungültige) Einheit
a	ungesetzliche (ausländische) Einheit

Abkürzungen in der Spalte „Vielfache und Teile VT“:

+	SI-Vorsätze sind zulässig
–	SI-Vorsätze sind nicht zulässig
/	zusammengesetzte Einheit, → bei der jeweiligen Einheit

Größe ***Formelzeichen*** / Einheit (Einheitenzeichen) = Beziehung	Dimension / Gültigkeit	VT
Abklingkoeffizient ***δ***	T^{-1}	
1/Sekunde (1/s)	SI	/
Aktivität ***A***	T^{-1}	
Becquerel (Bq) = 1/s	SI	+
Curie (Ci) = 3,7 · 10^{10} Bq = 37 GBq	ug	+
Äquivalentdosis ***H***	$L^2\,T^{-2}$	
Sievert (Sv) = J/kg = m^2/s^2	SI	+
Rem (rem) = 10^{-2} J/kg = 10^{-2} Sv = 10 mSv	ug	+
Arbeit ***W***	$L^2\,M\,T^{-2}$	
Energie ***E***		
Wärmemenge ***Q***		
Joule (J) = N · m = W · s = kg · m^2/s^2	SI	+
Kilowattstunde (kWh) = 3,6 · 10^6 J = 3,6 MJ	g	–
Elektronvolt (eV) = 1,602 176 5 · 10^{-19} J	(g)	+
Kilopondmeter (kp · m) = 9,806 65 J	ug	–
Erg (erg) = dyn · cm = 10^{-7} J = 0,1 μJ	ug	+
Kalorie (cal) = 4,186 8 J	ug	+
PS · h = 0,735 498 75 kWh = 2,647 795 5 · 10^6 J = 2,647 795 5 MJ	ug	–
horse-power hour (hp · h) = 2,684 52 MJ	a	–
inch-pound-force (in · lbf) = 0,112 98 J	a	–
foot-pound-force (ft · lbf) = 1,355 8 J	a	–
yard-pound-force (yd · lbf) = 4,067 45 J	a	–
foot-ton-force (ft · tonf) = 3,037 kJ	a	–
foot-poundal (ft · pdl) = 42,14 mJ	a	–
British thermal unit (Btu) = 1,055 06 kJ	a	–
Beleuchtungsstärke ***E***	$L^{-2}\,J$	
Lux (lx) = lm/m^2 = cd · sr/m^2	SI	+
footcandle (fc) = 1 lm/ft^2 = 10,764 lx	a	–
Belichtung ***H***	$L^{-2}\,T\,J$	
Luxsekunde (lx · s) = cd · sr · s/m^2	SI	/
Beschleunigung ***a***	$L\,T^{-2}$	
Meter/Sekundenquadrat (m/s^2)	SI	/
km/(h · s) = 0,277 778 m/s^2	g	/
Gal (Gal) = 10^{-2} m/s^2 = 1 cm/s^2	ug	+

Flussdichte, elektrische ***D***		$L^{-2}TI$
Flächenladungsdichte ***σ***		
Coulomb/Quadratmeter (C/m^2) = $A \cdot s/m^2$	SI	/
Flussdichte, magnetische ***B***		$MT^{-2}I^{-1}$
Induktion, magnetische ***B***		
Tesla (T) = $Wb/m^2 = V \cdot s/m^2 = kg/(s^2 \cdot A)$	SI	+
Gauß (G) = 10^{-4} T = 0,1 mT	ug	+
Frequenz ***f***		T^{-1}
Drehzahl ***n***		
Umdrehungsfrequenz ***f***		
Hertz (Hz) = 1/s	SI	+
Umdrehung/Sekunde (U/s) = 1/s	∘	–
Umdrehung/Minute (U/min) = $1{,}666\,7 \cdot 10^{-2}$ 1/s	∘	–
Geschwindigkeit ***v***		LT^{-1}
Meter/Sekunde (m/s)	SI	/
Kilometer/Stunde (km/h) = 1/3,6 m/s = 0,277 8 m/s	g	–
Knoten (kn) = sm/h = 0,514 4 m/s = 1,852 km/h	o	–
Mach = 1 192 km/h = 331 m/s	o	–
inch per second (in/s) = ips = 0,025 4 m/s = 0,091 44 km/h	a	–
foot per second (ft/s) = 0,304 8 m/s = 1,097 3 km/h	a	–
yard per second (yd/s) = 0,914 4 m/s = 3,292 km/h	a	–
mile per hour (mi/hr) = mph = 0,447 m/s = 1,609 km/h	a	–
Gewichtskraft → Kraft		
Heizwert, spezifischer ***H***		L^2T^{-2}
Joule/Kilogramm (J/kg) = m^2/s^2	SI	/
kcal/kg = 4 186,8 J/kg = 4,186 8 kJ/kg	ug	–
Impuls ***p***		LMT^{-1}
Newtonsekunde ($N \cdot s$) = $kg \cdot m/s$	SI	/
Induktion, magnetische → Flussdichte, magnetische		
Induktivität ***L***		$L^2MT^{-2}I^{-2}$
Henry (H) = $Wb/A = kg \cdot m^2/(s^2 \cdot A^2)$	SI	+
Ionendosis ***J***		$M^{-1}TI$
Coulomb/Kilogramm (C/kg) = $A \cdot s/kg$	SI	/
Röntgen (R) = $2{,}58 \cdot 10^{-4}$ C/kg = 258 μC/kg	ug	+
Ionendosisleistung $\dot{J}$		$M^{-1}I$
Ampere/Kilogramm (A/kg)	SI	/
Röntgen/Sekunde (R/s) = $2{,}58 \cdot 10^{-4}$ A/kg = 0,258 mA/kg	ug	/
Kapazität, elektrische ***C***		$L^{-2}M^{-1}T^4I^2$
Farad (F) = $C/V = s^4 \cdot A^2/(kg \cdot m^2)$	SI	+
Kompressionsmodul → Spannung, mechanische		

Kraft *F*		LMT^{-2}
Gewichtskraft F_G, *G*		
Newton (N) = J/m = kg · m/s²	SI	+
Kilopond (kp) = 9,806 65 N	ug	–
Pond (p) = 9,806 65 · 10^{-3} N = 9,806 65 mN	ug	+
Dyn (dyn) = 10^{-5} N = 10 µN	ug	+
poundal (pdl) = 0,138 255 N	a	–
pound-force (lbf) = 4,448 22 N	a	–
long ton-force (tonf) = 9 964,02 N = 9,964 02 kN	a	–
short ton-force (sh tonf) = 8 896,44 N = 8,896 44 kN	a	–
Kraftmoment → Drehmoment		
Kreisfrequenz *ω*		T^{-1}
1/Sekunde (1/s)	SI	/
Ladung → Elektrizitätsmenge		
Länge *l*, Weg *s*, Radius *r*, Höhe *h*		L
Meter (m)	SI	+
astronomische Einheit (AE) = 1,496 00 · 10^{11} m = 149,600 Gm	o	–
Lichtjahr (ly) = 9,460 5 · 10^{15} m	o	+
Parsec (pc) = 3,085 7 · 10^{16} m = 30,857 Pm	o	+
Seemeile (sm) = 1 852 m = 1,852 km	o	–
Angström (Å) = 10^{-10} m = 0,1 nm	ug	–
X-Einheit (XE) = 1,002 02 · 10^{-13} m = 0,100 202 pm	ug	–
Zoll (″) = 0,025 4 m = 25,4 mm	ug	–
mile (mi) = 1 609,344 m = 1,609 344 km	a	–
yard (yd) = 0,914 4 m = 91,44 cm	a	–
foot (ft) = 0,304 8 m = 30,48 cm	a	–
inch (in) = 0,025 4 m = 25,4 mm	a	–
Fermi (f) = 10^{-15} m = 1 fm	ug	–
Längenausdehnungskoeffizient *α*		Θ^{-1}
1/Kelvin (K^{-1})	SI	–
Leistung *P*		L^2MT^{-3}
Watt (W) = J/s = kg · m²/s³	SI	+
Var (var) = W = kg · m²/s³	(g)	+
kpm/s = 9,806 65 W	ug	/
Pferdestärke (PS) = 735,498 75 W	ug	–
Kalorie/Sekunde (cal/s) = 4,186 8 W	ug	/
Kilokalorie/Stunde (kcal/h) = 1,163 W	ug	–
foot-pound-force per second (ft · lbf/s) = 1,355 8 W	a	–
inch-pound-force per second (in · lbf/s) = 0,112 98 W	a	–
yard-pound-force per second (yd · lbf/s) = 4,067 45 W	a	–
foot-poundal per second (ft · pdl/s) = 42,14 mW	a	–
horse-power (hp) = 745,7 W	a	–
British thermal unit per second (Btu/s) = 1,055 06 kW	a	–
British thermal unit per hour (Btu/h) = 0,293 W	a	–

Leitfähigkeit, elektrische $\varkappa$		$L^{-3}\,M^{-1}\,T^3\,I^2$
Siemens/Meter (S/m) $= 1/(\Omega \cdot m) = s^3 \cdot A^2/(kg \cdot m^3)$	SI	/
Leitwert, elektrischer G		$L^{-2}\,M^{-1}\,T^3\,I^2$
Siemens (S) $= 1/\Omega = A/V = s^3 \cdot A^2/(kg \cdot m^2)$	SI	+
Leuchtdichte L		$L^{-2}\,J$
Candela/Quadratmeter (cd/m^2)	SI	/
Stilb (sb) $= cd/cm^2 = 10^4\,cd/m^2 = 10\,kcd/m^2$	ug	+
Apostilb (asb) $= 1/\pi\,cd/m^2 = 0{,}318\,31\,cd/m^2$	ug	–
lambert (la) $= 1/\pi\,sb = 10^4\,asb = 3{,}183 \cdot 10^3\,cd/m^2 = 1\,kcd/m^2$	a	–
foot-lambert (ft · la) $= 1/\pi\,cd/ft^2 = 3{,}426\,cd/m^2$	a	–
candela per square foot (cd/ft^2) $= 10{,}76\,cd/m^2$	a	–
candela per square inch (cd/in^2) $= 1{,}550\,kcd/m^2$	a	–
Lichtmenge Q		T J
Lumensekunde (lm · s) = cd · sr · s	SI	+
Lichtstärke I		J
Candela (cd)	SI	+
Lichtstrom Φ		J
Lumen (lm) = cd · sr	SI	+
Masse m		M
Kilogramm (kg)	SI	–
Gramm (g) $= 10^{-3}\,kg$	g	+
Tonne (t) $= 10^3\,kg = 1\,Mg$	g	+
atomare Masseneinheit (u) $= 1{,}660\,539 \cdot 10^{-27}\,kg$	(g)	+
metrisches Karat (Kt) $= 2 \cdot 10^{-4}\,kg = 0{,}2\,g = 200\,mg$	(g)	–
long ton (lg tn, l tn) = ton = 2 240 lb = 1,016 047 t	a	–
short ton (sh tn) = 2 000 lb = 0,907 185 t	a	–
pound (lb) = 16 oz = 0,453 592 kg	a	–
ounce (oz) = 0,028 349 5 kg = 28,349 5 g	a	–
Masse, molare M		$M\,N^{-1}$
Kilogramm/Mol (kg/mol)	SI	/
Oberflächenspannung σ		$M\,T^{-2}$
Newton/Meter (N/m) $= kg/s^2$	SI	/
Dyn/Zentimeter (dyn/cm) $= 10^{-3}\,N/m = 1\,mN/m$	ug	/
Permeabilität μ		$L\,M\,T^{-2}\,I^{-2}$
Henry/Meter (H/m) $= V \cdot s/(A \cdot m) = kg \cdot m/(s^2 \cdot A^2)$	SI	/
Permittivität ε		$L^{-3}\,M^{-1}\,T^4\,I^2$
Dielektrizitätskonstante		
Farad/Meter (F/m) $= A \cdot s/(V \cdot m) = A^2 \cdot s^4/(kg \cdot m^3)$	SI	/
Raumwinkel Ω		
Steradiant (sr) $= m^2/m^2 = 1$	SI	+

G

Richtgröße, Federkonstante ***k***		$M T^{-2}$
Newton/Meter (N/m) = kg/s^2	SI	/
Kilopond/Zentimeter (kp/cm) = 980,665 N/m	ug	/
Kilopond/Meter (kp/m) = 9,806 65 N/m	ug	/
Richtmoment → Winkelrichtgröße		
Schalldruck ***p***		$L^{-1} M T^{-2}$
Pascal (Pa) = N/m^2 = $kg/(m \cdot s^2)$	SI	+
Mikrobar (μbar) = 0,1 Pa	g	−
Schallintensität ***J***		$M T^{-3}$
Watt/Quadratmeter (W/m^2) = $J/(s \cdot m^2)$ = kg/s^3	SI	/
Schmelzwärme, spezifische → Wärme, spezifische		
Schubmodul → Spannung, mechanische		
Spannung, elektrische ***U***		$L^2 M T^{-3} I^{-1}$
Volt (V) = W/A = $kg \cdot m^2/(s^3 \cdot A)$	SI	+
Spannung, magnetische ***V***		I
Ampere (A)	SI	+
Spannung, mechanische ***σ***		$L^{-1} M T^{-2}$
Elastizitätsmodul ***E***		
Kompressionsmodul ***K***		
Schubmodul ***G***		
Pascal (Pa) = N/m^2 = $kg/(s^2 \cdot m)$	SI	+
kp/mm^2 = $9{,}806\,65 \cdot 10^6\ N/m^2$ = 9,806 65 MPa	ug	−
kp/cm^2 = $9{,}806\,65 \cdot 10^4\ N/m^2$ = 98,066 5 kPa	ug	−
Stoffmenge ***n***		N
Mol (mol)	SI	+
Strahldichte L_e		$M T^{-3}$
$W/(sr \cdot m^2)$ = $kg/(s^3 \cdot sr)$	SI	/
Strahlstärke I_e		$L^2 M T^{-3}$
Watt/Steradiant (W/sr) = $kg \cdot m^2/(s^3 \cdot sr)$	SI	/
Strahlungsfluss Φ_e		$L^2 M T^{-3}$
Strahlungsleistung		
Watt (W) = $kg \cdot m^2/s^3$	SI	+
Stromdichte, elektrische ***J***		$L^{-2} I$
Ampere/Quadratmeter (A/m^2)	SI	/
Stromstärke, elektrische ***I***		I
Ampere (A)	SI	+

Temperatur, thermodynamische (absolute) ***T***		Θ
Kelvin (K)	SI	+
Grad Kelvin (°K) = K	ug	–
degree Rankine (°R) = 5/9 K	a	–
degree Fahrenheit (°F); *n* °F = 5/9(*n* – 32) °C	a	–
Temperatur, Celsius- ***t***		Θ
Grad Celsius (°C); $t = T - T_0$; $T_0 = 273{,}15$ K	SI	–
Temperaturdifferenz $\Delta T, \Delta t$		Θ
Kelvin (K)	SI	+
Grad Celsius (°C) = K	SI	–
Grad (grd) = K	ug	–
Trägheitsmoment ***J***		$L^2 M$
Kilogramm-Quadratmeter ($kg \cdot m^2$)	SI	/
Umdrehungsfrequenz → Frequenz		
Verdampfungswärme, spezifische → Wärme, spezifische		
Verschiebungsdichte → Flussdichte, elektrische		
Viskosität, dynamische η		$L^{-1} M T^{-1}$
Pascalsekunde ($Pa \cdot s$) = $N \cdot s/m^2 = kg/(m \cdot s)$	SI	/
Poise (P) = 0,1 $Pa \cdot s$	ug	+
Zentipoise (cP) = 10^{-3} $Pa \cdot s$ = 1 $mPa \cdot s$	ug	–
Viskosität, kinematische ν		$L^2 T^{-1}$
Quadratmeter/Sekunde (m^2/s)	SI	/
Stokes (St) = 10^{-4} m^2/s = cm^2/s	ug	+
Zentistokes (cSt) = 10^{-6} m^2/s = mm^2/s	ug	–
Volumen ***V***		L^3
Kubikmeter (m^3)	SI	–
Liter (ℓ, l, L) = 10^{-3} m^3 = 1 dm^3	g	+
cubic yard (yd^3) = 27 ft^3 = 46 656 in^3 = 0,764 555 m^3	a	–
cubic foot (ft^3) = 1 728 in^3 = 2,831 685 · 10^{-2} m^3 = 28,316 85 dm^3	a	–
cubic inch (in^3) = 1,638 706 · 10^{-5} m^3 = 16,387 06 cm^3	a	–
register ton (reg. ton) = 100 ft^3 = 2,831 7 m^3	a	–
bushel (UK) (bushel) = 8 gal (UK) = 36,369 dm^3	a	–
gallon (UK) (gal) = 4,546 dm^3	a	–
bushel (US) (bu) = 35,239 dm^3	a	–
gallon (US) (gal) = 3,785 dm^3	a	–
Volumen, molares V_m		$L^3 N^{-1}$
Kubikmeter/Mol (m^3/mol)	SI	/
Volumenausdehnungskoeffizient γ		Θ^{-1}
1/Kelvin (K^{-1})	SI	–
Wärme(menge) → Arbeit		

Wärme, spezifische q	$L^2 T^{-2}$	
Joule/Kilogramm (J/kg) = m^2/s^2	SI	/
Kalorie/Gramm (cal/g) = kcal/kg = 4 186,8 J/kg = 4,186 8 kJ/kg	ug	–
Wärmedurchgangskoeffizient k, U	$M T^{-3} \Theta^{-1}$	
Wärmeübergangskoeffizient α, h		
$W/(m^2 \cdot K) = kg/(s^3 \cdot K)$	SI	/
$kcal/(m^2 \cdot h \cdot grd) = 1{,}163\ W/(m^2 \cdot K)$	ug	/
$cal/(cm^2 \cdot s \cdot grd) = 4{,}186\,8 \cdot 10^4\ W/(m^2 \cdot K) = 41{,}868\ kW/(m^2 \cdot K)$	ug	/
Wärmekapazität C	$L^2 M T^{-2} \Theta^{-1}$	
Entropie S		
Joule/Kelvin (J/k) = $W \cdot s/K = N \cdot m/K = kg \cdot m^2/(s^2 \cdot K)$	SI	/
Kilokalorie/Grad (kcal/grd) = 4 186,8 J/K = 4,186 8 kJ/K	ug	/
Kalorie/Grad (cal/grd) = 4,186 8 J/K	ug	/
Wärmekapazität, molare C_m	$L^2 M T^{-2} \Theta^{-1} N^{-1}$	
$J/(mol \cdot K) = kg \cdot m^2/(s^2 \cdot mol \cdot K)$	SI	/
Wärmekapazität, spezifische c	$L^2 T^{-2} \Theta^{-1}$	
$J/(kg \cdot K) = m^2/(s^2 \cdot K)$	SI	/
$kcal/(kg \cdot grd) = cal/(g \cdot grd) = 4\,186{,}8\ J/(kg \cdot K) = 4{,}186\,8\ kJ/(kg \cdot K)$	ug	/
Wärmeleitfähigkeit λ	$L M T^{-3} \Theta^{-1}$	
$W/(m \cdot K) = kg \cdot m/(s^3 \cdot K)$	SI	/
$kcal/(m \cdot h \cdot grd) = 1{,}163\ W/(m \cdot K)$	ug	/
$cal/(cm \cdot s \cdot grd) = 418{,}68\ W/(m \cdot K)$	ug	/
Widerstand, elektrischer R	$L^2 M T^{-3} I^{-2}$	
Ohm (Ω) = $V/A = kg \cdot m^2/(s^3 \cdot A^2)$	SI	+
Widerstand, spezifischer elektrischer ϱ	$L^3 M T^{-3} I^{-2}$	
Ohmmeter ($\Omega \cdot m$) = $V \cdot m/A = kg \cdot m^3/(s^3 \cdot A^2)$	SI	+
Ohmzentimeter ($\Omega \cdot cm$) = $10^{-2}\ \Omega \cdot m$	VT	/
$\Omega \cdot mm^2/m = 10^{-6}\ \Omega \cdot m = \mu\Omega \cdot m$	VT	/
Winkel, ebener $\alpha, \varphi, \ldots$		
Radiant (rad) = m/m = 1	SI	+
Grad (°) = (π/180) rad = 17,453 29 mrad	g	–
Minute (′) = 1°/60 = 0,290 888 2 mrad	g	–
Sekunde (″) = 1′/60 = 1°/3 600 = 4,848 14 µrad	g	–
Gon (gon) = (π/200) rad = 0,9° = 15,707 96 mrad	g	+
Neugrad (^{g}) = (π/200) rad = 1 gon	ug	–
Neuminute (^{c}) = ($\pi/2 \cdot 10^4$) rad = 10 mgon	ug	–
Neusekunde (^{cc}) = ($\pi/2 \cdot 10^6$) rad = 0,1 mgon	ug	–
degree (d) = $1{,}745\,329 \cdot 10^{-2}$ rad = 17,453 29 mrad	a	–
degré (°, d) = $1{,}745\,329 \cdot 10^{-2}$ rad = 17,453 29 mrad	a	–

Winkelbeschleunigung α		T^{-2}
Radiant/Sekundenquadrat (rad/s^2) = $1/s^2$	SI	/
Grad/Sekundenquadrat ($°/s^2$) = $1{,}745\,329 \cdot 10^{-2}$ rad/s^2 = 17,453 29 $mrad/s^2$	g	–
Winkelgeschwindigkeit ω		T^{-1}
Radiant/Sekunde (rad/s) = 1/s	SI	/
Grad/Sekunde (°/s) = $1{,}745\,329 \cdot 10^{-2}$ rad/s = 17,453 29 mrad/s	g	–
Winkelrichtgröße D		$L^2 M T^{-2}$
Richtmoment		
Newtonmeter/Radiant (N · m/rad) = kg · m^2/s^2	SI	/
Kilopondmeter/Radiant (kp · m/rad) = 9,806 65 N · m/rad	ug	/
Pondzentimeter/Grad (p · cm/°) = 5,618 797 mN · m/rad	ug	/
Zeit t		T
Sekunde (s)	SI	+
Minute (min) = 60 s	g	–
Stunde (h) = 60 min = 3 600 s	g	–
Tag (d) = 24 h = 1 440 min = 86 400 s	g	–
Zerfallskonstante λ		T^{-1}
1/Sekunde (1/s)	SI	/

G

MECHANIK M

4 Basiseinheiten der Mechanik

4.1 Einheit der Länge

Grundlage der Längenmessung war das Urmeter, ein in Paris aufbewahrter Stab aus einer Platin-Iridium-Legierung. Die Länge dieses Stabes sollte gleich dem zehnmillionsten Teil eines Erdmeridianquadranten (Längengrad zwischen Pol und Äquator) sein. Genauere Messungen haben Abweichungen nachgewiesen.

Seit 1962 wurde ein Meter als die Länge von 1 650 763,73 Wellenlängen der gelben Strahlung des Atoms Krypton 86 im Vakuum (Übergang zwischen den Niveaus $2p_{10}$ und $5d_5$) definiert. Seit 1983 wird das Meter über die Vakuumlichtgeschwindigkeit definiert, die zu exakt 299 792 458 m/s festgesetzt wurde.

SI-Einheit der Länge: $[l]$ = Meter (m).

Das Meter ist der Weg, den das Licht im Vakuum innerhalb von 1/299 792 458 Sekunde durchläuft.

Umrechnung:

10^{-3} km = **1 m** = 10 dm = 100 cm = 10^3 mm = 10^6 µm (Mikrometer) = 10^9 nm (Nanometer) = 10^{12} pm (Pikometer)		
SI-fremde Längen-Einheiten:		
1 Seemeile	= 1 852 m	= 1,852 km
1 astronomische Einheit (AE)	= $1{,}496\,00 \cdot 10^{11}$ m	= 149,600 Gm
1 Lichtjahr (ly)	= $9{,}460\,5 \cdot 10^{15}$ m	= 9,460 5 Pm
1 Parsec (pc)	= $3{,}085\,7 \cdot 10^{16}$ m	= 30,857 Pm
1 Angström (Å)	= 10^{-10} m	= 100 pm
1 X-Einheit (XE)	= $1{,}002\,02 \cdot 10^{-13}$ m	= 100,202 fm
1 mile (mi) = 1 760 yd	= 1 609,344 m	= 1,609 344 km
1 yard (yd) = 3 ft	= 0,914 4 m	= 91,44 cm
1 foot (ft) = 12 in	= 0,304 8 m	= 30,48 cm
1 inch (in) = Zoll (″)	= 0,025 4 m	= 25,4 mm

Beachte:

- Die Bezeichnung „Mikron" bzw. „My (μ)" für 10^{-6} m = 1 Mikrometer (μm) ist *unzulässig*.

Übersicht:

Größen und Entfernungen in der Natur	in m
Durchmesser eines Atomkerns	$1{,}5 \cdot 10^{-14}$
Durchmesser eines Atoms	$3 \cdot 10^{-10}$
Wellenlänge des sichtbaren Lichts	$5 \cdot 10^{-7}$
Durchmesser der Erde	$1{,}3 \cdot 10^{7}$
Entfernung Erde–Mond	$3{,}8 \cdot 10^{8}$
Durchmesser der Sonne	$1{,}4 \cdot 10^{9}$
Entfernung Erde–Sonne	$1{,}5 \cdot 10^{11}$
Entfernung zum nächsten Fixstern	$4 \cdot 10^{16}$
Durchmesser der Milchstraße	$7 \cdot 10^{20}$
Grenze des Weltalls	$1 \cdot 10^{26}$

■ Zum Messen von Längen werden hauptsächlich benutzt: Maßstäbe, Bandmaße und Parallelendmaße, Messschieber, Messschrauben und Messuhren, optische Methoden (Interferenz und Laufzeit von Licht), Radar- und Laserstrahlen.

4.1.1 Fläche

SI-Einheit der Fläche: $[A]$ = Quadratmeter (m^2),
außerdem: Ar (a), Hektar (ha) für die Fläche von Flur- und Grundstücken.

Umrechnung:

$10^{-6}\ km^2 = \mathbf{1\ m^2} = 10^2\ dm^2 = 10^4\ cm^2 = 10^6\ mm^2$		
1 Ar (a) = $100\ m^2$		
1 Hektar (ha) = 100 a = $10^4\ m^2$		
SI-fremde Flächen-Einheiten:		
1 square mile (mi^2)	$= 3{,}097\,6 \cdot 10^6\ yd^2$	$= 2{,}589\,988 \cdot 10^6\ m^2$
		$= 2{,}589\,988\ km^2$
1 square yard (yd^2)	$= 9\ ft^2 = 1\,296\ in^2$	$= 0{,}836\,1\ m^2$
1 square foot (ft^2)	$= 144\ in^2$	$= 0{,}092\,9\ m^2$
		$= 9{,}29\ dm^2$
1 square inch (in^2)		$= 0{,}645\,2 \cdot 10^{-3}\ m^2$
		$= 6{,}452\ cm^2$

Beachte:

- Die Abkürzungen qcm für cm^2 (Quadratzentimeter),
  qm für m^2 (Quadratmeter),
  qkm für km^2 (Quadratkilometer)
  sind *unzulässig!*

■ Der Inhalt unregelmäßig begrenzter Flächen lässt sich mit dem Polarplanimeter bestimmen.

4.1.2 Volumen

SI-Einheit des Volumens: $[V]$ = Kubikmeter (m^3),
außerdem: Liter (l, ℓ, L) $= 10^{-3}\,\text{m}^3$.

Umrechnung:

1 m³ $= 10^3\,\text{dm}^3 = 10^6\,\text{cm}^3 = 10^9\,\text{mm}^3$		
1 Liter (ℓ) $= 1\,\text{dm}^3$	Milliliter ($\text{m}\ell$) $= 1\,\text{cm}^3$	
SI-fremde Volumen-Einheiten:		
cubic yard (yd^3)	$= 27\,\text{ft}^3 = 46\,656\,\text{in}^3$	$= 0{,}7646\,\text{m}^3$
cubic foot (ft^3)	$= 1\,728\,\text{in}^3$	$= 28{,}32\,\text{dm}^3$
cubic inch (in^3)		$= 16{,}39\,\text{cm}^3$
register ton (reg. ton)	$= 100\,\text{ft}^3$	$= 2{,}832\,\text{m}^3$
bushel	= 8 gal (brit.)	$= 36{,}37\,\text{dm}^3$
gallon (gal) brit.		$= 4{,}546\,\text{dm}^3$
gallon (gal) USA		$= 3{,}785\,\text{dm}^3$

Beachte:

- Die Abkürzungen cbm für m^3 (Kubikmeter),
  cdm für dm^3 (Kubikdezimeter),
  ccm für cm^3 (Kubikzentimeter)
  sind *unzulässig!*

■ Das Volumen unregelmäßig geformter fester Körper kann z. B. mit einem Überlaufgefäß oder durch Auftriebsmessung in einer Flüssigkeit mit bekannter Dichte bestimmt werden.

4.1.3 Winkel

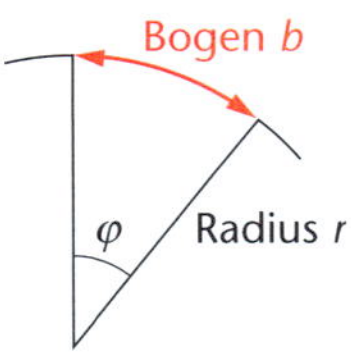

Der Winkel wird definiert als das Verhältnis des von den Winkelschenkeln eingeschlossenen Kreisbogens zum Radius:

$\varphi = \frac{b}{r}\,\text{rad}$ (früher als *Bogenmaß* bezeichnet).

SI-Einheit des Winkels: $[\varphi]$ = Radiant (rad) = m/m = 1,
außerdem: Grad (°),
(Winkel-)Minute (′),
(Winkel-)Sekunde (″).

1 Vollwinkel = 2π rad = 360°.

Umrechnung:

1 Grad (°) = 60 Minuten (′) = 3 600 Sekunden (″)		
360° = 2π rad = 6,283 rad	1° = 17,45 mrad	1 rad = 57,3°
180° = π rad = 3,142 rad	1′ = 290,9 µrad	1 mrad = 3,438′
90° = $\pi/2$ rad = 1,571 rad	1″ = 4,848 µrad	1 µrad = 0,206 3″

Beachte:

- Die Einheit Radiant muss bei Winkelangaben nur mitgeschrieben werden, wenn Verwechslungen mit Grad möglich sind. Da der Radiant ein Streckenverhältnis ist, ist der Quotient der Einheiten gleich eins.
- Eine weitere gesetzliche Einheit ist das Gon (gon). Es wird vor allem in der Geodäsie verwendet: 100 gon = 90° = 1,570 8 rad.
- Vorsätze für dezimale Vielfache und Teile sind unzulässig bei Grad, Minute und Sekunde.

Zum Messen dienen Winkelmesser, oft kombiniert mit einem Zielfernrohr (Theodolit).

4.2 Zeiteinheit

SI-Einheit der Zeit: $[t]$ = Sekunde (s).

Die Sekunde ist definiert als die Dauer von 9 192 631 770 Perioden der Strahlung des Atoms Caesium 133, die dem Übergang zwischen den beiden Hyperfeinstrukturniveaus im Grundzustand entspricht.

Umrechnung:

1 Tag (d) = 24 Stunden (h) = 1 440 Minuten (min) = 86 400 Sekunden (s)
1 Stunde (h) = 60 min = 3 600 s
1 Jahr (a) = 365 d = 8 760 h = $5{,}256 \cdot 10^5$ min = $31{,}536 \cdot 10^6$ s = 31,536 Ms

Beachte:

- Vorsätze für dezimale Teile und Vielfache dürfen nur bei der Zeiteinheit Sekunde (s) verwendet werden.

- *Unzulässige* Abkürzungen für die Sekunde sind sec oder sek. Richtig: s.

■ Zum Messen bzw. Vergleich der Zeit dienen periodisch verlaufende Vorgänge, z. B. Schwingungen: Pendeluhren, Quarzuhren; ferner Atom- und Moleküluhren (Maser). Für lange Zeiträume eignet sich der radioaktive Zerfall von Atomkernen mit sehr großer Halbwertszeit.

Für die auch im privaten Bereich immer häufiger verwendeten „Funkuhren" werden Zeit und Datum mit einem Funksignal vom Zeitzeichensender DCF 77 in Mainflingen bei Frankfurt/Main übertragen. Die Atomuhr (Cäsium-Zeitbasis) der Physikalisch-Technischen Bundesanstalt in Braunschweig steuert das Funksignal.

4.3 Masseneinheit

SI-Einheit der Masse: $[m]$ = Kilogramm (kg).

Das Kilogramm wird definiert als die Masse des internationalen Kilogrammprototyps, eines in Paris aufbewahrten Zylinders aus Platin-Iridium von 39 mm Höhe und 39 mm Durchmesser.

Umrechnung:

1 kg = 10^3 g = 10^6 mg (Milligramm) = 10^9 µg (Mikrogramm)	
1 Dekagramm (dag)*) = 10 g	
1 Tonne (t) = 1 Megagramm (Mg) = 10 Dezitonnen (dt) = 10^3 kg	
1 Dezitonne = 100 kg	
SI-fremde Massen-Einheiten:	
1 long ton (l tn) = 2 240 lb	= 1 016,05 kg = 1,016 05 t
1 short ton (sh tn) = 2 000 lb	= 907,2 kg = 0,907 2 t
1 slug (slug) = 1 lbf/(ft · s²) = 32,174 lb	= 14,594 kg
1 pound (lb) = 16 oz	= 0,453 6 kg = 453,6 g
1 ounce (oz)	= 0,028 35 kg = 28,35 g

*) Besonders in Polen, Ungarn, Österreich, der Tschechischen und der Slowakischen Republik gebräuchlich; manchmal abgekürzt mit dkg.

Beachte:

- Die Masseneinheit Karat (Kt, auch: k, ct) wird für den Handel mit Edelsteinen und Perlen verwendet: 1 Kt = 0,2 g.
- Bei Gold bedeutet 1 Karat, dass 1/24 des Materials aus Gold besteht; reines Gold hat demnach 24 Karat.

■ Massen werden durch Vergleich mit geeichten Massestücken bestimmt, am einfachsten mit Balkenwaagen.

5 Statik des starren Körpers

Ein Körper wird als starr bezeichnet, wenn die von außen auf ihn wirkenden Kräfte seine Gestalt nicht verändern. Kräfte sind *vektorielle* Größen. Sie werden bestimmt durch *Betrag, Richtung* und *Lage der Wirkungslinie*. Dargestellt werden sie durch Pfeile, deren Spitze die Richtung angibt und deren Länge ein Maß für die Größe der Kraft ist. Sie können am starren Körper nur entlang ihrer Wirkungslinie verschoben werden (**linienflüchtige Vektoren**).

SI-Einheit der Kraft: $[F]$ = Newton (N) = $\text{kg} \cdot \text{m/s}^2$.
Ungesetzliche Einheiten: Kilopond (kp) = 9,806 65 N,
Dyn (dyn) = 10^{-5} N = 10 µN.

Umrechnung von Krafteinheiten → hintere Einbandinnenseite.

5.1 Zusammensetzen von Kräften

Wirken mehrere Kräfte auf einen Körper, so kann man diese zu einer *Resultierenden* (Ersatzkraft) zusammensetzen. Die Einzelkräfte nennt man *Komponenten*. Das Vereinigen der Komponenten zu einer Resultierenden stellt eine geometrische Addition dar.

Schreibweise vektorieller Größen → [1.6].
Rechnen mit vektoriellen Größen → [1.7].

Beachte:

- In den folgenden Abschnitten sind Kräfte nur dann vektoriell geschrieben, wenn ihre Richtung zu beachten ist. **In allen anderen Fällen sind stets nur die Beträge gemeint.**

5.1.1 Kräfte mit gleicher Wirkungslinie

Besitzen mehrere Kräfte eine gemeinsame Wirkungslinie, so findet man die Resultierende als *Summe* oder *Differenz* der **Beträge** aller Einzelkräfte:

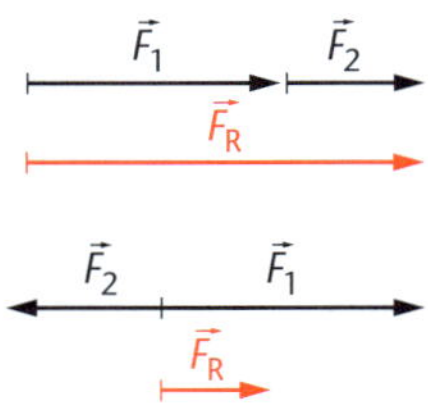

algebraische Addition

(M 5.1) $$F_R = F_1 + F_2$$

5.1.2 Kräfte mit gleichem Angriffspunkt

Zwei in *einem* Punkt angreifende Kräfte werden mit Hilfe des Kräfteparallelogramms zu einer Resultierenden vereinigt. Die Diagonale des Parallelogramms gibt *Betrag* und *Richtung* der resultierenden Kraft an:

geometrische Addition

(M 5.2) $$\vec{F}_R = \vec{F}_1 + \vec{F}_2$$

■ Die Resultierende kann auch berechnet werden.

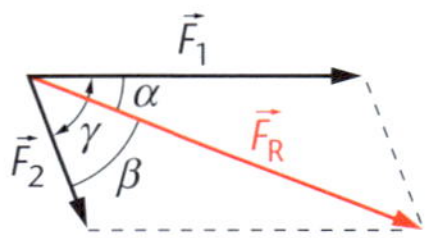

Wenn
F_R Betrag der resultierenden Kraft,
F_1 Betrag der Einzelkraft (Komponente) 1,
F_2 Betrag der Einzelkraft (Komponente) 2,
γ Winkel zwischen den beiden Komponenten $= \alpha + \beta$,

dann gilt nach dem Kosinussatz der Trigonometrie

(M 5.3) $$F_R = \sqrt{F_1^2 + F_2^2 + 2F_1F_2\cos\gamma}$$

Die Richtung der Resultierenden ergibt sich aus dem Sinussatz

(M 5.4) $$\sin\alpha = \frac{F_2}{F_R}\sin\gamma \qquad \text{und} \qquad \sin\beta = \frac{F_1}{F_R}\sin\gamma$$

Bilden beide Kräfte einen rechten Winkel, so vereinfachen sich (M 5.3) und (M 5.4) mit $\cos 90° = 0$ und $\sin 90° = 1$ zu

(M 5.5) $$F_R = \sqrt{F_1^2 + F_2^2} \qquad \text{und} \qquad \sin a = \frac{F_2}{F_R}$$

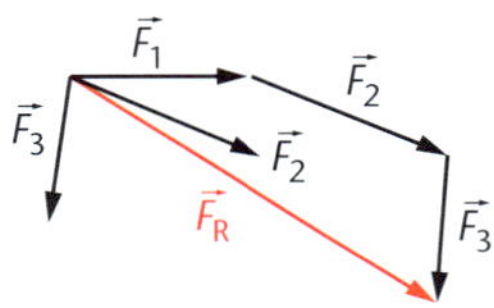

■ Wenn *mehr als zwei* Kräfte in einem Punkt angreifen, ist das Parallelogramm mehrere Male zu bilden, oder man benutzt besser das **Krafteck** (Kräftezug, Kräftepolygon). Man reiht alle Kraftvektoren unter Beachtung von *Größe* und *Richtung* aneinander. Die Resultierende aller Kräfte ist dann die Verbindung zwischen dem Anfang der ersten und dem Ende der letzten Kraft:

geometrische Addition

(M 5.6) $$\vec{F}_R = \vec{F}_1 + \vec{F}_2 + \vec{F}_3 + \ldots$$

Das Krafteck ist geschlossen, wenn Anfang des ersten und Ende des letzten Kraftvektors zusammenfallen. Die Resultierende ist dann gleich null, d. h., alle Kräfte sind im Gleichgewicht, ihre Wirkungen heben sich auf.

5.1.3 Kräfte mit verschiedenen Angriffspunkten

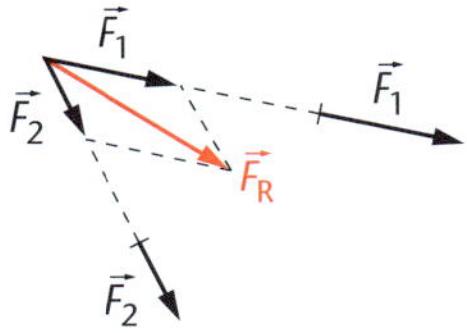

Solche Kräfte verschiebt man auf ihren Wirkungslinien bis zu deren Schnittpunkt. Dann kann das Kräfteparallelogramm in der üblichen Weise gebildet werden. Der Angriffspunkt der Resultierenden darf wieder längs ihrer Wirkungslinie verschoben werden. Die Konstruktion liefert nur *Betrag*, *Richtung* und *Wirkungslinie* der Resultierenden, nicht aber deren Angriffspunkt. Kraftvektoren sind linienflüchtig → [1.6].

5.1.4 Parallele Kräfte

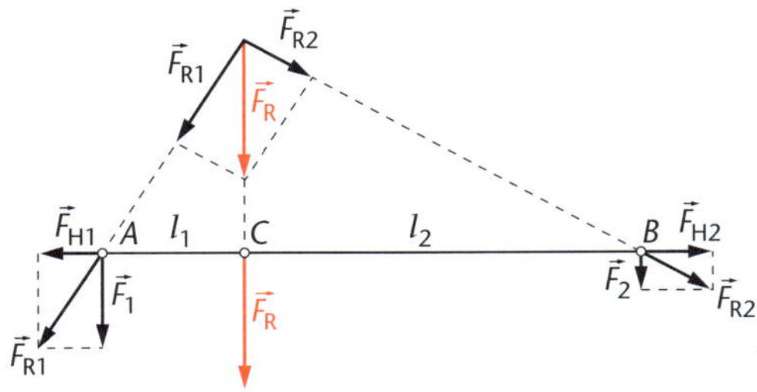

Die Wirkungslinien paralleler Kräfte besitzen keinen Schnittpunkt. Deshalb fügt man jeder Komponente eine Hilfskraft zu. Beide Hilfskräfte müssen gleich groß, aber entgegengesetzt gerichtet sein, damit sie sich in ihrer Wirkung gegenseitig aufheben.

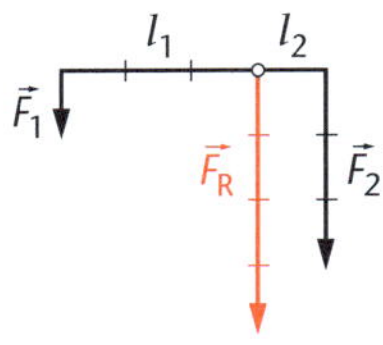

Dann werden die Resultierenden aus den Kräften und den Hilfskräften zur Gesamtresultierenden zusammengesetzt.

Die Resultierende kann auch berechnet werden. Ihr *Betrag* ist

$F_R = F_1 + F_2$.

Die Wirkungslinie der Resultierenden teilt den Abstand der Kräfte im umgekehrten Verhältnis beider Kräfte:

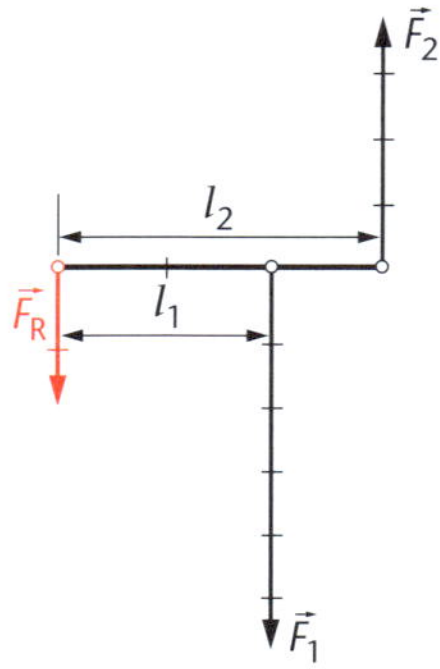

Die Abstände paralleler Kräfte zur Resultierenden verhalten sich umgekehrt wie die Kräfte selbst.

(M 5.7) $$F_1 : F_2 = l_2 : l_1$$

Beachte:

- Bei antiparallelen Kräften (parallel, jedoch entgegengesetzt gerichtet) wendet man das gleiche Verfahren an. Die Resultierende liegt dann *außerhalb*, also nicht zwischen den Kräften, ihr Betrag ist $F_R = F_1 - F_2$.

5.2 Zerlegen von Kräften

Eine Kraft kann in beliebig viele Komponenten zerlegt werden. Bei der wichtigen Zerlegung in zwei mit der Kraft in einer Ebene liegenden Komponenten müssen von diesen die *Richtungen* oder die *Größen* bekannt sein.

Meist kennt man die *Richtungen* der zu ermittelnden Komponenten. Ihre Wirkungslinien zieht man durch den Angriffspunkt der zu zerlegenden Kraft und konstruiert das Parallelogramm.

Die Komponenten können auch berechnet werden.

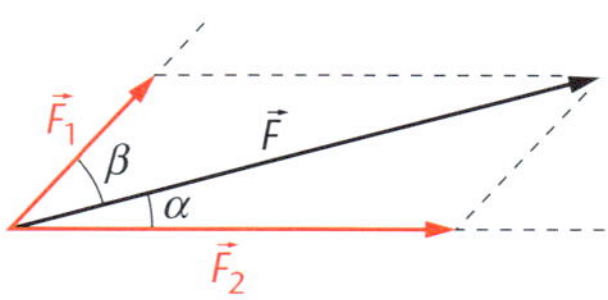

Wenn

F Betrag der zu zerlegenden Kraft,
F_1 Betrag der Komponente 1,
F_2 Betrag der Komponente 2,
α Winkel zwischen $\vec{F}$ und $\vec{F}_2$,
β Winkel zwischen $\vec{F}$ und $\vec{F}_1$,

dann gilt

(M 5.8) $$F_1 = F\frac{\sin\alpha}{\sin(\alpha+\beta)} \quad \text{und} \quad F_2 = F\frac{\sin\beta}{\sin(\alpha+\beta)}$$

Oft ist es nötig, Kräfte in zwei zueinander *senkrechte* Komponenten zu zerlegen.

Wegen $\alpha + \beta = 90°$ und $\sin\beta = \cos\alpha$ vereinfacht sich (M 5.8) zu

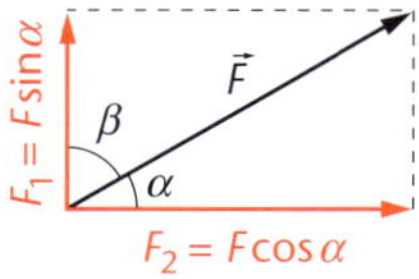

(M 5.9) $$F_1 = F\sin\alpha = F\cos\beta$$ $$F_2 = F\cos\alpha = F\sin\beta$$

Beachte:

- Liegen die Kräfte F_1 und F_2 parallel zu den Achsen eines rechtwinkligen Koordinatensystems, so werden sie häufig als F_x und F_y bezeichnet.

5.3 Drehmoment

Wirkt eine Kraft auf einen drehbaren starren Körper, so erzeugt sie ein Drehmoment. Die Wirkung entspricht der eines *Kräftepaares.*

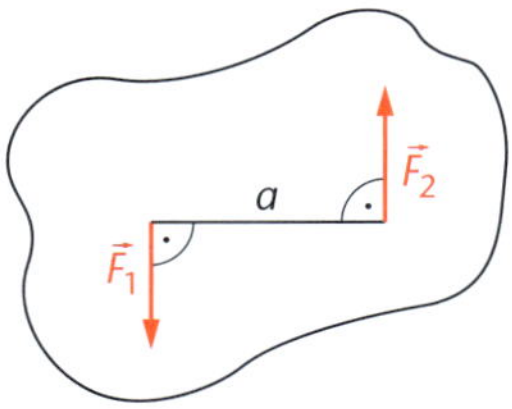

Unter einem Drehmoment versteht man das Produkt aus einer Kraft und dem senkrechten Abstand ihrer Wirkungslinie vom Drehpunkt.

SI-Einheit des Drehmoments: $[M]$ = Newtonmeter (N · m).

Ungesetzliche Einheiten: Kilopondmeter (kp · m) = 9,807 N · m

Pondzentimeter (p · cm) = $9{,}807 \cdot 10^{-5}$ N · m = 98,07 µN · m.

Wenn

- M Drehmoment,
- F wirkende Kraft,
- r Abstand Drehpunkt–Angriffspunkt,
- l senkrechter Abstand Drehpunkt–Wirkungslinie der Kraft,
- α Winkel zwischen F und r,

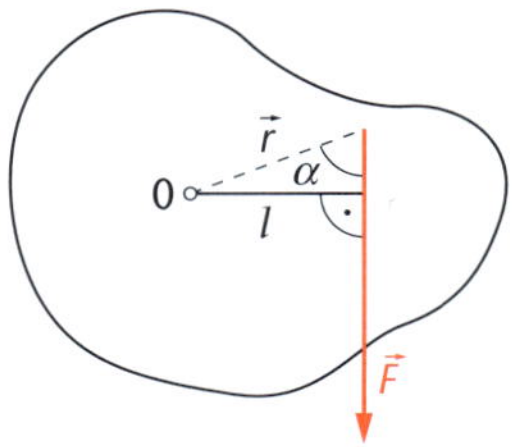

dann gilt

(M 5.10) $$M = Fl = Fr\sin\alpha$$

oder in vektorieller Schreibweise

(M 5.11) $$\vec{M} = \vec{r} \times \vec{F}$$

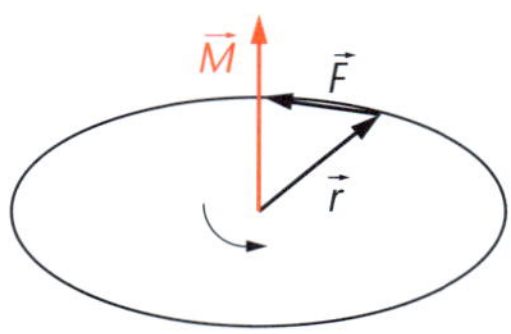

Das Drehmoment $\vec{M}$ ist das Vektorprodukt aus Radiusvektor $\vec{r}$ und Kraft $\vec{F}$.

Das Drehmoment ist ein **axialer Vektor**. Er liegt in der Drehachse und weist bei Rechtsdrehung nach vorn (Schrauben- oder Korkenzieherregel). Seine Länge entspricht dem Betrag von $\vec{M}$. Axiale Vektoren sind an keine Wirkungslinie gebunden, sondern parallel verschiebbar (**freie Vektoren**).

Wirken auf einen drehbaren Körper *mehrere* Drehmomente, dann gilt der

Momentensatz:
Das resultierende Drehmoment ist gleich der Summe der einzelnen Drehmomente.

Beachte:

- Hierbei sind zwei Fälle zu unterscheiden:
  - Die Drehmomente wirken in gleicher Ebene. Ihre Summe ergibt sich aus einer **algebraischen Addition**, wobei linksdrehende Momente allgemein als *positiv*, rechtsdrehende als *negativ* bezeichnet werden.
  - Die Drehmomente wirken in verschiedenen Ebenen, die Drehachsen sind nicht parallel. Die Summe ergibt sich aus einer **geometrischen Addition**.

5.4 Gleichgewichtsbedingungen

Die auf einen starren Körper wirkenden Kräfte können sowohl eine fortschreitende Bewegung (Translation) als auch eine Drehbewegung (Rotation) erzeugen. Ein Körper ist im Gleichgewicht, wenn folgende Bedingungen erfüllt sind:

- Die Resultierende aller wirkenden Kräfte muss gleich null sein.
- Die Summe aller Drehmomente muss gleich null sein.

Für Kräfte in einer Ebene gilt daher als

Gleichgewichtsbedingung

(M 5.12) $$\sum \vec{F}_x = 0; \quad \sum \vec{F}_y = 0; \quad \sum \vec{M} = 0$$

also $$\sum_{i=1}^{n} F_i \sin \alpha_i = 0; \quad \sum_{i=1}^{n} F_i \cos \alpha_i = 0; \quad \sum_{i=1}^{n} F_i l_i = 0$$

5.5 Einfache Maschinen

Sie haben die Aufgabe, bei bestimmten Arbeiten *Größe* oder *Richtung* der erforderlichen Kraft zu verändern. Nach (M 7.11) bezeichnet man das Produkt aus Kraft und Weg als Arbeit. Soll die Kraft verkleinert werden, muss dafür der Weg größer werden. Die Größe der Arbeit können diese Maschinen also nicht verändern. Es gilt die so genannte

„Goldene Regel der Mechanik":
Was an Kraft gespart wird, muss an Weg zugesetzt werden.

M

5.5.1 Hebel

Als Hebel bezeichnet man einen starren, um eine Achse drehbaren Körper.

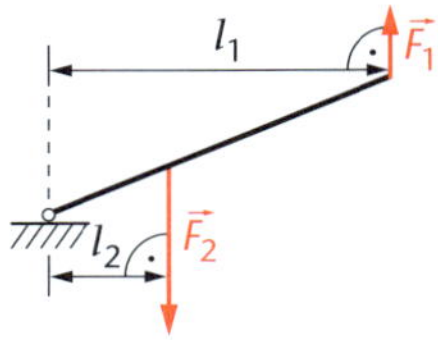

Bei einem *einseitigen* Hebel liegt der Drehpunkt am Ende (antiparallele Kräfte) → [5.1.4].

Bei einem *zweiseitigen* Hebel liegt der Drehpunkt zwischen den angreifenden Kräften (parallele Kräfte) → [5.1.4].

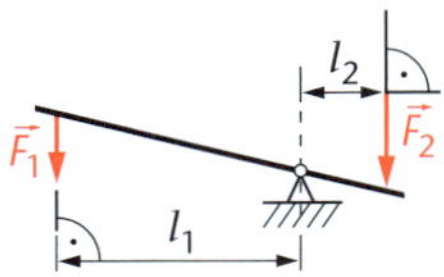

Wenn

- F_1 Kraft, die mit der Last F_2 im Gleichgewicht ist,
- F_2 Last,
- l_1 Kraftarm, senkrechter Abstand Wirkungslinie der Kraft–Drehpunkt,
- l_2 Lastarm, senkrechter Abstand Wirkungslinie der Last–Drehpunkt,

dann gilt das

Hebelgesetz

(M 5.13) $$F_1 l_1 = F_2 l_2$$ Kraft × Kraftarm = Last × Lastarm

Beachte:

- Bei einem *Winkelhebel* bilden beide Hebelarme einen Winkel $< 180°$. Auch hier bedeuten l_1 und l_2 die *senkrechten* Abstände der Kräfte vom Drehpunkt.

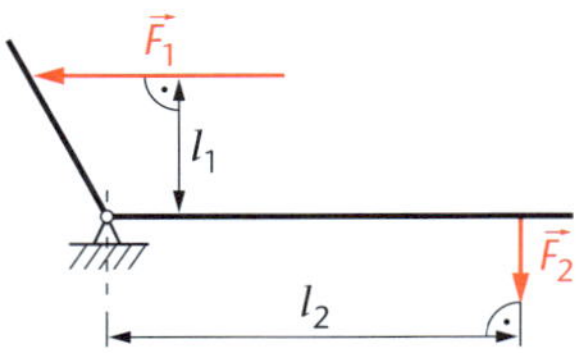

5.5.2 Feste Rolle

Sie wirkt als zweiseitiger gleicharmiger Hebel. Die auf beiden Seiten wirkenden Drehmomente sind gleich, also auch die Kräfte. Für die feste Rolle gilt

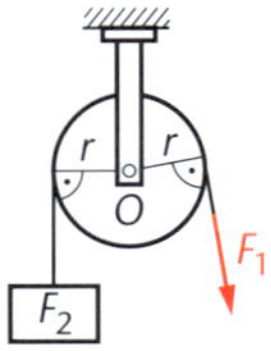

(M 5.14) $\boxed{\text{Kraft} = \text{Last}; \quad F_1 = F_2}$

Beachte:

- Eine feste Rolle kann nur die *Richtung* der erforderlichen Kraft beliebig verändern, jedoch nicht deren Größe.

5.5.3 Lose Rolle

Sie wirkt als einseitiger Hebel. Bezogen auf einen Drehpunkt O wirken folgende Drehmomente, die im Falle des Gleichgewichts gleich sein müssen: $F_1 \cdot 2r = F_2 \cdot r$. Daraus folgt

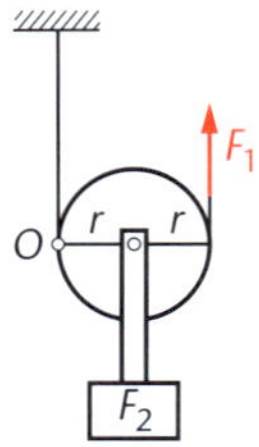

(M 5.15) $\boxed{\text{Kraft} = \text{halbe Last}; \quad F_1 = \frac{F_2}{2}}$

Beachte:

- Eins lose Rolle *halbiert* die Größe der erforderlichen Kraft.
- Kombiniert mit einer festen Rolle können Größe und Richtung der Kraft verändert werden.

5.5.4 Flaschenzug

Er besteht aus insgesamt n Rollen, wobei jeweils die Hälfte fest bzw. lose ist. Die Last verteilt sich auf n parallel verlaufende Seile. Im Falle des Gleichgewichts gilt

(M 5.16) $\boxed{\text{Kraft} = \frac{\text{Last}}{\text{Anzahl der Seile}}; \quad F_1 = \frac{F_2}{n}}$

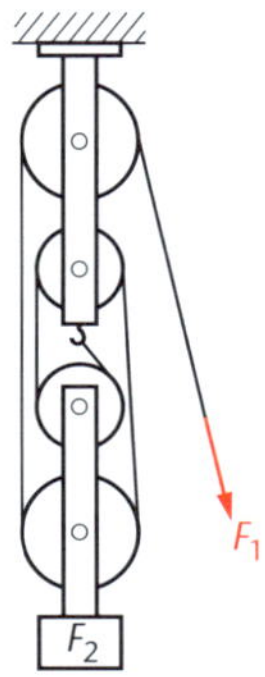

5.5.5 Differenzialflaschenzug

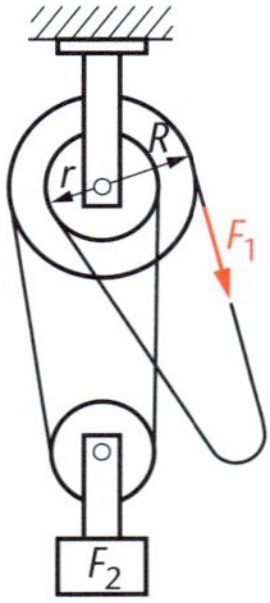

Er besteht aus 2 festen Rollen unterschiedlichen Durchmessers und einer losen Rolle. Die festen Rollen haben eine gemeinsame Drehachse und sind miteinander fest verbunden.

Wenn

R Radius der größeren festen Rolle,
r Radius der kleineren festen Rolle,
F_1 aufzuwendende Kraft,
F_2 Last,

dann gilt

(M 5.17) $$F_1 = F_2 \frac{R-r}{2R} = \frac{F_2}{2}\left(1 - \frac{r}{R}\right)$$

5.5.6 Geneigte Ebene

Darunter versteht man eine Ebene, die gegen die Horizontale geneigt ist, früher als „*schiefe*" Ebene bezeichnet. Die Gewichtskraft eines Körpers auf der geneigten Ebene lässt sich in zwei einen rechten Winkel bildende Kraftkomponenten zerlegen:

- in die **Hangabtriebskraft** parallel zur geneigten Ebene und
- in die **Normalkraft** senkrecht zur geneigten Ebene.

Wenn

F_G Gewichtskraft des Körpers,
F_H Hangabtriebskraft,
F_N Normalkraft,
b (horizontale) Basis der geneigten Ebene,
l Länge der geneigten Ebene,
h Höhe der geneigten Ebene,
α Neigungswinkel,

dann gilt $F_H : F_G = h : l$ oder

(M 5.18) $$F_H = \frac{F_G h}{l} = F_G \sin\alpha$$

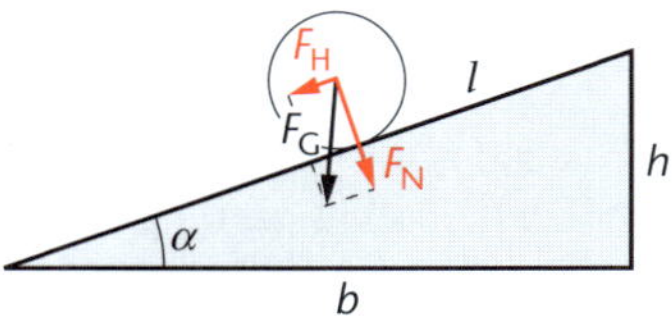

M

und $F_N : F_G = b : l$ oder

(M 5.19) $$F_N = \frac{F_G b}{l} = F_G \cos\alpha$$

Beachte:

- Als **Anstieg** bezeichnet man das Verhältnis $h : b = \tan\alpha$.
- Im Gegensatz dazu wird das Verhältnis $h : l = \sin\alpha$ besonders bei Straßen und Bahnstrecken als **Neigung** (Steigung oder Gefälle) bezeichnet und meist in Prozent angegeben. Bei kleinem Neigungswinkel α ist jedoch der Unterschied zwischen $\tan\alpha$ und $\sin\alpha$ gering.

5.5.7 Keil

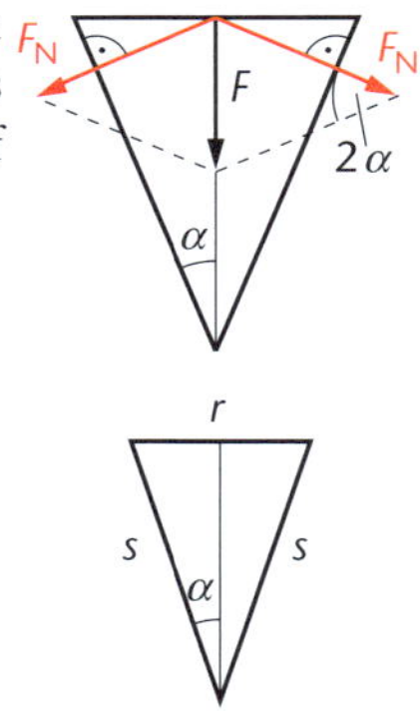

Er besteht aus zwei an der Basis zusammengefügten geneigten Ebenen. Die von den Flanken des Keils ausgeübten seitlichen Kräfte stehen senkrecht auf den Flanken (Normalkraft).

Wenn

F auf den Keilrücken ausgeübte Kraft,
F_N Flankenkraft des Keils,
r Breite des Keilrückens,
s Länge einer Flanke,
α halber Keilwinkel,

dann gilt

(M 5.20) $$F_N = F\frac{s}{r} = \frac{F}{2\sin\alpha}$$

5.5.8 Schraube

Eine Schraube kann aufgefasst werden als eine geneigte Ebene, die um einen Kreiszylinder gewickelt wurde.

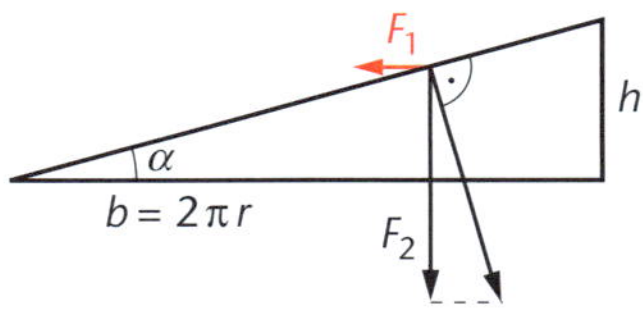

Wenn

F_1 zur Drehung der Schraube erforderliche Kraft, wirksam im Abstand r,
F_2 Kraft, in Achsrichtung wirkend,
h Ganghöhe der Schraube,

r mittlerer Gewinderadius,
α Neigungswinkel der abgewickelten geneigten Ebene,

dann gilt $F_1 : F_2 = h : b = \tan\alpha$ oder

(M 5.21) $$F_1 = F_2 \tan\alpha$$

Wirkt F_1 in einem beliebigen Abstand R von der Drehachse, so ergibt sich

$F_1 : F_2 = h : b = h : 2\pi R$ oder

(M 5.22) $$F_1 = \frac{F_2 h}{2\pi R}$$

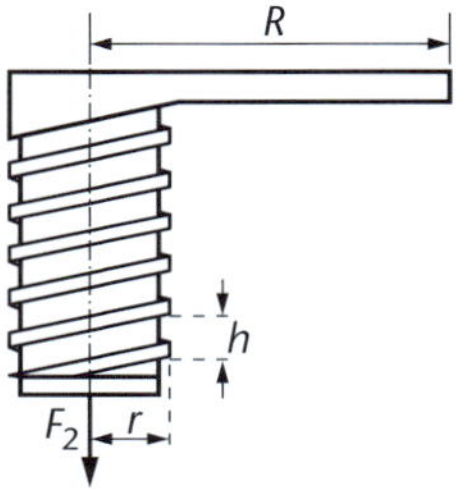

M

5.6 Gleichgewicht

5.6.1 Schwerpunkt (Massenmittelpunkt)

Die Gewichtskraft eines Körpers (früher als sein Gewicht bezeichnet) ist gleich der Summe der Gewichtskräfte seiner Massenelemente. Die Resultierende greift im Schwerpunkt des Körpers an.

Zur experimentellen Bestimmung der Lage des Schwerpunkts hängt man den Körper an mindestens zwei verschiedenen Punkten seiner Oberfläche auf und lotet jeweils vom Aufhängepunkt nach unten. Die Lote (Angriffslinien der Schwerkraft) schneiden sich im Schwerpunkt des Körpers.

Der Schwerpunkt eines Körpers ist der Angriffspunkt der Resultierenden aller seiner Teilgewichtskräfte. Er kann auch außerhalb des Körpers liegen.

Für die rechnerische Bestimmung der Lage des Schwerpunkts dient der Momentensatz → [5.3]. Danach muss bezüglich jeder Raumachse das von der Gewichtskraft des Körpers im Schwerpunkt erzeugte Drehmoment gleich der Summe der Drehmomente aller Teilgewichtskräfte sein.

Wenn
F_G Gewichtskraft des Körpers,
m seine Masse,
V sein Volumen,

$\Delta F_G, \Delta m, \Delta V$ Gewichtskraft, Masse und Volumen einzelner Elemente des Körpers,

x, y, z Koordinaten der Schwerpunkte der Elemente,

dann gilt nach dem Drehmomentensatz

$$x_s F_G = \sum x\,\Delta F_G; \quad y_s F_G = \sum y\,\Delta F_G; \quad z_s F_G = \sum z\,\Delta F_G.$$

Wegen $F_G = mg$ (M 7.3) kürzt sich g aus allen Gleichungen

$$x_s m = \sum x\,\Delta m \quad \text{usw.}$$

Für homogene Körper (Dichte ϱ an allen Stellen gleich) vereinfachen sich die Gleichungen wegen $m = V\varrho$ (M 7.4) zu

$$x_s V = \sum x\,\Delta V; \quad y_s V = \sum y\,\Delta V; \quad z_s V = \sum z\,\Delta V.$$

Demnach sind die Koordinaten für den

Schwerpunkt eines homogenen Körpers

(M 5.23) $$x_s = \frac{\sum x\,\Delta V}{V}; \quad y_s = \frac{\sum y\,\Delta V}{V}; \quad z_s = \frac{\sum z\,\Delta V}{V}$$

■ Analog zu (M 5.23) ergeben sich die Koordinaten für den

Schwerpunkt einer Fläche

(M 5.24) $$x_s = \frac{\sum x\,\Delta A}{A}; \quad y_s = \frac{\sum y\,\Delta A}{A}$$

und für den

Schwerpunkt einer Linie

(M 5.25) $$x_s = \frac{\sum x\,\Delta l}{l}; \quad y_s = \frac{\sum y\,\Delta l}{l}$$

■ Die Koordinaten des **Schwerpunkts eines zusammengesetzten Körpers** errechnen sich aus den Koordinaten der Schwerpunkte der Teilkörper.

Zur Berechnung muss von jedem Teilvolumen ΔV die Lage des Schwerpunkts bekannt sein. Wenn eine Zerlegung in Teile mit bekanntem Schwerpunkt nicht möglich ist, geht man auf differenzielle Volumenelemente zurück, sofern der Körper mathematisch erfassbar ist.

(M 5.26) $$x_s = \frac{1}{V}\int x\,\mathrm{d}V; \quad y_s = \frac{1}{V}\int y\,\mathrm{d}V; \quad z_s = \frac{1}{V}\int z\,\mathrm{d}V$$

Beachte:

- Eine analoge Gleichung ergibt sich für die Koordinaten des Schwerpunkts einer zusammengesetzten Fläche.

5.6.2 Gleichgewichtsarten

Die Gleichgewichtsart eines Körpers hängt vom Verhalten seines Schwerpunkts bei einer Bewegung des Körpers ab.

Übersicht:

Das Gleichgewicht ist	der Schwerpunkt	
stabil	hebt sich	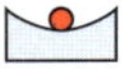
labil	senkt sich	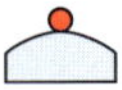
indifferent	bleibt in gleicher Höhe	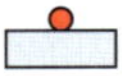

5.6.3 Standfestigkeit

Ein Körper ist so lange standsicher, wie sein Schwerpunkt lotrecht oberhalb der Standfläche liegt; denn nur dann ist er im stabilen Gleichgewicht. Liegt der Schwerpunkt lotrecht oberhalb der Kippkante, dann ist das Gleichgewicht labil, und der Körper kippt bei der kleinsten Störung. Ein Maß für die Standfestigkeit ist das zum Kippen erforderliche Kippmoment, das höchstens so groß sein darf wie das Standmoment.

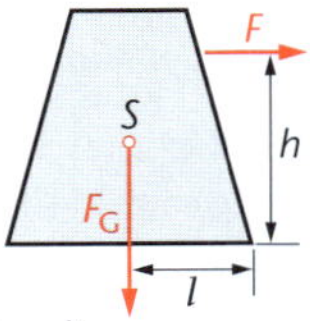

Wenn

h Höhe der Kraft über der Standfläche,

l senkrechter Abstand Kippkante–Schwerpunktslot,

F_G Gewichtskraft des Körpers,

F Kippkraft,

dann gilt Standmoment $F_G l$ = Kippmoment Fh und damit

(M 5.27) $$F = \frac{F_G l}{h}$$

Die Standfestigkeit eines bestimmten Körpers ist umso größer,

- je größer seine Gewichtskraft ist ($F \sim F_G$),
- je größer die Grundfläche ist ($F \sim l$).

Die zum Kippen nötige Kraft ist umso größer, je niedriger sie angreift ($F \sim 1/h$).

6 Kinematik

Die Kinematik (Bewegungslehre) behandelt die Gesetzmäßigkeiten, die den Bewegungsabläufen zu Grunde liegen. Die bei der Bewegung auftretenden Kräfte bleiben dabei unberücksichtigt.

Man unterscheidet zwei Arten von Bewegungen:

- **Translation (geradlinige Bewegung)** → [6.1] und
- **Rotation (Drehbewegung)** → [6.3].

Beachte:

- Die in der Kinematik verwendeten Größen Weg s, Geschwindigkeit v, Beschleunigung a sind *vektorielle* Größen.
  In den folgenden Abschnitten sind sie jedoch nur dann vektoriell geschrieben, wenn ihre Richtung zu beachten ist. In allen anderen Fällen sind stets nur ihre **Beträge** gemeint!

6.1 Translation

Übersicht:

Art der Translation	**Geschwindigkeit v** (zeitlich)	**Beschleunigung a** (zeitlich)	**→ Abschnitt**
gleichförmig	konstant	0	[6.1.1]
gleichmäßig beschleunigt	ändert sich gleichmäßig	konstant	[6.1.2]
ungleichmäßig beschleunigt	ändert sich ungleichmäßig	ändert sich	[6.1.3]

Die Größen der Translation (**Weg**, **Geschwindigkeit** und **Beschleunigung**) sind Funktionen der Zeit.

Von den Diagrammen, die den zeitlichen Verlauf dieser Größen wiedergeben, ist das Geschwindigkeit-Zeit-Diagramm (v, t-Kurve) das wichtigste. Es zeigt die Größe der Geschwindigkeit zu jedem Zeitpunkt sowie den bis dahin zurückgelegten Weg (er entspricht der Fläche unter der Kurve).

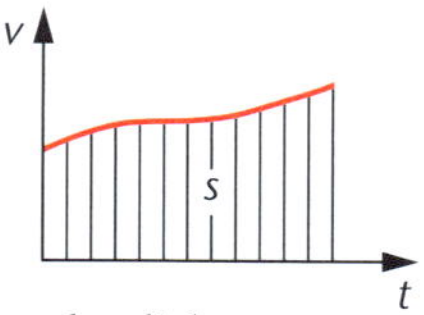

Aus dem Anstieg der Kurve kann die Beschleunigung bestimmt werden.

Außerdem werden das Weg-Zeit-Diagramm (s, t-Kurve) sowie das Beschleunigung-Zeit-Diagramm (a, t-Kurve) verwendet, um die gesetzmäßigen Beziehungen zwischen den genannten Größen zu veranschaulichen.

6.1.1 Gleichförmige Translation

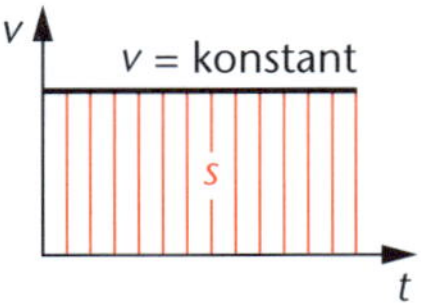

Eine Translation heißt gleichförmig, wenn die **Geschwindigkeit** v während der gesamten Bewegung konstant ist, d. h. in gleichen Zeitabschnitten gleiche Wege zurückgelegt werden.

Wenn
v Geschwindigkeit, während der Zeit t konstant,
s Weg, in der Zeit t zurückgelegt,
t Zeit, die für den Weg s benötigt wird,

dann gilt, weil der Weg s dem Inhalt des Rechtecks entspricht, $s = vt$ oder

(M 6.1) $$v = \frac{s}{t}$$

	v	s	t
SI	$\frac{\mathrm{m}}{\mathrm{s}}$	m	s
VT	$\frac{\mathrm{km}}{\mathrm{h}}$	km	h

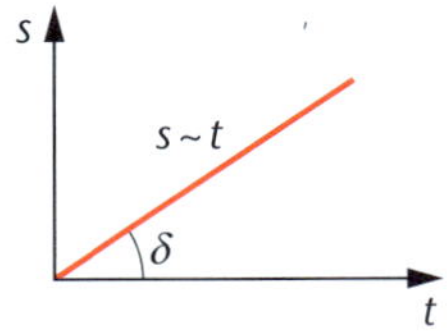

Unter der *konstanten* Geschwindigkeit v versteht man das Verhältnis des zurückgelegten Weges zu der dafür benötigten Zeit. Sie entspricht dem Anstieg der s, t-Kurve, also $\{v\} = \tan \delta$.

SI-Einheit der Geschwindigkeit: $[v]$ = Meter/Sekunde (m/s)
üblich: Kilometer/Stunde (km/h).

Umrechnung:

1 m/s = 3,6 km/h	1 km/h = 0,277 8 m/s	
SI-fremde Geschwindigkeits-Einheiten:		
1 Mach	= 1 192 km/h	= 331 m/s
1 Knoten (kn) = 1 sm/h	= 1,852 km/h	= 0,514 4 m/s
1 mile per hour (mi/hr = mph)	= 1,609 km/h	= 0,447 m/s
1 yard per second (yd/s)	= 3,292 km/h	= 0,914 4 m/s
1 foot per minute (ft/min)	= 0,018 29 km/h	= 0,005 08 m/s
1 foot per second (ft/s)	= 1,097 3 km/h	= 0,304 8 m/s
1 inch per second (in/s = ips)	= 0,091 44 km/h	= 0,025 4 m/s

Übersicht:

Geschwindigkeiten in der Natur und Technik (stark gerundet)	in m/s	in km/h
Elektronen in metallischen Leitern	$4 \cdot 10^{-3}$	0,014
Schnecke	$1{,}5 \cdot 10^{-3}$	0,005
Fußgänger	1,4	5
Radfahrer	5	18
Kurzstreckenläufer	10	36
Wind bei Stärke 4	6–8	20–30
Wind bei Stärke 8	17–21	63–74
Wind bei Stärke 12	> 32	> 117
Schall in Luft (Normzustand)	340	1 200
Umfangsbewegung der Erde am Äquator	460	1 700
Gewehrgeschoss (Anfangsgeschwindigkeit)	800	2 900
Mond um die Erde	1 000	3 600
Wasserstoffmolekül (Normzustand)	1 800	6 500
Schall in Metall	5 000	18 000
Erdsatellit, geostationär (Höhe 36 000 km)	3 100	11 000
Erdsatellit (Höhe 500 km)	7 600	27 000
Erde um die Sonne	$3 \cdot 10^4$	110 000
Licht im Vakuum	$3 \cdot 10^8$	$1{,}1 \cdot 10^9$

6.1.2 Gleichmäßig beschleunigte Translation

Eine Translation ist gleichmäßig beschleunigt, wenn

- die Beschleunigung $a =$ konstant, also
- die Geschwindigkeit $v \sim t$.

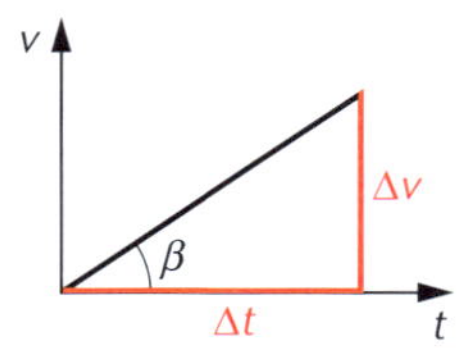

Wenn
a Beschleunigung,
Δv Geschwindigkeitsänderung (Zu- oder Abnahme),
Δt Zeit, Dauer der Beschleunigung,

dann gilt

(M 6.2) $$a = \frac{\Delta v}{\Delta t}$$

	a	v	t
SI	$\frac{\text{m}}{\text{s}^2}$	$\frac{\text{m}}{\text{s}}$	s

Unter konstanter Beschleunigung a versteht man das Verhältnis der Geschwindigkeitsänderung zu der dafür benötigten Zeit.
Sie entspricht im v, t-Diagramm dem Tangens des Winkels zwischen Kurve und t-Achse: $\{a\} = \tan \beta$.

SI-Einheit der Beschleunigung: $[a] = \mathrm{m/s^2}$.

Beachte:

- Die Verzögerung (Bremsvorgang) unterscheidet sich von der Beschleunigung nur durch den negativen Zahlenwert.
  Beschleunigung: $a > 0$
  Verzögerung: $a < 0$.

Übersicht:

Beschleunigungen in Natur und Technik (stark gerundet)	in $\mathrm{m/s^2}$
Personenzug mit E-Lok	0,25
Straßenbahn	0,3
S- und U-Bahn	0,6
S- und U-Bahn-Bremsen	1
Pkw	1 ... 5
Rennwagen	bis 8
Pkw-Bremsen	5 ... 8
freier Fall	10
Geschoss im Gewehrlauf	5 000
Elektron in Vakuumröhre	10^{15}

■ Bei der gleichmäßig beschleunigten Translation müssen zwei Fälle unterschieden werden: *ohne* oder *mit* **Anfangsgeschwindigkeit** v_0.

Ohne Anfangsgeschwindigkeit

Die Geschwindigkeit nimmt aus der Ruhe heraus gleichmäßig zu.

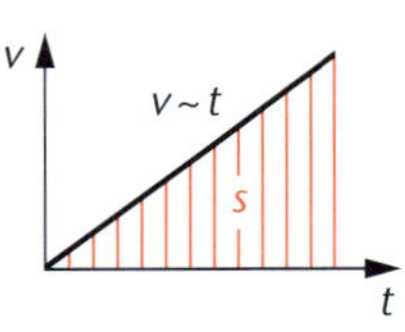

Wenn

v Geschwindigkeit nach Ablauf der Zeit t,
s Weg, in der Zeit t zurückgelegt,
t Zeit,
a Beschleunigung, während der Zeit t konstant,

dann gilt, weil im v, t-Diagramm der zurückgelegte Weg der Dreiecksfläche unter der Kurve entspricht,

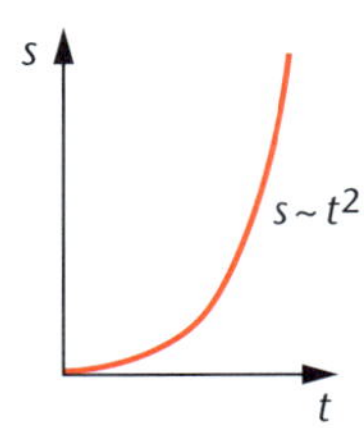

(M 6.3) $$s = \frac{vt}{2}$$

	s	v	t
SI	m	$\frac{\mathrm{m}}{\mathrm{s}}$	s

oder mit (M 6.5)

(M 6.4) $$s = \frac{at^2}{2}$$

	s	a	t
SI	m	$\frac{\text{m}}{\text{s}^2}$	s

Weil die Bewegung aus der Ruhe beginnt, ist die Geschwindigkeitsänderung gleich der erreichten Geschwindigkeit, (M6.2) nimmt die Form an

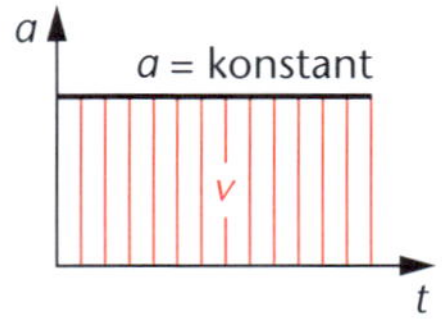

(M 6.5) $$v = at$$

	v	a	t
SI	$\frac{\text{m}}{\text{s}}$	$\frac{\text{m}}{\text{s}^2}$	s

Nach (M 6.5) ist $t = v/a$. Eingesetzt in (M 6.3) und umgestellt ergibt

(M 6.6) $$v = \sqrt{2as}$$

	v	a	s
SI	$\frac{\text{m}}{\text{s}}$	$\frac{\text{m}}{\text{s}^2}$	m

Die **mittlere Geschwindigkeit** $\overline{v}$ (Durchschnittsgeschwindigkeit) ist das arithmetische Mittel aus Anfangs- und Endgeschwindigkeit:

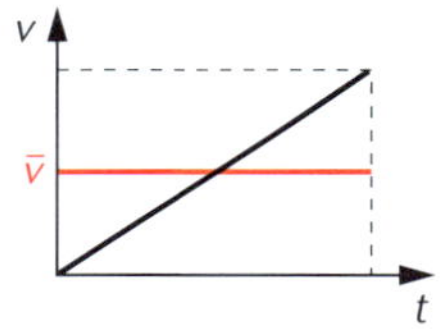

$$\overline{v} = \frac{0 + v}{2} = \frac{v}{2} \quad \text{oder}$$

(M 6.7) $$\overline{v} = \frac{at}{2} = \frac{s}{t}$$

	v	a	s	t
SI	$\frac{\text{m}}{\text{s}}$	$\frac{\text{m}}{\text{s}^2}$	m	s

Mit Anfangsgeschwindigkeit

Die zur Zeit $t = 0$ vorhandene Anfangsgeschwindigkeit v_0 ändert sich gleichmäßig um Δv, die Beschleunigung ist konstant.

Wenn

- s Weg, in der Zeit t zurückgelegt,
- v_0 Anfangsgeschwindigkeit,
- v Endgeschwindigkeit,
- t Zeit, Dauer der Beschleunigung,
- a Beschleunigung, während der Zeit t konstant,

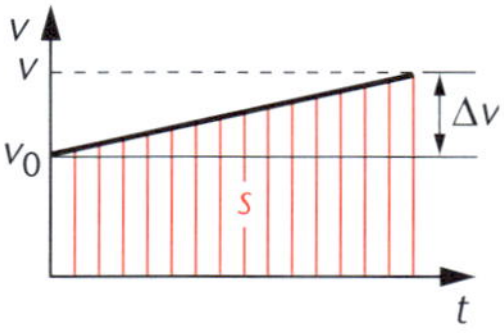

dann gilt, weil im v, t-Diagramm der zurückgelegte Weg der Fläche des Trapezes unter der Kurve entspricht,

(M 6.8) $$s = \frac{v_0 + v}{2} t$$

	s	v	t
SI	m	$\frac{\text{m}}{\text{s}}$	s

oder, weil sich der Trapezinhalt auch als Summe der Inhalte von Rechteck und Dreieck darstellen lässt,

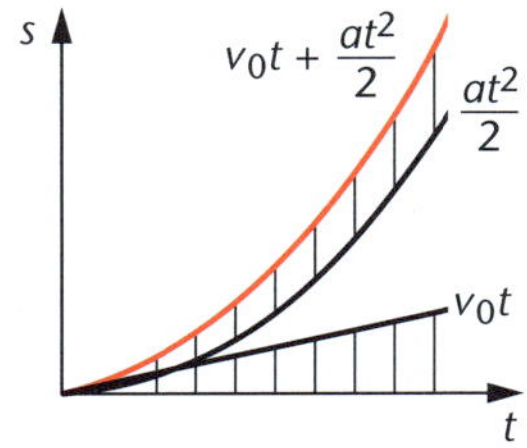

$$s = v_0t + \frac{(v - v_0)t}{2} \quad \text{und damit}$$

(M 6.9) $$s = v_0t + \frac{at^2}{2}$$ Einheiten → (M 6.10)

Ferner ergibt sich aus dem v, t-Diagramm $v = v_0 + \Delta v$ und daraus entsprechend (M 6.2)

(M 6.10) $$v = v_0 + at$$

	v	a	t	s
SI	$\frac{\text{m}}{\text{s}}$	$\frac{\text{m}}{\text{s}^2}$	s	m

Durch Auflösen von (M 6.10) nach t und Einsetzen in (M 6.8) erhält man

$$s = \frac{v^2 - v_0^2}{2a}.$$

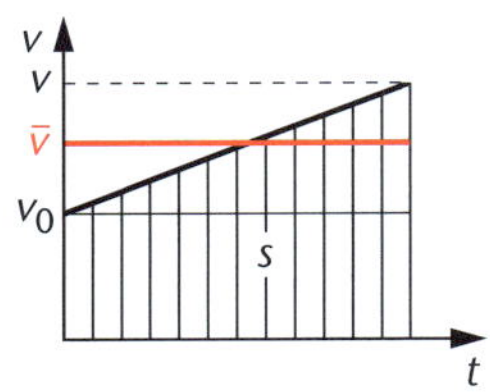

Umstellen ergibt die „zeitfreie Gleichung“

(M 6.11) $$v = \sqrt{v_0^2 + 2as}$$ Einheiten → (M 6.10)

Für die **mittlere Geschwindigkeit** $\overline{v}$ (Durchschnittsgeschwindigkeit) folgt

(M 6.12) $$\overline{v} = \frac{v_0 + v}{2} = v_0 + \frac{at}{2} = \frac{s}{t}$$

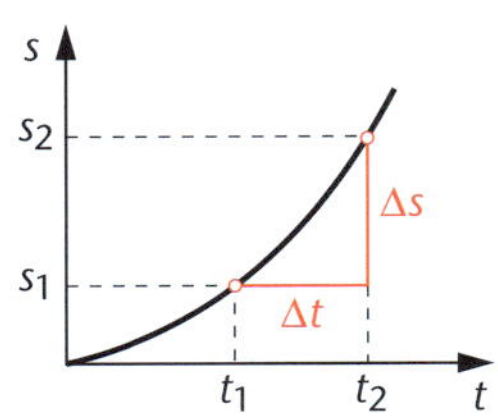

und für ein **Intervall** der Bewegung

(M 6.13) $$\overline{v} = \frac{\Delta s}{\Delta t} = \frac{s_2 - s_1}{t_2 - t_1}$$

Soll der zur Zeit t_0 bereits zurückgelegte Weg s_0 berücksichtigt werden, dann ergibt sich aus (M 6.8) und (M 6.9) als

Gesamtweg

(M 6.14) $$s = s_0 + \frac{v_0 + v}{2}t = s_0 + v_0t + \frac{at^2}{2}$$ Einheiten → (M 6.10)

Beachte:

- (M 6.3) bis (M 6.7) sind *Sonderfälle* von (M 6.8) bis (M 6.12). Weil die Bewegung aus der Ruhe beginnt, ist $v_0 = 0$.
- Bei einer verzögerten Bewegung (Verzögerung = *negative* Beschleunigung) besitzt a einen *negativen* Zahlenwert. Die Geschwindigkeit v nimmt ab ($v < v_0$), evtl. bis zur Ruhe ($v = 0$) oder zu negativen Werten ($v < 0$).

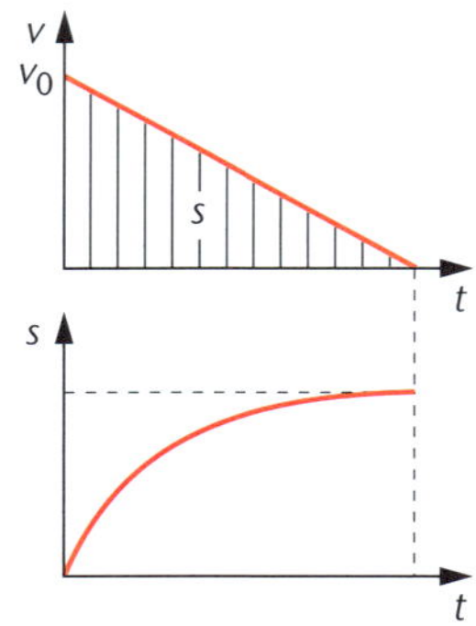

6.1.3 Ungleichmäßig beschleunigte Translation

Eine Translation ist ungleichmäßig beschleunigt, wenn die Beschleunigung nicht konstant, die Geschwindigkeitsänderung also nicht proportional der Zeit ist. Geschwindigkeit und Beschleunigung sind Funktionen der Zeit: $v = v(t)$; $a = a(t)$.

Die gesetzmäßigen Verknüpfungen der Größen s, v und a sind den entsprechenden Diagrammen zu entnehmen.

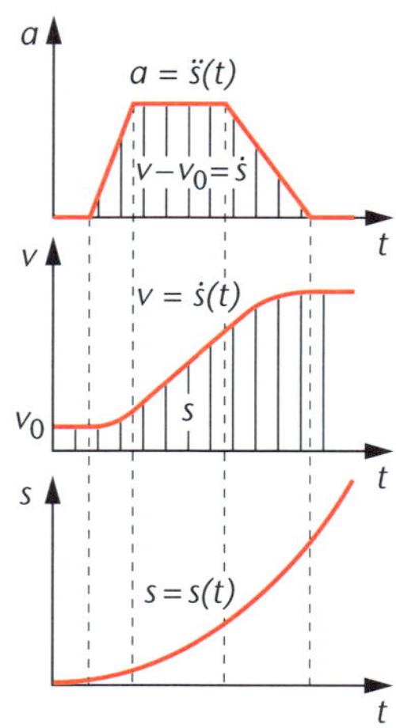

Momentangeschwindigkeit

Das s, t-Diagramm zeigt den in bestimmten Zeiten zurückgelegten Weg. Je steiler die Kurve, desto größer ist die Momentangeschwindigkeit zu diesem Zeitpunkt.

Wenn
α Winkel zwischen Tangente und t-Achse,
v Momentangeschwindigkeit zum Zeitpunkt t,
s Weg, der bis zum Zeitpunkt t zurückgelegt wurde,

dann gilt $\{v\} = \tan\alpha$ oder

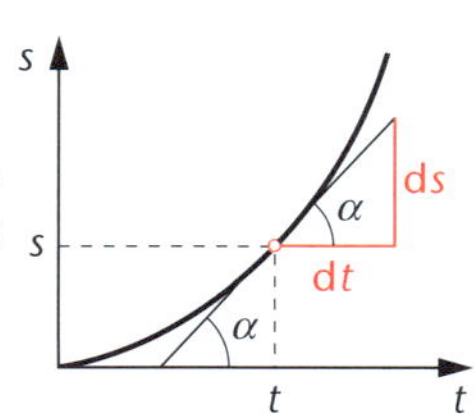

(M 6.15) $$v = \frac{ds}{dt} = \dot{s}$$

Die Momentangeschwindigkeit ist die 1. Ableitung der s, t-Funktion nach der Zeit ($v = \dot{s}$).

Beachte:

- Zur Berechnung von v muss das Weg-Zeit-Gesetz der jeweiligen Bewegung bekannt sein.
- (M 6.1) und (M 6.3) sind mit $a = 0$ bzw. $a =$ konstant einfache *Sonderfälle* von (M 6.15).

M

Aus (M 6.15) folgt

$\mathrm{d}s = v\,\mathrm{d}t$ und durch Integration

$\int \mathrm{d}s = \int v\,\mathrm{d}t$ oder

(M 6.16) $$\Delta s = \int_{t_1}^{t_2} v\,\mathrm{d}t$$

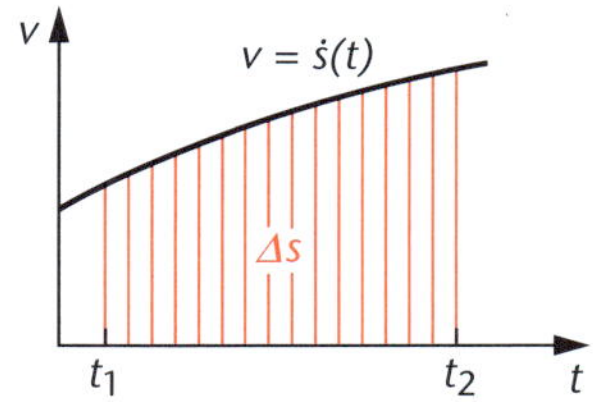

Der Weg ist das Zeitintegral der Geschwindigkeit.

Beachte:

- Zur Berechnung von s muss das Geschwindigkeit-Zeit-Gesetz der jeweiligen Bewegung bekannt sein.

Durchschnittsgeschwindigkeit (mittlere Geschwindigkeit)

Sie ergibt sich aus der Definition

$$\text{Durchschnittsgeschwindigkeit} = \frac{\text{Gesamtweg}}{\text{benötigte Gesamtzeit}}$$ zu

(M 6.17) $$\overline{v} = \frac{s}{t}$$

	v	s	t
SI	$\frac{\mathrm{m}}{\mathrm{s}}$	m	s

oder für ein **Intervall** der Bewegung übereinstimmend mit (M 6.13)

(M 6.18) $$\overline{v} = \frac{\Delta s}{\Delta t} = \frac{s_2 - s_1}{t_2 - t_1}$$

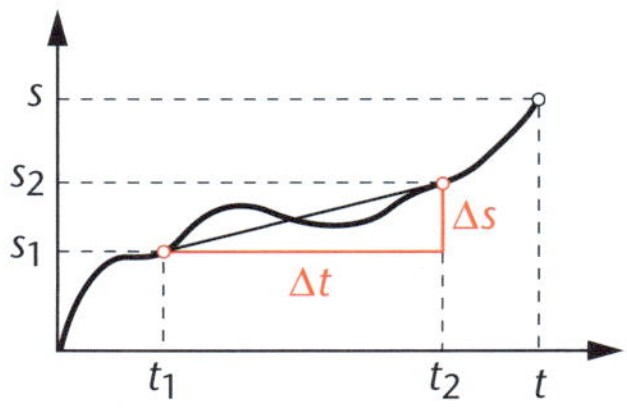

Momentanbeschleunigung

Das v, t-Diagramm zeigt die zu bestimmten Zeiten vorhandene Geschwindigkeit. Je steiler die Kurve, desto größer ist die Momentanbeschleunigung zu diesem Zeitpunkt.

Wenn

β Winkel zwischen Tangente und t-Achse,

a Momentanbeschleunigung zum Zeitpunkt t,

v Momentangeschwindigkeit zum Zeitpunkt t,

dann gilt $\{a\} = \tan\beta$ oder

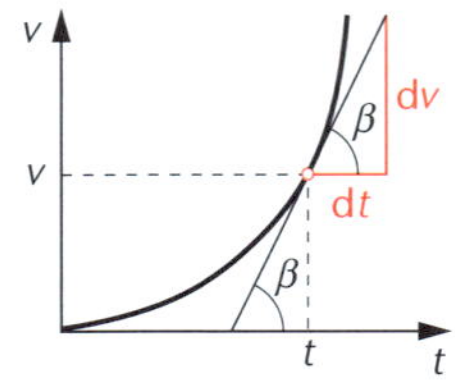

(M 6.19) $$a = \frac{\mathrm{d}v}{\mathrm{d}t} = \dot{v} = \ddot{s}$$

Die Momentanbeschleunigung ist die 1. Ableitung der v, t-Funktion nach der Zeit ($a = \dot{v}$) bzw. die 2. Ableitung der s, t-Funktion nach der Zeit ($a = \ddot{s}$).

Beachte:

- Zur Berechnung von a müssen das Geschwindigkeit-Zeit-Gesetz oder das Weg-Zeit-Gesetz der jeweiligen Bewegung bekannt sein.
- (M 6.2) ist mit $a =$ konstant ein einfacher *Sonderfall* von (M 6.19).

Aus (M 6.19) ergibt sich $\mathrm{d}v = a\,\mathrm{d}t$ und durch Integration $\int \mathrm{d}v = \int a\,\mathrm{d}t$ oder für die

Momentangeschwindigkeit

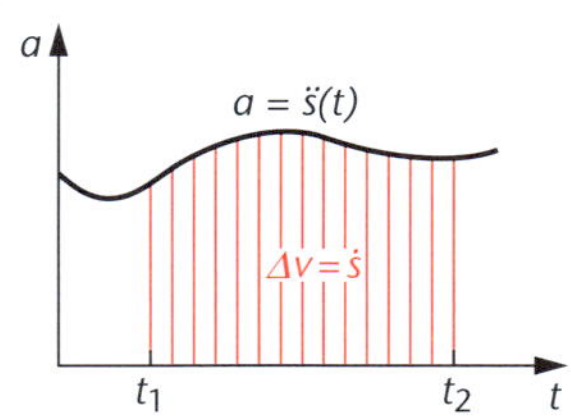

(M 6.20) $$\Delta v = \int_{t_1}^{t_2} a\,\mathrm{d}t$$

Die Geschwindigkeit ist das Zeitintegral der Beschleunigung.

Beachte:

- Zur Berechnung von v muss das Beschleunigung-Zeit-Gesetz der jeweiligen Bewegung bekannt sein.
- (M 6.5) ist mit $a =$ konstant ein einfacher *Sonderfall* von (M 6.20).

Durchschnittsbeschleunigung (mittlere Beschleunigung)

Sie ergibt sich aus $\dfrac{\text{gesamte Geschwindigkeitsänderung}}{\text{benötigte Zeit}}$ analog (M 6.2) zu

(M 6.21) $$\bar{a} = \frac{\Delta v}{\Delta t} = \frac{v - v_0}{t}$$

	a	v	t
SI	$\frac{\mathrm{m}}{\mathrm{s}^2}$	$\frac{\mathrm{m}}{\mathrm{s}}$	s

bzw. für ein **Intervall** der Bewegung

(M 6.22) $$\bar{a} = \frac{\Delta v}{\Delta t} = \frac{v_2 - v_1}{t_2 - t_1}$$

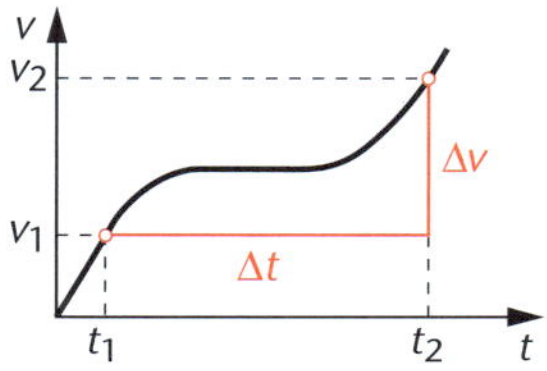

6.2 Fall und Wurf

6.2.1 Freier Fall

Er ist ein Sonderfall der gleichmäßig beschleunigten Translation ohne Anfangsgeschwindigkeit → [6.1.2]. Bei ihm ist die Beschleunigung gleich der *Fallbeschleunigung* g (auch Schwere- oder Erdbeschleunigung genannt). Es gelten sinngemäß (M 6.3) bis (M 6.6).

Wenn

v Fallgeschwindigkeit nach Ablauf der Zeit t,
g Fallbeschleunigung $= 9{,}807\ \mathrm{m/s^2}$,
h Fallhöhe; Weg, der in der Zeit t durchfallen wird,
t Zeit, die für den Fall benötigt wird,

dann gilt entsprechend (M 6.3) bis (M 6.6)

	h	v	g	t
SI	m	$\frac{\mathrm{m}}{\mathrm{s}}$	$\frac{\mathrm{m}}{\mathrm{s}^2}$	s

(M 6.23) $$h = \frac{vt}{2}$$

(M 6.24) $$h = \frac{gt^2}{2}$$

(M 6.25) $$v = gt$$

(M 6.26) $$v = \sqrt{2gh}$$

Beachte:

- Der *Luftwiderstand* ist bei diesen Beziehungen nicht berücksichtigt.
- Die angegebene Fallbeschleunigung $g = 9{,}807\ \mathrm{m/s^2}$ bezieht sich auf die *Oberfläche* der Erde. Für andere Entfernungen vom Erdmittelpunkt → (M 7.73).
- Fallbeschleunigung an der Oberfläche anderer Himmelskörper → Übersicht in [7.5.7].

6.2.2 Senkrechter Wurf

Der senkrechte **Wurf nach unten** ist eine gleichmäßig beschleunigte Bewegung mit der Anfangsgeschwindigkeit v_0 und der Beschleunigung $a = +g$. Der in bestimmten Zeiten zurückgelegte Weg wird als Höhe h bezeichnet. Es gelten sinngemäß (M 6.8) bis (M 6.12).

Wenn
v_0 Anfangsgeschwindigkeit (Abwurfgeschwindigkeit),
v Endgeschwindigkeit nach Ablauf der Zeit t,
g Fallbeschleunigung = 9,807 $\mathrm{m/s^2}$,
h Höhe, die während der Zeit t durchfallen wird,
t Zeit,

dann gilt entsprechend (M 6.8) bis (M 6.11)

	h	v	g	t
SI	m	$\frac{\mathrm{m}}{\mathrm{s}}$	$\frac{\mathrm{m}}{\mathrm{s}^2}$	s

(M 6.27) $$h = \frac{v_0 + v}{2}t$$

(M 6.28) $$h = v_0 t + \frac{gt^2}{2}$$

(M 6.29) $$v = v_0 + gt$$

(M 6.30) $$v = \sqrt{v_0^2 + 2gh}$$

Beachte:

- Der senkrechte **Wurf nach oben** ist eine gleichmäßig verzögerte Translation mit $a = -g$. In den Gleichungen (M 6.28) bis (M 6.30) ist also g durch $-g = -9{,}807\ \mathrm{m/s^2}$ zu ersetzen.
- Der *Luftwiderstand* ist in diesen Gleichungen nicht berücksichtigt.

■ Die Steighöhe (maximale Höhe) wird beim senkrechten **Wurf nach oben** erreicht, wenn die Geschwindigkeit $v = 0$ geworden ist.

Wenn
h_m Steighöhe,
v_0 Anfangsgeschwindigkeit beim senkrechten Wurf nach oben,
t_{hm} Steigzeit, Zeit zum Erreichen von h_m,
g Fallbeschleunigung = 9,807 $\mathrm{m/s^2}$,

dann gilt entsprechend (M 6.30) mit $v = 0$

(M 6.31) $$h_\mathrm{m} = \frac{v_0^2}{2g}$$

	h	v	g
SI	m	$\frac{\mathrm{m}}{\mathrm{s}}$	$\frac{\mathrm{m}}{\mathrm{s}^2}$

und entsprechend (M 6.29) mit $v = 0$

(M 6.32) $$t_{h\mathrm{m}} = \frac{v_0}{g}$$

	t	v	g
SI	s	$\frac{\mathrm{m}}{\mathrm{s}}$	$\frac{\mathrm{m}}{\mathrm{s}^2}$

6.2.3 Zusammengesetzte Bewegung

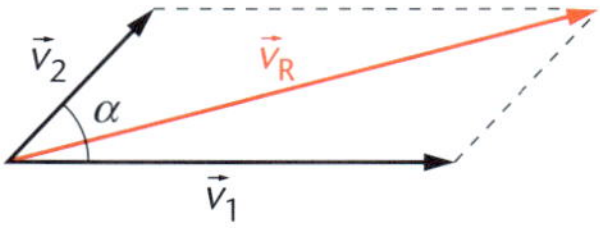

Ein Körper kann gleichzeitig mehrere Translationsbewegungen ausführen. Da Weg, Geschwindigkeit und Beschleunigung vektorielle Größen sind, können sie nach den Gesetzen der vektoriellen (geometrischen) Addition zusammengesetzt werden: **Parallelogramm der Bewegungen**. Entsprechend (G 1.1) gilt

$\vec{s}_\mathrm{R} = \vec{s}_1 + \vec{s}_2; \quad \vec{v}_\mathrm{R} = \vec{v}_1 + \vec{v}_2; \quad \vec{a}_\mathrm{R} = \vec{a}_1 + \vec{a}_2.$

■ Der *Betrag* der Resultierenden lässt sich leicht berechnen, wie hier am Beispiel der Geschwindigkeit gezeigt wird.

Wenn

v_R resultierende Geschwindigkeit,
v_1 Geschwindigkeit der Bewegung 1,
v_2 Geschwindigkeit der Bewegung 2,
α Winkel zwischen beiden Geschwindigkeitsvektoren,

dann gilt entsprechend dem Kosinussatz der Trigonometrie

(M 6.33) $$v_\mathrm{R} = \sqrt{v_1^2 + v_2^2 + 2v_1 v_2 \cos\alpha}$$

Bilden beide Bewegungen einen rechten Winkel, dann vereinfacht sich (M 6.33) mit $\cos 90° = 0$ zu

(M 6.34) $$v_\mathrm{R} = \sqrt{v_1^2 + v_2^2}$$

Beachte:

- Entsprechendes gilt für die Beschleunigungen und Wege.

- Der *senkrechte* Wurf ist ein Sonderfall von (M 6.33) mit $\alpha = 0°$ bzw. $\alpha = 180°$.

6.2.4 Waagerechter Wurf

Er ist zusammengesetzt aus zwei einen rechten Winkel bildenden Translationen:

- waagerecht: gleichförmige Translation → [6.1.1]
- senkrecht: freier Fall → [6.2.1]

Legt man die Wurfbahn in ein Koordinatensystem, so sind die Koordinaten eines beliebigen Punktes P der Bahn bestimmt durch die Wege, die in waagerechter Richtung mit der konstanten Geschwindigkeit v_0 und in senkrechter Richtung mit wachsender Fallgeschwindigkeit v_F durchlaufen wurden:

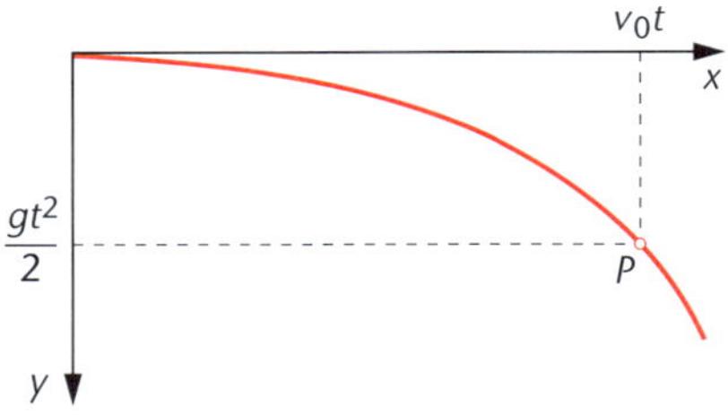

$x = v_0 t$ und $y = \frac{gt^2}{2}$. Daraus folgt mit $t = \frac{x}{v_0}$ die

Bahngleichung des waagerechten Wurfs

(M 6.35) $$y = \frac{g}{2v_0^2}x^2$$

Da g und v_0 konstant sind, ist die Wurfbahn wegen $y \sim x^2$ eine **Parabel**.

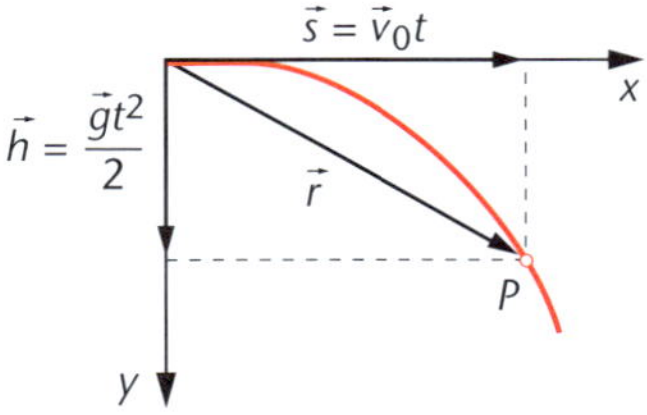

■ Die Lage eines Bahnpunkts P wird bestimmt durch den Ortsvektor $\vec{r}$, der die Resultierende des waagerechten und des senkrechten Wegvektors ist:

$\vec{r} = \vec{s} + \vec{h}$ oder

(M 6.36) $$\vec{r} = \vec{v}_0 t + \frac{\vec{g}t^2}{2}$$

Ähnlich ergibt sich der **Vektor der Momentangeschwindigkeit** in einem beliebigen Bahnpunkt P als Resultierende aus den Momentangeschwindigkeiten beider Teilbewegungen:

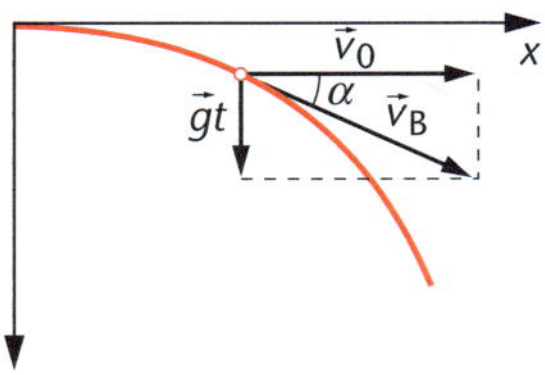

(M 6.37) $$\vec{v}_B = \vec{v}_0 + \vec{g}t$$

Die *Richtung* der Momentangeschwindigkeit $\vec{v}_B$ lässt sich bestimmen zu

(M 6.38) $$\tan\alpha = \frac{gt}{v_0}$$

und der *Betrag* der Momentangeschwindigkeit (Bahngeschwindigkeit) v_B ergibt sich nach (M 6.34) zu

(M 6.39) $$v_B = \sqrt{v_0^2 + g^2t^2}$$

	v	g	t
SI	$\frac{m}{s}$	$\frac{m}{s^2}$	s

Wenn

- s Wurfweite, der in *horizontaler* Richtung während der Zeit t zurückgelegte Weg,
- h Fallhöhe, der in *vertikaler* Richtung während der Zeit t zurückgelegte Weg,
- v_0 Anfangsgeschwindigkeit in *horizontaler* Richtung,
- t Zeit, Dauer des Wurfs,
- g Fallbeschleunigung $= 9{,}807\ m/s^2$,

dann gilt entsprechend (M 6.1) und (M 6.24)

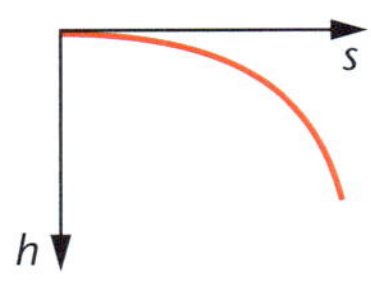

(M 6.40) $$s = v_0 t = v_0\sqrt{\frac{2h}{g}}$$

und

(M 6.41) $$h = \frac{gt^2}{2}$$

	s, h	v	g	t
SI	m	$\frac{m}{s}$	$\frac{m}{s^2}$	s

Beachte:

- Der *Luftwiderstand* ist in diesen Gleichungen nicht berücksichtigt.

6.2.5 Schräger Wurf

Er ist zusammengesetzt aus zwei Translationen:

- *freier Fall* in senkrechter Richtung und
- *gleichförmige Translation* unter dem Winkel α zur Waagerechten.

Die Koordinaten eines beliebigen Punktes P der Bahn sind

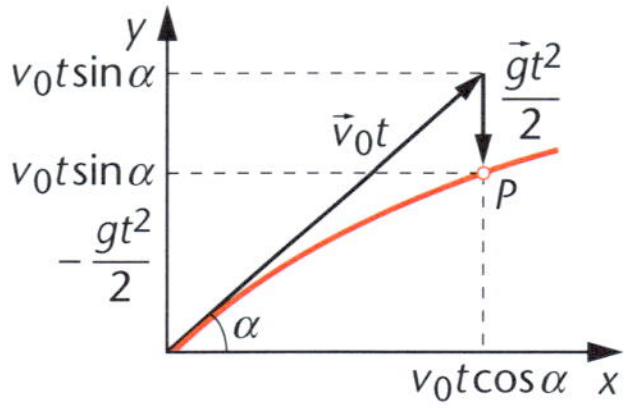

$x = v_0 t \cos\alpha$ und

$y = v_0 t \sin\alpha - \dfrac{gt^2}{2}$. Mit

$t = \dfrac{x}{v_0 \cos\alpha}$ ergibt sich

$y = \dfrac{v_0 x \sin\alpha}{v_0 \cos\alpha} - \dfrac{gx^2}{2v_0^2 \cos^2\alpha}$ und daraus die

Bahngleichung des schrägen Wurfs

(M 6.42) $$y = x \tan\alpha - \frac{g}{2v_0^2 \cos^2\alpha} x^2$$

Da v_0, α und g konstant sind, ist die Wurfbahn eine **Parabel**.

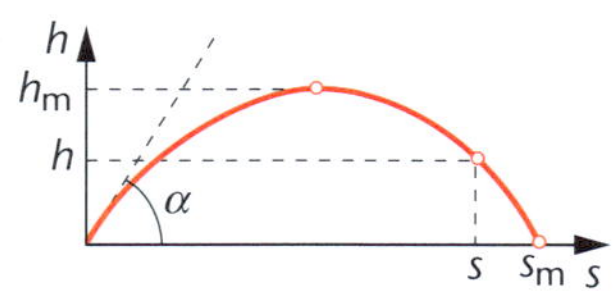

Wenn

v_0 Anfangsgeschwindigkeit,
α Winkel zwischen der Abwurfrichtung und der Waagerechten,
v_x Geschwindigkeit in *horizontaler* Richtung nach Ablauf der Zeit t,
v_y Geschwindigkeit in *vertikaler* Richtung nach Ablauf der Zeit t,
v_B Bahngeschwindigkeit (Momentangeschwindigkeit) nach Ablauf der Zeit t,
s Wurfweite nach Ablauf der Zeit t,
h Wurfhöhe nach Ablauf der Zeit t,
s_m größte Wurfweite nach Ablauf der Zeit t_{sm},
h_m größte Wurfhöhe nach Ablauf der Zeit t_{hm},
t_{hm} Zeit zum Erreichen von h_m,
t_{sm} Zeit zum Erreichen von s_m,
t Zeit zum Erreichen von s und h,

dann gilt, weil sich $\vec{v}_0$ zerlegen lässt in eine

- *horizontale* Komponente
  $\vec{v}_{0x} = \vec{v}_0 \cos\alpha$ und in eine
- *vertikale* Komponente
  $\vec{v}_{0y} = \vec{v}_0 \sin\alpha$,

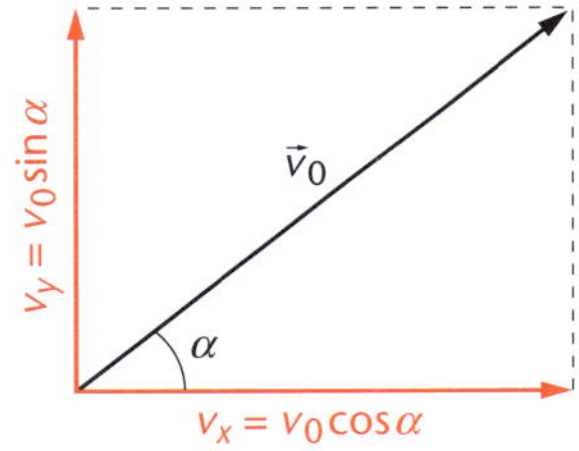

nach Ablauf der Zeit t

$$\vec{v}_x = \frac{d\vec{x}}{dt} = \vec{v}_0 \cos\alpha \quad \text{und}$$

$$\vec{v}_y = \frac{d\vec{y}}{dt} = \vec{v}_0 \sin\alpha - \vec{g}t.$$

Somit ergibt sich für die **Bahngeschwindigkeit** nach (M 6.34)

$$v_B = \sqrt{v_0^2 \cos^2\alpha + (v_0 \sin\alpha - gt)^2}$$

$$= \sqrt{v_0^2 \cos^2\alpha + v_0^2 \sin^2\alpha - 2gtv_0 \sin\alpha + g^2t^2}$$

$$= \sqrt{v_0^2(\cos^2\alpha + \sin^2\alpha) - 2g\left(v_0 t \sin\alpha - \frac{gt^2}{2}\right)}$$

$$v_B = \sqrt{v_0^2 - 2g\left(v_0 t \sin\alpha - \frac{gt^2}{2}\right)} \qquad \text{oder mit (M 6.45)}$$

(M 6.43) $$v_B = \sqrt{v_0^2 - 2gh}$$

	v	g	h
SI	$\frac{m}{s}$	$\frac{m}{s^2}$	m

■ Nach Ablauf der Zeit t ergibt sich entsprechend (M 6.1) und (M 6.28) für die erreichte **Wurfweite**

(M 6.44) $$s = v_0 t \cos\alpha$$

und für die erreichte **Wurfhöhe**

(M 6.45) $$h = v_0 t \sin\alpha - \frac{gt^2}{2}$$

	s, h	v	t	g
SI	m	$\frac{m}{s}$	s	$\frac{m}{s^2}$

■ Die **Steigzeit** t_{hm} ergibt sich mit $v_y = 0$ aus $0 = v_0 \sin\alpha - gt_{hm}$ zu

(M 6.46) $$t_{hm} = \frac{v_0 \sin\alpha}{g}$$

	t	v	g
SI	s	$\frac{m}{s}$	$\frac{m}{s^2}$

■ Die **Wurfzeit** t_{sm} muss doppelt so groß sein (Steigzeit = Fallzeit), also

(M 6.47) $$t_{sm} = \frac{2v_0 \sin\alpha}{g}$$ Einheiten → (M 6.46)

■ Die **maximale Wurfhöhe** (Steighöhe) h_m folgt aus (M 6.45)

$$h_m = v_0 t_{h\,m} \sin\alpha - \frac{g t_{h\,m}^2}{2}$$ und nach Einsetzen von (M 6.46)

$$h_m = \frac{v_0^2 \sin^2\alpha}{g} - \frac{v_0^2 \sin^2\alpha}{2g},$$ also

(M 6.48) $$h_m = \frac{v_0^2 \sin^2\alpha}{2g}$$

	h, s	v	g
SI	m	$\frac{\text{m}}{\text{s}}$	$\frac{\text{m}}{\text{s}^2}$

■ Für die **maximale Wurfweite** s_m folgt aus (M 6.44)

$s_m = v_0 t_{sm} \cos\alpha$, nach Einsetzen von (M 6.47)

$$s_m = \frac{2v_0^2 \sin\alpha \cos\alpha}{g}$$ oder vereinfacht

(M 6.49) $$s_m = \frac{v_0^2 \sin 2\alpha}{g}$$ Einheiten → (M 6.48)

Beachte:

- Der *Luftwiderstand* ist nicht berücksichtigt.
- Bei *bestimmter* Anfangsgeschwindigkeit v_0 ist die erzielbare Wurfweite s_m nur eine Funktion des Winkels α. Nach (M 6.49) wird sie maximal für $\alpha = 45°$, weil $\sin 2\alpha = 1$. Sowohl für $\alpha > 45°$ als auch für $\alpha < 45°$ ergeben sich *kleinere* Wurfweiten.
- *Sonderfälle* der Gleichungen des *schrägen* Wurfs sind mit $\alpha = 90°$ die Gleichungen des *senkrechten* Wurfs und mit $\alpha = 0°$ die des *waagerechten* Wurfs.

6.3 Rotation

Die Gesetzmäßigkeiten der Rotationsbewegung (Drehbewegung) sind denen der Translationsbewegung analog. Die Gleichungen der Rotation ergeben sich aus denen der Translation, wenn ersetzt werden:

- ▶ Weg s → Drehwinkel φ
- ▶ Geschwindigkeit v → Winkelgeschwindigkeit ω
- ▶ Beschleunigung a → Winkelbeschleunigung α.

Übersicht:

Art der Rotation	**Winkelgeschwindigkeit** ω (zeitlich)	**Winkelbeschleunigung** α (zeitlich)	→ **Abschnitt**
gleichförmig	konstant	0	[6.3.1]
gleichmäßig beschleunigt	ändert sich gleichmäßig	konstant	[6.3.2]
ungleichmäßig beschleunigt	ändert sich ungleichmäßig	ändert sich	[6.3.3]

M

Drehwinkel

In allen Gleichungen der Rotationsbewegung werden die Winkel stets in der Einheit Radiant (rad) angegeben, früher vielfach als *Bogenmaß* bezeichnet → [4.1.3].

Wenn
φ Winkel (in rad),
s Länge des von den Winkelschenkeln eingeschlossenen Kreisbogens,
r Radius,

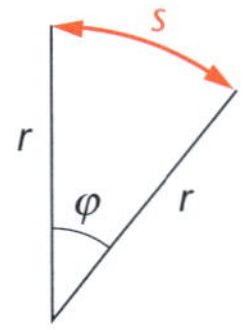

dann gilt als Definitionsgleichung

(M 6.50) $$\varphi = \frac{s}{r}$$

	s	r	φ
SI	m	m	rad = 1

Übersicht:

$\dfrac{\varphi/\text{rad}}{\varphi/°} = \dfrac{\pi}{180}$	1 rad = 57,3°	1° = 17,45 mrad	1′ = 291 µrad

Beachte:

- Die Einheit Radiant (rad) wird im Allgemeinen nur mitgeschrieben, wenn die Möglichkeit einer Verwechslung mit Grad (°) besteht. Als das Verhältnis zweier Strecken ist 1 rad = 1.

Übersicht:

$\varphi/°$	30	45	60	90	120	150	180	270	360
φ/rad	$\frac{\pi}{6}$	$\frac{\pi}{4}$	$\frac{\pi}{3}$	$\frac{\pi}{2}$	$\frac{2\pi}{3}$	$\frac{5\pi}{6}$	π	$\frac{3\pi}{2}$	2π
	0,524	0,785	1,05	1,57	2,09	2,62	3,14	4,71	6,28

Den Zusammenhang zwischen der Winkelgeschwindigkeit, dem Drehwinkel und der Zeit zeigt bei *allen* Rotationsarten das Winkelgeschwindigkeit-Zeit-Diagramm (ω, t-Kurve). Es zeigt, wie groß die Winkelgeschwindigkeit zu den verschiedenen Zeitpunkten ist und um welchen Winkel φ (er entspricht der Fläche unter der Kurve) gedreht wurde.

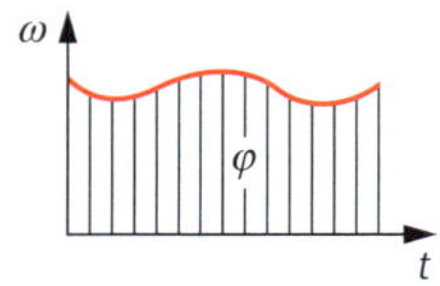

Drehzahl

Bei allen Rotationsarten wird der Begriff **Drehzahl** n verwendet. Ihm gleichwertig ist die Bezeichnung **Umdrehungsfrequenz** (Umlauffrequenz) f. Beide drücken die Anzahl N der Umläufe während der Zeit t aus.

SI-Einheit: $[n] = [f] = \dfrac{\text{Umdrehung}}{\text{Sekunde}} \left(\dfrac{\text{U}}{\text{s}}\right) = \dfrac{1}{\text{s}} = \text{Hertz (Hz)}.$

In der Technik üblich: Umdrehungen/Minute (U/min) = 1/min.

Der Kehrwert der Drehzahl ergibt die Dauer eines Umlaufs.

Wenn
- n Drehzahl,
- f Umdrehungsfrequenz, Umlauffrequenz,
- T Umlaufdauer, Periodendauer, Dauer eines Umlaufs bzw. einer Umdrehung,
- φ Drehwinkel,
- N Anzahl der ausgeführten Umdrehungen,
- t Zeit, Dauer der Rotation,
- ω Kreisfrequenz, Winkelfrequenz,

dann gilt

(M 6.51) $$T = \frac{1}{f} = \frac{1}{n}$$

	T	f, n
SI	s	$\text{Hz} = \frac{1}{\text{s}}$

Ferner ist der Drehwinkel das Produkt aus dem Winkel einer Umdrehung (2π) und der Anzahl der Umdrehungen N.

(M 6.52) $$\varphi = 2\pi N$$

	φ	N
SI	rad = 1	–

Aus (M 6.54) folgt mit den Werten für *einen* Umlauf

(M 6.53) $$\omega = 2\pi f = \frac{2\pi}{T}$$

	ω	f	T
SI	$\frac{1}{\text{s}}$	$\text{Hz} = \frac{1}{\text{s}}$	s

Beachte:

- (M 6.51) bis (M 6.53) gelten für alle Arten der Rotationsbewegung, unabhängig, ob winkelbeschleunigt oder nicht. Sie verknüpfen jeweils konstante Werte, Durchschnittswerte, Anfangs- oder Endwerte und beliebige Momentanwerte.
- Die Drehzahl n ist entgegen ihrer Bezeichnung *keine* Zahl, sondern eine physikalische Größe, besitzt also eine Einheit: $[n] = \text{s}^{-1}$ (wird auch als *reziproke Sekunde* bezeichnet).
- Zwischen der Drehzahl n und der Anzahl der Umdrehungen N muss sorgfältig unterschieden werden.

6.3.1 Gleichförmige Rotation

Eine Rotation heißt gleichförmig, wenn die **Winkelgeschwindigkeit** ω **konstant** ist, d. h. in gleichen Zeitabschnitten um gleiche Winkel gedreht wird: $\varphi \sim t$.

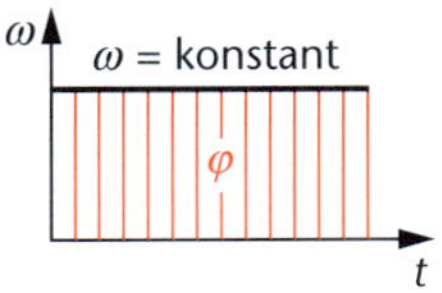

Wenn

ω Winkelgeschwindigkeit, während der Zeit t konstant,

φ Drehwinkel,

t Zeit, die für die Drehung um den Winkel φ benötigt wird,

dann gilt, weil im ω, t-Diagramm der Drehwinkel φ dem Inhalt des Rechtecks unter der Kurve entspricht, $\varphi = \omega t$ oder

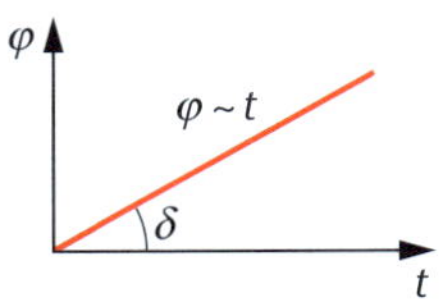

(M 6.54) $$\boxed{\omega = \frac{\varphi}{t}}$$

	ω	φ	t
SI	$\frac{\text{rad}}{\text{s}}$	rad	s

Unter der konstanten Winkelgeschwindigkeit ω versteht man das Verhältnis des Drehwinkels zu der für die Drehung benötigten Zeit. Sie entspricht dem Anstieg der φ, t-Kurve, also $\{\omega\} = \tan \delta$.

SI-Einheit der Winkelgeschwindigkeit: $[\omega] = \text{rad/s} = 1/\text{s}$.

6.3.2 Gleichmäßig beschleunigte Rotation

Eine Rotation ist gleichmäßig (winkel)beschleunigt, wenn

- die Winkelbeschleunigung $\alpha =$ konstant, also
- die Winkelgeschwindigkeit $\omega \sim t$.

Wenn

α Winkelbeschleunigung,

$\Delta\omega$ Winkelgeschwindigkeitsänderung (Zu- oder Abnahme),

Δt Zeit, Dauer der Winkelbeschleunigung,

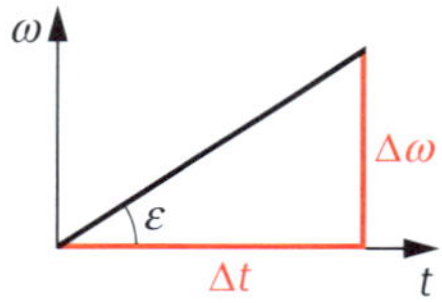

dann gilt

(M 6.55) $$\alpha = \frac{\Delta\omega}{\Delta t}$$

	α	ω	t
SI	$\frac{1}{s^2}$	$\frac{1}{s}$	s

Unter konstanter Winkelbeschleunigung α versteht man das Verhältnis der Winkelgeschwindigkeitsänderung zu der dafür benötigten Zeit. Sie entspricht im ω, t-Diagramm dem Tangens des Winkels zwischen Kurve und t-Achse: $\{\alpha\} = \tan\varepsilon$.

SI-Einheit der Winkelbeschleunigung: $[\alpha] = \text{rad}/\text{s}^2 = 1/\text{s}^2$.

Beachte:

- Die Winkelverzögerung unterscheidet sich von der Winkelbeschleunigung nur durch den negativen Zahlenwert:
  Winkelbeschleunigung $\alpha > 0$; Winkelverzögerung $\alpha < 0$.

■ Bei der gleichmäßig beschleunigten Rotation müssen 2 Fälle unterschieden werden: *ohne* oder *mit* Anfangswinkelgeschwindigkeit.

Ohne Anfangswinkelgeschwindigkeit

Die Winkelgeschwindigkeit nimmt aus der Ruhe gleichmäßig zu.

Wenn

ω Winkelgeschwindigkeit nach Ablauf der Zeit t,

α Winkelbeschleunigung, während der Zeit t konstant,

φ Winkel, um den während der Zeit t gedreht wird,

t Zeit, Dauer der Winkelbeschleunigung,

dann gilt, weil im ω, t-Diagramm der Drehwinkel dem Inhalt der Dreiecksfläche unter der Kurve entspricht,

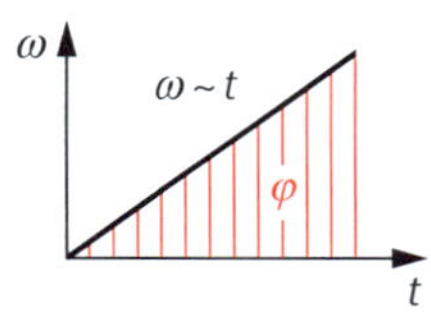

(M 6.56) $$\varphi = \frac{\omega t}{2}$$

	φ	ω	t
SI	rad = 1	$\frac{1}{s}$	s

oder entsprechend (M 6.58)

(M 6.57) $$\boxed{\varphi = \frac{\alpha t^2}{2}}$$

	φ	α	t
SI	rad = 1	$\frac{1}{s^2}$	s

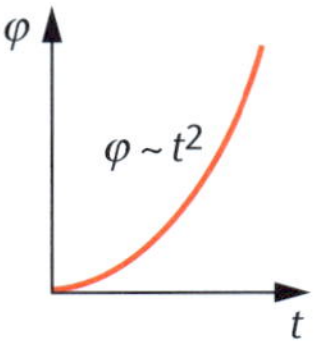

Weil die Rotation aus der Ruhe heraus beginnt, ist die Winkelgeschwindigkeitsänderung $\Delta\omega$ gleich der erreichten Winkelgeschwindigkeit ω, (M 6.55) wird zu

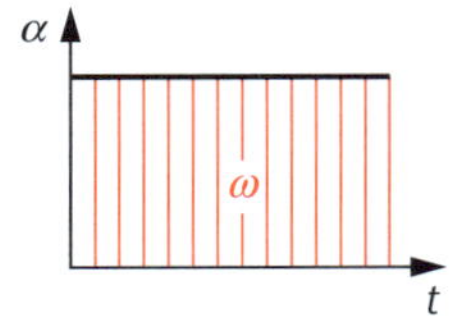

(M 6.58) $$\boxed{\omega = \alpha t}$$ Einheiten → (M 6.59)

Nach (M 6.58) ist $t = \omega/\alpha$. Eingesetzt in (M 6.56) und umgestellt ergibt

(M 6.59) $$\boxed{\omega = \sqrt{2\alpha\varphi}}$$

	ω	α	t
SI	$\frac{1}{s}$	$\frac{1}{s^2}$	s

■ Die **mittlere Winkelgeschwindigkeit** $\overline{\omega}$ (Durchschnittswinkelgeschwindigkeit) ist das arithmetische Mittel aus Anfangs- und Endwinkelgeschwindigkeit

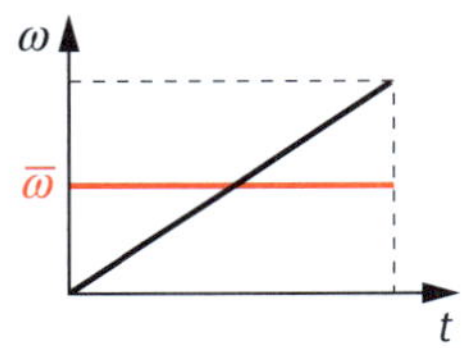

$$\overline{\omega} = \frac{0 + \omega}{2} = \frac{\omega}{2} \quad \text{oder}$$

(M 6.60) $$\boxed{\overline{\omega} = \frac{\alpha t}{2} = \frac{\varphi}{t}}$$

	ω	α	t	φ
SI	$\frac{1}{s}$	$\frac{1}{s^2}$	s	rad = 1

Beachte:

- (M 6.51) bis (M 6.53) gelten auch bei einer beschleunigten Rotation.

Mit Anfangswinkelgeschwindigkeit

Die Winkelgeschwindigkeit ω wächst *gleichmäßig* von ω_0 um $\Delta\omega$ auf ω; die Winkelbeschleunigung ist konstant.

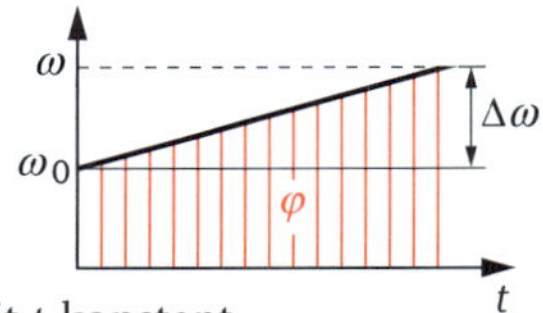

Wenn

ω_0 Anfangswinkelgeschwindigkeit,
ω Endwinkelgeschwindigkeit,
φ Winkel, um den in der Zeit t gedreht wird,
α Winkelbeschleunigung, während der Zeit t konstant,
t Zeit, Dauer der Winkelbeschleunigung,

dann gilt, weil im ω, t-Diagramm der Drehwinkel der Fläche des Trapezes unter der Kurve entspricht,

(M 6.61) $$\varphi = \frac{\omega_0 + \omega}{2} t$$

	φ	ω	t
SI	rad = 1	$\frac{1}{s}$	s

oder, weil sich der Trapezinhalt auch als Summe der Inhalte von Rechteck und Dreieck darstellen lässt,

$\varphi = \omega_0 t + \frac{\omega - \omega_0}{2} t$ und damit

(M 6.62) $$\varphi = \omega_0 t + \frac{\alpha t^2}{2}$$

	φ	ω	t	α
SI	rad = 1	$\frac{1}{s}$	s	$\frac{1}{s^2}$

Soll der zur Zeit t_0 bereits vorhandene Drehwinkel φ_0 berücksichtigt werden, so ergibt sich aus (M 6.61) und (M 6.62) als

Gesamtdrehwinkel

(M 6.63) $$\varphi = \varphi_0 + \frac{\omega_0 + \omega}{2} t = \varphi_0 + \omega_0 t + \frac{\alpha t^2}{2}$$

■ Aus dem ω, t-Diagramm folgt ferner $\omega = \omega_0 + \Delta\omega$ und daraus entsprechend (M 6.55)

(M 6.64) $$\omega = \omega_0 + \alpha t$$

	ω	α	t
SI	$\frac{1}{s}$	$\frac{1}{s^2}$	s

Durch Auflösen von (M 6.64) nach t und Einsetzen in (M 6.61) erhält man

$\varphi = \frac{\omega^2 - \omega_0^2}{2\alpha}$. Umstellen ergibt die „zeitfreie Gleichung"

(M 6.65) $$\omega = \sqrt{\omega_0^2 + 2\alpha\varphi}$$

	ω	α	φ
SI	$\frac{1}{s}$	$\frac{1}{s^2}$	rad = 1

Die **mittlere Winkelgeschwindigkeit** $\overline{\omega}$ (Durchschnittswinkelgeschwindigkeit) ist das arithmetische Mittel aus Anfangs- und Endwinkelgeschwindigkeit.

(M 6.66) $$\overline{\omega} = \frac{\omega_0 + \omega}{2} = \omega_0 + \frac{\alpha t}{2} = \frac{\varphi}{t}$$

oder für ein **Intervall** der Bewegung

(M 6.67) $$\overline{\omega} = \frac{\Delta\varphi}{\Delta t} = \frac{\varphi_2 - \varphi_1}{t_2 - t_1}$$

Beachte:

- (M 6.56) bis (M 6.60) sind Sonderfälle von (M 6.61) bis (M 6.67). Weil die Drehbewegung aus der Ruhe beginnt, sind $\omega_0 = 0$ und $\varphi_0 = 0$.
- Bei einer verzögerten Drehbewegung ist α negativ ($\alpha < 0$). Die Winkelgeschwindigkeit ω nimmt ab ($\omega < \omega_0$), evtl. bis zur Ruhe ($\omega = 0$) oder zu negativen Werten ($\omega < 0$).

M

6.3.3 Ungleichmäßig beschleunigte Rotation

Eine Rotation ist ungleichmäßig (winkel)beschleunigt, wenn die Winkelbeschleunigung nicht konstant, die Winkelgeschwindigkeitsänderung also nicht proportional der Zeit ist. Winkelgeschwindigkeit und -beschleunigung sind Funktionen der Zeit: $\omega = \omega(t)$; $\alpha = \alpha(t)$.

Die gesetzmäßigen Verknüpfungen der Größen φ, ω und α können den entsprechenden Diagrammen entnommen werden.

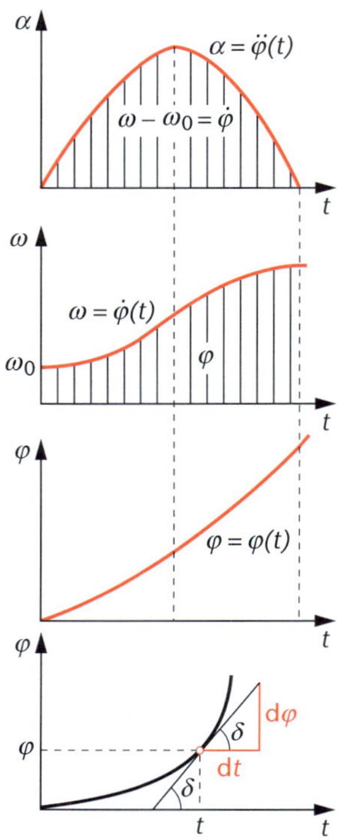

Momentane Winkelgeschwindigkeit

Das φ, t-Diagramm zeigt den Gesamtdrehwinkel zu bestimmten Zeiten. Je steiler die Kurve, desto größer ist die Winkelgeschwindigkeit zu diesem Zeitpunkt.

Wenn

δ Winkel zwischen Tangente und t-Achse,
ω momentane Winkelgeschwindigkeit,
φ Drehwinkel nach Ablauf der Zeit t,

dann gilt $\{\omega\} = \tan\delta$ oder

(M 6.68) $$\omega = \frac{d\varphi}{dt}$$

Die momentane Winkelgeschwindigkeit ist die 1. Ableitung der φ, t-Funktion nach der Zeit: $\omega = \dot{\varphi}$.

Beachte:

- Zur Berechnung von ω muss das Winkel-Zeit-Gesetz der jeweiligen Rotation bekannt sein.
- (M 6.54) und (M 6.56) sind mit $\alpha = 0$ bzw. $\alpha =$ konstant einfache Sonderfälle von (M 6.68).

■ Aus (M 6.68) folgt $d\varphi = \omega\, dt$ und durch Integration

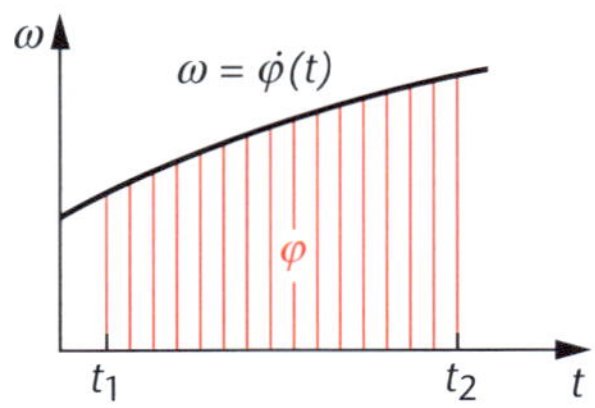

(M 6.69) $$\varphi = \int_{t_1}^{t_2} \omega\, dt$$

Der Drehwinkel ist das Zeitintegral der Winkelgeschwindigkeit.

Beachte:

- Zur Berechnung von φ muss das Winkelgeschwindigkeit-Zeit-Gesetz der jeweiligen Bewegung bekannt sein.

Mittlere Winkelgeschwindigkeit

Sie ergibt sich aus $\dfrac{\text{gesamter Drehwinkel}}{\text{benötigte Gesamtzeit}}$.

(M 6.70) $$\overline{\omega} = \frac{\varphi}{t}$$

	ω	φ	t
SI	$\frac{1}{s}$	rad = 1	s

oder für ein **Intervall** der Rotation

(M 6.71) $$\overline{\omega} = \frac{\varphi_2 - \varphi_1}{t_2 - t_1} = \frac{\Delta\varphi}{\Delta t}$$

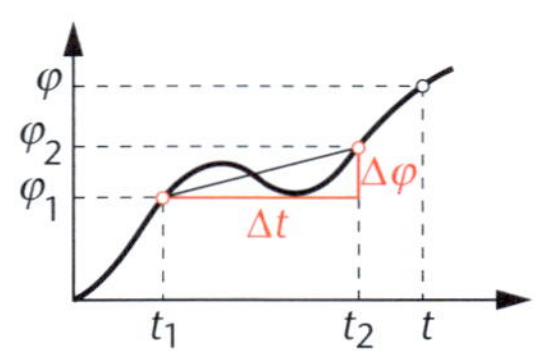

Die **mittlere Drehzahl** ist nach (M 6.53)

(M 6.72) $$\overline{n} = \overline{f} = \frac{\overline{\omega}}{2\pi}$$

Momentane Winkelbeschleunigung

Das ω, t-Diagramm zeigt die zu bestimmten Zeiten vorhandene Winkelgeschwindigkeit. Je steiler die Kurve, desto größer ist die momentane Winkelbeschleunigung zu diesem Zeitpunkt.

Wenn

ε Winkel zwischen Tangente und t-Achse,

α momentane Winkelbeschleunigung zur Zeit t,

ω momentane Winkelgeschwindigkeit zur Zeit t,

dann gilt $\{\alpha\} = \tan\varepsilon$ oder

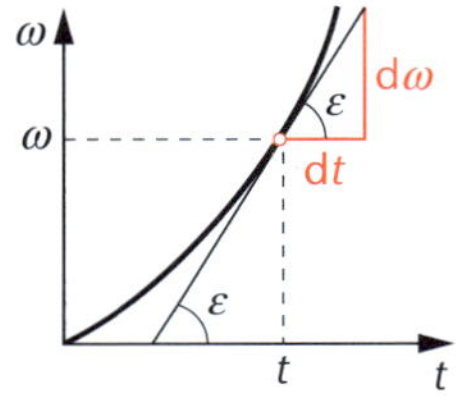

(M 6.73) $$\alpha = \frac{\mathrm{d}\omega}{\mathrm{d}t} = \dot{\omega} = \ddot{\varphi}$$

Die momentane Winkelbeschleunigung ist die 1. Ableitung der ω, t-Funktion nach der Zeit ($\alpha = \dot{\omega}$) bzw. die 2. Ableitung der φ, t-Funktion nach der Zeit ($\alpha = \ddot{\varphi}$).

Beachte:

- Zur Berechnung von α müssen das Winkelgeschwindigkeit-Zeit Gesetz oder das Winkel-Zeit-Gesetz der jeweiligen Rotation bekannt sein.

Aus (M 6.73) ergibt sich $\mathrm{d}\omega = \alpha\,\mathrm{d}t$ und durch Integration für die

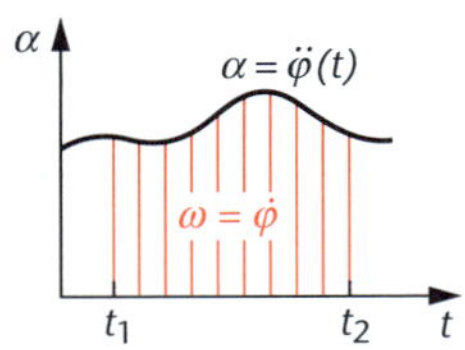

momentane Winkelgeschwindigkeit

(M 6.74) $$\omega = \int_{t_1}^{t_2} \alpha\,\mathrm{d}t$$

Die Winkelgeschwindigkeit ω ist das Zeitintegral der Winkelbeschleunigung.

Beachte:

- Zur Berechnung von ω muss das Winkelbeschleunigung-Zeit-Gesetz der jeweiligen Bewegung bekannt sein.
- (M 6.58) ist mit $\alpha =$ konstant ein einfacher Sonderfall von (M 6.74).

Mittlere Winkelbeschleunigung

Sie ergibt sich aus $\dfrac{\text{gesamte Winkelgeschwindigkeitsänderung}}{\text{benötigte Zeit}}$ analog (M 6.55) zu

(M 6.75) $$\overline{\alpha} = \frac{\Delta\omega}{\Delta t} = \frac{\omega - \omega_0}{t}$$

bzw. für ein **Intervall** der Bewegung

(M 6.76) $$\overline{\alpha} = \frac{\Delta\omega}{\Delta t} = \frac{\omega_2 - \omega_1}{t_2 - t_1}$$

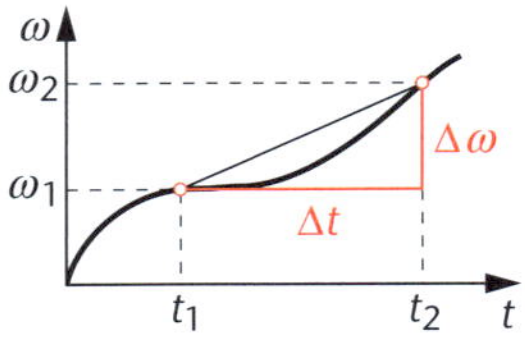

6.3.4 Bewegung auf der Kreisbahn (Umfangsbewegung)

Bei jeder Drehbewegung führen die nicht im Drehmittelpunkt liegenden Massenelemente eines starren Körpers eine Bewegung auf einer Kreisbahn aus, eine Umfangsbewegung. Gleiches gilt für die Bewegung einer Punktmasse im Abstand $r > 0$ um eine Drehachse, ferner für beliebige Körper bei hinreichend großem Abstand r von der Achse (z. B. Himmelskörper).

Für die Verknüpfung der Bahngrößen s_B, v_B und a_B untereinander gelten ohne Einschränkung die Gesetzmäßigkeiten der Translation → [6.1].

Ferner stehen die Bahngrößen mit den Größen der Rotation φ, ω und α in bestimmten Beziehungen.

Wenn

s_B auf der Kreisbahn zurückgelegter Weg,
v_B Geschwindigkeit auf der Kreisbahn (Umfangsgeschwindigkeit),
a_B Beschleunigung auf der Kreisbahn (Umfangsbeschleunigung),
r Radius der Kreisbahn,
d Durchmesser der Kreisbahn,
φ Drehwinkel,
ω Winkelgeschwindigkeit,
α Winkelbeschleunigung,
f Frequenz,

dann gilt

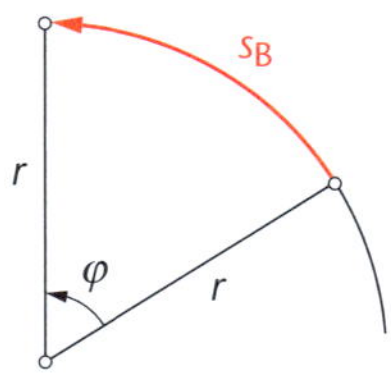

(M 6.77) $$s_B = \varphi r$$

(M 6.78) $$v_B = \omega r = d\pi f$$

(M 6.79) $$a_B = \alpha r$$

	s	v	a	φ	ω	α	r, d	f
SI	m	$\frac{\text{m}}{\text{s}}$	$\frac{\text{m}}{\text{s}^2}$	rad = 1	$\frac{1}{\text{s}}$	$\frac{1}{\text{s}^2}$	m	$\text{Hz} = \frac{1}{\text{s}}$

Beachte:

- (M 6.77) bis (M 6.79) gelten für konstante, durchschnittliche und momentane Größen, also für alle Arten der Rotation.

6.3.5 Größen der Rotation als Vektoren

Winkelgeschwindigkeit und Winkelbeschleunigung können als vektorielle Größen angesehen werden: **axiale Vektoren**. Bei ihnen zeigt der Vektorpfeil in Richtung der Drehachse, seine Länge bestimmt den Betrag der Drehgröße.

Die Drehrichtung ergibt sich aus der Festlegung, dass die Pfeilspitze bei einer Rechtsdrehung im Sinne einer Schraubenbewegung vorwärts zeigt (rechtsherum – vorwärts) und umgekehrt.

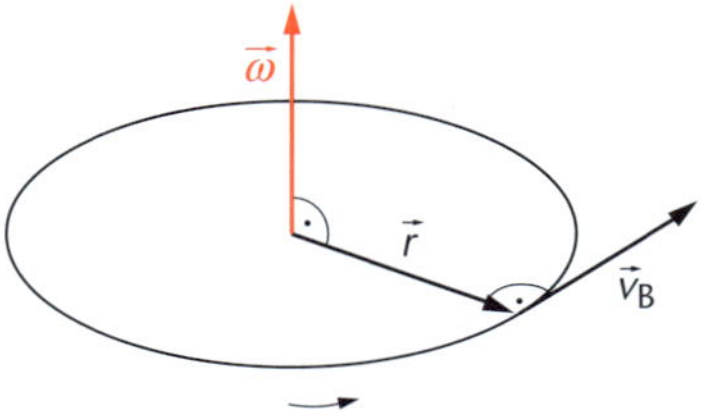

Wenn
- ω Winkelgeschwindigkeit,
- α Winkelbeschleunigung,
- v_B Bahngeschwindigkeit (Umfangsgeschwindigkeit auf einer Kreisbahn),
- a_B Bahnbeschleunigung (Umfangsbeschleunigung auf der Kreisbahn),
- r Radius der Kreisbahn,

dann folgt aus (M 6.78) in *vektorieller* Form

(M 6.80) $$\vec{v}_B = \vec{\omega} \times \vec{r}$$

und aus (M 6.79) in *vektorieller* Form

(M 6.81) $$\vec{a}_B = \vec{\alpha} \times \vec{r}$$

Beachte:

- In (M 6.80) und (M 6.81) ist das Ergebnis wieder ein Vektor (Vektorprodukt, Kreuzprodukt) → [1.7.5].

6.4 Krummlinige Bewegung

Die Geschwindigkeit $\vec{v}$ ist eine vektorielle Größe, also nach Betrag und Richtung bestimmt. Jede zeitliche Änderung des Geschwindigkeitsvektors bedeutet definitionsgemäß eine Beschleunigung: $\vec{a} = \Delta\vec{v}/\Delta t$.

Dabei kann $\Delta\vec{v}$ eine Änderung des *Betrages* und/oder der *Richtung* der Geschwindigkeit bedeuten.

- Bei Änderung *nur* des Geschwindigkeits*betrages* handelt es sich um eine geradlinige beschleunigte Bewegung → [6.1.2] und [6.1.3]: $a = \Delta v/\Delta t$ bzw. $a = \mathrm{d}v/\mathrm{d}t$.
- Bei Änderung *nur* der Geschwindigkeits*richtung* liegt eine gleichförmige Bewegung auf gekrümmter Bahn vor. Bei gleichen Beträgen $v_1 = v_2 = v_B$ ändert sich in der Zeit Δt die Geschwindigkeit $\vec{v}_1$ um $\Delta\vec{v}$ zu $\vec{v}_2$. Dabei wirkt $\Delta\vec{v}$ immer senkrecht zur Bahngeschwindigkeit. $\Delta\vec{v}/\Delta t$ bezeichnet man als Radial-, Zentral- oder Normalbeschleunigung (a_r, a_z, a_n).

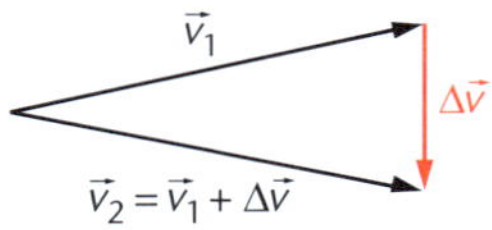

  Bei konstanter Radialbeschleunigung handelt es sich um eine gleichförmige Bewegung auf einer Kreisbahn.
- Eine *gleichzeitige* Änderung von *Betrag* und *Richtung* der Geschwindigkeit ergibt eine beschleunigte Bewegung auf gekrümmter Bahn. Neben der Radialbeschleunigung a_r wirkt hierbei in Richtung der jeweiligen Bahntangente die Tangentialbeschleunigung a_t. Bei einer Kreisbewegung wird die Tangentialbeschleunigung a_t auch als Bahnbeschleunigung a_B bezeichnet.

Übersicht:

Bewegungsart		a_t	a_r
geradlinig	gleichförmig	0	
	gleichmäßig beschleunigt	konstant	0
	ungleichmäßig beschleunigt	ändert sich	
Kreisbahn	gleichförmig	0	konstant
	gleichmäßig beschleunigt	konstant	ändert sich
	ungleichmäßig beschleunigt	ändert sich	
krummlinig	gleichförmig	0	
	gleichmäßig beschleunigt	konstant	ändert sich
	ungleichmäßig beschleunigt	ändert sich	

Radialbeschleunigung

Bei jeder nicht geradlinigen Bewegung wirkt eine Radialbeschleunigung (Normalbeschleunigung) senkrecht zur Richtung der momentanen Bahngeschwindigkeit.

Für ein genügend kleines Zeitintervall Δt gilt

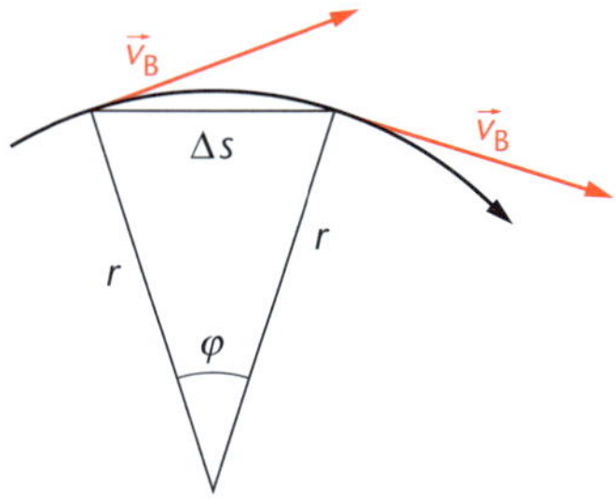

$$\frac{\Delta s}{r} = \frac{\Delta v}{v_B}. \quad \text{Mit} \quad \Delta s = v_B \Delta t \quad \text{folgt}$$

$$\frac{\Delta v}{v_B} = \frac{v_B \Delta t}{r} \quad \text{oder}$$

$$\frac{\Delta v}{\Delta t} = \frac{v_B^2}{r} \quad \text{und daraus die}$$

Radialbeschleunigung

(M 6.82) $$a_r = \frac{v_B^2}{r} = \omega^2 r$$

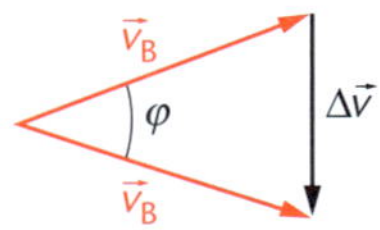

Beachte:

- Die Radialbeschleunigung ändert nur die Richtung, nicht den Betrag der Bahngeschwindigkeit.

■ Zum gleichen Ergebnis wie (M 6.82) kommt man, wenn man von den Koordinaten des Körpers ausgeht. Für einen Punkt P der Kreisbahn betragen sie $x = r\cos\varphi$ und $y = r\sin\varphi$.

Darin ist nach (M 6.54) $\varphi = \omega t$. Nach (M 6.19) ist $a = \ddot{s}$, also die Beschleunigung gleich der 2. Ableitung des Weges nach der Zeit. Man erhält demnach die Beschleunigungen in Richtung der Koordinatenachsen durch zweimaliges Differenzieren der Koordinaten:

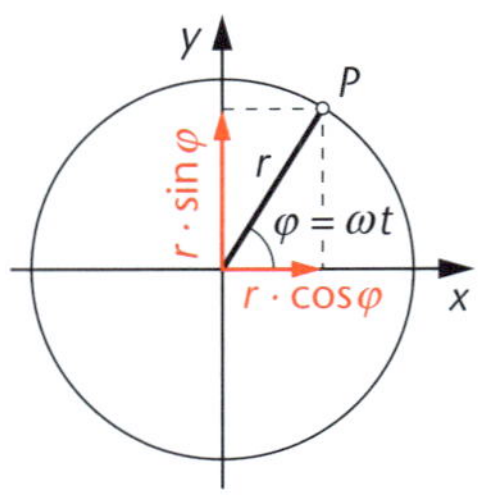

$$\dot{x} = -\omega r \sin \omega t \qquad \text{und} \qquad \dot{y} = \omega r \cos \omega t$$

$$\ddot{x} = -\omega^2 r \cos \omega t \qquad \text{und} \qquad \ddot{y} = -\omega^2 r \sin \omega t.$$

Die Minuszeichen zeigen, dass die Beschleunigungen zum Koordinatenmittelpunkt hin gerichtet sind. Aus diesen beiden Teilbeschleunigungen ergibt sich

$$a_r^2 = (-\omega^2 r \cos \omega t)^2 + (-\omega^2 r \sin \omega t)^2$$

$$a_r^2 = \omega^4 r^2 (\cos^2 \omega t + \sin^2 \omega t) \quad \text{und}$$

$$a_r = \sqrt{\omega^4 r^2} = \omega^2 r, \quad \text{also übereinstimmend mit (M 6.82).}$$

7 Dynamik

Die Dynamik behandelt die Kräfte als **Ursache** von Bewegungsabläufen. Dabei ist zu unterscheiden zwischen

- Dynamik der *Translation* oder Dynamik des *Massenpunkts* und
- Dynamik der *Rotation* oder Dynamik des *starren Körpers*.

7.1 Kräfte bei der Translation

7.1.1 Masse und Kraft

Erstes Newton'sches Axiom

Ohne äußere Krafteinwirkung verharrt ein Körper im Zustand der Ruhe oder der geradlinig gleichförmigen Bewegung.

Diese Eigenschaft aller Körper nennt man Beharrungsvermögen oder **Trägheit**.

Aus dem 1. NEWTON'schen Axiom folgt:

Ursache jeder Änderung des Bewegungszustandes ist das Wirken von Kräften.

Untersucht man die Beziehungen zwischen der wirkenden Kraft als *Ursache* und der daraus folgenden Änderung des Bewegungszustandes (Beschleunigung) als *Wirkung*, so erhält man als

Zweites Newton'sches Axiom

Die wirkende Kraft und die erzielte Beschleunigung sind einander proportional: $F \sim a$.

Aus dem 2. NEWTON'schen Axiom folgt:

Das Verhältnis der wirkenden Kraft zur erzielten Beschleunigung ist für jeden Körper eine konstante Größe. Es ist seine Masse.

Masse = Kraft/Beschleunigung.

Die Masse eines Körpers ist eine ortsunabhängige Größe. Sie verkörpert zwei Eigenschaften.

- Die **Trägheit**: Der Körper ändert nur unter äußerer Krafteinwirkung seinen Bewegungszustand.

▶ Die **Schwere**: Zwischen ihm und anderen Körpern wirken (anziehende) Gravitationskräfte.

Das gilt nicht nur für Körper, also stoffliche Materie, sondern für alle Materieformen (z. B. Strahlungen, Felder).

Allgemein kann man sagen:

Masse ist die Eigenschaft jeder Materie, träge und schwer zu sein.

M

Beachte:

- Bei sehr großen Geschwindigkeiten macht sich – besonders bei Elementarteilchen – der sogenannte relativistische Massenzuwachs bemerkbar, das ist die Masse der zugeführten kinetischen Energie → [41.4.1]. Die kleinste Masse, also die im Ruhezustand, bezeichnet man als **Ruhemasse** m_0.

- Häufig wird zwischen *träger* und *schwerer* Masse unterschieden. Beide sind jedoch stets gleich. Das Postulat ihrer Gleichheit ist Basis der Allgemeinen Relativitätstheorie.

■ Mit Hilfe der Basisgröße Masse lässt sich die Kraft als Ursache einer Beschleunigung definieren.

Wenn
F Kraft, die auf den Körper beschleunigend wirkt,
m Masse des beschleunigten Körpers,
a erzielte Beschleunigung,

dann gilt das

Grundgesetz der Dynamik

(M 7.1) $$F = ma$$

	F	m	a
SI	N	kg	$\frac{m}{s^2}$

oder in vektorieller Schreibweise

(M 7.2) $$\vec{F} = m\vec{a}$$

SI-Einheit der Kraft: $[F]$ = Newton (N) = kg · m/s^2.
Ungesetzliche Einheiten: Kilopond (kp) = 9,806 65 N
Dyn (dyn) = 10^{-5} N = 10 mN.

Es gilt also:

1 Newton (N) ist die Kraft, die der Masse von 1 Kilogramm (kg) eine Beschleunigung von 1 Meter/Sekundequadrat (m/s^2) erteilt.

Umrechnung:

SI-fremde Kraft-Einheiten		
1 Kilopond (kp)		= 9,806 65 N
1 Dyn (dyn)		= 10 μN
1 ton-force (tonf)	= 2 240 lbf (GB)	= 9,964 015 kN
1 short ton-weight (sh tnwt)	= 2 000 lbf (USA)	= 8,896 44 kN
1 pound-force (lbf)		= 4,448 221 N
1 poundal (pdl)	= 1 lb · ft/s^2	= 0,138 255 N

■ Auf jeden Körper wirkt die Schwerkraft der Erde (bzw. die eines anderen Himmelskörpers) als Folge der Gravitation.

Unter der **Gewichtskraft** F_G eines Körpers (früher als sein Gewicht bezeichnet) versteht man die auf ihn im Schwerefeld eines Himmelskörpers wirkende Schwerkraft.

Auch diese Kraft ruft eine Beschleunigung entsprechend (M 7.1) hervor. Man nennt sie **Fall-** oder **Schwerebeschleunigung**, auf der Erde auch **Erdbeschleunigung**.

Wenn
F_G Gewichtskraft eines Körpers, vielfach mit G bezeichnet,
m Masse des Körpers,
g Fallbeschleunigung,

dann gilt entsprechend (M 7.1)

(M 7.3) $$F_G = mg$$

	F_G	m	g
SI	N	kg	$\frac{m}{s^2}$

Beachte:

- Die **Normfallbeschleunigung** (am *Normort*, d. h. 45° nördlicher Breite in Meeresspiegelhöhe) beträgt $g_n = 9{,}806\,65\ m/s^2$. An den Polen ist die Fallbeschleunigung größer ($9{,}832\ m/s^2$), am Äquator kleiner ($9{,}780\ m/s^2$). Im Allgemeinen wird mit dem gerundeten Mittelwert $9{,}81\ m/s^2$ gerechnet.
- Aus (M 7.3) sowie der Umrechnung Newton (N) → Kilopond (kp) ergab sich: Die Masse eines Körpers in Kilogramm und seine Gewichtskraft in Kilopond hatten am Normort den gleichen **Zahlenwert**.

Drittes Newton'sches Axiom

Übt ein Körper auf einen anderen eine Kraft aus, so erfährt er von diesem eine entgegengerichtete Kraft gleicher Größe. Kräfte treten also immer paarweise auf. Zu jeder auf einen Körper wirkenden Kraft $\vec{F}$ (Führungs- oder eingeprägte Kraft) gehört eine Gegenkraft $\vec{F}'$ (Reaktions- oder Zwangskraft), die am anderen Körper angreift.

Reaktions- oder Wechselwirkungsprinzip:
Jede Kraft $\vec{F}$ besitzt eine Gegenkraft $\vec{F}'$ (Reaktionskraft) von gleichem Betrag, aber entgegengesetzter Richtung: $\vec{F}' = -\vec{F}$. Die Angriffspunkte von $\vec{F}$ und $\vec{F}'$ liegen in zwei verschiedenen Körpern (**actio = reactio**).

Solche Wechselwirkungskräfte sind:

- Gravitationskraft, *anziehende* Kraft zwischen zwei Körpern;
- *anziehende* oder *abstoßende* Kräfte zwischen zwei Magneten;
- *anziehende* oder *abstoßende* Kräfte zwischen elektrisch geladenen Körpern;
- Kräfte bei elastischen Verformungen;
- *anziehende* Kräfte zwischen den Nukleonen im Atomkern;
- Kräfte zwischen Atomen und Molekülen usw.

Beachte:

- Wenn zwei Kräfte an **einem** Körper angreifen (entgegengerichtet, dem Betrag nach gleich oder ungleich), so sind sie nicht Kraft und Reaktionskraft im Sinne des 3. Newton'schen Axioms! Man bezeichnet sie im Falle gleichen Betrages oft als Kompensationskräfte.

7.1.2 Dichte

Die Masse eines Körpers hängt außer von seinem Volumen auch von der Stoffart ab; d. h., Körper mit gleichem Volumen besitzen nicht gleiche Masse, wenn sie aus unterschiedlichem Material bestehen.

Als Dichte bezeichnet man das Verhältnis der Masse eines Körpers zu seinem Volumen.

Dichte = Körpermasse/Körpervolumen.

Wenn

ϱ Dichte eines festen, flüssigen oder gasförmigen Stoffes (→ Tabelle 1),
m Masse des Körpers,
V Volumen des Körpers,

dann gilt

(M 7.4) $$\varrho = \frac{m}{V}$$

bei *festen* und *flüssigen* Stoffen **üblich**:

	ϱ	m	V
SI	$\frac{\text{kg}}{\text{m}^3}$	kg	m^3
VT	$\frac{\text{kg}}{\text{dm}^3}$	kg	dm^3
VT	$\frac{\text{g}}{\text{cm}^3}$	g	cm^3

Beachte:

- Die Dichte fester und flüssiger Stoffe ist *temperaturabhängig.* Umrechnung der Tabellenwerte auf andere Temperaturen mit (W 15.10).
- Die Dichte gasförmiger Stoffe ist *druck-* und *temperaturabhängig.* Tabellen geben die **Normdichte** ϱ_n an, beziehen sich also auf den Normzustand bei $t_0 = 0\,°\text{C}$ und $p_0 = 1013{,}25\,\text{hPa} = 101{,}325\,\text{kPa}$.
  Umrechnung auf andere Zustände mit (W 15.18).
- Unter der früher verwendeten **Wichte** γ (oder „spezifisches Gewicht") verstand man das Verhältnis der Gewichtskraft eines Körpers zu seinem Volumen. Wurde sie in kp/dm^3 (bzw. kp/m^3 bei Gasen) angegeben, so stimmten die *Zahlenwerte* von Wichte und Dichte überein.

Übersicht:

Dichten in der Natur in kg/m^3			
Weltall	$4 \cdot 10^{-33}$	Mars	$3{,}95 \cdot 10^3$
Luft im Normzustand	1,29	Venus	$5{,}23 \cdot 10^3$
Saturn	$0{,}69 \cdot 10^3$	Erde	$5{,}52 \cdot 10^3$
Wasser	$1 \cdot 10^3$	Platin	$21{,}4 \cdot 10^3$
Sonne	$1{,}41 \cdot 10^3$	Atomkern	$2 \cdot 10^{17}$
Mond	$3{,}34 \cdot 10^3$		

■ Bei der Bestimmung der **mittleren Dichte** eines Körpers, der aus *unterschiedlichen* Stoffen besteht, sowie von *Stoffgemischen* muss der Volumenanteil der einzelnen Substanzen berücksichtigt werden. Die mittlere Dichte ergibt sich aus der Überlegung

$$\varrho_\text{m} = \frac{\text{Gesamtmasse}}{\text{Gesamtvolumen}} = \frac{m_1 + m_2 + \ldots}{V_1 + V_2 + \ldots}.$$ Mit $m = \varrho V$ folgt

(M 7.5) $$\varrho_\text{m} = \frac{\varrho_1 V_1 + \varrho_2 V_2 + \ldots}{V_1 + V_2 + \ldots}$$ bzw. mit $V = m/\varrho$

(M 7.5a) $$\varrho_m = \frac{m_1 + m_2 + \ldots}{\dfrac{m_1}{\varrho_1} + \dfrac{m_2}{\varrho_2} + \ldots}$$ Einheiten → (M 7.4)

Beachte:

- Die Formeln (M 7.5) und (M 7.5a) gelten *nicht* für Mischungen von ineinander löslichen Stoffen.

7.1.3 Federkraft

Nach dem 1. und 2. NEWTON'schen Axiom sind Kräfte die *Ursache* aller **Änderungen** des **Bewegungszustandes** eines Körpers. Darüber hinaus können Kräfte aber auch durch Druck- oder Zugwirkung die Form eines Körpers verändern, z. B. die Länge einer Feder.

Kräfte sind Ursache von Beschleunigungen (dynamische Kraftwirkung) und von Formänderungen (statische Kraftwirkung).

Innerhalb der Elastizitätsgrenze des Materials sind Kraft und Deformierung proportional. Es gilt das HOOKE'sche Gesetz (M 12.1). Der Proportionalitätsfaktor wird als **Richtgröße** bzw. – speziell bei Federn – als **Federkonstante** bezeichnet.

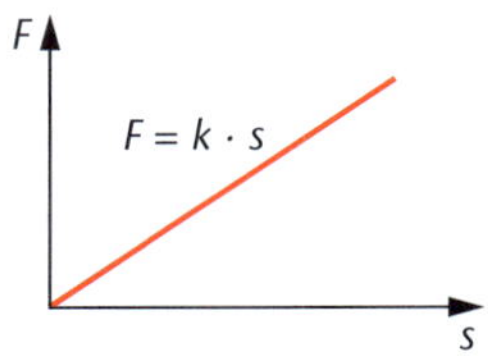

Wenn

k Richtgröße, Federkonstante,

F Kraft, die z. B. die Länge einer Feder verändert,

s durch die Kraft F hervorgerufene Längenänderung, Federweg,

dann gilt

(M 7.6) $$k = \frac{F}{s}$$

	k	F	s
SI	$\frac{N}{m}$	N	m

Zur an der Feder angreifenden Kraft gibt es eine Reaktionskraft, die Federkraft. Analog (M 7.6) gilt unter Beachtung der Richtungen für die

Federkraft

(M 7.7) $$F = -ks$$ Einheiten → (M 7.6)

Beachte:

- Je „härter" die Feder ist, desto größer ist ihre Richtgröße (Federkonstante) k.

- **Kraftmesser** (Dynamometer) sind Federn, bei denen die Längenänderung gemessen, an einer Skala jedoch die sie verursachende Kraft direkt abgelesen wird.
- Kraftmesser, die zum Bestimmen von Gewichtskräften verwendet werden, bezeichnet man meist als **Federwaagen**.

7.1.4 Reibungskraft

Außer dem Widerstand des umgebenden Mediums (→ [10] Strömungen) tritt bei Bewegungen die Reibung als energiezehrender Widerstand auf. Sie wirkt an der Kontaktfläche zweier sich berührender fester Körper und hemmt die Relativbewegung zwischen beiden Körpern.

Die Reibungskraft wirkt stets parallel zur Kontaktfläche und ist der Bewegung und damit auch der die Bewegung verursachenden Kraft entgegengerichtet. Die Reibungskraft ist kleiner als die Normalkraft.

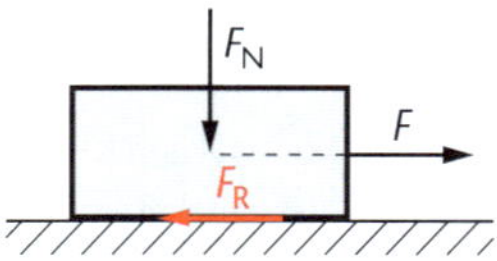

Wenn
F_R Reibungskraft,
μ Reibungszahl (→ Tabelle 2),
F_N Normalkraft, Kraft *senkrecht* zur Kontaktfläche, → (M 5.19),

dann gilt

(M 7.8) $$F_R = \mu F_N$$

Beachte:
- Die Reibungskraft ist unabhängig von der Größe der Kontaktfläche.

Man unterscheidet folgende Reibungsarten:
- **Gleitreibung** wirkt bei einer Bewegung des Körpers relativ zu einem anderen (meist Unterlage u. Ä.) und ist *geschwindigkeitsunabhängig*.
- **Haftreibung** wirkt bei ruhendem Körper und ist dem Betrag nach gleich der entgegengerichteten äußeren Zugkraft. Mit $\mu = \mu_0$ ergibt (M 7.8) stets den Maximalwert der Haftreibungskraft. Bei fehlender äußerer Kraft ist $F_R = 0$. Die Haftreibungszahl μ_0 ist größer als die Gleitreibungszahl ($\mu_0 > \mu$).
- **Rollreibung** tritt auf, wenn der Körper auf der Unterlage rollt. Sie ist sehr viel kleiner als die Gleitreibung ($\mu' \ll \mu$).

In die Berechnung der Rollreibungskraft geht der Radius des rollenden Rades ein. Da jedoch bei typischen Fällen (Eisenbahn, Kraftfahrzeug) der

Radius jeweils etwa gleich ist, berücksichtigt man ihn in der Rollreibungszahl μ'.

■ Die Reibungszahl lässt sich durch Versuche bestimmen. Man vergrößert den Winkel einer geneigten Ebene so lange, bis der aufgelegte Probekörper zu gleiten beginnt (Haftreibung μ_0) bzw. gleichförmig gleitet (Gleitreibung μ).

Wenn

μ zu bestimmende Reibungszahl,

ϱ Winkel der geneigten Ebene = Reibungswinkel,

dann gilt, weil unter den genannten Bedingungen

Reibungskraft = Hangabtriebskraft

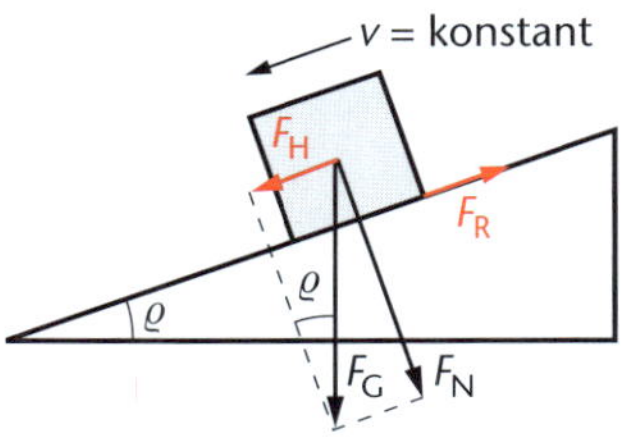

$$\mu F_N = F_H$$

$$\mu F_G \cos \varrho = F_G \sin \varrho$$

$$\mu = \frac{\sin \varrho}{\cos \varrho} \quad \text{oder}$$

(M 7.9) $$\boxed{\mu = \tan \varrho}$$

M

Fahrwiderstand

Für Fahrzeugräder wirkt nicht nur die Rollreibung am Umfang des Rades, sondern auch noch die Reibung in den Achslagern energiezehrend. Beide Reibungszahlen fasst man in der **Fahrwiderstandszahl** μ_F zusammen. Für die Berechnung des Fahrwiderstandes gilt dann auch (M 7.8). Experimentell wird μ_F durch Ausrollversuche ermittelt. Richtwerte für die Fahrwiderstandszahl μ_F → Tabelle 2.

7.1.5 Trägheitskräfte bei der Translation

Kräfte sind **Ursache** jeder Änderung eines Bewegungszustandes, also einer Beschleunigung in Richtung der Kraft. Im Gegensatz dazu sind **Trägheitskräfte** eine *Folge* von Beschleunigungen. Ihre Richtung ist zur Beschleunigungsrichtung entgegengesetzt. Man erkennt Trägheitskräfte nur in einem beschleunigten Bezugssystem; sie sind **Scheinkräfte**.

Kräfte und Trägheitskräfte als Ursache und Wirkung ein und derselben Beschleunigung sind stets gleich groß, aber entgegengerichtet.

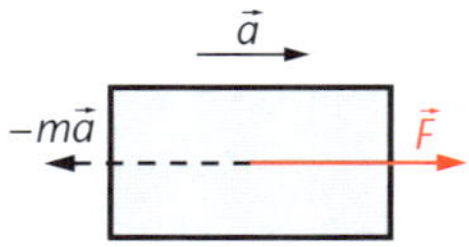

Wenn

F beschleunigende Kraft,
F_T Trägheitskraft,
m beschleunigte Masse,
a Beschleunigung,

dann gilt $\vec{F}_T = -\vec{F}$ oder

(M 7.10) $$\vec{F}_T = -m\vec{a} \quad \text{oder} \quad \vec{F} - m\vec{a} = 0$$

	F	m	a
SI	N	kg	$\frac{\text{m}}{\text{s}^2}$

Zur Bestimmung des Bewegungszustandes eines Körpers unter dem Einfluss *mehrerer* Kräfte wird häufig von einem **dynamischen Gleichgewicht** ($\sum F = 0$) ausgegangen, wobei außer Antriebs- und Widerstandskräften auch die Trägheitskräfte zu berücksichtigen sind (**Prinzip von D'ALEMBERT**).

7.2 Arbeit, Energie und Leistung

7.2.1 Arbeit

An einem Körper wird Arbeit verrichtet, wenn er unter der Wirkung einer Kraft über eine bestimmte Strecke bewegt wird.

Unter Arbeit W versteht man das Produkt aus Kraft und Weg.
Arbeit = Kraft × Weg.

SI-Einheit der Arbeit: $[W] = [F] \cdot [s] = \text{N} \cdot \text{m} = \text{Joule (J)}$
$$= \text{W} \cdot \text{s} = \frac{\text{kg} \cdot \text{m}^2}{\text{s}^2}.$$

Ungesetzliche Einheiten: Kilopondmeter (kp · m)
Erg (erg) = dyn · cm.

Umrechnung:

1 kWh	$= 3{,}6 \cdot 10^6$ J = 3,6 MJ	
SI-fremde Arbeits-Einheiten:		
1 kp · m		= 9,807 J
1 erg (= 1 dyn · cm)		$= 10^{-7}$ J = 0,1 µJ
1 horse-power hour (hp h)	$= 1{,}98 \cdot 10^6$ ft lbf	= 2,685 MJ
1 foot-pound-force (ft lbf)		= 1,356 J
1 inch-pound-force (in lbf)		= 0,113 J
1 foot-poundal (ft pdl)		= 42,14 mJ
1 yard-pound-force (yd lbf)		= 4,067 J

Beachte:

- Umrechnung von Arbeitseinheiten → hintere Einbandinnenseite.

Wenn
W verrichtete Arbeit,
F *konstante* in Richtung des Weges wirkende Kraft,
s vom Körper zurückgelegter Weg,

dann gilt

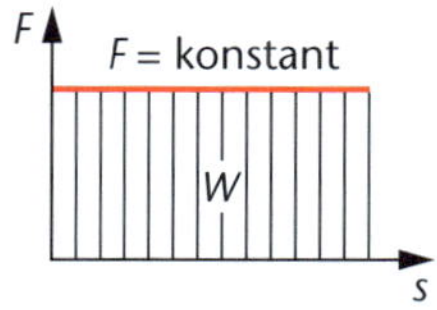

(M 7.11) $W = Fs$

	W	F	s
SI	J	N	m

Beachte:

- Kraft und Weg müssen gleiche Richtung haben. Sonst (M 7.12) benutzen.
- Die Kraft muss während des Vorgangs konstant sein. Bei *linearer* Änderung (z. B. Federspannarbeit) *Mittelwert* einsetzen, sonst (M 7.14) benutzen.

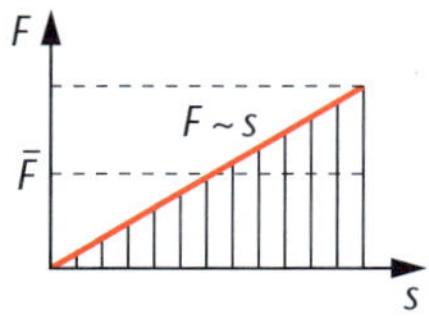

■ Bilden die Richtungen von Kraft und Weg einen Winkel $\alpha < 90°$, dann darf der Weg nur mit der Kraftkomponente in Wegrichtung (oder die Kraft mit der Wegkomponente in Kraftrichtung) multipliziert werden.

Wenn
α Winkel zwischen den Richtungen von Kraft und Weg,

dann gilt entsprechend (M 7.11)

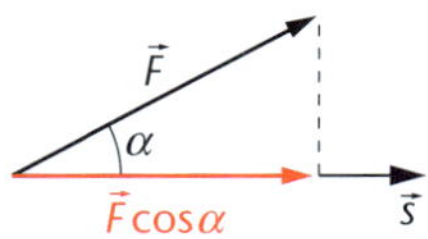

(M 7.12) $W = Fs\cos\alpha$

bzw. in vektorieller Schreibweise

(M 7.13) $W = \vec{F} \cdot \vec{s}$

Die Arbeit ist das Skalarprodukt aus den vektoriellen Größen Kraft und Weg.

■ Ist die Kraft nicht konstant, sondern eine Funktion $F(s)$ des Weges, und bilden Kraft und Weg den Winkel α, dann gilt

$\mathrm{d}W = F \cos\alpha \,\mathrm{d}s$ und nach Integration

(M 7.14) $$W = \int_{s_1}^{s_2} F \cos\alpha \,\mathrm{d}s$$

bzw. in vektorieller Schreibweise

(M 7.15) $$W = \int_{s_1}^{s_2} \vec{F} \cdot \mathrm{d}\vec{s}$$

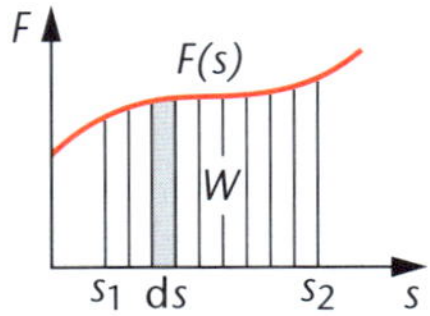

■ Die Arbeit ist das Wegintegral der Kraft.

Beachte:

- Daraus folgt, dass im F, s-Diagramm die Fläche unter der Kurve der verrichteten Arbeit entspricht.

Hubarbeit

Wird ein Körper mit konstanter Geschwindigkeit (gleichförmig) gegen die Schwerkraft gehoben, so wird nach (M 7.11) eine Arbeit $W = Fs$ verrichtet. Dabei ist F von gleicher Richtung wie s und dem Betrag nach gleich der Gewichtskraft F_G.

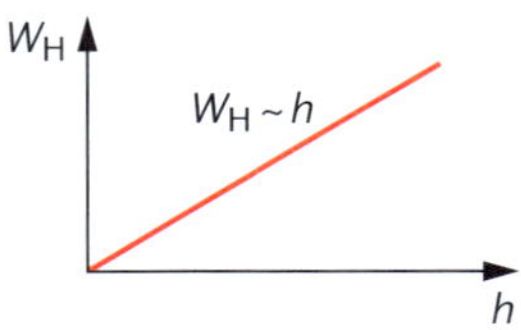

Wenn

W_H Hubarbeit,
F_G Gewichtskraft des gehobenen Körpers,
m Masse des gehobenen Körpers,
g Fallbeschleunigung = 9,807 $\mathrm{m/s^2}$,
h Weg, Höhe, um die der Körper gehoben wird,

dann gilt

(M 7.16) $$W_H = F_G h = mgh$$

	W	F_G	h	m	g
SI	J	N	m	kg	$\frac{\mathrm{m}}{\mathrm{s}^2}$

Beachte:

- Die am Körper verrichtete Hubarbeit bleibt als Energie der Lage E_P (potenzielle Energie) erhalten → [7.2.2].

- Auch bei reibungsfreien Hubbewegungen auf beliebigen Bahnen (einschließlich der geneigten Ebene) gilt (M 7.16), wobei als Hubweg h die Wegkomponente in Richtung der Gewichtskraft einzusetzen ist.

Reibungsarbeit

Wird ein Körper mit konstanter Geschwindigkeit (gleichförmig) gegen eine Reibungskraft bewegt, so wird nach (M 7.11) die Arbeit $W = Fs$ verrichtet. Dabei ist F von gleicher Richtung wie s und dem Betrag nach gleich der Reibungskraft F_R.

Wenn
W_R Reibungsarbeit,
F_R Reibungskraft,
μ Reibungszahl,
F_N Normalkraft,
s zurückgelegter Weg,

dann gilt

(M 7.17) $$W_R = F_R s = \mu F_N s$$

	W	F	s	μ
SI	J	N	m	–

Beachte:

- Die Reibungsarbeit wird in Wärmeenergie umgewandelt.

■ Bei einer unbeschleunigten Aufwärtsbewegung auf der geneigten Ebene wird Hub- und Reibungsarbeit verrichtet. Die in Richtung des Weges s wirkende Kraft ist dem Betrag nach gleich der Summe aus Hangabtriebskraft F_H und Reibungskraft F_R. Entsprechend (M 7.11) folgt

$$W = (F_H + F_R)s = (F_H + \mu F_N)s$$
$$= (F_G \sin\alpha + \mu F_G \cos\alpha)s$$

und daraus

(M 7.18) $$W = mgs(\sin\alpha + \mu\cos\alpha)$$

	W	m	g	s	μ
SI	J	kg	$\frac{\text{m}}{\text{s}^2}$	m	–

Beschleunigungsarbeit

Wird ein Körper durch eine konstante Kraft F_B längs des Weges s gleichmäßig beschleunigt, so wird nach (M 7.11) die Arbeit $W = Fs$ verrichtet. Dabei haben Kraft F_B, Beschleunigung a und Weg s die gleiche Richtung.

Wenn
W_B Beschleunigungsarbeit,
m Masse des beschleunigten Körpers,
v erreichte Geschwindigkeit,
a erzielte Beschleunigung,

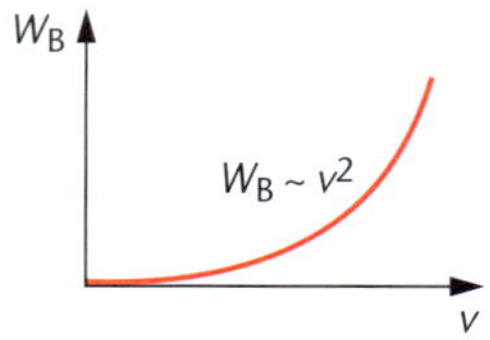

dann gilt $W_B = F_B s = mas$ und bei Beschleunigung aus der Ruhe heraus mit (M 6.6)

$W_B = m\frac{v^2}{2s}s$ und damit

(M 7.19) $$W_B = mas = \frac{mv^2}{2}$$

	m	a	s	v	W
SI	kg	$\frac{m}{s^2}$	m	$\frac{m}{s}$	J

Beginnt die Beschleunigung des Körpers bei $v_0 \neq 0$, so muss für a in (M 7.19) entsprechend (M 6.11) $a = \frac{v^2 - v_0^2}{2s}$ eingesetzt werden. Es ergibt sich dann

(M 7.20) $$W_B = mas = \frac{m}{2}(v^2 - v_0^2)$$ Einheiten → (M 7.19)

Beachte:

- Die am Körper verrichtete Beschleunigungsarbeit bleibt in Form kinetischer Energie E_k erhalten → [7.2.2].
- Wie die zweiten Ausdrücke in (M 7.19) und (M 7.20) zeigen, ist die Beschleunigungsarbeit unabhängig von der wirkenden Kraft, diese braucht deshalb nicht konstant zu sein, sondern kann z. B. eine Funktion des Weges oder der Zeit sein:
  $F_B = F_B(s)$ oder $F_B = F_B(t)$.

Verformungsarbeit

Wird eine Feder um den Federweg s verlängert, so ist die erforderliche Kraft nicht konstant, sondern wächst entsprechend (M 7.6) proportional s von 0 bis F_{max}. In (M 7.11) $W = Fs$ ist deshalb für F einzusetzen

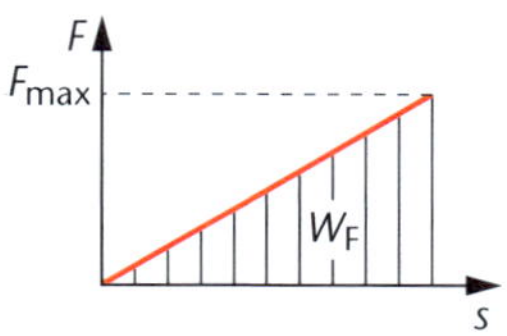

$\overline{F} = \frac{F_{max}}{2}$.

Wenn

W_F Arbeit gegen die Federkraft, Verformungsarbeit,
k Richtgröße der Feder, Federkonstante,
s Federweg,

dann gilt mit (M 7.6)

$W_F = \frac{ks}{2} s$ und somit

(M 7.21) $$W_F = \frac{ks^2}{2}$$

	W	k	s
SI	J	$\frac{\text{N}}{\text{m}}$	m

M

Beachte:

- Die verrichtete Verformungsarbeit (Spannarbeit) bleibt in Form potenzieller Energie E_p der gespannten Feder erhalten → [7.2.2].
- Ebenfalls zu (M 7.21) führt (M 7.15) $W = \int_{s_1}^{s_2} F \, ds$ mit $s_1 = 0$ und $F = ks$.

7.2.2 Energie

Jede an einem Körper verrichtete Arbeit vergrößert dessen Energie und versetzt ihn in die Lage, seinerseits Arbeit zu verrichten.

Unter Energie E versteht man die Fähigkeit eines Körpers, Arbeit zu verrichten.

Energie = Arbeitsvermögen oder Arbeitsvorrat.

Sie wird in den gleichen Einheiten gemessen wie die Arbeit.

SI-Einheit der Energie: $[E] = \text{Joule (J)} = \text{N} \cdot \text{m} = \text{W} \cdot \text{s} = \frac{\text{kg} \cdot \text{m}^2}{\text{s}^2}$.

Gesetzliche Einheit: Kilowattstunde (kWh) = $3{,}6 \cdot 10^6$ J = 3,6 MJ.

Ungesetzliche Einheiten: Kilopondmeter (kp · m) = 9,807 J,
Erg (erg) = dyn · cm = 10^{-7} J = 0,1 μJ.

Beachte:

- Umrechnung von Energieeinheiten → hintere Einbandinnenseite.

Potenzielle Energie (Lageenergie und Spannungsenergie)

Um den Abstand eines Körpers vom Erdmittelpunkt zu vergrößern, ihn zu heben, muss Arbeit verrichtet werden. Diese ist dann in Form von potenzieller Energie im Körper gespeichert.

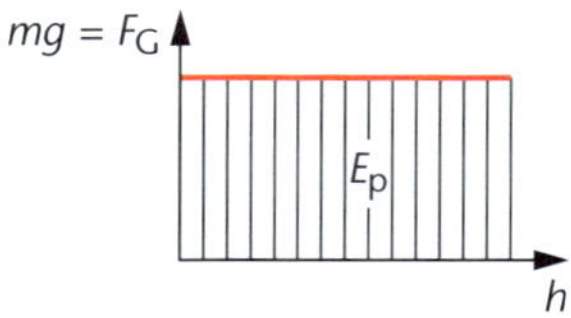

Wenn

E_p potenzielle Energie des Körpers, Lageenergie,

m Masse des Körpers,

h Höhe, um die der Körper gehoben wird,

g Fallbeschleunigung = 9,807 m/s^2,

dann gilt, weil die aufzuwendende Arbeit (**Hubarbeit**) entsprechend (M 7.16) $W_H = F_G h = mgh$,

(M 7.22) $$E_p = F_G h = mgh$$

Beachte:

- Die nach (M 7.22) bestimmte potenzielle Energie entspricht nicht der gesamten, sondern ist nur der Zuwachs an potenzieller Energie beim Heben um die Strecke h.

■ (M 7.22) gilt nur für den Fall, dass die Fallbeschleunigung g über die Hubhöhe annähernd konstant ist. Dies ist nur bei relativ kleinen Hubwegen der Fall. Im Schwerefeld jedes Himmelskörpers nimmt die Schwerkraft und damit die Fallbeschleunigung mit dem Quadrat des Abstands vom Massenmittelpunkt ab → (M 7.71)!

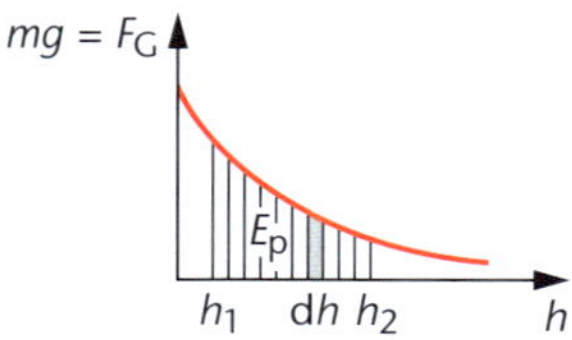

Bei größeren Hubwegen muss also berücksichtigt werden, dass $g = g(h)$ und damit auch $F_G = F_G(h)$.

(M 7.23) $$E_p = m \int_{h_1}^{h_2} g \, dh$$

Beachte:

- Wird der Körper um die Höhe h gesenkt, so gibt er die mit (M 7.22) und (M 7.23) bestimmte Energie E_p ab.
- Durchfällt ein Körper die Höhe h frei, so wandelt sich seine potenzielle Energie E_p in kinetische Energie E_k (Bewegungsenergie) gleicher Größe um.

■ Auch die zur Verformung elastischer Körper aufzuwendende **Verformungsarbeit** W_F wird im Körper als potenzielle Energie gespeichert und als Spannungsenergie bezeichnet.

Wenn
E_p potenzielle Energie, Spannungsenergie,
k Richtgröße, Federkonstante,
s Federweg,

dann gilt analog (M 7.21)

(M 7.24) $$E_p = \frac{ks^2}{2}$$

	E	k	s
SI	J	$\frac{\mathrm{N}}{\mathrm{m}}$	m

Kinetische Energie (Energie der Bewegung)

Um einen Körper zu beschleunigen und ihn auf eine bestimmte Geschwindigkeit zu bringen, muss Arbeit verrichtet werden. Diese ist dann in Form von kinetischer Energie im Körper gespeichert.

Wenn
E_k kinetische Energie des Körpers,
m Masse des Körpers,
v Geschwindigkeit des Körpers,

dann gilt, weil die aufgewendete Arbeit (**Beschleunigungsarbeit**) entsprechend (M 7.19) $W_B = mas = mv^2/2$,

(M 7.25) $$E_k = \frac{mv^2}{2}$$

	E	m	v
SI	J	kg	$\frac{\mathrm{m}}{\mathrm{s}}$

Eine Änderung der Geschwindigkeit von v_1 auf v_2 hat demnach eine Änderung der kinetischen Energie zur Folge. Diese ist dann

(M 7.26) $$\Delta E_k = \frac{m}{2}(v_2^2 - v_1^2)$$

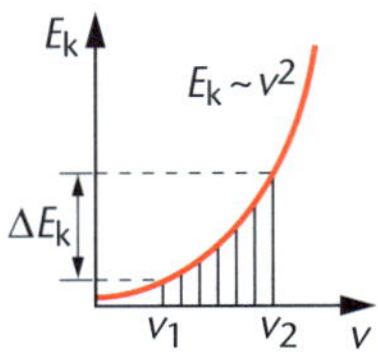

Beachte:

- Ist $v_2 < v_1$, dann wird der Klammerausdruck negativ und damit auch $E_k < 0$, d. h., der Körper gibt diese kinetische Energie ab.

7.2.3 Gesetz von der Erhaltung der Energie

Das von Robert Mayer formulierte Gesetz besagt, dass Energie weder entstehen noch verschwinden kann. Daraus folgt:

Die Energiesumme ist in einem abgeschlossenen System, dem also weder Energie zugeführt noch entzogen wird, konstant. Die Energie*art* kann sich jedoch ändern.

Dieser allgemein gültige Satz lässt sich auch auf das Teilgebiet Mechanik beziehen.

Energieerhaltungssatz der Mechanik:
In einem abgeschlossenen mechanischen System bleibt die Summe der mechanischen Energie (potenzielle und kinetische Energie einschließlich der Rotationsenergie) konstant.

(M 7.27) $$E_p + E_k + E_r = E_{ges} = \text{konstant}$$

Beachte:

- Rotationsenergie → [7.4.7].
- Zur potenziellen Energie zählen Lageenergie und Spannungsenergie.
- In der Praxis gibt es keine rein mechanischen Vorgänge, weil infolge der Reibung ein Teil der mechanischen Energie in Wärmeenergie umgewandelt wird.

7.2.4 Leistung

Unter der Leistung *P* versteht man das Verhältnis der verrichteten Arbeit zur benötigten Arbeitszeit.

$$\text{Leistung} = \frac{\text{Arbeit}}{\text{Zeit}}.$$

SI-Einheit der Leistung: $[P] = \text{Watt (W)} = \frac{\text{J}}{\text{s}} = \frac{\text{kg} \cdot \text{m}^2}{\text{s}^3}$.

Ungesetzliche Einheiten: kp · m/s,
Pferdestärke (PS).

Umrechnung:

SI-fremde Einheiten	
1 kp · m/s	= 9,807 W
1 PS	= 735,5 W
1 erg/s	= 10^{-7} W = 0,1 μW
1 horse-power (hp)	= 745,7 W
1 foot-pound-force per second (ft lbf/s)	= 1,356 W
1 inch-pound-force per second (in lbf/s)	= 0,113 W
1 foot-poundal per second (ft pdl/s)	= 42,14 mW
1 yard-pound-force per second (yd lbf/s)	= 4,067 W

Mittlere Leistung (Durchschnittsleistung)

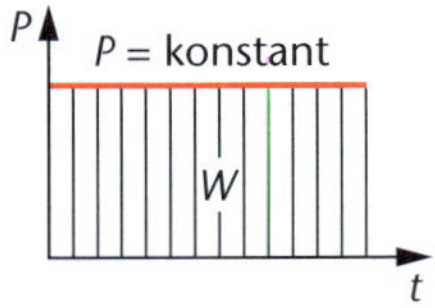

Wenn
$\overline{P}$ mittlere Leistung,
W verrichtete Arbeit,
t Zeit, die dafür benötigt wurde,

dann gilt

(M 7.28) $$\overline{P} = \frac{W}{t}$$

	P	W	t
SI	W	J	s

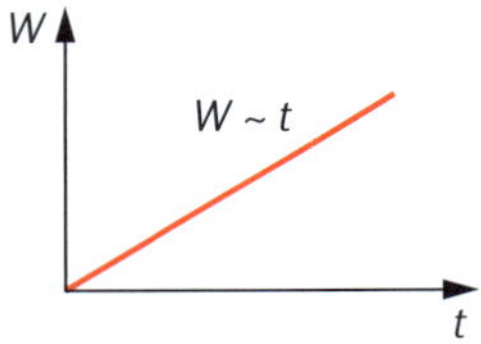

Beachte:

- Wenn $W \sim t$, dann ist die Leistung konstant.

Momentanleistung

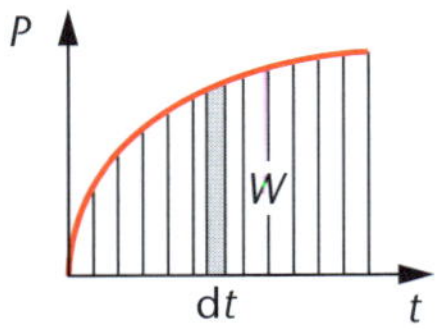

Meist ist P nicht konstant, sondern eine Funktion der Zeit $P = P(t)$. Während mit (M 7.28) die mittlere Leistung bestimmt wird, ergibt sich die Momentanleistung zu einem bestimmten Zeitpunkt zu

(M 7.29) $$P = \frac{\mathrm{d}W}{\mathrm{d}t} = \dot{W}$$

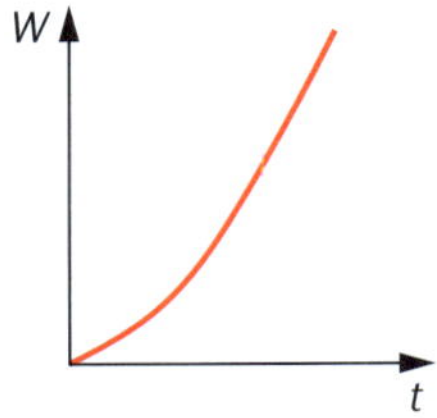

Die Momentanleistung ist der Differenzialquotient der Arbeit nach der Zeit: $P = \dot{W}$.

Mit $\mathrm{d}W = F\,\mathrm{d}s$ (M 7.14) ergibt sich aus (M 7.29) $P = \frac{F\,\mathrm{d}s}{\mathrm{d}t}$ und daraus wegen

$$\frac{\mathrm{d}s}{\mathrm{d}t} = \dot{s} = v$$

(M 7.30) $$P = Fv$$

	P	F	v
SI	W	N	$\frac{\mathrm{m}}{\mathrm{s}}$

Momentanleistung = Momentankraft × Momentangeschwindigkeit.

Beachte:

- (M 7.30) gilt für *konstante* und *nicht konstante* Kraft bzw. Geschwindigkeit, z. B.:
  $F =$ konst. und $v =$ konst.: konstante Dauerleistung P;
  $F =$ konst. (gleichmäßig beschleunigte Bewegung):
  maximale Leistung $P_{max} = Fv_{max}$ und mittlere Leistung $\overline{P} = F\overline{v}$
- F und v müssen gleiche Richtung haben.
- Das Produkt Arbeit × Zeit wird als **Wirkung** bezeichnet.

7.2.5 Wirkungsgrad

Jede Maschine nimmt eine größere Leistung auf, als sie abgibt, weil in ihr Verluste (Reibung, Luftwiderstand, Erwärmung usw.) auftreten.

Unter dem Wirkungsgrad η versteht man das Verhältnis der abgegebenen Leistung zur zugeführten Leistung.

Wenn
η Wirkungsgrad,
P_{ab} abgegebene Leistung = Nutz- oder effektive Leistung = zugeführte Leistung minus Verlustleistung,
P_{zu} zugeführte Leistung = Antriebs-, Nenn- oder indizierte Leistung,

dann gilt

(M 7.31) $$\eta = \frac{P_{ab}}{P_{zu}} = \frac{P_{zu} - P_{verlust}}{P_{zu}} = 1 - \frac{P_{verlust}}{P_{zu}}$$

Vielfach ist es zweckmäßiger, den Wirkungsgrad nicht als Verhältnis zweier Leistungen, sondern als Verhältnis zweier Arbeiten auszudrücken. Dies gilt besonders, wenn Aufnahme und Abgabe nicht gleichzeitig und/oder nicht gleich schnell erfolgen (z. B. Spannen und Entspannen einer Feder). Man definiert dann:

$$\text{Wirkungsgrad} = \frac{\text{Nutzarbeit}}{\text{Gesamtarbeit}}.$$

Beachte:

- Der Wirkungsgrad der Leistung η_P und der Wirkungsgrad der Arbeit η_W stimmen nur dann überein, wenn Zufuhr und Abgabe gleiche Zeit beanspruchen.

- Wegen der unvermeidlichen Verluste ist der Wirkungsgrad stets kleiner als eins; $\eta < 1$.
- Meist wird der Wirkungsgrad in Prozenten ausgedrückt, also
  $\eta = \frac{P_{ab}}{P_{zu}} \cdot 100\,\%$ bzw. $\eta = \frac{W_{ab}}{W_{zu}} \cdot 100\,\%$.

Gesamtwirkungsgrad

Bei einer mehrfachen Energieumsetzung bzw. -übertragung ergibt sich der Gesamtwirkungsgrad als Produkt der einzelnen Wirkungsgrade.

(M 7.32) $$\eta_{ges} = \eta_1 \eta_2 \eta_3 \ldots$$

7.3 Impuls und Stoß

7.3.1 Impuls

Unter dem Impuls p (Bewegungsgröße) eines Körpers versteht man das Produkt aus seiner Masse und seiner Geschwindigkeit.

Der Impuls ist eine *vektorielle* Größe. Er hat die Richtung der Geschwindigkeit.

SI-Einheit des Impulses: $[p] = \frac{\text{kg} \cdot \text{m}}{\text{s}} = \text{N} \cdot \text{s}$.

Wenn

p Impuls des Körpers,
m Masse des Körpers,
v Geschwindigkeit des Körpers,

dann gilt

(M 7.33) $$\vec{p} = m\vec{v}$$

	p	m	v
SI	$\text{N} \cdot \text{s} = \frac{\text{kg} \cdot \text{m}}{\text{s}}$	kg	$\frac{\text{m}}{\text{s}}$

7.3.2 Kraftstoß

Eine Änderung des Impulses kann (bei konstanter Masse) nur durch eine Geschwindigkeitsänderung erfolgen und ist in jedem Falle die Folge einer Krafteinwirkung.

Wenn
Δp Impulsänderung,
m Masse des Körpers,
Δv Geschwindigkeitsänderung $= v_2 - v_1$,
F beschleunigende konstante Kraft,
Δt Dauer der Krafteinwirkung,

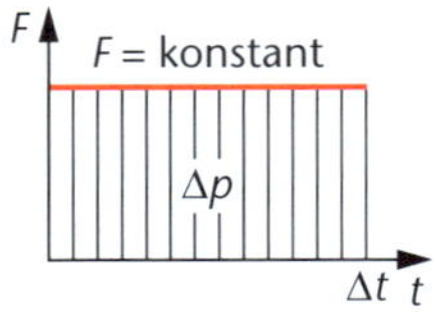

dann gilt entsprechend (M 7.2) und (M 6.2)

$\vec{F} = m\vec{a} = m\dfrac{\Delta\vec{v}}{\Delta t}$. Mit (M 7.33) folgt daraus

(M 7.34) $$\Delta\vec{p} = m\Delta\vec{v} = \vec{F}\Delta t = \vec{I}$$

	p	F	t	m	v
SI	$\mathrm{N \cdot s} = \dfrac{\mathrm{kg \cdot m}}{\mathrm{s}}$	N	s	kg	$\dfrac{\mathrm{m}}{\mathrm{s}}$

Das Produkt $F\Delta t$ heißt **Kraftstoß** I oder **Antrieb**. Es ist gleich der erzielten Impulsänderung.

SI-Einheit des Kraftstoßes: $[I] = \mathrm{N \cdot s} = \dfrac{\mathrm{kg \cdot m}}{\mathrm{s}}$.

Beachte:

- (M 7.34) gilt nur, wenn die Kraft während der Zeit Δt konstant ist.

■ Ist die Kraft *nicht* konstant, sondern eine Funktion der Zeit, also $\vec{F} = \vec{F}(t)$, so gilt

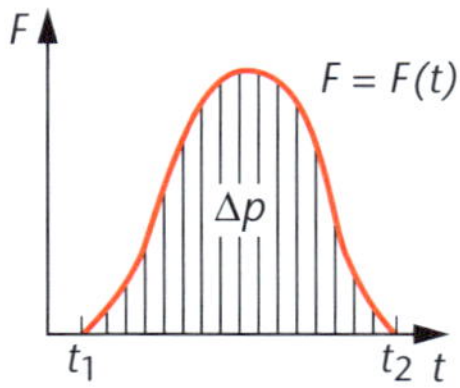

(M 7.35) $$\Delta\vec{p} = m\Delta\vec{v} = \int_{t_1}^{t_2} \vec{F}\,\mathrm{d}t$$

Die Impulsänderung bzw. der Kraftstoß ist das Zeitintegral der Kraft.

■ Aus (M 7.35) ergibt sich eine Definition der Kraft:

$\mathrm{d}\vec{p} = \vec{F}\,\mathrm{d}t$ und daraus

(M 7.36) $$\vec{F} = \frac{\mathrm{d}\vec{p}}{\mathrm{d}t} = \frac{\mathrm{d}(m\vec{v})}{\mathrm{d}t} = \dot{\vec{p}}$$

Die Momentankraft ist die 1. Ableitung des Impulses nach der Zeit.

Beachte:

- (M 7.36) gilt auch, wenn die Masse während des Beschleunigungsvorganges nicht konstant ist: relativistischer Massenzuwachs bei stark beschleunigten Elementarteilchen, Raketenstart usw.

7.3.3 Impulssatz

Der folgende Satz ist für die Physik von ähnlich grundlegender Bedeutung wie der Energieerhaltungssatz.

Impulserhaltungssatz:
Der Gesamtimpuls eines abgeschlossenen Systems (es wirken keine äußeren Kräfte) ist konstant.

(M 7.37) $$\vec{p}_1 + \vec{p}_2 + \vec{p}_3 + \ldots = \vec{p}_{\text{ges}} = \sum_{i=1}^{n} \vec{p}_i = \text{konstant}$$

Beachte:

- Der Gesamtimpuls $\vec{p}_{\text{ges}}$ ist die **Vektorsumme** der Einzelimpulse.
- Soll der Gesamtimpuls $\vec{p}_{\text{ges}}$ konstant bleiben, dann muss die Vektorsumme aller Impulsänderungen null sein:
  $\Delta\vec{p}_{\text{ges}} = \sum_{i=1}^{n} \Delta\vec{p}_i = 0.$

7.3.4 Elastischer Stoß

Als Stoß bezeichnet man das Zusammenprallen von zwei Körpern. Während der Berührung beider findet ein Energie- und Impulsaustausch statt. Nach dem Stoß haben beide Körper nach Betrag und Richtung veränderte Geschwindigkeiten.

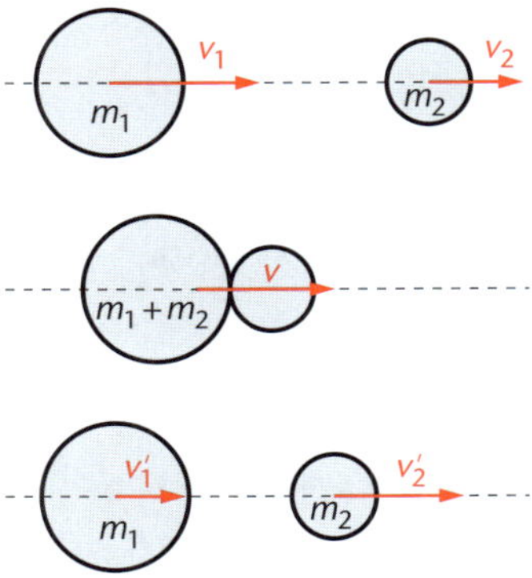

Bei einem *geraden zentralen* Stoß bewegen sich die Massenmittelpunkte beider Körper auf einer gemeinsamen Geraden. Die Wechselwirkungskräfte während des Stoßes wirken parallel zur Bewegungsrichtung. Bei der Anwendung des Impulssatzes kann der Gesamtimpuls p_{ges} als **algebraische Summe** der Einzelimpulse betrachtet werden.

Ist der Stoß *elastisch*, so bewegen sich beide Körper während einer kurzen Berührungsphase mit der gemeinsamen Geschwindigkeit v; dann stoßen sie sich auf Grund ihrer Elastizität wieder voneinander ab und bewegen sich mit unterschiedlichen Geschwindigkeitsbeträgen.

Wenn

m_1 Masse des Körpers 1,
m_2 Masse des Körpers 2,
v_1 Geschwindigkeit des Körpers 1 vor dem Stoß,
v_2 Geschwindigkeit des Körpers 2 vor dem Stoß,
v gemeinsame Geschwindigkeit beider Körper während des Stoßes,
v_1' Geschwindigkeit des Körpers 1 nach dem Stoß,
v_2' Geschwindigkeit des Körpers 2 nach dem Stoß,

dann gilt nach dem Impulssatz (M 7.37)

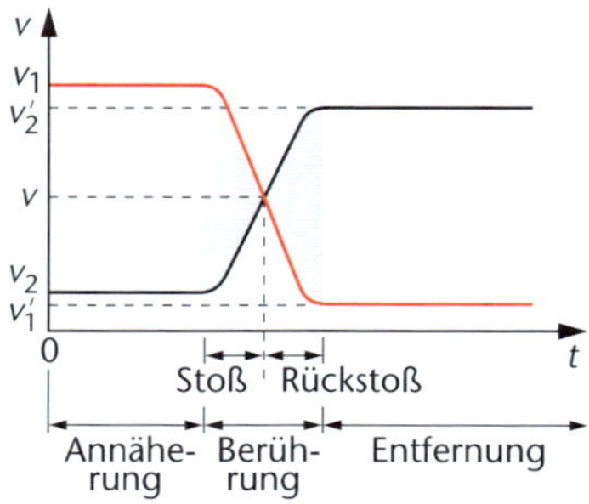

$$m_1 v_1 + m_2 v_2 = m_1 v_1' + m_2 v_2'$$

oder

$$m_1(v_1 - v_1') = m_2(v_2' - v_2)$$

und nach dem Energiesatz

$$\frac{m_1 v_1^2}{2} + \frac{m_2 v_2^2}{2} = \frac{m_1 v_1'^2}{2} + \frac{m_2 v_2'^2}{2}$$

oder

$m_1(v_1^2 - v_1'^2) = m_2(v_2'^2 - v_2^2)$ und daraus

$m_1(v_1 - v_1')(v_1 + v_1') = m_2(v_2' - v_2)(v_2' + v_2)$ oder, wenn der umgeformte Impulssatz eingesetzt wird,

(M 7.38) $$v_1 + v_1' = v_2 + v_2'$$

Die Summe der Geschwindigkeiten (vor und nach dem Stoß) ist für beide Körper gleich.

Aus (M 7.38) folgt

$v_2' = v_1' + v_1 - v_2$ und $v_1' = v_2 + v_2' - v_1$.

Nach Einsetzen in den umgeformten Impulssatz ergeben sich

$m_1(v_1 - v_1') = m_2(v_1' + v_1 - v_2 - v_2)$ und

$m_1(v_1 - v_2 - v_2' + v_1) = m_2(v_2' - v_2)$

oder aufgelöst nach v_1' bzw. v_2'

(M 7.39) $$v_1' = \frac{(m_1 - m_2)v_1 + 2m_2v_2}{m_1 + m_2}$$
$$v_2' = \frac{(m_2 - m_1)v_2 + 2m_1v_1}{m_2 + m_1}$$

	m	v	v'
SI	kg	$\frac{\text{m}}{\text{s}}$	$\frac{\text{m}}{\text{s}}$

M

Beachte:

- Geschwindigkeiten in Gegenrichtung sind *negativ*.
- Die Energiesumme ist vor und nach dem elastischen Stoß gleich; die Körper erfahren keine bleibenden Verformungen.

7.3.5 Unelastischer Stoß

Sind die an einem Stoßvorgang beteiligten Körper *unelastisch*, so verformen sie sich an den Berührungsstellen und bewegen sich dann mit *gemeinsamer* Geschwindigkeit weiter; eine Trennung erfolgt nicht.

Wenn
m_1 Masse des Körpers 1,
m_2 Masse des Körpers 2,
v_1 Geschwindigkeit des Körpers 1 vor dem Stoß,
v_2 Geschwindigkeit des Körpers 2 vor dem Stoß,
v gemeinsame Geschwindigkeit beider Körper nach dem Stoß,

dann gilt entsprechend (M 7.37)

$m_1v_1 + m_2v_2 = (m_1 + m_2)v.$

Umgestellt ergibt sich

(M 7.40) $$v = \frac{m_1v_1 + m_2v_2}{m_1 + m_2}$$

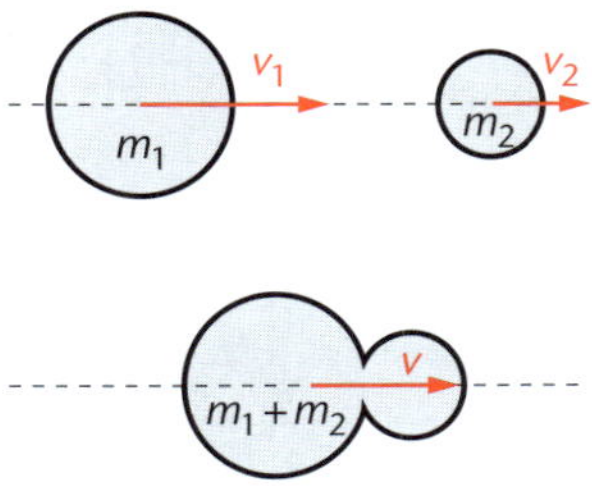

■ Nach dem Gesetz von der Erhaltung der Energie ist die Bewegungsenergie nach dem Stoß kleiner als vor dem Stoß, weil ein Teil der Energie für die Verformung der unelastischen Körper benötigt wird.

Wenn
E_1 Summe der Bewegungsenergien beider Körper vor dem Stoß,
E_2 Summe der Bewegungsenergien beider Körper nach dem Stoß,
ΔE Energieverlust = Verformungsarbeit W,

dann gilt entsprechend (M 7.26)

$$E_1 = \frac{m_1 v_1^2}{2} + \frac{m_2 v_2^2}{2} \quad \text{und} \quad E_2 = \frac{(m_1 + m_2)v^2}{2}.$$

Ersetzt man v durch (M 7.40), so folgt nach entsprechenden Umformungen für die

Verformungsarbeit

(M 7.41) $$W = E_1 - E_2 = \frac{m_1 m_2}{2(m_1 + m_2)}(v_1 - v_2)^2$$ Einheiten → (M 7.39)

Beachte:

- Geschwindigkeiten in Gegenrichtung sind negativ.

7.3.6 Teilelastischer Stoß

Bei einem elastischen Stoß bleibt die Summe der Bewegungsenergien beider Körper erhalten, bei einem unelastischen Stoß wird wegen $v_1' = v_2' = v$ ein maximaler Teil in Verformungsarbeit umgewandelt. Beides sind idealisierte Sonderfälle.

Bei allen realen Stoßvorgängen wird ein mehr oder weniger großer Teil der Energie durch Reibungsvorgänge im Innern der Körper und kleinere bleibende Verformungen aufgezehrt.

Von der Verformungsarbeit beim unelastischen Stoß (M 7.41) $W = E_1 - E_2$ wird ein Teil $(E_1 - E_2)k^2$ wieder in kinetische Energie zurückverwandelt.

Wenn
ΔE Energieverlust beim teilelastischen Stoß,
m_1 Masse des Körpers 1,
m_2 Masse des Körpers 2,
v_1 Geschwindigkeit des Körpers 1 vor dem Stoß,
v_2 Geschwindigkeit des Körpers 2 vor dem Stoß,
v_1' Geschwindigkeit des Körpers 1 nach dem Stoß,
v_2' Geschwindigkeit des Körpers 2 nach dem Stoß,
k Stoßzahl, Stoßparameter,

dann gilt für

$$\Delta E = (E_1 - E_2) - (E_1 - E_2)k^2 \quad \text{oder}$$
$$= (E_1 - E_2)(1 - k^2) \quad \text{und mit (M 7.41)}$$

(M 7.42)
$$\Delta E = \frac{m_1 m_2}{2(m_1 + m_2)}(v_1 - v_2)^2(1 - k^2)$$

	E	m	v	k
SI	J	kg	$\frac{\mathrm{m}}{\mathrm{s}}$	–

■ Infolge des Energieverlustes sind die Absolutwerte der Geschwindigkeiten nach dem teilelastischen Stoß kleiner als nach einem elastischen Stoß.

(M 7.38) nimmt hier die Form an

$(v_1 - v_2)k = v_2' - v_1'$.

Nach einer hier nicht angeführten Ableitung ergibt sich daraus

(M 7.43)
$$v_1' = \frac{m_1 v_1 + m_2 v_2 - (v_1 - v_2) m_2 k}{m_1 + m_2}$$
$$v_2' = \frac{m_1 v_1 + m_2 v_2 + (v_1 - v_2) m_1 k}{m_1 + m_2}$$
Einheiten → (M 7.42)

Beachte:

- Elastischer Stoß → [7.3.4] und unelastischer Stoß → [7.3.5] sind Grenzfälle des teilelastischen Stoßes, die nur angenähert zu realisieren sind. Die Gleichungen für ΔE, v_1' und v_2' unterscheiden sich nur durch den Wert von k:
  - unelastisch $0 = k$
  - teilelastisch $0 < k < 1$
  - elastisch $k = 1$.

■ Die **Stoßzahl** k kann als ein Maß für die Elastizität betrachtet werden. Sie wird experimentell bestimmt. Man lässt eine Kugel auf eine Platte gleichen Materials fallen und zurückprallen.

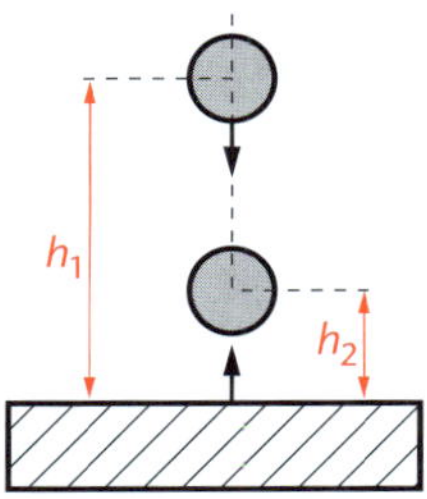

Wenn

k Stoßzahl,
h_1 Fallhöhe,
h_2 Rückprallhöhe,

dann gilt mit $v_2 = 0$ und $m_2 \gg m_1$ entsprechend (M 7.43) $k = -v_1'/v_1$. Mit $v = \sqrt{2gh}$ folgt daraus $k = \sqrt{2gh_2}/\sqrt{2gh_1}$ und schließlich

(M 7.44)
$$k = \sqrt{\frac{h_2}{h_1}}$$

Beachte:

- Die Stoßzahl k ist keine reine Materialkonstante, sondern auch von v_1 abhängig. Zahlenwerte → Tabelle 3.

7.4 Dynamik der Drehbewegung (Dynamik starrer Körper)

7.4.1 Zentripetalkraft

Bewegt sich eine Punktmasse oder ein Massenpunkt eines starren Körpers auf einer Kreisbahn, so ist ständig eine zum Mittelpunkt gerichtete Zentralbeschleunigung (Radialbeschleunigung a_r → [6.4]) wirksam. Voraussetzung für die Kreisbewegung ist somit eine zum Drehzentrum gerichtete Kraft. Man nennt sie Zentripetalkraft (Radialkraft). Auch für sie gilt (M 7.2) $\vec{F} = m\vec{a}$.

Wenn

F_r Zentripetalkraft = zum Mittelpunkt weisende Kraft,
v Bahngeschwindigkeit des Körpers,
ω Winkelgeschwindigkeit des Körpers,
r Radius der Kreisbahn,
m Masse des Körpers,
p Impuls des Körpers,

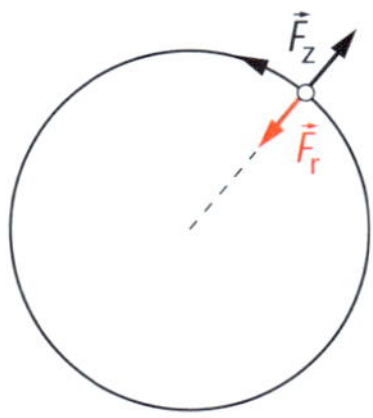

dann gilt entsprechend (M 7.1)

$F_\mathrm{r} = ma_\mathrm{r}$ oder mit (M 6.82) und (M 7.33)

(M 7.45) $$F_\mathrm{r} = \frac{mv^2}{r} = m\omega^2 r = p\omega$$

	F	m	v	r	ω	p
SI	N	kg	$\frac{\mathrm{m}}{\mathrm{s}}$	m	$\frac{\mathrm{rad}}{\mathrm{s}} = \frac{1}{\mathrm{s}}$	N · s

Beachte:

- Die Zentripetalkraft ist die Ursache der Zentralbewegung.
- Die **Zentrifugalkraft** (Fliehkraft) ist die Trägheitskraft, die der Änderung des Bewegungszustandes entgegengerichtet, also vom Drehzentrum weg gerichtet ist → [7.4.2].

Zentripetal- und Zentrifugalkraft sind gleich groß, aber entgegengerichtet.

7.4.2 Trägheitskräfte bei der Rotation

Zentrifugalkraft (Fliehkraft)

Die Zentripetalkraft → [7.4.1] zwingt einen Körper auf eine Kreisbahn und hindert ihn, sich – der Trägheit folgend – tangential weiterzubewegen. Die zur Zentripetalkraft gehörende Gegenkraft (Trägheitskraft) wird als Zentrifugalkraft F_Z (Fliehkraft) bezeichnet. Beide sind entgegengerichtet gleich: $\vec{F}_Z = -\vec{F}_r$.

Wenn

F_Z Fliehkraft, bei einer Kreisbewegung radial nach außen wirkende Trägheitskraft,

dann gilt in Übereinstimmung mit (M 7.45)

(M 7.46) $$F_Z = \frac{mv^2}{r} = m\omega^2 r = p\omega$$

	F	m	v	r	ω	p
SI	N	kg	$\frac{\text{m}}{\text{s}}$	m	$\frac{1}{\text{s}}$	N · s

Beachte:

- Bei der Bewegung auf einer Kreisbahn wirkt die Zentrifugalkraft stets zusätzlich zur Gewichtskraft des Körpers. Beide werden nach den Gesetzen der Addition von Kräften → [5.1] zusammengefasst.

Coriolis-Kraft

Bewegt sich ein Körper in einem rotierenden Bezugssystem (z. B. auf einer Drehscheibe) radial nach außen (oder innen), dann behält er seine anfängliche Bahngeschwindigkeit v bei, während die der Scheibe proportional mit dem Abstand r wächst. Die Bahn des Körpers auf der Scheibe ist keine Gerade (Radius), sondern gekrümmt. Ursache für sein „Zurückbleiben“ gegenüber der Scheibe ist seine Trägheit, die entsprechende Trägheitskraft heißt Coriolis-Kraft.

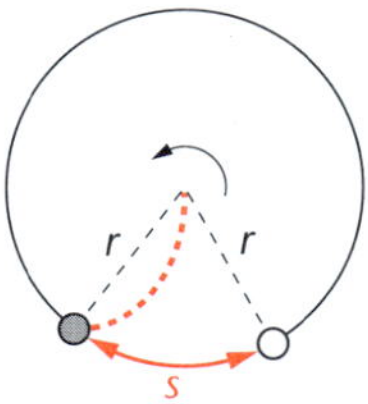

Wenn

v konstante Radialgeschwindigkeit des Körpers,
ω Winkelgeschwindigkeit des rotierenden Systems,
m Masse des Körpers,
a_C Coriolis-Beschleunigung,
F_C Coriolis-Kraft,

dann gilt für den Weg des Körpers in Richtung des Radius $r = vt$. Im gleichen Zeitraum bewegt sich ein Punkt im Abstand r vom Drehzentrum auf einer Kreisbahn um die Strecke $s = r\omega t$ weiter. Aus beiden Gleichungen folgt $s = vt\,\omega t = v\omega t^2$.

Dieser wegen $s \sim t^2$ beschleunigt zurückgelegte Weg ist andererseits $s = at^2/2$. Daraus folgt $v\omega t^2 = at^2/2$ und für die

Coriolis-Beschleunigung

(M 7.47) $$a_C = 2v\omega$$

	a	v	ω	
SI	$\frac{\mathrm{m}}{\mathrm{s}^2}$	$\frac{\mathrm{m}}{\mathrm{s}}$	$\frac{\mathrm{rad}}{\mathrm{s}}$	$= \frac{1}{\mathrm{s}}$

Mit (M 7.1) erhält man für den *Betrag* der **CORIOLIS-Kraft** $F_C = ma_C$ oder

(M 7.48) $$F_C = 2mv\omega$$

	F	m	v	ω	
SI	N	kg	$\frac{\mathrm{m}}{\mathrm{s}}$	$\frac{\mathrm{rad}}{\mathrm{s}}$	$= \frac{1}{\mathrm{s}}$

(M 7.48) gilt nur, wenn $\vec{v} \perp \vec{\omega}$. Bilden $\vec{v}$ und $\vec{\omega}$ den Winkel φ, erfolgt die Bewegung also nicht senkrecht zur Drehachse, dann gilt für die

Coriolis-Kraft

(M 7.49) $$\vec{F}_C = 2m(\vec{v} \times \vec{\omega})$$

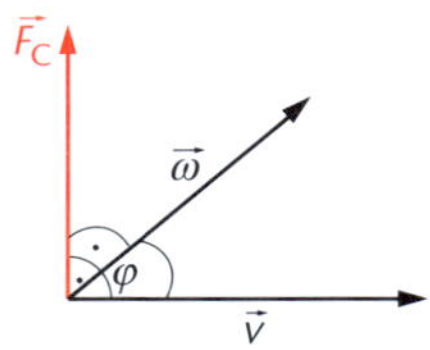

und für den Betrag

(M 7.49a) $$F_C = 2mv\omega \sin\varphi$$

Beachte:

- Bei $\varphi = 90°$ ist die CORIOLIS-Kraft am größten; bei $\varphi = 0°$ ist sie null (Translationsvektor und Rotationsvektor parallel).

■ Massen (Luft- und Meeresströmungen, Geschosse u. Ä.), die sich auf der rotierenden Erde bewegen, unterliegen dem Einfluss der CORIOLIS-Kraft. Bei einer Bewegung vom Äquator in Richtung Nord- oder Südpol werden Körper nach Osten abgelenkt, bei einer Bewegung von den Polen in Richtung zum Äquator jedoch nach Westen.

7.4.3 Dynamisches Grundgesetz der Rotation

Unter der Wirkung eines Drehmoments erfährt ein drehbar gelagerter starrer Körper eine Winkelbeschleunigung.

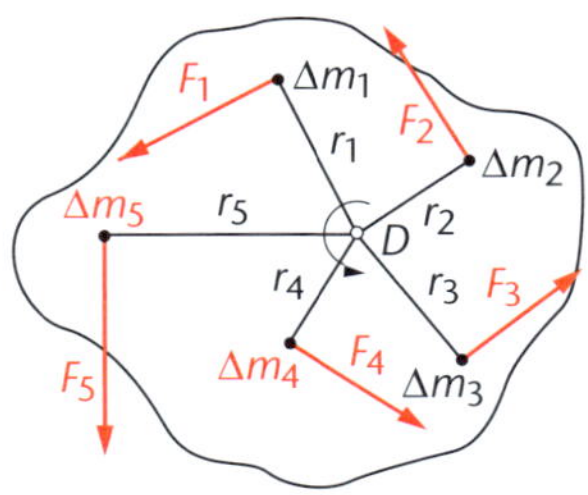

Wenn

M Gesamtdrehmoment, das auf den Körper wirkt = Summe der auf die einzelnen Massenelemente Δm wirkenden Drehmomente $M_1 + M_2 + \ldots$,

m Masse des Körpers = Summe der einzelnen Massenelemente $\Delta m_1 + \Delta m_2 + \ldots$,

r_1 Abstand des Massenelementes Δm_1 von der Drehachse usw.,

F_1 wirksame Kraftkomponente in Δm_1 angreifend usw.,

α Winkelbeschleunigung, die der starre Körper erfährt, für alle Massenelemente gleich,

J Trägheitsmoment des Körpers,

dann gilt

$$M = M_1 + M_2 + \ldots + M_n = \sum_{i=1}^{n} M_i$$

$$M = F_1 r_1 + F_2 r_2 + \ldots + F_n r_n = \sum_{i=1}^{n} F_i r_i. \quad \text{Mit}$$

$$Fr = mar = m\frac{\Delta v}{\Delta t}r = m\frac{r\Delta\omega}{\Delta t}r = mr^2\alpha \quad \text{ergibt sich}$$

$$M = r_1^2\Delta m_1\alpha + r_2^2\Delta m_2\alpha + \ldots + r_n^2\Delta m_n\alpha = \sum_{i=1}^{n} r_i^2\Delta m_i\alpha$$

oder, da die Winkelbeschleunigung für alle Massenelemente gleich ist,

$$M = \alpha\sum_{i=1}^{n} r_i^2\Delta m_i.$$

Die Summe ist offensichtlich nur von der Verteilung der Körpermasse bezüglich der Drehachse abhängig. Man bezeichnet sie als Trägheitsmoment J. So ergibt sich für den Betrag des einen starren Körper winkelbeschleunigenden Drehmoments

(M 7.50) $$M = J\alpha$$

	M	J	α
SI	$\mathrm{N \cdot m}$	$\mathrm{kg \cdot m^2}$	$\frac{\mathrm{rad}}{\mathrm{s^2}} = \frac{1}{\mathrm{s^2}}$

oder in vektorieller Schreibweise für das Drehmoment

(M 7.51) $$\vec{M} = J\vec{\alpha}$$

Beachte:

- Die für die Rotation geltenden Gleichungen (M 7.50) und (M 7.51) entsprechen den Gleichungen (M 7.1) und (M 7.2) bei der Translation (Dynamisches Grundgesetz).

M

7.4.4 Trägheitsmoment

Aus (M 7.50) folgt:

> Bei einem drehbaren Körper ist das Verhältnis von wirkendem Drehmoment zur erzielten Winkelbeschleunigung eine konstante Größe. Es ist sein Trägheitsmoment.
>
> $$\frac{\text{Drehmoment}}{\text{Winkelbeschleunigung}} = \text{Trägheitsmoment.}$$

Somit ist das Trägheitsmoment (veraltet Massenträgheitsmoment) bei der Rotation ein Maß für die Trägheit und entspricht der Masse bei der Translation.

SI-Einheit der Trägheitsmoments: $[J] = \mathrm{kg} \cdot \mathrm{m}^2$.
Vielfach werden als dezimale Teile $\mathrm{kg} \cdot \mathrm{cm}^2$ und $\mathrm{g} \cdot \mathrm{cm}^2$ verwendet.

■ Das Trägheitsmoment eines auf einer Kreisbahn mit dem Radius r umlaufenden **Massenpunkts** Δm ergibt sich zu

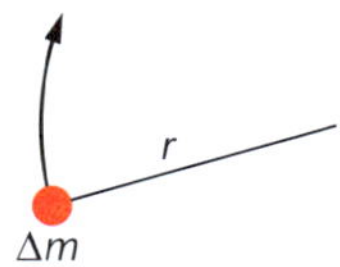

(M 7.52) $$J = r^2 \Delta m$$

	J	r	m
SI	$\mathrm{kg} \cdot \mathrm{m}^2$	m	kg
VT	$\mathrm{kg} \cdot \mathrm{cm}^2$	cm	kg
VT	$\mathrm{g} \cdot \mathrm{cm}^2$	cm	g

Bei einem Körper, der aus n Massenelementen Δm_i besteht, gilt für sein Trägheitsmoment

(M 7.53) $$J = \sum_{i=1}^{n} r_i^2 \Delta m_i$$

Bei kontinuierlicher Massenverteilung muss zur Integralform übergegangen werden:

(M 7.54) $$J = \int_0^{m_{\text{ges}}} r^2 \, \mathrm{d}m$$

Handelt es sich um einen homogenen Körper mit der Dichte ϱ und dem Volumen V, so ergibt sich wegen $\varrho = m/V$ oder $m = \varrho V$

(M 7.55) $$J = \varrho \int_0^{V_{\text{ges}}} r^2 \, \mathrm{d}V$$

	J	ϱ	r	V
SI	$\mathrm{kg} \cdot \mathrm{m}^2$	$\frac{\mathrm{kg}}{\mathrm{m}^3}$	m	m^3

Daraus folgt, dass das Trägheitsmoment eines Körpers abhängt von

- seiner Masse und
- der Verteilung dieser Masse bezüglich der jeweiligen Drehachse.

■ Eine Berechnung des Trägheitsmoments ist also nur möglich, wenn die Masse und ihre Verteilung bekannt sind. Das ist einfach, wenn alle Massenelemente Δm den gleichen Abstand von der Drehachse haben, z. B. bei einem dünnen Kreisring.

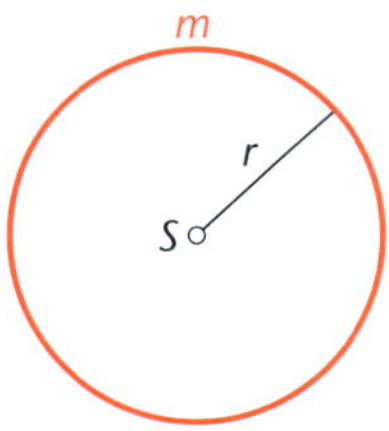

Wenn

m Masse eines dünnen Kreisringes,

r einheitlicher Abstand aller Massenelemente von der Drehachse,

J_S Trägheitsmoment bezüglich einer durch den Kreismittelpunkt S gehenden Drehachse senkrecht zur Kreisebene,

dann gilt entsprechend (M 7.53), weil $\sum \Delta m = m$,

(M 7.56) $$J_S = mr^2$$

	J	m	r
SI	kg · m²	kg	m
VT	kg · cm²	kg	cm
VT	g · cm²	g	cm

Beachte:

- Die Trägheitsmomente anderer regelmäßig geformter Körper sind in der Übersicht zusammengestellt. Sie wurden mit (M 7.54) bestimmt.
- Das Trägheitsmoment *unregelmäßig* geformter Körper kann experimentell bestimmt werden → [13.2.4].
- Das Trägheitsmoment eines **zusammengesetzten Körpers** ist gleich der Summe der Trägheitsmomente seiner Teile bezüglich der *gleichen* Drehachse.
- Gelegentlich wird das Trägheitsmoment auch als **Drehmasse** bezeichnet.

Hauptträgheitsachsen

Durch den Schwerpunkt eines Körpers lassen sich beliebig viele Drehachsen legen. Jedoch für zwei bestimmte, senkrecht aufeinander stehende Achsen ist das Trägheitsmoment am größten bzw. am kleinsten ($J_{S\,\max}$ und $J_{S\,\min}$). Nur um diese beiden Achsen ist eine stabile Rotation eines frei beweglichen Körpers möglich. Sie werden deshalb als **freie Achsen** bezeichnet. Um eine weitere auf beiden senkrecht stehende Achse ist keine stabile Rotation möglich.

Diese drei Achsen bezeichnet man als **Hauptträgheitsachsen** eines Körpers. Bei einer Drehung um eine dieser Hauptträgheitsachsen heben sich alle Trägheitskräfte auf.

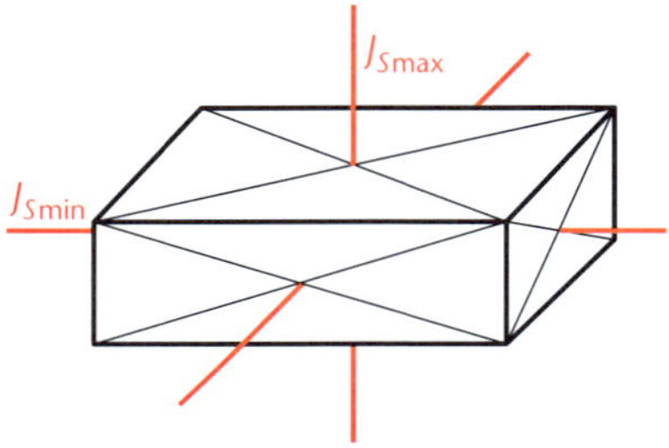

Parallele Achsen

Jede parallele Verlagerung einer Schwerpunktsdrehachse führt zu einer *Vergrößerung* des Trägheitsmoments.

Wenn

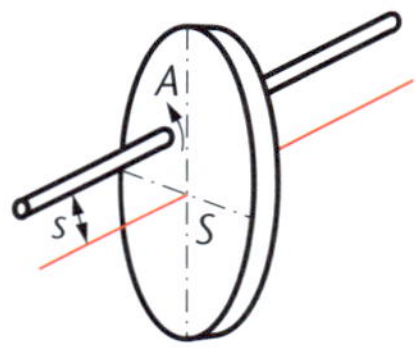

J_S Trägheitsmoment eines Körpers, bezogen auf eine durch den Schwerpunkt S gehende Drehachse,

J_A Trägheitsmoment des gleichen Körpers, bezogen auf eine Drehachse durch A,

s Abstand beider parallel zueinander verlaufender Achsen,

m Masse des Körpers,

dann gilt für die Energie des um S rotierenden Körpers

$$E = \frac{J_S \omega^2}{2} \quad \to \text{(M 7.64)}.$$

Wird die Drehachse von S nach A verlagert, so führt der Körper gleichzeitig zwei Bewegungen aus, er rotiert nach wie vor um S und zusätzlich um A. Beide Bewegungen erfolgen mit gleicher Winkelgeschwindigkeit.

Die Gesamtenergie des Körpers setzt sich jetzt zusammen aus der Energie der Rotation um S und der Energie bei der Bewegung um A:

$$E = \frac{J_S \omega^2}{2} + \frac{m v^2}{2}.$$

Übersicht:

Trägheitsmoment J_S einiger Körper (bezogen auf eine Schwerpunktsachse)

Körper	Lage der Achse	$J_S =$
Kreisring, dünn	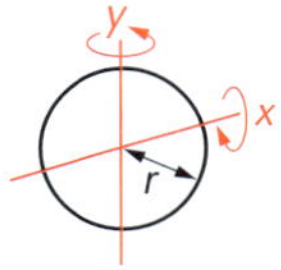	x: mr^2 y: $\frac{m}{2}r^2$
Kreisring	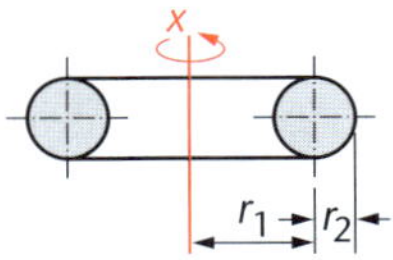	x: $m\left(r_1^2 + \frac{3}{4}r_2^2\right)$
Kreisbogen, dünn	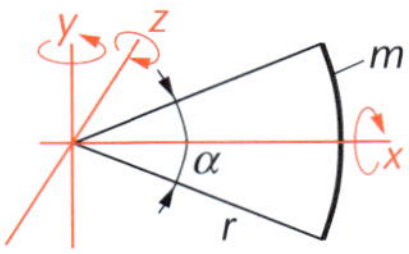	x: $\frac{m}{2}r^2\left(1 - \frac{\sin\alpha}{\alpha}\right)$ y: $\frac{m}{2}r^2\left(1 + \frac{\sin\alpha}{\alpha}\right)$ z: mr^2
Kreisscheibe, dünn	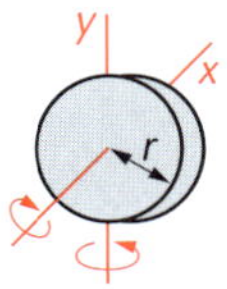	x: $\frac{m}{2}r^2$ y: $\frac{m}{4}r^2$
Kreissektor, dünn	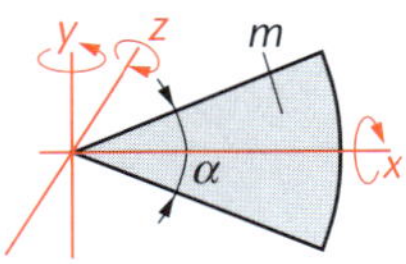	x: $\frac{m}{4}r^2\left(1 - \frac{\sin\alpha}{\alpha}\right)$ y: $\frac{m}{4}r^2\left(1 + \frac{\sin\alpha}{\alpha}\right)$ z: $\frac{m}{2}r^2$
Kugel		$\frac{2}{5}mr^2$
Hohlkugel		$\frac{2}{5}m\frac{r_a^5 - r_i^5}{r_a^3 - r_i^3}$
Hohlkugel, dünnwandig		$\frac{2}{3}mr^2$

***Übersicht** (Fortsetzung):*

Trägheitsmoment J_S einiger Körper (bezogen auf eine Schwerpunktsachse)			
Körper	Lage der Achse		$J_S =$
Zylinder, voll	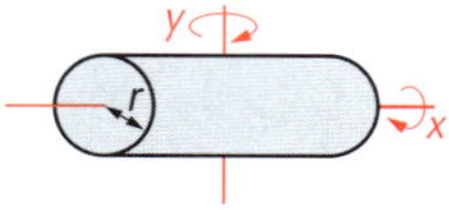	x:	$\frac{m}{2}r^2$
		y:	$\frac{m}{12}(3r^2 + h^2)$
Hohlzylinder, dünnwandig	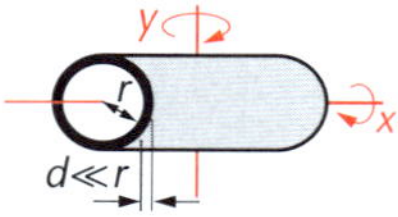	x:	mr^2
		y:	$\frac{m}{4}\left(2r^2 + \frac{h^2}{3}\right)$
Hohlzylinder	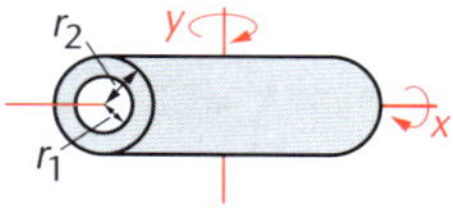	x:	$\frac{m}{2}(r_1^2 + r_2^2)$
		y:	$\frac{m}{4}\left(r_1^2 + r_2^2 + \frac{h^2}{3}\right)$
Stab, lang, dünn	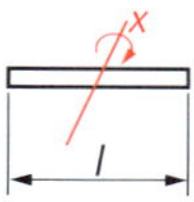	x:	$\frac{m}{12}l^2$
Quader	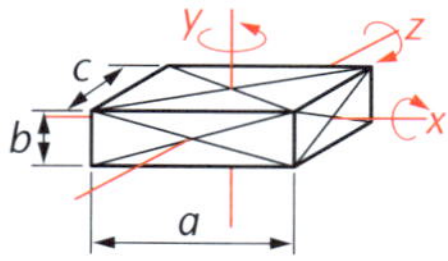	x:	$\frac{m}{12}(b^2 + c^2)$
		y:	$\frac{m}{12}(a^2 + c^2)$
		z:	$\frac{m}{12}(a^2 + b^2)$
Platte, dünn rechteckig	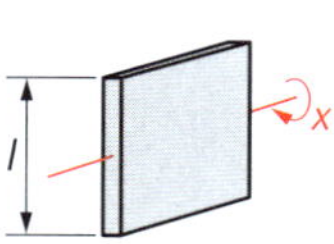	x:	$\frac{m}{12}l^2$
Kegel	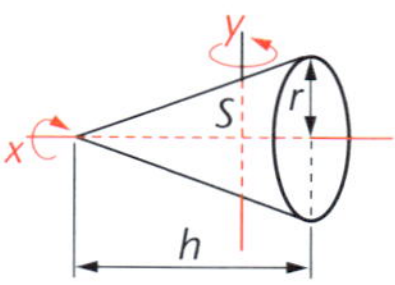	x:	$\frac{3}{10}mr^2$
		y:	$\frac{3}{20}m\left(r^2 + \frac{h^2}{4}\right)$

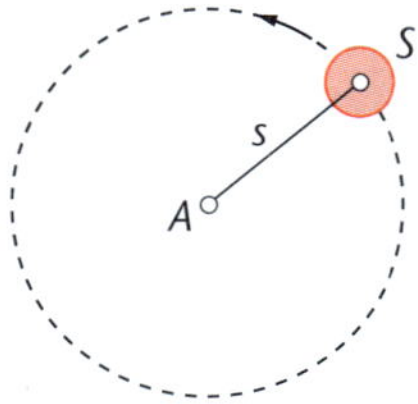

Daraus wird wegen der Gleichheit der Winkelgeschwindigkeiten beider Bewegungen

$$E = \frac{J_S\omega^2}{2} + \frac{ms^2\omega^2}{2} = \frac{(J_S + ms^2)\omega^2}{2}.$$

Die Gesamtenergie beträgt also

$$E = \frac{J_A\omega^2}{2}.$$

Die Beziehung zwischen J_S und J_A heißt

Satz von Steiner

(M 7.57) $$J_A = J_S + ms^2$$

	J	m	s
SI	$kg \cdot m^2$	kg	m
VT	$kg \cdot cm^2$	kg	cm
VT	$g \cdot cm^2$	g	cm

Beachte:

- Die Achsen durch A und S müssen parallel sein!
- Bei jeder Rotation ist das Trägheitsmoment am kleinsten, wenn die Drehachse durch S verläuft: $ms^2 = 0$.

Reduzierte Masse

Als reduzierte Masse m_{red} bezeichnet man eine Ersatzmasse, die, eigentlich im Abstand r von der Drehachse angeordnet, das gleiche Trägheitsmoment besitzt.

Wenn
m_{red} reduzierte Masse = Ersatzmasse mit gleichem Trägheitsmoment,
J Trägheitsmoment des Körpers,
r vorgegebener einheitlicher Abstand aller Teile der Ersatzmasse von der Drehachse,

dann gilt entsprechend (M 7.56)

$J = m_{red}r^2$ oder

(M 7.58) $$m_{red} = \frac{J}{r^2}$$

	m	J	r
SI	kg	$kg \cdot m^2$	m
VT	kg	$kg \cdot cm^2$	cm
VT	g	$g \cdot cm^2$	cm

Übersicht:

Reduzierte Masse einiger Körper		
Zylinder	$m_{red} = 0{,}5m$	am Zylinderumfang
Hohlzylinder	$m_{red} = 0{,}5m\left(1 + \frac{r_i^2}{r_a^2}\right)$	am äußeren Zylinderumfang
Kugel	$m_{red} = 0{,}4m$	am Kugeläquator
Kegel	$m_{red} = 0{,}3m$	am Kegelgrundkreisumfang

Trägheitsradius

Als Trägheitsradius i eines Körpers bezeichnet man den Abstand von der Drehachse, den seine *gesamte* Masse bei gleichem Trägheitsmoment haben müsste.

Wenn
- i Trägheitsradius = einheitlicher Abstand aller Masseteilchen von der Drehachse,
- J Trägheitsmoment des Körpers,
- m Masse des Körpers,
- r Körperradius,

dann gilt entsprechend (M 7.56)

$J = mi^2$ oder

(M 7.59) $$i = \sqrt{\frac{J}{m}}$$

	m	i	J
SI	kg	m	$kg \cdot m^2$
VT	kg	cm	$kg \cdot cm^2$
VT	g	cm	$g \cdot cm^2$

Übersicht:

Trägheitsradien einiger Körper (bezogen auf Symmetrieachse)	
dünner Kreisring	$i = r$
Zylinder	$i = \sqrt{0{,}5}\, r = 0{,}707\, r$
Kugel	$i = \sqrt{0{,}4}\, r = 0{,}632\, r$
Kegel	$i = \sqrt{0{,}3}\, r = 0{,}548\, r$

Schwungmoment

Häufig wird in der Technik der Begriff Schwungmoment benutzt.

Wenn
- mD^2 Schwungmoment des Körpers,
- m Masse des Körpers,
- D Trägheitsdurchmesser = $2i$,
- J Trägheitsmoment des Körpers,

dann gilt entsprechend (M 7.59)

$$J = mi^2 = \frac{mD^2}{4} \quad \text{oder}$$

(M 7.60) $$\boxed{mD^2 = 4J}$$

	D	J	m
SI	m	$kg \cdot m^2$	kg
VT	cm	$kg \cdot cm^2$	kg
VT	cm	$g \cdot cm^2$	g

M

7.4.5 Arbeit bei der Rotation

Nach (M 7.11) ist Arbeit gleich Kraft mal Weg. Das gilt auch für die Rotation.

Wenn
- W verrichtete Arbeit,
- F konstante Kraft, die tangential am Umfang des rotierenden Körpers wirkt,
- s Weg, der von einem Punkt des Umfangs zurückgelegt wird,
- M konstantes Drehmoment, das der am Umfang angreifenden Kraft proportional ist,
- φ Winkel, um den sich der Körper dreht,

dann gilt

$$W = Fs, \quad \text{worin}$$

$$F = \frac{M}{r} \rightarrow \text{(M 5.10)} \quad \text{und} \quad s_B = \varphi r \rightarrow \text{(M 6.77)}; \quad \text{daraus}$$

$$W = \frac{M\varphi r}{r}, \quad \text{also}$$

(M 7.61) $$\boxed{W = M\varphi}$$

	W	M	φ
SI	J	$N \cdot m$	rad = 1

Arbeit bei der Rotation = Drehmoment × Drehwinkel.

Beachte:
- Das Drehmoment muss während des Vorganges konstant sein. Bei linearer Änderung (Verdrillung einer Drehfeder u. Ä.) Mittelwert einsetzten, sonst (M 7.62) benutzen!
- Weitere (SI-fremde) Arbeitseinheiten → [7.2.1].
  Umrechnung von Arbeitseinheiten → hintere Einbandinnenseite.

■ Ist das Drehmoment nicht konstant, sondern eine Funktion des Drehwinkels, also $M = M(\varphi)$, dann gilt

(M 7.62) $$W = \int_{\varphi_1}^{\varphi_2} M \, \mathrm{d}\varphi$$

	W	M	φ
SI	J	N · m	rad = 1

7.4.6 Leistung bei der Rotation

Nach (M 7.29) ist die Momentanleistung $P = \dot{W}$. Das gilt auch für die Leistung bei einer Drehbewegung.

Wenn
P Leistung,
M Drehmoment, das die Drehung verursacht,
ω Winkelgeschwindigkeit des Körpers,

dann gilt

$$P = \frac{\mathrm{d}W}{\mathrm{d}t} \quad \text{oder mit (M 7.61)}$$

$$P = \frac{M \, \mathrm{d}\varphi}{\mathrm{d}t} = M\dot{\varphi}. \quad \text{Daraus}$$

(M 7.63) $$P = M\omega$$

	P	M	ω
SI	W	N · m	$\frac{\text{rad}}{\text{s}} = \frac{1}{\text{s}}$

Momentanleistung
= Momentandrehmoment × Momentanwinkelgeschwindigkeit.

Beachte:

- (M 7.63) gilt auch, wenn M *oder* ω konstant ist. Sind M *und* ω konstant, dann ergibt sich für P eine konstante Dauerleistung.
- Weitere (SI-fremde) Leistungseinheiten → [7.2.4].
- Umrechnung von Leistungseinheiten → hintere Einbandinnenseite.

■ Setzt man in (M 7.63) für $M = Fr$ und für $\omega = v/r$, so ergibt sich nach Vereinfachung übereinstimmend mit (M 7.30) $P = Fv$. Diese Gleichung der Translation kann verwendet werden, wenn F die *tangential* am Körperumfang wirkende Kraft und v die *Umfangs*geschwindigkeit ist.

Messung der Motorleistung

Mit Hilfe einer Bremswaage (Prony'scher Zaum) oder eines Bremsbandes kann die Motorleistung gemessen werden. Es ergibt sich

$$P = F_R v = F_R r\omega = (F_1 - F_2) \cdot 2\pi f r.$$

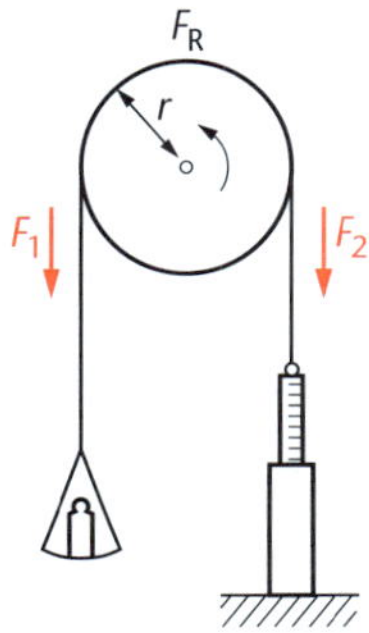

M

7.4.7 Rotationsenergie

Ein rotierender Körper besitzt auf Grund der Geschwindigkeit seiner einzelnen Massenelemente Bewegungsenergie, die in diesem Falle als Rotationsenergie bezeichnet wird. Dabei ist die Energie des gesamten Körpers gleich der Summe der Energien seiner einzelnen Massenelemente.

Wenn

E_{rot} Energie des rotierenden Körpers,
J Trägheitsmoment des Körpers (bezogen auf die Rotationsachse),
ω Winkelgeschwindigkeit des Körpers,
m_1 Masse des Teilchens 1 usw.,
v_1 Bahngeschwindigkeit des Teilchens 1 usw.,
r_1 Abstand des Teilchens 1 von der Drehachse usw.,

dann gilt

$$E_{rot} = E_1 + E_2 + \ldots + E_n$$

$$E_{rot} = \frac{r_1^2 \Delta m_1 \omega^2}{2} + \frac{r_2^2 \Delta m_2 \omega^2}{2} + \ldots + \frac{r_n^2 \Delta m_n \omega^2}{2}$$

$$E_{rot} = \left(r_1^2 \Delta m_1 + r_2^2 \Delta m_2 + \ldots + r_n^2 \Delta m_n\right) \frac{\omega^2}{2}$$

$$E_{rot} = \sum_{i=1}^{n} r_i^2 \Delta m_i \frac{\omega^2}{2}$$

und mit (M 7.53)

(M 7.64) $$E_{rot} = \frac{J\omega^2}{2}$$

	E	J	ω
SI	J	$\mathrm{kg} \cdot \mathrm{m}^2$	$\frac{\mathrm{rad}}{\mathrm{s}} = \frac{1}{\mathrm{s}}$

■ Eine Änderung der Winkelgeschwindigkeit von ω_1 auf ω_2 hat demnach eine Änderung der Rotationsenergie zur Folge. Diese ist dann

(M 7.65) $$\Delta E_{\text{rot}} = \frac{J}{2}(\omega_2^2 - \omega_1^2)$$

Beachte:

- Das in (M 7.64) bzw. (M 7.65) einzusetzende Trägheitsmoment J muss auf die Achse bezogen sein, um die der Körper rotiert; bei Rotation um S: J_S, bei exzentrischer Rotation: J_A.
- Umrechnung von Energieeinheiten → hintere Einbandinnenseite.

7.4.8 Drehimpuls (Drall)

Unter dem *Drehimpuls* (Drall) eines rotierenden Körpers versteht man das Produkt aus seinem Trägheitsmoment J und seiner Winkelgeschwindigkeit ω.

Der Drehimpuls ist eine vektorielle Größe (axialer Vektor). Er hat die Richtung der Drehachse.

SI-Einheit des Drehimpulses: $[L] = \frac{\text{kg} \cdot \text{m}^2}{\text{s}} = \text{N} \cdot \text{m} \cdot \text{s}.$

Wenn

L Drehimpuls des rotierenden Körpers,
J Trägheitsmoment des Körpers,
ω Winkelgeschwindigkeit des rotierenden Körpers,

dann gilt für den

Drehimpuls

(M 7.66) $$\vec{L} = J\vec{\omega}$$

	L	J	ω
SI	$\frac{\text{kg} \cdot \text{m}^2}{\text{s}} = \text{N} \cdot \text{m} \cdot \text{s}$	$\text{kg} \cdot \text{m}^2$	$\frac{\text{rad}}{\text{s}} = \frac{1}{\text{s}}$

Ein Sonderfall ist die Bewegung einer Punktmasse ($J = mr^2$) auf einer Kreisbahn mit der Geschwindigkeit $v = \omega r$. Mit (M 7.66) erhält man $L = mr^2 v/r = mrv$. Mit (M 7.33) $p = mv$ folgt $L = rp$ und in vektorieller Schreibweise für den

Drehimpuls einer Punktmasse

(M 7.66a) $$\vec{L} = \vec{r} \times \vec{p} = m\vec{r} \times \vec{v}$$

	L	r	p
SI	$\frac{\text{kg} \cdot \text{m}^2}{\text{s}}$	m	$\frac{\text{kg} \cdot \text{m}}{\text{s}}$

■ Eine Änderung des Drehimpulses kann (bei konstantem Trägheitsmoment) nur durch eine Änderung der Winkelgeschwindigkeit erfolgen und ist in jedem Falle eine Folge des Drehmoments.

Wenn
ΔL Änderung des Drehimpulses,
M beschleunigendes Drehmoment,
t Dauer der Winkelbeschleunigung,
J Trägheitsmoment des Körpers, bezogen auf die Drehachse,
$\Delta\omega$ Änderung der Winkelgeschwindigkeit des Körpers,

dann gilt entsprechend (M 7.50) und (M 6.55)

$$\vec{M} = J\vec{\alpha} = J\frac{\Delta\vec{\omega}}{\Delta t} \quad \text{oder}$$

(M 7.67)
$$\boxed{\Delta\vec{L} = J\Delta\vec{\omega} = \vec{M}\Delta t}$$

	L	J	ω	M	t
SI	$\frac{\text{kg}\cdot\text{m}^2}{\text{s}} = \text{N}\cdot\text{m}\cdot\text{s}$	$\text{kg}\cdot\text{m}^2$	$\frac{\text{rad}}{\text{s}} = \frac{1}{\text{s}}$	$\text{N}\cdot\text{m}$	s

Das Produkt $\vec{M}\,\Delta t$ heißt **Drehmomentenstoß** oder **Antriebsmoment**. Es ist gleich der erzielten Drehimpulsänderung.

SI-Einheit des Antriebsmoments: $[\vec{M}\Delta t] = \text{N}\cdot\text{m}\cdot\text{s} = \frac{\text{kg}\cdot\text{m}^2}{\text{s}}$.

Beachte:

● (M 7.67) gilt nur, wenn das Drehmoment während der Zeit Δt konstant ist.

■ Ist das Drehmoment nicht konstant, sondern eine Funktion der Zeit, also $\vec{M} = \vec{M}(t)$, so folgt aus

$$\vec{M} = J\vec{\alpha} = J\frac{\text{d}\vec{\omega}}{\text{d}t}$$

$$\vec{M}\,\text{d}t = J\,\text{d}\vec{\omega} \quad \text{und nach Integration}$$

$$\int_{t_1}^{t_2} \vec{M}\,\text{d}t = J\int_{\omega_1}^{\omega_2} \text{d}\vec{\omega} \quad \text{und daraus}$$

(M 7.68)
$$\boxed{\Delta\vec{L} = J\Delta\vec{\omega} = \int_{t_1}^{t_2} \vec{M}\,\text{d}t}$$

Die Änderung des Drehimpulses bzw. das Antriebsmoment ist das Zeitintegral des Drehmoments.

Aus (M 7.68) ergibt sich die Definition des Drehmoments $d\vec{L} = \vec{M}\,dt$ und daraus

(M 7.69) $$\vec{M} = \frac{d\vec{L}}{dt} = \frac{d(J\vec{\omega})}{dt} = \dot{\vec{L}}$$

Das momentane Drehmoment ist die 1. Ableitung des Drehimpulses nach der Zeit.

Beachte:

- (M 7.69) gilt auch, wenn das Trägheitsmoment während des winkelbeschleunigten Vorgangs nicht konstant ist.

Drehimpulserhaltungssatz:
Der Gesamtdrehimpuls (Betrag und Richtung) eines abgeschlossenen Systems (es wirken keine äußeren Drehmomente) ist konstant.

(M 7.70) $$\vec{L}_1 + \vec{L}_2 + \ldots + \vec{L}_n = \vec{L}_{ges} = \sum_{i=1}^{n} \vec{L}_i = \text{konstant}$$

Beachte:

- Der Gesamtdrehimpuls $\vec{L}_{ges}$ ist die Vektorsumme der Einzeldrehimpulse.
- Die Gesetzmäßigkeiten der *Kreiselbewegung* beruhen auf dem Drehimpulserhaltungssatz.
- **Kupplungsvorgänge** sind ein unelastischer Drehstoß mit $\omega_2 = 0$. Beide Körper rotieren nach dem Kuppeln mit gleicher Winkelgeschwindigkeit ω. Für diese folgt aus (M 7.70) und analog (M 7.40) $\omega = \dfrac{J_1\omega_1 + J_2\omega_2}{J_1 + J_2}$.

7.5 Gravitation

Als Gravitation (oder Massenanziehung) bezeichnet man die von ihren Massen abhängige gegenseitige Anziehung der Körper. Die an der Erdoberfläche auf alle Körper wirkende *Schwer-* oder *Gewichtskraft* entspricht der Gravitation zwischen Erde und den Körpern. Da auch andere materielle Erscheinungen (Felder, Strahlungen) Masse besitzen, unterliegen sie ebenfalls der Gravitation.

7.5.1 Gravitationsgesetz

Die Anziehungskraft zwischen zwei Körpern heißt Gravitationskraft. Sie lässt sich mit dem NEWTON'schen Gravitationsgesetz bestimmen.

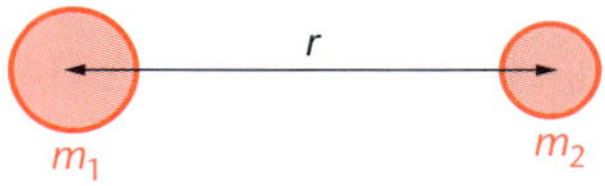

Wenn
- F Gravitationskraft; Anziehungskraft zwischen zwei Körpern,
- m_1 Masse des Körpers 1,
- m_2 Masse des Körpers 2,
- r Abstand der Schwerpunkte beider Körper,
- G Gravitationskonstante $= 6{,}674 \cdot 10^{-11}\,\mathrm{N \cdot m^2/kg^2}$,

dann gilt

(M 7.71) $$F = G\frac{m_1 m_2}{r^2}$$

	F, F_G	G	m	r
SI	N	$\frac{\mathrm{N \cdot m^2}}{\mathrm{kg^2}} = \frac{\mathrm{m^3}}{\mathrm{kg \cdot s^2}}$	kg	m

Beachte:

- Die Massenanziehung darf nicht mit magnetischer oder elektrostatischer Anziehung verwechselt werden. Sie ist ihrem Wesen nach etwas völlig anderes.
- Bei der Gravitationskraft gibt es keine *abstoßende* Wirkung. Ferner ist gegen sie keine Abschirmung möglich.
- Die Gravitationskraft nimmt mit dem Quadrat des Abstands ab.

Aus (M 7.71) erhält man die Gewichtskraft F_G eines Körpers, wenn man im Zähler die Massen der Erde und des Körpers, für r den Abstand des Körpers vom Erdmittelpunkt einsetzt.

(M 7.72) $$F_G = G\frac{m_E m_K}{r^2}$$ Einheiten → (M 7.71)

Die Gewichtskraft eines Körpers nimmt mit dem Quadrat des Abstands vom Erdmittelpunkt ab, also $F_G \sim 1/r^2$.

Beachte:

- In endlicher Entfernung kann die Gewichtskraft nicht null werden, nur wenn r gegen unendlich geht, geht F_G gegen null. Aussagen wie „die Raumsonde hat das Gravitationsfeld der Erde verlassen“ sind falsch.

M

- (M 7.72) lässt sich sinngemäß auch bei anderen Himmelskörpern anwenden.

7.5.2 Fallbeschleunigung

Mit dem Abstand von der Erdoberfläche ändert sich auch die Größe der Fallbeschleunigung. Mit (M 7.72) kann sie für beliebige Abstände bestimmt werden.

Wenn
g_0 Fallbeschleunigung auf der Erdoberfläche,
g Fallbeschleunigung im Abstand r vom Erdmittelpunkt,
R mittlerer Erdradius $= 6{,}371 \cdot 10^6$ m,
r Abstand vom Erdmittelpunkt $= R + h$,
m Masse eines beliebigen Körpers,
M Masse der Erde $= 5{,}974 \cdot 10^{24}$ kg,
G Gravitationskonstante $= 6{,}674 \cdot 10^{-11}\ \mathrm{m^3/(kg \cdot s^2)}$,

dann gilt Gewichtskraft F_G = Gravitationskraft F, also

$mg_0 = \frac{GmM}{R^2}$ (auf der Erdoberfläche) und

$mg = \frac{GmM}{r^2}$ (im Abstand r).

Aus beiden Gleichungen gewinnt man die Beziehung

$gr^2 = g_0R^2 = GM.$ Daraus folgt

(M 7.73) $$g = g_0 \frac{R^2}{r^2} = \frac{GM}{r^2}$$

	g	m, M	r, R	G
SI	$\frac{\mathrm{m}}{\mathrm{s^2}}$	kg	m	$\frac{\mathrm{m^3}}{\mathrm{kg \cdot s^2}}$

Die Fallbeschleunigung nimmt ab mit dem Quadrat des Abstandes vom Erdmittelpunkt, also $g \sim 1/r^2$.

Beachte:

- (M 7.73) lässt sich sinngemäß auf andere Himmelskörper übertragen. Für R, M und g_0 sind dann die entsprechenden Werte einzusetzen.

Aus oben stehender Ableitung ergibt sich der vielseitige und auf alle Himmelskörper anwendbare Ausdruck

(M 7.74) $$g_0R^2 = GM$$ Einheiten → (M 7.73)

7.5.3 Gravitationsfeld

Jeder Körper (z. B. die Erde) ist Mittelpunkt eines ihn umgebenden Kraftfeldes, seines Schwerefeldes. Die Feldstärke bestimmt die Kraft, die an einer bestimmten Stelle des Feldes auf einen zweiten Körper wirkt.

Wenn
$\vec{g}$ Gravitationsfeldstärke,
$\vec{F}$ Gravitationskraft, auf einen Körper der Masse m wirkend,
m Masse eines Körpers im Gravitationsfeld,

dann gilt

(M 7.75) $$\vec{g} = \frac{\vec{F}}{m}$$

	g	F	m
SI	$\frac{\text{N}}{\text{kg}} = \frac{\text{m}}{\text{s}^2}$	N	kg

M

Beachte:

- $\vec{g}$ ist eine vektorielle Größe, deren Richtung auch die der Gravitationskraft $\vec{F}$ bestimmt. Ihr Betrag folgt aus (M 7.73).
- In Betrag, Richtung, Einheit usw. stimmen Gravitationsfeldstärke und Fallbeschleunigung überein. Ihrem physikalischen Wesen nach sind sie verschieden. Während die Feldstärke den Zustand des Raumes um einen Körper kennzeichnet, treten Kraft und Beschleunigung erst auf, wenn sich ein Probekörper in diesem Feld befindet.

■ Stellt man die Funktion $\vec{g} = \vec{g}(r)$ grafisch dar, so erkennt man, dass $\vec{g}$ erst dann gegen null geht, wenn r gegen unendlich geht.

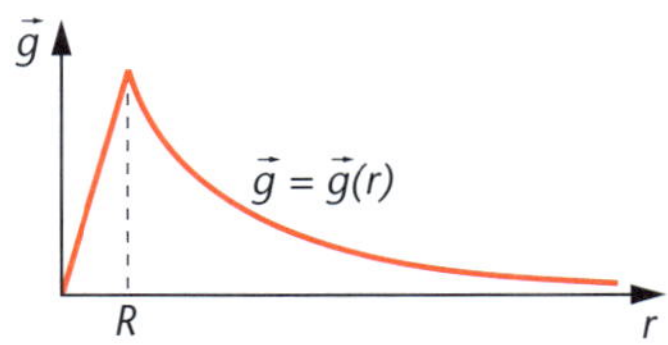

Die Gravitationsfelder der Himmelskörper überlagern sich demnach. Trägt man über der Geraden, die Erd- und Mondmittelpunkt verbindet, die Stärke der Gravitationsfelder beider Himmelskörper auf, so erkennt man, dass von einer bestimmten Stelle an die Feldstärke des Mondes überwiegt.

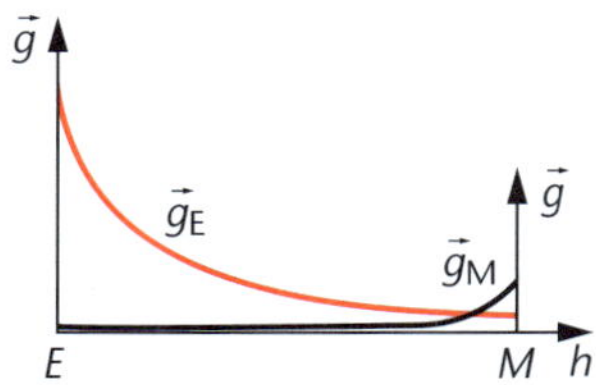

7.5.4 Arbeit im Gravitationsfeld

Werden im Gravitationsfeld gegen die Gravitationskraft größere Wege zurückgelegt, so kann wegen $F \sim 1/r^2$ nicht mit $W = Fh$ gerechnet werden (z. B. Raketenstart).

Wenn

W Arbeit bei Bewegung im Schwerefeld,
M Masse der Erde (oder eines anderen Himmelskörpers),
m Masse des bewegten Körpers,
r Abstand vom Erdmittelpunkt,
G Gravitationskonstante $= 6{,}674 \cdot 10^{-11}\,\mathrm{N \cdot m^2/kg^2}$,

dann gilt für eine Bewegung in Richtung des Radius $\mathrm{d}W = F\,\mathrm{d}r$; nach Integration ergibt sich für die gesamte Arbeit

$$W = \int_{r_1}^{r_2} F\,\mathrm{d}r = \int_{r_1}^{r_2} G\frac{Mm}{r^2}\,\mathrm{d}r = GMm\int_{r_1}^{r_2}\frac{1}{r^2}\,\mathrm{d}r \quad \text{und daraus}$$

(M 7.76)
$$W = GMm\left(\frac{1}{r_1} - \frac{1}{r_2}\right)$$

	W	G	M, m	r
SI	J	$\frac{\mathrm{N \cdot m^2}}{\mathrm{kg^2}}$	kg	m

Beachte:

- W ist unabhängig von Form und Richtung des Weges von r_1 nach r_2, da von den Wegen nur die radialen Komponenten $\mathrm{d}r$ in die Rechnung eingehen und diese mit der Kraftrichtung übereinstimmen.
- (M 7.76) lässt sich sinngemäß auf die Gravitationsfelder anderer Himmelskörper übertragen.

7.5.5 Astronautische Geschwindigkeiten

Kreisbahngeschwindigkeit (1. astronautische Geschwindigkeit)

Mit (M 7.73) kann die Kreisbahngeschwindigkeit eines Erdsatelliten in beliebiger Höhe bestimmt werden.

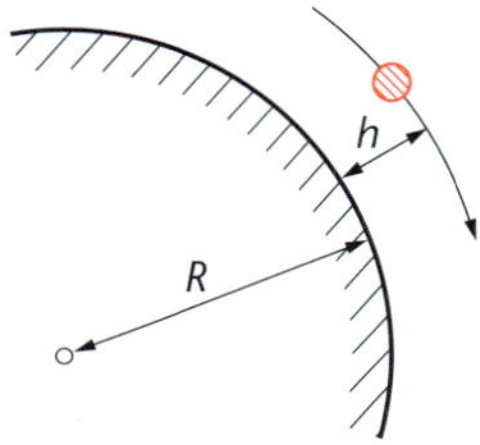

Wenn
v_K Kreisbahngeschwindigkeit eines Satelliten,
h Höhe des Satelliten über der Erdoberfläche,
R Erdradius $= 6{,}371 \cdot 10^6$ m,
r Radius der Satellitenbahn $= R + h$,
G Gravitationskonstante $= 6{,}674 \cdot 10^{-11}\ \mathrm{m^3/(kg \cdot s^2)}$,
g_0 Fallbeschleunigung auf der Erdoberfläche $= 9{,}807\ \mathrm{m/s^2}$,
M Masse der Erde $= 5{,}974 \cdot 10^{24}$ kg,
T Umlaufzeit, Dauer eines vollen Umlaufs,

dann gilt für den Satelliten: Gewichtskraft = Zentripetalkraft, also

$mg = \frac{mv_K^2}{r}$. Daraus folgt

$v_K = \sqrt{gr}$ und mit (M 7.73)

(M 7.77)
$$v_K = R\sqrt{\frac{g_0}{r}} = \sqrt{\frac{GM}{r}}$$

	v	r, R	g	M	G	T
SI	$\frac{\mathrm{m}}{\mathrm{s}}$	m	$\frac{\mathrm{m}}{\mathrm{s^2}}$	kg	$\frac{\mathrm{m^3}}{\mathrm{kg \cdot s^2}}$	s

Beachte:

- Mit (M 7.77) ergibt sich die Geschwindigkeit auf der Kreisbahn. Die Geschwindigkeit bei Brennschluss der Trägerrakete muss jedoch wegen der noch aufzubringenden Hubarbeit entsprechend größer sein.
- Bei einer Kreisbahn in unmittelbarer Nähe der Erdoberfläche ist $\boldsymbol{v_K = 7{,}9\ \mathrm{km/s}}$.
- (M 7.77) ist sinngemäß auf andere Zentralkörper anwendbar. Sie gilt auch für die Bewegung des Mondes um die Erde. Für die Planetenbewegung um die Sonne ist sie nur anwendbar, wenn die Bahn nicht sehr von der Kreisbahn abweicht, also eine kleine Exzentrizität besitzt.

■ Setzt man in (M 7.77)

$v_K = \omega r = 2\pi f t = \frac{2\pi r}{T}$ (M 6.78) und (M 6.53), dann erhält man

$\frac{2\pi r}{T} = R\sqrt{\frac{g_0}{r}} = \sqrt{\frac{GM}{r}}$ und durch Quadrieren

$$\frac{(2\pi r)^2}{T^2} = \frac{R^2 g_0}{r} = \frac{GM}{r}.$$ Umstellen ergibt

(M 7.78) $$r = \sqrt[3]{\frac{R^2 g_0 T^2}{4\pi^2}} = \sqrt[3]{\frac{GMT^2}{4\pi^2}}$$ Einheiten → (M 7.77)

Speziell mit den Werten der Erde erhält man nach Einsetzen aller Konstanten

(M 7.79) $$r = \sqrt[3]{1{,}01 \cdot 10^{13}\,\frac{\mathrm{m}^3}{\mathrm{s}^2} \cdot T^2}$$

	r	T
SI	m	s

Beachte:

- Mit (M 7.78) lassen sich aus der gut beobachtbaren Umlaufzeit T bei Satelliten und Planeten die Bahnradien bestimmen.

Fluchtgeschwindigkeit (2. astronautische Geschwindigkeit)

Sie bestimmt die Mindestgeschwindigkeit, die ein Körper besitzen muss, um das Gravitationsfeld der Erde zu überwinden, d. h. sich ohne weiteren Antrieb unendlich weit von der Erde zu entfernen.

Wenn
m Masse des Körpers,
M Erdmasse $= 5{,}974 \cdot 10^{24}$ kg,
r Abstand des Startortes vom Erdmittelpunkt,
G Gravitationskonstante $= 6{,}674 \cdot 10^{-11}\,\mathrm{m}^3/(\mathrm{kg} \cdot \mathrm{s}^2)$,
v_F Fluchtgeschwindigkeit,

dann gilt kinetische Energie des Körpers = erforderliche Arbeit im Schwerefeld: $mv_\mathrm{F}^2/2 = GMm/r$ entsprechend (M 7.76), nach Vereinfachung und Umstellung folgt daraus

(M 7.80) $$v_\mathrm{F} = \sqrt{\frac{2GM}{r}} = v_\mathrm{K}\sqrt{2}$$

	v	G	M	r
SI	$\frac{\mathrm{m}}{\mathrm{s}}$	$\frac{\mathrm{m}^3}{\mathrm{kg} \cdot \mathrm{s}^2}$	kg	m

Beachte:

- Für einen Punkt der Erdoberfläche ($r = R$) ergibt sich
  $\mathbf{v_F = 11{,}2\,km/s}$.

- (M 7.80) lässt sich sinngemäß auf andere Himmelskörper übertragen.
- Wählt man die Sonne als Zentralkörper und die Erdoberfläche als Startpunkt, so erhält man die **3. astronautische Geschwindigkeit** mit **16 km/s**.

7.5.6 Kepler'sche Gesetze

M

Die Planeten bewegen sich unter dem ständigen Einfluss der zur Sonne gerichteten Gravitationskraft, ebenso Mond und künstliche Erdsatelliten um die Erde. Solche Bewegungen um einen Zentralkörper nennt man *Zentralbewegungen*. Für sie gelten die KEPLER'schen Gesetze.

1. Kepler'sches Gesetz

Die Planeten bewegen sich auf Ellipsenbahnen, in deren gemeinsamem Brennpunkt die Sonne steht.

Beachte:

- Streng genommen bewegen sich Planet und Sonne um den gemeinsamen Schwerpunkt. Weil Sonnenmasse ≫ Planetenmasse, liegt dieser jedoch noch innerhalb der Sonne.

2. Kepler'sches Gesetz

Die Verbindungsgerade Sonne–Planet überstreicht in gleichen Zeiten gleiche Flächen.

Beachte:

- Dies folgt aus dem Gesetz von der Erhaltung des Drehimpulses → [7.4.8].
- Bei zunehmendem Abstand Sonne–Planet sinkt die Bahngeschwindigkeit und umgekehrt.

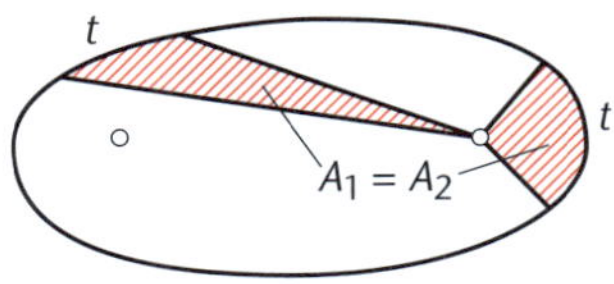

3. Kepler'sches Gesetz

Die Quadrate der Umlaufzeiten der Planeten verhalten sich wie die Kuben der großen Halbachsen ihrer Bahn um die Sonne, also $r^3/T^2 = \text{konstant}$.

Dieses Gesetz ergibt sich aus dem Ansatz

Zentripetalkraft = Gravitationskraft

$m_P \omega^2 r = \frac{G m_S m_P}{r^2}$. Ersetzen von ω und Umstellen ergibt

$\frac{4\pi^2 r}{T^2} = \frac{G m_S}{r^2}$. Daraus wird

$$\frac{r^3}{T^2} = \frac{G m_S}{4\pi^2},$$

wobei die rechte Seite dieser Gleichung nur aus Konstanten besteht. Diese ergeben

$3{,}362 \cdot 10^{18}\ \mathrm{m^3/s^2}$ (mit der Sonne als Zentralkörper) bzw.

$1{,}010 \cdot 10^{13}\ \mathrm{m^3/s^2}$ (mit der Erde als Zentralkörper).

Beachte:

- Die drei KEPLER'schen Gesetze gelten auch für *künstliche* Planeten der Sonne und für *künstliche* Monde in Bezug auf die Erde oder andere Planeten.

7.5.7 Daten des Sonnensystems

Die folgende Übersicht zeigt die wichtigsten Daten der Planeten, der Sonne und des Erdmondes. Die Daten des Planeten Pluto sind unsicher.

Beachte:

- Unter der numerischen Exzentrizität versteht man den Quotienten aus dem Abstand der Brennpunkte und der großen Achse der Ellipse. Für eine Kreisbahn ist sie null.
- Mittlerer Äquatorradius der Erde: $r_{Ä} = 6\,378{,}140\ \mathrm{km}$,
  mittlerer Polradius: $r_P = 6\,356{,}774\ \mathrm{km}$,
  Radius einer volumengleichen Kugel: $r_K = 6\,371{,}211\ \mathrm{km}$.
- Masse der Erde: $m_E = 5{,}974 \cdot 10^{24}\ \mathrm{kg}$.
- Masse der Sonne: $m_S = 3{,}329 \cdot 10^5\ m_E = 1{,}989 \cdot 10^{30}\ \mathrm{kg}$.
- Masse des Mondes: $m_M = 0{,}012\,3\ m_E = 7{,}348 \cdot 10^{22}\ \mathrm{kg}$.
  Sein mittlerer Abstand von der Erde beträgt 384 400 km, die numerische Exzentrizität seiner Bahn um die Erde 0,054 9.

Körper	mittlerer Sonnenabstand in 10^6 km	Umlaufzeit in a	relative Masse m/m_{Erde}	mittlere Bahngeschwindigkeit in km/s	Fallbeschleunigung [3)] in m/s^2	mittlere Dichte in kg/dm^3	Äquatordurchmesser in 10^3 km	Rotationsdauer	numerische Exzentrizität
Sonne	—	—	333 000	—	273,7	1,41	1 392	31 d	—
Merkur	57,9	0,241	0,055 3	47,9	3,70	5,43	4,88	58,6 d	0,205 6
Venus	108,2	0,615	0,815	35,05	8,87	5,24	12,103	−243 d [*)]	0,006 8
Erde	149,6	1,000	1,000 [2)]	29,8	9,81	5,52	12,756	23 h 56 min	0,016 7
Mars	227,9	1,881	0,107	24,14	3,71	3,94	6,794	24 h 37 min	0,093 4
Jupiter	778,3	11,86	317,8	13,1	23,1	1,33	143,0	9 h 55 min	0,048 4
Saturn	1 427	29,45	95,16	9,65	8,96	0,70	120,5	10 h 39 min	0,054 2
Uranus	2 871	84,02	14,54	6,80	8,69	1,30	51,11	−17 h 14 min [*)]	0,047 2
Neptun	4 498	164,8	17,15	5,43	11,00	1,76	49,5	16 h 07 min	0,008 6
Pluto [4)]	5 906	247,9	0,004	4,74	0,6	2,0	2,3	−153 h 18 min [*)]	0,248 8
Mond	0,384 4 [1)]	27,32 d	0,012 30	1,02	1,62	3,34	3,475	27,32 d	0,054 9

1) mittlerer Erdabstand

2) $m_{Erde} = 5{,}974 \cdot 10^{24}$ kg

3) an der Oberfläche

4) als Zwergplanet eingestuft, Werte z. T. unsicher

*) Drehrichtung gegenläufig

1 Jahr (a) = 365,25 d

M

8 Ruhende Flüssigkeiten

Infolge der gegenseitigen Verschiebbarkeit der Moleküle besitzen Flüssigkeiten keine eigene Gestalt, sondern nehmen die Form des Gefäßes an. Aus dem gleichen Grund stellt sich die Oberfläche einer Flüssigkeit stets senkrecht zur wirkenden Kraft ein.

Der Spiegel einer ruhenden Flüssigkeit stellt sich unter dem Einfluss der Schwerkraft stets horizontal, d. h. auf gleiche Höhe, ein.

Das gilt auch für kompliziert geformte oder mehrere miteinander verbundene Gefäße.

In verbundenen Gefäßen steht eine Flüssigkeit überall gleich hoch.

An jeder Stelle innerhalb einer Flüssigkeit herrscht ein Druck.

Unter dem Druck versteht man das Verhältnis einer *senkrecht* auf eine Fläche wirkenden Kraft zur Größe dieser Fläche.

$$\text{Druck} = \frac{\text{Normalkraft}}{\text{Fläche}}.$$

Der Druck ist eine *skalare* Größe, besitzt also keine Richtung.

SI-Einheit des Druckes: $[p] = \frac{\mathrm{N}}{\mathrm{m}^2} = \text{Pascal (Pa)} = \frac{\mathrm{kg}}{\mathrm{m} \cdot \mathrm{s}^2}$;
außerdem gesetzlich: Bar (bar).
Ungesetzliche Einheiten: Torr,
technische Atmosphäre (at),
physikalische Atmosphäre (atm).

Wenn
p Druck,
A Fläche,
F Kraft, die auf die Fläche wirkt,

dann gilt

(M 8.1) $$p = \frac{F}{A}$$

	p	F	A
SI	$\mathrm{Pa} = \frac{\mathrm{N}}{\mathrm{m}^2}$	N	m^2

Beachte:

- Umrechnung von Druckeinheiten → hintere Einbandinnenseite.

Umrechnung:

SI-fremde Druckeinheiten	
1 at = 735,6 Torr	= 98,07 kPa
1 mWS = 0,1 at	= 9,807 kPa
1 mmHg	= 133,3 Pa
1 bar = 750 Torr	= 10^5 Pa = 100 kPa = 1 000 hPa
1 Torr	= 133,3 Pa
1 atm = 760 Torr	= $1{,}013 \cdot 10^5$ Pa = 1 013 hPa
$1\ \frac{\text{pound-force}}{\text{square yard}}$ (lbf/yd^2)	= 5,320 Pa
$1\ \frac{\text{pound-force}}{\text{square foot}}$ (lbf/ft^2)	= 47,88 Pa
$1\ \frac{\text{pound-force}}{\text{square inch}}$ (lbf/in^2 = psi)	= 6,895 kPa
$1\ \frac{\text{poundal}}{\text{square foot}}$ (pdl/ft^2)	= 1,488 Pa
$1\ \frac{\text{ton-force}}{\text{square foot}}$ (tonf/ft^2)	= 107,3 kPa
1 inch of water (inH_2O)	= 249,1 Pa
1 inch of mercury (inHg)	= 3,386 kPa

M

8.1 Druck in Flüssigkeiten

8.1.1 Kolbendruck

Ein von außen auf eine Flüssigkeit ausgeübter Druck (z. B. mit einem beweglichen Kolben) pflanzt sich auf Grund der Verschiebbarkeit der Moleküle allseitig mit gleicher Stärke fort. Bei offenen Gefäßen wirkt der Luftdruck wie ein Kolbendruck.

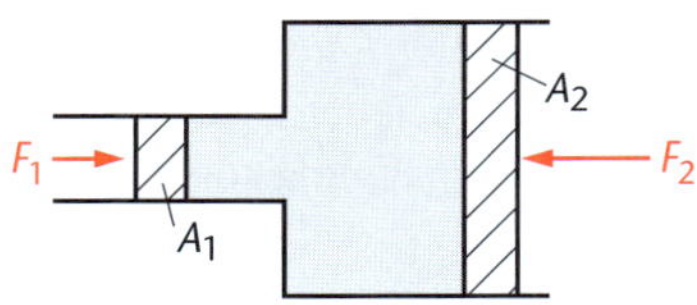

Mit einer **hydraulischen Presse** können (analog dem Hebelgesetz in der Mechanik) aufzuwendende Kräfte auf Kosten eines größeren Weges verkleinert werden. Auf zwei mit einer Flüssigkeit verbundene Kolben wirkt der gleiche Druck. Er übt aber auf die verschieden großen Kolbenflächen unterschiedliche Kräfte aus. Dabei gilt entsprechend (M 8.1):

Die Kräfte verhalten sich wie die Kolbenflächen, also wie die Quadrate der Kolbendurchmesser.

$$p = \frac{F_1}{A_1} = \frac{F_2}{A_2} \quad \text{oder} \quad \frac{F_1}{F_2} = \frac{A_1}{A_2} = \frac{d_1^2}{d_2^2}.$$

Anwendung findet diese Gesetzmäßigkeit in hydraulischen Hebeeinrichtungen (Wagenheber, Hebebühnen), hydraulischen Bremsen, Druckwandlern u. a.

8.1.2 Schweredruck

In jeder Flüssigkeit herrscht infolge der Gewichtskraft der darüber liegenden Flüssigkeitssäule ein Druck. In Wasser beträgt er je 10 m Säule $\approx 10^5$ Pa = 100 kPa.

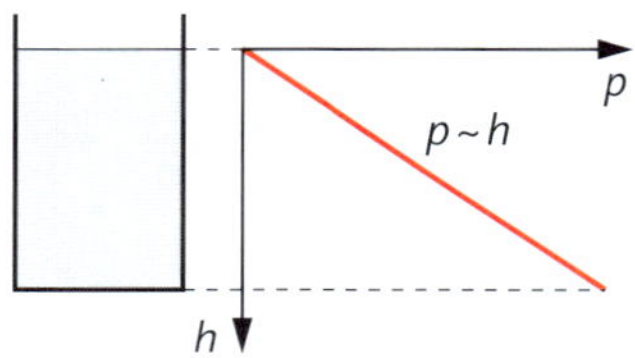

Wenn

- p Schweredruck in der Tiefe h,
- h Höhe der drückenden Flüssigkeitssäule,
- ϱ Dichte der Flüssigkeit,
- g Fallbeschleunigung = 9,807 m/s²,

dann gilt

Druck in der Flüssigkeit = Gewichtskraft/Fläche

$p = G/A$ oder wegen (M 7.3)

$p = mg/A$. Mit (M 7.4) $m = \varrho V$ folgt $p = \varrho V g/A$ und, weil für $V = Ah$ gesetzt werden kann,

(M 8.2) $$p = \varrho g h$$

	p		ϱ	g	h
SI	Pa	$= \frac{\text{kg}}{\text{s}^2 \cdot \text{m}}$	$\frac{\text{kg}}{\text{m}^3}$	$\frac{\text{m}}{\text{s}^2}$	m

Beachte:

- Die Dichte ϱ ist temperaturabhängig. Für sehr genaue Rechnungen Dichte mit (W 15.10) umrechnen.
- Die Einheit der Dichte weicht von der in den Tabellen verwendeten ab. Umrechnung von Druckeinheiten → hintere Umschlaginnenseite.
- *Boden-*, *Seiten-* und *Aufdruck* sind in der gleichen Tiefe ebenso groß wie der Schweredruck.
- Die Summe aus Schwere- und Kolbendruck bezeichnet man als *hydrostatischen Druck.*

8.2 Kompressibilität

Trotz der leichten Verschiebbarkeit der Moleküle lassen sich Flüssigkeiten nur bei sehr großen Drücken merklich zusammendrücken. Sie sind nur *gering volumelastisch*. Die relative Volumenänderung ist dabei der Druckänderung proportional: $\mathrm{d}V/V \sim -\mathrm{d}p$.

Unter der *Kompressibilität* $\varkappa$ versteht man das Verhältnis der relativen Volumenänderung zur erforderlichen Druckänderung:

$$\varkappa = -\frac{\mathrm{d}V}{V\,\mathrm{d}p}.$$

Wenn
$\varkappa$ Kompressibilität der Flüssigkeit (→ Tabelle 4),
V Volumen der Flüssigkeit,
ΔV Volumenabnahme bei Drucksteigerung bzw. umgekehrt,
Δp Druckänderung,

dann gilt entsprechend der Definition für die Kompressibilität

(M 8.3) $$\Delta V = -\varkappa \Delta p V$$

bzw. in differenzieller Schreibweise

(M 8.4) $$\mathrm{d}V = -\varkappa\, \mathrm{d}p\, V$$

	p	$\varkappa$
SI	Pa	$\frac{1}{\text{Pa}}$

Beachte:

- Die Volumenänderung ist wegen ihrer Kleinheit in vielen Fällen zu vernachlässigen.
- Das Minuszeichen ergibt sich, weil Druck- und Volumenänderung verschiedene Vorzeichen besitzen.
- Die Kompressibilität ist gering temperatur- und druckabhängig.

8.3 Auftrieb

Jeder in eine Flüssigkeit getauchte Körper verliert scheinbar einen Teil seiner Gewichtskraft. Man nennt die seiner Gewichtskraft entgegengerichtete Kraft **Auftriebskraft** F_A. Sie entspricht der Gewichtskraft der vom Körper verdrängten Flüssigkeit und entsteht als Differenz von Aufdruckkraft und Bodendruckkraft, weil der Schweredruck unten größer als der Schweredruck oben ist. Diese Gesetzmäßigkeit bezeichnet man als

Archimedisches Prinzip:
Beim Eintauchen in eine Flüssigkeit erfährt jeder Körper eine nach oben gerichtete Auftriebskraft. Diese ist dem Betrag nach gleich der Gewichtskraft der vom Körper verdrängten Flüssigkeit.

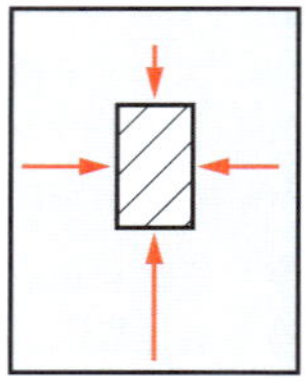

Wenn
F_A Auftriebskraft,
V_{Fl} Volumen der vom Körper verdrängten Flüssigkeit,
ϱ_{Fl} Dichte der Flüssigkeit,
m_{Fl} Masse der verdrängten Flüssigkeit,
g Fallbeschleunigung = 9,807 m/s^2,

dann gilt für die

Auftriebskraft

(M 8.5) $$F_A = V_{Fl}\,\varrho_{Fl}\,g = m_{Fl}\,g$$

	F_A	V	ϱ	m	g
SI	N	m^3	$\frac{kg}{m^3}$	kg	$\frac{m}{s^2}$
VT	N	dm^3	$\frac{kg}{dm^3}$	kg	$\frac{m}{s^2}$

Beachte:

- Je nach der Größe der Auftriebskraft F_A gibt es bei einem vollständig eintauchenden Körper mit der Gewichtskraft F_G drei Möglichkeiten:
  - $F_A < F_G$: Körper **sinkt** zu Boden;
  - $F_A = F_G$: Körper taucht vollständig ein und **schwebt**;
  - $F_A > F_G$: Körper steigt zur Oberfläche, taucht nur noch teilweise ein und **schwimmt**. Dieser Gleichgewichtszustand ist erreicht, wenn die Gewichtskräfte des Körpers und der verdrängten Flüssigkeit gleich sind ($F_{GK} = F_{GFl}$).

8.3.1 Bestimmung der Dichte fester Körper

Man benutzt eine **hydrostatische Waage**, mit der man einen festen Körper sowohl in Luft als auch in einer Flüssigkeit wiegen kann.

Wenn
ϱ zu bestimmende Dichte des festen Körpers,
ϱ_F Dichte der Flüssigkeit, in der der Körper gewogen wird,
F_G Gewichtskraft des Körpers in Luft,

F_{GF} scheinbare Gewichtskraft des Körpers, wenn er völlig in die Flüssigkeit eintaucht ($F_G - F_A$),

dann gilt

(M 8.6) $$\varrho = \varrho_F \frac{F_G}{F_G - F_{GF}}$$

Beachte:

- Messung ist nur möglich, wenn der Körper nicht auf der Flüssigkeit schwimmt.

M

8.3.2 Bestimmung der Dichte von Flüssigkeiten

Die Messung erfolgt ebenfalls mit einer hydrostatischen Waage. Ein beliebiger (nicht schwimmender) Körper wird nacheinander in Luft, in der Flüssigkeit mit unbekannter Dichte und dann in einer Flüssigkeit mit bekannter Dichte gewogen.

Wenn
ϱ_1 zu bestimmende Dichte der Flüssigkeit 1,
ϱ_2 bekannte Dichte der Flüssigkeit 2 (z. B. Wasser),
F_G Gewichtskraft des festen Körpers (in Luft),
F_{G1} scheinbare Gewichtskraft des Körpers in der Flüssigkeit 1,
F_{G2} scheinbare Gewichtskraft des Körpers in der Flüssigkeit 2,

dann gilt

(M 8.7) $$\varrho_1 = \varrho_2 \frac{F_G - F_{G1}}{F_G - F_{G2}}$$

Beachte:

- Es kann ein beliebiger fester Körper benutzt werden, sofern er auf beiden Flüssigkeiten nicht schwimmt. Sein Volumen und seine Dichte brauchen nicht bekannt zu sein.
- Einfacher lässt sich die Dichte mit einem Aräometer (Senkwaage) bestimmen.

9 Ruhende Gase

Charakteristisch für sie ist das fast völlige Fehlen einer Kohäsion. Sie sind daher unbestimmt an Gestalt und Volumen und nehmen beides vom Gefäß an. Sie füllen also jedes ihnen gebotenen Volumen. Jedes Gas steht unter einem bestimmten Druck. Dieser pflanzt sich nach allen Seiten gleichmäßig fort.

9.1 Druck und Volumen eines Gases

Der Druck eines Gases ist bei konstanter Temperatur proportional der im Raum vorhandenen Anzahl von Molekülen, also seiner Masse. Ferner gilt das

Gesetz von BOYLE-MARIOTTE:
Das Volumen eines eingeschlossenen Gases gleich bleibender Temperatur ist seinem Druck umgekehrt proportional.
oder
Das Produkt aus Druck und Volumen ist bei einem eingeschlossenen Gas gleich bleibender Temperatur konstant.
oder
Bei einem eingeschlossenen Gas konstanter Temperatur sind Druck und Dichte einander proportional: $p \sim \varrho$.

Wenn
p_1 Anfangsdruck des Gases,
p_2 Enddruck des Gases,
V_1 Anfangsvolumen des Gases,
V_2 Endvolumen des Gases,

dann gilt

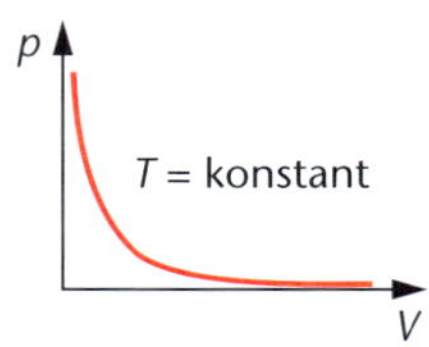

(M 9.1) $$\frac{p_1}{p_2} = \frac{V_2}{V_1} \quad \text{oder} \quad pV = \text{konstant}$$

Beachte:

- Umrechnung von Druckeinheiten → hintere Einbandinnenseite.
- Es ist stets der **Gesamtdruck** (absolute Druck) einzusetzen → [9.1.1].

9.1.1 Überdruck

In der Technik wird vielfach der Druck eines Gases als *Überdruck* angegeben.

Unter dem Überdruck versteht man die Differenz zwischen dem Innendruck und dem äußeren Luftdruck.

Wenn
p absoluter Druck des Gases,
p_L Luftdruck außerhalb des Gasgefäßes,
$p_ü$ Überdruck,
dann gilt

(M 9.2) $$p_ü = p - p_L$$

Beachte:

- Wenn der genaue Wert des Luftdrucks nicht bekannt ist, rechnet man mit $\approx 100\,\text{kPa} = 1\,000\,\text{hPa}$.
- Die Kennzeichnung des Überdrucks darf nicht an der Einheit erfolgen (wie z. B. früher atü).
- Ist in (M 9.2) $p < p_L$, so ergibt sich ein *Unterdruck* p_u.

9.1.2 Messung des Gasdrucks

Zum Messen dienen Manometer:
- offenes Manometer (auf beiden Seiten oben offenes U-Rohr)
- geschlossenes Manometer (auf einer Seite oben verschlossenes U-Rohr)
- Membranmanometer, Röhrenmanometer, BOURDON'sche Röhre.

9.2 Luftdruck

Das Eigengewicht der Lufthülle erzeugt in der Luft einen Druck, der mit zunehmendem Abstand von der Erdoberfläche kleiner wird. In der *Nähe der Erdoberfläche* gilt:

Mit je 8 m Höhenunterschied ändert sich der Luftdruck um 100 Pa = 1 hPa.

Setzt man gleiche Temperatur in den verschiedenen Höhen voraus, dann nimmt der Luftdruck bei zunehmender Höhe nach einer Exponentialfunktion ab.

M

Wenn

p_0 Luftdruck an der Erdoberfläche,
p_h Luftdruck in der Höhe h,
h Höhe über der Erdoberfläche,
ϱ_0 Luftdichte an der Erdoberfläche,
g Fallbeschleunigung,
e $= 2{,}718\,28\ldots$,

dann gilt für Höhen bis zu ≈ 100 km bei konstanter Temperatur die

barometrische Höhenformel

(M 9.3) $$p_h = p_0\,\mathrm{e}^{-\frac{\varrho_0 g h}{p_0}}$$

	p	ϱ	g	h
SI	Pa $= \frac{\mathrm{N}}{\mathrm{m}^2}$	$\frac{\mathrm{kg}}{\mathrm{m}^3}$	$\frac{\mathrm{m}}{\mathrm{s}^2}$	m

Für $p_0 = p_\mathrm{n} = 101{,}3\,\mathrm{kPa} = 1\,013\,\mathrm{hPa}$ sowie $t = 0\,°\mathrm{C}$ und $\varrho_0 = 1{,}293\,\mathrm{kg/m^3}$ folgt aus (M 9.3)

(M 9.4) $$p_h = p_0\,\mathrm{e}^{-\frac{h}{7{,}99\,\mathrm{km}}}$$

und

(M 9.5) $$h = 18{,}4\,\mathrm{km} \cdot \lg \frac{p_0}{p_h}$$

Die **Halbwertshöhe** $h_{1/2}$, also die Höhendifferenz, in der sich der Luftdruck jeweils halbiert, folgt aus (M 9.5) $h_{1/2} = 18{,}4\,\mathrm{km} \cdot \lg 2 = 5{,}54\,\mathrm{km}$.

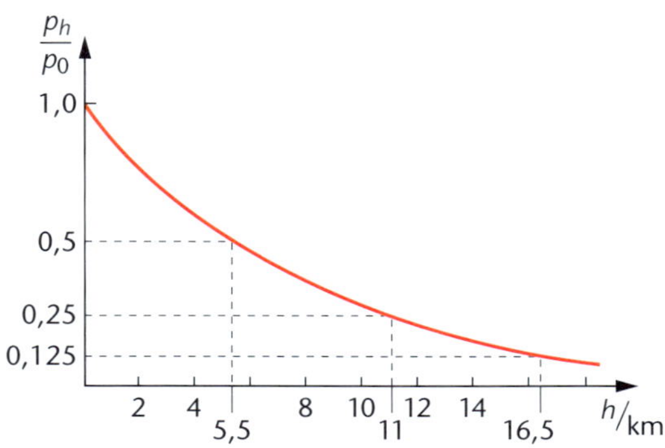

Bei genauen Luftdruckberechnungen muss beachtet werden, dass die Temperatur mit der Höhe abnimmt. Für $p_n = 1\,013\,\text{hPa}$ (Jahresmittel in Meereshöhe) und $t = 15\,°\text{C}$ (Jahresmittel in Meereshöhe) gilt für Höhen bis zu 11 000 m (Troposphäre) die

internationale Höhenformel

(M 9.6) $$p_h = 1\,013\,\text{hPa}\left(1 - \frac{6{,}5h}{288\,\text{km}}\right)^{5{,}255}$$

und

(M 9.7) $$\varrho_h = 1{,}225\,5\,\frac{\text{kg}}{\text{m}^3}\left(1 - \frac{6{,}5h}{288\,\text{km}}\right)^{4{,}255}$$

Beachte:

- Der jeweilige Luftdruck ist orts-, temperatur- und wetterabhängig.
- In *Meeresspiegelhöhe* herrscht bei 15 °C (Jahresmittel) ein Luftdruck von $\boldsymbol{p_n = 1\,013{,}25\,\text{hPa} = 101{,}325\,\text{kPa}}$ **(Normdruck)**.
- Den Luftdruck im *Jahresmittel* in Abhängigkeit von der Höhe → Tabelle 5!

9.2.1 Luftdruckmessung

Der Luftdruck wird mit Barometern gemessen:

- Dosenbarometer (Aneroidbarometer),
- Quecksilberbarometer.

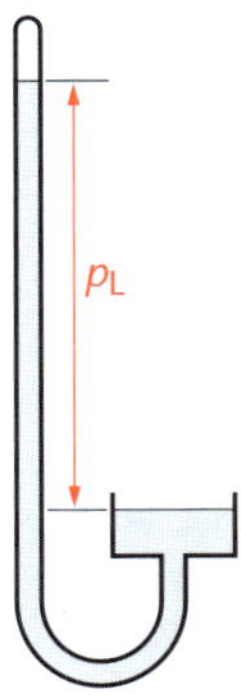

Die Anzeige eines Quecksilberbarometers ist abhängig von der Temperatur des Quecksilbers, denn dieses unterliegt der Wärmeausdehnung. Bei genauen Messungen ist daher umzurechnen.

Wenn
p_0 auf 0 °C reduzierte Luftdruckanzeige,
p_t bei der Temperatur t abgelesener Luftdruck,
t Temperatur des Quecksilbers,

dann gilt

(M 9.8) $$p_0 = p_t(1 - 0{,}000\,181t/°\text{C})$$

9.2.2 Wirkung des Luftdrucks

Die Funktionen folgender Geräte lassen sich mit dem Wirken des Luftdrucks erklären: Pipette, Kolbensaugpumpe, Kolbendruckpumpe, Kreiselpumpe.

■ Die *größte* Förderhöhe einer Saugpumpe ergibt sich aus der Überlegung: Schweredruck = Luftdruck. Da der Luftdruck $\approx 10^5$ Pa beträgt, kann die Förderhöhe bei Wasser auch nicht größer als ≈ 10 m sein.

9.2.3 Auftrieb in Gasen

Für den Auftrieb in Gasen gelten analog die Gesetzmäßigkeiten des Auftriebs in Flüssigkeiten (Archimedisches Prinzip → [8.3]). Jeder Körper erfährt in einem Gas eine aufwärts gerichtete Auftriebskraft, die dem Betrag nach gleich der Gewichtskraft des vom Körper verdrängten Gasvolumens ist.

Wenn
F_A Auftriebskraft,
V_{Gas} Volumen des vom Körper verdrängten Gases,
ϱ_{Gas} Dichte des Gases,
g Fallbeschleunigung $= 9{,}807\ \mathrm{m/s^2}$,
m_{Gas} Masse des verdrängten Gases,

dann gilt für die

Auftriebskraft in Gasen

(M 9.9) $$F_A = V_{Gas}\,\varrho_{Gas}\,g = m_{Gas}\,g$$

	F_A	V	ϱ	g	m
SI	N	$\mathrm{m^3}$	$\frac{\mathrm{kg}}{\mathrm{m^3}}$	$\frac{\mathrm{m}}{\mathrm{s^2}}$	kg

Beachte:

● Je nach Größe der Auftriebskraft F_A gibt es für den Körper (z. B. Ballon) mit der Gewichtskraft F_G drei Möglichkeiten:
- $F_A = F_G$: Körper schwebt,
- $F_A < F_G$: Körper sinkt,
- $F_A > F_G$: Körper steigt.

10 Strömungen

Unter einer Strömung versteht man die Bewegung von Flüssigkeiten oder Gasen. Die Gesetze strömender Flüssigkeiten gelten auch für strömende Gase, solange die Strömungsgeschwindigkeit unter der Schallgeschwindigkeit bleibt, d. h. die strömenden Gase als praktisch inkompressibel angesehen werden können. Ursache einer Strömung sind u. a. Schwerkraft und Druckdifferenzen.

M

Jedes Teilchen einer Strömung hat in jedem Augenblick eine in Betrag und Richtung bestimmte Geschwindigkeit. Den Raum, den die strömenden Teilchen erfüllen, bezeichnet man als **Strömungsfeld**. Zur Kennzeichnung der Geschwindigkeitsrichtung der Teilchen verwendet man **Stromlinien**. Die an einen Punkt der Stromlinie gelegte Tangente gibt die Strömungsrichtung in diesem Punkte an. Die Verhältnisse sind besonders übersichtlich, wenn die Bahnen der Teilchen mit den Stromlinien übereinstimmen. Das ist der Fall, wenn die Stromlinien für eine längere Zeit ihre Form behalten, die Strömung heißt dann **stationär**.

10.1 Reibungsfreie Strömung

Sieht man von Wirbelbildung und vor allem innerer Reibung ab, spricht man von einer **idealen Flüssigkeit** und einer **idealen Strömung**.

10.1.1 Ausfluss aus Gefäßen

Die Ausflussgeschwindigkeit hängt nur von der Höhe der drückenden Flüssigkeitssäule ab, wie sich mit dem Ansatz $\varrho g h = \varrho v^2/2$ als Sonderfall aus (M 10.7) ergibt; vorausgesetzt, die Oberfläche besitzt keine nennenswerte Sinkgeschwindigkeit.

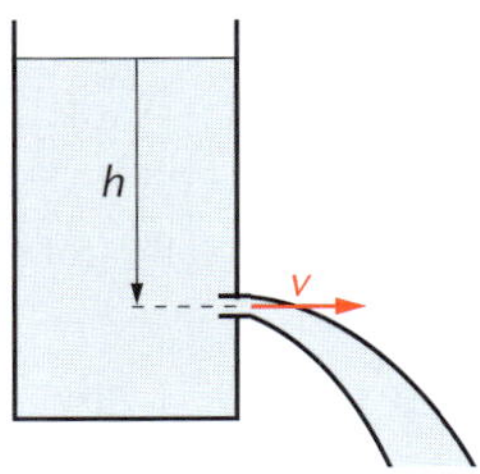

Wenn

- v Ausflussgeschwindigkeit,
- h Druckhöhe = Tiefe der Ausflussöffnung unter dem Flüssigkeitsspiegel,
- g Fallbeschleunigung = 9,807 m/s^2,

dann gilt

(M 10.1) $$v = \sqrt{2gh}$$

	v	g	h
SI	$\frac{\text{m}}{\text{s}}$	$\frac{\text{m}}{\text{s}^2}$	m

Beachte:

- Die Ausflussgeschwindigkeit ist so groß wie nach einem freien Fall aus der Höhe h.
- Der Luftdruck ist ohne Wirkung, weil er beiderseitig wirkt.

■ In Wirklichkeit ist die Ausflussgeschwindigkeit wegen innerer Reibung und Strahleinschnürung vor allem an scharfkantigen Ausströmöffnungen z. T. erheblich kleiner.

Das wird berücksichtigt mit der **Ausflusszahl** μ

(M 10.2) $$v = \mu\sqrt{2gh}$$

Beachte:

- Richtwerte für μ → Abbildung!

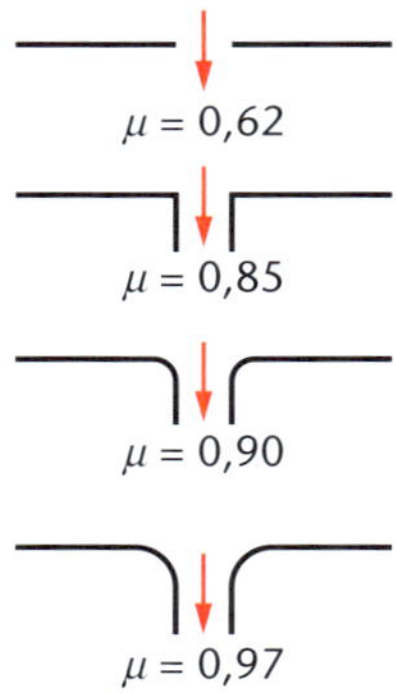

10.1.2 Durchfluss durch Röhren

Wenn

V Volumen der durch den Querschnitt A strömenden Flüssigkeit,
t Dauer der Strömung,
A Querschnitt des Rohres,
v Strömungsgeschwindigkeit der Flüssigkeit,

dann gilt

(M 10.3) $$V = Avt$$

	V	A	v	t
SI	m^3	m^2	$\frac{\text{m}}{\text{s}}$	s

Hierin wird das Produkt $A \cdot v$ als **Volumenstrom** $\dot{V}$ bezeichnet.

(M 10.4) $$\dot{V} = Av = \frac{V}{t}$$

	$\dot{V}$	A	v	V	t
SI	$\frac{\text{m}^3}{\text{s}}$	m^2	$\frac{\text{m}}{\text{s}}$	m^3	s

oder für den momentanen Volumenstrom

(M 10.5) $$\dot{V} = \frac{\mathrm{d}V}{\mathrm{d}t}$$

SI-Einheit des Volumenstroms: $[\dot{V}] = \frac{m^3}{s}$.

■ Aus (M 10.4) folgt, dass durch jeden Querschnitt eines Rohres in gleichen Zeiten t das gleiche Volumen V hindurchtreten muss, da Flüssigkeiten so gut wie nicht kompressibel sind. Durch kleinere Querschnitte strömt die Flüssigkeit schneller und umgekehrt.

M

Wenn
A_1 Querschnittsfläche an der Stelle 1,
A_2 Querschnittsfläche an der Stelle 2,
v_1 Geschwindigkeit an der Stelle 1,
v_2 Geschwindigkeit an der Stelle 2,

dann gilt $\frac{V_1}{t} = \frac{V_2}{t}$ oder $\frac{A_1 s_1}{t} = \frac{A_2 s_2}{t}$ und wegen $v = \frac{s}{t}$ (M 6.1) gilt die

Kontinuitätsgleichung (Durchflussgleichung)

(M 10.6) $$A_1 v_1 = A_2 v_2 \quad \text{oder} \quad Av = \text{konstant}$$

In einer durchströmten Röhre verhalten sich die Strömungsgeschwindigkeiten umgekehrt wie die Querschnittsflächen: $A \sim 1/v$.

Beachte:

- Bei Gasen muss eine evtl. Dichteänderung berücksichtigt werden. Für zwei Querschnitte einer Stromröhre nimmt dann die Kontinuitätsgleichung (M 10.6) die Form an $A_1 v_1 \varrho_1 = A_2 v_2 \varrho_2$.

10.1.3 Druck in Strömungen

In jeder Strömung setzt sich der Gesamtdruck p_0 aus zwei Teildrücken zusammen:

- Der **statische Druck** p_{st} folgt aus der potenziellen Energie der unter Druck stehenden Flüssigkeit;
- der **dynamische Druck** (**Staudruck** p_{dyn}) folgt aus der kinetischen Energie der Strömung.

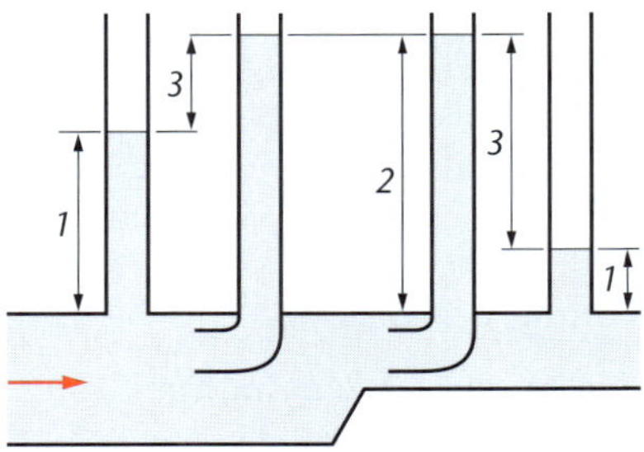

1 statischer Druck p_{st} *2* Gesamtdruck p_0
3 dynamischer Druck p_{dyn}

Mit der Strömungsgeschwindigkeit wächst deshalb der dynamische Druck. In einer ruhenden Flüssigkeit ist er null und der statische Druck gleich dem Gesamtdruck, dem hydrostatischen Druck. Dieser wiederum ist die Summe aus Schweredruck → [8.1.2] und Kolbendruck → [8.1.1].

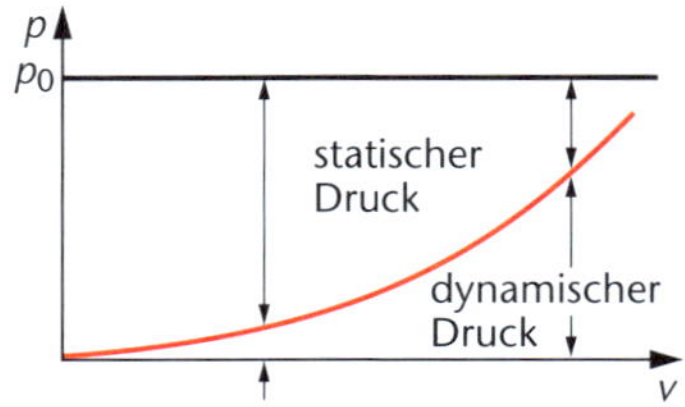

Gesetz von BERNOULLI:
In einer stationären Strömung ist die Summe aus statischem und dynamischen Druck konstant. Sie entspricht dem hydrostatischen Druck p_0 der ruhenden Flüssigkeit.

■ Strömt die Flüssigkeit durch eine geneigte Röhre, dann muss die der Höhenänderung entsprechende Änderung der potenziellen Energie (Energie der Lage) berücksichtigt werden.

Wenn

- p_1 statischer Druck an der Stelle 1,
- p_2 statischer Druck an der Stelle 2,
- v_1 Strömungsgeschwindigkeit an der Stelle 1,
- v_2 Strömungsgeschwindigkeit an der Stelle 2,
- h_1 Höhe der Strömung an der Stelle 1 über einem willkürlich gewählten Niveau,
- h_2 Höhe der Strömung an der Stelle 2 über diesem Niveau,
- p_0 Gesamtdruck, er entspricht dem statischen Druck bei $v = 0$,
- ϱ Dichte der Flüssigkeit,

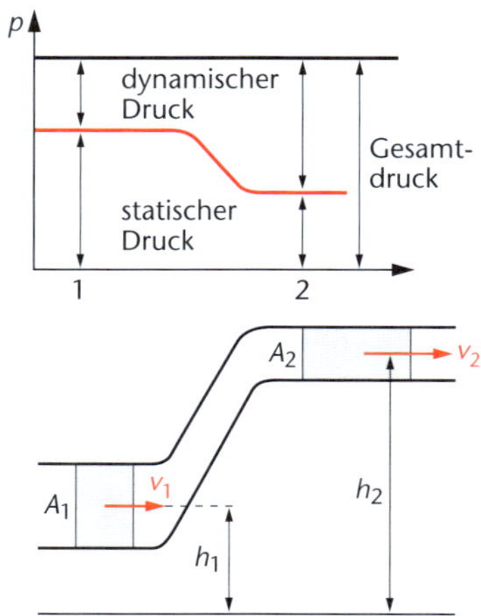

dann gilt für die zur Änderung von Geschwindigkeit v und Höhe h aufzuwendende Arbeit

W = Gewinn an potenzieller Energie + Gewinn an kinetischer Energie.

Da für das *Volumenelement* ΔV

$W = F\Delta s = pA\Delta s = p\Delta V$, ergibt sich

$$(p_1 - p_2)\Delta V = mg(h_2 - h_1) + \frac{\Delta m}{2}(v_2^2 - v_1^2)$$

und nach Division durch ΔV, das ja wegen der Inkompressibilität von Flüssigkeiten unverändert bleibt,

$$p_1 - p_2 = \varrho g h_2 - \varrho g h_1 + \frac{\varrho}{2}v_2^2 - \frac{\varrho}{2}v_1^2.$$

Geordnet nach Indizes ergibt dies die

Bernoulli'sche Gleichung

(M 10.7)
$$p_1 + \varrho g h_1 + \frac{\varrho}{2}v_1^2 = p_2 + \varrho g h_2 + \frac{\varrho}{2}v_2^2$$
oder
$$p + \varrho g h + \frac{\varrho}{2}v^2 = \text{konstant}$$

Einheiten → (M 10.8)

Die Summe aus statischem Druck p, Schweredruck $\varrho g h$ und dynamischem Druck $\varrho v^2/2$ ist an jeder Stelle einer Stromlinie konstant.

Beachte:

- (M 10.7) gilt nur für eine reibungsfreie Strömung.

Verläuft die Strömung annähernd in gleicher Höhe, so vereinfacht sich (M 10.7) zu

(M 10.8)
$$p_1 + \frac{\varrho}{2}v_1^2 = p_2 + \frac{\varrho}{2}v_2^2$$
oder
$$p + \frac{\varrho}{2}v^2 = p_0 = \text{konstant}$$

	p	ϱ	v	g	h
SI	Pa	$\frac{\text{kg}}{\text{m}^3}$	$\frac{\text{m}}{\text{s}}$	$\frac{\text{m}}{\text{s}^2}$	m

10.1.4 Druckmessung in Strömungen

■ **Statischer Druck** p_{st}. Man misst ihn mit einem rechtwinklig zur Strömungsrichtung angebrachten Manometer. Im einfachsten Fall ist das ein oben offenes Flüssigkeitsmanometer; es misst den Überdruck: statischer Druck p_{st} – Luftdruck p_L.

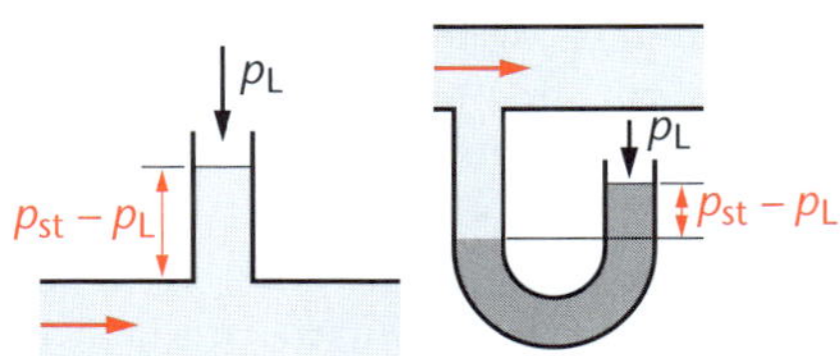

■ **Gesamtdruck** p_0. Er wird mit einem in Strömungsrichtung angebrachten Manometer (**Pitot-Rohr**) bestimmt und ist um den Staudruck größer als der statische Druck.

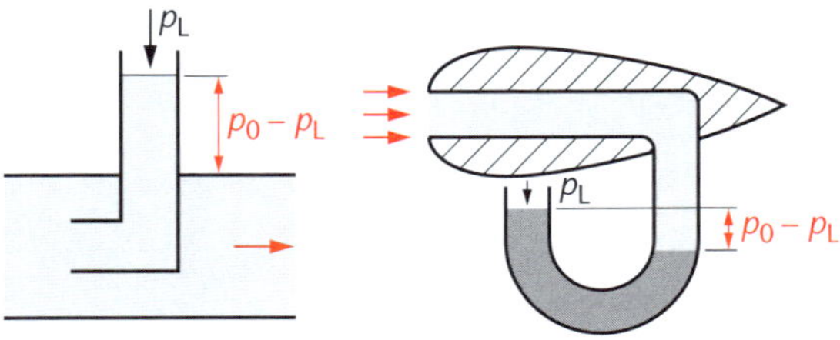

■ **Staudruck** p_{dyn}. Als Differenz aus Gesamtdruck und statischem Druck misst man ihn mit einer Kombination der entsprechenden Geräte. Man nennt sie **Prandtl'sches Staurohr** und benutzt dieses vor allem zur Bestimmung der Strömungsgeschwindigkeit von Gasen.

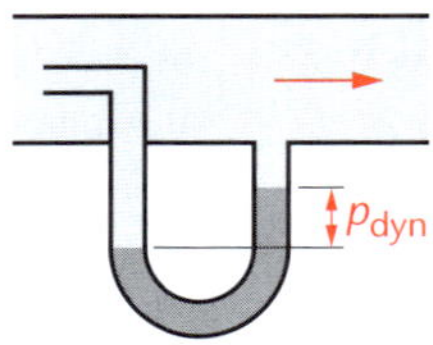

Wenn

- v Geschwindigkeit des strömenden Mediums,
- p_0 Gesamtdruck,
- p_{st} statischer Druck,
- ϱ Dichte des Mediums,

dann gilt entsprechend (M 10.8)

(M 10.9) $$v = \sqrt{\frac{2(p_0 - p_{st})}{\varrho}}$$

	v	p	ϱ
SI	$\frac{m}{s}$	$Pa = \frac{kg}{m \cdot s^2}$	$\frac{kg}{m^3}$

■ **Differenz zweier statischer Drücke**. Besonders zur Bestimmung der Strömungsgeschwindigkeit in Flüssigkeiten verwendet man das **Venturi-Rohr**. Mit ihm werden an zwei Stellen mit unterschiedlicher Querschnittsfläche die statischen Drücke gemessen. Aus der Differenz ist die Strömungsgeschwindigkeit bestimmbar.

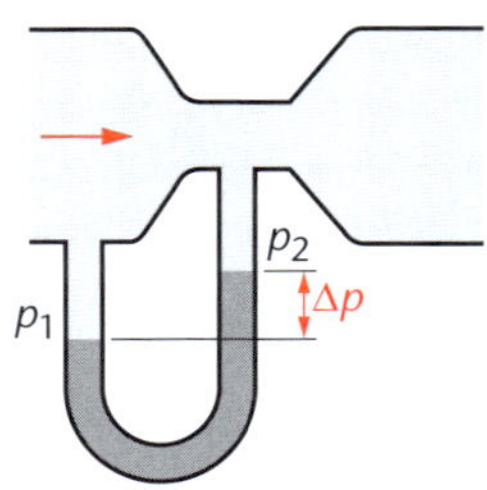

Wenn

p_1, v_1, A_1 Druck, Geschwindigkeit und Querschnittsfläche an der Stelle 1,

p_2, v_2, A_2 Druck, Geschwindigkeit und Querschnittsfläche an der Stelle 2,

ϱ Dichte des strömenden Mediums,

dann gilt entsprechend (M 10.8)

$$\Delta p = p_1 - p_2 = \frac{\varrho}{2}v_2^2 - \frac{\varrho}{2}v_1^2 = \frac{\varrho}{2}(v_2^2 - v_1^2).$$

Aus (M 10.6) folgt $v_2 = A_1 v_1 / A_2$. Damit wird

$$\Delta p = \frac{\varrho}{2}\left(\frac{A_1^2}{A_2^2}v_1^2 - v_1^2\right) = \frac{\varrho}{2}v_1^2\left[\left(\frac{A_1}{A_2}\right)^2 - 1\right] \quad \text{und umgestellt}$$

(M 10.10) $$v_1 = \sqrt{\frac{2\Delta p}{\varrho\left[\left(\frac{A_1}{A_2}\right)^2 - 1\right]}}$$

	v	p	ϱ	A
SI	$\frac{\mathrm{m}}{\mathrm{s}}$	$\mathrm{Pa} = \frac{\mathrm{kg}}{\mathrm{m} \cdot \mathrm{s}^2}$	$\frac{\mathrm{kg}}{\mathrm{m}^3}$	m^2

Aus (M 10.4) $\dot{V} = Av$ folgt für den Volumenstrom $\dot{V}$ in einer Strömung

(M 10.11) $$\dot{V} = A_1\sqrt{\frac{2\Delta p}{\varrho\left[\left(\frac{A_1}{A_2}\right)^2 - 1\right]}}$$

	$\dot{V}$	p	ϱ	A
SI	$\frac{\mathrm{m}^3}{\mathrm{s}}$	$\mathrm{Pa} = \frac{\mathrm{kg}}{\mathrm{m} \cdot \mathrm{s}^2}$	$\frac{\mathrm{kg}}{\mathrm{m}^3}$	m^2

10.2 Laminare Strömung

Strömungen mit innerer Reibung, aber ohne Wirbelbildung, bezeichnet man als laminar. Die innere Reibung ist eine Folge der Kraftwirkung zwischen den Molekülen. Im Gegensatz zur äußeren Reibung, die zwischen den Grenzflächen zweier Körper auftritt, beobachtet man sie nur im Inneren des strömenden Mediums zwischen benachbarten Flüssigkeitsschichten unterschiedlicher Geschwindigkeit.

10.2.1 Dynamische Viskosität (Zähigkeit)

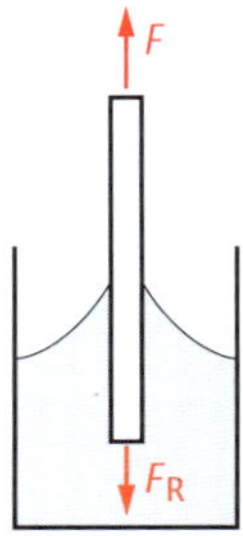

Die innere Reibung wird spürbar, wenn z. B. in einer Flüssigkeit parallel zu einer ebenen Wand eine ebene Platte bewegt werden soll. Das erfordert eine Kraft, die dem Betrag nach gleich der Reibungskraft ist.

Wenn
F_R innere Reibungskraft,
A Berührungsfläche,
v Relativgeschwindigkeit zwischen Begrenzungsflächen,
d Abstand der Begrenzungsflächen voneinander,
η dynamische Viskosität, Zähigkeit, Koeffizient der inneren Reibung (→ Tabelle 6),

dann gilt

(M 10.12) $$F_R = \frac{\eta A v}{d}$$

	F	η	A	v	d
SI	N	$\frac{\text{N}\cdot\text{s}}{\text{m}^2} = \text{Pa}\cdot\text{s}$	m^2	$\frac{\text{m}}{\text{s}}$	m

SI-Einheit der dynamischen Viskosität: $[\eta] = \text{Pascalsekunde (Pa}\cdot\text{s)} = \frac{\text{N}\cdot\text{s}}{\text{m}^2} = \frac{\text{kg}}{\text{m}\cdot\text{s}}$.

Ungesetzliche Einheiten: Poise (P) und
Zentipoise (cP).

Umrechnung:

1 Poise (P) $= 0{,}1\ \text{Pa}\cdot\text{s} = 0{,}1\ \frac{\text{N}\cdot\text{s}}{\text{m}^2}$	1 cP $= 1\ \text{mPa}\cdot\text{s} = 1\ \frac{\text{mN}\cdot\text{s}}{\text{m}^2}$

(M 10.12) gilt auch für Zwischenschichten in einem Abstand $\Delta d < d$, wenn die entsprechende Relativgeschwindigkeit Δv eingesetzt wird:

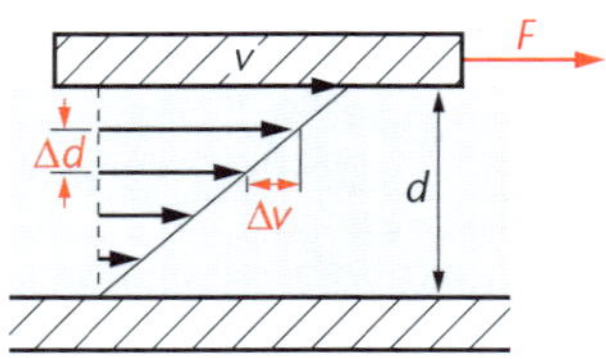

(M 10.13) $$F_R = \eta A \frac{\Delta v}{\Delta d}$$

v/d bzw. $\Delta v/\Delta d$ wird als **Geschwindigkeitsgefälle** bezeichnet. Ist dieses nicht konstant, so tritt an seine Stelle $\mathrm{d}v/\mathrm{d}d$ (**Geschwindigkeitsgradient**):

(M 10.14) $$F_R = \eta A \frac{dv}{dd}$$

	F	η	A	v	d
SI	N	$\frac{\text{N}\cdot\text{s}}{\text{m}^2} = \text{Pa}\cdot\text{s}$	m^2	$\frac{\text{m}}{\text{s}}$	m

Beachte:

- Die dynamische Viskosität η nimmt bei Flüssigkeiten mit steigender Temperatur sehr stark ab: $\eta \approx A\,\mathrm{e}^{b/T}$, worin A und b empirische Konstanten sind.
- Die dynamische Viskosität η nimmt bei Gasen mit steigender Temperatur zu!

Ferner werden die Begriffe **Fluidität** und **kinematische Viskosität** verwendet.

Unter der *Fluidität* versteht man den Kehrwert der dynamischen Viskosität:

$$\text{Fluidität } \varphi = \frac{1}{\text{dynamische Viskosität } \eta}.$$

SI-Einheit der Fluidität: $[\varphi] = \frac{\text{m}^2}{\text{N}\cdot\text{s}} = \frac{1}{\text{Pa}\cdot\text{s}}$.

Als *kinematische Viskosität* bezeichnet man den Quotienten aus der dynamischen Viskosität des Mediums und seiner Dichte:

$$\text{Kinematische Viskosität } \nu = \frac{\text{dynamische Viskosität } \eta}{\text{Dichte } \varrho}.$$

SI-Einheit der kinematischen Viskosität: $[\nu] = \frac{\text{m}^2}{\text{s}}$.

Ungesetzliche Einheiten: Stokes (St) und
Zentistokes (cSt).

Umrechnung:

1 Stokes (St) $= 10^{-4}\,\frac{\text{m}^2}{\text{s}} = 1\,\frac{\text{cm}^2}{\text{s}}$	1 cSt $= 10^{-6}\,\frac{\text{m}^2}{\text{s}} = 1\,\frac{\text{mm}^2}{\text{s}}$

10.2.2 Laminare Strömung durch ein Rohr

In laminaren Strömungen haben die einzelnen Flüssigkeitsschichten unterschiedliche Geschwindigkeit. Unmittelbar an den Wandungen ist sie null, in der Rohrachse am größten. Um die Geschwindigkeit im Abstand r von der Rohrachse zu bestimmen, betrachtet man einen Flüssigkeitszylinder, der sich mit konstanter Geschwindigkeit durch die Flüssigkeit bewegt.

Wenn

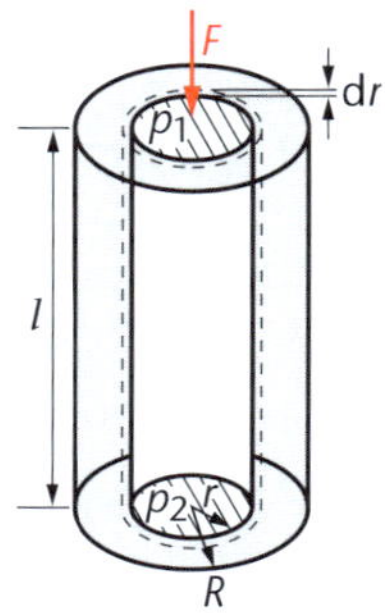

v Geschwindigkeit im Abstand r von der Rohrachse,
r Radius des bewegten Zylinders,
l Länge des Zylinders,
R Innenradius des Rohres,
Δp Druckdifferenz zwischen beiden Zylinderenden,
η dynamische Viskosität der Flüssigkeit (→ Tabelle 6),

dann gilt, weil die Beträge der Reibungskraft und der auf den Zylinder wirkenden Kraft gleich sein müssen,

$$\eta A \frac{\mathrm{d}v}{\mathrm{d}r} = -r^2 \pi \, \Delta p$$

$$\eta \cdot 2\pi r l \frac{\mathrm{d}v}{\mathrm{d}r} = -r^2 \pi \, \Delta p \quad \text{und daraus}$$

$$\eta \cdot 2l \frac{\mathrm{d}v}{\mathrm{d}r} = -r \, \Delta p. \quad \text{Für } \mathrm{d}v \text{ folgt daraus}$$

$$\mathrm{d}v = -\frac{\Delta p \, r}{2 l \eta} \, \mathrm{d}r \quad \text{und für } v \text{ nach Integration}$$

$$v = \int_v^0 \mathrm{d}v = \int_r^R \frac{\Delta p \, r}{2 l \eta} \, \mathrm{d}r \quad (\text{für } r = R \text{ muss } v = 0 \text{ werden})$$

(M 10.15) $$v = \frac{\Delta p}{4 l \eta}(R^2 - r^2)$$ Einheiten → (M 10.16)

Beachte:

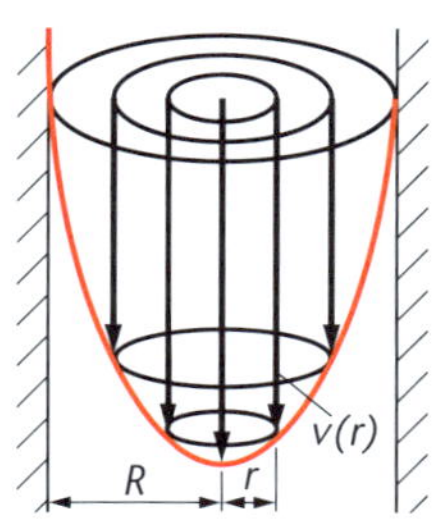

- Die Spitzen der Geschwindigkeitsvektoren liegen auf einem Paraboloid, die Geschwindigkeitsverteilung ist parabolisch.

■ Für die Berechnung des in der Zeit t durch das Rohr strömenden Flüssigkeitsvolumens kann (M 10.3) nicht verwendet werden, weil dort *reibungsfreie* Strömung vorausgesetzt wurde.

Wenn

V Volumen der Flüssigkeit, das in der Zeit t das Rohr durchströmt,
R Radius des Rohres (mit glatter Wandung),
Δp Druckdifferenz zwischen den beiden Rohrenden,
t Dauer des Flusses,
l Länge des Rohres,
η dynamische Viskosität (→ Tabelle 6),

dann gilt, weil durch einen Hohlzylinder mit den Radien r und $r + \mathrm{d}r$ in der Zeit t das Volumen $\mathrm{d}V$ strömt:

$\mathrm{d}V = 2\pi r\,\mathrm{d}r\,t v$ und mit (M 10.15)

$\mathrm{d}V = 2\pi r\,\mathrm{d}r\,t \dfrac{\Delta p(R^2 - r^2)}{4\eta l}$ und durch das ganze Rohr

$V = \displaystyle\int_{r=0}^{R} \mathrm{d}V = \int_{r=0}^{R} 2\pi t \frac{\Delta p(R^2 - r^2)}{4\eta l} r\,\mathrm{d}r.$ Dies ergibt das

Gesetz von Hagen-Poiseuille

(M 10.16) $$V = \frac{\pi \Delta p\, t R^4}{8\eta l}$$

	V	p	t	R	l	η	v
SI	$\mathrm{m^3}$	Pa	s	m	m	Pa · s	$\frac{\mathrm{m}}{\mathrm{s}}$

Beachte:

- Da das Durchflussvolumen $V \sim \Delta p R^4$ ist, kann es in erster Linie durch Vergrößerung des Radius und nicht der Druckdifferenz gesteigert werden.

Aus (M 10.16) folgt für ein Rohr mit konstantem Querschnitt $\Delta p \sim l$.

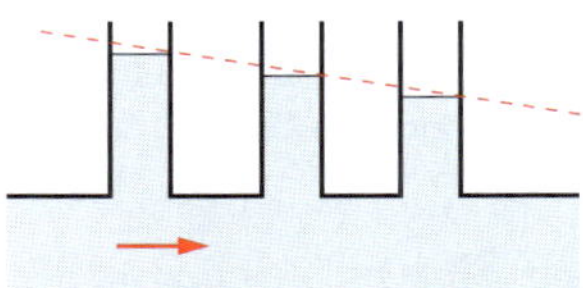

Der Druckabfall in einem Rohr mit konstantem Querschnitt ist proportional der Länge.

■ Aus (M 10.16) lässt sich die vom strömenden Medium auf die Rohrwand ausgeübte Reibungskraft bestimmen, wenn man die wegen der Druckdifferenz zwischen beiden Rohrenden auf die Flüssigkeit wirkende Kraft gleichsetzt dem Betrag der Reibungskraft. Durch Umstellen von (M 10.16) ergibt sich

$$F_R = F = R^2 \pi \Delta p = \frac{8\eta l V}{R^2 t}.$$

Führt man mit $\overline{v} = V/(\pi R^2 t)$ die mittlere Geschwindigkeit ein, so erhält man

(M 10.17) $$F_R = 8\pi \eta l \overline{v}$$

	F	η	l	v
SI	N	$\text{Pa} \cdot \text{s} = \frac{\text{N} \cdot \text{s}}{\text{m}^2}$	m	$\frac{\text{m}}{\text{s}}$

10.2.3 Laminare Strömung um eine Kugel

Bewegt sich eine Kugel durch eine Flüssigkeit, so ist eine Reibungskraft zu überwinden.

Wenn
F_R zu überwindende Reibungskraft,
v Geschwindigkeit der Kugel relativ zur Flüssigkeit,
r Radius der Kugel,
η dynamische Viskosität,

dann gilt unter der Voraussetzung, dass die Reynolds'sche Zahl → [10.3.3] $Re < 1$, das

Stokes'sche Gesetz

(M 10.18) $$F_R = 6\pi \eta r v$$

	F	η	r	v
SI	N	$\text{Pa} \cdot \text{s} = \frac{\text{N} \cdot \text{s}}{\text{m}^2}$	m	$\frac{\text{m}}{\text{s}}$

■ Viskositätsbestimmungen mit dem **Höppler-Viskosimeter** beruhen auf dem Stokes'schen Gesetz. Durch ein mit der zu messenden Flüssigkeit gefülltes Rohr bestimmten konstanten Querschnitts lässt man eine Kugel sinken und bestimmt aus Sinkweg und -zeit die Sinkgeschwindigkeit als Maß der Viskosität.

Wenn
v Sinkgeschwindigkeit der Kugel,
r Radius der Kugel,
ϱ_K Dichte der Kugel,
ϱ_M Dichte des Mediums,
g Fallbeschleunigung,
η dynamische Viskosität (→ Tabelle 6),

dann ergibt sich aus dem Ansatz

Reibungskraft F_R = Gewichtskraft F_G − Auftriebskraft F_A

mit (M 10.18) nach Umstellung

(M 10.19) $$\eta = \frac{2(\varrho_K - \varrho_M)gr^2}{9v}$$

	v	ϱ	g	r	η
SI	$\frac{m}{s}$	$\frac{kg}{m^3}$	$\frac{m}{s^2}$	m	$Pa \cdot s = \frac{kg}{m \cdot s}$

10.3 Turbulente Strömung

Oberhalb der so genannten *kritischen Geschwindigkeit* geht eine laminare in eine turbulente Strömung über. Es entstehen Wirbel und damit Kräfte, die entgegen der Bewegungsrichtung wirken. Der Strömungswiderstand, also die Kraft auf einen umströmten Körper, ergibt sich u. a. aus der Differenz der Drücke vor und hinter dem Körper und der Reibungskraft an der Körperoberfläche.

10.3.1 Strömungswiderstand

Wenn
- F_W Strömungswiderstand,
- c_W Widerstandsbeiwert, abhängig von der Form des umströmten Körpers (→ Tabelle 7),
- A größter der Strömung entgegenstehender Körperquerschnitt,
- ϱ Dichte des strömenden Mediums,
- v Relativgeschwindigkeit zwischen Körper und Medium,

dann gilt mit Kraft = Druck × Fläche ($F = pA$)

(M 10.20) $$F_W = c_W A \frac{\varrho}{2} v^2$$

	F	A	ϱ	v
SI	$N = \frac{kg \cdot m}{s^2}$	m^2	$\frac{kg}{m^3}$	$\frac{m}{s}$

Beachte:

- Der Widerstandsbeiwert c_W ist eine Zahl und besitzt somit keine Einheit.
- Der Widerstandsbeiwert wird experimentell bestimmt und ist geschwindigkeitsabhängig.
- Der Strömungswiderstand nimmt mit dem Quadrat der Geschwindigkeit zu: $\boldsymbol{F_W \sim v^2}$!

10.3.2 Strömungsleistung

Für die bei der Bewegung eines Körpers gegen eine Strömung erforderliche Leistung ergibt sich nach (M 7.30) $P = Fv$

(M 10.21) $$P = c_W A \frac{\varrho}{2} v^3$$

	P	A	ϱ	v
SI	$\mathrm{W} = \frac{\mathrm{kg \cdot m^2}}{\mathrm{s^3}}$	$\mathrm{m^2}$	$\frac{\mathrm{kg}}{\mathrm{m^3}}$	$\frac{\mathrm{m}}{\mathrm{s}}$

Beachte:

- Die Strömungsleistung wächst mit der 3. Potenz der Geschwindigkeit: $\boldsymbol{P \sim v^3}$!

10.3.3 Reynolds'sches Ähnlichkeitsgesetz

Der für die Berechnung des Strömungswiderstandes bzw. der Strömungsleistung erforderliche Widerstandsbeiwert hängt nicht nur von der Form des umströmten Körpers, sondern auch vom Medium ab. Es zeigt sich, dass der Widerstandsbeiwert c_W nur eine Funktion der **REYNOLDS'schen Zahl** Re ist.

Wenn

Re REYNOLDS'sche Zahl,
l eine für den jeweiligen Körper charakteristische Länge (Kugelradius, Rohrradius usw.)
ϱ Dichte des strömenden Mediums,
v Relativgeschwindigkeit zwischen Medium und Körper,
η dynamische Viskosität,
ν kinematische Viskosität (→ Tabelle 6),

dann gilt

(M 10.22) $$Re = \frac{l \varrho v}{\eta} = \frac{l v}{\nu}$$

	Re	l	ϱ	v	η	ν
SI	–	m	$\frac{\mathrm{kg}}{\mathrm{m^3}}$	$\frac{\mathrm{m}}{\mathrm{s}}$	$\mathrm{Pa \cdot s} = \frac{\mathrm{kg}}{\mathrm{m \cdot s}}$	$\frac{\mathrm{m^2}}{\mathrm{s}}$

■ Bei kleinen Geschwindigkeiten, also bei kleiner REYNOLDS'scher Zahl, ist jede reale Strömung laminar. Wird die Geschwindigkeit vergrößert, so erreicht man schließlich die kritische Geschwindigkeit v_{krit} und die dazugehörige kritische REYNOLDS'sche Zahl Re_{krit}, bei der die laminare Strömung in eine turbulente umschlägt, wobei sich der Strömungswiderstand wesentlich vergrößert.

Für die Strömung in glatten Röhren beträgt dieser Grenzwert $Re_{\mathrm{krit}} \approx 1\,160$, wenn in (M 10.22) l = Rohr*radius* bzw. ≈ 200, wenn l = Rohr*durchmesser*. Er hängt allerdings in starkem Maße von der Beschaffenheit der Rohrwandung und den Einströmbedingungen ab und kann unter Umständen bis auf 20 000 wachsen.

(M 10.22) zeigt, dass die REYNOLDS'sche Zahl bei einer maßstabsgetreuen Verkleinerung des Körpers erhalten bleibt, wenn dafür die Strömungsgeschwindigkeit entsprechend vergrößert oder die Viskosität verkleinert wird. Es gilt das

Ähnlichkeitsgesetz:
Geometrisch ähnliche Körper besitzen gleiche Widerstandsbeiwerte, wenn sie in der REYNOLDS'schen Zahl übereinstimmen. Dann sind auch die beiden Strömungen einander ähnlich.

Daraus ergibt sich die Möglichkeit, Strömungsversuche mit Modellen auszuführen.

11 Moleküle

11.1 Molekularkräfte

Zwischen den Molekülen (bzw. Atomen und Ionen) wirken Kräfte, deren Größe bestimmend für den Aggregatzustand ist. Bei Festkörpern und Flüssigkeiten bestimmen diese Kräfte das Volumen. Da jede Volumenänderung (Verkleinerung oder Vergrößerung) das Wirken einer äußeren Kraft voraussetzt, müssen die Moleküle ohne Krafteinwirkung einen bestimmten Abstand voneinander haben, bei dem sie im Gleichgewicht sind.

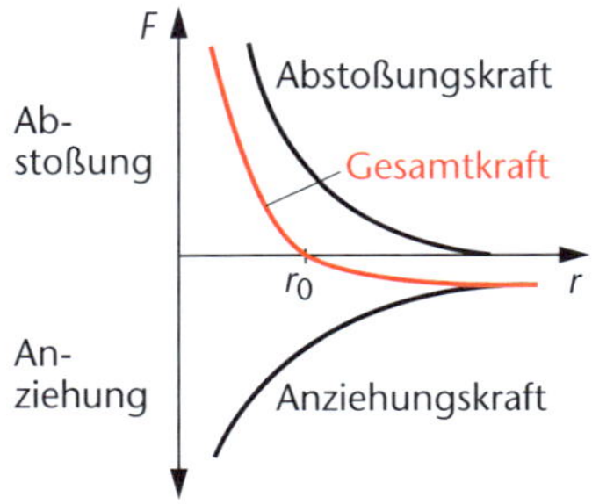

Bei kleinerem als dem Normalabstand wirken die Molekularkräfte abstoßend, bei größerem dagegen anziehend.

Die Molekularkräfte sind jeweils Resultierende einer Abstoßungs- und einer Anziehungskraft, die sich im Normalabstand r_0 vollkommen kompensieren. Die Reichweite dieser Kräfte ist sehr gering, die abstoßende Kraft nimmt mit der Entfernung stärker ab als die anziehende Kraft. Die so genannte **Wirkungssphäre** ist eine Kugel mit dem Radius von der Größenordnung 10 Nanometer (nm).

11.1.1 Kohäsion und Adhäsion

Kräfte zwischen den Molekülen ein und desselben Körpers nennt man **Kohäsionskräfte** (Zusammenhangskräfte); solche zwischen den Molekülen zweier Körper dagegen heißen **Adhäsionskräfte** (Anhangskräfte).

Unter der Kohäsion versteht man den Zusammenhang zwischen den Molekülen eines Körpers, hervorgerufen durch gegenseitige Anziehung.

Kohäsion ist bei festen und flüssigen Körpern zu beobachten. Gase zeigen sie erst bei sehr starker Abkühlung bzw. großem Druck, wenn der Abstand zwischen den Molekülen klein genug ist.

Unter der Adhäsion versteht man den Zusammenhang zwischen den Molekülen zweier Körper, hervorgerufen durch gegenseitige Anziehung.

Adhäsionskräfte wirken zwischen festen, festen und flüssigen sowie festen und gasförmigen Körpern, im letzten Falle als **Adsorption** bezeichnet.

M

11.1.2 Oberflächenspannung

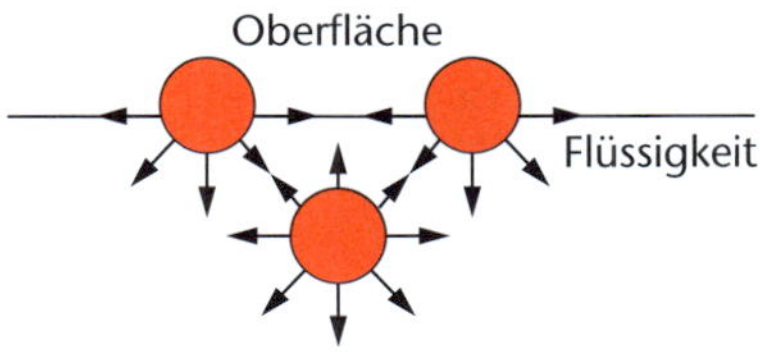

Sie ist eine Folge der Kohäsion. Während sich bei einem Molekül in der Flüssigkeit die nach allen Seiten gleich großen Kohäsionskräfte aufheben, bleibt bei Molekülen in der Nähe der Oberfläche eine nach innen gerichtete Restkraft bestehen. Es muss also Arbeit verrichtet werden, soll ein Molekül gegen diese resultierende Kraft an die Oberfläche gebracht werden. Oberflächenmoleküle besitzen demnach potenzielle Energie, die man **Oberflächenenergie** nennt. Beim Fehlen äußerer Kräfte ist die Oberflächenenergie ein Minimum, ebenso die Oberfläche selbst. Freie Flüssigkeitsoberflächen nehmen Kugelform (Minimalfläche) an.

Unter **Oberflächenenergiedichte (Oberflächenspannung)** versteht man das Verhältnis der zur Vergrößerung der Oberfläche erforderlichen Arbeit zur Oberflächenänderung.

$$\sigma = \frac{\Delta W}{\Delta A}.$$

SI-Einheit der Oberflächenspannung: $[\sigma] = \frac{\mathrm{J}}{\mathrm{m}^2} = \frac{\mathrm{N}}{\mathrm{m}} = \frac{\mathrm{kg}}{\mathrm{s}^2}$.

Ungesetzliche Einheit: Dyn/Zentimeter; 1 dyn/cm = 1 mN/m.

■ Zur Messung der Oberflächenspannung kann man die Bügelmethode anwenden. Mit Hilfe eines Drahtes wird eine Flüssigkeitslamelle gebildet und damit die Oberfläche vergrößert.

Wenn

σ Oberflächenspannung (→ Tabelle 8),

F Kraft, die zur Dehnung der Oberfläche erforderlich ist,

l Länge der Randlinie,

dann gilt mit Arbeit = Kraft × Weg

$\Delta W = F\,\Delta s$

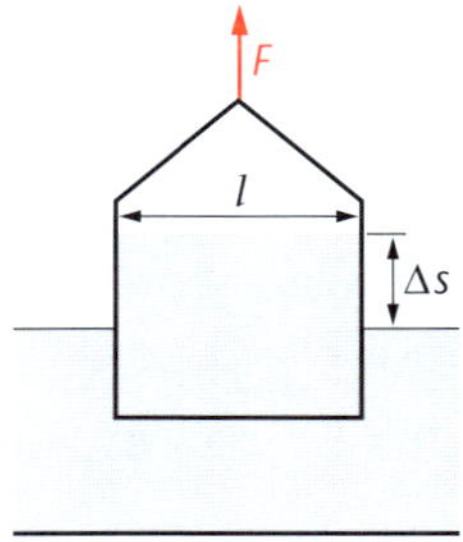

und für die Änderung der beiden Oberflächen an der Vorder- und der Rückseite der Lamelle

$\Delta A = 2\,\Delta s\, l$

und somit für die Oberflächenspannung

$\sigma = \dfrac{F\,\Delta s}{2\,\Delta s\, l}$ oder

(M 11.1) $$\sigma = \frac{F}{2l}$$

	σ	F	l
SI	$\frac{\text{N}}{\text{m}}$	N	m

■ Aus (M 11.1) lässt sich der Druck in einer *Flüssigkeitskugel* bzw. in einer *Gasblase* innerhalb einer Flüssigkeit bestimmen.

Wenn

- p Druck in einer Flüssigkeitskugel oder Gasblase,
- σ Oberflächenspannung der Flüssigkeit (→ Tabelle 8),
- r Radius der Kugel,

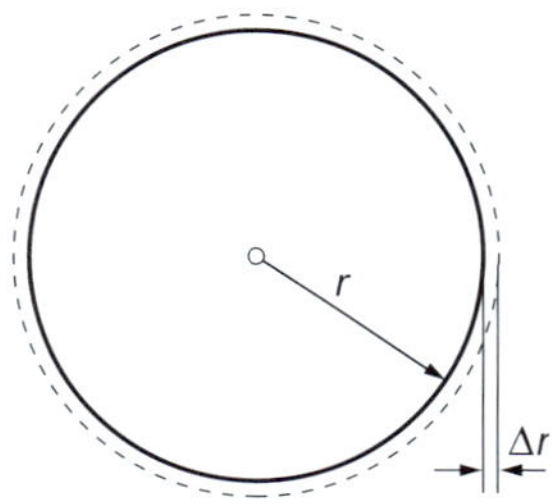

dann gilt, wenn r um Δr und damit A um ΔA vergrößert werden soll, dass die aufzuwendende Arbeit gleich der Vergrößerung der Oberflächenenergie sein muss:

$\Delta W = \sigma\,\Delta A = \sigma[4\pi(r+\Delta r)^2 - 4\pi r^2]$ und wegen $\Delta r^2 \ll 2r\,\Delta r$

$\Delta W = \sigma \cdot 8\pi r\,\Delta r.$ Andererseits ist die aufzuwendende Arbeit

$\Delta W = F\Delta r = p\,\Delta V = pA\,\Delta r = p \cdot 4r^2\pi\,\Delta r,$ nach Gleichsetzen folgt

(M 11.2) $$p = \frac{2\sigma}{r}$$

	p	σ	r
SI	$\text{Pa} = \frac{\text{N}}{\text{m}^2}$	$\frac{\text{N}}{\text{m}}$	m

Beachte:

- Da $p \sim 1/r$, ist der Druck umso größer, je kleiner der Kugelradius!

11.1.3 Kapillarität

Zwischen den Molekülen der Gefäßwand und den Oberflächenmolekülen der Flüssigkeit wirken Adhäsionskräfte. Diese verursachen im Zusammenwirken mit den Kohäsionskräften den **Randwinkel** α zwischen Gefäßwand und Flüssigkeitsoberfläche. Die Resultierende $\vec{F}$ aus Kohäsionskraft $\vec{F}_K$ und Adhäsionskraft $\vec{F}_A$ steht immer senkrecht auf der Oberfläche.

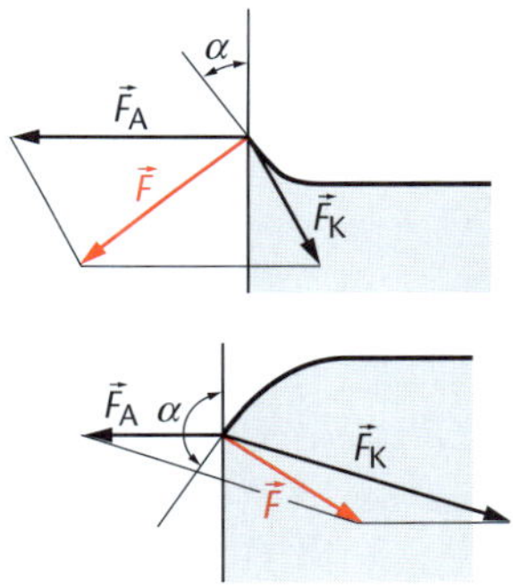

Wenn
- ▶ $\alpha < 90°$: benetzende Flüssigkeit,
- ▶ $\alpha > 90°$: nicht benetzende Flüssigkeit!

■ Besonders wirksam ist diese Erscheinung in engen Röhrchen (Haarröhrchen oder Kapillare).

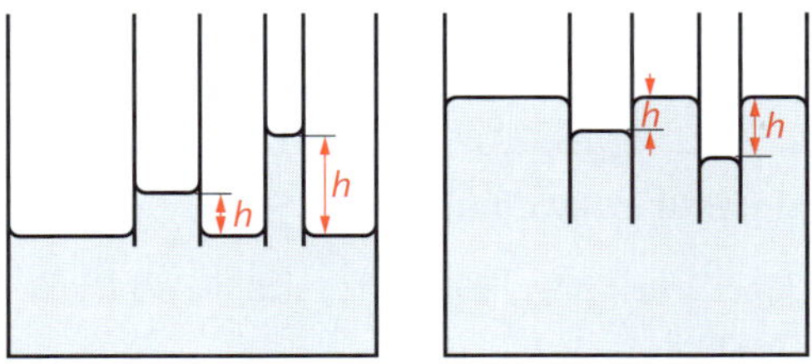

Unter Kapillarität versteht man die Erscheinung, dass in einer engen Röhre (Kapillare) eine Flüssigkeit höher oder tiefer steht, als es nach dem Gesetz von den verbundenen Gefäßen sein dürfte.

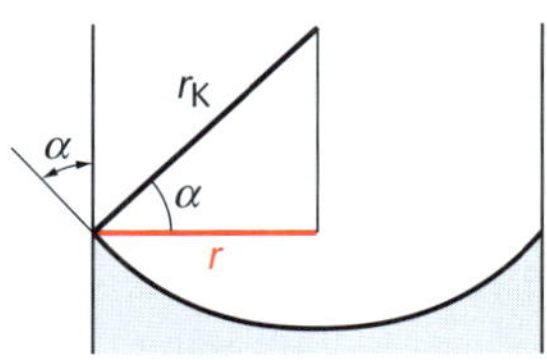

Wenn
- h kapillare Steighöhe (bzw. Sinktiefe),
- σ Oberflächenspannung der Flüssigkeit (→ Tabelle 8),
- g Fallbeschleunigung $= 9{,}807\ \mathrm{m/s^2}$,
- ϱ Dichte der Flüssigkeit (→ Tabelle 1),
- r Radius des Röhrchens,
- r_K Radius der kugelförmigen Flüssigkeitsoberfläche,

dann gilt, weil der Druck in einer Flüssigkeitskugel als Folge der Kohäsionskräfte im Gleichgewicht sein muss mit dem der Steighöhe h entsprechenden Schweredruck,

$$p = \frac{2\sigma}{r_K} = h\varrho g \quad \text{und weil}$$

$$\cos\alpha = \frac{r}{r_K}$$

(M 11.3) $$\boxed{h = \frac{2\sigma\cos\alpha}{\varrho g r}}$$

	h	σ	g	ϱ	r
SI	m	$\frac{\text{N}}{\text{m}} = \frac{\text{kg}}{\text{s}^2}$	$\frac{\text{m}}{\text{s}^2}$	$\frac{\text{kg}}{\text{m}^3}$	m

Beachte:

- Mit (M 11.3) lässt sich aus dem Randwinkel und der leicht messbaren kapillaren Steighöhe die Oberflächenspannung der Flüssigkeit bestimmen.
- Der Randwinkel α beträgt bei Wasser–Glas $\approx 0°$, bei Quecksilber–Glas $\approx 140°$.
- Abgesehen von den Materialkonstanten hängt die kapillare Steighöhe nur vom Radius des Röhrchens ab: $\boldsymbol{h \sim 1/r}$!

11.2 Molekularbewegung

Wegen ihrer kinetischen Energie befinden sich die Moleküle aller Körper ständig in Bewegung.

In *Festkörpern* schwingen sie um einen festen Platz im Gefüge des Kristallgitters.

In *Flüssigkeiten* schwingen sie um eine veränderliche Momentanlage. In *Gasen* bewegen sich die Moleküle wegen des Fehlens der Kohäsion mit relativ großer Geschwindigkeit. Zwischen zwei Zusammenstößen mit anderen Molekülen oder Hindernissen verläuft ihre Bahn geradlinig → [19.5.1] und [19.5.2].

Die Molekularbewegung in Flüssigkeiten und Gasen kann indirekt beobachtet werden. Kleine Teilchen (Rauch, Farbstoffe u. Ä.) beschreiben in dem Medium unter der Wirkung der auftreffenden Moleküle eine im Mikroskop sichtbare regellose Zickzackbewegung (**BROWN'sche Bewegung**).

11.2.1 Diffusion

Eine Folge der Bewegung der Moleküle ist ihr ständiger Ortswechsel, den man als Diffusion bezeichnet. Bei der **Selbst-** oder **Eigendiffusion** vermischen sich Moleküle *gleicher* Art; **Fremddiffusion** ist ein Durchmischen von Molekülen *verschiedener* Stoffe.

Unter *Diffusion* versteht man das selbsttätige Vermischen der Moleküle als Folge ihrer thermischen Bewegung.

M

Diffusion tritt sowohl in Gasen und Flüssigkeiten wie in Festkörpern auf. Wegen der großen Beweglichkeit der Gasmoleküle verläuft sie jedoch bei Gasen am schnellsten. In allen Aggregatzuständen ist sie stark temperaturabhängig.

11.2.2 Osmose

Behindert man die Durchmischung von Lösung und Lösungsmittel mit Hilfe einer halbdurchlässigen (semipermeablen) Trennwand, so entsteht in dem einen Raum ein Überdruck (osmotischer Druck), weil die Wand nur für die Moleküle des Lösungsmittels durchlässig ist. Die Tendenz des Konzentrationsausgleichs bewirkt eine einseitige Diffusion der Moleküle des Lösungsmittels.

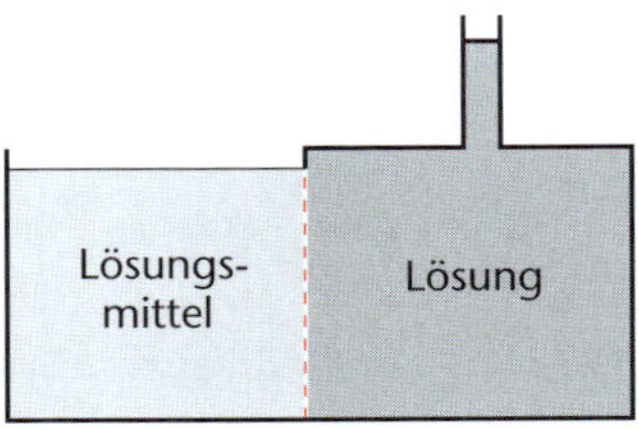

11.3 Lösungen

Wenn kleine Partikeln eines Stoffes in einem anderen gleichmäßig verteilt sind, spricht man von einem **dispersen System**. Je nach Partikelgröße haben sie verschiedene Bezeichnungen und Eigenschaften.

11.3.1 Molekulardisperse Systeme (echte Lösungen)

Hierin besitzen die Partikeln des gelösten Stoffes Molekülgröße. Sie vermischen sich mit den Molekülen des Lösungsmittels in einem Diffusionsvorgang.

Unter einer echten Lösung versteht man die vollständige Vermischung der Moleküle zweier verschiedener Stoffe. Sie ist immer klar und durchsichtig.

Feste Stoffe lassen sich in Flüssigkeiten nur bis zur temperaturabhängigen Sättigungsmenge lösen.

Auch die Moleküle zweier *Flüssigkeiten* lassen sich so vermischen. Aber nicht alle Flüssigkeiten sind ineinander löslich, also dauernd und unbegrenzt mischbar.

Die Lösung von *Gasen* in Flüssigkeiten bezeichnet man als **Absorption**.

Ein Maß für die Menge des gelösten Stoffes ist die **Konzentration**.

- Massenkonzentration $= \dfrac{\text{Masse des gelösten Stoffes}}{\text{Volumen der Lösung}}$
- Massenanteil (in %) $= \dfrac{\text{Masse des gelösten Stoffes}}{\text{Masse der Lösung}} \cdot 100\,\%$
- Stoffmengenkonzentration $= \dfrac{\text{Stoffmenge des gelösten Stoffes}}{\text{Volumen der Lösung}}$ (in mol/l)

11.3.2 Kolloiddisperse Systeme (kolloide Lösungen)

Unter Kolloiden versteht man kleinste Stoffpartikelchen mit einem Durchmesser von etwa 10^{-6} bis 10^{-4} mm.

Bei einer kolloiden Lösung sind also nicht die Moleküle, sondern kleinste Partikeln (10^3 bis 10^9 Atome) des gelösten Stoffes mit den Molekülen des Lösungsmittels vermischt.

11.3.3 Korpuskulardisperse Systeme

Bei einer weiteren Vergrößerung der Partikeln (sie sind dann bereits im Mikroskop erkennbar) ist die Lösung nicht mehr beständig, es tritt (meist als Folge der Schwerkraft) eine Entmischung ein.

Je nach Aggregatzustand des gelösten Stoffes und des Lösungsmittels werden bestimmte Bezeichnungen verwendet, wobei die Grenze zwischen korpuskular- und kolloiddispersen System häufig verwischt ist.

Übersicht:

Verteilter Stoff	Verteilungsmittel	Bezeichnungen
fest	fest	festes Sol; z. B. Glas
fest	flüssig	Suspension, Sol
fest	gasförmig	Rauch, Aerosol
flüssig	fest	feste Emulsion (Paste), Gel
flüssig	flüssig	Emulsion
flüssig	gasförmig	Nebel, Aerosol
gasförmig	fest	poröser Körper; z. B. Bimsstein
gasförmig	flüssig	Schaum

12 Elastizität fester Körper

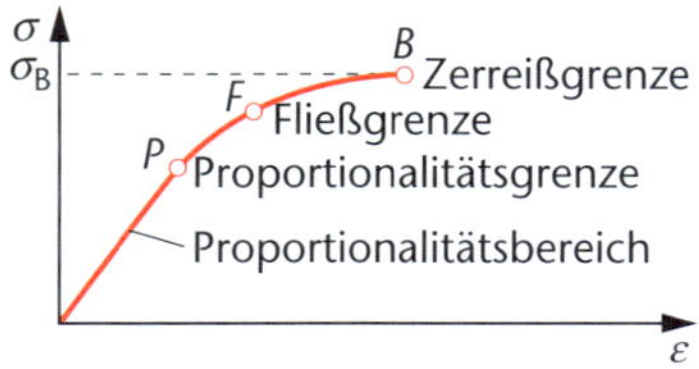

In den Gebieten Statik, Kinematik und Dynamik werden die Körper als Abstraktionen „Massenpunkt" und „starrer Körper" betrachtet. Tatsächlich treten aber unter dem Einfluss äußerer Kräfte Form- und Volumenänderungen (**Deformationen**) auf, die eine Relativbewegung zwischen den Körperelementen (Molekülen) voraussetzen.

Verschwinden mit der äußeren Kraft die Deformationen, so spricht man von **Elastizität**. Bei Überschreiten der Elastizitätsgrenze treten jedoch Gefügeänderungen ein, der Körper wird **plastisch**, er bleibt auch ohne äußere Kraft deformiert. Hinsichtlich der Auswirkung äußerer Kräfte können folgende Möglichkeiten unterschieden werden.

Übersicht:

Vorgang	Formänderung	Volumenänderung	→ Abschnitt
Dehnung	ja	ja	[12.1]
Kompressibilität	nein	ja	[12.2]
Scherung	ja	nein	[12.3]
Drillung, Torsion	ja	nein	[12.4]

12.1 Dehnung

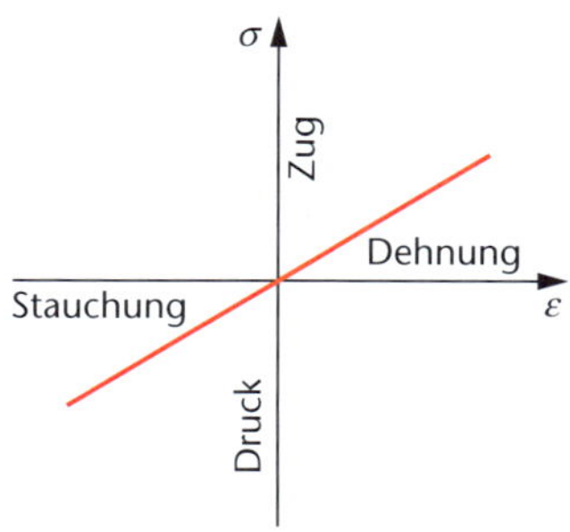

Bei einem stabförmigen Körper verursacht eine Zug- oder Druckkraft eine Längenänderung Δl. Ihre Größe hängt außer von den Abmessungen des Stabes vom Material und der Kraft ab.

Wenn

- l Stablänge ohne Kraftwirkung,
- Δl Längenänderung unter Kraftwirkung,
- ε Dehnung $= \Delta l / l$, relative Längenänderung,

A Querschnittsfläche,
F Kraft,
σ Spannung $= F/A$,
E Elastizitätsmodul (→ Tabelle 9),

dann gilt das

Hooke'sche Gesetz

(M 12.1)

$$\frac{F}{A} = E\frac{\Delta l}{l}$$
$$\sigma = E\varepsilon$$

	F	A	E	σ
SI	N	m^2	$\frac{N}{m^2}$	$\frac{N}{m^2}$
VT	N	mm^2	$\frac{N}{mm^2}$	$\frac{N}{mm^2}$

M

Spannung und Dehnung sind einander proportional.

Der Elastizitätsmodul ist das Verhältnis der erforderlichen Spannung zur erzielten relativen Längenänderung (Dehnung):

$$E = \frac{\sigma}{\varepsilon}.$$

Beachte:

- Das Hooke'sche Gesetz gilt nur innerhalb des Proportionalitätsbereiches (Elastizitätsbereich).
- Aus (M 12.1) folgt auch: Kraft und Längenänderung sind proportional; $\boldsymbol{F} \sim \boldsymbol{l}$.
- Den Kehrwert des Elastizitätsmoduls bezeichnet man auch als Dehnungsgröße α (manchmal Dehnungszahl, obwohl keine Zahl!): $1/E = \alpha$; $[\alpha] = m^2/N$.

Für die Längenänderung Δl ergibt sich aus (M 12.1)

(M 12.2)

$$\Delta l = \frac{\sigma l}{E}$$

	l	σ	E
SI	m	$\frac{N}{m^2}$	$\frac{N}{m^2}$

Beachte:

- Bei Druckkräften ergibt sich eine Verkürzung; Spannung σ und Längenänderung Δl sind negativ!

Eine mechanische Spannung in Längsrichtung verursacht außer der Verlängerung eine Querkontraktion. Mit der Länge ändert sich also auch die Abmessung des Körpers quer zur Kraft.

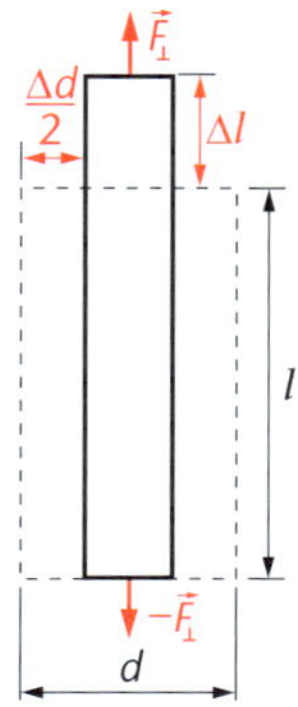

Wenn

- d Querabmessung (Durchmesser, Breite o. Ä.),
- Δd Änderung der Querabmessung,
- l Länge,
- Δl Längenänderung,
- μ POISSON-Zahl (→ Tabelle 9),

dann gilt

(M 12.3)
$$\frac{\Delta d}{d} = -\mu \frac{\Delta l}{l}$$
$$\varepsilon_q = -\mu\,\varepsilon$$

Die POISSON-Zahl μ gibt das Verhältnis von relativer Änderung der Querabmessung zu relativer Längenänderung an, also Querdehnung/Längsdehnung.

Beachte:

- Zahlenwerte für die POISSON-Zahl (→ Tabelle 9) liegen *etwa* zwischen 0,2 und 0,5.

■ Die Änderungen von Länge und Querabmessung ergeben zusammen eine Volumenänderung, die sich als Differenz

ΔV = neues Volumen − altes Volumen ausdrücken lässt:

$$\Delta V = (l + \Delta l)(d + \Delta d)^2 - d^2 l,$$

wenn es sich um einen Stab mit quadratischem Querschnitt d^2 handelt. Daraus

$$\Delta V = (l + \Delta l)(d^2 + 2d\,\Delta d + \Delta d^2) - d^2 l$$
$$\Delta V = d^2 l + 2dl\,\Delta d + l\,\Delta d^2 + d^2 \Delta l + 2d\,\Delta d\,\Delta l + \Delta l\,\Delta d^2 - d^2 l$$

Nach Vereinfachung und Vernachlässigung kleiner Größen höherer Ordnung ergibt sich

$$\Delta V = d^2\,\Delta l + 2dl\,\Delta d$$

und für die relative Volumenänderung

$$\frac{\Delta V}{V} = \frac{\Delta V}{d^2 l} = \frac{d^2\,\Delta l}{d^2 l} + \frac{2dl\,\Delta d}{d^2 l} = \frac{\Delta l}{l} + 2\frac{\Delta d}{d}$$
$$\frac{\Delta V}{V} = \frac{\Delta l}{l}\left(1 + 2\frac{\Delta d}{d} \Big/ \frac{\Delta l}{l}\right) \quad \text{und daraus}$$

(M 12.4) $$\frac{\Delta V}{V} = \varepsilon(1 - 2\mu)$$

Beachte:

- Da eine Zugkraft (positive mechanische Spannung σ) keine Volumenverkleinerung bewirken kann, folgt mit $\Delta V > 0$ für die Poisson-Zahl $0 < \mu < 0{,}5$.

M

12.2 Kompression

Wird auf einen Körper allseitig ein Druck $p = -\sigma$ ausgeübt, so ist die relative Volumenänderung dreimal so groß, wie sie sich aus (M 12.4) ergibt:

$$\frac{\Delta V}{V} = 3\varepsilon(1 - 2\mu).$$

Mit dem Hooke'schen Gesetz (M 12.1) $\varepsilon = \sigma/E$ ergibt sich dann

$$\frac{\Delta V}{V} = 3\frac{\sigma}{E}(1 - 2\mu) = -3\frac{\Delta p}{E}(1 - 2\mu) \quad \text{und daraus}$$

$$-\frac{\Delta p\, V}{\Delta V} = -\frac{E}{3(1 - 2\mu)}.$$

Den linken Ausdruck definiert man analog zum Elastizitätsmodul als **Kompressionsmodul**.

> Der *Kompressionsmodul* K ist das Verhältnis der erforderlichen Druckänderung Δp zur erzielten relativen Volumenänderung $\Delta V/V$:
>
> $$K = -\frac{\Delta p V}{\Delta V}.$$

Wenn

ΔV Volumenabnahme bei Drucksteigerung bzw. umgekehrt,
V Volumen des Körpers,
Δp Druckänderung,
K Kompressionsmodul des Materials (→ Tabelle 9),

dann gilt

(M 12.5) $$\Delta V = -\frac{1}{K} V\, \Delta p$$

	K, p
SI	$\frac{\text{N}}{\text{m}^2}$
VT	$\frac{\text{N}}{\text{mm}^2}$

bzw. in differenzieller Schreibweise

(M 12.6) $$\mathrm{d}V = -\frac{1}{K} V \,\mathrm{d}p$$

Beachte:

- Der Kehrwert des Kompressionsmoduls $1/K$ ist identisch mit der Kompressibilität $\varkappa \rightarrow$ [8.2], die vorwiegend bei Flüssigkeiten verwendet wird.

■ Der Kompressionsmodul K lässt sich aus den anderen Elastizitätskonstanten berechnen.

Wenn
K Kompressionsmodul,
E Elastizitätsmodul,
μ Poisson-Zahl,

dann gilt

(M 12.7) $$K = \frac{E}{3(1 - 2\mu)}$$

12.3 Scherung

Ist die Kraftwirkung parallel zu zwei gegenüberliegenden Flächen des Körpers, so werden beide Flächen gegeneinander verschoben.

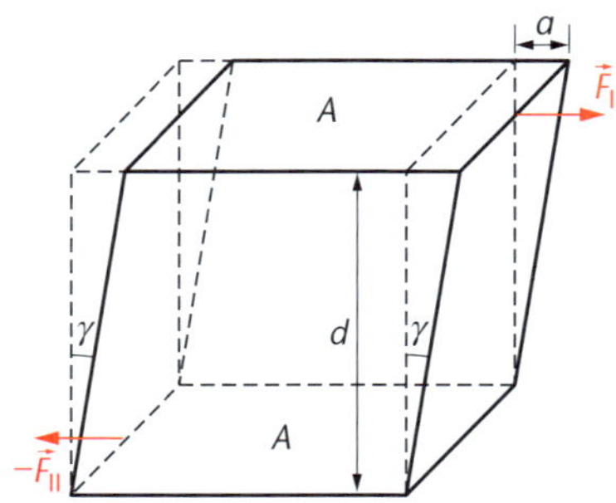

Die Schubspannung erzeugt eine Schiebung.

Wenn
F Kraft, parallel zu A,
A Fläche,
τ Schubspannung,
γ Schiebung, Scherung, Schubwinkel $\approx \tan\gamma = a/d$,
G Schub- oder Gleitmodul, Torsionsmodul (→ Tabelle 9),

dann gilt entsprechend dem HOOKE'schen Gesetz (M 12.1)

(M 12.8)
$$\frac{F}{A} = G\frac{a}{d}$$
$$\tau = G\gamma$$

	τ, G	γ	F	a, d	A
SI	$\frac{\mathrm{N}}{\mathrm{m}^2}$	rad = 1	N	m	m^2
VT	$\frac{\mathrm{N}}{\mathrm{mm}^2}$	rad = 1	N	mm	mm^2

Schubspannung und Schiebung (Scherung) sind einander proportional.
Der Schubmodul ist das Verhältnis der erforderlichen Schubspannung zur erzielten Schiebung: $G = \tau/\gamma$.

M

Beachte:

- Den Kehrwert des Schubmoduls bezeichnet man als Schubkoeffizienten β (manchmal auch Schubzahl, obwohl keine Zahl!): $1/G = \beta$; $[\beta] = \mathrm{m}^2/\mathrm{N}$.

■ Der Schubmodul G lässt sich aus den anderen Elastizitätskonstanten bestimmen.

Wenn
G Schubmodul (→ Tabelle 9),
E Elastizitätsmodul (→ Tabelle 9),
μ POISSON-Zahl (→ Tabelle 9),

dann gilt

(M 12.9)
$$G = \frac{E}{2(1+\mu)}$$

Beachte:

- Aus den Grenzen für μ ($0 < \mu < 0{,}5$) ergeben sich mit (M 12.9) auch Grenzen für G: $\frac{E}{2} > G > \frac{E}{3}$.

12.4 Torsion (Drillung)

Im Gegensatz zur Scherung, bei der die einzelnen Schichten eines Körpers parallel verschoben werden, tritt bei der Torsion eine Verdrehung der Schichten gegeneinander ein. Als Wirkung eines Drehmoments wird ein Ende eines zylindrischen Stabes gegen das andere Ende verdrillt.

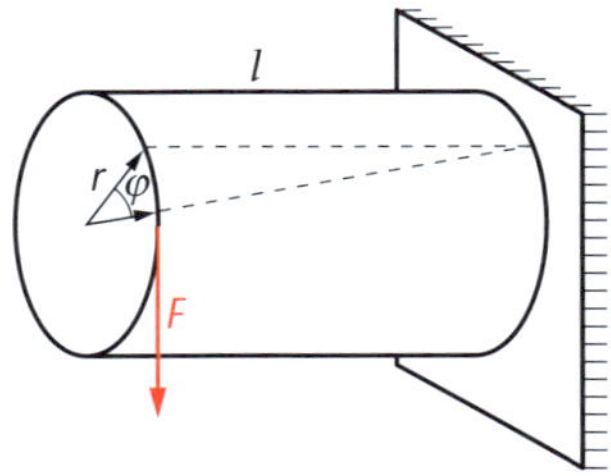

Wenn

φ Drillwinkel,

G Torsionsmodul = Schubmodul (→ Tabelle 9),

l Länge des Zylinders,

r Radius der Zylinderquerschnittsfläche,

M Drehmoment,

dann gilt

(M 12.10) $$\varphi = \frac{2l}{\pi G r^4} M$$

	φ	G	D	l, r	M
SI	rad = 1	$\frac{\mathrm{N}}{\mathrm{m}^2}$	$\frac{\mathrm{N} \cdot \mathrm{m}}{\mathrm{rad}}$	m	N · m

Drehmoment und Drillwinkel sind einander proportional.

Nach (M 13.12) ist der Proportionalitätsfaktor das Richtmoment (Winkelrichtgröße) D, also $M = D\varphi$ und damit

(M 12.11) $$D = \frac{\pi G r^4}{2l}$$

Einheiten → (M 12.10)

12.5 Härte

Darunter versteht man die Größe des Widerstandes, den ein fester Körper (besonders seine Oberfläche) dem Eindringen eines anderen Körpers entgegensetzt. Stoff 1 ist härter als Stoff 2, wenn Stoff 1 den Stoff 2 leichter ritzt als umgekehrt (Ritzhärte). Man bedient sich der empirisch aufgestellten **Härteskala nach Mohs**, in der 10 Stoffe (Mineralien) die einzelnen Härtegrade verkörpern.

Übersicht:

Härteskala nach Mohs

Härtegrad	Mineral	Härtegrad	Mineral
1	Talk	6	Feldspat
2	Gips	7	Quarz
3	Kalkspat	8	Topas
4	Flussspat	9	Korund
5	Apatit	10	Diamant

Da beim Ritzen auch Material abgetragen wird, handelt es sich hierbei um keine physikalische Messmethode.

■ Bei physikalischen Härtebestimmungen wird ein definierter Probekörper mit bestimmter Kraft stoßfrei einige Zeit lang gegen die Oberfläche des zu prüfenden Materials gedrückt.

Das **Brinell-Verfahren** (HB) verwendet eine gehärtete Stahlkugel. Der Härtewert HB ist dann der Quotient aus der Prüfkraft F und der Oberfläche A des entstandenen Eindrucks (Kugelkalotte). Die Prüfbedingungen (Kugeldurchmesser, Kraft und Dauer) sind anzugeben.

Beim **Vickers-Verfahren** (HV) drückt eine Diamantpyramide (mit quadratischer Grundfläche) gegen die Oberfläche. Auch hier ergibt der Quotient Kraft/Fläche den Härtewert HV. Die Prüfbedingungen (Kraft und Dauer) sind anzugeben. In guter Näherung entsprechen sich Brinell- und Vickers-Härtewerte.

Nach dem **Rockwell-Verfahren** (HR) ergibt sich der Härtewert direkt aus der Eindringtiefe eines Probekörpers (Stahlkugel [HRB] oder Diamantkegel [HRC]). Mit einer Vorkraft von 98 N wird zunächst ein sicherer Oberflächenkontakt erzeugt, und dann wird der Probekörper mit einer mindestens viermal so großen Kraft eingedrückt.

M

13 Mechanische harmonische Schwingungen

Schwingungen sind Vorgänge, bei denen sich eine physikalische Größe in Abhängigkeit von der Zeit periodisch ändert. Damit verbunden ist immer ein periodischer Wechsel zwischen zwei Energieformen. Bei mechanischen Schwingungen sind dies potenzielle und kinetische Energie.

Die einfachste und gleichzeitig bedeutendste Schwingungsform ist die **harmonische Schwingung**. Bei ihr erfolgt die zeitliche Änderung der charakteristischen physikalischen Größe im Sinne einer **Sinusfunktion**. Sämtliche anderen Schwingungsarten (z. B. Kippschwingung) sind **anharmonisch**.

Jede mechanische Schwingung ist eine ungleichmäßig beschleunigte Bewegung. Weg, Geschwindigkeit und Beschleunigung sind Funktionen der Zeit. Wegen der Periodizität jeder Schwingung wiederholt sich der Bewegungsablauf nach einer als Schwingungsdauer (Periodendauer) bezeichneten Zeit T.

Eine mechanische Schwingung entsteht, wenn einem Schwinger (schwingungsfähiges System, z. B. Pendel) Energie zugeführt wird (z. B. in Form eines Impulses). Es sind zu unterscheiden:

- **Ungedämpfte Schwingung** mit konstanter Amplitude $\hat{y}$. Hier wird vorausgesetzt, dass die zugeführte Energie dem schwingenden System erhalten bleibt. Dies ist auch bei kleinen Energieverlusten und kurzer Beobachtungszeit nur angenähert der Fall. Zur Erzeugung einer wirklich ungedämpften Schwingung muss der Energieverlust durch regelmäßige Energiezufuhr ausgeglichen werden.
- **Gedämpfte Schwingung** mit gesetzmäßig abnehmender Amplitude $\hat{y}$. Ohne Energiezufuhr ist jede Schwingung mehr oder weniger stark gedämpft.

■ Die wichtigsten **Kenngrößen** einer Schwingung sind:

• Elongation (Auslenkung)	$y = y(t)$	momentaner Abstand von der Ruhelage,
• Amplitude	$\hat{y}, y_m$	Maximalwert der Elongation, Schwingungsweite,
• Schwingungsdauer (Periodendauer)	$T = 1/f$	Dauer einer vollen Schwingung (Hin- und Hergang),

- Frequenz $f = 1/T$ $\dfrac{\text{Anzahl der Schwingungen}}{\text{Zeit } t}$,
- Kreisfrequenz (Winkelfrequenz) $\omega = 2\pi f = 2\pi/T$ Winkelgeschwindigkeit der Kreisbewegung, deren Projektion die harmonische Schwingung ergibt,
- Phasenwinkel $\varphi = \omega t + \varphi_0$ bestimmt den Schwingungszustand zur Zeit t,
- Nullphasenwinkel (Phasenkonstante) φ_0 Phasenwinkel zur Zeit $t = 0$.

M

Ferner verwendet man den Begriff **Phase**. Sie ist kennzeichnend für den augenblicklichen Zustand der Schwingung und wird durch zwei Schwingungsgrößen (z. B. Elongation und Zeit) bestimmt.

13.1 Ungedämpfte harmonische Schwingung

Eine harmonische Schwingung kann als Projektion der gleichförmigen Kreisbewegung eines Körpers angesehen werden. Stellt man die Elongation als Funktion des Drehwinkels grafisch dar, so ergibt sich eine Sinuskurve.

Deshalb werden harmonische Schwingungen als **Sinusschwingung** bezeichnet.

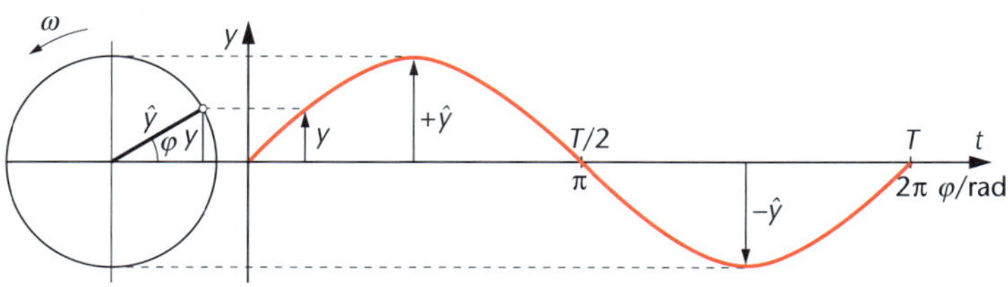

Radius und Drehwinkel der Kreisbewegung entsprechen in der Projektion der Amplitude $\hat{y}$ und dem Phasenwinkel φ der harmonischen Schwingung.

13.1.1 Phasenwinkel

Elongation y, Momentangeschwindigkeit v und Momentanbeschleunigung a einer Schwingung sind Funktionen der Zeit t und wegen $\varphi = \omega t$ (M 6.54) auch Funktionen des Phasenwinkels φ.

Beginn der Zeitmessung ($t = 0$) und Phasenwinkel $\varphi = 0$ fallen jedoch häufig nicht zusammen (z. B. Loslassen eines Pendels im Umkehrpunkt). Bei der Bestimmung des Phasenwinkels muss deshalb der zu Beginn der Zeitmessung ($t = 0$; $\omega t = 0$) bereits vorhandene so genannte Nullphasenwinkel φ_0 (Phasenkonstante) berücksichtigt werden.

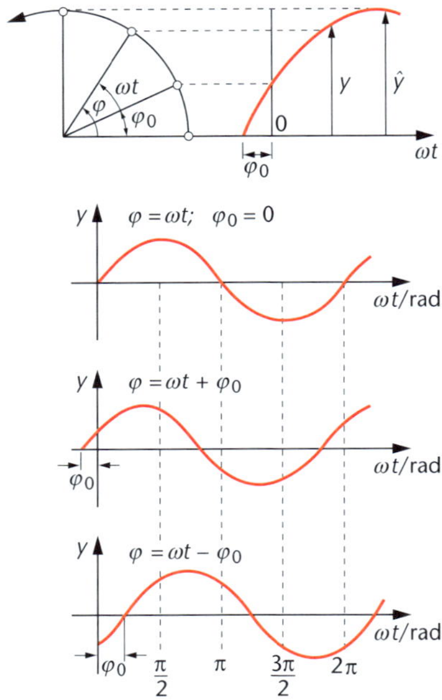

Wenn

φ Phasenwinkel $= \omega t + \varphi_0$,
φ_0 Nullphasenwinkel,
ω Kreisfrequenz $= 2\pi f = 2\pi / T$,
f Frequenz,
t Zeit,
T Schwingungsdauer $= 1/f$,

dann gilt

(M 13.1) $$\boxed{\varphi = \omega t + \varphi_0 = 2\pi f t + \varphi_0}$$

	φ, φ_0	ω	f	t
SI	rad = 1	$\frac{1}{\text{s}}$	Hz = $\frac{1}{\text{s}}$	s

Beachte:

- Der Phasenwinkel ergibt sich in (M 13.1) stets in rad. Umrechnungen Radiant ↔ Grad → [6.3].

13.1.2 Elongation

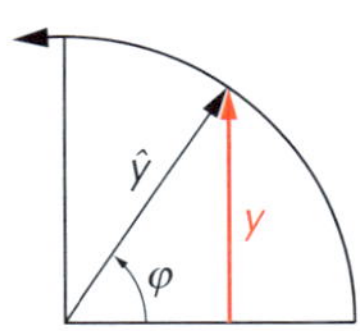

Wenn

y Elongation (Auslenkung) zur Zeit t,
$\hat{y}$ Amplitude (Auslenkungsmaximum),
φ Phasenwinkel $= \omega t + \varphi_0$,
φ_0 Nullphasenwinkel,
ω Kreisfrequenz $= 2\pi f = 2\pi / T$,

dann gilt entsprechend der Definition der harmonischen Schwingung

(M 13.2) $y = \hat{y} \sin \varphi = \hat{y} \sin(\omega t + \varphi_0)$ Einheiten → (M 13.1)

Beachte:

- Da sich der Phasenwinkel in rad ergibt, ist entweder vor Einsetzen in (M 13.2) in Grad umzurechnen (1 rad = 57,3°) oder bei Benutzung eines Rechners dieser auf „rad" zu schalten.

M

13.1.3 Geschwindigkeit

Wenn

v Geschwindigkeit zur Zeit t,
$\hat{v}$ Maximalgeschwindigkeit beim Durchgang durch die Mittellage (Geschwindigkeitsamplitude),
ω Kreisfrequenz $= 2\pi f = 2\pi/T$,
φ Phasenwinkel $= \omega t + \varphi_0$,

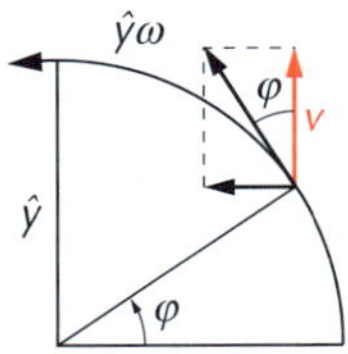

dann gilt, weil die Momentangeschwindigkeit des Schwingers stets gleich der Vertikalkomponente der Kreisbahngeschwindigkeit $v_B = r\omega = \hat{y}\omega$ ist, entsprechend der Zeichnung

$\cos \varphi = \dfrac{v}{\hat{y}\omega}$ bzw. nach (M 6.15)

$v = \dfrac{dy}{dt} = \dot{y}$. Aus beiden Ansätzen folgt

(M 13.3) $$v = \hat{y}\omega \cos \varphi = \hat{v} \cos \varphi$$

	v	y	ω	φ
SI	$\frac{m}{s}$	m	$\frac{1}{s}$	rad = 1

Beim Durchschwingen der Ruhelage ist $\varphi = 0°$ bzw. 180° und damit $\cos \varphi = \pm 1$; (M 13.3) wird zu

(M 13.4) $\hat{v} = \hat{y}\omega$ Einheiten → (M 13.3)

13.1.4 Beschleunigung

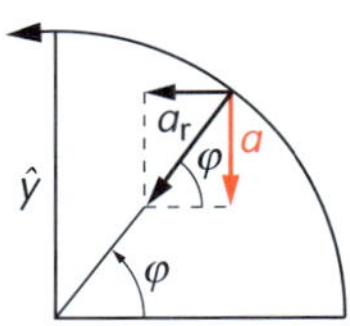

Die harmonische Schwingung ist eine ungleichmäßig beschleunigte Bewegung, d. h., die Beschleunigung ist nicht konstant, sondern eine Funktion der Zeit: $a = a(t)$.

Wenn

a Beschleunigung zur Zeit t,
$\hat{a}$ Maximalbeschleunigung in den Umkehrpunkten (Beschleunigungsamplitude),
ω Kreisfrequenz $= 2\pi f = 2\pi/T$,
φ Phasenwinkel $= \omega t + \varphi_0$,

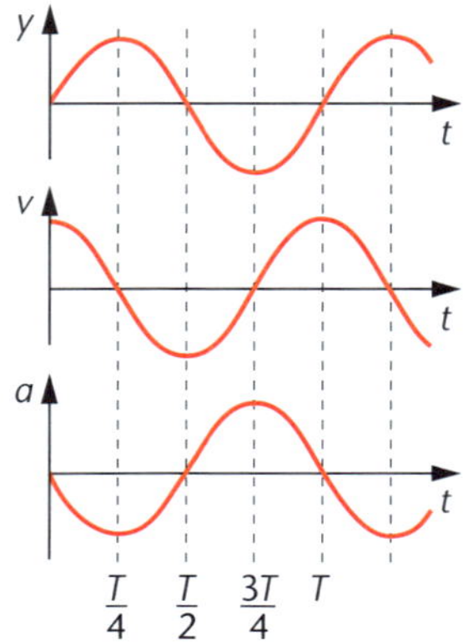

dann gilt, weil die Momentanbeschleunigung des Schwingers stets gleich der Vertikalkomponente der Zentripetalbeschleunigung $a_r = \hat{y}\omega^2$ ist, entsprechend der Zeichnung

$$\sin\varphi = \frac{a}{\hat{y}\omega^2}$$ bzw. nach (M 6.19)

$$a = \frac{dv}{dt} = \frac{d^2y}{dt^2} = \ddot{y}.$$ Aus beidem folgt

(M 13.5)
$$a = -\hat{y}\omega^2 \sin\varphi = \hat{a}\sin\varphi = -y\omega^2$$

	a	y	ω	φ
SI	$\frac{m}{s^2}$	m	$\frac{1}{s}$	rad = 1

In den Umkehrpunkten ist $\varphi = 90°$ bzw. $270°$ und damit $\sin\varphi = \pm 1$; (M 13.5) wird zu

(M 13.6)
$$\hat{a} = -\hat{y}\omega^2$$

Einheiten → (M 13.5)

Beachte:

- Das Minuszeichen in (M 13.5) bringt zum Ausdruck, dass die Richtung der Beschleunigung entgegengesetzt zu der der Auslenkung, die Beschleunigung also stets zur Ruhelage gerichtet ist.

13.1.5 Rückstellkraft

Zu jedem Zeitpunkt wirkt bei einer harmonischen Schwingung in Richtung der Beschleunigung eine Kraft, die den schwingenden Körper immer wieder in die Mittellage zieht, die Rückstellkraft.

Wenn
F_R Rückstellkraft,
m schwingende Masse,
φ Phasenwinkel $= \omega t + \varphi_0$,
y Elongation, Auslenkung,
$\hat{y}$ Amplitude,
ω Kreisfrequenz $= 2\pi f = 2\pi / T$,

dann gilt auch für die Rückstellkraft das Grundgesetz der Dynamik (M 7.1), also

$F_R = ma$ oder mit (M 13.5)

(M 13.7)
$$F_R = -m\omega^2 \hat{y} \sin\varphi = m\hat{a}\sin\varphi = -m\omega^2 y$$

Die Rückstellkraft ist der Elongation proportional: **lineares Kraftgesetz**.

Kennzeichen jeder harmonischen Schwingung ist:
Rückstellkraft $F_R \sim -$ Auslenkung y.

Beachte:

- Das Minuszeichen besagt, dass die Rückstellkraft der Elongation stets entgegengerichtet ist.

- Der Proportionalitätsfaktor zwischen F_R und y in (M 13.7) heißt

Richtgröße *k*

(M 13.8)
$$k = m\omega^2 = -\frac{F_R}{y}$$

	k	ω	m	F	y
SI	$\frac{N}{m}$	$\frac{1}{s}$	kg	N	m

Beachte:

- Die Richtgröße k ist bei elastischen Schwingungen identisch mit der Federkonstanten k in (M 7.6).

13.2 Eigenfrequenz der ungedämpften harmonischen Schwingung

13.2.1 Schwingungsgleichung

Das Grundgesetz der Dynamik lautet für eine harmonische Schwingung: Rückstellkraft = Masse × Beschleunigung. Aus

$F_R = ma$ folgt mit (M 13.8)

$-yk = ma.$ Division durch m und Umstellung ergeben

$a + y\dfrac{k}{m} = 0$ oder mit $k/m = \omega^2$ (M 13.8)

$a + y\omega^2 = 0.$ Mit (M 6.19) folgt übereinstimmend mit (M 13.5) die

Gleichung der ungedämpften harmonischen Schwingung

(M 13.9) $$\ddot{y} + y\omega^2 = 0$$

Eine Lösung dieser Differenzialgleichung ist (M 13.2), wie durch zweimaliges Differenzieren nach t nachgewiesen werden kann → (M 13.5).

13.2.2 Lineare Federschwingung

Bei Federschwingungen hat die Rückstellkraft ihre Ursache in der Elastizität. Innerhalb bestimmter Grenzen ist nach dem HOOKE'schen Gesetz die verformende Kraft proportional der Verformung. Elastische Schwingungen sind deshalb harmonisch. Bei Federn wird die Richtgröße k als Federkonstante bezeichnet.

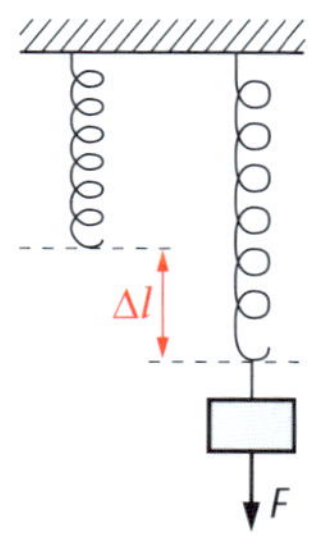

Wenn

- k Federkonstante, Richtgröße,
- F Kraft, die die Änderung Δl verursacht $= -F_R$,
- Δl Längenänderung, Durchbiegung o. ä. elastische Formveränderung,
- ω Kreisfrequenz $= 2\pi f = 2\pi/T$,
- f Frequenz $= 1/T$,
- T Schwingungsdauer $= 1/f$, Dauer eines vollen Hin- und Herganges (Periode),
- m Masse des Schwingers, meist in Form eines an der Feder befestigten Körpers,

dann gilt für die Bestimmung der Federkonstanten

(M 13.10) $$k = \frac{F}{\Delta l}$$

	k	F	Δl	ω	f	T	m
SI	$\frac{\text{N}}{\text{m}}$	N	m	$\frac{1}{\text{s}}$	$\text{Hz} = \frac{1}{\text{s}}$	s	kg

■ Die Eigenfrequenz der Schwingung ergibt sich aus (M13.8).

(M 13.11) $$\omega = \sqrt{\frac{k}{m}}; \quad f = \frac{1}{2\pi}\sqrt{\frac{k}{m}}; \quad T = 2\pi\sqrt{\frac{m}{k}}$$

Einheiten → (M 13.10)

Beachte:

- Die Masse der Feder selbst bleibt in (M 13.11) unberücksichtigt. Für genaue Rechnungen ist m um ein Drittel der Federmasse zu vergrößern.
- ω, f und T sind unabhängig von der Amplitude.
- (M 13.11) gilt für jede lineare ungedämpfte harmonische Schwingung, wenn die Richtgröße k aus den jeweiligen speziellen Bedingungen ermittelt wird.
- Im Gegensatz zur gedämpften Schwingung → [13.3] werden die Größen ω, f und T häufig mit dem Index 0 versehen, um die ungedämpfte Schwingung zu kennzeichnen.

13.2.3 Drehschwingung

Bei ihr gelten grundsätzlich der linearen Schwingung analoge Gesetzmäßigkeiten. Es entsprechen sich

Elongation y und Drehwinkel ε
Geschwindigkeit $v = \dot{y}$ und Winkelgeschwindigkeit $\dot{\varepsilon}$
Beschleunigung $a = \ddot{y}$ und Winkelbeschleunigung $\ddot{\varepsilon}$

Bei Drehschwingungen nehmen also (M 13.2), (M 13.3) und (M 13.5) folgende Form an:

(M 13.12)

$$\varepsilon = \hat{\varepsilon}\sin\varphi = \hat{\varepsilon}\sin(\omega t + \varphi_0)$$
$$\dot{\varepsilon} = \hat{\varepsilon}\,\omega\cos\varphi = \hat{\dot{\varepsilon}}\cos\varphi$$
$$\ddot{\varepsilon} = -\hat{\varepsilon}\,\omega^2\sin\varphi = -\hat{\ddot{\varepsilon}}\sin\varphi = -\varepsilon\,\omega^2$$

Einheiten → (M 13.13)

Jede Drehschwingung wird ermöglicht durch ein **Rückstelldrehmoment**, das der Auslenkung (Drehwinkel ε) zu jeder Zeit proportional, aber entgegengerichtet ist: $M_R \sim -\varepsilon$. Der Richtgröße (Federkonstante) k entspricht bei Drehschwingungen die **Winkelrichtgröße** D, die sich analog zu (M 13.10) aus dem auslenkenden Drehmoment ($M = -M_R$) und dem Auslenkungswinkel ε bestimmen lässt.

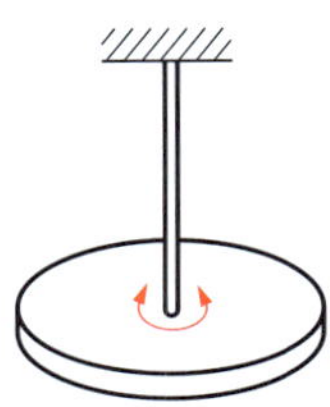

Wenn
D Winkelrichtgröße (Richtmoment) $= M/\varepsilon$,
M Drehmoment, das die Auslenkung verursacht,
ε Auslenkung, Drehwinkel,
ω Kreisfrequenz $= 2\pi f = 2\pi/T$,
f Frequenz $= 1/T$,

T Schwingungsdauer $= 1/f$, Dauer einer vollen Schwingung,
J Trägheitsmoment des die Drehschwingung ausführenden Körpers, bezogen auf seine Drehachse,

dann gelten analog zu (M 13.11)

(M 13.13) $$\omega = \sqrt{\frac{D}{J}};\quad f = \frac{1}{2\pi}\sqrt{\frac{D}{J}};\quad T = 2\pi\sqrt{\frac{J}{D}}$$

	D	M	ε	ω	f	T	J
SI	$\frac{\mathrm{N \cdot m}}{\mathrm{rad}}$	$\mathrm{N \cdot m}$	rad	$\frac{1}{\mathrm{s}}$	$\mathrm{Hz} = \frac{1}{\mathrm{s}}$	s	$\mathrm{kg \cdot m^2}$

13.2.4 Pendelschwingungen

Pendel führen Drehschwingungen aus. Das rückstellende Drehmoment wird von der Schwerkraft erzeugt.

Mathematisches Pendel

Dies ist ein idealisiertes Pendel mit *punktförmiger* Masse am *masselosen* Faden, dessen Bewegung bei kleinen Auslenkungen (ε bis ca. 8°) als lineare Schwingung angesehen werden kann.

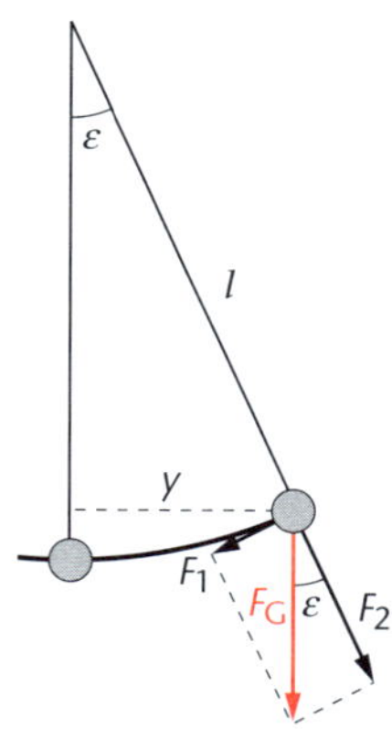

Wenn
T Schwingungsdauer $= 1/f$, Dauer eines vollen Hin- und Herganges (Periode),
l Pendellänge, Abstand Drehpunkt–Schwerpunkt,
g Fallbeschleunigung $= 9{,}807\,\mathrm{m/s^2}$ (auf der Erde),

dann gilt $F_1/F_G = y/l$ und, da y bei kleinem Winkel ε dem Weg auf dem Bogen gleichgesetzt werden kann, entsprechend (M 13.8)

$$k = \frac{F_1}{y} = \frac{F_G}{l} = \frac{mg}{l}$$ und eingesetzt in (M 13.11)

$$T = 2\pi\sqrt{\frac{ml}{mg}}$$ oder

(M 13.14) $$T = 2\pi\sqrt{\frac{l}{g}}$$

	T	l	g
SI	s	m	$\frac{\text{m}}{\text{s}^2}$

Beachte:

- Die Schwingungsdauer T hängt nicht von der Masse des Pendelkörpers ab.
- Die Schwingungsdauer hängt innerhalb der angegebenen Grenzen ($\varepsilon < 8°$) nicht von der Amplitude ab.

Formel (M 13.14) kann auch für reale (physische) Pendel angewendet werden, falls die Masse des Fadens vernachlässigbar klein gegenüber der Masse des Pendelkörpers und die Fadenlänge groß gegenüber den Abmessungen des Körpers ist.

Physisches Pendel

Pendel, bei denen die Bedingungen des mathematischen Pendels nicht erfüllt sind, heißen physische (d. h. körperliche) Pendel (leider manchmal physikalische Pendel genannt).

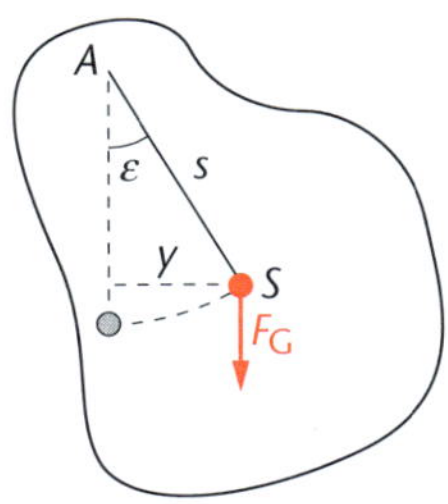

Wenn
T Schwingungsdauer $= 1/f$,
J_A Trägheitsmoment des pendelnden Körpers, bezogen auf die durch den Drehpunkt A gehende Achse,
m Masse des pendelnden Körpers,
s Abstand Drehpunkt A – Schwerpunkt S,
dann gilt

$D = \frac{M}{\varepsilon} = \frac{F_G y}{\varepsilon} = \frac{F_G s \sin\varepsilon}{\varepsilon}$ oder, weil bei kleinen Winkeln $\frac{\sin\varepsilon}{\varepsilon} \approx 1$,

$D = F_G s = mgs$ und entsprechend (M 13.13)

(M 13.15) $$T = 2\pi\sqrt{\frac{J_A}{mgs}}$$

	T	J	m	g	s
SI	s	$\text{kg}\cdot\text{m}^2$	kg	$\frac{\text{m}}{\text{s}^2}$	m

Beachte:

- (M 13.15) gilt nur für Amplituden kleiner als $\approx 8°$.
- J_A ist mit dem Satz von Steiner zu bestimmen.
- Mit $J_A = ms^2$ und $s = l$ ergibt sich die Schwingungsdauer des mathematischen Pendels (M 13.14).

Reduzierte Pendellänge

Unter der *reduzierten Pendellänge* eines physischen Pendels versteht man die Länge eines mathematischen Pendels gleicher Schwingungsdauer.

Wenn

l' reduzierte Pendellänge,

J_A Trägheitsmoment, bezogen auf die durch den Drehpunkt A gehende Achse,

m Masse des physischen Pendels,

s Abstand Schwerpunkt S – Drehpunkt A,

dann gilt entsprechend (M 13.14) und (M 13.15)

$$2\pi\sqrt{\frac{l'}{g}} = 2\pi\sqrt{\frac{J_A}{mgs}} \quad \text{oder}$$

(M 13.16) $$l' = \frac{J_A}{ms}$$

	l'	J_A	m	s
SI	m	kg · m²	kg	m

Beachte:

- Im Abstand l' senkrecht unter dem Aufhängepunkt eines drehbar gelagerten Körpers befindet sich der **Schwingungs-** oder **Stoßmittelpunkt**. Stöße, die den Körper zum Pendeln bringen sollen, müssen gegen diesen Punkt gerichtet sein, wenn im Aufhängepunkt keine „Rückstöße" auftreten sollen.
- Die Schwingungsdauer eines physischen Pendels ändert sich nicht, wenn Aufhängepunkt und Schwingungsmittelpunkt vertauscht werden. Anwendung beim **Reversionspendel** z. B. zur Bestimmung der Fallbeschleunigung.

Bestimmung des Trägheitsmoments

Durch Messung von s, m und T kann das Trägheitsmoment eines beliebigen Körpers experimentell bestimmt werden.

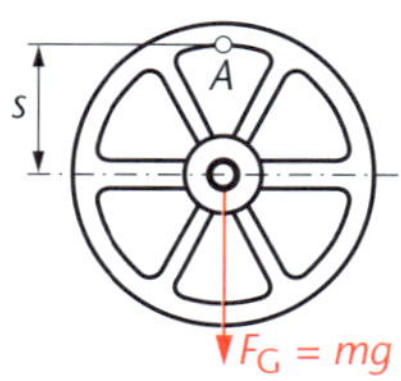

Aus (M 13.15) und (M 7.57) folgt

$$J_S = \frac{mgsT^2}{4\pi^2} - ms^2 \quad \text{oder}$$

(M 13.17) $$J_S = ms\left(\frac{gT^2}{4\pi^2} - s\right)$$

	J	m	g	s	T
SI	kg · m²	kg	$\frac{\text{m}}{\text{s}^2}$	m	s

Beachte:

- Zur Bestimmung von J_S ist der Körper an einem Punkt *außerhalb* S aufzuhängen und mit *kleiner* Amplitude anzustoßen.

13.2.5 Flüssigkeitsschwingungen

Wird die Flüssigkeit in den Schenkeln eines U-Rohres aus dem Gleichgewicht gebracht, so führt sie harmonische Schwingungen aus.

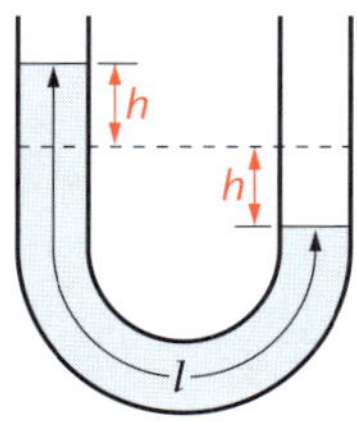

Wenn

T Schwingungsdauer $= 1/f$,

l Länge der Flüssigkeitssäule von Oberfläche bis Oberfläche,

g Fallbeschleunigung $= 9{,}807\ \mathrm{m/s^2}$ (auf der Erde),

dann gilt, wenn der Höhenunterschied zwischen beiden Oberflächen $2h$ beträgt, für die Rückstellkraft $F_R = F_G = -2hA\varrho g$. Die Richtgröße $k = -F_R/y = -F_R/h$ ergibt sich zu $k = 2A\varrho g$. Mit der Masse $m = lA\varrho$ folgt für die Schwingungsdauer entsprechend (M 13.11) $T = 2\pi\sqrt{m/k}$

$$T = 2\pi\sqrt{\frac{lA\varrho}{2A\varrho g}} \quad \text{und daraus}$$

(M 13.18)

$$T = 2\pi\sqrt{\frac{l}{2g}}$$

	T	l	g
SI	s	m	$\frac{\mathrm{m}}{\mathrm{s}^2}$

Beachte:

- Die Schwingungsdauer hängt nur von l, nicht aber von ϱ, A oder h ab.
- Die schwingende Flüssigkeitssäule besitzt die gleiche Schwingungsdauer wie ein mathematisches Pendel mit der halben Länge der Flüssigkeitssäule.

13.2.6 Schwingungsenergie

Die Energie eines ungedämpft schwingenden Systems ist konstant. Sie setzt sich aus potenzieller Energie E_p und kinetischer Energie E_k zusammen. Beide Energiearten ändern ihre Größe periodisch. Zu jedem

Zeitpunkt gilt $E = E_p + E_k$. Mit (M 7.21) und (M 7.19) ergibt sich

$$E = \frac{ky^2}{2} + \frac{mv^2}{2}.$$

Wenn
E Energie des Schwingers,
k Richtgröße,
y Amplitude, Auslenkungsmaximum,
φ Phasenwinkel $= \omega t + \varphi_0$,

dann gilt mit (M 13.2) und (M 13.3)

$$E = \frac{k}{2}\hat{y}^2 \sin^2\varphi + \frac{m}{2}\hat{y}^2\omega^2\cos^2\varphi.$$ Mit (M 13.8) $m\omega^2 = k$ folgt

$$E = \frac{k}{2}\hat{y}^2 \sin^2\varphi + \frac{k}{2}\hat{y}^2\cos^2\varphi,$$ daraus

$$E = \frac{k}{2}\hat{y}^2(\sin^2\varphi + \cos^2\varphi)$$ und schließlich

(M 13.19) $$E = \frac{k\hat{y}^2}{2} = \frac{m\hat{v}^2}{2}$$

	E	k	y	v	m	φ
SI	J = N·m	$\frac{N}{m}$	m	$\frac{m}{s}$	kg	rad = 1

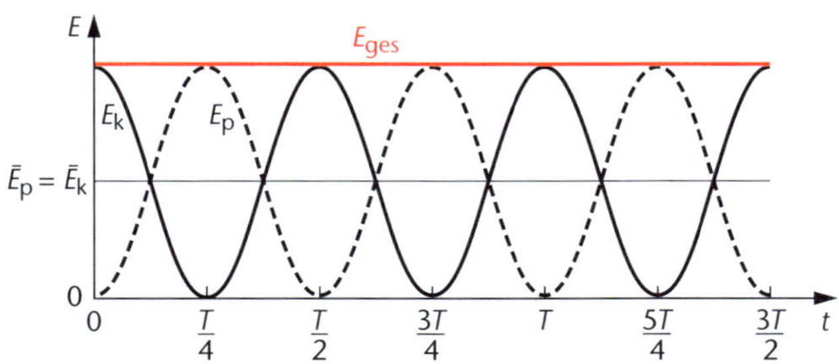

Beachte:

- Die Gesamtenergie ist konstant. Die *periodische* Umwandlung von kinetischer in potenzielle Energie (und umgekehrt) erfolgt mit der doppelten Frequenz des Schwingers.
- Beim Nulldurchgang besitzt der Schwinger nur kinetische Energie, die potenzielle Energie ist null. In den Umkehrpunkten ist es umgekehrt.

Übersicht:

	allgemein	Umkehrpunkt	Nulldurchgang
$E_p =$	$\frac{ky^2}{2} = \frac{k\hat{y}^2}{2}\sin^2\varphi$	$\hat{E}_p = \frac{k\hat{y}^2}{2}$	0
$E_k =$	$\frac{mv^2}{2} = \frac{m\hat{v}^2}{2}\cos^2\varphi$	0	$\hat{E}_k = \frac{m\hat{v}^2}{2}$

M

13.3 Freie gedämpfte Schwingung

Die Energie eines schwingenden Systems wird durch bremsende Kräfte wie innere und äußere Reibung, Luftwiderstand u. Ä. allmählich aufgezehrt. Da $E \sim \hat{y}^2$ (M 13.19), nimmt auch die Amplitude $\hat{y}$ bis zu null ab.

Als *Dämpfung* bezeichnet man das gesetzmäßige Abnehmen der Amplitude im Verlaufe einer Schwingung.

Dabei sind – unabhängig von der Art der dämpfenden Kraft – zwei Möglichkeiten zu unterscheiden:

- Die Kraft ist konstant, z. B. Reibung in der Lagerung des Schwingers. Dann sind die Amplituden Glieder einer fallenden *arithmetischen* Reihe, sie nehmen *linear* ab. Die *Differenz* zweier benachbarter Amplituden gleichen Vorzeichens $(\hat{y}_i - \hat{y}_{i+1})$ ist konstant.

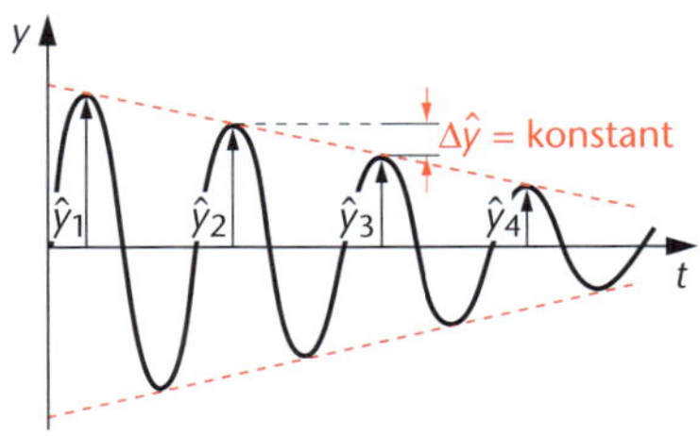

- Die Kraft ist der Geschwindigkeit proportional, z. B. innere Reibung bei elastischer Verformung. Dann sind die Amplituden Glieder einer fallenden *geometrischen* Reihe, sie nehmen *exponentiell* ab. Der *Quotient* zweier benachbarter Amplituden gleichen Vorzeichens $(\hat{y}_i/\hat{y}_{i+1})$ ist konstant.

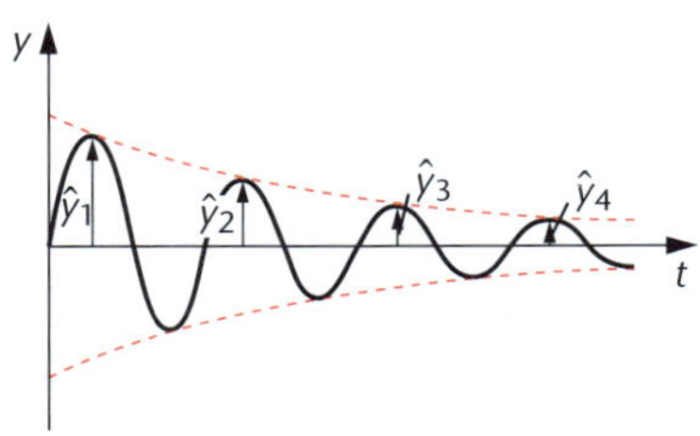

■ Bei gedämpften Schwingungsvorgängen wird in der Technik die geschwindigkeitsabhängige Dämpfung angestrebt. Da sich aber auch bei guter Lagerung des Schwingers Reibung nie ganz vermeiden lässt, treten beide Dämpfungsarten meist gleichzeitig auf. Die resultierende Hüllkurve der Amplituden ergibt sich dann aus einer Überlagerung beider Hüllkurven (algebraische Addition der momentanen Elongationen).

13.3.1 Schwingungsgleichung

Die geschwindigkeitsabhängige Dämpfung wird durch eine Kraft (meist innere Reibung) verursacht, die der Geschwindigkeit proportional und ihr entgegengerichtet ist: $F_\mathrm{d} \sim -v$. Der Proportionalitätsfaktor wird als **Dämpfungskonstante** β bezeichnet, also $F_\mathrm{d} = -\beta v = -\beta \dot{y}$.

SI-Einheit der Dämpfungskonstanten: $[\beta] = \dfrac{\mathrm{N \cdot s}}{\mathrm{m}} = \dfrac{\mathrm{kg}}{\mathrm{s}}$.

Aus Zweckmäßigkeitsgründen führt man den **Abklingkoeffizienten** $\delta = \beta/(2m)$ ein.

SI-Einheit des Abklingkoeffizienten: $[\delta] = \dfrac{1}{\mathrm{s}}$.

Wenn

y Elongation, Auslenkung,
$\dot{y}$ Momentangeschwindigkeit,
$\ddot{y}$ Momentanbeschleunigung,
β Dämpfungskonstante $= 2m\delta$,
δ Abklingkoeffizient $= \beta/(2m)$,
ω_0 Eigenkreisfrequenz (Kennkreisfrequenz) der gleichen Schwingung *ohne* Dämpfung $= 2\pi f_0$,

dann lautet die Grundgleichung der Dynamik (M 7.1) für diesen Fall:
Rückstellkraft + Dämpfungskraft = Masse × Beschleunigung, also

$-ky - \beta\dot{y} = m\ddot{y}$. Daraus folgt

$\ddot{y} + \dfrac{\beta}{m}\dot{y} + \dfrac{k}{m}y = 0$. Mit $\dfrac{\beta}{m} = 2\delta$ und $\dfrac{k}{m} = \omega_0^2$ ergibt sich die

Gleichung der gedämpften Schwingung

(M 13.20) $$\ddot{y} + 2\delta\dot{y} + \omega_0^2 y = 0$$

Beachte:

- Die Begriffe *Dämpfungskonstante*, *Abklingkoeffizient*, *Dämpfungskoeffizient* u. a. sowie ihre Formelzeichen werden in der Literatur nicht einheitlich verwendet.

13.3.2 Elongation

Wenn

y Elongation (Auslenkung) zur Zeit t,
$\hat{y}_0$ Anfangswert der Amplitudenhüllkurve (zur Zeit $t = 0$),
$\hat{y}$ Amplitude,
e Basis des natürlichen Logarithmus = 2,718 28 …,
φ Phasenwinkel $= \omega_d t + \varphi_0$,
ω_d Kreisfrequenz der gedämpften Schwingung → (M 13.29),
φ_0 Nullphasenwinkel,
δ Abklingkoeffizient $= \beta/(2m)$,

dann gilt als eine Lösung der Differenzialgleichung (M 13.20)

(M 13.21) $$y = \hat{y}_0 \, e^{-\delta t} \sin \varphi$$

	$y, \hat{y}_0$	t	δ	φ
SI	m	s	$\frac{1}{s}$	rad = 1

■ Es ist günstig, die Zeitmessung ($t = 0$) an Stellen zu beginnen, die eine einfache mathematische Lösung ermöglichen. Es sind dies der Schwingungsmittelpunkt ($y = 0$) und der Umkehrpunkt ($v = 0$).

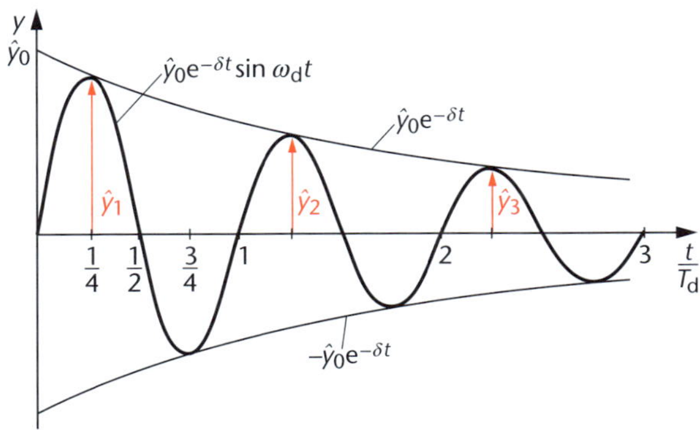

► Bei Beginn der Schwingung im *nicht ausgelenkten* Zustand (z. B. durch Anstoß) gelten die Anfangsbedingungen: $t = 0$, $y_0 = 0$, $v_0 = \hat{v}$, $\varphi_0 = 0$. An Stelle des (nicht messbaren) Anfangswertes der Amplitudenhüllkurve $\hat{y}_0$ wird wegen (M 13.4) $\hat{v} = \hat{y}\omega$ in (M 13.21) $\hat{y}_0$ durch $\hat{v}/\omega_d$ ersetzt.

(M 13.22) $$y = \frac{\hat{v}}{\omega_d} e^{-\delta t} \sin \omega_d t$$

► Bei Beginn der Schwingung im *ausgelenkten* Zustand gelten die Anfangsbedingungen: $t = 0, v_0 = 0, y_0 = \hat{y}_0$. Sie werden erfüllt von

(M 13.23) $$y = \hat{y}_0 e^{-\delta t} \frac{\omega_0}{\omega_d} \cos\left(\omega_d t - \arcsin\frac{\delta}{\omega_0}\right)$$

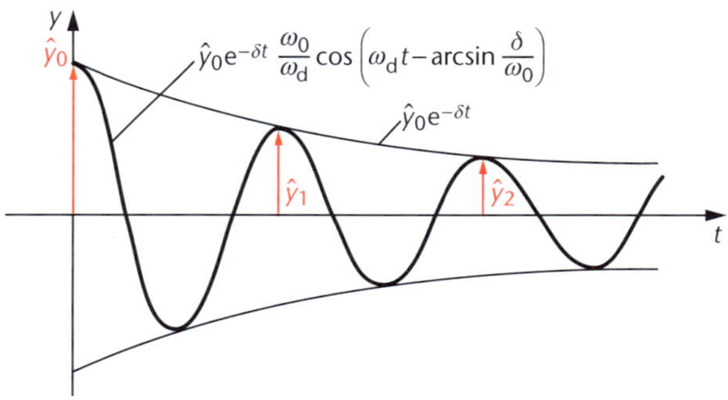

■ Der Quotient zweier aufeinander folgender Amplituden gleichen Vorzeichens ist konstant und wird als Amplitudenverhältnis q (manchmal Dämpfungsverhältnis $\varkappa$) bezeichnet.

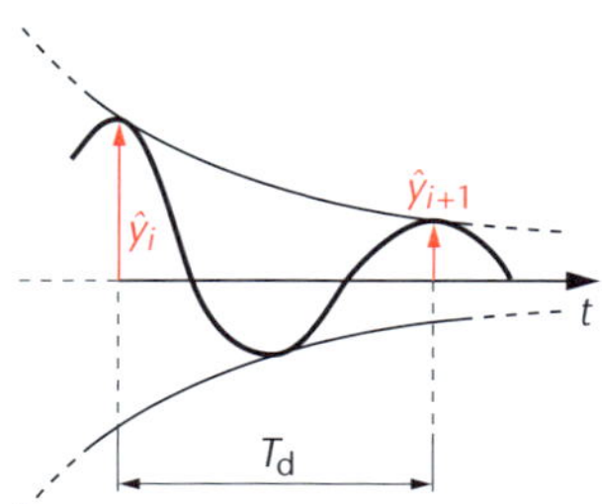

Wenn
q Amplitudenverhältnis,
δ Abklingkoeffizient $= \beta/(2m)$,
T_d Schwingungsdauer der gedämpften Schwingung,
Λ logarithmisches Dekrement,
n beliebige ganze Zahl,

dann gilt $\hat{y}_i/\hat{y}_{i+1} = q$. Daraus folgt für die n-te Amplitude

(M 13.24) $$\hat{y}_{i+n} = \frac{\hat{y}_i}{q^n}$$

Da der zeitliche Abstand zweier benachbarter Amplituden eine Schwingungsdauer T_d beträgt, folgt aus (M 13.21)

(M 13.25) $$\mathrm{e}^{\delta T_\mathrm{d}} = \frac{\hat{y}_i}{\hat{y}_{i+1}} = q$$ und

(M 13.26) $$\mathrm{e}^{n\delta T_\mathrm{d}} = \frac{\hat{y}_i}{\hat{y}_{i+n}} = q^n$$

	δ	T
SI	$\frac{1}{\mathrm{s}}$	s

Den Exponenten δT_d bezeichnet man als **logarithmisches Dekrement** Λ. Aus (M 13.25) erhält man durch Logarithmieren

(M 13.27) $$\Lambda = \delta T_\mathrm{d} = \ln \frac{\hat{y}_i}{\hat{y}_{i+1}} = \ln q$$ Einheiten → (M 13.26)

■ Die Amplituden nehmen exponentiell mit der Zeit ab. Die für den Rückgang auf den e-ten Teil des Anfangswertes erforderliche Zeit heißt **Abklingzeit** τ. Aus (M 13.21) folgt mit $y = \hat{y}_0/\mathrm{e} = \hat{y}_0\,\mathrm{e}^{-\delta\tau}$

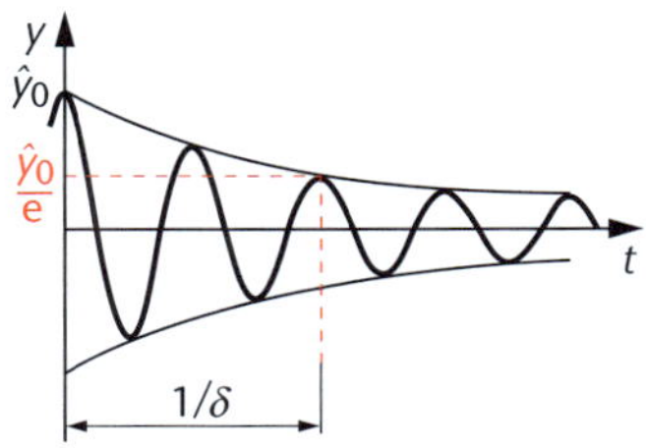

(M 13.28) $$\tau = \frac{1}{\delta}$$

Für die **Halbwertszeit** T_H, also die Zeit, in der die Amplitude auf die Hälfte ihres Anfangswertes sinkt, folgt aus (M 13.21)

$\frac{\hat{y}_0}{2} = \hat{y}_0\,\mathrm{e}^{-\delta T_\mathrm{H}}$. Logarithmieren ergibt $\ln 2 = \delta T_\mathrm{H}$ und daraus

(M 13.28a) $$T_\mathrm{H} = \frac{\ln 2}{\delta}$$

13.3.3 Eigenfrequenz

Die Dämpfung bewirkt eine vom Abklingkoeffizienten δ abhängige Veränderung von Frequenz, Kreisfrequenz und Schwingungsdauer.

Wenn

ω_d Kreisfrequenz der gedämpften Schwingung $= 2\pi f_\mathrm{d} = 2\pi/T_\mathrm{d}$,

ω_0 Kreisfrequenz der gleichen, jedoch ungedämpften Schwingung $= 2\pi f_0 = 2\pi/T_0 = \sqrt{k/m}$,

δ Abklingkoeffizient $= \beta/(2m)$,
ϑ Dämpfungsgrad $= \delta/\omega_0$,

dann gilt (M 13.21) als eine Lösung der Differenzialgleichung (M 13.20) nur unter der Bedingung, dass

(M 13.29) $$\omega_d = \sqrt{\omega_0^2 - \delta^2} = \omega_0\sqrt{1 - \vartheta^2}$$

	ω	δ	ϑ
SI	$\frac{1}{s}$	$\frac{1}{s}$	–

Daraus folgt für die Schwingungsdauer

(M 13.30) $$T_d = \frac{2\pi}{\sqrt{\omega_0^2 - \delta^2}} = \frac{T_0}{\sqrt{1 - \vartheta^2}}$$

	T	δ	ω	ϑ
SI	s	$\frac{1}{s}$	$\frac{1}{s}$	–

Dämpfung bewirkt bei jeder Schwingung eine Verkleinerung von Kreisfrequenz und Frequenz bzw. eine Vergrößerung der Schwingungsdauer.

Beachte:

- Die Frequenz einer gedämpften Schwingung ist kleiner als die der ungedämpften. Sie ist aber *unabhängig* von der Amplitude und damit während des Schwingungsvorganges *konstant*.
- In den meisten praktisch vorkommenden Fällen unterscheiden sich ω_d und ω_0 bzw. T_d und T_0 nur um wenige Promille.

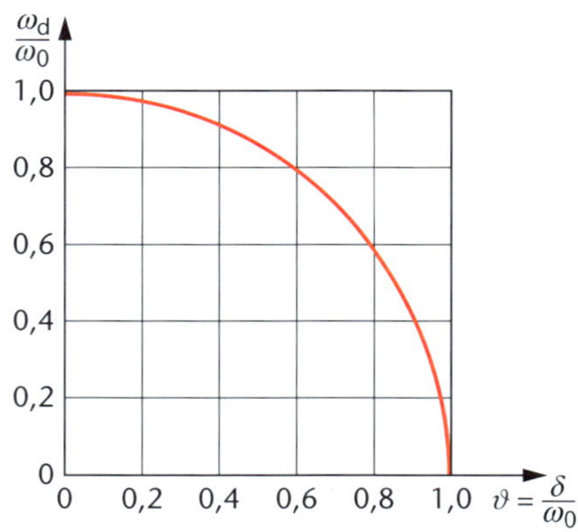

13.3.4 Aperiodische Bewegung

Eine gedämpfte Schwingung kommt nur zu Stande, wenn in (M 13.29) $\delta < \omega_0$. Ist dies nicht der Fall, also $\delta \geqq \omega_0$, so kehrt das angeregte System nach einmaligem Ausschlag asymptotisch in die Ausgangslage zurück (**Kriechfall**), am schnellsten, wenn $\delta = \omega_0$ (**aperiodischer Grenzfall**).

Übersicht:

	δ	β	$\vartheta = \delta/\omega_0$	ω_d
ungedämpfte Schwingung	$= 0$	$= 0$	$= 0$	$= \omega_0$
gedämpfte Schwingung	$< \omega_0$	$< 2\sqrt{km}$	< 1	$< \omega_0$
aperiodischer Grenzfall	$= \omega_0$	$= 2\sqrt{km}$	$= 1$	$= 0$
Kriechfall	$> \omega_0$	$> 2\sqrt{km}$	> 1	imaginär

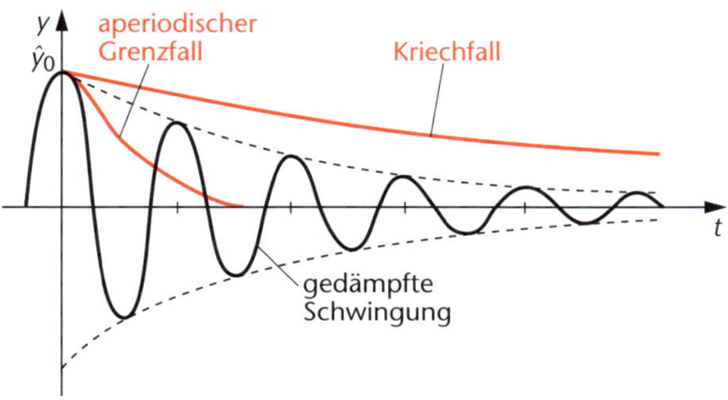

Beachte:

- Aperiodischer Grenzfall und Kriechfall sind im physikalischen Sinne keine Schwingungen, weil ihnen die Periodizität fehlt.
- In vielen technischen Fällen sollen Schwingungen eines Systems (elektrische Messgeräte, Waagen, Fahrzeugfederungen u. a.) verhindert werden. Nach einer einmaligen Auslenkung soll es möglichst schnell in die Ausgangslage zurückkehren, ohne über diese hinauszuschwingen. Die Dämpfung (z. B. Wirbelstromdämpfung) muss dann so bemessen sein, dass sie möglichst den aperiodischen Grenzfall erreicht. Bei elektrischen Messgeräten z. B. wird mit dem Anlegen einer Spannung die Ruhelage des Zeigers in den Messwert verlagert. In Zeigerstellung „Null" befindet sich das Messwerk also im elongierten Zustand, aus dem es möglichst schnell und ohne zu schwingen auf die Zeigerstellung „Messwert" übergehen soll.
  Achtung! Dieser Fall ist nicht durch äußere Reibung (z. B. in den Lagerungen) zu erreichen, denn diese ist *geschwindigkeitsunabhängig*. Folge: Schwinger würde neben der Ruhelage stehen bleiben und Verlust an Empfindlichkeit!

■ Beim **Kriechfall** ($\delta > \omega_0$) wird in (M 13.22) ω_d imaginär. Für $\sqrt{\omega_0^2 - \delta^2}$ kann $\sqrt{-1} \cdot \sqrt{\delta^2 - \omega_0^2} = j\omega_d'$ geschrieben werden. Ferner ist $\sin \omega_d' t \, j = j \sinh \omega_d' t$.

Wenn
y Elongation zur Zeit t,
$\hat{v}$ Maximalgeschwindigkeit bei $y = 0$,
$\hat{y}_0$ Maximalelongation bei $v = 0$,
$\omega_d' = \sqrt{\delta^2 - \omega_0^2}$,
δ Abklingkoeffizient,

dann wird mit $y_0 = 0$ und $v_0 = \hat{v}$

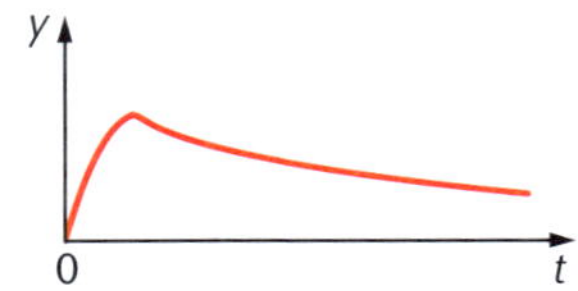

(M 13.31) $$y = \frac{\hat{v}}{\omega_d'} e^{-\delta t} \sinh \omega_d' t$$

und (M 13.23) (Anfangswerte $y_0 = \hat{y}_0$ und $v_0 = 0$) mit $\cos \omega_d' t \, j = \cosh \omega_d' t$ zu

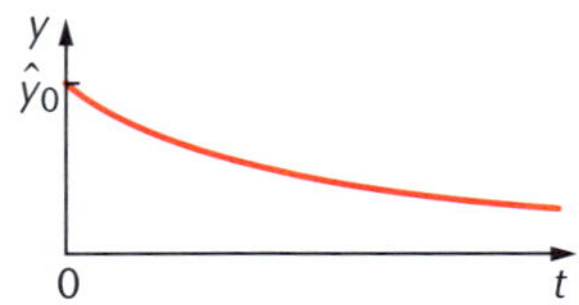

(M 13.32) $$y = \hat{y}_0 \, e^{-\delta t} \cosh \omega_d' t$$

■ Der **aperiodische Grenzfall** ($\delta = \omega_0$) trennt die gedämpfte Schwingung ($\delta < \omega_0$) vom Kriechfall ($\delta > \omega_0$). Die Gleichung für die momentane Auslenkung folgt aus (M 13.22) und (M 13.23), wenn man δ gegen ω_0, also $\omega_d = \sqrt{\omega_0^2 - \delta^2}$ gegen null, gehen lässt.

Wenn
y Elongation zur Zeit t,
$\hat{v}$ Maximalgeschwindigkeit bei $y = 0$ und $t = 0$,
$\hat{y}_0$ Maximalelongation bei $v = 0$ und $t = 0$,
δ Abklingkoeffizient, in diesem Falle $= \omega_0$,
ω_0 Kreisfrequenz der ungedämpften Schwingung $= \sqrt{k/m}$,

dann wird mit $y_0 = 0$ und $v_0 = \hat{v}$ (M 13.22) zu

(M 13.33) $$y = \hat{v} t \, e^{-\delta t}$$

wobei der Maximalausschlag y_m nach $t = 1/\delta = \tau$ erreicht wird.

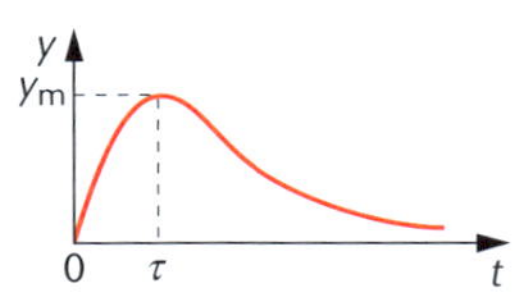

Mit $y_0 = \hat{y}_0$ und $v_0 = 0$ folgt aus (M 13.23)

(M 13.34) $$y = \hat{y}_0(1 + \delta t)\,\mathrm{e}^{-\delta t}$$

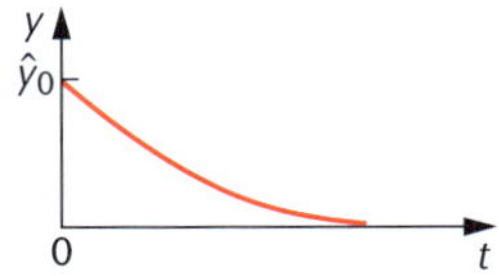

13.4 Erzwungene Schwingung

Kann ein schwingungsfähiges System nach einer einmaligen Auslenkung ungestört ausschwingen, so spricht man von einer **freien Schwingung**.

Wirkt dagegen auf das System von außen über eine Kopplung eine periodisch veränderliche Kraft, die das System zum Mitschwingen zwingt, dann handelt es sich um eine **erzwungene Schwingung**.

13.4.1 Schwingungsgleichung

Auf das schwingungsfähige System wirken 3 Kräfte:

- Rückstellkraft $F_\mathrm{R} = -ky$,
- Dämpfungskraft $F_\mathrm{D} = -\beta\dot{y}$,
- Erregerkraft $F_\mathrm{E} = \hat{F}_\mathrm{E}\cos\omega t$.

Das Grundgesetz der Dynamik lautet in diesem Falle:

$F_\mathrm{E} + F_\mathrm{R} + F_\mathrm{D} = ma = m\ddot{y}$.

Wenn

y Elongation, Auslenkung,
$\dot{y}$ Momentangeschwindigkeit,
$\ddot{y}$ Momentanbeschleunigung,
m Masse des Schwingers,
k Richtgröße $= F/y$,
β Dämpfungskonstante,
δ Abklingkoeffizient $= \beta/(2m)$,
$\hat{F}_\mathrm{E}$ Erregerkraft, Maximalkraft,
ω Erregerkreisfrequenz,
ω_0 Kreisfrequenz des ungedämpften Schwingers,
t Zeit,

dann gilt $\hat{F}_\mathrm{E}\cos\omega t - ky - \beta\dot{y} = m\ddot{y}$ oder nach Umstellung und mit $\beta/m = 2\delta$ und $k/m = \omega_0^2$ als

Gleichung der erzwungenen Schwingung

(M 13.35) $$\ddot{y} + 2\delta\dot{y} + \omega_0^2 y = \frac{\hat{F}_\mathrm{E}}{m}\cos\omega t$$

13.4.2 Elongation

Nach dem Einsetzen der erregenden Kraft (vielfach auch als Störkraft bezeichnet) braucht das System eine gewisse Zeit, bis sich ein stationärer Zustand einstellt. Dann befindet es sich im „eingeschwungenen Zustand“. Auf diesen sind die folgenden Gleichungen bezogen.

Wenn

- y Elongation zur Zeit t,
- $\hat{y}$ Amplitude des schwingenden Systems,
- $\hat{F}_E$ Maximalwert der erregenden Kraft,
- ω_0 Eigenkreisfrequenz des ungedämpften Schwingers (Resonator),
- ω Kreisfrequenz der Erregerkraft und des Systems im eingeschwungenen Zustand,
- m Masse des Schwingers (Resonator),
- α Phasenverzögerung des Resonators gegenüber dem Erreger,
- β Dämpfungskonstante $= 2m\delta$,
- δ Abklingkoeffizient $= \beta/(2m)$,
- t Zeit,

dann gilt als eine Lösung der Differenzialgleichung (M 13.35) für den stationären Zustand des Systems

(M 13.36) $$y = \hat{y}\cos(\omega t - \alpha)$$ mit

(M 13.37) $$\hat{y} = \frac{\hat{F}_E}{\sqrt{m^2(\omega_0^2 - \omega^2)^2 + \beta^2\omega^2}}$$

	y	F	m	ω	β	δ
SI	m	N	kg	$\frac{1}{\text{s}}$	$\frac{\text{kg}}{\text{s}}$	$\frac{1}{\text{s}}$

und

(M 13.38) $$\alpha = \arctan\frac{\omega\beta}{m(\omega_0^2 - \omega^2)} = \arctan\frac{2\omega\delta}{\omega_0^2 - \omega^2}$$

	α
SI	rad = 1

Beachte:

- Die Amplitude $\hat{y}$ ist auch bei gedämpftem Resonator zeitlich konstant. Sie ändert sich stark mit der Erregerkreisfrequenz ω und der Dämpfungskonstanten β. Sie kann (wenn $\omega \to \omega_0$ und $\beta \to 0$ gehen) noch vor Erreichen des stationären Zustandes größer werden, als es die mechanischen Bedingungen zulassen.

- Die Phasenwinkeldifferenz α zeigt, dass der Resonator jede Phase des Erregers erst zu einem späteren Zeitpunkt erreicht, sofern nicht $\beta = 0$, was jedoch nur theoretisch möglich ist.
- Die erzwungene Schwingung besitzt die Frequenz des Erregers.

13.4.3 Resonanz

M

Bei bestimmter Erregerkraft $\hat{F}_E$ und Dämpfungskonstante β (bzw. Abklingkoeffizient δ) ist die Amplitude $\hat{y}$ nur eine Funktion der Erregerkreisfrequenz. Wenn $\omega \approx \omega_0$, erreicht sie besonders große Werte (**Resonanzfall**). In der Zeichnung ist $\hat{y}$ über ω aufgetragen (Resonanzkurve). Als Parameter wurde der Abklingkoeffizient δ verwendet. Für sehr kleine Werte von δ wächst $\hat{y}$ über alle Maßen. Wenn $\delta > 0$, ist im Resonanzfall stets $\omega < \omega_0$. $\hat{y}_{st}$ ist die statische Auslenkung des Systems unter dem Einfluss der konstanten Kraft $\hat{F}_E$ ($\omega = 0$).

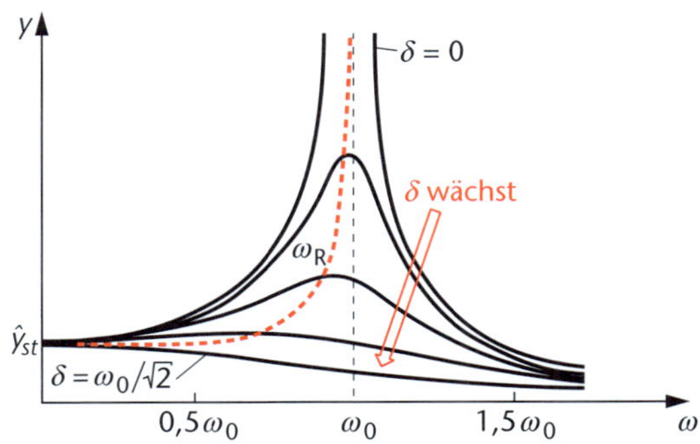

Wenn

$\hat{y}_{st}$ statische Auslenkung bei konstanter Kraft ($\omega = 0$),
$\hat{F}_E$ konstante Kraft = Maximalwert der sich periodisch ändernden Erregerkraft,
m Masse des Schwingers (Resonators),
ω_0 Eigenkreisfrequenz des ungedämpften Schwingers,

dann gilt, wenn in (M 13.37) $\omega = 0$ gesetzt wird,

(M 13.39) $$\hat{y}_{st} = \frac{\hat{F}_E}{m\omega_0^2}$$

	y	F	m	ω
SI	m	N	kg	$\frac{1}{s}$

■ Zur Bestimmung der Resonanzkreisfrequenz ist die Funktion $\hat{y} = \hat{y}(\omega) \rightarrow$ (M 13.37) auf ihr Maximum zu untersuchen. Setzt man die 1. Ableitung gleich null, so erhält man

mit

ω_R Resonanzkreisfrequenz, bei der die Amplitude ein Maximum wird,
ω_0 Eigenkreisfrequenz des ungedämpften Schwingers,
m Masse des Schwingers,
β Dämpfungskonstante,
δ Abklingkoeffizient $= \beta/(2m)$

die

Resonanzkreisfrequenz

(M 13.40) $$\omega_R = \sqrt{\omega_0^2 - \frac{\beta^2}{2m^2}} = \sqrt{\omega_0^2 - 2\delta^2}$$

	ω	m	β	δ
SI	$\frac{1}{s}$	kg	$\frac{kg}{s}$	$\frac{1}{s}$

Beachte:

- Die Resonanzkreisfrequenz ω_R ist etwas kleiner als die Eigenkreisfrequenz ω des gedämpften Systems $\rightarrow$ (M 13.29).
- Für $\delta \geqq \omega_0/\sqrt{2}$ verschwindet die Resonanz völlig. Bei allen Erregerfrequenzen ist dann die Schwingungsamplitude *kleiner* als die statische Auslenkung.

■ Die Größe der Amplitude im Resonanzfall erhält man durch Einsetzen von (M 13.40) in (M 13.37).

Mit

$\hat{y}_R$ Resonanzamplitude,
$\hat{F}_E$ Maximalwert der Erregerkraft,
m Masse des Schwingers,
ω_0 Eigenkreisfrequenz des ungedämpften Schwingers,
ω_d Kreisfrequenz des gedämpften Schwingers $= \sqrt{\omega_0^2 - \delta^2}$,
β Dämpfungskonstante,
δ Abklingkoeffizient $= \beta/(2m)$,
Λ logarithmisches Dekrement

ergibt sich die

Resonanzamplitude

(M 13.41) $$\hat{y}_R = \frac{\hat{F}_E}{\beta\sqrt{\omega_0^2 - \delta^2}} = \frac{\hat{F}_E}{\beta\,\omega_d} = \frac{\hat{F}_E}{2\delta m\omega_d}$$

Einheiten $\rightarrow$ (M 13.37) und (M 13.40)

Das Verhältnis der Resonanzamplitude zur statischen Auslenkung bezeichnet man als **Resonanzüberhöhung** oder auch **Gütefaktor** Q. Mit (M 13.41) und (M 13.39) beträgt sie

(M 13.42) $$\frac{\hat{y}_R}{\hat{y}_{st}} = \frac{\omega_0^2}{2\delta\sqrt{\omega_0^2 - \delta^2}} = \frac{\omega_0^2}{2\delta\,\omega_d} = \frac{\pi\,\omega_0^2}{\Lambda\,\omega_d^2}$$

	ω	δ	Λ
SI	$\frac{1}{s}$	$\frac{1}{s}$	–

Weil bei geringer Dämpfung der Unterschied zwischen ω und ω_0 gering ist, schreibt man für (M 13.42) (vor allem in der Nachrichtentechnik für elektrische Schwingkreise) in guter Näherung

(M 13.43) $$Q \approx \frac{\pi}{\Lambda}$$

Für beliebige Erregerkreisfrequenzen gilt als Verhältnis von Amplitude des Resonators zur statischen Auslenkung (Erregeramplitude) mit (M 13.37) und (M 13.39)

(M 13.44) $$\frac{\hat{y}}{\hat{y}_{st}} = \frac{\omega_0^2}{\sqrt{(\omega_0^2 - \omega^2)^2 + (2\delta\,\omega)^2}}$$

	ω	δ
SI	$\frac{1}{s}$	$\frac{1}{s}$

Nach (M 13.38) ist auch die Phasenwinkeldifferenz α abhängig von der Erregerkreisfrequenz. In der Zeichnung ist α über der Erregerfrequenz aufgetragen. Als Parameter wurde der Abklingkoeffizient δ verwendet. Unabhängig von der Dämpfung beträgt für $\omega = \omega_0$ die Phasenwinkeldifferenz $\alpha = (\pi/2)\,\text{rad} = 90°$.

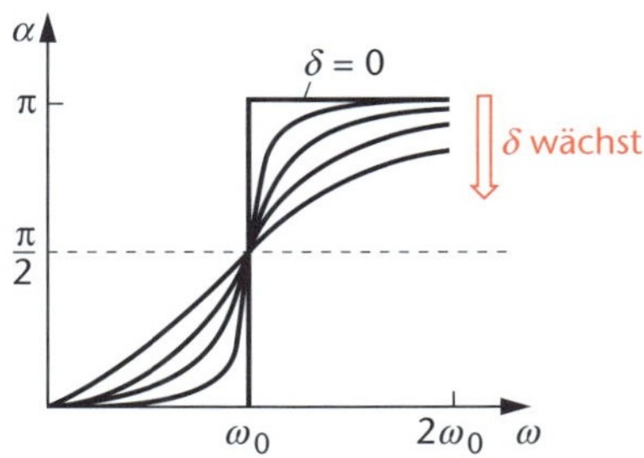

Die Bedeutung der Resonanz in Technik und Alltag ist groß. Die meisten mechanischen Gebilde sind schwingungsfähig und können durch äußere periodische Kräfte angeregt werden. Im Resonanzfall kommt es zum „Aufschaukeln", das bis zur Zerstörung führt (**Resonanzkatastrophe**). Bei Drehbewegungen nennt man die Resonanzfrequenz **kritische Drehzahl**.

Zur Verhinderung zu großer Amplituden kann man

- periodische Kräfte vermeiden,
- große Differenzen zwischen Erregerfrequenz und Eigenfrequenz einhalten,
- Resonanzfrequenz nur für Zeiten kleiner als die Einschwingzeit zulassen,
- Dämpfungselemente einsetzen.

13.5 Überlagerung von Schwingungen

Jeder Schwinger kann gleichzeitig mehrere Schwingungen ausführen. Die Einzelschwingungen überlagern sich zu einer resultierenden Schwingung. Es gilt als Überlagerungsgesetz das

> **Prinzip der ungestörten Superposition**:
> Wird ein Körper zu mehreren Schwingungen angeregt, so überlagern sich diese unabhängig voneinander, d. h. ohne sich gegenseitig zu beeinflussen.

Da Elongationen und Amplituden vektorielle Größen sind, lassen sich die Resultierenden nach den bekannten Verfahren sowohl *zeichnerisch* als auch *rechnerisch* ermitteln.

Es muss unterschieden werden zwischen der Überlagerung von

- Schwingungen mit gleicher Schwingungsrichtung und
- Schwingungen, deren Schwingungsrichtungen einen rechten Winkel bilden.

13.5.1 Schwingungen gleicher Richtung und Frequenz

> Durch Überlagerung von zwei harmonischen Schwingungen gleicher Richtung und Frequenz entsteht wieder eine harmonische Schwingung gleicher Frequenz, deren Amplitude von den Einzelamplituden und den Nullphasenwinkeln abhängt.

Die *resultierende Elongation* ist zu jedem Zeitpunkt gleich der *algebraischen Summe* der Einzelelongationen.

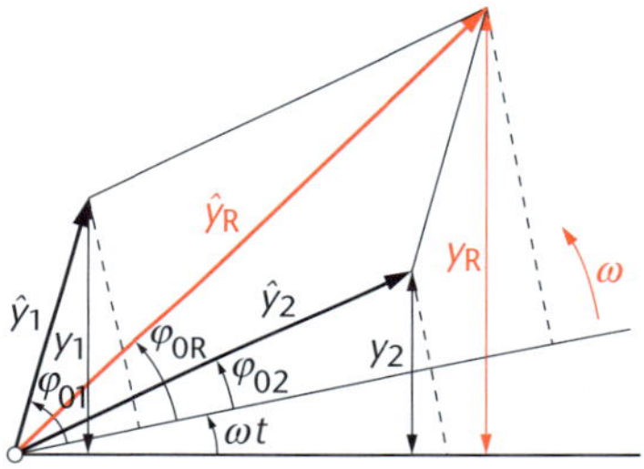

Wenn

$\hat{y}_1, y_1, \varphi_{01}$ Amplitude, Elongation und Nullphasenwinkel der Schwingung 1,

$\hat{y}_2, y_2, \varphi_{02}$ Amplitude, Elongation und Nullphasenwinkel der Schwingung 2,

ω Kreisfrequenz beider Schwingungen,

t Dauer beider Schwingungen,

$\hat{y}_R, y_R, \varphi_{0R}$ Amplitude, Elongation und Nullphasenwinkel der resultierenden Schwingung,

dann gilt

$$y_R = y_1 + y_2 = \hat{y}_1 \sin(\omega t + \varphi_{01}) + \hat{y}_2 \sin(\omega t + \varphi_{02})$$

und unter mehrfacher Verwendung von Additionstheoremen

(M 13.45) $$y_R = \hat{y}_R \sin(\omega t + \varphi_{0R})$$

mit

(M 13.46) $$\hat{y}_R = \sqrt{\hat{y}_1^2 + \hat{y}_2^2 + 2\hat{y}_1\hat{y}_2 \cos(\varphi_{01} - \varphi_{02})}$$

sowie

(M 13.47) $$\varphi_{0R} = \arctan \frac{\hat{y}_1 \sin \varphi_{01} + \hat{y}_2 \sin \varphi_{02}}{\hat{y}_1 \cos \varphi_{01} + \hat{y}_2 \cos \varphi_{02}}$$

Beachte:

- In der Zeichnung sind die Amplituden als Vektoren dargestellt. Ihre Richtungen entsprechen den Nullphasenwinkeln. Während der Zeit t drehen sich alle um den gleichen Winkel ωt, weil alle Schwingungen frequenzgleich sind. Diese Darstellung als rotierende Vektoren heißt **Zeigerdiagramm**. Es ermöglicht, Amplitude und Elongationen ohne Rechnung zu ermitteln.

■ Im **Sonderfall gleicher Amplituden** vereinfachen sich (M 13.46) und (M 13.47) mit $\hat{y}_1 = \hat{y}_2$ zu

(M 13.48) $$\hat{y}_R = 2\hat{y}_1 \cos \frac{\varphi_{01} - \varphi_{02}}{2}$$

und

(M 13.49)
$$\varphi_{0R} = \frac{\varphi_{01} + \varphi_{02}}{2}$$

Für die Differenz der Nullphasenwinkel $\Delta\varphi_0 = 0$ bzw. π ergeben sich weitere

Sonderfälle:

Bedingungen		**Überlagerungsergebnis**
$\hat{y}_1 = \hat{y}_2$	$\Delta\varphi = 0$	Verdoppelung der Elongationen
$\hat{y}_1 \neq \hat{y}_2$	$\Delta\varphi = 0$	Addition der Elongationen
$\hat{y}_1 = \hat{y}_2$	$\Delta\varphi = \pi$	Beide Schwingungen heben sich auf
$\hat{y}_1 \neq \hat{y}_2$	$\Delta\varphi = \pi$	Subtraktion der Elongationen

Beachte:

- $\Delta\varphi = \varphi_{01} - \varphi_{02}$.

13.5.2 Schwingungen gleicher Richtung und ungleicher Frequenz

Durch Überlagerung von zwei harmonischen Schwingungen mit gleicher Richtung und ungleichen Frequenzen entsteht eine nichtharmonische Schwingung.

Beachte:

- Jede nichtharmonische Schwingung kann als Resultierende mehrerer harmonischer Schwingungen dargestellt werden. Dieses mathematische Verfahren heißt **FOURIER-Analyse**.

■ Unter der vereinfachenden Voraussetzung, dass $\hat{y}_1 = \hat{y}_2$ und $\varphi_{01} = \varphi_{02}$, ergibt sich bei der Überlagerung von zwei Schwingungen mit **geringem Frequenzunterschied** als Überlagerungsergebnis eine **Schwebung**.

Wenn

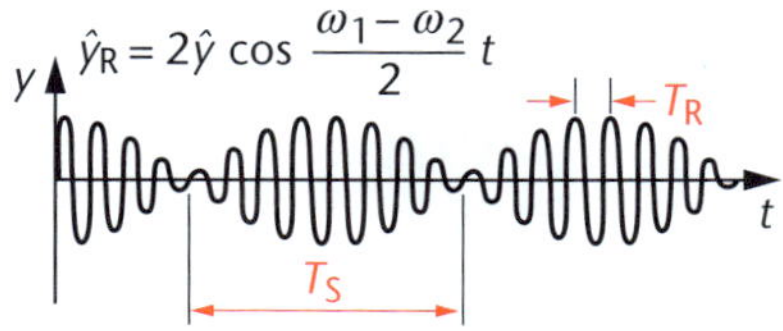

ω_1 Kreisfrequenz der Schwingung 1,
ω_2 Kreisfrequenz der Schwingung 2,
$\hat{y}$ Amplitude beider Schwingungen,
y_R Elongation der resultierenden Schwingung,
t Zeit,

dann gilt

$y_R = y_1 + y_2 = \hat{y}(\sin \omega_1 t + \sin \omega_2 t)$.

Mit Hilfe von Additionstheoremen ergibt sich daraus

(M 13.50) $$y_R = 2\hat{y} \cos \left(\frac{\omega_1 - \omega_2}{2} t \right) \sin \left(\frac{\omega_1 + \omega_2}{2} t \right)$$

Beachte:

- Die Schwebung ist eine Schwingung mit der *mittleren* Frequenz $(f_1 + f_2)/2$. Die Amplitude schwankt periodisch zwischen dem Maximalwert $2\hat{y}$ und dem Minimalwert 0.
- An jeder Nullstelle der Amplitude tritt ein Phasensprung von π auf.

■ Als **Schwebungsdauer** T_S bezeichnet man den *zeitlichen* Abstand zweier benachbarter Nullstellen der Amplitude. Wegen der Kosinusfunktion, die für $\pi/2$, $3\pi/2 \ldots$ null wird, gilt

$\frac{\omega_1 - \omega_2}{2} T_S = \pi$. Daraus folgt mit $\omega = 2\pi f$

$\frac{2\pi f_1 - 2\pi f_2}{2} = f_S \pi$. Umstellung ergibt die

Schwebungsfrequenz

(M 13.51) $$f_S = f_1 - f_2$$

Die Schwebungsfrequenz $= \frac{\text{Anzahl der Amplitudenminima}}{\text{Zeit}}$ ist gleich der Differenzfrequenz.

Aus (M 13.51) ergibt sich mit $T_S = 1/f_S$

$$T_S = \frac{1}{\frac{1}{T_1} - \frac{1}{T_2}}$$

und nach Umformung

(M 13.52) $$T_S = \frac{T_1 T_2}{T_2 - T_1}$$

■ Die **Frequenz** der resultierenden Schwingung ergibt sich aus (M 13.51) zu

(M 13.53) $$f_R = \frac{f_1 + f_2}{2} = \overline{f}$$

Daraus folgt für die **Periodendauer** der resultierenden Schwingung mit $T_R = 1/f_R$

(M 13.54) $$T_R = \frac{2T_1 T_2}{T_1 + T_2}$$

■ Ist die als Voraussetzung für eine Schwebung eingeführte Bedingung $\hat{y}_1 = \hat{y}_2$ nicht erfüllt, so entsteht eine **unreine Schwebung**. Bei ihr wird die Schwingungsamplitude nicht null, sondern durchläuft nur ein Minimum. Außerdem ist die Schwingungsdauer T_R nicht konstant, sondern schwankt periodisch. Sie besitzt ihr Maximum im Amplitudenminimum und umgekehrt.

13.5.3 Schwingungen ungleicher Richtung

Beide Schwingungen erfolgen in den x- und y-Achsen eines rechtwinkligen Koordinatensystems:

$$x = \hat{x}\sin(\omega_x t + \varphi_{0x}) \quad \text{und} \quad y = \hat{y}\sin(\omega_y t + \varphi_{0y}).$$

Die resultierende Elongation zur Zeit t ist durch eine Vektoraddition zu bestimmen.

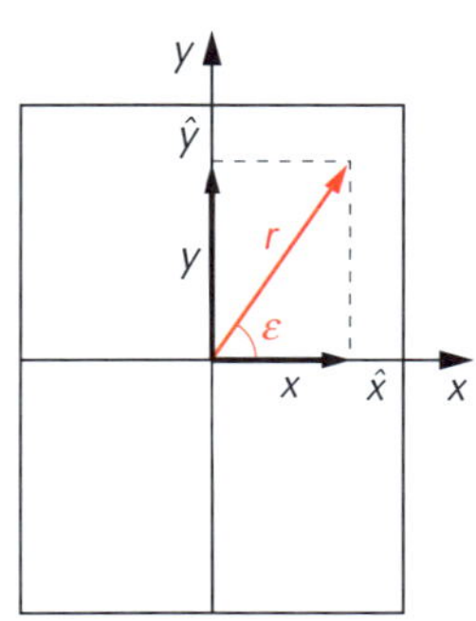

Wenn

r resultierende Elongation zur Zeit t,
x, y Elongationen der Einzelschwingungen zur Zeit t,
ε Winkel zwischen der resultierenden Elongation und der positiven x-Richtung,

dann gilt

(M 13.55) $$r = \sqrt{x^2 + y^2}$$

und

(M 13.56) $\varepsilon = \arctan \dfrac{y}{x}$

Beachte:

- r und ε sind die Polarkoordinaten des Endpunktes der resultierenden Elongation.

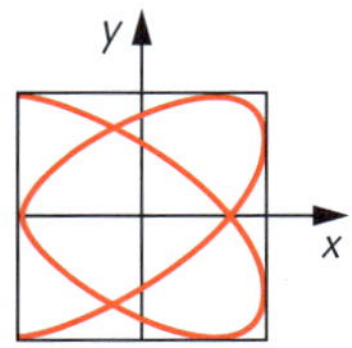

■ Bestimmt man die resultierenden Elongationen zu den verschiedenen Zeiten und verbindet deren Endpunkte, so erhält man die Bahnkurve der resultierenden Schwingung (in der x, y-Ebene). Es sind Kurven komplizierter Struktur, die als **LISSAJOUS-Figuren** bezeichnet werden. Nur im Falle *gleicher Frequenz* ergeben sich *Ellipsen* unterschiedlicher Exzentrizität (Gerade und Kreis eingeschlossen).

■ Die Gleichungen der Bahnkurven für den Fall $f_1 = f_2$ findet man aus den Gleichungen der Einzelschwingungen: $x = \hat{x} \sin \omega t$ und $y = \hat{y} \sin(\omega t + \alpha)$, wenn zwischen beiden Schwingungen eine Phasenwinkeldifferenz von $\Delta\varphi = \alpha$ besteht. Mit

$$\sin \omega t = \frac{x}{\hat{x}} \quad \text{und} \quad \cos \omega t = \sqrt{1 - \frac{x^2}{\hat{x}^2}}$$

ergibt sich nach Anwendung eines Additionstheorems zunächst

$y = \hat{y} \sin \omega t \cos \alpha + \hat{y} \cos \omega t \sin \alpha$ und weiter

$y = \hat{y} \dfrac{x}{\hat{x}} \cos \alpha + \hat{y} \sqrt{1 - \dfrac{x^2}{\hat{x}^2}} \sin \alpha.$ Umformen ergibt

$$\frac{y}{\hat{y}} - \frac{x}{\hat{x}} \cos \alpha = \sqrt{1 - \frac{x^2}{\hat{x}^2}} \sin \alpha.$$

Quadrieren und Umformen liefert die Gleichung für die Bahnkurve

$$\frac{y^2}{\hat{y}^2} + \frac{x^2}{\hat{x}^2} - \frac{2xy}{\hat{x}\hat{y}} \cos \alpha = \sin^2 \alpha.$$

Es ist die Gleichung einer Ellipse mit dem Mittelpunkt im Koordinatenursprung und einer Neigung der Ellipsenachsen gegen die Koordinatenachsen.

■ Die Bahngleichung vereinfacht sich für bestimmte Phasenwinkeldifferenzen $\Delta\varphi = \alpha$:

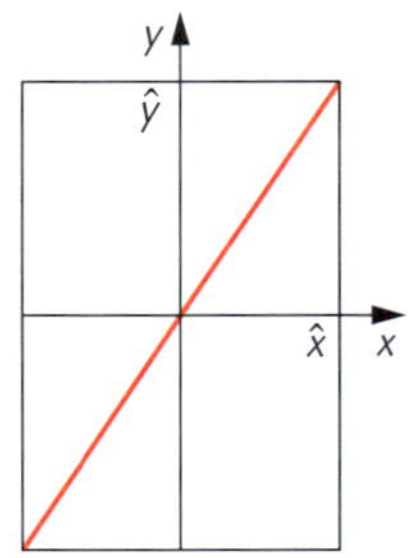

▶ $\boldsymbol{\Delta\varphi = 0}$

Die Bahngleichung lautet

$$\frac{x^2}{\hat{x}^2} + \frac{y^2}{\hat{y}^2} - \frac{2xy}{\hat{x}\hat{y}} = 0.$$

Daraus folgt

$$\frac{x}{\hat{x}} - \frac{y}{\hat{y}} = 0 \quad \text{oder} \quad y = \frac{\hat{y}}{\hat{x}}x.$$

Dieses ist die Gleichung einer Geraden mit einer Neigung

$$\varepsilon = \arctan\frac{\hat{y}}{\hat{x}}.$$

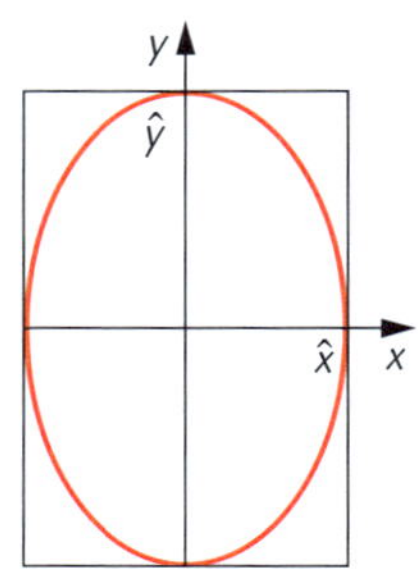

▶ $\boldsymbol{\Delta\varphi = \frac{\pi}{2}}$

Die Bahngleichung vereinfacht sich zu

$$\frac{x^2}{\hat{x}^2} + \frac{y^2}{\hat{y}^2} = 1.$$

Dies ist die Gleichung einer Ellipse, deren Achsen mit den Koordinatenachsen zusammenfallen.

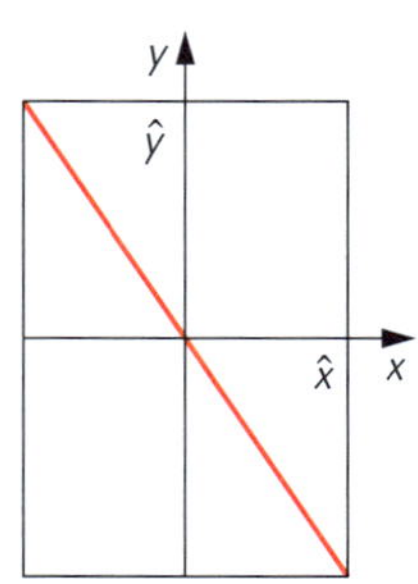

▶ $\boldsymbol{\Delta\varphi = \pi}$

Aus der Bahngleichung folgt

$$y = -\frac{\hat{y}}{\hat{x}}x.$$

Dies ist wieder die Gleichung einer Geraden.

Beachte:

- Die mit $\Delta\varphi = \pi/2$ entstehende Ellipse ist bei Amplitudengleichheit ($\hat{x} = \hat{y}$) ein Kreis (**zirkulare Schwingung**).

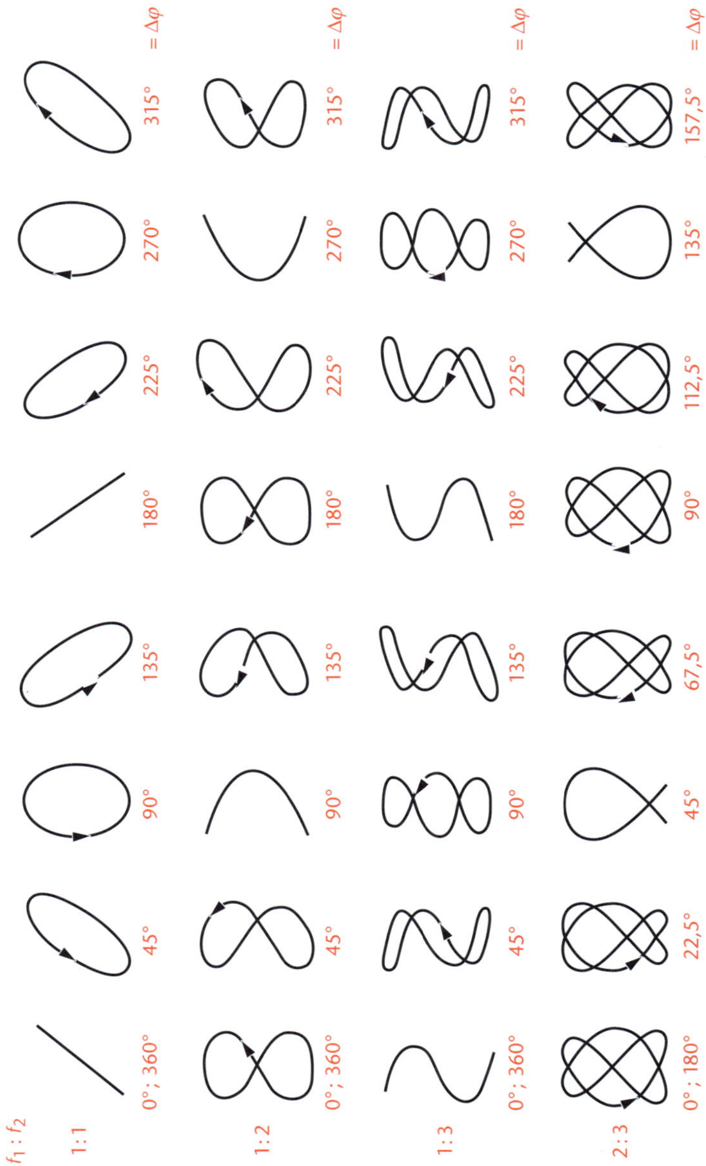

$f_1 : f_2$
1 : 1
0°; 360°
45°
90°
135°
180°
225°
270°
315°
= Δφ
1 : 2
0°; 360°
45°
90°
135°
180°
225°
270°
315°
= Δφ
1 : 3
0°; 360°
45°
90°
135°
180°
225°
270°
315°
= Δφ
2 : 3
0°; 180°
22,5°
45°
67,5°
90°
112,5°
135°
157,5°
= Δφ

M

Sonderfälle (für $f_1 = f_2$)**:**

Bedingungen	**Überlagerungsergebnis**
$\Delta\varphi = 0$	Gerade
$0 < \Delta\varphi < \frac{\pi}{2}$	Ellipse, geneigt
$\Delta\varphi = \frac{\pi}{2}$	Ellipse
$\Delta\varphi = \frac{\pi}{2} \quad \hat{y} = \hat{x}$	Kreis
$\frac{\pi}{2} < \Delta\varphi < \pi$	Ellipse, geneigt
$\Delta\varphi = \pi$	Gerade

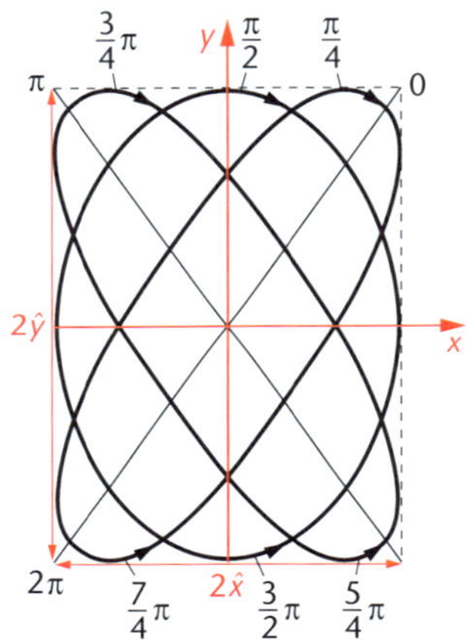

Beachte:

- Bei Phasenwinkeldifferenzen $\pi < \Delta\varphi < 2\pi$ entstehen analoge Figuren, sie werden aber mit entgegengesetzter Umlaufrichtung durchlaufen.
- Bei ungleichen Frequenzen ergibt sich eine unveränderliche LISSAJOUS-Figur, wenn beide Frequenzen ein rationales Verhältnis bilden, anderenfalls wiederholen sich die Bahnkurven nicht, die LISSAJOUS-Figur verändert sich ständig.
- Die Form der LISSAJOUS-Figur ist vom Frequenzverhältnis und der zu Beginn vorhandenen Phasenwinkeldifferenz abhängig.

13.6 Gekoppelte Schwingungen

Zwei miteinander gekoppelte Schwinger beeinflussen sich gegenseitig. Sie sind nicht mehr unabhängig voneinander, weil sie über die Kopplung Energie austauschen können. Die Kopplung kann beruhen auf

- Elastizität,
- Reibung oder
- Trägheit.

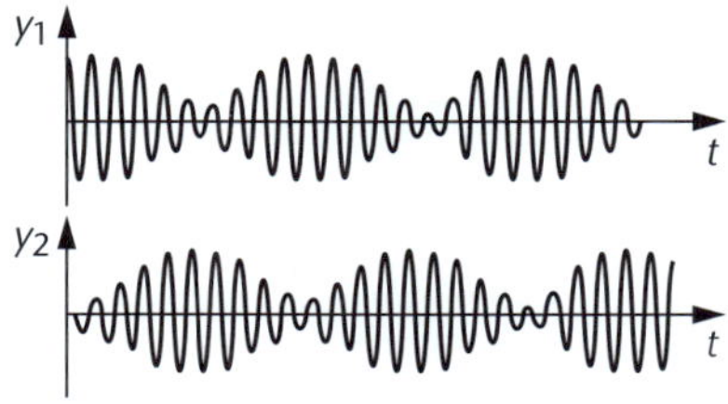

Wird einer der beiden gekoppelten Schwinger durch einmalige Energiezufuhr zum Schwingen angeregt, dann gibt er seine Energie allmählich an den zweiten Schwinger ab. Die Geschwindigkeit, mit der dies erfolgt, hängt von der Stärke der Kopplung (Kopplungsgrad $\varkappa$) ab. Haben beide Schwinger gleiche Frequenz f_0, dann ändert sich die Richtung des Energieflusses erst, wenn Schwinger 1 zur Ruhe gekommen ist (keine Energie mehr besitzt). Beide Schwinger führen **Schwebungen** aus, die zeitlich um $T_S/2$ versetzt sind.

M

Die Schwebungen entstehen durch Überlagerung der beiden **Fundamentalschwingungen**.

Das sind die beiden Schwingungsmöglichkeiten des gekoppelten Systems, bei denen *kein Energieaustausch* stattfindet:

- Beide Schwinger bewegen sich im *Gleichtakt* (gleichsinnig; gleichphasig; $\Delta\varphi = 0$). Das Koppelelement bewirkt keine Frequenzänderung, beide Schwinger haben die Frequenz $f_1 = f_0$.
- Beide Schwinger bewegen sich im *Gegentakt* (gegensinnig; gegenphasig; $\Delta\varphi = \pi$). Das Koppelelement bewirkt mit seiner zusätzlichen Richtgröße k_K eine Vergrößerung der Frequenz. Beide Schwinger schwingen mit f_2.

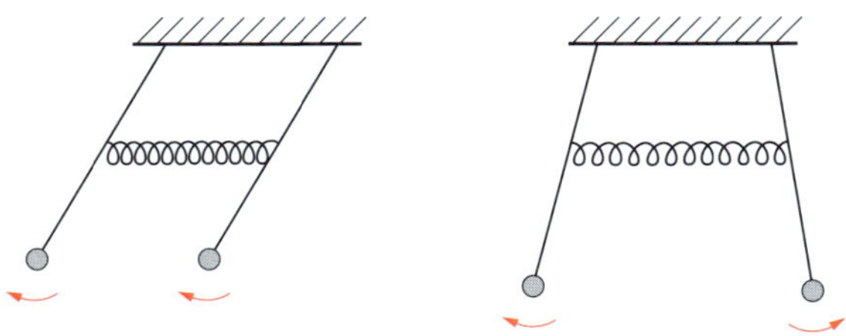

Die **Frequenzen** der beiden Fundamentalschwingungen f_1 und f_2 ergeben sich mit

k Richtgröße des Schwingers 1 = Richtgröße des Schwingers 2,
k_K zusätzliche Richtgröße des Koppelelementes,
m Masse Schwinger 1 = Masse Schwinger 2

zu

(M 13.57)
$$f_1 = f_0 = \frac{1}{2\pi}\sqrt{\frac{k}{m}}$$
$$f_2 = \frac{1}{2\pi}\sqrt{\frac{k + 2k_K}{m}}$$

	f	k	m	T
SI	$\mathrm{Hz} = \frac{1}{\mathrm{s}}$	$\frac{\mathrm{N}}{\mathrm{m}} = \frac{\mathrm{kg}}{\mathrm{s}^2}$	kg	s

Aus den Richtgrößen bzw. den Schwingungsdauern $T = 1/f$ der Fundamentalschwingungen bestimmt sich der

Kopplungsgrad

(M 13.58)
$$\varkappa = \frac{k_K}{k + k_K} = \frac{T_1^2 - T_2^2}{T_1^2 + T_2^2} = \frac{f_2^2 - f_1^2}{f_2^2 + f_1^2}$$

Beachte:

- (M 13.57) und (M 13.58) gelten nur, wenn beide Schwinger *gleiche* Masse, Eigenfrequenz und Richtgröße haben.

14 Mechanische Wellen

Eine mechanische Welle ist ein sich ausbreitender Schwingungsvorgang in einem ausgedehnten **Medium**. Dieses besteht aus einer großen Anzahl schwingungsfähiger, miteinander gekoppelter Teilchen.

Wird eines dieser Teilchen zum Schwingen angeregt, dann wird es zum Zentrum einer sich ausbreitenden Wellenbewegung. *Kinematisches* Kennzeichen ist das Fortschreiten der Schwingungsphase, *dynamisches* Kennzeichen der Energietransport. Beides geschieht mit Phasengeschwindigkeit (Wellengeschwindigkeit).

M

14.1 Wellenausbreitung

14.1.1 Huygens'sches Prinzip

Die Erscheinungen der Wellenausbreitung lassen sich leicht mit dem HUYGENS'schen Prinzip deuten.

> Jeder von einer Wellenbewegung erfasste Punkt eines Mediums wird selbst zum Ausgangspunkt einer neuen Welle, einer so genannten Elementarwelle.

Die vielen entstehenden Elementarwellen kommen zur Überlagerung. Als Ergebnis entsteht die der Beobachtung zugängliche gemeinsame Wellenfront aller Elementarwellen. Das HUYGENS'sche Prinzip gilt für alle Wellenarten, auch für elektromagnetische Wellen.

14.1.2 Wellenarten

Wellen, bei denen die Teilchen senkrecht zur Ausbreitungsrichtung der Welle schwingen, heißen **Querwellen (transversale Wellen)**. In ihnen wechseln **Wellenberge** und **Wellentäler**.

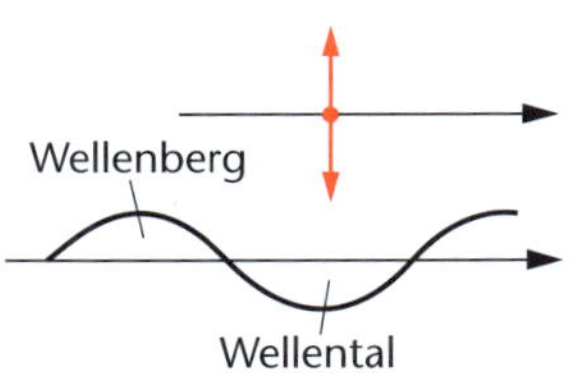

Sind Schwingungs- und Ausbreitungsrichtung gleich, dann heißen die Wellen **Längswellen (longitudinale Wellen)**. In Ihnen wechseln **Verdichtungen** und **Verdünnungen**.

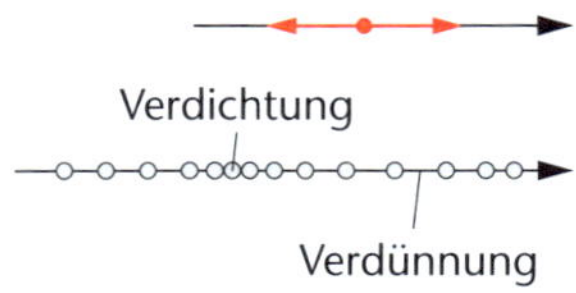

Entsprechend ihrer Ausbreitungsmöglichkeit unterscheidet man **lineare Wellen**, **Flächenwellen** und **Raumwellen** (1-, 2- und 3-dimensionale Wellen). Die Ausbreitungsrichtung einer Welle wird als **Wellenstrahl** bezeichnet. Senkrecht zu diesem verläuft die **Wellenfront**. Sie ist geometrischer Ort aller Teilchen gleicher Phase. Den Abstand zweier benachbarter Wellenfronten bezeichnet man als *Wellenlänge* λ.

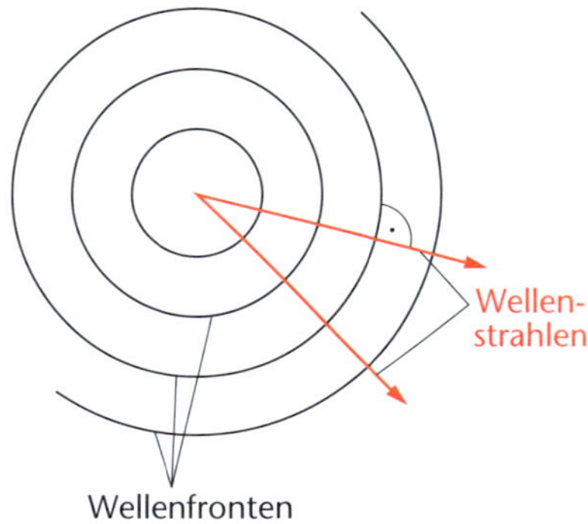

Bei Flächenwellen mit punktförmigem Erregerzentrum verlaufen die Strahlen **radial**, die Wellenfronten sind Kreise bzw. Kugelschalen.

Bei flächenhaften bzw. weit entfernten Wellenzentren spricht man von ebenen Wellen. Die Strahlen sind parallel, die Fronten eben.

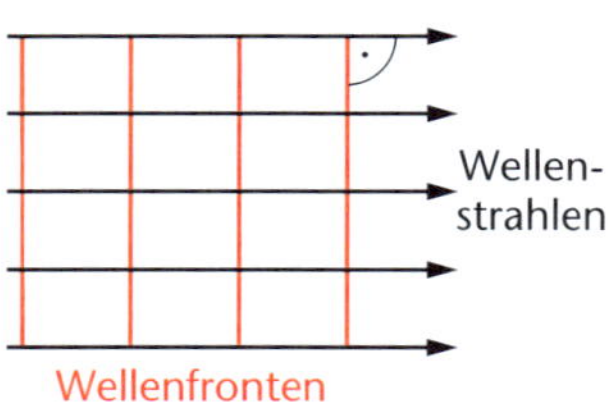

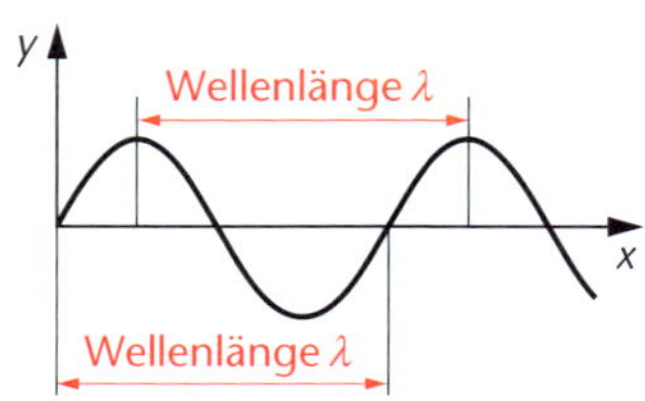

Als Wellenlänge bezeichnet man den Abstand zweier benachbarter Teilchen gleicher Schwingungsphase. Sie ist weder orts- noch zeitabhängig.

Wenn

c Phasengeschwindigkeit, Ausbreitungsgeschwindigkeit der Welle,
f Frequenz, mit der jedes Teilchen der Welle schwingt,

T Schwingungsdauer $= 1/f$, Dauer der vollen Schwingung eines Teilchens,

λ Wellenlänge, Abstand zweier Teilchen gleicher Phase,

dann gilt entsprechend (M 6.1) $c = \lambda / T$ oder

(M 14.1) $$c = \lambda f$$

	c	λ	f
SI	$\frac{\text{m}}{\text{s}}$	m	$\text{Hz} = \frac{1}{\text{s}}$

M

Beachte:

- (M 14.1) gilt für alle Wellenarten, auch für elektromagnetische Wellen.
- Spezielle Gleichungen für die Bestimmung der Phasengeschwindigkeit in verschiedenen Medien → [14.2.3].

14.2 Lineare Sinuswelle

Es sei angenommen, dass die Ausgangsschwingung der Welle harmonisch ist und bei der Ausbreitung der Welle keine Energieverluste im Medium auftreten.

14.2.1 Wellengleichung

Hier nicht erwähnte Ansätze führen bei mechanischen Wellen zu der partiellen Differenzialgleichung einer Welle

(M 14.2) $$\frac{\partial^2 y}{\partial x^2} - \frac{1}{c^2}\frac{\partial^2 y}{\partial t^2} = 0$$

Beachte:

- (M 14.2) sagt aus, dass die 2. Ableitung der Elongation nach der Zeit proportional der 2. Ableitung nach dem Weg ist.
- Die Größe c ist die Ausbreitungsgeschwindigkeit (Phasengeschwindigkeit) der Welle. Sie hängt von bestimmten Eigenschaften (Dichte, Elastizität u. Ä.) des Mediums ab.

14.2.2 Elongation

Eine Lösung von (M 14.2) ergibt sich durch den Ansatz $y = y\left(t \pm \frac{x}{c}\right)$. Da es sich hier um eine beliebige (allerdings zweimal nach t und x differenzierbare) Funktion handelt, können sich Störungen jeder Art als Welle durch ein Medium ausbreiten. Bei der Bestimmung der Elongation im Abstand x vom Wellenzentrum muss die Zeit t um die *Laufzeit* der Welle (Laufstrecke $x/$Geschwindigkeit c) verringert werden. Speziell im Falle der harmonischen Schwingung gilt mit

y Elongation eines Teilchens am Ort x und zur Zeit t,
$\hat{y}$ Amplitude der erregenden Schwingung und der Welle,
ω Kreisfrequenz $= 2\pi f = 2\pi/T$,
t Zeit,
x Abstand vom Wellenzentrum, Laufstrecke der Welle,
c Phasengeschwindigkeit,
T Schwingungsdauer,
λ Wellenlänge

(M 14.3) $$y = \hat{y} \sin \omega \left(t - \frac{x}{c} \right)$$

Mit $f = 1/T$ und $f/c = 1/\lambda$ folgt

(M 14.4) $$y = \hat{y} \sin 2\pi \left(\frac{t}{T} - \frac{x}{\lambda} \right)$$

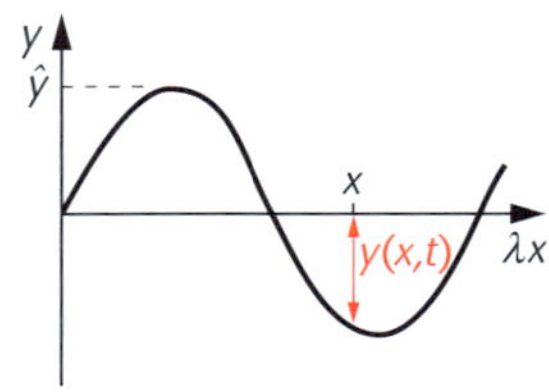

Beachte:

- (M 14.3) und (M 14.4) gelten für eine Wellenausbreitung in positiver x-Richtung. Bei einer Ausbreitung in der Gegenrichtung werden die x-Werte *negativ* und die Klammer somit zu einer Summe.

Gleichung (M 14.4) lässt ein wesentliches Merkmal einer Welle erkennen:

Die Schwingungen einer Welle verlaufen örtlich und zeitlich periodisch.

14.2.3 Phasengeschwindigkeit

Die Phasengeschwindigkeit ist abhängig von den mechanischen Eigenschaften des Mediums.

Wenn
c Phasengeschwindigkeit,
F Spannkraft eines Seils, Drahtes o. Ä.,
A Querschnittsfläche des Seils o. Ä.,
σ Spannung $= F/A$,
E Elastizitätsmodul (→ Tabelle 9),
K Kompressionsmodul $= 1/\varkappa$,

$\varkappa$ Kompressibilität bei Flüssigkeiten (→ Tabelle 4),
Isentropenexponent bei Gasen (→ Tabelle 18),

ϱ Dichte (→ Tabelle 1),

p Gasdruck,

dann gelten für eine

elastische Querwelle in Festkörpern

(M 14.5) $$c = \sqrt{\frac{F}{\varrho A}} = \sqrt{\frac{\sigma}{\varrho}}$$

	c	F	ϱ	A	σ
SI	$\frac{\mathrm{m}}{\mathrm{s}}$	$\mathrm{N} = \frac{\mathrm{kg \cdot m}}{\mathrm{s}^2}$	$\frac{\mathrm{kg}}{\mathrm{m}^3}$	m^2	$\frac{\mathrm{N}}{\mathrm{m}^2}$

elastische Längswelle in Festkörpern (Stab)

(M 14.6) $$c = \sqrt{\frac{E}{\varrho}}$$

	c	E	ϱ
SI	$\frac{\mathrm{m}}{\mathrm{s}}$	$\frac{\mathrm{kg}}{\mathrm{s}^2 \cdot \mathrm{m}}$	$\frac{\mathrm{kg}}{\mathrm{m}^3}$

Längswelle in Flüssigkeiten

(M 14.7) $$c = \sqrt{\frac{K}{\varrho}} = \sqrt{\frac{1}{\varkappa \varrho}}$$

	c	K	$\varkappa$	ϱ
SI	$\frac{\mathrm{m}}{\mathrm{s}}$	$\frac{\mathrm{kg}}{\mathrm{s}^2 \cdot \mathrm{m}}$	$\frac{\mathrm{m}^2}{\mathrm{N}}$	$\frac{\mathrm{kg}}{\mathrm{m}^3}$

Längswelle in Gasen

(M 14.8) $$c = \sqrt{\frac{\varkappa p}{\varrho}}$$

	c	$\varkappa$	p	ϱ
SI	$\frac{\mathrm{m}}{\mathrm{s}}$	–	$\mathrm{Pa} = \frac{\mathrm{kg}}{\mathrm{s}^2 \cdot \mathrm{m}}$	$\frac{\mathrm{kg}}{\mathrm{m}^3}$

14.2.4 Phasensprung

Wird eine eindimensionale Welle (z. B. Seilwelle) an der Grenze Medium 1 – Medium 2 (ganz oder teilweise) reflektiert, so tritt ein Phasensprung von π auf, wenn Medium 2 „dichter" ist, d. h. die kleinere Phasengeschwindigkeit besitzt.

Ein Phasensprung von π bedeutet, dass ein ankommender Wellenberg nach der Reflexion als Wellental zurückläuft (und umgekehrt).

14.2.5 Stehende Wellen

Zwei Wellen, die gleichzeitig in entgegengesetzter Richtung durch das gleiche Medium laufen, überlagern sich zu einer stehenden Welle, vorausgesetzt, beide Wellen stimmen in Amplitude, Frequenz und Wellenlänge überein. Am häufigsten entstehen stehende Wellen, wenn eine eindimensionale Welle nach einer Reflexion mit sich selbst zur Überlagerung kommt.

Wenn

y_R Elongation der resultierenden stehenden Welle,
$\hat{y}$ Amplitude der sich überlagernden Wellen,
ω Kreisfrequenz $= 2\pi f = 2\pi/T$ der sich überlagernden Wellen,
t Zeit,
λ Wellenlänge der sich überlagernden Wellen,
x Ort,

dann gilt für die hinlaufende Welle die Wellengleichung (M 14.4)

$y_1 = \hat{y} \sin 2\pi \left(\frac{t}{T} - \frac{x}{\lambda} \right)$ und für die Welle in Gegenrichtung

$y_2 = \hat{y} \sin 2\pi \left(\frac{t}{T} + \frac{x}{\lambda} \right)$. Daraus ergibt sich für die Resultierende

$$y_R = y_1 + y_2 = \hat{y} \left[\sin 2\pi \left(\frac{t}{T} - \frac{x}{\lambda} \right) + \sin 2\pi \left(\frac{t}{T} + \frac{x}{\lambda} \right) \right].$$

Nach Anwendung eines Additionstheorems erhält man daraus

$y_R = 2\hat{y} \cos 2\pi \frac{x}{\lambda} \sin 2\pi \frac{t}{T}$ oder mit

$\frac{1}{T} = f$ und $2\pi f = \omega$

(M 14.9) $$y_R = 2\hat{y} \cos 2\pi \frac{x}{\lambda} \sin \omega t$$

Das ist die Gleichung einer Sinusschwingung mit ortsabhängiger Amplitude $2\hat{y} \cos 2\pi(x/\lambda)$. Für bestimmte Werte von x, also bestimmte Stellen der Welle, ist die Amplitude $2\hat{y}$, für andere 0. Diese Stellen der Welle bewegen sich nicht weiter und haben voneinander einen Abstand von jeweils $\lambda/2$.

Beachte:

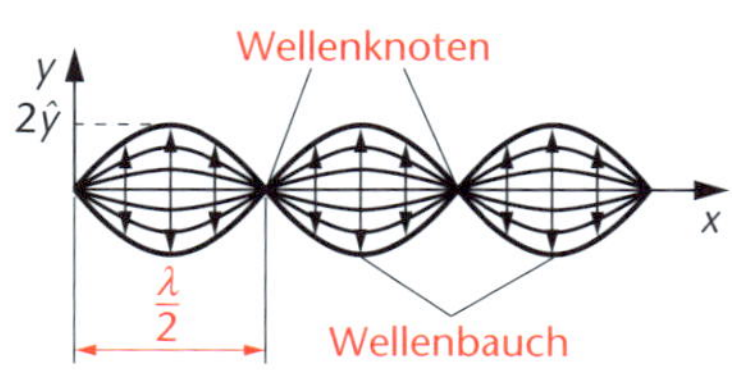

- Stehende Wellen ergeben sich sowohl bei einer Reflexion am dünneren wie auch am dichteren Medium.
- Stellen, deren Amplitude immer null ist, heißen **Wellenknoten**; Stellen, deren Amplitude immer $2\hat{y}$ ist, heißen **Wellenbäuche**.

- In einem Medium begrenzter Länge l kann sich eine stehende Welle nur bilden, wenn l ein ganzzahliges Vielfaches der halben Wellenlänge $\lambda/2$ ist.

14.3 Wellen in ausgedehnten Medien

14.3.1 Überlagerung

M

Durchlaufen mehrere Wellen ein Medium, so kommt es zur Überlagerung (**Interferenz**). Auch bei Wellen gilt das „Prinzip der ungestörten Überlagerung" (Superpositionsprinzip).

Die resultierende Elongation zur Zeit t am Ort x bei der Überlagerung von 2 Wellenzügen gleicher Frequenz beträgt

$$y_R = \hat{y}_1 \sin \omega \left(t - \frac{x}{c}\right) + \hat{y}_2 \sin \left[\omega \left(t - \frac{x}{c}\right) + \Delta\varphi\right] \quad \text{oder}$$

$$y_R = \hat{y}_1 \sin \omega \left(t - \frac{x}{c}\right) + \hat{y}_2 \sin \omega \left(t - \frac{x + \Delta x}{c}\right).$$

Wenn

$\Delta\varphi$ Phasenwinkeldifferenz zwischen beiden Wellen an der Stelle der Überlagerung, Phasenverschiebung,

Δx Differenz der Laufstrecken beider Wellen am Ort der Überlagerung, Gangunterschied,

λ Wellenlänge beider Wellen,

dann gilt als Bedingung für die

maximale Gesamtamplitude

(M 14.10)
$$\boxed{\begin{aligned} \Delta\varphi &= k \cdot 2\pi \\ \Delta x &= k\lambda \end{aligned}} \quad \text{mit} \quad k = 0,\ \pm 1,\ \pm 2,\ \ldots$$

und für die

minimale Gesamtamplitude

(M 14.11)
$$\boxed{\begin{aligned} \Delta\varphi &= (2k+1)\pi = \left(k + \frac{1}{2}\right) \cdot 2\pi \\ \Delta x &= (2k+1)\frac{\lambda}{2} = \left(k + \frac{1}{2}\right)\lambda \end{aligned}} \quad \text{mit} \quad k = 0,\ \pm 1,\ \pm 2,\ \ldots$$

Beachte:

- Besitzen beide Wellenzüge gleiche Amplituden ($\hat{y}_1 = \hat{y}_2$), dann ist die minimale Gesamtamplitude $\hat{y}_R = 0$; es tritt **Auslöschung** ein.

14.3.2 Reflexion

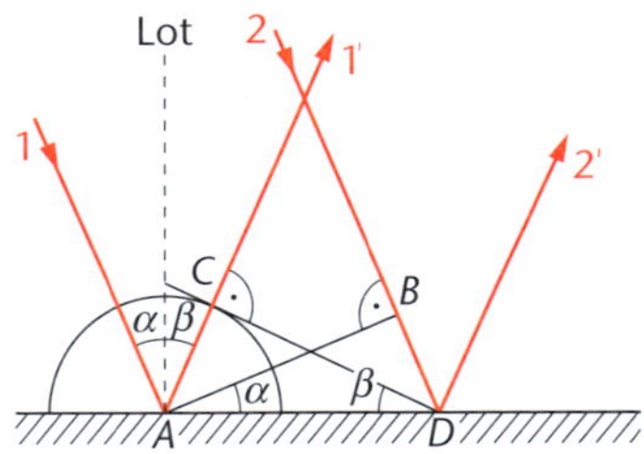

Trifft eine ebene Welle an der Grenze des Mediums auf ein anderes, so tritt eine völlige oder teilweise Zurückwerfung (Reflexion) auf. Die Konstruktion der reflektierten Strahlen 1′ und 2′ erfolgt nach dem HUYGENS'schen Prinzip, wonach im Punkt A eine Elementarwelle entsteht, deren Radius die Größe $\overline{AC} = \overline{BD}$ erreicht hat, wenn Strahl 2 in D auf die Grenzfläche trifft. Nach Konstruktion der gemeinsamen Wellenfront durch D und C ergibt sich die neue Wellenrichtung.

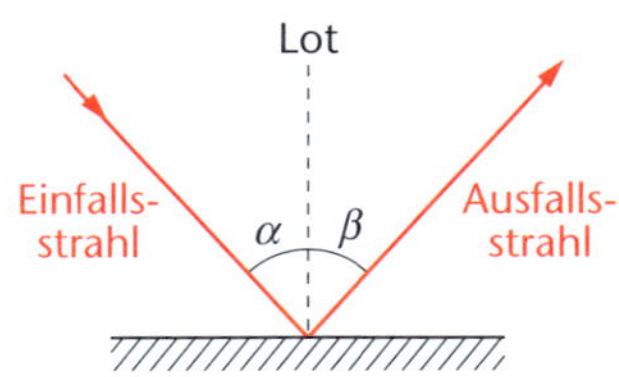

Wenn

- α Einfallswinkel = Winkel zwischen dem auftreffenden Strahl und dem auf der Grenzfläche errichteten Lot,
- β Reflexionswinkel = Winkel zwischen dem reflektierten Strahl und dem Lot,

dann gilt das

Reflexionsgesetz

(M 14.12) $\boxed{\alpha = \beta}$ Beide Strahlen und das Lot liegen in einer Ebene.

Beachte:

- (M 14.12) gilt auch für elektromagnetische Wellen, z. B. Licht → [25.2.1].

14.3.3 Brechung

Tritt eine ebene Welle an der Grenze des Mediums in ein anderes über, so ändert sich mit der Ausbreitungsgeschwindigkeit auch die Ausbreitungsrichtung. Der Strahl wird gebrochen. Die Konstruktion der gebrochenen Strahlen 1′ und 2′ erfolgt nach dem HUYGENS'schen Prinzip, wonach im Punkt A eine Elementarwelle entsteht, deren Radius die Größe $\overline{AC} = \overline{BD}\frac{c_2}{c_1}$ erreicht hat, wenn Strahl 2 in D auf die Grenzfläche trifft. Nach Konstruktion der gemeinsamen Wellenfront durch D und C ergibt sich die neue Wellenrichtung.

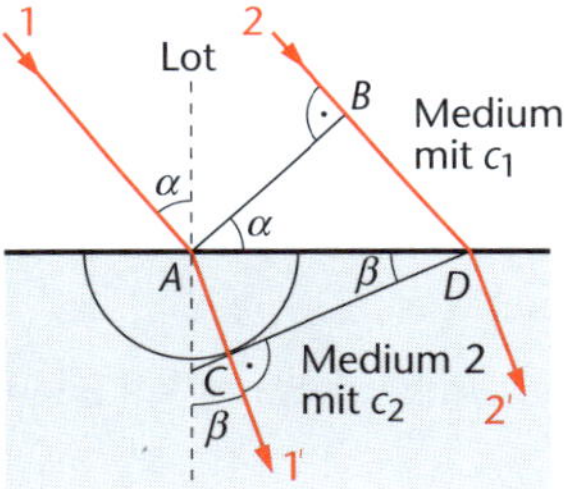

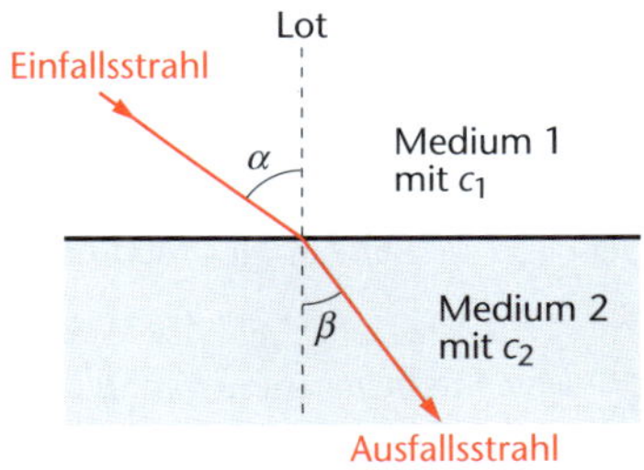

Wenn

- α Einfallswinkel, gemessen zwischen Strahl und Lot,
- β Brechungswinkel, gemessen zwischen Strahl und Lot,
- c_1 Ausbreitungsgeschwindigkeit im Medium 1,
- c_2 Ausbreitungsgeschwindigkeit im Medium 2,

dann gilt das

Brechungsgesetz

(M 14.13) $$\frac{\sin\alpha}{\sin\beta} = \frac{c_1}{c_2}$$ Beide Strahlen und das Lot liegen in einer Ebene.

Beachte:

- (M 14.13) gilt auch für elektromagnetische Wellen, z. B. Licht → [25.3.1].

14.3.4 Beugung

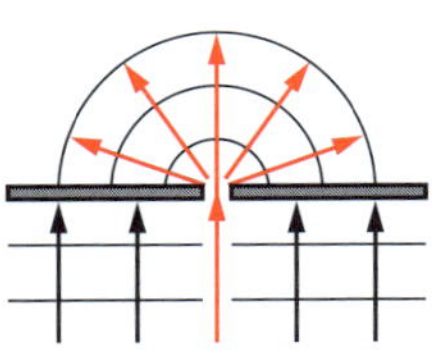

Trifft eine ebene Welle auf eine Wand mit einem schmalen Spalt, dann breitet sich der durch die Öffnung hindurchgelangende Strahl fächerartig auseinander, die Welle wird gebeugt. Die Erklärung dafür ergibt sich aus dem HUYGENS'schen Prinzip. Der Winkel zwischen der ursprünglichen und den neuen Richtungen wird als Beugungswinkel bezeichnet. Die

Energie des ankommenden Strahls verteilt sich nicht gleichmäßig auf die einzelnen Richtungen. Sie nimmt mit zunehmendem Beugungswinkel ab.

Beachte:

- Beugung von Lichtstrahlen → [26.2].

14.4 Größen des Wellenfeldes

14.4.1 Energiedichte

In jeder Welle wird Energie transportiert, die als Schwingungsenergie von Teilchen zu Teilchen des Mediums weitergeleitet wird.

Den Energiegehalt der Welle, bezogen auf ein bestimmtes Volumen des Mediums, nennt man **Energiedichte** w.

SI-Einheit der Energiedichte: $[w] = \dfrac{\text{J}}{\text{m}^3}$.

Wenn

w Energiedichte,
ϱ Dichte des Mediums,
$\hat{v}$ maximale Schwinggeschwindigkeit der Teilchen,
ω Kreisfrequenz $= 2\pi f = 2\pi/T$,
$\hat{y}$ Amplitude,

dann gilt, weil das Teilvolumen $\mathrm{d}V$ eines Mediums mit der Masse $\mathrm{d}m = \varrho\,\mathrm{d}V$ nach (M 13.19) die Schwingungsenergie

$\mathrm{d}E = \dfrac{\varrho\,\mathrm{d}V\,\hat{v}^2}{2}$ hat, mit $w = \dfrac{\mathrm{d}E}{\mathrm{d}V}$ und $\hat{v} = \hat{y}\omega$ (M 13.4) für die

Energiedichte

(M 14.14) $$w = \frac{\varrho\hat{v}^2}{2} = \frac{\varrho\omega^2\hat{y}^2}{2}$$

	w	ϱ	v	ω	y
SI	$\dfrac{\text{J}}{\text{m}^3}$	$\dfrac{\text{kg}}{\text{m}^3}$	$\dfrac{\text{m}}{\text{s}}$	$\dfrac{1}{\text{s}}$	m

14.4.2 Energiestrom

Wenn

E Energie, die während der Zeit t durch die Fläche A strömt,
c Phasengeschwindigkeit der Welle,
w Energiedichte,
t Zeit,

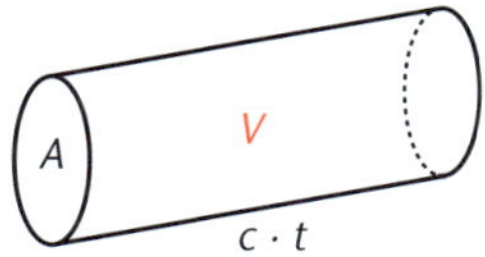

A Fläche,
ϱ Dichte des Mediums,
$\hat{v}$ maximale Schwinggeschwindigkeit,
$\hat{y}$ Amplitude,
ω Kreisfrequenz,

dann gilt $E = wV$. Das ist die im Volumen $V = Act$ enthaltene Energie. Daraus wird $E = wAct$ und mit (M 14.14)

(M 14.15) $$E = \frac{\varrho \hat{v}^2 Act}{2} = \frac{\varrho \omega^2 \hat{y}^2 Act}{2}$$

	E	ϱ	v	A	c	t
SI	J	$\frac{\text{kg}}{\text{m}^3}$	$\frac{\text{m}}{\text{s}}$	m^2	$\frac{\text{m}}{\text{s}}$	s

14.4.3 Leistung

Für die Leistung $P = E/t$ folgt aus (M 14.15)

(M 14.16) $$P = wAc = \frac{\varrho \hat{v}^2 Ac}{2} = \frac{\varrho \omega^2 \hat{y}^2 Ac}{2}$$

	P	w	ω	y
SI	W	$\frac{\text{J}}{\text{m}^3}$	$\frac{1}{\text{s}}$	m

14.4.4 Intensität

Für sie folgt aus (M 14.16) mit $J = P/A$

(M 14.17) $$J = wc = \frac{\varrho \hat{v}^2 c}{2} = \frac{\varrho \omega^2 \hat{y}^2 c}{2}$$

	J	w	c
SI	$\frac{\text{W}}{\text{m}^2}$	$\frac{\text{J}}{\text{m}^3}$	$\frac{\text{m}}{\text{s}}$

Beachte:

- Die mit den Gleichungen (M 14.14) bis (M 14.17) dargestellten Größen Energiedichte w, Energie E, Leistung P und Intensität J sind nur dann ortsunabhängig, d. h. innerhalb des Wellenfeldes konstant, wenn es sich um eindimensionale oder zwei- und dreidimensionale Wellen mit ebener Wellenfront handelt.
- Bei Kreiswellen ist $w \sim 1/r$ und bei Kugelwellen $w \sim 1/r^2$ mit r als Abstand vom Erregerzentrum.

Übersicht:

Ausbreitung der Welle	$\hat{y}$	w, E, P
eindimensional	konstant	konstant
zweidimensional, eben	konstant	konstant
dreidimensional, eben	konstant	konstant
zweidimensional, Kreis	$\sim \frac{1}{\sqrt{r}}$	$\sim \frac{1}{r}$
dreidimensional, Kugel	$\sim \frac{1}{r}$	$\sim \frac{1}{r^2}$

Beachte:

- Energieabsorption im Medium ist dabei nicht berücksichtigt.

14.4.5 Wellenwiderstand

Das in den Gleichungen für die Größen des Wellenfeldes häufig vorkommende Produkt ϱc bezeichnet man als Wellenwiderstand Z.

Wenn

Z Wellenwiderstand,
ϱ Dichte des Mediums,
c Phasengeschwindigkeit der Welle in diesem Medium,

dann gilt

(M 14.18) $$\boxed{Z = \varrho c}$$

	Z	ϱ	c
SI	$\frac{\text{kg}}{\text{m}^2 \cdot \text{s}}$	$\frac{\text{kg}}{\text{m}^3}$	$\frac{\text{m}}{\text{s}}$

WÄRMELEHRE W

Die Wärmelehre (Thermodynamik) fußt auf den Gesetzmäßigkeiten der Mechanik. Es muss unterschieden werden zwischen dem *Wärmezustand* (der Temperatur) eines Körpers und der *Wärmeenergie*. Letztere unterliegt wie alle Energiearten dem Energieerhaltungssatz. Änderungen der Temperatur und Zufuhr oder Abgabe von Wärmeenergie sind *nicht* identisch!

15 Temperatur

Die Temperatur eines Körpers ist ein Maß für die mittlere *Bewegungsenergie* je Molekül → [19] Kinetische Wärmetheorie.

In *Festkörpern* schwingen die Moleküle um ihre feste Gleichgewichtslage. Sie besitzen potenzielle und kinetische Energie in allen drei Raumachsen.

Die Moleküle von *Flüssigkeiten* schwingen ebenfalls, führen aber zusätzlich Stöße aus.

In *gasförmigen Körpern* bewegen sich die Moleküle mit zum Teil erheblichen Geschwindigkeiten (Größenordnung 10^3 m/s).

Die Temperatur kennzeichnet einen *Zustand* des Körpers, der von seiner Masse und stofflichen Zusammensetzung unabhängig ist. Man bezeichnet die Temperatur deshalb als **Zustandsgröße**.

Viele physikalische Größen sind temperaturabhängig:

- Das Volumen der Körper (und damit sämtliche Abmessungen) nimmt in der Regel mit steigender Temperatur zu.
- Flüssiger und gasförmiger Aggregatzustand aller Stoffe existieren bei jeweils höherer Temperatur als der feste Zustand.
- Der spezifische Widerstand steigt bei Metallen mit wachsender Temperatur, bei Halbleitern dagegen sinkt er.
- Die von einem erhitzten Körper ausgehende Strahlung (Temperaturstrahlung) wird mit steigender Temperatur kurzwelliger.
- Die Spannung eines Thermoelements wächst mit der Temperatur.

- Viele „Stoffkonstanten“ (Materialwerte) sind Funktionen der Temperatur: Schallgeschwindigkeit, spezifische Wärmekapazität, Ausdehnungskoeffizient u. v. a.).

Die meisten dieser temperaturabhängigen Größen werden zur *Temperaturmessung* verwendet.

15.1 Temperaturmessung

15.1.1 Temperaturskalen

Die Einheit der Temperatur ist im Internationalen Einheitensystem (SI) eine Basiseinheit.

SI-Einheit der Temperatur: $[T]$ = Kelvin (K).

Definition der Einheit Kelvin (K) → [17.3.4].

Eine weitere gesetzliche Einheit ist der Grad Celsius (°C). In Großbritannien und Nordamerika ist ferner der Grad Fahrenheit gebräuchlich.

■ Zur Eichung dienen in allen Temperaturskalen international vereinbarte Fixpunkte (Festpunkte), z. B.:

Übersicht:

Stoff	**Fixpunkt**	°C	K	°F
Sauerstoff	Siedepunkt	−182,962	90,188	
Quecksilber	Erstarrungspunkt	−38,836	234,314	
Wasser	**Erstarrungspunkt**	**0**	**273,15**	**32**
Wasser	**Siedepunkt**	**100,00**	**373,15**	**212**
Quecksilber	Siedepunkt	356,66	629,81	
Schwefel	Siedepunkt	444,674	717,824	
Silber	Erstarrungspunkt	961,78	1 234,93	
Gold	Erstarrungspunkt	1 064,18	1 337,33	

Die angegebenen Werte gelten (wie alle druckabhängigen Größen) bei dem Normdruck $p_n = 101{,}325\,\text{kPa} = 1\,013{,}25\,\text{hPa}$.

■ Die *Kelvin-Skala* hat ihren Nullpunkt bei der tiefsten Temperatur, die theoretisch möglich ist, dem **absoluten Nullpunkt**.

Der Nullpunkt der *Celsius-Skala* liegt (bei gleicher Gradgröße) beim Erstarrungspunkt des Wassers. Tiefere Temperaturen sind negativ. Kelvin- und Celsius-Skala sind demnach lediglich gegeneinander versetzt.

Wenn

T Temperatur in Kelvin (K), absolute Temperatur,
t Temperatur in Grad Celsius (°C), Celsius-Temperatur,
T_0 Nullpunkt der Celsius-Skala = 273,15 K (Erstarrungspunkt des Wassers),

dann gilt

(W 15.1) $$t = T - T_0 \quad \text{oder} \quad T = t + T_0$$

Beachte:

- Die Temperatur ist die einzige physikalische Größenart mit zwei Formelzeichen (T, t) je nach zu verwendender Einheit (K, °C). Sollten beide Formelzeichen in *einer* Formel vorkommen, so dürfen sie **nicht** gegeneinander gekürzt werden!
- Temperaturdifferenzen ΔT und Δt werden in Kelvin (K) angegeben. Für Differenzen von Celsius-Temperaturen Δt ist auch die Benennung Grad Celsius (°C) zulässig.
  Als Einheit für Temperaturdifferenzen *ungesetzlich*: Grad (grd).
- Als Einheiten der **Temperaturdifferenz** können Kelvin und Grad Celsius gegeneinander *gekürzt* werden.
- Die Vorsätze für dezimale Vielfache und Teile (→ Tabelle hintere Umschlaginnenseite) dürfen von Grad Celsius *nicht* gebildet werden.
- *Umrechnungsformel* für die auf dem amerikanischen Kontinent immer noch übliche SI-fremde Temperatur-Einheit Grad Fahrenheit (°F): $t/°\text{C} = 0{,}556(t/°\text{F} - 32)\,°\text{C}$; $t/°\text{F} = 1{,}8t/°\text{C} + 32$.

W

15.1.2 Thermometer

Thermometer zeigen immer ihre *Eigentemperatur* an. Erst nach einer gewissen Zeit stimmt diese mit der Umgebungstemperatur überein. Thermometer besitzen also eine gewisse Trägheit. Außerdem können sie die zu messende Temperatur des Mediums verändern.

Flüssigkeitsthermometer. Die Länge einer Flüssigkeitssäule (Quecksilber, Alkohol, Toluol, Pentan u. a.) ist ein Maß für die Temperatur. Der Messbereich ist begrenzt durch Siede- und Erstarrungspunkt des verwendeten Stoffes. Kleine Messfehler entstehen, wenn nicht die gesamte Flüssigkeitssäule der gleichen Temperatur ausgesetzt ist.

Metallthermometer. Es besteht aus einem Bimetallstreifen, zwei miteinander verschweißten oder vernieteten Streifen unterschiedlichen Metalls. Infolge der ungleichen Ausdehnung beider Metalle beim Erwärmen krümmt sich dieser Streifen. Längere Streifen werden zu einer Spirale gebogen. Das äußere Ende ist befestigt, am inneren bewegt sich ein Zeiger, der auf einer Skala die jeweilige Temperatur anzeigt.

Widerstandsthermometer. Der elektrische Widerstand von Metallen und Halbleitern ändert sich mit der Temperatur und damit auch der in einem Stromkreis fließende Strom. Der Vorteil dieser Thermometer ist, dass zwischen dem Messgerät und der Messstelle ein größerer Abstand möglich ist (Fernthermometer). Als Widerstand verwendet man meist einen dünnen, ausgeglühten Platindraht.

Thermoelemente. An der Berührungsstelle zweier unterschiedlicher Metalle entsteht eine temperaturabhängige Spannung (SEEBECK-Effekt) $\rightarrow$ [33.1.3].

Strahlungspyrometer. Für die Messung sehr hoher Temperaturen (etwa ab 1 000 K) eignen sich Strahlungspyrometer, die die Temperaturabhängigkeit der spektralen Zusammensetzung von Lichtstrahlung nutzen $\rightarrow$ [20.5.5].

15.2 Ausdehnung fester Körper

Bei Erwärmung nimmt die Amplitude der schwingenden Moleküle zu, ihr gegenseitiger Abstand vergrößert sich, und der Körper erfüllt einen größeren Raum. Feste Körper dehnen sich beim Erwärmen nach allen Richtungen aus. Bei Stäben und Drähten wirkt sich die Ausdehnung vor allem in der Länge aus.

15.2.1 Längenänderung

Wenn

l_1 Anfangslänge des Körpers (vor der Temperaturänderung),
l_2 Endlänge des Körpers (nach der Temperaturänderung),
Δl Längenänderung $= l_2 - l_1$,
Δt Temperaturänderung $= t_2 - t_1$,
α Längenausdehnungskoeffizient ($\rightarrow$ Tabelle 10),

dann gilt in guter Näherung

	α	Δt
SI	$\frac{1}{\text{K}}$	°C, K

(W 15.2) $\Delta l = l_1 \alpha \, \Delta t$

und wegen $l_2 = l_1 + \Delta l = l_1 + l_1 \alpha \, \Delta t$

(W 15.3) $l_2 = l_1(1 + \alpha \, \Delta t)$ Einheiten → (W 15.2)

Der *Längenausdehnungskoeffizient* α ist der Quotient aus relativer Längenänderung $\Delta l / l_1$ und Temperaturänderung Δt:

$$\alpha = \frac{\Delta l}{l_1 \, \Delta t}; \quad [\alpha] = \frac{1}{\text{K}}.$$

Beachte:

- Der Längenausdehnungskoeffizient α ist gering temperaturabhängig. Im Bereich von 0 bis 100 °C gelten die Tabellenwerte mit genügender Genauigkeit.
- Bei Abkühlung ist Δt negativ.
- Der Längenausdehnungskoeffizient α wird auch als Längen-Temperaturkoeffizient α_l bezeichnet.

W

15.2.2 Flächenänderung

Sie lässt sich für die Berechnung deuten als eine Längenänderung in zwei Dimensionen.

Wenn
A_1 Fläche vor der Temperaturänderung,
A_2 Fläche nach der Temperaturänderung,
ΔA Flächenänderung $= A_2 - A_1$,
Δt Temperaturänderung $= t_2 - t_1$,
α Längenausdehnungskoeffizient (→ Tabelle 10),

dann gilt

$$\Delta A = A_2 - A_1 = l_2^2 - l_1^2 = l_1^2(1 + \alpha \, \Delta t)^2 - l_1^2$$

$$\Delta A = l_1^2 \left[1 + 2\alpha \, \Delta t + \alpha^2 (\Delta t)^2\right] - l_1^2.$$

Wegen der Kleinheit von α kann man das Glied 2. Grades vernachlässigen. Dann ergibt sich

$$\Delta A = l_1^2(1 + 2\alpha \, \Delta t) - l_1^2 = l_1^2 2\alpha \, \Delta t \quad \text{und daraus}$$

(W 15.4) $\Delta A = A_1 2\alpha \, \Delta t$

	α	Δt
SI	$\frac{1}{\text{K}}$	°C, K

und wegen $A_2 = A_1 + \Delta A = A_1 + A_1 2\alpha\,\Delta t$

(W 15.5) $$A_2 = A_1(1 + 2\alpha\,\Delta t)$$ Einheiten → (W 15.4)

Beachte:

- Bei Abkühlung ist Δt negativ.

15.2.3 Volumenänderung

Sie lässt sich für die Berechnung deuten als eine Längenänderung in drei Dimensionen.

Wenn
V_1 Anfangsvolumen des Körpers,
V_2 Endvolumen des Körpers,
ΔV Volumenänderung $= V_2 - V_1$,
Δt Temperaturänderung $= t_2 - t_1$,
α Längenausdehnungskoeffizient (→ Tabelle 10),

dann gilt

$$\Delta V = V_2 - V_1 = l_2^3 - l_1^3 = l_1^3(1 + \alpha\,\Delta t)^3 - l_1^3$$
$$\Delta V = l_1^3\left[1 + 3\alpha\,\Delta t + 3\alpha^2(\Delta t)^2 + \alpha^3(\Delta t)^3\right] - l_1^3.$$

Wegen der Kleinheit des Zahlenwertes von α können die Glieder 2. und 3. Grades vernachlässigt werden. Dann ergibt sich

$\Delta V = l_1^3(1 + 3\alpha\,\Delta t) - l_1^3 = l_1^3 3\alpha\,\Delta t$ und daraus

(W 15.6) $$\Delta V = V_1 3\alpha\,\Delta t$$

	α	Δt
SI	$\frac{1}{\text{K}}$	°C, K

und wegen $V_2 = V_1 + \Delta V = V_1 + V_1 3\alpha\,\Delta t$

(W 15.7) $$V_2 = V_1(1 + 3\alpha\Delta t)$$

	α_l	Δt
SI	$\frac{1}{\text{K}}$	°C, K

Beachte:

- Die mit der Volumenänderung verbundene Dichteänderung kann mit (W 15.10) berechnet werden, wenn dort γ durch 3α ersetzt wird.
- Bei Abkühlung ist Δt negativ.
- Die Ausdehnung von **Hohlräumen** erfolgt nach den gleichen Gesetzmäßigkeiten.

15.3 Ausdehnung von Flüssigkeiten

Flüssigkeiten dehnen sich wesentlich stärker aus als Festkörper. Ihre Ausdehnung erfolgt ebenfalls in allen drei Raumachsen. Wegen der leichten Verschiebbarkeit der Moleküle nehmen Flüssigkeiten die Form des Gefäßes an, dessen Ausdehnung ebenfalls berücksichtigt werden muss. Auch in Röhren u. Ä. ist die Ausdehnung stets eine *Volumenänderung*.

15.3.1 Volumenänderung

W

Es gelten sinngemäß (W 15.6) und (W 15.7).

Wenn
V_1 Anfangsvolumen,
V_2 Endvolumen,
ΔV Volumenänderung $= V_2 - V_1$,
Δt Temperaturänderung $= t_2 - t_1$,
γ Volumenausdehnungskoeffizient (→ Tabelle 11),

dann gilt

(W 15.8) $$\Delta V = V_1 \gamma \Delta t$$

	γ	Δt
SI	$\frac{1}{K}$	°C, K

und analog (W 15.7)

(W 15.9) $$V_2 = V_1(1 + \gamma \Delta t)$$

Einheiten → (W 15.8)

Der *Volumenausdehnungskoeffizient* γ ist das Verhältnis der relativen Volumenänderung $\Delta V / V_1$ zur Temperaturänderung Δt:

$$\gamma = \frac{\Delta V}{V_1 \Delta t}; \quad [\gamma] = \frac{1}{K}.$$

Beachte:

- Der Volumenausdehnungskoeffizient γ ist gering temperaturabhängig. Im Bereich von 0 bis 40 °C gelten die Tabellenwerte mit ausreichender Genauigkeit.
- Bei Abkühlung ist Δt negativ.
- Die Änderung des Flüssigkeitsvolumens relativ zum Gefäß errechnet sich als *Differenz* der Volumenänderungen von Flüssigkeit und Gefäß. Setzt man gleiches Anfangsvolumen und gleiche Temperaturdifferenz voraus, dann ist in (W 15.8) und (W 15.9) γ zu ersetzen durch $(\gamma - 3\alpha)$, worin α der Längenausdehnungskoeffizient des Gefäßes ist.

- Wasser bildet eine Ausnahme. Sein Volumenausdehnungskoeffizient ist stark *veränderlich*, im Bereich von 0 bis 4 °C sogar negativ. Deshalb hat es bei 4 °C seine größte Dichte. Dichtewerte von Wasser → Tabelle 15.
- Der Volumenausdehnungskoeffizient γ wird auch als Volumen-Temperaturkoeffizient α_V bezeichnet,

15.3.2 Dichteänderung

Beim Erwärmen ändert sich mit dem Volumen auch die Dichte der Flüssigkeit. Volumen und Dichte sind umgekehrt proportional.

$\frac{\varrho_1}{\varrho_2} = \frac{V_2}{V_1}$. Man kann also für (W 15.9) auch schreiben

$\varrho_1 = \varrho_2(1 + \gamma \Delta t)$ und erhält nach Umstellung

(W 15.10) $$\varrho_2 = \frac{\varrho_1}{1 + \gamma \Delta t}$$

Beachte:

- (W 15.10) gilt auch für feste Körper. Bei ihnen ist γ zu ersetzen durch 3α.
- Bei Abkühlung ist Δt negativ.

15.4 Ausdehnung der Gase

Beim Erwärmen nimmt die Geschwindigkeit der Moleküle zu. Mit der Temperatur wächst das Produkt aus Druck und Volumen $(p \cdot V)$. Zu übersichtlichen Beziehungen kommt man, wenn einer der beiden Faktoren konstant gehalten wird. Die Ausdehnung der Gase ist bedeutend stärker als die der festen und flüssigen Körper.

15.4.1 Volumenänderung

Während des Erwärmens muss der Druck konstant gehalten werden. Es gilt sinngemäß (W 15.9). Der Volumenausdehnungskoeffizient ist bei allen Gasen fast gleich. In guter Näherung gilt auch für sie der Volumenausdehnungskoeffizient des **idealen Gases**:

$$\gamma = 0{,}003\,661\,\mathrm{K}^{-1} = \frac{1}{273{,}15\,\mathrm{K}} = \frac{1}{T_0}.$$

Der *Volumenausdehnungskoeffizient* γ eines Gases ist das Verhältnis der relativen Volumenänderung $\Delta V / V_0$ zur Temperatur t:

$$\gamma = \frac{\Delta V}{V_0 t}; \quad [\gamma] = \frac{1}{\mathrm{K}}.$$

Beachte:

- γ bezieht sich auf das Volumen V_0 (bei 0 °C)!
- Ein Gas wird als **ideal** bezeichnet, wenn bei unveränderter Temperatur gilt: $pV = \text{konstant}$ (Gesetz von BOYLE und MARIOTTE) → auch [9.1].

W

Wenn

V_t Gasvolumen bei beliebiger Temperatur t,
V_0 Gasvolumen bei 0 °C,
t Temperatur, bei der das Gas das Volumen V_t besitzt,
γ Volumenausdehnungskoeffizient (→ Tabelle 12),

dann gilt

(W 15.11) $$\boxed{V_t = V_0(1 + \gamma t)}$$

	γ	t
SI	$\frac{1}{\mathrm{K}}$	°C

Beachte:

- Der Volumenausdehnungskoeffizient des idealen Gases $\gamma = 1/(273{,}15\,\mathrm{K})$ kann auch für Edelgase, Wasserstoff und Sauerstoff verwendet werden. Bei anderen Gasen ergeben sich Abweichungen.
- *Genaue* Zahlenwerte für die wichtigsten Gase → Tabelle 12.

■ Aus (W 15.11) folgt für die Temperatur t_1

$$V_1 = V_0(1 + \gamma t_1) = V_0\left(1 + \frac{t_1}{273{,}15\,\mathrm{K}}\right)$$
$$= V_0\left(1 + \frac{t_1}{T_0}\right) = V_0\left(\frac{T_0 + t_1}{T_0}\right)$$

und für eine andere Temperatur t_2 entsprechend

$$V_2 = V_0(1 + \gamma t_2) = V_0\left(1 + \frac{t_2}{273{,}15\,\mathrm{K}}\right)$$
$$= V_0\left(1 + \frac{t_2}{T_0}\right) = V_0\left(\frac{T_0 + t_2}{T_0}\right).$$

Eine Division beider Gleichungen ergibt

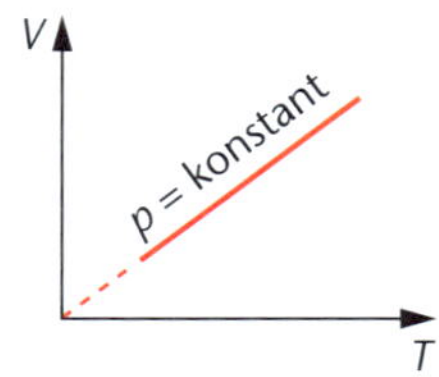

$$\frac{V_1}{V_2} = \frac{T_0 + t_1}{T_0 + t_2} \quad \text{oder mit (W 15.1)}$$

1. Gesetz von Gay-Lussac

(W 15.12) $$\frac{V_1}{V_2} = \frac{T_1}{T_2} \quad \text{oder} \quad \frac{V}{T} = \text{konstant}$$

Das Volumen eines eingeschlossenen Gases ist der absoluten Temperatur proportional, solange der Druck nicht verändert wird:

$V \sim T \quad$ (wenn p konstant).

Da die Masse eines eingeschlossenen Gases konstant ist, folgt wegen (M 7.4) $V = m/\varrho$ aus (W 15.12)

(W 15.12a) $$\frac{\varrho_1}{\varrho_2} = \frac{T_2}{T_1} \quad \text{oder} \quad \varrho T = \text{konstant}$$

Beachte:

- (W 15.11), (W 15.12) und (W 15.12a) gelten exakt nur für das ideale Gas, für reale Gase in guter Näherung, aber nicht für Dämpfe.

15.4.2 Druckänderung

Während des Erwärmens muss das Volumen konstant sein. Die Druckzunahme erfolgt nach den gleichen Gesetzen wie die Volumenzunahme in (W 15.11). Der Spannungskoeffizient ist bei allen Gasen fast gleich. In guter Näherung gilt für sie der Spannungskoeffizient des idealen Gases, er ist gleich dem Volumenausdehnungskoeffizienten des **idealen Gases**: $\gamma = 0{,}003\,661\ \text{K}^{-1} = 1/(273{,}15\ \text{K}) = 1/T_0$.

Der *Spannungskoeffizient* eines Gases ist das Verhältnis der relativen Druckänderung $\Delta p/p_0$ zur Temperatur t:

$$\gamma = \frac{\Delta p}{p_0 t}; \quad [\gamma] = \frac{1}{\text{K}}.$$

Beachte:

- γ bezieht sich auf den Druck p_0 (bei 0 °C)!
- Der Spannungskoeffizient wird manchmal auch als Druckkoeffizient bezeichnet.

Wenn

p_t Gasdruck bei beliebiger Temperatur t,

p_0 Gasdruck bei 0 °C,

t Temperatur, bei der das Gas den Druck p_t besitzt,

γ Spannungs- = Volumen-Temperaturkoeffizient (→ Tabelle 12),

dann gilt

(W 15.13) $$p_t = p_0(1 + \gamma t)$$

	γ	t
SI	$\frac{1}{\text{K}}$	°C

W

Beachte:

- → Bemerkungen zu (W 15.11).

- Aus (W 15.13) folgt für die Temperatur t_1

$$p_1 = p_0(1 + \gamma t_1) = p_0\left(1 + \frac{t_1}{273{,}15\,\text{K}}\right) = p_0\left(1 + \frac{t_1}{T_0}\right) = p_0\left(\frac{T_0 + t_1}{T_0}\right)$$

und für eine andere Temperatur t_2 entsprechend

$$p_2 = p_0(1 + \gamma t_2) = p_0\left(1 + \frac{t_2}{273{,}15\,\text{K}}\right) = p_0\left(1 + \frac{t_2}{T_0}\right) = p_0\left(\frac{T_0 + t_2}{T_0}\right).$$

Division beider Gleichungen ergibt

$$\frac{p_1}{p_2} = \frac{T_0 + t_1}{T_0 + t_2}$$ oder mit (W 15.1)

2. Gesetz von Gay-Lussac

(W 15.14) $$\frac{p_1}{p_2} = \frac{T_1}{T_2} \quad \text{oder} \quad \frac{p}{T} = \text{konstant}$$

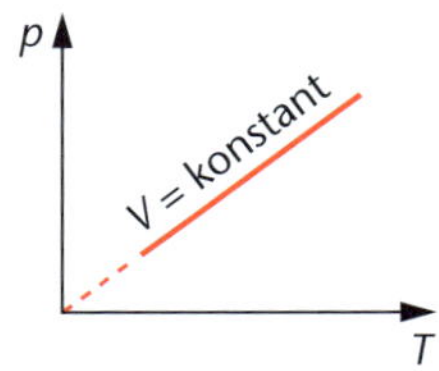

Der Druck eines eingeschlossenen Gases ist der absoluten Temperatur proportional, solange das Volumen nicht verändert wird:

$p \sim T$ (wenn V = konstant).

Beachte:

- (W 15.13) und (W 15.14) gelten exakt nur für das ideale Gas, für reale Gase in guter Näherung, nicht aber für Dämpfe.

15.5 Gasgesetze

Eine Anwendung von (W 15.11) bis (W 15.14) setzt voraus, dass bei einer Temperaturänderung entweder der Gasdruck oder das Gasvolumen konstant bleibt. Das ist selten der Fall. Deshalb fasst man die beiden Gasgesetze von Gay-Lussac und das Gesetz von Boyle und Mariotte → [9.1] zu einem Gesetz zusammen.

15.5.1 Zustandsgleichung des idealen Gases

Die Zustandsänderung wird in zwei Schritten durchgeführt

1. Änderung der Temperatur bei gleich bleibendem Druck und
2. Änderung des Druckes bei gleich bleibender Temperatur.

Wenn

p_1, T_1, V_1 Druck, Temperatur und Volumen am Anfang (Zustand 1),
p_2, T_2, V_2 Druck, Temperatur und Volumen am Ende (Zustand 2),
V_z nach der Erwärmung entstandenes Zwischenvolumen,

dann gilt entsprechend (W 15.12) für das Volumen nach einer Temperaturänderung

$V_z = V_1 \dfrac{T_2}{T_1}$ und entsprechend (M 9.1) für das Volumen nach einer Druckänderung

$$V_2 = V_z \frac{p_1}{p_2} = V_1 \frac{T_2 p_1}{T_1 p_2}$$

oder – nach Indizes geordnet – die

Zustandsgleichung (1. Form)

(W 15.15) $$\frac{p_1 V_1}{T_1} = \frac{p_2 V_2}{T_2} \quad \text{oder} \quad \frac{pV}{T} = \text{konstant}$$

Bei einer bestimmten Menge bzw. Masse eines Gases ist das Produkt aus Druck und Volumen, dividiert durch die absolute Temperatur, konstant.

Beachte:

- Für p ist der absolute Druck (nicht Überdruck) einzusetzen.
- Die Zustandsgleichung gilt exakt nur für das ideale Gas, für die realen Gase mit guter Näherung, nicht aber für Dämpfe.

- Die Zustandsgleichung beinhaltet drei Sonderfälle, → folgende Übersicht und [18.2] bis [18.4].

Übersicht:

Sonderfälle der Zustandsgleichung			
Bezeichnung:	isobare	isochore	isotherme
	Zustandsänderung		
Bedingung:	p = konstant	V = konstant	T = konstant
Formel:	$\frac{V_1}{V_2} = \frac{T_1}{T_2}$	$\frac{p_1}{p_2} = \frac{T_1}{T_2}$	$\frac{p_1}{p_2} = \frac{V_2}{V_1}$
Gesetz:	Gay-Lussac		Boyle-Mariotte

W

■ In (W 15.15) ist der konstante Ausdruck pV/T proportional der Masse des eingeschlossenen Gases, also $pV/T \sim m$. Den Proportionalitätsfaktor bezeichnet man als **spezielle** (oder individuelle) **Gaskonstante** R_i, deren Zahlenwert von der Gasart abhängt. Nach Umstellung ergibt sich als

Zustandsgleichung (2. Form)

(W 15.16) $$pV = mR_iT$$

	p	V	m	R_i	T
SI	$\mathrm{Pa} = \frac{\mathrm{J}}{\mathrm{m}^3}$	m^3	kg	$\frac{\mathrm{J}}{\mathrm{kg} \cdot \mathrm{K}}$	K

Beachte:

- (W 15.15) und (W 15.16) sind zwei verschiedene Formen der Zustandsgleichung der Gase. Welche man anwendet, ergibt sich aus der jeweiligen Aufgabenstellung.
- Zahlenwerte für die spezielle Gaskonstante R_i → Tabelle 14.
- Für p ist der *absolute* Druck (nicht Überdruck) einzusetzen.
- Umrechnung von Druckeinheiten → hintere Einbandinnenseite.
- Beide Seiten von (W 15.16) haben die Dimension einer Arbeit.

15.5.2 Gasdichte

Die Dichte eines Gases ist vom jeweiligen Zustand (Druck und Temperatur) abhängig. Tabellenwerte für die **Normdichte** gelten stets für:

$$p_\mathrm{n} = 101{,}325\,\mathrm{kPa} = 1\,013{,}25\,\mathrm{hPa} \quad \text{und} \quad T_\mathrm{n} = T_0 = 273{,}15\,\mathrm{K} \mathrel{\hat{=}} 0\,^\circ\mathrm{C}.$$

Mit den beiden Formen der Zustandsgleichung der Gase kann man die Dichte eines Gases auf einen anderen Zustand umrechnen bzw. für einen beliebigen Zustand berechnen.

Dichteumrechnung

Wenn

ϱ_1, T_1, p_1	Dichte, Temperatur und Druck im Zustand 1,
ϱ_2, T_2, p_2	Dichte, Temperatur und Druck im Zustand 2,
ϱ_n	Normdichte (bei p_n und T_n) (→ Tabelle 1),
p_n	Normdruck = 101,325 kPa = 1 013,25 hPa,
T_n	Normtemperatur = T_0 = 273,15 K,

dann gilt, da Volumen und Dichte umgekehrt proportional sind,

$\frac{V_1}{V_2} = \frac{\varrho_2}{\varrho_1}$ und entsprechend (W 15.15) $\frac{p_1 \varrho_2}{T_1} = \frac{p_2 \varrho_1}{T_2}$ und somit

(W 15.17) $$\varrho_2 = \varrho_1 \frac{T_1 p_2}{T_2 p_1}$$

bzw.

(W 15.18) $$\varrho = \varrho_n \frac{T_n p}{p_n T}$$

Dichteberechnung

Wenn

ϱ	Gasdichte bei Druck p und Temperatur T,
R_i	spezielle (individuelle) Gaskonstante (→ Tabelle 14),

dann ergibt sich aus (W 15.16)

$\frac{m}{V} = \frac{p}{R_i T}$, also

(W 15.19) $$\varrho = \frac{p}{R_i T}$$

	ϱ	p	R_i	T
SI	$\frac{kg}{m^3}$	$Pa = \frac{J}{m^3}$	$\frac{J}{kg \cdot K}$	K

und analog für die

Normdichte

(W 15.20) $$\varrho_n = \frac{p_n}{R_i T_n}$$

Einheiten → (W 15.19)

Beachte:

- Zahlenwerte für Gas-Normdichten → Tabelle 1.
- Zahlenwerte für die Luftdichte als Funktion von Druck und Temperatur → Tabelle 13.

15.5.3 Normvolumen

Gasvolumen können nur verglichen werden, wenn sie gleiche Temperatur und gleichen Druck besitzen. Im **Normzustand**, also bei $p = p_n = 101{,}325\,\text{kPa}$ und $T = T_n = 273{,}15\,\text{K} \mathrel{\widehat{=}} 0\,°\text{C}$ nennt man es **Normvolumen**.

Mit Hilfe der Zustandsgleichung kann man jedes auf andere Daten bezogene Gasvolumen auf den Normzustand umrechnen.

Wenn
V Gasvolumen bei Druck p und Temperatur T,
V_n Normvolumen = Volumen im Normzustand,
p_n Normdruck = 101,325 kPa,
T_n Normtemperatur = $273{,}15\,\text{K} \mathrel{\widehat{=}} 0\,°\text{C}$,

dann gilt entsprechend (W 15.15)

$\dfrac{pV}{T} = \dfrac{p_n V_n}{T_n}$. Daraus folgt

(W 15.21) $$V_n = V \frac{T_n p}{T p_n}$$

Beachte:

- Umrechnung von Druckeinheiten → hintere Einbandinnenseite.

15.5.4 Gasgemische

Bei Gasgemischen ist sowohl von einer *mittleren* Dichte ϱ_m als auch von einer *mittleren* speziellen Gaskonstante R_{im} auszugehen. Da diese Größen auf das Volumen bzw. die Masse bezogen sind, kann *nicht* mit dem arithmetischen Mittel gerechnet werden.

Wenn
ϱ_1 Dichte des Gases 1 usw.,
R_1 Gaskonstante des Gases 1 usw.,
m_1 Masse des Gases 1 usw.,

dann gilt für die Dichte eines Gasgemisches

$\varrho_m = \frac{m_{ges}}{V_{ges}} = \frac{m_1 + m_2 + \ldots}{V_1 + V_2 + \ldots}$. Wegen $m = \varrho V$ folgt

$$\varrho_m = \frac{\varrho_1 V_1 + \varrho_2 V_2 + \ldots}{V_1 + V_2 + \ldots} \qquad \text{(W 15.22)}$$

und für die Gaskonstante eines Gasgemisches

$$R_{im} = \frac{R_1 m_1 + R_2 m_2 + \ldots}{m_1 + m_2 + \ldots} \qquad \text{(W 15.23)}$$

Beachte:

- Zahlenwerte für $\varrho_n \to$ Tabelle 1.
- Zahlenwerte für R_{im} sind der Tabelle 14 zu entnehmen oder nach (W 15.29) zu berechnen.

15.5.5 Molare Größen

Die Stoffmenge n kennzeichnet die Anzahl gleichartiger Teilchen, die in einem System enthalten sind. Das können Atome oder Moleküle, aber auch Ionen, Elektronen oder andere (jeweils gleichartige) Teilchen sein. Die Einheit der Stoffmenge n ist **Basiseinheit** des Internationalen Einheitensystems.

SI-Einheit der Stoffmenge: $[n]$ = Mol (mol).

Ein Mol ist die Stoffmenge, in der ebenso viel Teilchen enthalten sind wie Atome in 12 g des Kohlenstoffisotops C-12. Die Stoffmenge 1 mol enthält demnach bei allen Stoffen gleich viel, nämlich $6{,}022\,14 \cdot 10^{23}$ Teilchen.

Beachte:

- Diese seit der Einführung des SI gültige *Definition* der Einheit Mol stimmt mit der früheren nicht überein. Bis dahin war das Mol die in Gramm ausgedrückte *relative* Atom- bzw. Molekülmasse des Stoffes und somit eine *individuelle* Masseneinheit.

■ Oft ist es zweckmäßig, Volumen oder Masse eines Gases auf die Stoffmenge zu beziehen.

Wenn

m Masse,
V Volumen,
n Stoffmenge,
v spezifisches Volumen $= V/m$,
ϱ Dichte,

dann gilt als

molare Masse

(W 15.24) $$M = \frac{m}{n}$$

	M	m	n
SI	$\frac{\mathrm{kg}}{\mathrm{mol}}$	kg	mol

und als

molares Volumen

(W 15.25) $$V_\mathrm{m} = \frac{V}{n}$$

	V_m	V	n
SI	$\frac{\mathrm{m}^3}{\mathrm{mol}}$	m^3	mol

Eine Division von (W 15.25) durch (W 15.24) ergibt das

spezifische Volumen

(W 15.26) $$v = \frac{V_\mathrm{m}}{M} = \frac{V}{m} = \frac{1}{\varrho}$$

	v	V_m	V	M	m	ϱ
SI	$\frac{\mathrm{m}^3}{\mathrm{kg}}$	$\frac{\mathrm{m}^3}{\mathrm{mol}}$	m^3	$\frac{\mathrm{kg}}{\mathrm{mol}}$	kg	$\frac{\mathrm{kg}}{\mathrm{m}^3}$

Beachte:

- Die molare Masse M (in kg/kmol oder g/mol) ist zahlengleich der relativen Atommasse A_r bzw. relativen Molekülmasse M_r (→ Tabelle 55).

■ Im Normzustand (also bei $p_\mathrm{n} = 101{,}325\,\mathrm{kPa}$ und $T_\mathrm{n} = 273{,}15\,\mathrm{K} \mathrel{\widehat{=}} 0\,°\mathrm{C}$) besitzt die Stoffmenge 1 mol eines jeden Gases das gleiche Volumen. Man nennt es

molares Normvolumen

(W 15.27) $$V_\mathrm{mn} = 22{,}414\,0\,\frac{\ell}{\mathrm{mol}} = 22{,}414\,0\,\frac{\mathrm{m}^3}{\mathrm{kmol}}$$

■ Vielfach (besonders in der physikalischen Chemie) wird in der Zustandsgleichung (W 15.16) nicht mit der Masse m, sondern mit der Stoffmenge n gerechnet. Mit (W 15.24) nimmt (W 15.16) dann die Form an $pV = nMR_iT$. Das Produkt $M \cdot R_i$ heißt **allgemeine** oder **universelle** (früher molare) **Gaskonstante** R. Sie ist *stoffunabhängig*. Mit ihr folgt als

stoffmengenbezogene Zustandsgleichung

(W 15.28) $$pV = nRT$$

	p	V	n	R	T
SI	Pa	m^3	mol	$\frac{J}{mol \cdot K}$	K

Die Größe der allgemeinen Gaskonstanten R lässt sich mit (W 15.16) bestimmen, wenn man die Gleichung auf die Stoffmenge 1 mol und den Normzustand bezieht. Mit diesen Werten ergibt sich dann

$$R = MR_i = \frac{p_\mathrm{n}V}{T_\mathrm{n}n} = \frac{p_\mathrm{n}V_\mathrm{mn}}{T_\mathrm{n}} = \frac{101\,325\,\mathrm{Pa} \cdot 22{,}414\,0 \cdot 10^{-3}\,\mathrm{m}^{-3}}{273{,}15\,\mathrm{K} \qquad \mathrm{mol}}$$

und daraus

(W 15.29) $$R = MR_i = 8{,}314\,432\,1\,\frac{\mathrm{J}}{\mathrm{mol} \cdot \mathrm{K}}$$

	R	M	R_i
SI	$\frac{J}{mol \cdot K}$	$\frac{kg}{mol}$	$\frac{J}{kg \cdot K}$

Beachte:

- Mit (W 15.29) lässt sich bei bekannter relativer Molekülmasse M_r die spezielle Gaskonstante R_i bestimmen. Da aber die Zustandsgleichung exakt nur für das ideale Gas gilt, sind die experimentell bestimmten Werte (→ Tabelle 14) vorzuziehen.
- Die molare Masse M (in kg/kmol oder g/mol) ist zahlengleich der relativen Molekülmasse M_r.

16 Wärmeenergie

Wärmeenergie (meist als Wärmemenge bezeichnet) ist eine spezielle Energieform wie z. B. auch die mechanische Energie oder die elektrische Energie. Sie unterliegt wie alle Energiearten dem Gesetz von der **Erhaltung der Energie**.

Alle Energiearten sind (wenn auch zum Teil nicht restlos) ineinander umwandelbar. Zufuhr oder Abgabe von Wärmeenergie (Wärmeaustausch) ist nötig, wenn die Temperatur oder der Aggregatzustand eines Körpers verändert werden soll.

SI-Einheit der Wärmeenergie: $[Q]$ = Joule (J)
= Newtonmeter (N · m).

Ungesetzliche Einheiten: Kalorie (cal) und Kilokalorie (kcal).

Umrechnung:

1 cal = 4,186 8 J	1 kcal = 10^3 cal = 4 186,8 J = 4,186 8 kJ

Beachte:

- Weitere Umrechnungen von Energie- und Arbeitseinheiten → hintere Einbandinnenseite.

W

16.1 Wärmemenge

Die zur Erwärmung eines Körpers notwendige Wärmemenge ist proportional der Masse des Körpers und der zu erzielenden Temperaturdifferenz. Der stoffabhängige Proportionalitätsfaktor wird als *spezifische Wärmekapazität* c → [16.2] bezeichnet

Wenn
Q Wärmemenge,
c spezifische Wärmekapazität des zu erwärmenden Stoffes (→ Tabellen 16 und 17),
m Masse des Körpers,
Δt Temperaturdifferenz, die mit der Wärmemenge Q erzeugt wird, $= t_2 - t_1 = \Delta t = \Delta T$,

dann gilt

(W 16.1) $$Q = cm\Delta t = cm\Delta T$$

	Q	c	m	Δt
SI	J	$\frac{\text{J}}{\text{kg} \cdot \text{K}}$	kg	°C, K

bzw. in differenzieller Schreibweise

(W 16.2) $$\mathrm{d}Q = cm\,\mathrm{d}t = cm\,\mathrm{d}T$$

Beachte:

- Die spezifische Wärmekapazität c ist nicht konstant, sondern *temperaturabhängig*. Tabellenwerte sind meist auf 20 °C bezogen.
- Bei Abkühlung ist Δt negativ, auch die Wärmemenge wird negativ, d. h., sie wird nicht zu-, sondern abgeführt.

16.1.1 Wärmeinhalt

Als *Wärmeinhalt* Q_i eines Körpers bezeichnet man die für die Erhöhung seiner Temperatur von 0 °C auf t benötigte Wärmemenge. Bei Temperaturen $t < 0\,°\mathrm{C}$ ist der Wärmeinhalt negativ.

SI-Einheit des Wärmeinhalts: $[Q_\mathrm{i}]$ = Joule (J).
Ungesetzliche Einheiten: Kalorie (cal) und Kilokalorie (kcal).

Wenn
Q_i Wärmeinhalt des Körpers,
c spezifische Wärmekapazität des zu erwärmenden Stoffes (→ Tabellen 16 und 17),
m Masse des Körpers,
t Celsius-Temperatur des Körpers,

dann gilt analog zu (W 16.1)

(W 16.3) $$Q_\mathrm{i} = cmt$$

	Q	c	m	t
SI	J	$\frac{\mathrm{J}}{\mathrm{kg \cdot K}}$	kg	°C

Beachte:

- Bei Temperaturen $t > 0\,°\mathrm{C}$ ist der Wärmeinhalt positiv, bei Temperaturen $t < 0\,°\mathrm{C}$ ist der Wärmeinhalt negativ, bei $t = 0\,°\mathrm{C}$ ist er null.

16.1.2 Wärmekapazität

Unter der *Wärmekapazität* C eines Körpers versteht man das Verhältnis der zugeführten Wärmemenge zur erzielten Temperaturerhöhung:

$$C = \frac{Q}{\Delta T} \quad \text{oder in differenzieller Schreibweise} \quad C = \frac{\mathrm{d}Q}{\mathrm{d}T}.$$

Wenn
C Wärmekapazität des Körpers,
c spezifische Wärmekapazität des Stoffes (→ Tabellen 16 und 17),
m Masse des Körpers,

dann gilt $C = Q/\Delta T$ und mit (W 16.1)

$C = cm\,\Delta T/\Delta T$ oder

(W 16.4) $$C = cm$$

	C	c	m
SI	$\frac{\mathrm{J}}{\mathrm{K}}$	$\frac{\mathrm{J}}{\mathrm{kg \cdot K}}$	kg

W

Beachte:

- Die Wärmekapazität C ist die zum Erwärmen des Körpers um 1 Kelvin erforderliche Wärmemenge.

■ Bei nicht homogenen Körpern lässt sich die Wärmekapazität C bestimmen aus

(W 16.5) $$C = \frac{Q}{\Delta T} = \sum c_i m_i$$ oder mit (W 16.6)

(W 16.5a) $$C = c_\mathrm{m} m$$

16.1.3 Wasserwert

Für die Wärmemischung fester und flüssiger Stoffe → [16.3] verwendet man so genannte Kalorimetergefäße. Um die Wärmeverluste während der Mischung gering zu halten, sind die Gefäße meist doppelwandig und der Zwischenraum evakuiert.

Da sich die Temperatur des Gefäßes während der Mischung ändert, muss seine Wärmekapazität bei der Rechnung berücksichtigt werden. Dies geschieht in Form des Wasserwertes $W = c_\mathrm{K} m_\mathrm{K}$, der in der Mischungsgleichung (W 16.10) zur Kapazität des Wassers (oder einer anderen Flüssigkeit) im Kalorimetergefäß addiert wird. Gleiches gilt für den eintauchenden Teil des Thermometers und den Rührer.

SI-Einheit des Wasserwertes: $[W] = \mathrm{J/K}$.

Beachte:

- Der Wasserwert von Gefäßen aus schlecht wärmeleitenden Materialien (Glas u. a.) ist vom Füllstand abhängig, also keine Gerätekonstante, wie etwa die Wärmekapazität, die sich auf den ganzen Körper bezieht.

16.2 Spezifische Wärmekapazität

Unter der *spezifischen Wärmekapazität* eines Stoffes versteht man das Verhältnis seiner Wärmekapazität zu seiner Masse:

$c = C/m$,

oder unter Berücksichtigung der Definition der Wärmekapazität:

Unter der *spezifischen Wärmekapazität* eines Stoffes versteht man das Verhältnis der zugeführten Wärmemenge zum Produkt aus erwärmter Masse und Temperaturdifferenz:

$$c = \frac{Q}{m\Delta T},$$

oder, weil c temperaturabhängig, in differenzieller Schreibweise

$$c = \frac{\mathrm{d}Q}{m\mathrm{d}T}.$$

SI-Einheit der spezifischen Wärmekapazität: $[c] = \frac{\mathrm{J}}{\mathrm{kg} \cdot \mathrm{K}}$.

Ungesetzliche Einheit: $\frac{\mathrm{kcal}}{\mathrm{kg} \cdot \mathrm{K}}$.

■ Bei einem Stoffgemisch ergibt sich die spezifische Wärmekapazität nicht als arithmetischer Mittelwert. Vielmehr müssen die Massenanteile der einzelnen Stoffe berücksichtigt werden; also

(W 16.6) $$c_\mathrm{m} = \frac{c_1 m_1 + c_2 m_2 + \ldots}{m_1 + m_2 + \ldots}$$

Festkörper und Flüssigkeiten

Die spezifische Wärmekapazität ist *temperaturabhängig*. Tabellenwerte (→ Tabellen 16 und 17) gelten bei 20 °C, können aber ohne größeren Fehler bei festen Körpern im Bereich von etwa −40 °C bis +100 °C und bei Flüssigkeiten etwa von 0 °C bis 40 °C verwendet werden.

Gase

Es sind zwei Arten der spezifischen Wärmekapazität zu unterscheiden.

- Die zugeführte Wärmemenge Q erhöht die Temperatur, der Druck steigt, aber das Volumen bleibt konstant: c_V.
  Für die Wärmemenge gilt: $Q = c_V m\Delta t$.

▶ Die zugeführte Wärmemenge Q erhöht die Temperatur, der Druck bleibt konstant, aber das Gasvolumen wächst und verrichtet mechanische Arbeit: c_p.
Für die Wärmemenge gilt: $Q = c_p m \Delta t = c_V m \Delta t + p \Delta V$.

Wenn
c_p spezifische Wärmekapazität bei konstantem Druck,
c_V spezifische Wärmekapazität bei konstantem Volumen,
R_i spezielle Gaskonstante,
$p\Delta V$ Ausdehnungsarbeit (Volumenarbeit) des Gases,

dann gilt

$$c_p m \Delta t = c_V m \Delta t + p \Delta V.$$

Nach der Zustandsgleichung der Gase (W 15.16) ist

$$p \Delta V = m R_i \Delta T, \quad \text{also}$$

$c_p m \Delta t = c_V m \Delta t + m R_i \Delta T$. Eine Division durch $m \Delta T$ ergibt

$$c_p = c_V + R_i \quad \text{oder}$$

(W 16.7) $$c_p - c_V = R_i$$

	c, R_i
SI	$\frac{\text{J}}{\text{kg} \cdot \text{K}}$

■ Den Quotienten aus den beiden spezifischen Wärmekapazitäten bezeichnet man mit γ.

(W 16.8) $$\frac{c_p}{c_V} = \gamma$$

Beachte:

- Zahlenwerte für c_p und c_V → Tabelle 18!
- γ hat für 2-atomige Gase den Wert $\approx$ 1,4. Genaue Zahlenwerte → Tabelle 18!
- γ ist bei einem idealen Gas gleich dem **Isentropen-** oder **Adiabatenexponenten** $\varkappa$ → [18.5].
- Aus (W 16.7) folgt eine anschauliche Erklärung der Gaskonstanten: Die spezielle Gaskonstante R_i gibt an, welche mechanische Arbeit 1 Kilogramm des Gases verrichten kann, wenn es um 1 Kelvin erwärmt wird.

16.3 Wärmemischung

Werden zwei (oder mehrere) Körper unterschiedlicher Temperatur in Berührung gebracht, so erfolgt ein Wärmeaustausch, die Temperaturdifferenz geht gegen null, und man spricht von einer Wärmemischung. Nach dem Gesetz von der Erhaltung der Energie gibt der Körper höherer Temperatur ebenso viel Wärmeenergie ab, wie der Körper tieferer Temperatur aufnimmt.

Wenn

c_1, m_1, t_1	spezifische Wärmekapazität, Masse und Temperatur der Kör-
c_2, m_2, t_2	per 1 und 2 vor der Mischung,
t_m	gemeinsame Temperatur beider Körper nach der Mischung,

dann gilt die

Richmann'sche Mischungsregel

(W 16.9) $$c_1 m_1 (t_1 - t_m) = c_2 m_2 (t_m - t_2)$$

Beachte:

- (W 16.9) kann statt mit t in (°C) auch mit T (in K) geschrieben werden.

■ Bei einem Wärmeaustausch zwischen mehr als zwei Körpern oder wenn während des Austausches auftretende Aggregatzustandsänderungen berücksichtigt werden müssen, wird (W 16.9) unübersichtlich. Folgende Mischungsregel ist besser anwendbar.

Die Summe der Wärmeinhalte vor der Mischung ist gleich dem Gesamtwärmeinhalt nach der Mischung.

(W 16.10) $$c_1 m_1 t_1 + c_2 m_2 t_2 + \ldots = t_m (c_1 m_1 + c_2 m_2 + \ldots)$$

oder, da die Wärmekapazität $C = cm$ (W 16.4)

(W 16.11) $$C_1 t_1 + C_2 t_2 + \ldots = t_m (C_1 + C_2 + \ldots)$$

Beachte:

- (W 16.10) und (W 16.11) können statt mit t (in °C) auch mit T (in K) geschrieben werden.

- Alle an der Mischung beteiligten Körper einschließlich Gefäße (z. B. Wasserwert des Kalorimeters) sind zu berücksichtigen → [16.1.3].
- Wenn sich während der Mischung der Aggregatzustand eines Körpers ändert, muss die frei werdende Wärmemenge auf der linken Seite der Gleichung addiert bzw. die aufgenommene Wärmemenge subtrahiert werden.
- Mit (W 16.10) und (W 16.11) können spezifische Wärmekapazitäten, Mischtemperaturen und auch Wärmekapazitäten bzw. Wasserwerte bestimmt werden.

W

16.4 Wärmequellen

Nach dem Energieerhaltungsgesetz kann die Wärmeenergie immer nur durch Umwandlung aus anderen Energiearten entstehen. Diese können sein: mechanische Energie, elektrische Energie, chemische Energie, Strahlungsenergie, Kernenergie u. a.

Gesetz von der Erhaltung der Energie:
Energie kann nicht verloren gehen und auch nicht aus nichts entstehen. Wärme und die anderen Energiearten sind gleichwertige Energieformen und ineinander (allerdings z. T. nicht restlos) umwandelbar.

16.4.1 Sonnenenergie

Die Sonne strahlt ständig in alle Richtungen eine Gesamtleistung von $P \approx 3{,}9 \cdot 10^{26}\,\mathrm{W}$ ab → [20.5]. Ein sehr kleiner Teil davon erreicht die Erde. Die je Quadratmeter auftreffende Leistung wird ausgedrückt durch die

(W 16.12) $$\text{Solarkonstante} = 1{,}37\,\frac{\mathrm{kW}}{\mathrm{m}^2}$$

Beachte:

- Der angegebene Zahlenwert gilt für senkrechten Strahleneinfall und bei Vernachlässigung der Schwächung beim Durchlaufen der Atmosphäre. Er ist ein langjähriger Mittelwert.

16.4.2 Verbrennungsenergie

Bei der Verbrennung (Oxidation) wird Wärmeenergie frei.

Unter dem spezifischen *Heizwert H* versteht man das Verhältnis der bei der Verbrennung frei werdenden Wärmemenge zur Masse des verbrannten festen oder flüssigen Brennstoffes:

$$H = \frac{Q}{m}.$$

Wenn
H spezifischer Heizwert eines festen oder flüssigen Brennstoffes (→ Tabellen 19 und 20),
m Masse des vollkommen verbrannten Stoffes,
Q freigesetzte Wärmemenge (entstandenes Wasser in Dampfform),
dann gilt

(W 16.13) $$Q = mH$$

	Q	m	H
SI	J	kg	$\frac{\text{J}}{\text{kg}}$

Beachte:

- Früher wurde der spezifische Heizwert als „unterer Heizwert H_u" bezeichnet, im Gegensatz zum „oberen Heizwert H_o" (jetzt spezifischer Brennwert oder Verbrennungswärme), der um die zur Verdampfung des entstehenden Wassers nötige Wärmemenge größer ist.
  Physik und Technik rechnen mit dem spezifischen Heizwert H, die Chemie dagegen mit dem spezifischen Brennwert.

■ Bei gasförmigen Brennstoffen bezieht man den spezifischen Heizwert H auf das Normvolumen V_n, also auf das Volumen bei $p_n = 101{,}325\,\text{kPa}$ und $T_n = T_0 = 273{,}15\,\text{K} \mathrel{\widehat{=}} 0\,°\text{C}$.

Wenn
H' spezifischer Heizwert eines gasförmigen Brennstoffes (→ Tabelle 21),
V_n Volumen des vollständig verbrannten Gases im Normzustand = Normvolumen,
Q frei werdende Wärmemenge (entstandenes Wasser in Dampfform),
dann gilt

(W 16.14) $$Q = V_n H'$$

	Q	V	H'
SI	J	m^3	$\frac{\text{J}}{\text{m}^3}$

16.4.3 Elektrische Energie

In jedem stromdurchflossenen Leiter entsteht Wärme. Die Umwandlung von elektrischer Energie in Wärmeenergie geschieht restlos, also verlustfrei, jedoch nicht umgekehrt.

Wenn
Q entstehende Wärmeenergie,
U elektrische Spannung,
I elektrische Stromstärke,
R elektrischer Widerstand,
t Dauer des Stromflusses,

dann gilt

(W 16.15) $$Q = UIt = I^2Rt = \frac{U^2t}{R}$$

	U	I	R	t	Q
SI	V	A	Ω	s	J = W · s

W

Beachte:

- Da alle Energieformen *gleichwertig* sind, wird im SI für alle die gleiche Einheit Joule (J) verwendet. **Überflüssig** ist damit das früher benutzte
  Elektrische Wärmeäquivalent: 1 cal = 4,186 8 W · s
  oder 1 kWh = 860 kcal.
- Umrechnung von Energie- und Arbeitseinheiten → hintere Einbandinnenseite.

16.4.4 Mechanische Energie

Mechanische Energie lässt sich (z. B. durch Reibung) restlos, d. h. verlustfrei, in Wärmeenergie umwandeln, jedoch nicht umgekehrt.

Wenn
ΔE_k Abnahme der kinetischen Energie,
ΔE_p Abnahme der potenziellen Energie,
Q frei werdende Wärmeenergie,

dann gilt

(W 16.16) $$Q = \Delta E_k + \Delta E_p$$

	Q, E
SI	J

Beachte:

- Wärme- und mechanische Energie sind *gleichwertig* und werden im SI in der gleichen Einheit Joule (J) angegeben. **Überflüssig** ist damit das früher benutzte
  Mechanische Wärmeäquivalent: 1 cal = 4,186 8 J.
- Umrechnung von Energie- und Arbeitseinheiten → hintere Einbandinnenseite.

17 Aggregatzustände

Die Stoffe können in drei Aggregatzuständen (Phasen) vorkommen: **fest**, **flüssig** und **gasförmig**. Jeder Aggregatzustand bedingt eine bestimmte innere Struktur des Stoffes und damit seine Eigenschaften.

Übersicht:

Eigenschaften der Stoffe in den verschiedenen Aggregatzuständen

	fest	flüssig	gasförmig
Kristallgitter	ja	nein	nein
bestimmte Gestalt	ja	nein	nein
Kohäsion	ja	ja	nein
bestimmtes Volumen	ja	ja	nein

Jeder Übergang zu einem *höheren* Aggregatzustand ist mit *Energiezufuhr* verbunden, Übergänge zu einem *niedrigeren* Aggregatzustand mit *Energieabgabe.*

Folgende Änderungen des Aggregatzustandes sind möglich:

Übersicht:

Aggregatzustandsänderungen

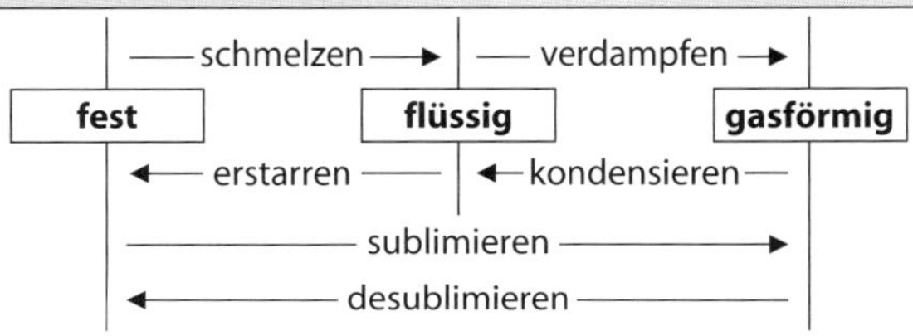

17.1 Schmelzen und Erstarren

Im festen Körper schwingen die Moleküle um ihre Gleichgewichtslage im Kristallgitter. Bei Energiezufuhr werden die Schwingungen heftiger, bis das Kristallgefüge zerstört wird.

17.1.1 Schmelzpunkt

Die Phasenumwandlung fest $\leftrightarrow$ flüssig geschieht bei einer bestimmten (druckabhängigen) Temperatur, dem Schmelzpunkt t_{sm}.

Schmelzpunkt = Erstarrungspunkt.

Beachte:

- Zahlenwerte für Schmelzpunkte $\rightarrow$ Tabelle 22. Sie gelten für einen Druck von $p_{\text{n}} = 101{,}325\,\text{kPa} = 1\,013{,}25\,\text{hPa}$.
- Im Allgemeinen *steigt* der Schmelzpunkt mit *steigendem* Druck. Ausnahme: Wasser (Schmelzpunkt sinkt um 7,65 mK/(100 kPa))!
- Während des Schmelzens oder Erstarrens ist die Temperatur konstant.

17.1.2 Erstarrungspunkt von Lösungen

Wird in einem Stoff ein anderer gelöst, so *sinkt* der Erstarrungspunkt des Lösungsmittels mit zunehmender Konzentration.

Wenn
Δt Erstarrungspunkterniedrigung,
m Masse des gelösten Stoffes,
M_{r} relative Molekülmasse („Molekulargewicht") des gelösten Stoffes,
m_{F} Masse des Lösungsmittels (Flüssigkeit),
K Proportionalitätsfaktor: kryoskopische Konstante ($\rightarrow$ Tabelle 28),

dann gilt

(W 17.1)
$$\Delta t = K \frac{m}{m_{\text{F}} M_{\text{r}}}$$

	$\Delta t, K$	m
SI	K	beliebig

Beachte:

- Die Erstarrungspunkterniedrigung ist der Anzahl der gelösten Moleküle proportional.

Der Schmelzpunkt von **Legierungen** liegt meist tiefer als der niedrigste der Bestandteile.

Übersicht:

Legierungen mit besonders niedrigem Schmelzpunkt	
Rose'sches Metall (50 % Bismut, 25 % Blei, 25 % Zinn)	94 °C
Lipowitz-Metall (50 % Bismut, 26,7 % Blei, 13,3 % Zinn, 10 % Cadmium)	70 °C
Wood'sches Metall (50 % Bismut, 25 % Blei, 12,5 % Zinn, 12,5 % Cadmium)	72 °C

W

17.1.3 Volumenänderung

Die meisten Stoffe besitzen im festen Zustand ein kleineres Volumen (und damit eine größere Dichte) als im flüssigen Zustand: Metalle, Paraffin, Stearin, Fette usw.

Deshalb können sie allein durch Druck nicht verflüssigt werden, ihr Schmelzpunkt steigt bei Druckerhöhung.

Ausnahme: Wasser; $\varrho_{\text{Eis}} < \varrho_{\text{Wasser}}$. Beim Erstarren vergrößert sich das Volumen um 9 %; Eis schwimmt auf Wasser. Unter Druck schmilzt Eis, weil sein Schmelzpunkt sinkt.

Da sich die Metalle beim Gießen (Erstarren) zusammenziehen, müssen alle Gussformen um das „Schwindmaß" größer sein als das fertige Stück.

Übersicht:

Schwindmaß (auf die Länge bezogen)			
Gusseisen	1/96 = 1,042 %	Flussstahl	1/64 = 1,563 %
Blei	1/92 = 1,087 %	Zink	1/62 = 1,613 %
Messing	1/65 = 1,538 %	Stahlguss	1/50 = 2,000 %

17.1.4 Schmelzwärme

Für die Phasenumwandlung fest ↔ flüssig ist eine bestimmte (temperaturabhängige) Umwandlungswärme Q_{sm} erforderlich.

Schmelzwärme = Erstarrungswärme.

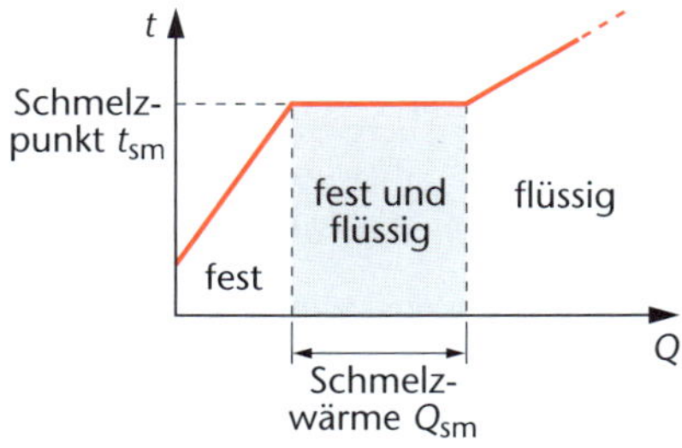

Wird die Schmelzwärme auf die Masse bezogen, erhält man die **spezifische Schmelzwärme** s.

Unter der *spezifischen Schmelzwärme s* versteht man die Wärmemenge, die nötig ist, um ohne Temperaturänderung 1 Kilogramm eines festen Stoffes zu verflüssigen:

$$s = \frac{Q_{sm}}{m}.$$

SI-Einheit der spezifischen Schmelzwärme: $[s] = \mathrm{J/kg}$.
Ungesetzliche Einheit: kcal/kg.

Wenn
Q_{sm} Wärmemenge, die für das Schmelzen benötigt wird,
m Masse des zu schmelzenden festen Körpers,
s spezifische Schmelzwärme (→ Tabelle 22),

dann gilt

(W 17.2) $$Q_{sm} = sm$$

	Q	s	m
SI	J	$\frac{\mathrm{J}}{\mathrm{kg}}$	kg

17.1.5 Lösungswärme

Zum Lösen eines festen Körpers in einer Flüssigkeit wird eine bestimmte Wärmemenge benötigt. Sie wird der Flüssigkeit entzogen, sodass sie sich abkühlt. Gleichzeitig sinkt der Erstarrungspunkt → [17.1.2].

Mit den in der Übersicht angegebenen Stoffen lassen sich folgende Temperaturen erreichen.

Übersicht:

Kältemischungen	t in °C
100 g Wasser/Eis + 23 g Ammoniumchlorid	−16
100 g Wasser/Eis + 31 g Natriumchlorid	−21
100 g Wasser/Eis + 84 g Magnesiumchlorid	−34
100 g Wasser/Eis + 143 g Calciumchlorid	−55

17.2 Verdampfen und Kondensieren

In einer Flüssigkeit wirken zwischen den Molekülen Kohäsionskräfte. Bei Energiezufuhr wird die Bewegung der Moleküle heftiger, bis schließlich die Kohäsionskraft überwunden wird.

17.2.1 Siedepunkt

Der Phasenübergang flüssig ↔ gasförmig vollzieht sich bei einer bestimmten (stark druckabhängigen) Temperatur, dem Siedepunkt T_{sd}.

Siedepunkt = Kondensationspunkt.

Beachte:

- Zahlenwerte für Siedepunkte → Tabelle 23. Sie gelten für den Normdruck von $p = 101{,}325\,\text{kPa} = 1\,013{,}25\,\text{hPa}$.
- Der Siedepunkt *steigt* mit wachsendem äußerem Druck. Beispiel: Wasser (→ Tabellen 24 und 25).
- Während des Siedens oder Kondensierens ist die Temperatur konstant.

W

17.2.2 Siedepunkt von Lösungen

Wird ein Stoff in einer Flüssigkeit gelöst, dann steigt der Siedepunkt des Lösungsmittels mit zunehmender Konzentration.

Wenn
Δt Siedepunktserhöhung,
m Masse des gelösten Stoffes,
M_r relative Molekülmasse („Molekulargewicht“) des gelösten Stoffes,
m_F Masse des Lösungsmittels (Flüssigkeit),
E Proportionalitätsfaktor: ebullioskopische Konstante (→ Tabelle 28),

dann gilt

(W 17.3) $$\Delta t = E \frac{m}{m_F M_r}$$

	$\Delta t, E$	m
SI	K	beliebig

Beachte:

- Die Siedepunktserhöhung ist der Anzahl der gelösten Moleküle proportional.

17.2.3 Volumenänderung

Alle Stoffe besitzen im gasförmigen Zustand ein bedeutend größeres Volumen (und damit eine wesentlich kleinere Dichte) als im flüssigen Zustand.

Beispiel: Aus 1 kg ($\widehat{=}$ 1 ℓ) Wasser werden etwa 1 700 ℓ Wasserdampf (von $\approx 10^5$ Pa).

17.2.4 Verdampfungswärme

Für die Phasenumwandlung flüssig ↔ gasförmig ist eine bestimmte (temperaturabhängige) Umwandlungswärme Q_{sd} erforderlich.

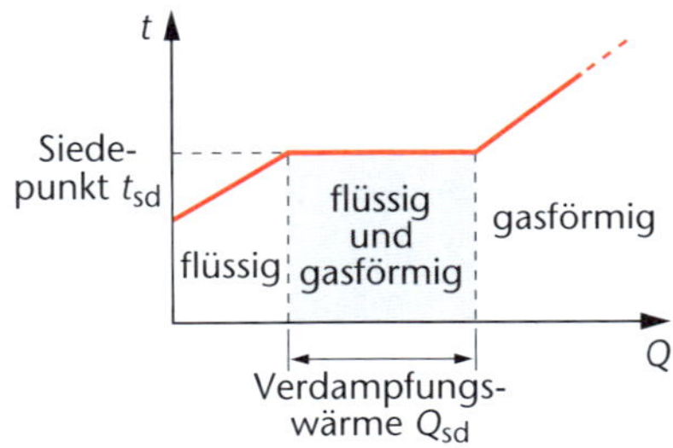

Verdampfungswärme = Kondensationswärme.

Wird die Verdampfungswärme auf die Masse bezogen, erhält man die **spezifische Verdampfungswärme** r.

Unter der *spezifischen Verdampfungswärme r* versteht man die Wärmemenge, die nötig ist, um ohne Temperaturänderung 1 Kilogramm einer Flüssigkeit zu verdampfen.

$$r = \frac{Q_{sd}}{m}.$$

SI-Einheit der spezifischen Verdampfungswärme: $[r] = \text{J/kg}$.
Ungesetzliche Einheit: kcal/kg.

Wenn
Q_{sd} Wärmemenge, die für das Verdampfen erforderlich ist,
m Masse der zu verdampfenden Flüssigkeit,
r spezifische Verdampfungswärme (→ Tabelle 23),

dann gilt

(W 17.4) $$Q_{sd} = rm$$

	Q	r	m
SI	J	$\frac{\text{J}}{\text{kg}}$	kg

Beachte:

- Die spezifische Verdampfungswärme ist druckabhängig. Sie wird bei steigendem Druck kleiner. Tabellenwerte gelten für den Normdruck $p_n = 1\,013{,}25$ hPa.

17.2.5 Verdunsten

Auch bei Temperaturen *unter* dem Siedepunkt kann eine Flüssigkeit in den gasförmigen Zustand übergehen: Sie verdunstet. Die dafür benötigte Wärmemenge (die Verdunstungswärme) entspricht der Verdampfungswärme und wird meist der Flüssigkeit entzogen. Diese kühlt sich infolgedessen ab („Verdunstungskälte“).

17.2.6 Sublimieren

Unter Sublimieren versteht man den Phasenübergang fest ↔ gasförmig. Der flüssige Zustand wird dabei übersprungen. Die Sublimationswärme ist gleich der Summe von Schmelz- und Verdampfungswärme.

Sublimationswärme = Desublimationswärme.

Beispiel: Schwefel, Schneekristalle.

17.3 Dämpfe

Es muss zwischen idealem Gas, realem Gas und Dampf unterschieden werden. Bei dem idealen Gas sind Druck p und Volumen V exakt umgekehrt proportional.

Bei realen Gasen stimmt das nur in guter Näherung. Bei Dämpfen ändert sich mit dem Volumen der Druck (je nach Sättigungsgrad) nur wenig oder nicht.

Der Unterschied zwischen Gas und Dampf ist begründet in der Differenz zwischen Temperatur und druckabhängigem Siedepunkt. Die Temperatur des idealen Gases ist unendlich höher als sein Siedepunkt (es hat keinen!). Bei einem gesättigten Dampf ist die Temperatur t gleich dem Siedepunkt T_{sd} für den jeweiligen Druck. Ein reales Gas kommt dem idealen Gas umso näher, je kleiner sein Druck und je höher seine Temperatur ist.

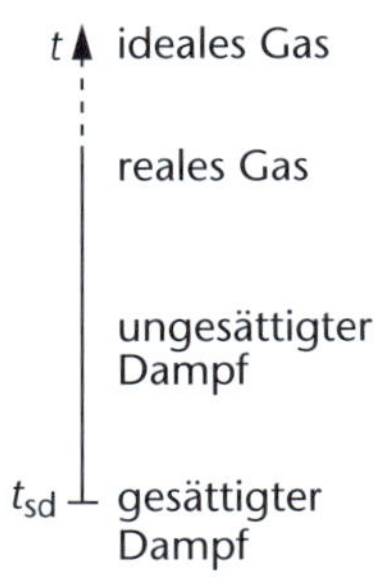

17.3.1 Gesättigter Dampf

Über jeder Flüssigkeit entsteht durch Verdunstung Dampf, dessen Druck bis zu einem bestimmten temperaturabhängigen Höchstdruck wächst, dem **Sättigungsdampfdruck**. Wenn dieser erreicht wird, steht er mit dem Druck in der Flüssigkeit im Gleichgewicht, der Dampf ist gesättigt. Die dabei in einem Kubikmeter enthaltene Dampfmenge (Masse) nennt man **Sättigungsmenge**. Auch sie ist temperaturabhängig. Ihre SI-Einheit: kg/m^3.

Beachte:

- Zahlenwerte für den Sättigungsdruck → Tabelle 26.
- Sättigungsdruck von Wasserdampf als Funktion der Temperatur → Tabelle 27. Die Tabelle liefert auch umgekehrt den Siedepunkt als Funktion des Druckes. Diese Beziehung lässt sich als **Dampfdruckkurve** darstellen
- Gesättigte Dämpfe folgen nicht den Gasgesetzen. So führt eine Verkleinerung des Volumens nicht zur Drucksteigerung (der Sättigungsdruck kann nicht überschritten werden), sondern zum Kondensieren eines Teils des Dampfes zu Flüssigkeit.

17.3.2 Ungesättigter Dampf

Ist nicht genügend Flüssigkeit zum Verdunsten vorhanden, dann wird der Sättigungsdampfdruck nicht erreicht, der Dampf bleibt *ungesättigt*.

Ein gesättigter Dampf wird ungesättigt, wenn man ihn von der eventuell noch vorhandenen Flüssigkeit trennt und sein Volumen vergrößert oder seine Temperatur erhöht. Man nennt ihn auch *überhitzten* Dampf.

Gase sind *stark ungesättigte* bzw. *stark überhitzte* Dämpfe, ihre Temperatur liegt weit über dem zu ihrem Druck gehörenden Siedepunkt.

Beachte:

- Die Gasgesetze gelten für ungesättigte Dämpfe in grober Näherung, für stark ungesättigte Dämpfe (reale Gase) mit guter Näherung.

17.3.3 Dampfbildung im gaserfüllten Raum

Die Dampfbildung über einer verdunstenden Flüssigkeit wird durch die Anwesenheit anderer Dämpfe oder Gase nicht behindert oder beeinflusst. Der entstehende Dampfdruck (maximal Sättigungsdampfdruck) wird als **Partialdruck** (Teil des gesamten Druckes) bezeichnet. Es gilt das

Gesetz von DALTON:
Der Gesamtdruck eines Gasgemisches ist gleich der Summe der Partialdrücke, d. h. der Summe der Drücke der einzelnen Bestandteile.

W

17.3.4 Tripelpunkt

Schmelz- und Siedepunkt sind druckabhängig → [17.1.1] und [17.2.1]. Die Temperatur-Druck-Funktionen lassen sich grafisch darstellen. Da auch Festkörper verdampfen (sublimieren) und dabei ein temperaturabhängiger Dampfdruck entsteht, können in ein *p*, *t*-Diagramm drei Kurven aufgenommen werden:

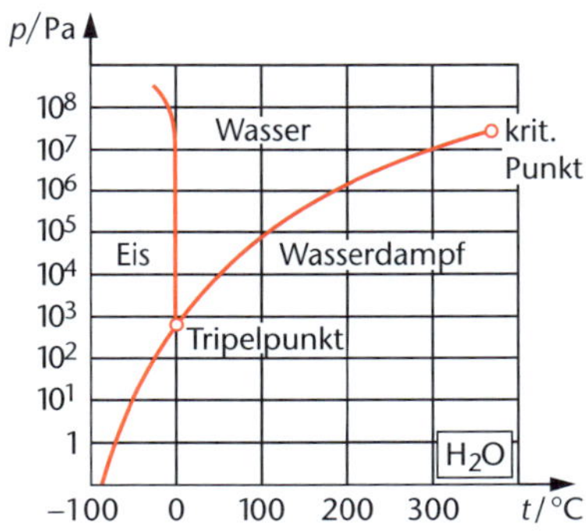

- die Siedepunktskurve (Dampfdruckkurve der flüssigen Phase),
- die Schmelzpunktskurve,
- die Sublimationskurve (Dampfdruckkurve der festen Phase).

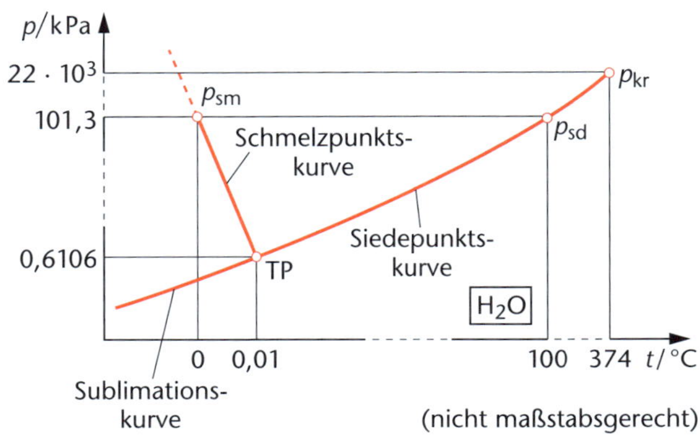

Alle drei Kurven laufen in einem gemeinsamen Punkt zusammen, dem **Tripelpunkt TP**. Im Gegensatz zu Schmelz- und Siedepunkt ist der Tripelpunkt *druckunabhängig* und deshalb als Fundamentalpunkt für Temperaturskalen besonders geeignet.

Für reines **Wasser** liegt dieser bei $\boldsymbol{T = 273{,}16\,\mathrm{K}}$ $(= 0{,}01\,^\circ\mathrm{C})$ und $\boldsymbol{p = 610{,}6\,\mathrm{Pa}}$ und wird zur **Definition der gesetzlichen Temperatureinheit Kelvin** benutzt.

Das Kelvin ist der 273,16te Teil der Temperatur des Tripelpunktes von reinem Wasser.

17.3.5 Luftfeuchtigkeit

In der atmosphärischen Luft befinden sich immer mehr oder weniger große Mengen an Wasserdampf. Der Gehalt schwankt zeitlich und örtlich und wird als Luftfeuchtigkeit (Feuchte) bezeichnet. Der Partialdruck des Wasserdampfes kann einen temperaturabhängigen Höchstwert (den Sättigungsdampfdruck) nicht überschreiten. Bei jeder Temperatur kann in einem bestimmten Luftvolumen nur eine Höchstmenge Wasserdampf enthalten sein.

Unter der **maximalen Feuchte** f_{max} (**Sättigungsmenge**) versteht man die maximal mögliche Wasserdampfmenge, die bei einer bestimmten Temperatur je Kubikmeter Luft enthalten sein kann:

$$f_{\mathrm{max}} = \frac{\text{maximale Wasserdampfmasse } m \text{ in der Luft}}{\text{Volumen } V \text{ der feuchten Luft}}.$$

SI-Einheit der maximalen Feuchte: $[f_{\mathrm{max}}] = \mathrm{kg/m^3}$.
Übliche Einheit: $\mathrm{g/m^3}$.

Meist enthält die Luft *weniger* Wasserdampf als maximal möglich, die Sättigungsmenge wird nicht erreicht.

Als **absolute Feuchte** f bezeichnet man die je Kubikmeter feuchter Luft enthaltene Wasserdampfmenge:

$$f = \frac{\text{in der Luft enthaltene Wasserdampfmasse } m}{\text{Volumen } V \text{ der feuchten Luft}}.$$

Übliche Einheit: $[f] = \mathrm{g/m^3}$.

Die **relative Feuchte** φ ist der Quotient aus der tatsächlich enthaltenen und der maximal möglichen Wasserdampfmasse in der Luft:

$$\varphi = \frac{\text{absolute Feuchte}}{\text{maximale Feuchte}}.$$

Sie wird meist in Prozent angegeben.

Wenn

φ relative Feuchte,

f absolute Feuchte,

f_{max} maximale Feuchte, Sättigungsmenge (→ Tabelle 27),

dann gilt

(W 17.5) $$\varphi = \frac{f}{f_{\text{max}}} \cdot 100\,\%$$

Beachte:

- Da die maximale Feuchte f_{max} *temperaturabhängig* ist, ändert sich mit der Temperatur die *relative* Feuchte, auch wenn die *absolute* Feuchte konstant bleibt. Bei einer Abkühlung bis zum *Taupunkt* steigt die relative Feuchte auf 100 %.

W

Als **Taupunkt** bezeichnet man die Temperatur, bei der die Abkühlung feuchter Luft zur Kondenswasserbildung (Tau) führt.

In der Natur schlägt sich kondensierender Wasserdampf als **Tau** an den Oberflächen fester Körper nieder. Fehlen diese, dann bildet sich **Nebel**, wenn in der Luft Kondensationskerne (Staub o. Ä.) enthalten sind.

Ohne Kondensationskerne kann der Taupunkt mehr oder weniger weit unterschritten werden.

Messung der Luftfeuchtigkeit

- **Haarhygrometer** zeigen die relative Feuchte an. Sie verwenden hygroskopische Stoffe (bestimmte Kunstfasern, früher entfettetes Haar), deren Länge sich mit der Feuchte ändert.
- **Psychrometer** bestehen aus zwei gleichartigen Thermometern, von denen eins befeuchtet wird. Durch Verdunstung kühlt es sich ab. Die Temperaturdifferenz zwischen beiden Thermometern ist ein Maß für die relative Feuchte. Bei $\varphi = 100\,\%$ ist $\Delta T = 0$.
- **Taupunktmesser** besitzen eine spiegelnde Fläche. Diese wird abgekühlt, bis sie beschlägt. Aus den Temperaturen der Luft und der Spiegelfläche lassen sich die dazugehörenden Sättigungsmengen und daraus die relative Feuchte bestimmen. Diese Methode ist sehr genau und wird zum Kalibrieren anderer Feuchtemesser verwendet.
- Ferner wird die Änderung *elektrischer Eigenschaften* (Widerstand oder Kapazität) in Feuchtesensoren genutzt.

17.4 Reale Gase

Die in [15.4] und [15.5] genannten Gasgesetze gelten exakt nur für das (hypothetische) ideale Gas, das beim Abkühlen bis zum absoluten Nullpunkt nicht kondensieren würde.

Die meisten Gase kommen den Eigenschaften des idealen Gases nahe, wenn ihre Temperatur genügend weit oberhalb ihres Verflüssigungspunktes liegt, wenn also keine Kräfte zwischen den Molekülen wirken (außer beim Zusammenstoß) und das Eigenvolumen der Moleküle klein ist im Verhältnis zum Gasvolumen.

In der Nähe des Kondensationspunktes (hoher Druck, niedrige Temperatur) weichen die Eigenschaften realer Gas von denen des idealen Gases jedoch erheblich ab.

17.4.1 Zustandsgleichung realer Gase

In der stoffmengenbezogenen Zustandsgleichung des idealen Gases $pV = nRT$ (W 15.28) ist bei realen Gasen der Druck p um den so genannten **Binnendruck** zu vergrößern. Dieser entsteht durch die Kohäsion zwischen den Molekülen und ist proportional dem Abstand zweier Nachbarmoleküle und der Anzahl der benachbarten Moleküle, also proportional dem Quadrat der Gasdichte.

Ferner ist das Gasvolumen V zu verkleinern um das so genannte **Kovolumen**, das kleinste Volumen, auf das die Moleküle der Gasmasse m gebracht werden können. Das Kovolumen beträgt etwa das Vierfache des Eigenvolumens des Moleküls.

Wenn

p Gasdruck,
V Gasvolumen,
n Stoffmenge des Gases,
R allgemeine Gaskonstante $= 8{,}314\,\mathrm{J/(mol \cdot K)}$,
T Gastemperatur,
a, b VAN-DER-WAALS-Konstanten (→ Tabelle 29),
V_m molares Volumen $= V/n$,

dann gilt für den Binnendruck $a\dfrac{n^2}{V^2}$ und für das Kovolumen bn.

Damit ergibt sich für reale Gase die

van-der-Waals'sche Zustandsgleichung

(W 17.6)
$$\left(p + \frac{an^2}{V^2}\right)(V - bn) = nRT \quad \text{oder}$$
$$\left(p + \frac{a}{V_\mathrm{m}^2}\right)(V_\mathrm{m} - b) = RT$$

	p	V	n	R	T	a	b, V_m
SI	Pa	m^3	mol	$\frac{\mathrm{J}}{\mathrm{mol \cdot K}}$	K	$\frac{\mathrm{N \cdot m^4}}{\mathrm{mol^2}}$	$\frac{\mathrm{m^3}}{\mathrm{mol}}$

W

Beachte:

- Die Isothermen → [9.1] bei verschiedenen Temperaturen ergeben das ANDREWS'sche Diagramm → [17.4.2].

17.4.2 Kritische Temperatur

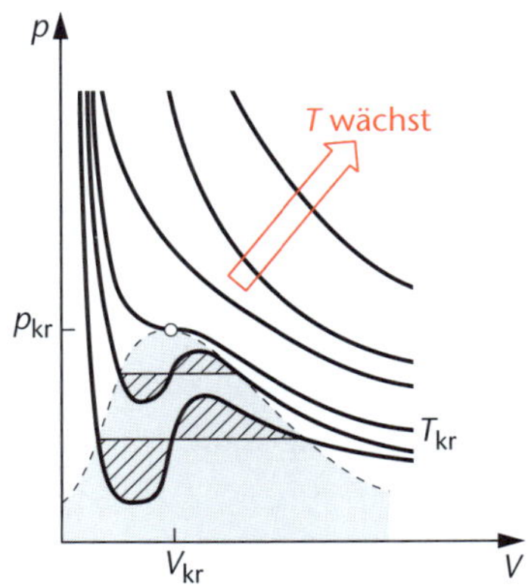

Die grau gefärbte Fläche des ANDREWS-Diagramms ist der Bereich des Phasenüberganges flüssig ↔ gasförmig. Da während der Phasenumwandlung der Druck p konstant bleibt, muss in diesem Bereich die Isotherme durch eine horizontal verlaufende Gerade ersetzt werden.

Links von der grauen Fläche existiert der Stoff als Flüssigkeit, rechts davon als Dampf bzw. Gas. Oberhalb dieser Fläche ist eine Verflüssigung allein durch Komprimieren (Verkleinerung des Volumens und Vergrößerung des Druckes) nicht möglich. Der höchste Punkt der Rasterfläche ist der *Wendepunkt* (mit horizontaler Tangente) einer Isothermen, deren Temperatur als **kritische Temperatur** T_kr bezeichnet wird. Die zum Wendepunkt gehörenden Größen heißen entsprechend **kritischer Druck** p_kr und **kritisches Volumen** V_kr.

Nur unterhalb der kritischen Temperatur lassen sich Gase durch Druck verflüssigen.

Beachte:

- Zahlenwerte für kritische Temperatur und kritischen Druck → Tabelle 30.

■ Zwischen den kritischen Daten eines Gases und der VAN-DER-WAALS-Konstanten bestehen folgende Beziehungen.

Wenn

T_{kr}, p_{kr}, V_{kr}	kritische Werte von Temperatur, Druck und Volumen,
a, b	VAN-DER-WAALS-Konstanten (→ Tabelle 29),
R	allgemeine Gaskonstante = 8,314 J/(mol · K),
n	Stoffmenge des Gases,

dann gilt

(W 17.7) $$T_{kr} = \frac{8a}{27bR}; \qquad p_{kr} = \frac{a}{27b^2}; \qquad V_{kr} = 3nb$$

	T	p	V	n	R	a	b
SI	K	$\text{Pa} = \frac{\text{N}}{\text{m}^2}$	m^3	mol	$\frac{\text{J}}{\text{mol} \cdot \text{K}}$	$\frac{\text{N} \cdot \text{m}^4}{\text{mol}^2}$	$\frac{\text{m}^3}{\text{mol}}$

Die Kombination aller 3 Gleichungen von (W 17.7) ergibt

(W 17.8) $$\frac{p_{kr} V_{kr}}{T_{kr}} = \frac{3}{8} nR$$

Beachte:

- Die Beziehungen (W 17.7) ergeben sich aus den von (W 17.6) abgeleiteten Funktionen $p = p(V)$, $\frac{\mathrm{d}p}{\mathrm{d}V} = 0$ und $\frac{\mathrm{d}^2 p}{\mathrm{d}V^2} = 0$ (Bedingungen für den Wendepunkt mit horizontaler Tangente der Isotherme $T = T_{kr}$).
- Mit (W 17.7) können a und b aus den experimentell bestimmbaren kritischen Daten errechnet werden: $a = 3p_{kr} \cdot \frac{V_{kr}^2}{n^2}$; $b = \frac{V_{kr}}{3n}$.

17.4.3 Verflüssigung der Gase

Bei der technischen Gasverflüssigung nach dem LINDE-Verfahren wird das Gas bis unter die kritische Temperatur abgekühlt, indem es sich viele Male durch Ausströmen aus einer Düse entspannen kann. Zwischendurch wird es immer wieder komprimiert. Die bei der Kompression entstehende

Wärme wird ihm in einem Kühler entzogen. Die Abkühlung bei der Entspannung erfolgt nach dem

JOULE-THOMSON-Effekt:
Reale Gase kühlen sich bei einer gedrosselten Entspannung geringfügig ab.

Wenn
ΔT Temperaturänderung bei der Entspannung $= T_2 - T_1$,
Δp Druckänderung bei der Entspannung $= p_2 - p_1$,
μ JOULE-THOMSON-Koeffizient,

dann gilt

(W 17.9) $$\mu = \frac{\Delta T}{\Delta p}$$

	μ	T	p
SI	$\frac{\mathrm{K}}{\mathrm{Pa}}$	K	Pa

W

Beachte:

- Zahlenwerte für μ sind abhängig von der Gasart, dem Anfangsdruck und der Anfangstemperatur. Sie müssen entsprechenden *Diagrammen* der Fachliteratur entnommen werden.
  Bei Raumtemperatur und Normdruck ist für
  Luft, Sauerstoff (O_2), Stickstoff (N_2) $\mu \approx +2{,}5\,\mathrm{K/MPa}$
  Kohlenstoffdioxid (CO_2) $\mu \approx +7{,}5\,\mathrm{K/MPa}$
  Wasserstoff (H_2) $\mu \approx -33{,}3\,\mathrm{K/MPa}$.

■ Eine Abkühlung ($\mu > 0$) tritt nur ein, wenn die Anfangstemperatur kleiner ist als die **Inversionstemperatur** T_i. Oberhalb dieser führt eine Entspannung ($\Delta p < 0$) zu einer Erwärmung ($\Delta T > 0$): $\mu < 0$.

Beachte:

- Die Inversionstemperatur ist druckabhängig. Bei Normdruck p_n beträgt sie z. B. für Luft $\approx 621\,°\mathrm{C}$.

- Der Inversionstemperatur lässt sich aus den VAN-DER-WAALS-Konstanten (→ Tabelle 29) bzw. aus der kritischen Temperatur T_{kr} (→ Tabelle 30) eines Gases bestimmen. Dabei ergibt sich für T_i stets der *Maximalwert*, der jedoch auch für den Normdruck p_n gut anwendbar ist:

  $$T_i = \frac{2a}{Rb} \quad \text{bzw. mit (W 17.7)} \quad T_i = 6{,}75\,T_{kr}.$$

18 Zustandsänderung des idealen Gases

Der Zustand eines Gases ist durch die drei Größen **Druck**, **Volumen** und **Temperatur** (**Zustandsgrößen**) bestimmt. Als Zustandsänderung bezeichnet man Änderungen von zwei oder allen Zustandsgrößen.

Außer den in [15.5.1] als Sonderfälle der Zustandsgleichung genannten **isobaren**, **isochoren** und **isothermen** Zustandsänderungen gibt es noch die **isentrope** und die **polytrope** Zustandsänderung.

Alle Zustandsänderungen sind mit Energieaustausch oder -umwandlung verbunden. Diese werden vom ersten Hauptsatz beschrieben.

18.1 Erster Hauptsatz

Das Gesetz von der Erhaltung der Energie → [7.2.3] und [16.4] lautet in allgemeinster Form:

> In einem abgeschlossenen System ist die Summe aller Energien konstant.

Daraus folgt, dass Energie weder aus dem Nichts entstehen noch vernichtet werden kann. Eine wichtige Aussage enthält der Satz von der

> **Unmöglichkeit eines Perpetuum mobile** (1. Art):
> Es gibt keine Vorrichtung (Maschine, System usw.), die mehr Energie abgibt, als ihr zugeführt wird.

Der Energieerhaltungssatz gilt ohne Einschränkung auch in der Wärmelehre, wenn die so genannte innere Energie des Systems (potenzielle und kinetische Energie der Moleküle) berücksichtigt wird. Nur mit der Umgebung **ausgetauschte** Arbeit bzw. Wärmeenergie kann die innere Energie des Systems verändern. In dieser Form bezeichnet man den Energieerhaltungssatz als

> **1. Hauptsatz der Wärmelehre**:
> Zufuhr von Wärmeenergie und mechanische Arbeit vergrößert die innere Energie eines abgeschlossenen Systems.

Wenn

Q dem System zugeführte Wärmeenergie,

W am System verrichtete mechanische Arbeit,

ΔU Änderung der inneren Energie $= U_2 - U_1$,

dann gilt als erster Hauptsatz

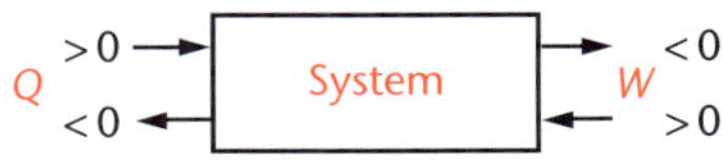

(W 18.1) $$Q + W = \Delta U$$

bzw. in differenzieller Schreibweise

(W 18.2) $$dQ + dW = dU$$

Beachte:

- *Zugeführte* Wärmeenergie und *am* System verrichtete Arbeit sind **positiv**, *abgegebene* Wärmeenergie und *vom* System verrichtete Arbeit dagegen **negativ**. ΔU ist bei Zunahme positiv, bei Abnahme negativ. Diese **Vorzeichenkonvention** wird in der Thermodynamik *jetzt* bevorzugt. Früher war die vom System verrichtete Arbeit positiv!

18.1.1 Volumenänderungsarbeit

Wird der 1. Hauptsatz auf das ideale Gas angewandt, so bewirkt die mechanische Arbeit eine Änderung des Volumens (W positiv: Kompression oder W negativ: Expansion). Da $W = Fs$ (M 7.11) und $F = pA$ (M 8.1), ergibt sich mit $\Delta V = A\Delta s$

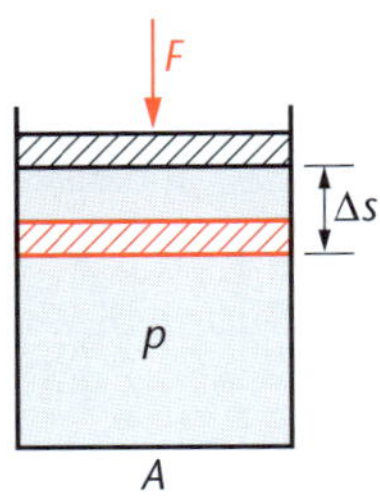

(W 18.3) $$W = -p\Delta V$$

worin $\Delta V = V_2 - V_1$ bei Expansion positiv, bei Kompression negativ ist. Bleibt der Druck p während der Volumenänderung ΔV nicht konstant, ist also $p = p(V)$, dann gilt

(W 18.4) $$dW = -p\,dV \quad \text{und} \quad W = -\int_{V_1}^{V_2} p\,dV = \int_{V_2}^{V_1} p\,dV$$

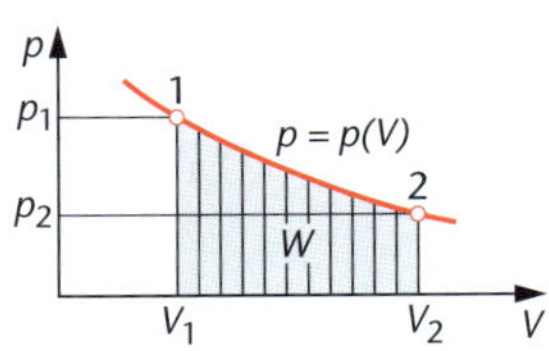

Damit lautet der **1. Hauptsatz**

(W 18.5) $$Q = \Delta U + p\Delta V$$

bzw. in differenzieller Form, wenn $p = p(V)$,

(W 18.6)
$$dQ = dU + p\,dV \quad \text{und}$$
$$Q = \Delta U + \int_{V_1}^{V_2} p\,dV$$

Die zugeführte Wärmeenergie bewirkt eine Erhöhung der inneren Energie und/oder eine Vergrößerung des Volumens.

Beachte:

- Die Volumenänderungsarbeit entspricht im p, V-Diagramm der Fläche unter der Kurve.
- Bei Kompression ist $\Delta V = V_2 - V_1$ **negativ**, bei Expansion **positiv**.

18.1.2 Innere Energie

Als innere Energie bezeichnet man die gesamte im System vorhandene Energie. Meist interessieren jedoch nur die Änderungen der inneren Energie ΔU bzw. dU.

Die innere Energie ist eine Zustandsfunktion, d. h. eine nur vom Zustand (p, V, T) abhängende Größe. Der Weg, auf dem dieser Zustand erreicht wird, spielt keine Rolle.

Zu jedem Zustand eines Systems gehört ein eindeutig bestimmter Wert der inneren Energie.

Die Änderung der inneren Energie ΔU hängt nur von Anfangs- und Endzustand ab.

Die **innere Energie des idealen Gases** lässt sich bestimmen, wenn im 1. Hauptsatz die Volumenänderungsarbeit gleich 0 gesetzt wird. Dann ist die ausgetauschte Wärmeenergie Q gleich der Änderung der inneren Energie ΔU, also

$Q = \Delta U = c_V m \Delta T$ oder

(W 18.7)
$$U = c_V m T$$

	U	c	m	T
SI	J	$\frac{\text{J}}{\text{kg} \cdot \text{K}}$	kg	K

Die innere Energie einer bestimmten Menge (Masse) des idealen Gases hängt nur von seiner Temperatur ab.

18.1.3 Enthalpie

Unter der Enthalpie H versteht man die Summe aus innerer Energie und dem Produkt aus Druck und Volumen.

(W 18.8) $$H = U + pV$$

	H	U	p	V
SI	J	J	$\mathrm{Pa} = \frac{\mathrm{J}}{\mathrm{m}^3}$	m^3

Beachte:

- Das Produkt pV wird als **Verdrängungsarbeit** bezeichnet.

- Für die Änderung der Enthalpie folgt aus (W 18.8)

$\mathrm{d}H = \mathrm{d}U + \mathrm{d}(pV) = \mathrm{d}U + p\,\mathrm{d}V + V\,\mathrm{d}p$. Damit lautet der 1. Hauptsatz

$\mathrm{d}Q = \mathrm{d}H - V\,\mathrm{d}p$. Die Integration ergibt

(W 18.9) $$H_2 - H_1 = Q + \int_{p_1}^{p_2} V\,\mathrm{d}p$$

- Die Enthalpie des idealen Gases ist mit (W 18.7)

$H = U + pV = c_V mT + pV$. Daraus wird mit (W 15.16)
$H = c_V mT + mR_i T = mT(c_V + c_p - c_V)$ und daraus

(W 18.10) $$H = c_p mT$$

	H	c	m	T
SI	J	$\frac{\mathrm{J}}{\mathrm{kg} \cdot \mathrm{K}}$	kg	K

18.2 Isochore Zustandsänderung

Eine Zustandsänderung des idealen Gases ist *isochor*, wenn

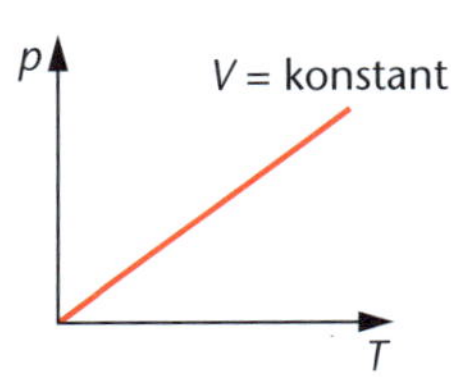

$\boldsymbol{\Delta V = 0}$, also $V =$ konstant. Es gilt das 2. Gesetz von GAY-LUSSAC → (W 15.14):

$\frac{p}{T} =$ konstant oder $p \sim T$.

Die Kurve dieser Zustandsänderung (**Isochore**) verläuft im p, V-Diagramm parallel zur p-Achse.

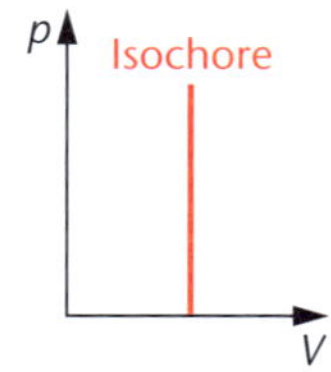

Wegen $\Delta V = 0$ ist auch $W = 0$. Der 1. Hauptsatz vereinfacht sich zu

(W 18.11)
$$Q = \Delta U = c_V m \Delta T \quad \text{bzw.}$$
$$\mathrm{d}Q = \mathrm{d}U = c_V m \,\mathrm{d}T$$

Bei einer isochoren Zustandsänderung bewirkt die zugeführte Wärmeenergie nur eine Erhöhung der inneren Energie.

18.3 Isobare Zustandsänderung

Eine Zustandsänderung des idealen Gases ist *isobar*, wenn

$\boldsymbol{\Delta p = 0}$, also $p =$ konstant. Es gilt das 1. Gesetz von Gay-Lussac → (W 15.12):

$$\frac{V}{T} = \text{konstant} \quad \text{oder} \quad V \sim T.$$

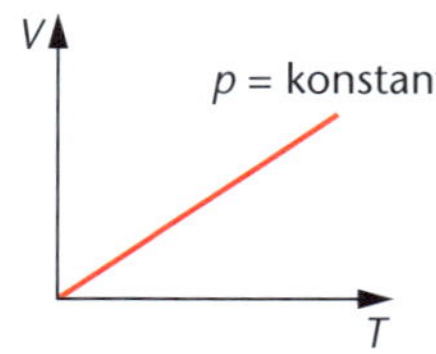

Die Kurve dieser Zustandsänderung (**Isobare**) verläuft im p, V-Diagramm parallel zur V-Achse. Die Volumenänderungsarbeit $W = -p\Delta V$ entspricht der Fläche unter der Kurve im p, V-Diagramm.

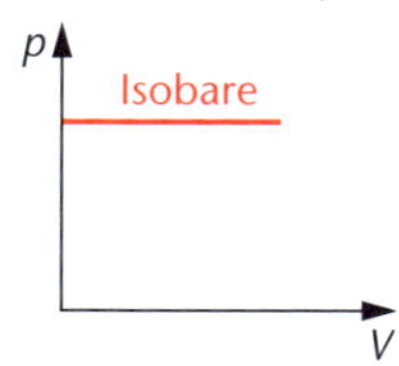

Wenn

Q mit der Umgebung ausgetauschte Wärmeenergie,
c_p spezifische Wärmekapazität bei konstantem Druck (→ Tabelle 18),
m Masse des Gases,
ΔT Temperaturänderung $= T_2 - T_1$,
ΔV Volumenänderung $= V_2 - V_1$,
p konstanter Druck des Gases,
R_i spezielle Gaskonstante (→ Tabelle 14),

dann gilt für die ausgetauschte Wärmeenergie → [16.2]

(W 18.12)
$$Q = c_p m \Delta T \quad \text{bzw.}$$
$$\mathrm{d}Q = c_p m \,\mathrm{d}T$$

und für die Volumenänderungsarbeit (W 18.3) mit (W 15.16)

(W 18.13) $W = -p\,\Delta V = -mR_i\,\Delta T$

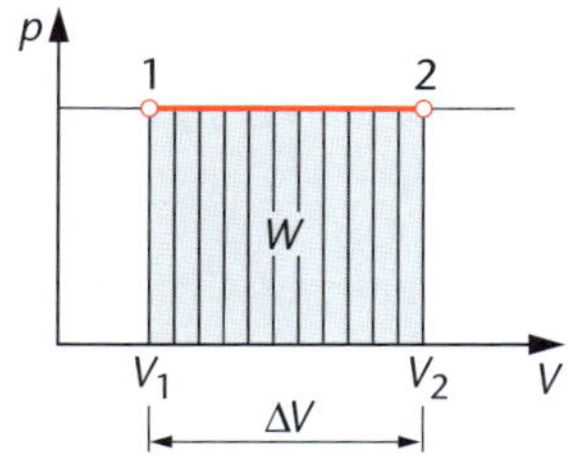

Beachte:

- Kompression (Verdichtung): $V_2 < V_1$
  $T_2 < T_1$
- Expansion (Entspannung): $V_2 > V_1$
  $T_2 > T_1$

Die Änderung der Enthalpie beträgt nach (W 18.10)

(W 18.14) $\Delta H = c_p m\,\Delta T$

	W	p	V	m	R_i	T	H	c
SI	J	Pa	m^3	kg	$\frac{\text{J}}{\text{kg}\cdot\text{K}}$	K	J	$\frac{\text{J}}{\text{kg}\cdot\text{K}}$

18.4 Isotherme Zustandsänderung

Eine Zustandsänderung des idealen Gases ist *isotherm*, wenn

$\mathbf{\Delta T = 0}$, also T = konstant. Es gilt das Gesetz von Boyle-Mariotte → (M 9.1):

$$pV = \text{konstant} \quad \text{oder} \quad p \sim \frac{1}{V}.$$

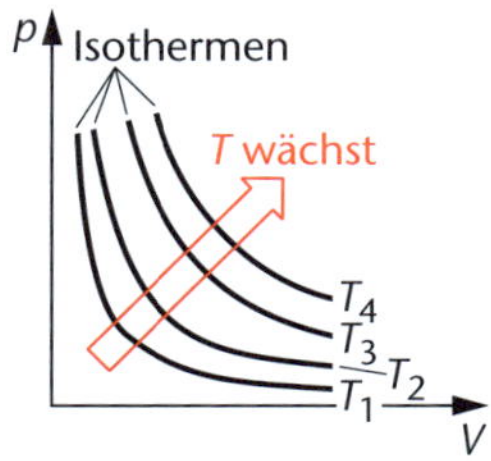

Die Kurve dieser Zustandsänderung (**Isotherme**) ist im p, V-Diagramm eine Hyperbel, deren Lage von der Temperatur T bestimmt wird. Wegen T = konstant ist auch $\Delta U = 0$. Der 1. Hauptsatz vereinfacht sich zu $Q + W = 0$, und damit ist $Q = -W$.

Bei einer isothermen Zustandsänderung wandelt sich die zugeführte Wärmeenergie restlos in mechanische Arbeit um.

Isotherme Volumenänderungsarbeit

Bei einer isothermen Entspannung verrichtet das Gas Arbeit. Diese kann mit (W 18.4) bestimmt werden.

Wenn

W Arbeit bei isothermer Volumenänderung,
m Masse des Gases,
R_i spezielle Gaskonstante (→ Tabelle 14),
T konstante Temperatur des Gases,
V_1 Anfangsvolumen,
V_2 Endvolumen,
p_1 Anfangsdruck,
p_2 Enddruck,

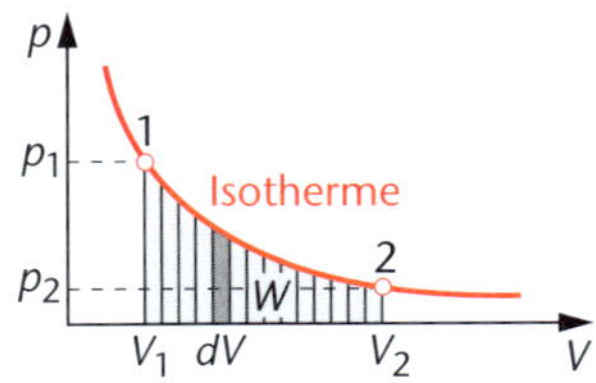

dann gilt mit $\mathrm{d}W = -p\,\mathrm{d}V$

$$W = -\int_{V_1}^{V_2} p\,\mathrm{d}V \quad \text{und mit} \quad pV = mR_iT$$

$$W = -\int_{V_1}^{V_2} \frac{mR_iT}{V}\,\mathrm{d}V = mR_iT \int_{V_2}^{V_1} \frac{\mathrm{d}V}{V}. \quad \text{Integration ergibt}$$

(W 18.15) $$W = mR_iT \ln(V_1/V_2)$$

	W	m	R_i	T	V
SI	J	kg	$\frac{\mathrm{J}}{\mathrm{kg} \cdot \mathrm{K}}$	K	m^3

Daraus folgt mit $pV = mR_iT$ (W 15.16)

(W 18.16) $$W = pV \ln(V_1/V_2)$$

	W	p	V
SI	J	$\mathrm{Pa} = \frac{\mathrm{J}}{\mathrm{m}^3}$	m^3

Da nach (M 9.1) die Drücke den Volumen umgekehrt proportional sind, kann man (W 18.15) und (W 18.16) auch schreiben

(W 18.17) $$W = mR_iT \ln(p_2/p_1) = pV \ln(p_2/p_1)$$

	W	m	R_i	T	p	V
SI	J	kg	$\frac{\mathrm{J}}{\mathrm{kg} \cdot \mathrm{K}}$	K	$\mathrm{Pa} = \frac{\mathrm{J}}{\mathrm{m}^3}$	m^3

Beachte:

- Ist $V_1 > V_2$ bzw. $p_1 < p_2$, so liegt keine Entspannung, sondern eine Verdichtung (Kompression) vor. Es wird $W > 0$ (positiver Zahlenwert), d. h., die Arbeit wird nicht frei, sondern muss am Gas verrichtet werden.

- Wegen $Q = -W$ gelten (W 18.15) bis (W 18.17) auch für die zuzuführende Wärmeenergie Q.
- Die Bedingung $T =$ konstant lässt sich in der Praxis kaum realisieren. Sie setzt genügend langsam verlaufende Änderungen von Druck p und Volumen V voraus. Außerdem muss das Gas von einem Medium sehr großer Wärmekapazität umgeben sein.
- Zustandsänderungen, die so langsam verlaufen, dass das Gas von einem Gleichgewichtszustand in den nächsten übergeht, heißen **quasistatisch**.

W

18.5 Isentrope Zustandsänderung

Eine Zustandsänderung ist *isentrop* (adiabatisch), wenn die Entropie → [18.8.2] konstant bleibt, wenn sie ohne Wärmeaustausch mit der Umgebung, also bei völliger Wärmeisolierung erfolgt:

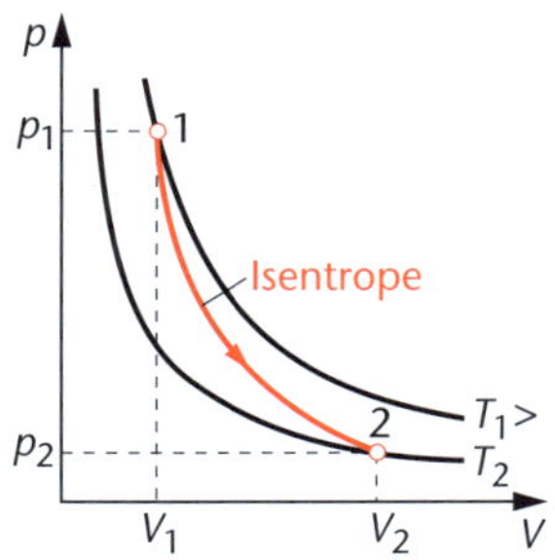

$\boldsymbol{\Delta Q = 0}$ bzw. in differenzieller Schreibweise $\mathrm{d}Q = 0$. Es gilt das Gesetz von POISSON → (W 18.20):

$pV^{\varkappa} =$ konstant.

Die Kurve dieser Zustandsänderung (**Isentrope** oder auch Adiabate) ist im p, V-Diagramm eine Übergangskurve zwischen zwei Isothermen, da sich alle drei Zustandsgrößen (p, V, T) ändern. Wegen $\mathrm{d}Q = 0$ vereinfacht sich der 1. Hauptsatz zu

$0 = \Delta U + p\Delta V$ bzw. in differenzieller Schreibweise

$0 = \mathrm{d}U + p\,\mathrm{d}V.$ Mit $\mathrm{d}U = c_V m\,\mathrm{d}T$ und $p = mR_i T/V$ folgt

$-c_V m\,\mathrm{d}T = mR_i T\dfrac{\mathrm{d}V}{V}.$ Umstellung ergibt mit $R_i = c_p - c_V$ (W 16.7)

$-c_V\dfrac{\mathrm{d}T}{T} = (c_p - c_V)\dfrac{\mathrm{d}V}{V}$ und nach Integration

$$-c_V \int_{T_1}^{T_2} \frac{\mathrm{d}T}{T} = (c_p - c_V) \int_{V_1}^{V_2} \frac{\mathrm{d}V}{V} \quad \text{oder}$$

$$-c_V \ln\left(\frac{T_2}{T_1}\right) = (c_p - c_V) \ln\left(\frac{V_2}{V_1}\right) \quad \text{oder}$$

$$\left(\frac{T_1}{T_2}\right)^{c_V} = \left(\frac{V_2}{V_1}\right)^{c_p - c_V} \quad \text{oder}$$

$$\frac{T_1}{T_2} = \left(\frac{V_2}{V_1}\right)^{\frac{c_p - c_V}{c_V}}$$

Wenn

p_1, T_1, V_1 Druck, Temperatur und Volumen im Anfangszustand 1,

p_2, T_2, V_2 Druck, Temperatur und Volumen im Endzustand 2,

$\varkappa$ Isentropenexponent $= c_p/c_V$ (→ Tabelle 18),

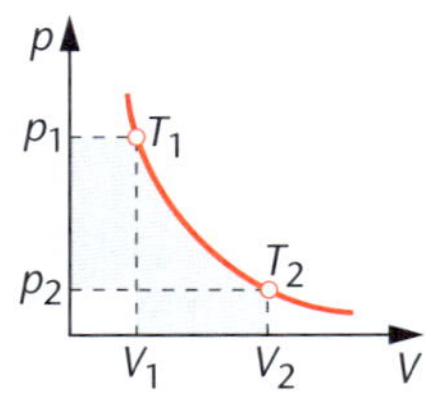

dann folgen aus obiger Ableitung die

Poisson'schen Gleichungen

(W 18.18) $$\frac{T_1}{T_2} = \left(\frac{V_2}{V_1}\right)^{\varkappa - 1} \quad \text{oder} \quad TV^{\varkappa - 1} = \text{konstant}$$

Mit der Zustandsgleichung (W 15.15) wird V_2/V_1 ersetzt durch $p_1 T_2 / p_2 T_1$. So ergibt sich

$$\frac{T_1}{T_2} = \left(\frac{p_1 T_2}{p_2 T_1}\right)^{\varkappa - 1} \quad \text{und daraus}$$

(W 18.19) $$\frac{T_1}{T_2} = \left(\frac{p_1}{p_2}\right)^{\frac{\varkappa - 1}{\varkappa}} \quad \text{oder} \quad T^{\varkappa} p^{1-\varkappa} = \text{konstant}$$

Durch Gleichsetzen von (W 18.18) und (W 18.19) erhält man schließlich das

Poisson'sche Gesetz

(W 18.20) $$\frac{p_1}{p_2} = \left(\frac{V_2}{V_1}\right)^{\varkappa} \quad \text{oder} \quad pV^{\varkappa} = \text{konstant}$$

Beachte:

- Die Bedingung $dQ = 0$, also völlige Wärmeisolierung, lässt sich kaum realisieren. Nur bei sehr schnell ablaufenden Zustandsänderungen kommt man dieser Bedingung sehr nahe.

■ Der 2. Ausdruck in (W 18.20) ist das Gesetz der isentropen Zustandsänderung und heißt **POISSON'sche Isentropengleichung**. Die Kurve (**Isentrope**) verläuft im p, V-Diagramm steiler als die Isotherme, weil die bei einer isentropen Kompression entstehende Wärme im Gas verbleibt und die daraus resultierende Temperaturerhöhung den Druck zusätzlich vergrößert.

Isentrope Volumenänderungsarbeit

Bei einer isentropen Expansion kühlt sich das Gas ab, d. h., es verrichtet Arbeit auf Kosten seiner inneren Energie.

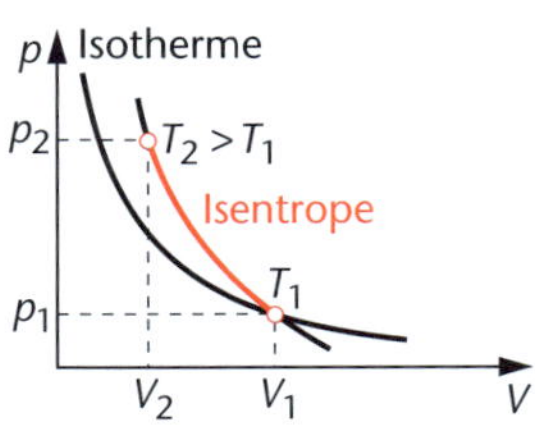

Wenn

W Arbeit, die das Gas bei einer isentropen Entspannung verrichtet,
m Masse des Gases,
R_i spezielle Gaskonstante (→ Tabelle 14),
ΔT Temperaturänderung $= T_2 - T_1$,
T_1 Anfangstemperatur,
T_2 Endtemperatur,
$\varkappa$ Isentropenexponent $= c_p/c_V$,

dann gilt, weil $W = \Delta U = c_V m \Delta T$, nach Erweiterung mit $c_p - c_V$

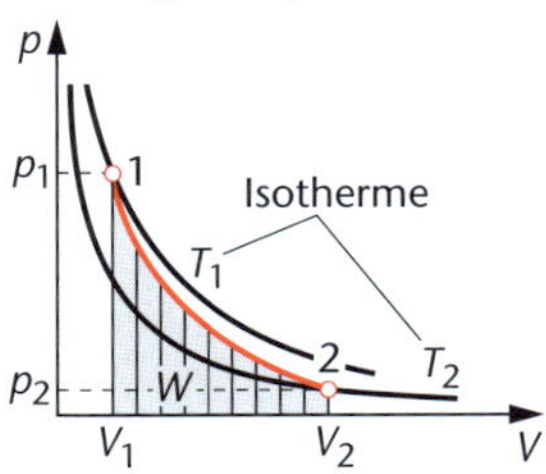

$W = \dfrac{c_p - c_V}{c_p - c_V} c_V m \Delta T$, und mit $c_p - c_V = R_i$ und $c_p/c_V = \varkappa$ wird

$W = \dfrac{c_V}{c_p - c_V} m R_i \Delta T = \dfrac{1}{\varkappa - 1} m R_i \Delta T$ und daraus

(W 18.21) $$W = \frac{m R_i}{\varkappa - 1} \Delta T$$

	W	m	R_i	$\varkappa$	T
SI	J	kg	$\frac{\text{J}}{\text{kg} \cdot \text{K}}$	–	K

oder unter Verwendung von $pV = m R_i T$ (W 15.16)

(W 18.22) $$W = \frac{p_2 V_2 - p_1 V_1}{\varkappa - 1}$$

	W	p	V	$\varkappa$
SI	J	Pa $= \frac{\text{J}}{\text{m}^3}$	m^3	–

Beachte:

- Die bei der isentropen Entspannung verrichtete Arbeit W hängt bei einer bestimmten Gasmasse nur von der Temperaturänderung ΔT (Abkühlung) ab.
- Ist $T_2 > T_1$, dann liegt keine Expansion (Entspannung), sondern eine Kompression (Verdichtung) vor. Es wird $W > 0$ (positiver Zahlenwert), d. h., das Gas verrichtet keine Arbeit, sondern es muss Arbeit aufgewendet werden.

18.6 Polytrope Zustandsänderung

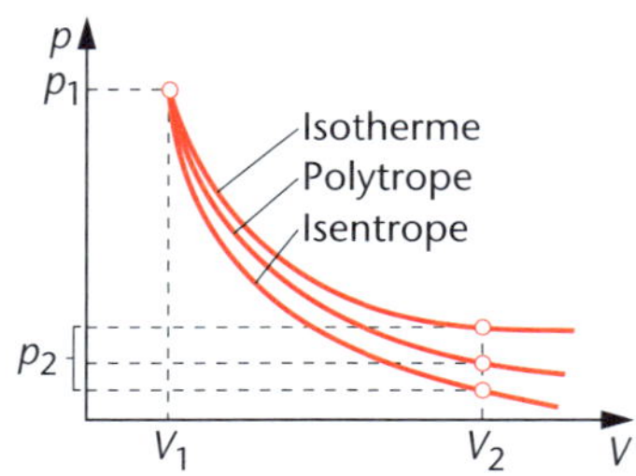

Eine Zustandsänderung des idealen Gases verläuft isotherm, wenn $\Delta T = 0$, also ein ungehinderter Wärmeaustausch mit der Umgebung möglich ist. Bei einer isentropen Zustandsänderung darf keinerlei Wärme mit der Umgebung ausgetauscht werden: $Q = 0$. Zwischen diesen beiden nicht realisierbaren Prozessen als Sonderfällen verläuft die polytrope Zustandsänderung, bei der ein Teil der Wärme mit der Umgebung ausgetauscht wird. Die Kurve dieser Zustandsänderung (**Polytrope**) verläuft im p, V-Diagramm zwischen der Isotherme und der Isentrope, d. h., sie ist steiler als die Isotherme, aber nicht so steil wie die Isentrope.

Wenn

p Druck des Gases,
V Volumen des Gases,
n Polytropenexponent,

dann gilt als Gesetz der polytropen Zustandsänderung

(W 18.23) $\boxed{pV^n = \text{konstant}}$ mit $1 < n < \varkappa$.

Beachte:

- Der Polytropenexponent n ist kein Materialwert, ist also von der Art des Gases weitgehend unabhängig. Er wird bestimmt von den **technischen Bedingungen** der Zustandsänderung.
- Isotherme und isentrope Zustandsänderung können mit $n = 1$ bzw. $n = \varkappa$ als Grenzfälle der polytropen angesehen werden.

- Auch isochore und isobare Zustandsänderungen genügen mit $n = \infty$ bzw. $n = 0$ dem Polytropengesetz.

■ Die übrigen Gesetzmäßigkeiten lassen sich aus (W 18.23) herleiten. Sie sind (W 18.18) bis (W 18.22) analog.

Wenn

p_1, T_1, V_1	Druck, Temperatur und Volumen im Anfangszustand 1,
p_2, T_2, V_2	Druck, Temperatur und Volumen im Endzustand 2,
n	Polytropenexponent,
W	Arbeit, die bei einer polytropen Entspannung frei wird,
m	Gasmasse,
R_i	spezielle Gaskonstante (→ Tabelle 14),

dann gelten

(W 18.24) $$\frac{T_1}{T_2} = \left(\frac{V_2}{V_1}\right)^{n-1} \quad \text{oder} \quad TV^{n-1} = \text{konstant}$$

(W 18.25) $$\frac{T_1}{T_2} = \left(\frac{p_1}{p_2}\right)^{\frac{n-1}{n}} \quad \text{oder} \quad T^n p^{1-n} = \text{konstant}$$

(W 18.26) $$\frac{p_1}{p_2} = \left(\frac{V_2}{V_1}\right)^{n} \quad \text{oder} \quad pV^n = \text{konstant}$$

und für die bei einer polytropen Entspannung vom Gas verrichtete Arbeit

(W 18.27) $$W = \frac{mR_i}{n-1}\Delta T$$

	W	m	R_i	n	T
SI	J	kg	$\frac{\text{J}}{\text{kg} \cdot \text{K}}$	–	K

oder unter Verwendung von $pV = mRT$ (W 15.16)

(W 18.28) $$W = \frac{p_2V_2 - p_1V_1}{n-1}$$

	W	p	V	n
SI	J	$\text{Pa} = \frac{\text{J}}{\text{m}^3}$	m^3	–

Beachte:

- Ist $T_2 > T_1$, dann liegt keine Entspannung, sondern eine Kompression vor. Es wird $W > 0$ (positiver Zahlenwert), d. h., das Gas verrichtet keine Arbeit, sondern es muss Arbeit aufgewendet werden.
- Zahlenwerte von n werden experimentell ermittelt.

W

Übersicht über Zustandsänderungen:

Zustandsänderung	isochor	isobar	isotherm	isentrop	polytrop
Bedingung	$dV = 0$ $\Delta V = 0$ $V =$ konstant	$dp = 0$ $\Delta p = 0$ $p =$ konstant	$dT = 0$ $\Delta T = 0$ $T =$ konstant	$dQ = 0; \quad dS = 0$ $\Delta Q = 0; \quad \Delta S = 0$ $S =$ konstant	
1. Hauptsatz	$dQ = dU$ $Q = \Delta U$	$dQ + dW = dU$ $Q + W = \Delta U$	$dQ + dW = 0$ $Q + W = 0$	$dW = dU$ $W = \Delta U$	$dQ + dW = dU$ $Q + W = \Delta U$
Beziehungen zwischen p, T, V	$\frac{T_1}{T_2} = \frac{p_1}{p_2}$ $\frac{p}{T} =$ konstant	$\frac{T_1}{T_2} = \frac{V_1}{V_2}$ $\frac{V}{T} =$ konstant	$\frac{p_1}{p_2} = \frac{V_2}{V_1}$ $pV =$ konstant	$\frac{p_1}{p_2} = \left(\frac{V_2}{V_1}\right)^{\varkappa}$ $pV^{\varkappa} =$ konstant $\frac{T_1}{T_2} = \left(\frac{V_2}{V_1}\right)^{\varkappa-1}$ $TV^{\varkappa-1} =$ konstant $\frac{T_1}{T_2} = \left(\frac{p_1}{p_2}\right)^{\frac{\varkappa-1}{\varkappa}}$ $T^{\varkappa} p^{1-\varkappa} =$ konstant	$\frac{p_1}{p_2} = \left(\frac{V_2}{V_1}\right)^{n}$ $pV^{n} =$ konstant $\frac{T_1}{T_2} = \left(\frac{V_2}{V_1}\right)^{n-1}$ $TV^{n-1} =$ konstant $\frac{T_1}{T_2} = \left(\frac{p_1}{p_2}\right)^{\frac{n-1}{n}}$ $T^{n} p^{1-n} =$ konstant
Wärmeenergie	$dQ = c_V m\, dT$ $Q = c_V m\, \Delta T$	$dQ = c_p m\, dT$ $Q = c_p m\, \Delta T$	$dQ = -dW$ $Q = -W$ $= mR_i T \ln \frac{V_2}{V_1}$	$dQ = 0$ $Q = 0$	$dQ = dU - dW$ $= c_V m \frac{n-\varkappa}{n-1} dT$ $Q = c_V m \frac{n-\varkappa}{n-1} \Delta T$

Arbeit	$dW = 0$ $W = 0$	$dW = -p\,dV$ $W = -p\,\Delta V$ $= -mR_i\,\Delta T$	$dW = -p\,dV$ $W = mR_i T \ln \frac{V_1}{V_2}$ $= mR_i T \ln \frac{p_2}{p_1}$ $= pV \ln \frac{V_1}{V_2} = pV \ln \frac{p_2}{p_1}$	$dW = dU = c_V m\,dT$ $= \frac{mR_i}{\varkappa - 1}\,dT$ $W = \Delta U = c_V m\,\Delta T$ $= \frac{mR_i}{\varkappa - 1}\,\Delta T$ $= \frac{p_2V_2 - p_1V_1}{\varkappa - 1}$	$dW = \frac{mR_i}{n - 1}\,dT$ $W = \frac{mR_i}{n - 1}\,\Delta T$ $= \frac{p_2V_2 - p_1V_1}{n - 1}$
Änderung der inneren Energie	$dU = c_V m\,dT$ $\Delta U = c_V m\,\Delta T$	$dU = c_V m\,dT$ $\Delta U = c_V m\,\Delta T$	$dU = 0$ $\Delta U = 0$	$dU = c_V m\,dT = W$ $\Delta U = c_V m\,\Delta T = W$ $= \frac{mR_i}{\varkappa - 1}\,\Delta T$	$dU = c_V m\,dT$ $\Delta U = c_V m\,\Delta T$
Entropieänderung	$dS = c_V m \frac{dT}{T}$ $= c_V m \frac{dp}{p}$ $\Delta S = c_V m \ln \frac{T_2}{T_1}$ $= c_V m \ln \frac{p_2}{p_1}$	$dS = c_p m \frac{dT}{T}$ $= c_p m \frac{dV}{V}$ $\Delta S = c_p m \ln \frac{T_2}{T_1}$ $= c_p m \ln \frac{V_2}{V_1}$	$dS = mR_i \frac{dV}{V}$ $= -mR_i \frac{dp}{p}$ $\Delta S = mR_i \ln \frac{V_2}{V_1}$ $= mR_i \ln \frac{p_1}{p_2}$	$dS = 0$ $\Delta S = 0$	$dS = c_V m \frac{\varkappa - n}{n - 1} \frac{dT}{T}$ $\Delta S = c_V m \frac{\varkappa - n}{n - 1} \ln \frac{T_1}{T_2}$
p, V-Diagramm	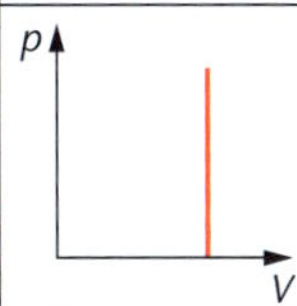	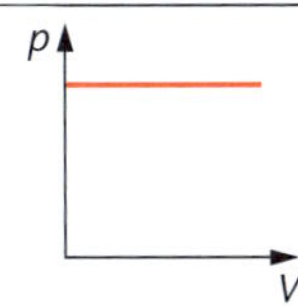	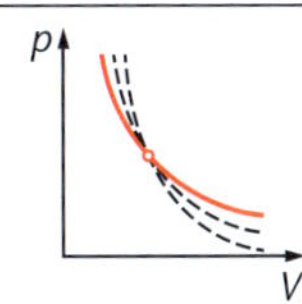	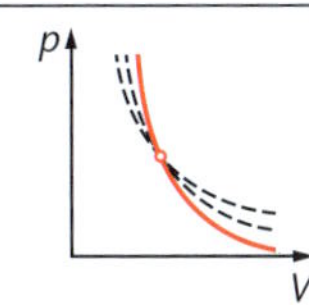	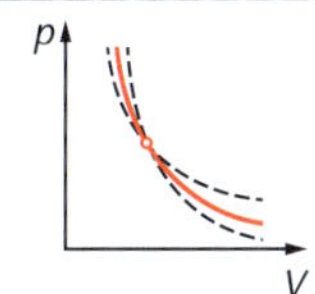

Übersicht:

Zustandsänderung	Exponent	Gleichung
isobar	0	$pV^0 = p =$ konstant
isotherm	1	$pV^1 = pV =$ konstant
polytrop	$1 < n < \varkappa$	$pV^n =$ konstant
isentrop	$\varkappa$	$pV^\varkappa =$ konstant
isochor	∞	$pV^\infty = p^{1/\infty}V = p^0V = V$ $=$ konstant

18.7 Kreisprozesse

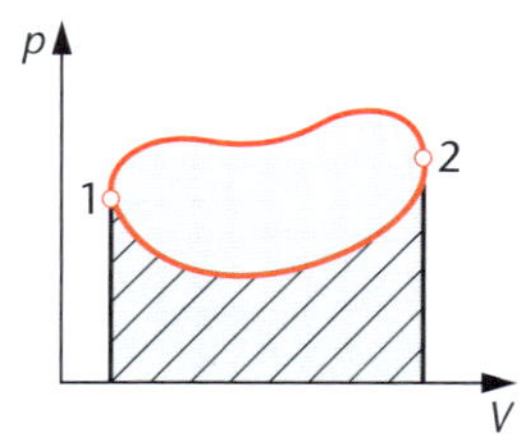

Ein Prozess, bei dem nach einer Reihe von Zustandsänderungen der ursprüngliche Ausgangszustand wieder erreicht wird, heißt Kreisprozess. Alle periodisch arbeitenden Wärmekraftmaschinen führen solche Kreisprozesse aus.

Im p, V-Diagramm ergibt sich für einen Kreisprozess ein geschlossener Kurvenzug. Die beiden Zustände 1 und 2 sind durch unterschiedliche Kurven verbunden. Die Flächen unter den beiden Kurven sind gleich den verrichteten Arbeiten. Der Inhalt der umschlossenen Fläche entspricht der abgegebenen Arbeit, wenn die Kurve rechtsherum durchlaufen wird (Wärmekraftmaschine). Bei entgegengesetztem Durchlaufen wird dagegen Arbeit aufgenommen (Kraftwärmemaschinen: Kältemaschine bzw. Wärmepumpe).

Rechtsprozess

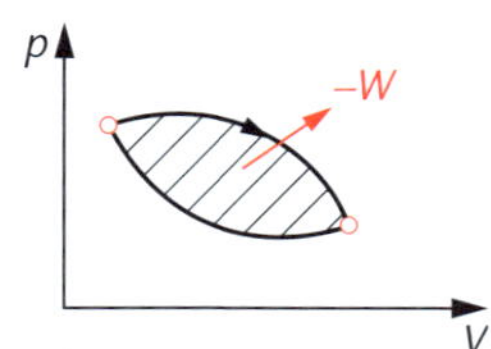

Umwandlung:
Wärmeenergie → mechanische Arbeit
↻ $Q \rightarrow -W$

Linksprozess

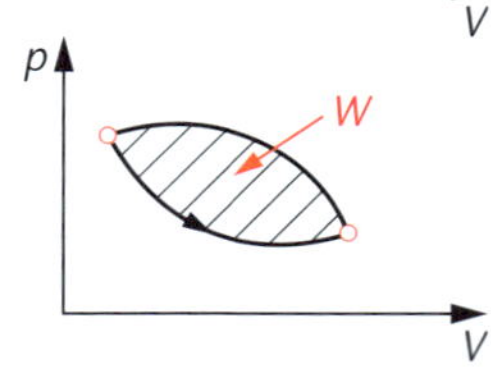

Umwandlung:
mechanische Arbeit → Wärmeenergie
↺ $W \rightarrow Q$

18.7.1 Carnot'scher Kreisprozess

Bei allen Wärmekraftmaschinen wünscht man sich eine möglichst weitgehende Umwandlung von Wärmeenergie in mechanische Energie. CARNOT fand, dass die Ausnutzung am günstigsten ist, wenn das Gas einen bestimmten Kreisprozess durchläuft. In diesem *Rechtsprozess* gibt es 4 aufeinander folgende Zustandsänderungen:

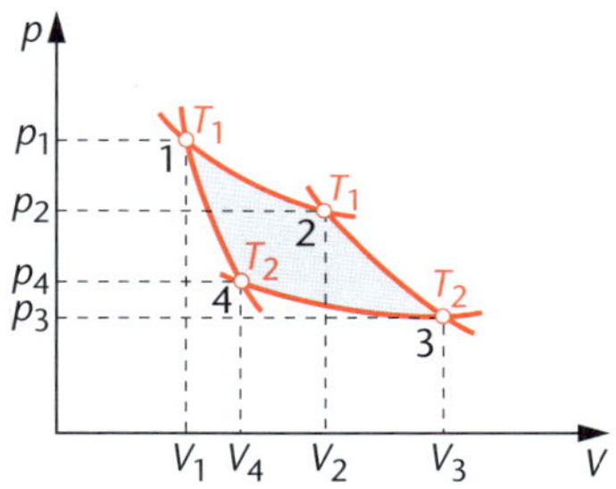

1. isotherme Expansion (1–2)

$T_1 = \text{konst.}, \quad V_2 > V_1, \quad p_2 < p_1$

zugeführte Wärmemenge $Q_{zu} = Q_{12} = mR_i T_1 \ln \dfrac{V_2}{V_1}$

abgegebene Arbeit $W_{12} = -Q_{12}$

2. isentrope Expansion (2–3)

$T_2 < T_1, \quad V_3 > V_2, \quad p_3 < p_2$

zugeführte Wärmemenge $Q_{23} = 0$

abgegebene Arbeit $W_{23} = \dfrac{mR_i}{\varkappa - 1}(T_2 - T_1)$

3. isotherme Kompression (3–4)

$T_2 = \text{konst.}, \quad V_4 < V_3, \quad p_4 > p_3$

abgegebene Wärmemenge $Q_{ab} = Q_{34} = mR_i T_2 \ln \dfrac{V_4}{V_3}$

zugeführte Arbeit $W_{34} = -Q_{34}$

4. isentrope Kompression (4–1)

$T_1 > T_2, \quad V_1 < V_4, \quad p_1 > p_4$

abgegebene Wärmemenge $Q_{41} = 0$

zugeführte Arbeit $W_{41} = \dfrac{mR_i}{\varkappa - 1}(T_1 - T_2) = -W_{23}.$

Die Fläche zwischen dem Kurvenstück 1–2–3 und der Abszisse entspricht der bei der Expansion verrichteten mechanischen Arbeit, dagegen entspricht die zwischen dem Kurvenstück 3–4–1 und der Abszisse liegende Fläche der bei der Kompression zugeführten mechanischen Arbeit. Die Differenz beider Flächen gibt die während eines vollen Kreislaufs insgesamt abgegebene mechanische Arbeit an.

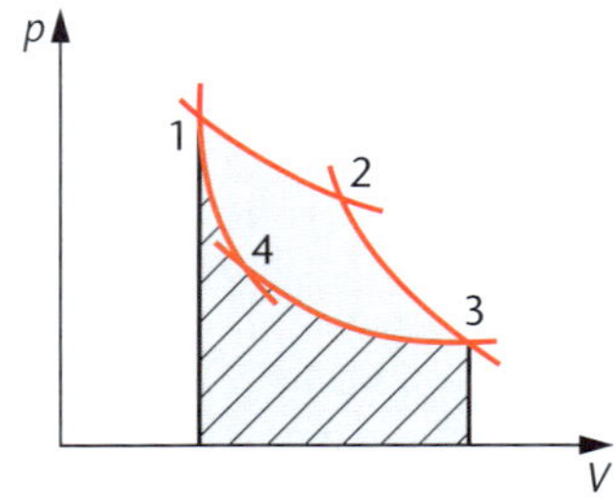

Daraus ergibt sich, dass die bei 1–2 zugeführte Wärme Q_{zu} größer sein muss als die bei 3–4 abgegebene Wärmemenge Q_{ab}: $|Q_{zu}| > |Q_{ab}|$.

Ein Teil der zugeführten Wärme wird in mechanische Arbeit umgewandelt.

Die Umwandlung von Wärme in mechanische Energie geschieht nicht vollständig, sondern nur teilweise.

18.7.2 Thermischer Wirkungsgrad des Carnot-Prozesses

Er gibt an, zu welchem Teil die bei der höheren Temperatur zugeführte Wärmemenge in mechanische Arbeit umgewandelt wurde.

Wenn

Q_{zu} Wärmemenge, die bei der höheren Temperatur T_1 zugeführt wurde ($Q_{zu} > 0$),

Q_{ab} Wärmemenge, die bei der tieferen Temperatur T_2 abgegeben wurde ($Q_{ab} < 0$),

η thermischer Wirkungsgrad $= \dfrac{\text{abgegebene mech. Arbeit } |W|}{\text{zugeführte Wärmemenge } Q_{zu}}$,

dann gilt mit $|W| = |Q_{zu}| - |Q_{ab}| = Q_{zu} + Q_{ab}$

Thermischer Wirkungsgrad von Wärmekraftmaschinen

(W 18.29) $$\eta = \frac{Q_{zu} + Q_{ab}}{Q_{zu}}$$

Diese allgemein gültige Gleichung lässt sich für den speziellen Fall des Carnot-Prozesses umwandeln.

Da die Zustandsänderungen 2–3 und 4–1 isentrop verlaufen, gilt für sie mit (W 18.18)

$$\frac{T_1}{T_2} = \left(\frac{V_3}{V_2}\right)^{\varkappa-1} \quad \text{und} \quad \frac{T_1}{T_2} = \left(\frac{V_4}{V_1}\right)^{\varkappa-1}. \quad \text{Daraus folgt}$$

$$\frac{V_3}{V_2} = \frac{V_4}{V_1} \quad \text{und auch} \quad \frac{V_2}{V_1} = \frac{V_3}{V_4}.$$

Für den thermischen Wirkungsgrad ergibt sich dann

$$\eta = \frac{Q_{zu} + Q_{ab}}{Q_{zu}} = \frac{mRT_1 \ln(V_2/V_1) - mRT_2 \ln(V_3/V_4)}{mRT_1 \ln(V_2/V_1)}$$

und vereinfacht

Thermischer Wirkungsgrad des Carnot-Prozesses

(W 18.30) $$\eta = \frac{T_1 - T_2}{T_1} = 1 - \frac{T_2}{T_1}$$

W

Beachte:

- Der Carnot-Kreisprozess besitzt von allen möglichen Umwandlungen den größten Wirkungsgrad. Ein noch größerer würde zwar nicht gegen den 1. Hauptsatz der Wärmelehre, wohl aber gegen den 2. Hauptsatz → [18.8] verstoßen.
- Der thermische Wirkungsgrad des Carnot-Prozesses hängt nicht vom Arbeitsmedium ab und ist nur eine Funktion der Temperaturen, zwischen denen er geführt wird.
- Für alle Wärmekraftmaschinen ist der maximale Wirkungsgrad (im Idealfall) nicht eins, sondern mit (W 18.30) gegeben. Im Realfall ist er noch kleiner (Verluste usw.), mit (W 18.30) ergibt sich also der obere Grenzwert für η: η_{ideal}.

18.7.3 Thermische Maschinen

Wärmekraftmaschine

Bei einem rechtsherum durchlaufenen Carnot-Prozess (Rechtsprozess oder +-Zyklus) handelt es sich um eine Wärmekraftmaschine. Für sie ist typisch, dass dem Arbeitsmedium bei hoher Temperatur Wärmeenergie zugeführt wird, die sich zum Teil in mechanische Arbeit umwandelt. Der Rest wird bei niedrigerer Temperatur wieder als Wärme abgegeben. Der Wirkungsgrad (Nutzen/Aufwand) ergibt sich also aus $\eta = |W|/Q_{zu}$ → (W 18.29).

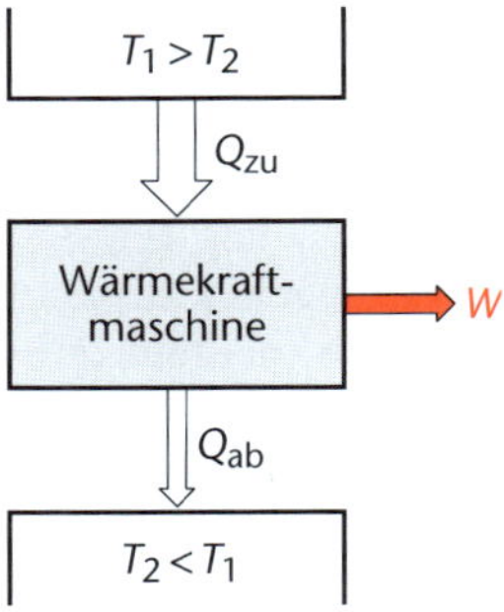

Kältemaschine

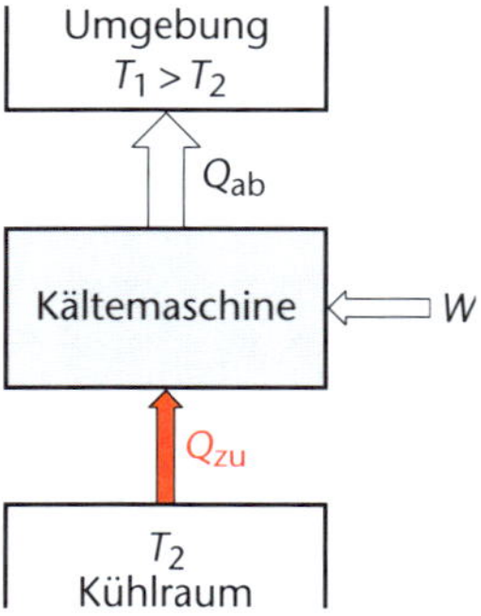

Bei einem linksherum durchlaufenen CARNOT-Prozess (Linksprozess oder −-Zyklus) handelt es sich um eine Kältemaschine. Bei ihr nimmt das Arbeitsmedium bei niedriger Temperatur Wärme auf (Kühlraum). Diese wird zusammen mit der aus der erforderlichen mechanischen Arbeit (Kompressor) entstehenden zusätzlichen Wärme bei einer höheren Temperatur (Umgebung) abgeführt.

Der Wirkungsgrad – hier als Leistungszahl ε bezeichnet – ist im Allgemeinen größer als 1. Da der Nutzen in der dem Kühlraum entzogenen Wärme besteht, ergibt sich für die Leistungszahl (Nutzen/Aufwand) $\varepsilon_{KM} = Q_{zu}/W$. Analog der Ableitung in [18.7.2] folgt daraus die

Leistungszahl der Kältemaschine

$$\varepsilon_{KM} = \frac{T_2}{T_1 - T_2} \qquad \text{(W 18.31)}$$

Wärmepumpe

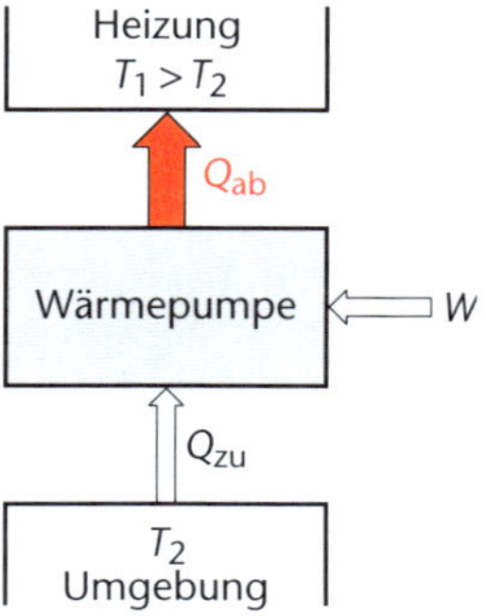

Auch die Wärmepumpe durchläuft einen Linksprozess. Im Gegensatz zur Kältemaschine besteht ihre Aufgabe jedoch darin, bei der höheren Temperatur möglichst viel Wärmeenergie (z. B. an eine Heizungsanlage) abzugeben. Diese wird zum Teil der Umgebung (Fluss, See u. a.) niedrigerer Temperatur entnommen, der Rest entsteht aus der aufzuwendenden mechanischen Arbeit (Kompressor). Für die Leistungszahl (Nutzen/Aufwand) ergibt sich hier $\varepsilon_{WP} = |Q_{ab}|/W$. Mit der Ableitung in [18.7.2] folgt daraus als

Leistungszahl der Wärmepumpe

(W 18.32) $$\varepsilon_{WP} = \frac{T_1}{T_1 - T_2}$$

ε_{WP} ist prinzipiell größer als 1.

18.8 Zweiter Hauptsatz

Nach dem 1. Hauptsatz → [18.1] sind nur Vorgänge möglich, bei denen die Energiesumme konstant ist. Beispielsweise wäre die restlose Umwandlung von Wärme in mechanische Energie kein Verstoß gegen den 1. Hauptsatz; dennoch ist sie unmöglich. Der 2. Hauptsatz engt die möglichen Prozesse weiter ein.

W

> Wärme kann nur dann in Arbeit umgewandelt werden, wenn zugleich ein Teil der Wärme von einem wärmeren auf einen kälteren Körper übergeht (**Prinzip der Wärmekraftmaschine**).

Eine Einrichtung, die im Widerspruch dazu nur einem Wärmebehälter Wärmeenergie entzieht und den gleichwertigen Betrag mechanischer Energie abgibt, wäre ein **Perpetuum mobile 2. Art**.

(Beispiel: Ein Stein kühlt sich ab und schnellt in die Höhe!)

> Wärme kann von einem kälteren auf einen wärmeren Körper nur unter Aufwand mechanischer Arbeit übertragen werden (**Prinzip der Kältemaschine**).

Daraus folgt, dass in einem abgeschlossenen System keine Temperaturunterschiede *von allein* entstehen können, also Wärmeenergie nicht ohne weitere Änderungen von Stellen tieferer zu Stellen höherer Temperatur übergehen kann.

18.8.1 Reversible und irreversible Prozesse

Alle in einem abgeschlossenen System möglichen Prozesse lassen sich einteilen in reversible (umkehrbare) und irreversible (nicht umkehrbare) Vorgänge.

> Ein Vorgang ist **reversibel**, wenn durch Umkehr seiner Ablaufrichtung der Ausgangszustand wieder erreicht wird, ohne dass Energiezufuhr nötig ist.

Alle anderen Vorgänge sind **irreversibel**. Sie laufen von selbst nur in einer Richtung ab.

- Reversibel sind u. a.: Planetenbewegung, ungedämpfte Pendelschwingungen, elastischer Stoß, CARNOT-Prozess.
- Irreversibel sind u. a.: gedämpfte Pendelschwingung, unelastischer Stoß, Erwärmung durch Reibung, Diffusion, Wärmeleitung, Wärmemischung.

Beachte:

- Die meisten technischen Prozesse sind irreversibel oder enthalten wenigstens irreversible Teile.
- Die Gleichung (W 18.30) für den thermischen Wirkungsgrad des CARNOT-Prozesses gilt für jeden reversibel geführten Kreisprozess (zwischen den gleichen Temperaturen). Irreversible Kreisprozesse haben stets einen kleineren Wirkungsgrad:
  $$\eta_{\text{irrev}} < \frac{T_1 - T_2}{T_1}.$$

18.8.2 Entropie

Aus (W 18.29) und (W 18.30) ergibt sich für den (reversiblen) CARNOT-Prozess

$$\frac{Q_1 + Q_2}{Q_1} = \frac{T_1 - T_2}{T_1} \quad \text{und daraus}$$

$$1 + \frac{Q_2}{Q_1} = 1 - \frac{T_2}{T_1} \quad \text{oder} \quad \frac{Q_2}{Q_1} = -\frac{T_2}{T_1} \quad \text{und schließlich}$$

$$\frac{Q_1}{T_1} + \frac{Q_2}{T_2} = 0.$$

Das bedeutet, dass reversibel ausgetauschte Wärmemenge Q und Temperatur T während des Austausches proportional sind.

Den Quotienten Q/T nennt man **reduzierte Wärmemenge**.

Bei jedem reversiblen Kreisprozess ist die Summe der reduzierten Wärmemengen gleich null.

$$\sum \frac{Q_{\text{rev}}}{T} = 0$$

bzw. in differenzieller Schreibweise

$$\oint \frac{\mathrm{d}Q_{\text{rev}}}{T} = 0.$$

Beachte:

- Der Ring im Integralzeichen besagt, dass hier über einen geschlossenen Kurvenzug (Kreisprozess!) integriert werden muss.

■ Bei jedem Zyklus eines reversiblen Kreisprozesses erreichen alle Zustandsgrößen ihren Anfangswert, d. h., ihre Änderung ist null. Da auch die Summe der „reduzierten Wärmemengen" null ist, lässt sich als weitere Zustandsgröße die **Entropie** S definieren durch die Festlegung, es sei die

Entropieänderung

(W 18.33) $$dS = \frac{dQ_{\text{rev}}}{T}$$

SI-Einheit der Entropie: $[S] = \frac{\text{J}}{\text{K}}$.

Ungesetzliche Einheit: kcal/K; 1 kcal/K = 4,187 kJ/K.

Beachte:

- Da in allen Gleichungen nur Entropieänderungen auftreten, wird der Nullpunkt der Entropie in der Technik meist willkürlich auf die Temperatur $T_0 = 273{,}15\,\text{K} \mathrel{\hat{=}} 0\,°\text{C}$ gelegt.

Aus (W 18.33) folgt für zwei verschiedene Zustände die

Entropiedifferenz

(W 18.34) $$\Delta S = S_2 - S_1 = \int_1^2 \frac{dQ_{\text{rev}}}{T}$$

Bei einem *reversiblen* Kreisprozess ist die Entropiedifferenz $\Delta S = 0$.
Bei einem *irreversiblen* Kreisprozess ist die Entropiedifferenz $\Delta S > 0$.

■ Der Entropiebegriff gilt nicht nur für Kreisprozesse, er lässt sich verallgemeinert auf jeden Prozess der Thermodynamik anwenden.

Übersicht:

Entropiedifferenz	Prozess
$\Delta S = 0$	reversibel; kann von allein in beiden Richtungen ablaufen
$\Delta S > 0$	irreversibel; kann von allein nur in der einen Richtung ablaufen
$\Delta S < 0$	von allein unmöglich, es sei denn, es wird von außen Energie zugeführt

Alle Naturvorgänge verlaufen so, dass die gesamte Entropie aller beteiligten Körper zunimmt!

Mit dem Entropiebegriff ergibt sich eine besonders einfache Formulierung für den

2. Hauptsatz

(W 18.35) $$\boxed{\Delta S \geqq 0}$$

Bei den in einem abgeschlossenen System ablaufenden Vorgängen kann die Entropie niemals abnehmen!

Entropie des idealen Gases

Die bei einer Zustandsänderung des idealen Gases eintretende Entropieänderung lässt sich aus dem 1. Hauptsatz (W 18.6) und der Definition der Entropieänderung (W 18.33) bestimmen.

Mit
ΔS Entropieänderung $= S_2 - S_1$,
m Masse des Gases,
c_V spezifische Wärmekapazität bei konstantem Volumen (→ Tabelle 18),
T_1 Anfangstemperatur,
T_2 Endtemperatur,
R_i spezielle Gaskonstante (→ Tabelle 14),
V_1 Anfangsvolumen,
V_2 Endvolumen

gilt

$$\mathrm{d}S = \frac{\mathrm{d}Q_{\mathrm{rev}}}{T} \quad \text{und} \quad \mathrm{d}Q = \mathrm{d}U + p\,\mathrm{d}V \quad \text{und daraus}$$

$$\mathrm{d}S = \frac{\mathrm{d}U + p\,\mathrm{d}V}{T}.$$

Da $\mathrm{d}U = c_V m\,\mathrm{d}T$ (W 18.11) und $p = \frac{mR_iT}{V}$ (W 15.16), folgt

$\mathrm{d}S = c_V m\frac{\mathrm{d}T}{T} + mR_i\frac{\mathrm{d}V}{V}$. Die Integration

$\int\limits_{S_1}^{S_2} \mathrm{d}S = c_V m \int\limits_{T_1}^{T_2} \frac{\mathrm{d}T}{T} + mR_i \int\limits_{V_1}^{V_2} \frac{\mathrm{d}V}{V}$ ergibt schließlich die

Entropieänderung des idealen Gases

(W 18.36) $$\Delta S = S_2 - S_1 = c_V m \ln \frac{T_2}{T_1} + mR_i \ln \frac{V_2}{V_1}$$

	ΔS	m	c	T	R_i	V
SI	$\frac{\mathrm{J}}{\mathrm{K}}$	kg	$\frac{\mathrm{J}}{\mathrm{kg \cdot K}}$	K	$\frac{\mathrm{J}}{\mathrm{kg \cdot K}}$	m^3

Beachte:

- Die Quotienten im Logarithmus bestimmen das Vorzeichen der einzelnen Summanden.
- Bei einer *adiabatischen* Zustandsänderung ist wegen $dQ_{rev} = 0$ auch $\Delta S = 0$.
- Bei einer *isothermen* Zustandsänderung folgt aus (W 18.36) wegen $T_1 = T_2$: $\Delta S = mR_i \ln(V_2/V_1)$.
- Bei einer *isochoren* Zustandsänderung folgt aus (W 18.36) wegen $V_1 = V_2$: $\Delta S = c_V m \ln(T_2/T_1)$.

W

Entropie und Wahrscheinlichkeit

Wachsende Entropie bedeutet für ein System den Übergang in einen Zustand größerer Wahrscheinlichkeit.

Mit
S Entropie,
W thermodynamische Wahrscheinlichkeit,
k Boltzmann-Konstante $= 1{,}381 \cdot 10^{-23}$ J/K, → (W 19.3),

gilt die

Boltzmann-Beziehung

(W 18.37) $$S = k \ln W$$

■ Im Allgemeinen sind nur *Entropieänderungen* von Interesse. Beim Übergang vom Zustand 1 mit der Wahrscheinlichkeit W_1 in den Zustand 2 mit der Wahrscheinlichkeit W_2 ändert sich die Entropie von S_1 auf S_2. (W 18.37) lautet dafür

(W 18.38) $$\Delta S = S_2 - S_1 = k \ln \frac{W_2}{W_1}$$

■ Von allein laufen irreversible Prozesse so lange, bis das System den Zustand größtmöglicher Wahrscheinlichkeit erreicht hat; die Entropie erreicht dann ihr Maximum.

Beispiele:

- Völlige Durchmischung der Moleküle zweier Gase infolge Diffusion.
- Wärmeausgleich zwischen zwei Körpern unterschiedlicher Temperatur.

Die Entropie kennzeichnet den Grad der Wahrscheinlichkeit, mit dem sich ein bestimmter Zustand einstellt. Ferner ist sie ein Maß für die Unordnung bzw. die Irreversibilität.

19 Kinetische Wärmetheorie

Wärmeenergie ist nichts anderes als Bewegungsenergie der Moleküle. Die Gesetze der Wärmelehre lassen sich deshalb auf die der Mechanik zurückführen.

19.1 Anzahl und Masse der Moleküle

19.1.1 Loschmidt-Konstante

Im Normzustand ($T_n = T_0 = 273{,}15\,\text{K} = 0\,°\text{C}$; $p_n = 101{,}325\,\text{kPa}$) enthält $1\,\text{m}^3$ eines jeden Gases die gleiche Anzahl von Molekülen.

Diese wird bestimmt durch die

Loschmidt-Konstante

(W 19.1) $$n_0 = 2{,}686\,780\,6 \cdot 10^{25}\,\text{m}^{-3}$$

Beachte:

- Das Volumen V ist auf das Normvolumen V_n umzurechnen, wenn Druck p und Temperatur T vom Normzustand abweichen → (W 15.21).

19.1.2 Avogadro-Konstante

Die Stoffmenge 1 mol enthält bei allen Stoffen die gleiche Anzahl Moleküle (bzw. Atome).

Sie wird mit
N Anzahl der Moleküle,
n Stoffmenge,
bestimmt durch die

Avogadro-Konstante

(W 19.2) $$N_A = 6{,}022\,141\,29 \cdot 10^{23}\,\text{mol}^{-1} = \frac{N}{n}$$

Beachte:

- Gelegentlich findet man noch die Bezeichnungen LOSCHMIDT-Konstante und AVOGADRO-Konstante miteinander vertauscht.

19.1.3 Boltzmann-Konstante

Allgemeine Gaskonstante R in (W 15.29) und AVOGADRO-Konstante N_A in (W 19.2) sind auf die Stoffmenge bezogene Größen, deren Quotient eine allgemeine Konstante ist.

$$\frac{R}{N_A} = \frac{8{,}314\,5\,\mathrm{J}\cdot\mathrm{mol}}{\mathrm{mol}\cdot\mathrm{K}\cdot 6{,}022\,14\cdot 10^{23}} \quad \text{ergibt die}$$

Boltzmann-Konstante

(W 19.3) $$k = \frac{R}{N_A} = 1{,}380\,648\,8\cdot 10^{-23}\,\frac{\mathrm{J}}{\mathrm{K}} = R_i \cdot m_M$$

19.1.4 Masse eines Moleküls

Die Masse *eines* Moleküls m_M lässt sich bei jedem Körper bzw. Stoff bestimmen aus dem Ansatz

$$\frac{\text{Gesamtmasse } m}{\text{Anzahl der Moleküle } N} \quad \text{oder mit} \quad m = Mn \quad \text{(W 15.24) und} \quad N = N_A n$$

$$\frac{\text{molare Masse } M}{\text{AVOGADRO-Konstante } N_A}, \quad \text{also}$$

(W 19.4) $$m_M = \frac{M}{N_A} = \frac{M\,\mathrm{mol}}{6{,}022\,14\cdot 10^{23}}$$

	m_M	M
SI	g	$\frac{\mathrm{g}}{\mathrm{mol}}$

Beachte:

- Der Zahlenwert der molaren Masse M (in kg/kmol oder g/mol) ist gleich der relativen Molekülmasse M_r, also $\{M\} = M_r$.
- (W 19.4) gilt auch für die Masse eines Atoms m_A.

19.2 Druck in einem Gas

Grundlage der Betrachtung ist die Modellvorstellung, die Gasmoleküle seien kleinste elastische Kugeln. Zwischen zwei völlig elastischen Stößen gegeneinander oder gegen die Begrenzungswände bewegen sie sich gleichförmig geradlinig, weil weitere Kräfte nicht wirksam sein sollen. Die Stöße der Moleküle gegen die Wandung erzeugen einen Druck.

Wenn

p Gasdruck,
V Gasvolumen,
m Gasmasse $= m_M N$,
m_M Masse eines Moleküls,
ϱ Gasdichte $= m/V$,
N Anzahl der Moleküle,
n Molekülzahldichte $= N/V$,
k BOLTZMANN-Konstante $= 1{,}381 \cdot 10^{-23}\,\mathrm{J/K}$,
T Temperatur des Gases,

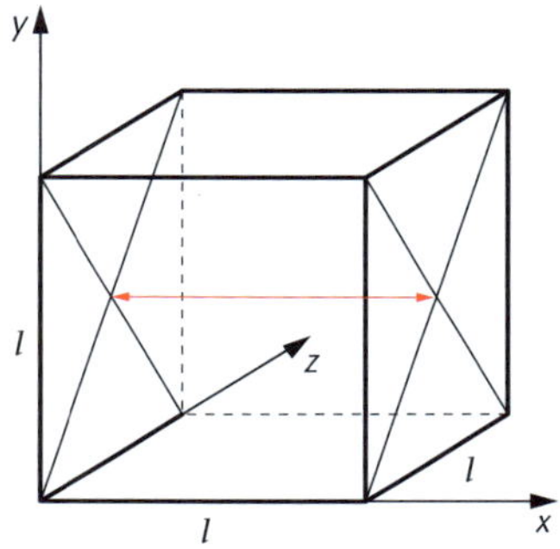

dann befinden sich in einem Würfel mit dem Volumen $V = l^3$ insgesamt N Moleküle, von denen sich $N/3$ in je einer der 3 Raumachsen bewegen. Ein Molekül möge sich mit der Geschwindigkeit v zwischen zwei gegenüberliegenden Wänden hin und zurück bewegen (Weg: $2l$). Zwischen zwei Stößen gegen dieselbe Wand vergeht dann die Zeit $\Delta t = 2l/v$. Daraus folgt für die Anzahl der Stöße in der Zeit Δt $1/\Delta t = v/(2l)$. Bei jedem Stoß ändert das Molekül seine Geschwindigkeit von $+v$ auf $-v$ und somit seinen Impuls von $+m_M v$ auf $-m_M v$. Demnach wird je Stoß ein Impuls von $2m_M v$ auf die Wand übertragen.

Auf den Zeitraum Δt und $N/3$ Moleküle bezogen, ergibt dies einen Impuls von

$\Delta p = 2m_M v \cdot \dfrac{v}{2l}\Delta t \cdot \dfrac{N}{3}$. Aus (M 7.34) folgt für die Kraft

$F = \dfrac{\Delta p}{\Delta t} = \dfrac{N m_M \overline{v^2}}{3l}$. Für das Geschwindigkeitsquadrat muss der Mittelwert $\overline{v^2}$ genommen werden, weil die Moleküle nicht einheitliche Geschwindigkeit besitzen. Mit $p = F/l^2$ erhält man

$p = \dfrac{N m_M \overline{v^2}}{3l^3}$. Einsetzen von $m = N n_M$ und $l^3 = V$ ergibt den

Gasdruck

(W 19.5) $$p = \frac{m\overline{v^2}}{3V} = \frac{1}{3}\varrho\overline{v^2}$$

	p	m	V	v	ϱ
SI	Pa	kg	m^3	$\frac{\mathrm{m}}{\mathrm{s}}$	$\frac{\mathrm{kg}}{\mathrm{m}^3}$

Aus $pV = mRT$ (W 15.16) folgt für den Gasdruck $p = mRT/V$. Setzt man $m = m_M N$, $R = R_M/M$ und $N/V = n$, so erhält man

$$p = \frac{n m_M R_m T}{M} \quad \text{oder mit} \quad \frac{m_M}{M} = \frac{1}{N_A} \quad \text{und} \quad \frac{R_m}{N_A} = k$$

(W 19.6) $$\boxed{p = nkT}$$

	p	n	k	T
SI	Pa = $\frac{\mathrm{J}}{\mathrm{m}^3}$	$\frac{1}{\mathrm{m}^3}$	$\frac{\mathrm{J}}{\mathrm{K}}$	K

In einer abgeschlossenen Gasmenge ist der Druck proportional dem mittleren Geschwindigkeitsquadrat bzw. der Temperatur.

Beachte:

- Mit (W 19.5) kann aus den leicht messbaren Größen p, m und V die Geschwindigkeit der Moleküle (Wurzel aus dem mittleren Geschwindigkeitsquadrat $\sqrt{\overline{v^2}}$) errechnet werden.

19.3 Geschwindigkeit der Moleküle

Die Bewegung der Gasmoleküle vollzieht sich nach statistischen Gesetzen. Im zeitlichen Mittel besitzen alle Moleküle gleiche Energie und Geschwindigkeit. Zu einem bestimmten Zeitpunkt jedoch können Energie und Geschwindigkeit des einzelnen Moleküls erheblich vom Mittelwert abweichen.

19.3.1 Maxwell-Verteilung der Geschwindigkeit

Mit Hilfe wahrscheinlichkeitstheoretischer Überlegungen bestimmte MAXWELL die relative Häufigkeit, mit der in einem Gas bestimmter Temperatur die einzelnen Molekülgeschwindigkeiten auftreten.

Wenn

N Anzahl der Moleküle in einem Gas,
$\mathrm{d}N$ Anzahl der Moleküle mit einer Geschwindigkeit innerhalb eines bestimmten Bereiches,
v untere Grenze dieses Geschwindigkeitsbereiches,
$\mathrm{d}v$ Größe des Geschwindigkeitsbereiches,
R_i spezielle Gaskonstante (→ Tabelle 14),
T Temperatur des Gases,
e Basis der natürlichen Logarithmen = 2,718,
k BOLTZMANN-Konstante = $1{,}381 \cdot 10^{-23}$ J/K,
m_M Masse eines Moleküls,

dann gilt das

Verteilungsgesetz nach Maxwell

(W 19.7) $$\frac{dN}{N} = \frac{4v^2}{\sqrt{\pi}} \left(\frac{m_M}{2kT}\right)^{3/2} e^{-\frac{m_M v^2}{2kT}} dv$$

	v	m	k	T
SI	$\frac{m}{s}$	kg	$\frac{J}{K}$	K

Mit $m_M/k = M/R = 1/R_i$ (W 19.3) und (W 19.4) lässt sich (W 19.7) in eine Form bringen, bei der die spezifischen Eigenschaften des jeweiligen Gases nicht durch die Molekülmasse m_M, sondern die Gaskonstante R ausgedrückt werden.

(W 19.8) $$\frac{dN}{N} = \frac{4v^2}{\sqrt{\pi}} \left(\frac{1}{2R_i T}\right)^{3/2} e^{-\frac{v^2}{2R_i T}} dv$$

	v	R_i	T
SI	$\frac{m}{s}$	$\frac{J}{kg \cdot K}$	K

Die Maxwell-Verteilungsfunktion gibt an, welcher Bruchteil dN/N der insgesamt vorhandenen Moleküle eine Geschwindigkeit zwischen v und $v + dv$ besitzt.

Die Kurve der Verteilungsfunktion ist unsymmetrisch. Die Lage des Maximums kennzeichnet die häufigste Geschwindigkeit, man nennt sie **wahrscheinlichste Geschwindigkeit** $\hat{v}$. Insgesamt kommen größere Geschwindigkeiten als $\hat{v}$ häufiger vor als kleinere.

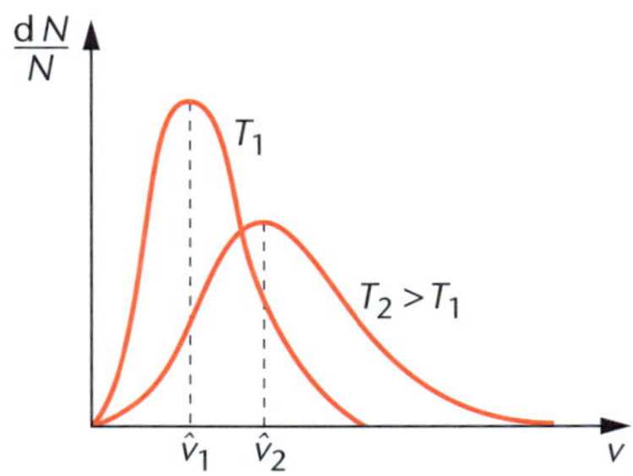

Mit steigender Temperatur verschiebt sich das Maximum in Richtung größerer Geschwindigkeit, gleichzeitig wird die Kurve flacher (die Fläche unter der Kurve muss konstant bleiben, weil sich die Anzahl der Moleküle N nicht ändert).

Beachte:

- Bei einer Berechnung beginnt man in (W 19.8) zweckmäßig mit $2R_i T$.

19.3.2 Wahrscheinlichste Geschwindigkeit

Zur Bestimmung der wahrscheinlichsten Geschwindigkeit wird die Maxwell-Verteilungsfunktion auf ihr Maximum untersucht (1. Ableitung gleich null setzen und nach v auflösen). Es ergibt sich

(W 19.9) $$\hat{v} = \sqrt{\frac{2kT}{m_M}} = \sqrt{2R_i T}$$

	v	k	T	m	R_i
SI	$\frac{m}{s}$	$\frac{J}{K}$	K	kg	$\frac{J}{kg \cdot K}$

19.3.3 Mittlere quadratische Geschwindigkeit

Bei Rechnungen kann nicht von der Momentangeschwindigkeit eines einzelnen Moleküls ausgegangen werden, sondern von einem Mittelwert. Verteilt sich die innere Energie eines Gases gleichmäßig auf alle Moleküle, so stimmen diese auch überein im Quadrat ihrer Geschwindigkeit ($E_{kM} \sim v^2$). Die **Wurzel aus dem mittleren Geschwindigkeitsquadrat** nennt man mittlere quadratische Geschwindigkeit.

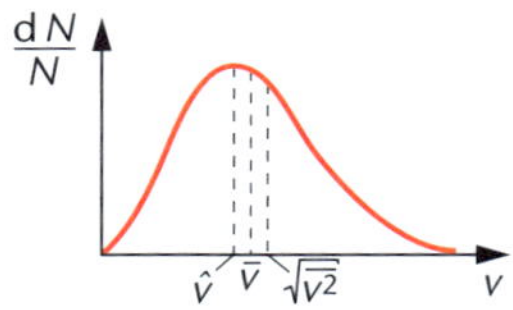

Wenn
$\sqrt{\overline{v^2}}$ mittlere quadratische Geschwindigkeit,
k Boltzmann-Konstante $= 1{,}381 \cdot 10^{-23}$ J/K,
T Temperatur des Gases,
m_M Masse eines Moleküls,
R_i spezielle Gaskonstante (→ Tabelle 14),

dann gilt, wenn man (W 19.5) und (W 19.6) gleichsetzt,

$$\frac{m\overline{v^2}}{3V} = nkT = \frac{N}{V}kT \quad \text{oder} \quad \frac{m\overline{v^2}}{3} = NkT \quad \text{und umgestellt}$$

$$\overline{v^2} = \frac{3NkT}{m} = \frac{3kT}{m_M}. \quad \text{Mit} \quad \frac{k}{m_M} = R_i \quad \text{(W 19.3) ergibt sich die}$$

mittlere quadratische Geschwindigkeit

(W 19.10) $$\sqrt{\overline{v^2}} = \sqrt{3R_i T} = 1{,}225\,\hat{v}$$

	v	R_i	T
SI	$\frac{m}{s}$	$\frac{J}{kg \cdot K}$	K

19.3.4 Mittelwert der Geschwindigkeit

Zu einem anderen Mittelwert gelangt man, wenn man das *arithmetische* Mittel aller Geschwindigkeitsbeträge bildet. Es ergibt sich zu

(W 19.11) $$\bar{v} = \sqrt{\frac{8R_i T}{\pi}} = 1{,}128\hat{v}$$

	v	R_i	T
SI	$\frac{m}{s}$	$\frac{J}{kg \cdot K}$	K

Übersicht:

Molekülgeschwindigkeit	$\sqrt{\overline{v^2}}$	$\overline{v}$	$\hat{v}$
mittlere quadratische Geschwindigkeit	1	1,085	1,225
Mittelwert der Geschwindigkeit	0,921	1	1,128
wahrscheinlichste Geschwindigkeit	0,816	0,886	1

19.4 Energie der Moleküle

19.4.1 Kinetische Energie eines Moleküls

W

Die kinetische Energie eines Moleküls beträgt entsprechend (M 7.25) $E_\mathrm{k} = m_\mathrm{M} v^2/2$, worin für v^2 natürlich der Mittelwert $\overline{v^2} = 3R_i T$ einzusetzen ist.

Wenn
$\overline{E}_\mathrm{kM}$ mittlere kinetische Energie eines Moleküls,
k Boltzmann-Konstante $= 1{,}381 \cdot 10^{-23}\,\mathrm{J/K}$,
T Temperatur des Gases,

dann gilt $\dfrac{m_\mathrm{M}\overline{v^2}}{2} = \dfrac{3}{2} m_\mathrm{M} R_i T$, und mit $m_\mathrm{M} R_i = k$ (W 19.3) folgt daraus für die

mittlere kinetische Energie *eines* Moleküls

(W 19.12) $$\overline{E}_\mathrm{kM} = \frac{m_\mathrm{M}\overline{v^2}}{2} = \frac{3}{2} kT$$

	E	k	T
SI	J	$\frac{\mathrm{J}}{\mathrm{K}}$	K

Wegen (W 19.9) ergibt sich dann als die

wahrscheinlichste Energie *eines* Moleküls

(W 19.13) $$\hat{E}_\mathrm{kM} = \frac{m_\mathrm{M}\hat{v}^2}{2} = kT$$

	E	k	T
SI	J	$\frac{\mathrm{J}}{\mathrm{K}}$	K

Die Temperatur eines Gases ist der mittleren kinetischen Energie seiner Moleküle proportional.
$T \sim \overline{E}_\mathrm{kM}$

Beachte:

- Diese Gesetzmäßigkeit gilt auch für Flüssigkeiten und Festkörper.

Generell lässt sich also sagen:

> Die absolute Temperatur ist ein Maß für die mittlere kinetische Energie je Molekül.
> Der absolute Nullpunkt der Temperatur (0 K) ist dadurch kennzeichnet, dass die kinetische Energie der Moleküle null ist.

19.4.2 Gleichverteilungssatz

Die Ableitung von (W 19.12) bezieht sich auf ein 1-atomiges Gasmolekül. Dieses hat **3 Freiheitsgrade**, weil es Translationsbewegungen in allen 3 Raumachsen ausführen kann.

> Die Anzahl der Freiheitsgrade f eines Körpers wird bestimmt von seinen Möglichkeiten, voneinander unabhängige Bewegungen auszuführen, d. h. unabhängig voneinander Energie zu speichern.

Nach Clausius und Maxwell verteilt sich die Energie eines Moleküls gleichmäßig auf alle Freiheitsgrade (**Äquipartitionsprinzip**).

> Auf jeden Freiheitsgrad eines Moleküls entfällt im Mittel die gleiche Energie $E_F = kT/2$.

Übersicht:

Stoff	Freiheitsgrade			
	Translation	Rotation	Schwingung	Summe
Gas, 1-atomig	3	—	—	3
Gas, 2-atomig	3	2	—	5
Gas, 3-atomig [1)]	3	3	—	6
Festkörperatom	—	—	$2 \cdot 3$	6

[1)] Ausnahme: CO_2 wie 2-atomig

19.4.3 Innere Energie und spezifische Wärmekapazität

Als innere Energie U eines Körpers bezeichnet man die Summe der Energien seiner Moleküle.

Wenn

U innere Energie,

m Masse

R_i spezielle Gaskonstante (→ Tabelle 14),

T Temperatur,
f Anzahl der Freiheitsgrade,

dann gilt

$U = N\frac{f}{2}kT$ und wegen $k = m_M R_i$ (W 19.3)

$U = \frac{f}{2}Nm_M R_i T.$ Da $Nm_M = m$, folgt für die

innere Energie

(W 19.14) $$U = \frac{f}{2}mR_iT$$

	U	f	m	R_i	T
SI	J	–	kg	$\frac{\text{J}}{\text{kg} \cdot \text{K}}$	K

W

Durch Gleichsetzen von (W 18.7) $U = c_V mT$ und (W 19.14) erhält man

$c_V mT = \frac{f}{2}mR_iT.$ Daraus folgt für die

spezifische Wärmekapazität

(W 19.15) $$c_V = \frac{f}{2}R_i$$

Aus (W 16.7) ergibt sich $c_p = c_V + R_i$, also

(W 19.16) $$c_p = \frac{f+2}{2}R_i$$

Da $c_p/c_V = \gamma$ (W 16.8), erhält man mit (W 19.16) und (W 19.15)

(W 19.17) $$\gamma = \frac{f+2}{f}$$

Beachte:

- Die Gleichungen der Übersicht haben nur *theoretische* Bedeutung. Für Rechnungen sind die experimentell ermittelten Tabellenwerte vorzuziehen.

Übersicht:

Stoff	$U =$	$c_V \Big/ \dfrac{\text{kJ}}{\text{kg} \cdot \text{K}}$	$c_p \Big/ \dfrac{\text{kJ}}{\text{kg} \cdot \text{K}}$	$\gamma = \dfrac{c_p}{c_V}$
Gas, 1-atomig	$\frac{3}{2} m R_i T$	$\frac{3}{2} R_i = \frac{12{,}47}{M_r}$	$\frac{5}{2} R_i = \frac{20{,}79}{M_r}$	$\frac{5}{3} = 1{,}667$
Gas, 2-atomig	$\frac{5}{2} m R_i T$	$\frac{5}{2} R_i = \frac{20{,}79}{M_r}$	$\frac{7}{2} R_i = \frac{29{,}1}{M_r}$	$\frac{7}{5} = 1{,}400$
Gas, 3-atomig [1)]	$3 m R_i T$	$3 R_i = \frac{24{,}94}{M_r}$	$4 R_i = \frac{33{,}26}{M_r}$	$\frac{4}{3} = 1{,}333$
Festkörper	$3 m R_i T$	$3 R_i = \frac{24{,}94}{M_r}$	$(\approx 3 R_i)$	(≈ 1)

[1)] auch mehr als 3-atomig

19.5 Stoßzahl und freie Weglänge

19.5.1 Mittlere Stoßzahl

Der geradlinige Weg eines Gasmoleküls wird durch den Stoß gegen ein anderes Molekül gestört.

Die mittlere Stoßhäufigkeit (mittlere Stoßzahl) $\overline{z}$ lässt sich bestimmen.

Wenn

- $\overline{z}$ mittlere Stoßzahl = Anzahl der Stöße/Zeit,
- d Durchmesser eines Moleküls,
- $\overline{v}$ mittlere Molekülgeschwindigkeit,
- n Molekülzahldichte $= N/V$,
- N_A AVOGADRO-Konstante $= 6{,}022 \cdot 10^{23}/\text{mol}$,
- ϱ Gasdichte,
- M molare Masse,
- T Gastemperatur,
- p Gasdruck,

dann ergibt sich die Anzahl der Stöße eines Moleküls der Geschwindigkeit $\overline{v}$ (alle anderen Moleküle sollen in Ruhe sein) aus der Anzahl der Moleküle, die sich mit ihrem Mittelpunkt in dem während der Zeit Δt durchflogenen Raum befinden. Dieser ist ein Zylinder mit der Querschnittsfläche $d^2\pi$ und der Länge $\overline{v}\Delta t$. Die An-

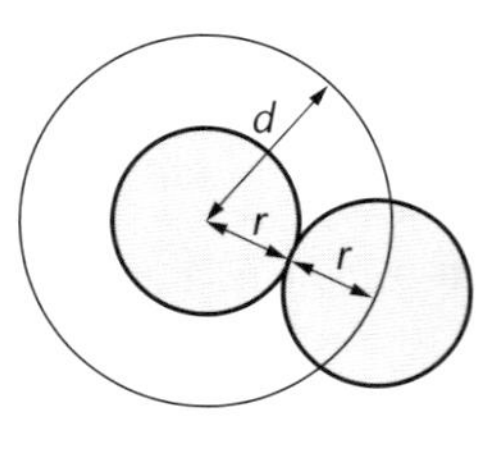

zahl der Moleküle in diesem Raum, also auch die Anzahl der Stöße während der Zeit Δt, beträgt $N = nV = nd^2\pi\overline{v}\Delta t$. Und hieraus folgt $\overline{z} = nd^2\pi\overline{v}$. Wird berücksichtigt, dass sich auch die anderen Moleküle bewegen, dann ergibt sich für die

mittlere Stoßzahl

(W 19.18) $$\boxed{\overline{z} = \pi\sqrt{2}d^2\overline{v}n}$$

	z	d	v	n
SI	$\frac{1}{\mathrm{s}}$	m	$\frac{\mathrm{m}}{\mathrm{s}}$	$\frac{1}{\mathrm{m}^3}$

oder wegen

$$n = \frac{N}{V} = \frac{m}{m_\mathrm{M}V} = \frac{mN_\mathrm{A}}{VM} = \varrho\frac{N_\mathrm{A}}{M}$$

(W 19.19) $$\boxed{\overline{z} = \pi\sqrt{2}d^2\overline{v}\varrho\frac{N_\mathrm{A}}{M}}$$

	z	d	v	ϱ	N_A	M
SI	$\frac{1}{\mathrm{s}}$	m	$\frac{\mathrm{m}}{\mathrm{s}}$	$\frac{\mathrm{kg}}{\mathrm{m}^3}$	$\frac{1}{\mathrm{mol}}$	$\frac{\mathrm{kg}}{\mathrm{mol}}$

Mit $N_\mathrm{A} = R/k$ (W 19.3), $R/M = R_i$ (W 15.29) und $\varrho = p/(R_iT)$ (W 15.19) folgt aus (W 19.19)

(W 19.20) $$\boxed{\overline{z} = \frac{\pi\sqrt{2}d^2\overline{v}p}{kT}}$$

	d	v	p	k	T	z
SI	m	$\frac{\mathrm{m}}{\mathrm{s}}$	$\mathrm{Pa} = \frac{\mathrm{J}}{\mathrm{m}^3}$	$\frac{\mathrm{J}}{\mathrm{K}}$	K	$\frac{1}{\mathrm{s}}$

Beachte:

- Unter Normbedingungen ist für die meisten Gase $\overline{z} = 10^9$ bis $10^{10}\,\mathrm{s}^{-1}$.
- Der Zahlenwert der molaren Masse M (in kg/kmol oder g/mol) ist gleich der relativen Molekülmasse M_r, also $\{M\} = M_\mathrm{r}$.
- Der Ausdruck $\pi\sqrt{2}N_\mathrm{A}/M$ lässt sich zusammenfassen zu $\dfrac{2{,}676 \cdot 10^{27}}{M_\mathrm{r} \cdot \mathrm{kg}}$.
- Der Ausdruck $\pi\sqrt{2}/k$ lässt sich zusammenfassen zu $3{,}218 \cdot 10^{23}\,\dfrac{\mathrm{K}}{\mathrm{J}}$.

19.5.2 Mittlere freie Weglänge

Darunter versteht man die Strecke, die ein Molekül zwischen zwei Stößen im Mittel zurücklegen kann, also den räumlichen Abstand zweier Stöße. Dieser ergibt sich aus dem in der Zeit Δt zurückgelegten Weg, dividiert durch die Anzahl der Stöße in der Zeit Δt.

Wenn

$\bar{l}$	mittlere freie Weglänge,
d	Durchmesser eines Moleküls,
n	Molekülzahldichte $= N/V$,
N_A	AVOGADRO-Konstante $= 6{,}022 \cdot 10^{23}/\text{mol}$,
ϱ	Gasdichte,
M	molare Masse,
k	BOLTZMANN-Konstante $= 1{,}381 \cdot 10^{-23}\,\text{J/K}$,
p	Gasdruck,
T	Gastemperatur,

dann gilt $\bar{l} = \frac{\bar{v}\Delta t}{\bar{z}\Delta t} = \frac{\bar{v}}{\bar{z}}$, und es ergibt sich mit (W 19.18) für die

mittlere freie Weglänge eines Moleküls

(W 19.21) $$\bar{l} = \frac{1}{\pi\sqrt{2}d^2 n}$$

	l	d	n
SI	m	m	$\frac{1}{\text{m}^3}$

oder mit (W 19.19)

(W 19.22) $$\bar{l} = \frac{M}{\pi\sqrt{2}d^2 N_A \varrho}$$

	l	d	ϱ	N_A	M
SI	m	m	$\frac{\text{kg}}{\text{m}^3}$	$\frac{1}{\text{mol}}$	$\frac{\text{kg}}{\text{mol}}$

Ferner ergibt sich mit (W 19.20)

(W 19.23) $$\bar{l} = \frac{kT}{\pi\sqrt{2}d^2 p}$$

	l	d	k	T	p
SI	m	m	$\frac{\text{J}}{\text{K}}$	K	$\text{Pa} = \frac{\text{J}}{\text{m}^3}$

Beachte:

- Unter Normbedingungen ist für die meisten Gase $\bar{l} \approx 10^{-7}\,\text{m}$.
- Der Zahlenwert der molaren Masse M (in kg/kmol = g/mol) ist gleich der relativen Molekülmasse M_r, also $\{M\} = M_r$.
- Der Ausdruck $M/(\pi\sqrt{2}N_A)$ lässt sich zusammenfassen zu $3{,}738 \cdot 10^{-28} \cdot M_r \cdot \text{kg}$.
- Der Ausdruck $k/(\pi\sqrt{2})$ lässt sich zusammenfassen zu $3{,}108 \cdot 10^{-24}\,\text{J/K}$.

20 Wärmetransport

Bei allen Arten des Wärmetransportes gilt der Grundsatz, dass die natürliche Transportrichtung der Wärmeenergie von der höheren zur tieferen Temperatur verläuft.

20.1 Wärmeströmung (Konvektion)

Die Konvektion ist ein Transport von Wärmeenergie, gebunden an die Strömung eines Mediums. Dabei kann die Strömung von äußeren Kräften (Pumpen, Gebläsen u. a.) erzwungen sein: erzwungene Konvektion.

Bei der freien Konvektion stellt sich eine Strömung als Folge von Dichteunterschieden ein. Die Dichte flüssiger und gasförmiger Körper hängt von ihrer Temperatur ab. In der Regel sinkt sie bei zunehmender Temperatur, die Stoffe werden spezifisch leichter. So steigt z. B. erwärmte Luft (wird sie von kälterer umgeben) nach oben.

Beispiele:

- Abzug von Rauchgasen im Schornstein,
- Warmwasserheizung,
- Aufwind (Thermik) beim Segelfliegen,
- Wasserkühlung im Kraftfahrzeug,
- Föhnwind,
- Golfstrom,
- Kühlung in Projektionsapparaten,
- Kühlung im Computer.

Gase *geringen* Druckes können wegen ihrer kleinen Dichte kaum Wärme durch Konvektion übertragen. Deswegen wird der Raum zwischen beiden Wandungen von „Thermosflaschen" (Dewar-Gefäßen) weitgehend evakuiert.

20.2 Wärmeleitung

Bei der Wärmeleitung wird Wärmeenergie innerhalb eines Körpers weitergeleitet. An Stellen höherer Temperatur besitzen die Moleküle mehr Energie und übertragen einen Teil davon auf die Nachbarmoleküle geringerer Energie. Dies führt zu einem Abbau der die Leitung verursachenden

Temperaturdifferenz, sofern diese nicht durch Wärmezufuhr an der wärmeren Stelle und Wärmeabgabe an der kälteren Stelle aufrechterhalten wird. Die Leitung wird dann als *stationär* bezeichnet, wenn die Temperaturdifferenz ΔT konstant ist. Anderenfalls handelt es sich um eine *instationäre* Leitung, die sich einer elementaren Betrachtung entzieht.

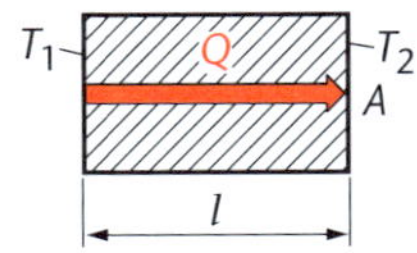

Wenn
- Q transportierte Wärmemenge,
- A Querschnittsfläche des Leiters,
- t Zeit, Dauer der Wärmeleitung,
- ΔT Temperaturdifferenz zwischen Anfang und Ende des Wärmeleiters,
- l Länge des Wärmeleiters, auf der die Temperaturdifferenz herrscht,
- λ Wärmeleitfähigkeit des Materials (→ Tabelle 31),

dann gilt

(W 20.1) $$Q = \frac{\lambda A t \Delta T}{l}$$

	Q	λ	A	t	ΔT	l
SI	J	$\frac{\text{W}}{\text{m} \cdot \text{K}}$	m^2	s	K, °C	m

SI-Einheit der Wärmeleitfähigkeit: $[\lambda] = \frac{\text{W}}{\text{m} \cdot \text{K}}$.

Ungesetzliche Einheiten: kcal/(m · h · K) und cal/(cm · s · K).

Umrechnung:

$$1 \frac{\text{kcal}}{\text{m} \cdot \text{h} \cdot \text{K}} = 1{,}163 \frac{\text{W}}{\text{m} \cdot \text{K}}; \quad 1 \frac{\text{cal}}{\text{cm} \cdot \text{s} \cdot \text{K}} = 418{,}7 \frac{\text{W}}{\text{m} \cdot \text{K}}.$$

Beachte:

● In (W 20.1) und den folgenden Gleichungen kann ΔT in K oder °C eingesetzt werden, weil es sich um Temperaturdifferenzen handelt; eine Umrechnung ist nicht nötig.

■ Die übertragene Wärmeleistung Q/t bezeichnet man als **Wärmestrom** $\boldsymbol{\Phi} = \dot{Q}$.

Seine **SI-Einheit:** $[\Phi]$ = Watt (W).
Ungesetzliche Einheit: kcal/h.

■ Zwischen der Wärme- und der elektrischen Leitung besteht eine formale Analogie.

Für den elektrischen Widerstand gilt $R = \varrho l/A = l/(\varkappa A)$ (E 28.6) mit ϱ spezifischer Widerstand und $\varkappa$ elektrische Leitfähigkeit.

Entsprechend definiert man mit

R_{th} Wärmewiderstand,
l Leiterlänge,
A Leiterquerschnittsfläche,
Φ Wärmestrom $= Q/t$,
λ Wärmeleitfähigkeit (→ Tabelle 31),
ϱ_{th} spezifischer Wärmewiderstand $= 1/\lambda$

als

Wärmewiderstand

(W 20.2) $$R_{th} = \frac{l}{\lambda A} = \frac{\varrho_{th} l}{A}$$

	R	l	λ	A	ϱ
SI	$\frac{K}{W}$	m	$\frac{W}{m \cdot K}$	m^2	$\frac{m \cdot K}{W}$

W

Der Wärmeleitwert G_{th} (er entspricht dem elektrischen Leitwert G) ist der Kehrwert des Wärmewiderstandes R_{th}:

(W 20.3) $$G_{th} = \frac{1}{R_{th}}$$

	G	R
SI	$\frac{W}{K}$	$\frac{K}{W}$

Elektrischer und Wärmewiderstand hängen von Länge, Querschnittsfläche und Material des Leiters ab.

■ Mit (W 20.2) erhält man aus (W 20.1) analog dem Ohm'schen Gesetz $I = U/R$ als

Ohm'sches Gesetz der Wärmelehre

(W 20.4) $$\Phi = \frac{\Delta T}{R_{th}}$$

	Φ	ΔT	R
SI	W	K, °C	$\frac{K}{W}$

Beachte:

- Der Wärmewiderstand in (W 20.4) kann sich aus mehreren Einzelwiderständen in Parallel- oder Reihenschaltung zusammensetzen. Die Berechnung des Gesamtwiderstands erfolgt nach den in der Elektrik geltenden Gleichungen.

■ Besteht der Leiter (z. B. ebene Wand) aus mehreren Schichten unterschiedlichen Materials, dann berechnet sich die durch Wärmeleitung transportierte Wärmemenge mit

(W 20.5) $$Q = \frac{At\,\Delta T}{\frac{l_1}{\lambda_1} + \frac{l_2}{\lambda_2} + \frac{l_3}{\lambda_3} + \cdots}$$

Einheiten → (W 20.1)

Beachte:

- Gleichung (W 20.5) entstand durch Reihenschaltung der Wärmewiderstände (Addition). A wurde, weil bei allen Teilen des Wärmeleiters als gleich vorausgesetzt, ausgeklammert.

■ Zwischen der Wärmeleitfähigkeit λ und der elektrischen Leitfähigkeit $\varkappa$ besteht ein Zusammenhang. Speziell bei Metallen ist der Quotient beider bei bestimmter Temperatur *nahezu* konstant.

Wenn
λ Wärmeleitfähigkeit (→ Tabelle 31),
$\varkappa$ elektrische Leitfähigkeit,
k Boltzmann-Konstante $= 1{,}381 \cdot 10^{-23}$ J/K,
e elektrische Elementarladung $= 1{,}602 \cdot 10^{-19}$ C,
T Temperatur des Metalls,

dann ergibt sich aus quantenmechanischen Überlegungen das

Wiedemann-Franz-Lorenz'sche Gesetz

(W 20.6) $$\frac{\lambda}{\varkappa} = \frac{1}{3}\left(\frac{\pi k}{e}\right)^2 T = 2{,}44 \cdot 10^{-8}\,\frac{\mathrm{V}^2}{\mathrm{K}^2}\,T$$

Beachte:

- Tatsächlich streuen die Werte dieser als Lorenz-Konstante bezeichneten Größe.

20.3 Wärmeübergang

Flüssige oder gasförmige Körper, die mit einem festen Körper anderer Temperatur in Berührung kommen, geben Wärme an ihn ab oder übernehmen sie von ihm. Diese Übertragung nennt man Wärmeübergang.

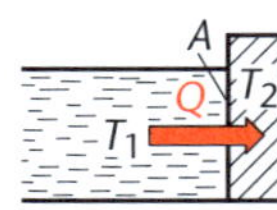

Wenn
Q Wärmemenge, die durch die Grenzfläche tritt,
α Wärmeübergangskoeffizient (→ Tabelle 32),
A Größe der Übergangsfläche,
t Zeit, Dauer des Wärmeübergangs,
ΔT Temperaturdifferenz zwischen der Oberfläche des festen Körpers und des angrenzenden Mediums,

dann gilt

(W 20.7) $$Q = \alpha A t \Delta T$$

	Q	α	A	t	ΔT
SI	J	$\frac{\mathrm{W}}{\mathrm{m^2 \cdot K}}$	$\mathrm{m^2}$	s	K, °C

SI-Einheit des Wärmeübergangskoeffizienten: $[\alpha] = \frac{\mathrm{W}}{\mathrm{m^2 \cdot K}}$.

Ungesetzliche Einheiten: $\mathrm{kcal/(m^2 \cdot h \cdot K)}$ und $\mathrm{cal/(cm^2 \cdot s \cdot K)}$.

$$1\,\mathrm{kcal/(m^2 \cdot h \cdot K)} = 1{,}163\,\mathrm{W/(m^2 \cdot K)}.$$

Beachte:

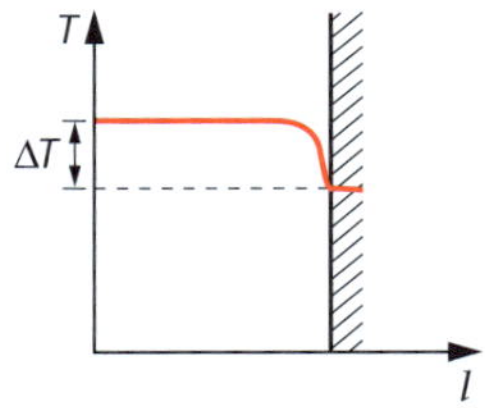

- Zahlenwerte für den Wärmeübergangskoeffizienten α (→ Tabelle 32) hängen vom Medium und seiner Bewegung und von der Oberflächenbeschaffenheit des festen Körpers ab, nicht von dessen Material.
- Die Temperaturdifferenz ΔT muss während des Wärmeübergangs konstant sein.
- An der Übergangsstelle besteht ein Temperatursprung.
- $1/(\alpha A)$ ist der Wärme(übergangs)widerstand.

20.4 Wärmedurchgang

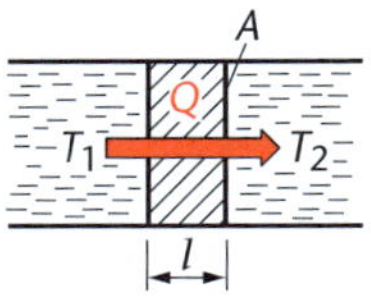

Sind zwei flüssige oder gasförmige Körper unterschiedlicher Temperatur durch einen festen Körper (ebene Wand) getrennt, so vollzieht sich die Wärmeübertragung in 3 Schritten:

- Wärmeübergang vom 1. Medium an die Oberfläche der Wand entsprechend (W 20.7);
- Wärmeleitung durch die Wand entsprechend (W 20.1);
- Wärmeübergang von der Oberfläche der Wand an das 2. Medium entsprechend (W 20.7).

Diese 3 Schritte bezeichnet man zusammen als **Wärmedurchgang**.

Wenn

Q durch die ebene Wand übertragene Wärmemenge,
k Wärmedurchgangskoeffizient (→ Tabelle 33),
A Größe der Durchgangsfläche,
l Wanddicke, Länge der Wärmeleitung im Festkörper,

t Zeit, Dauer des Durchganges,
ΔT Temperaturdifferenz zwischen den Medien vor und hinter der Wand,
α_1 Wärmeübergangskoeffizient der 1. Grenzfläche (→ Tabelle 32),
α_2 Wärmeübergangskoeffizient der 2. Grenzfläche (→ Tabelle 32),
λ Wärmeleitfähigkeit des festen Körpers (Wand) (→ Tabelle 31),

dann gilt, weil der Wärmestrom an allen Stellen des Durchganges gleich groß sein muss,

$$\Phi = \frac{Q}{t} = \alpha_1 A \Delta T_1 = \frac{\lambda}{l} A \Delta T_2 = \alpha_2 A \Delta T_3.$$

Dabei ist die Summe der einzelnen Temperaturdifferenzen gleich der Gesamtdifferenz

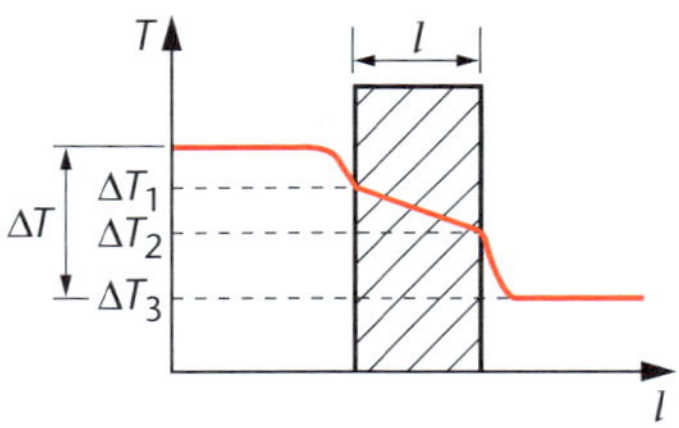

$$\Delta T = \Delta T_1 + \Delta T_2 + \Delta T_3.$$

Aus beiden Ansätzen folgt

$$\frac{Q}{\alpha_1 A t} + \frac{Ql}{\lambda A t} + \frac{Q}{\alpha_2 A t} = \Delta T$$

oder nach Ausklammern von $\frac{Q}{At}$

$$\frac{Q}{At} \cdot \left(\frac{1}{\alpha_1} + \frac{l}{\lambda} + \frac{1}{\alpha_2} \right) = \Delta T.$$

Den Klammerausdruck fasst man zusammen. Sein Kehrwert ist der

Wärmedurchgangskoeffizient *k*

(W 20.8) $$\frac{1}{k} = \frac{1}{\alpha_1} + \frac{1}{\alpha_2} + \frac{l}{\lambda}$$

Damit ergibt sich für den Wärmedurchgang

(W 20.9) $$Q = kAt\Delta T$$

	Q	k	A	t	T
SI	J	$\frac{W}{m^2 \cdot K}$	m^2	s	K, °C

SI-Einheit des Wärmedurchgangskoeffizienten: $[k] = \frac{W}{m^2 \cdot K}$.

Ungesetzliche Einheiten: $kcal/(m^2 \cdot h \cdot K)$ und $cal/(cm^2 \cdot s \cdot K)$.

Beachte:

- $1/(kA)$ ist der Wärme(durchgangs)widerstand.
- Zahlenwerte für den Wärmedurchgangskoeffizienten k (→ Tabelle 33) gelten jeweils nur für eine bestimmte Wanddicke l!
- An jeder der beiden Übergangsstellen besteht ein Temperatursprung.

■ Bei der **ebenen mehrschichtigen Wand** benutzt man zur Berechnung des Wärmedurchgangskoeffizienten k an Stelle (W 20.8) die Gleichung

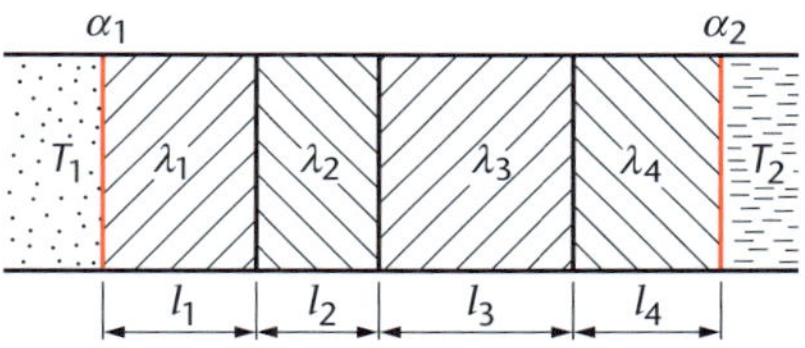

(W 20.10) $$\frac{1}{k} = \frac{1}{\alpha_1} + \frac{1}{\alpha_2} + \frac{l_1}{\lambda_1} + \frac{l_2}{\lambda_2} + \frac{l_3}{\lambda_3} + \cdots$$

Beachte:

- Sämtliche Wärmewiderstände dieses Durchganges sind in Reihe: 2 Wärmeübergangswiderstände und die Wärmeleitungswiderstände aller Schichten. Die Fläche A kann – da an allen Stellen gleich – ausgeklammert werden.

■ Die Berechnung des Wärmedurchganges bei einer **Rohrwand** ist schwieriger, weil Ein- und Austrittsflächen verschieden groß sind.

Wenn

k Wärmedurchgangskoeffizient,
l Länge des Rohres,
d Durchmesser (Index 1, 2, … von innen nach außen gezählt),
α_1 Wärmeübergangskoeffizient am inneren Übergang (→ Tabelle 32),
α_2 Wärmeübergangskoeffizient am äußeren Übergang (→ Tabelle 32),
$\lambda_1, \lambda_2, \ldots$ Wärmeleitfähigkeiten der einzelnen Schichten (→ Tabelle 31),

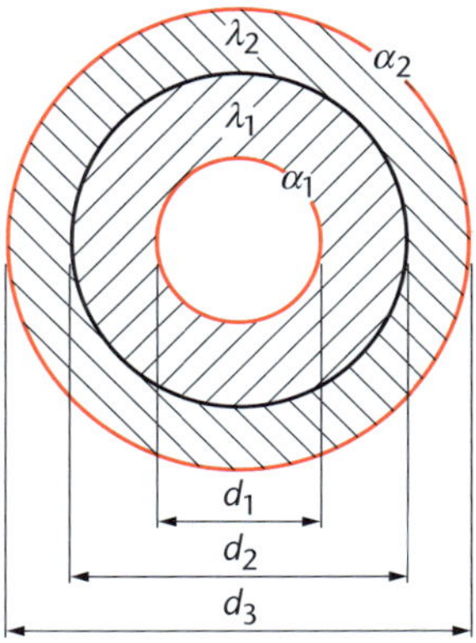

dann gilt für den Wärme(durchgangs)widerstand einer

einschichtigen Rohrwand

(W 20.11) $$\frac{1}{kA} = \frac{1}{\pi l}\left(\frac{1}{\alpha_1 d_1} + \frac{1}{\alpha_2 d_2} + \frac{1}{2\lambda}\ln\frac{d_2}{d_1}\right)$$

oder entsprechend auch für den Wärmedurchgang bei einer

mehrschichtigen Rohrwandung

(W 20.12) $$\frac{1}{kA} = \frac{1}{\pi l}\left(\frac{1}{\alpha_1 d_1} + \frac{1}{\alpha_2 d_n} + \frac{1}{2\lambda_1}\ln\frac{d_2}{d_1} + \frac{1}{2\lambda_2}\ln\frac{d_3}{d_2} + \cdots\right)$$

20.5 Temperaturstrahlung

Bei der Wärmestrahlung wird Wärmeenergie von einem Körper zum anderen durch Emission und Absorption elektromagnetischer Wellen transportiert.

20.5.1 Absorption

Die auf einen Körper treffende Strahlung wird nur zum Teil absorbiert, der übrige Anteil wird reflektiert bzw. durchgelassen.

Wenn
Φ_0 Strahlungsfluss (Leistung) der auftreffenden Strahlung,
Φ_r Strahlungsfluss der reflektierten Strahlung,
Φ_a Strahlungsfluss der absorbierten Strahlung,
Φ_t Strahlungsfluss der transmittierten (durchgelassenen) Strahlung,

dann gelten als Definition für den

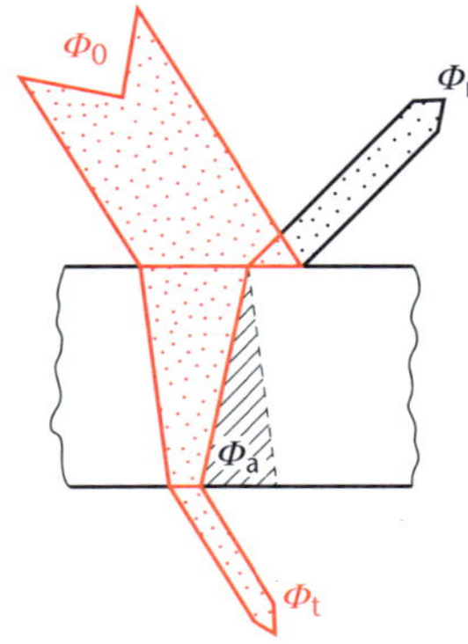

Reflexionsgrad

(W 20.13) $$\varrho = \Phi_r/\Phi_0$$

Absorptionsgrad

(W 20.14) $$\alpha = \Phi_a/\Phi_0$$

Transmissionsgrad
(Durchlässigkeit)

(W 20.15) $$\tau = \Phi_t/\Phi_0$$

Beachte:

- ϱ, α und τ hängen vom Material und von der Wellenlänge der auftreffenden Strahlung ab.

■ Nach dem Energieerhaltungssatz muss $\Phi_r + \Phi_a + \Phi_t = \Phi_0$ sein. Eine Division durch Φ_0 ergibt

(W 20.16) $$\varrho + \alpha + \tau = 1$$

Ein Körper mit den (nicht realisierbaren) Eigenschaften $\varrho = 0$; $\tau = 0$; $\alpha = 1$ heißt **schwarzer Körper**.

Der schwarze Körper absorbiert sämtliche auftreffende Strahlung, unabhängig von Wellenlänge und Temperatur.

W

20.5.2 Emission

Jeder Körper, dessen Temperatur von 0 K verschieden ist, emittiert Strahlung. Man bezeichnet diese deshalb als Temperatur- oder **Wärmestrahlung**.

Bei gegebener Temperatur und Wellenlänge strahlt der schwarze Körper am stärksten. Sein **Emissionsgrad** ist (wie sein Absorptionsgrad) gleich 1.

Für *alle* Körper gilt, dass – abhängig von Temperatur T und Wellenlänge λ – der Emissionsgrad ε gleich dem Absorptionsgrad α ist. Dies ist das

Kirchhoff'sche Strahlungsgesetz

(W 20.17) $$\varepsilon(\lambda, T) = \alpha(\lambda, T)$$

Wenn

Φ Strahlungsfluss der Strahlung eines nichtschwarzen Körpers bestimmter Temperatur,

ε Emissionsgrad des nichtschwarzen Körpers $= \alpha$,

Φ_S Strahlungsfluss des schwarzen Körpers gleicher Temperatur,

dann folgt aus dem Kirchhoff'schen Strahlungsgesetz

(W 20.18) $$\Phi = \varepsilon \Phi_S$$

Die von einem beliebigen Körper ausgehende Strahlungsleistung P (Strahlungsfluss Φ) ist gleich der des schwarzen Körpers (gleicher Temperatur), multipliziert mit seinem eigenen Emissionsgrad.

20.5.3 Strahlungsgesetz von Stefan und Boltzmann

Die von einem Körper auf Grund seiner Temperatur ausgehende Strahlung besitzt eine Leistung P (einen Strahlungsfluss Φ), die der Größe der strahlenden Fläche A und der 4. Potenz der Körpertemperatur T proportional ist: $P \sim AT^4$. Den Proportionalitätsfaktor bezeichnet man als

Stefan-Boltzmann-Konstante (Strahlungskonstante)

(W 20.19) $$\sigma = 5{,}670\,373 \cdot 10^{-8}\ \frac{\text{W}}{\text{m}^2 \cdot \text{K}^4}$$

Wenn
P Strahlungsleistung,
σ Strahlungskonstante $= 5{,}670 \cdot 10^{-8}\ \text{W}/(\text{m}^2 \cdot \text{K}^4)$,
ε Emissionsgrad der strahlenden Fläche (→ Tabelle 34),
A strahlende Oberfläche des Körpers,
T_1 Temperatur des Strahlers,
T_2 Temperatur der Umgebung,

dann gilt unter Berücksichtigung des Emissionsgrades nichtschwarzer Körper das

Stefan-Boltzmann'sche Gesetz

(W 20.20) $$P = \sigma \varepsilon A T_1^4$$

	P	σ	A	T	ε
SI	W	$\frac{\text{W}}{\text{m}^2 \cdot \text{K}^4}$	m^2	K	–

Gleichzeitig absorbiert der strahlende Körper eine von der Umgebung kommende Strahlung der Leistung $P = \sigma \varepsilon A T_2^4$. Unter der Voraussetzung, dass strahlende und absorbierende Fläche gleich groß sind (das trifft nicht immer zu!), nimmt dann das Gesetz von STEFAN und BOLTZMANN die Form an

(W 20.21) $$P = \sigma \varepsilon A (T_1^4 - T_2^4)$$

	P	σ	A	T
SI	W	$\frac{\text{W}}{\text{m}^2 \cdot \text{K}^4}$	m^2	K

Beachte:

- In der technischen Literatur wird das Produkt $\sigma\varepsilon$ vielfach als (stoffabhängige) Strahlungszahl bezeichnet.
- Die mit (W 20.20) und (W 20.21) zu berechnende Leistung umfasst alle in der Strahlung enthaltenen Wellenlängen, also das gesamte abgestrahlte Spektrum. Sie verteilt sich keinesfalls gleichmäßig auf

die einzelnen Wellenlängen. Die Leistung für einzelne Wellenlängenbereiche $d\lambda$ lässt sich mit dem Strahlungsgesetz von PLANCK bestimmen → [20.5.4].

20.5.4 Strahlungsgesetz von Planck

Es beschreibt die Strahlungsleistung eines schwarzen Strahlers als Funktion von Temperatur T und Wellenlänge λ.

Mit

dP_λ Leistung, abgestrahlt im Wellenlängenbereich λ bis $\lambda + d\lambda$,
h PLANCK-Konstante (Wirkungsquantum) $= 6{,}626 \cdot 10^{-34}\,\mathrm{J \cdot s}$ → (K 35.1),
c_0 Lichtgeschwindigkeit im Vakuum $= 2{,}998 \cdot 10^8\,\mathrm{m/s}$,
λ Wellenlänge der Strahlung,
$d\lambda$ Intervallbreite,
k BOLTZMANN-Konstante $= 1{,}381 \cdot 10^{-23}\,\mathrm{J/K}$,
T Temperatur des Strahlers,
A Fläche des Strahlers,
e Basis der natürlichen Logarithmen = 2,718

ergibt sich als im Bereich von λ bis $\lambda + d\lambda$ von der Fläche A eines schwarzen Strahlers in den Halbraum ($\Omega = 2\pi$) abgestrahlte Leistung

(W 20.22) $$dP_\lambda = \frac{2\pi h c_0^2}{\lambda^5} \cdot \frac{A}{e^{hc_0/(k\lambda T)} - 1}\,d\lambda$$

	P	h	c	k	T	λ
SI	W	J · s	$\frac{\mathrm{m}}{\mathrm{s}}$	$\frac{\mathrm{J}}{\mathrm{K}}$	K	m

Beachte:

- Die gesamte abgestrahlte Leistung nach (W 20.20) folgt, wenn (W 20.22) über alle Wellenlängen ($0 \ldots \infty$) integriert wird.
- Mit höherer Temperatur wächst die abgestrahlte Leistung (ihr entspricht die Fläche unter der Kurve), und das Maximum verschiebt sich zu den kürzeren Wellenlängen.

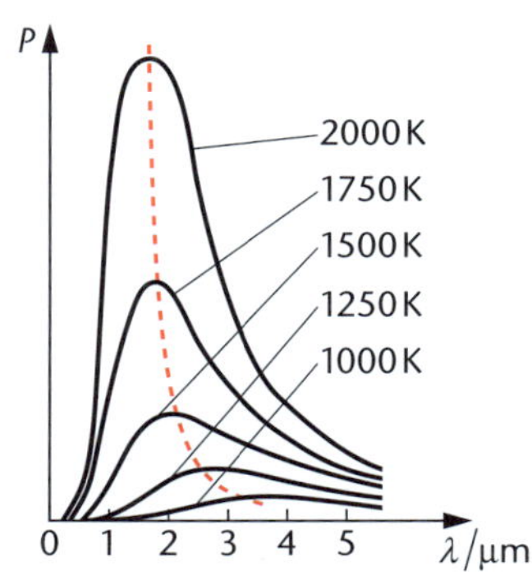

20.5.5 Verschiebungsgesetz von Wien

Die Lage des Maximums kann aus (W 20.22) auf üblichem Wege (1. Ableitung gleich null setzen) bestimmt werden.

Mit
$\lambda_{\max}$ Wellenlänge des Strahlungsmaximums,
T Temperatur des Strahlers

ergibt sich

$\lambda_{\max} = \dfrac{hc_0}{4{,}965\,1\,kT}$, also $\lambda_{\max} \sim \dfrac{1}{T}$. Da der Proportionalitätsfaktor nur aus Konstanten besteht, fasst man diese zusammen als

Wien-Konstante

(W 20.23) $$b = 2{,}897\,772\,1 \cdot 10^{-3}\,\mathrm{m \cdot K} = 2{,}897\,77\,\mathrm{mm \cdot K}$$

Daraus folgt für die Wellenlänge des Strahlungsmaximums

(W 20.24) $$\lambda_{\max} = \frac{b}{T}$$

	λ	b	T
VT	mm	mm · K	K

Beachte:

- Mit zunehmender Temperatur erhöht sich der Anteil kurzwelliger Strahlung. Man kann demnach den Farbeindruck der Gesamtstrahlung als Maß für die Temperatur der strahlenden Fläche verwenden: **Farbtemperatur**.
- Strahlungsmessgeräte zur Temperaturbestimmung heißen (Strahlungs-)**Pyrometer**.
- Auf den *sichtbaren* Bereich der Strahlung entfallen bei den erreichbaren Strahlertemperaturen nur wenige Prozent der Leistung.

AKUSTIK A

21 Schallerzeugung

21.1 Wesen des Schalls

Schallwellen sind mechanische Longitudinalwellen. Ausgehend von der Schallquelle, einem schwingenden Körper, breiten sie sich in Festkörpern, Flüssigkeiten und Gasen in Form von Druckschwankungen (Druckwellen) aus.

Für das menschliche Ohr gelten als **Hörbereich** → [23.2.1] die Frequenzen **16 Hz** bis **20 000 Hz**, obwohl (besonders bei älteren Menschen) der obere Grenzwert meist nicht erreicht wird. Niedrigere Frequenzen (0 Hz bis 15 Hz) werden als **Infraschall** bezeichnet. **Ultraschall** umfasst die Frequenzen 20 kHz bis 10 GHz, **Hyperschall** den Frequenzbereich 10 GHz bis 10 THz.

Im Hörbereich unterscheidet man: **Ton, Klang, Geräusch** und **Knall**.

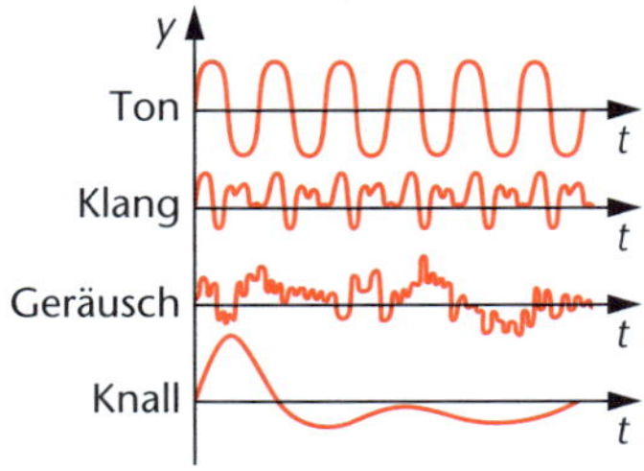

- Ein Ton (reiner Ton) ist eine Sinusschwingung.
- Ein Klang ist eine Überlagerung mehrerer Töne; es überlagern sich unterschiedliche sinusförmige Schwingungen zu einer nicht sinusförmigen. Der Ton mit der niedrigsten Frequenz bestimmt die Tonhöhe der gesamten Schallempfindung, die anderen (Obertöne) verursachen den Eindruck der Klangfarbe.
- Ein Geräusch ist eine unregelmäßige Schwingung, ein Gemisch aus sehr vielen Frequenzen etwa gleicher Größenordnung.
- Ein Knall ist ein kurzzeitiger und starker Schalleindruck.

Zwischen den Schwingungen der Schallquelle und der Schallempfindung bestehen folgende Beziehungen:

Übersicht:

Schwingung		**Schalleindruck**
Amplitude	entspricht	Lautstärke
Frequenz	entspricht	Tonhöhe
Schwingungsform	entspricht	Klangfarbe

21.2 Schallquellen

Schwingende Körper (aller Aggregatzustände), die Schallwellen abstrahlen, werden als Schallquellen bezeichnet. Das können Saiten, Stäbe, Luftsäulen, Membranen usw. sein.

21.2.1 Schwingende Saiten

Man findet sie beim Klavier, bei der Geige und anderen Musikinstrumenten. Sie können durch Anzupfen, Anstreichen oder Schlagen zum Schwingen gebracht werden.

Wenn
f Frequenz der schwingenden Saite,
l Länge der Saite,
F Kraft, mit der die Saite gespannt wird,
ϱ Dichte des Saitenmaterials,
A Querschnittsfläche der Saite,

dann gilt entsprechend (M 14.1) $f = c/\lambda$. Darin ist $\lambda = 2l$; denn in der schwingenden Saite bildet sich eine stehende Welle mit den Knotenpunkten an den Enden. Also ist $f = c/(2l)$, worin für die Geschwindigkeit von Seilwellen $c = \sqrt{F/(\varrho A)}$ gesetzt werden kann. So ergibt sich

(A 21.1) $$f = \frac{1}{2l}\sqrt{\frac{F}{\varrho A}}$$

	f	l	F	ϱ	A
SI	$\text{Hz} = \frac{1}{\text{s}}$	m	N	$\frac{\text{kg}}{\text{m}^3}$	m^2

Beachte:

- Gleichung (A 21.1) liefert die Grundschwingung der Saite. Außerdem sind noch Schwingungen höherer Frequenzen möglich. Diese Oberschwingungen beeinflussen die Klangfarbe, nicht die Frequenz des wahrgenommenen Tons.

21.2.2 Schwingende Luftsäulen

Die in Pfeifen eingeschlossenen Luftsäulen schwingen stets in stehenden Wellen. Am Mundstück befindet sich immer ein Wellenbauch. Es gibt offene und geschlossene Pfeifen.

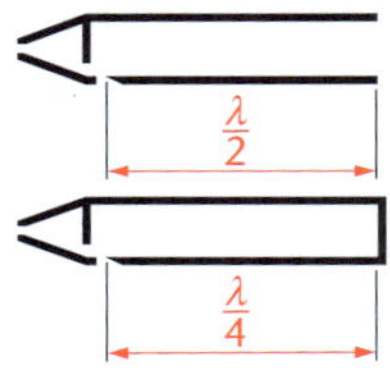

Übersicht:

Pfeife	am Ende befindet sich	Pfeifenlänge gleich
offen	Wellenbauch	halbe Wellenlänge
geschlossen	Wellenknoten	viertel Wellenlänge

Wenn
f Frequenz der Pfeife,
c Schallgeschwindigkeit in Luft,
l Länge der schwingenden Luftsäule,

dann gilt für eine offene Pfeife $l = \lambda/2$. Mit (M 14.1) $c = \lambda f$ ergibt sich dann

(A 21.2) $$f = \frac{c}{2l}$$

	f	c	l
SI	Hz = $\frac{1}{s}$	$\frac{m}{s}$	m

Bei geschlossener Pfeife ist $l = \lambda/4$. Mit $c = \lambda f$ ergibt dies

(A 21.3) $$f = \frac{c}{4l}$$

	f	c	l
SI	Hz = $\frac{1}{s}$	$\frac{m}{s}$	m

Beachte:

- Der Ton einer offenen Pfeife besitzt die doppelte Frequenz des Tones einer geschlossenen Pfeife gleicher Länge.

21.3 Tonleiter

Eine Tonleiter enthält sämtliche Töne einer Tonart. Die Lage der Halbtonschritte und der erste Ton (Grundton) sind kennzeichnend für die Tonart. Die Grundform ist die harmonische **C-Dur-Tonleiter**.

21.3.1 Harmonische (diatonische) Tonleiter

Sie besteht aus 8 Tönen mit dem c als Grundton. Die Frequenzverhältnisse zweier benachbarter Töne (Frequenz des höheren Tons : Frequenz des niedrigen Tons) stehen in der 3. Zeile der Übersicht. Dabei entsprechen 9 : 8 und 10 : 9 einem Ganzton-Intervall, 16 : 15 dagegen einem Halbton-Intervall.

Die Frequenzverhältnisse in der 4. Zeile sind auf den Grundton c bezogen.

Übersicht:

Harmonische Tonleiter							
Prime	Sekunde	Terz	Quarte	Quinte	Sexte	Septime	Oktave
c	d	e	f	g	a	h	c′
9 : 8	10 : 9	16 : 15	9 : 8	10 : 9	9 : 8	16 : 15	
1	9 : 8	5 : 4	4 : 3	3 : 2	5 : 3	15 : 8	2 : 1

21.3.2 Chromatische Tonleiter

Die harmonische Dur-Tonleiter beginnt mit dem Grundton c. Um auch auf anderen Grundtönen Tonleitern aufbauen zu können, müssen die Ganzton-Intervalle zwischen den Tönen c d e und f g a h in jeweils zwei Halbton-Intervalle aufgeteilt werden.

Zur Bestimmung der Frequenz dieses „Zwischentons" wird die Frequenz des unteren Tons mit $25/24 = 1{,}041\,667$ multipliziert. Das ergibt die darüber liegenden Halbtöne cis, dis, fis, gis, ais. Im Notenbild wird dem Ausgangston ein # vorangestellt.

Oder die Frequenz des höheren Tons wird durch $25/24 = 1{,}041\,667$ dividiert. Das ergibt die darunter liegenden Halbtöne des, es, ges, as, b. Im Notenbild wird dem Ausgangston ein ♭ vorangestellt.

Die nach beiden Methoden entstandenen Halbton-Frequenzen stimmen nicht überein (→ Übersicht: Stimmung, rein), was beim Spielen von Streichinstrumenten beachtet werden muss. Für Instrumente mit fester Stimmung (Klavier, Orgel, Harfe u. Ä.) ist sie *nicht* brauchbar, obwohl sie die klangreinsten Intervalle (reine Stimmung) besitzt.

21.3.3 Gleichmäßig temperierte chromatische Tonleiter

Gegenüber der reinen Stimmung besitzt bei der gleichmäßig temperierten Stimmung jedes der 12 Halbtonintervalle das *gleiche* Frequenzverhältnis. Bei der Aufteilung der Oktave (Frequenzverhältnis 2 : 1) in 12 gleiche Intervalle ergibt sich wegen $x^{12} = 2$ für ein Halbton-Intervall: $\sqrt[12]{2} = 1{,}059\,463\,1$.

(→ Übersicht: Stimmung, gleichmäßig temperiert.)

Dadurch wird es möglich, auf jeden der 12 Töne einer Oktave sowohl eine Dur- als auch eine Moll-Tonleiter aufzubauen.

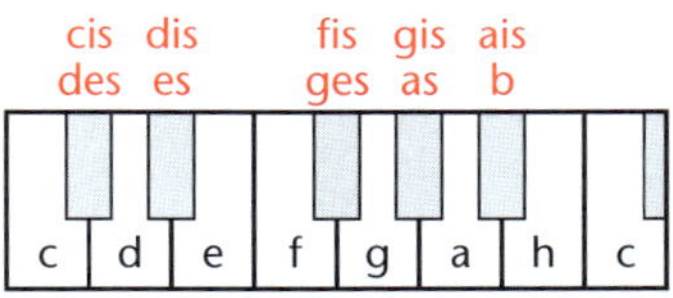

Bei einer Dur-Tonleiter liegen die Halbton-Intervalle zwischen dem 3. und 4. bzw. 7. und 8. Ton (z. B. C-Dur: c, d, e, f, g, a, h, c).

Bei einer Moll-Tonleiter liegen die Halbton-Intervalle zwischen dem 2. und 3. bzw 5. und 6. Ton (z. B. c-Moll: c, d, es, f, g, as, b, e).

Übersicht:

Chromatische Tonleiter												
c		d		e	f		g		a		h	c
	cis des		dis es			fis ges		gis as		ais b		

21.3.4 Normstimmton

In den einzelnen Tonleitersystemen werden nur Frequenzverhältnisse angegeben. Für das Stimmen von Musikinstrumenten müssen aber auch die absoluten Frequenzen festliegen.

Bei der **physikalischen Stimmung** geht man von dem eingestrichenen c′ aus und setzt $f_{c'} = 2^8\,\text{Hz} = 256\,\text{Hz}$. Für das eingestrichene a′ errechnet sich dann die Frequenz $f_{a'} = 430{,}5\,\text{Hz}$.

Die **internationale Stimmung** basiert auf dem Normstimmton (**Kammerton a** genannt). Seine Frequenz wurde international festgelegt auf $\boldsymbol{f_{a'} = 440\,\text{Hz}}$. Daraus werden die Frequenzen aller anderen Töne berechnet.

Übersicht:

Ton	Stimmung			
	rein	temperiert		
			physikalisch	international
	Frequenzverhältnis		Frequenz in Hz	
c′	1,000 00	$2^0 = 1{,}000\,00$	256,00	261,63
cis′ des′	1,041 67 1,080 00	$2^{1/12} = 1{,}059\,46$	271,22	277,18
d′	1,125 00	$2^{2/12} = 1{,}122\,46$	287,35	293,67
dis′ es′	1,171 87 1,200 00	$2^{3/12} = 1{,}189\,21$	304,44	311,13
e′	1,250 00	$2^{4/12} = 1{,}259\,92$	322,54	329,63
f′	1,333 33	$2^{5/12} = 1{,}334\,84$	341,72	349,23
fis′ ges′	1,388 89 1,440 00	$2^{6/12} = 1{,}414\,21$	362,04	369,99
g′	1,500 00	$2^{7/12} = 1{,}498\,31$	383,57	392,00
gis′ as′	1,562 50 1,600 00	$2^{8/12} = 1{,}587\,40$	406,37	415,30
a′	1,666 67	$2^{9/12} = 1{,}681\,79$	430,54	440,00
ais′ b′	1,736 11 1,800 00	$2^{10/12} = 1{,}781\,80$	456,14	466,16
h′	1,875 00	$2^{11/12} = 1{,}887\,75$	483,26	493,88
c″	2,000 00	$2^{12/12} = 2{,}000\,00$	512,00	523,25

21.3.5 Intervalle

Je zwei Töne einer Tonleiter bilden ein Intervall. Die meisten der möglichen Kombinationen besitzen besondere Bezeichnungen, je nach Anzahl der eingeschlossenen Halbton-Intervalle.

Eine Dur-Tonart besteht aus folgenden auf den jeweiligen Grundton bezogenen Intervallen:

Prime – *große* Sekunde – *große* Terz – Quarte – Quinte – *große* Sexte – *große* Septime – Oktave.

Die entsprechende Moll-Tonart unterscheidet sich davon durch

kleine Terz – *kleine* Sexte – *kleine* Septime.

■ Ob der Mensch das gleichzeitige Erklingen zweier Töne als Wohlklang (**Konsonanz**) oder als Missklang (**Dissonanz**) empfindet, hängt vom Frequenzverhältnis beider Töne ab. Konsonanz tritt auf, wenn sich das Frequenzverhältnis durch ganze Zahlen nicht größer als acht ausdrücken lässt.

Übersicht:

Intervall	**Anzahl der eingeschlossenen Halbtonintervalle**	**Frequenzverhältnis**
Prime	0	1 : 1
kleine Sekunde	1	16 : 15
große Sekunde	2	9 : 8 bzw. 10 : 9
kleine Terz	3	6 : 5
große Terz	4	5 : 4
Quarte	5	4 : 3
Quinte	7	3 : 2
kleine Sexte	8	8 : 5
große Sexte	9	5 : 3
kleine Septime	10	9 : 5 bzw. 16 : 9
große Septime	11	15 : 8
Oktave	12	2 : 1

A

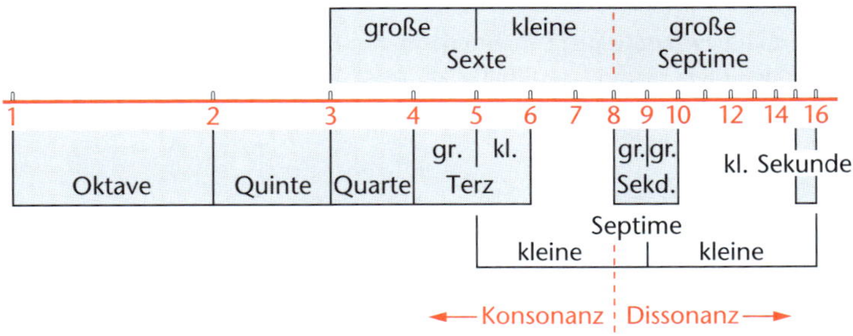

In der folgenden Übersicht sind die Intervalle in der Reihenfolge abnehmender Konsonanz bzw. zunehmender Dissonanz aufgeführt.

Übersicht:

Konsonanz		**Dissonanz**	
Intervall	Frequenzverhältnis	Intervall	Frequenzverhältnis
Prime	1 : 1	kleine Septime	9 : 5
Oktave	2 : 1	große Sekunde	9 : 8
Quinte	3 : 2	große Septime	15 : 8
Quarte	4 : 3	kleine Sekunde	16 : 15
große Sexte	5 : 3		
große Terz	5 : 4		
kleine Terz	6 : 5		
kleine Sexte	8 : 5 [1)]		

[1)] Wird vielfach auch schon zu den Dissonanzen gezählt.

22 Schallausbreitung

Die Ausbreitung des Schalls erfolgt in der Form mechanischer Längswellen. Die Phasengeschwindigkeit dieser Wellen, meist als Schallgeschwindigkeit c bezeichnet, hängt (bei genügend kleinen Amplituden) nur von den mechanischen Eigenschaften des Mediums, nicht aber von der Frequenz der Welle ab.

22.1 Schallgeschwindigkeit

22.1.1 Schallgeschwindigkeit in Festkörpern

Wenn
c Schallgeschwindigkeit in einem langen Stab (→ Tabelle 35),
E Elastizitätsmodul (→ Tabelle 9),
ϱ Dichte des Stabes (→ Tabelle 1),

dann gilt

(A 22.1) $$c = \sqrt{\frac{E}{\varrho}}$$

	c	E	ϱ
SI	$\frac{\mathrm{m}}{\mathrm{s}}$	$\mathrm{Pa} = \frac{\mathrm{kg}}{\mathrm{s}^2 \cdot \mathrm{m}}$	$\frac{\mathrm{kg}}{\mathrm{m}^3}$

Beachte:

- Mit der Dichte ϱ ist die Schallgeschwindigkeit c temperaturabhängig.

22.1.2 Schallgeschwindigkeit in Flüssigkeiten

Wenn
c Schallgeschwindigkeit in einer Flüssigkeit (→ Tabelle 35),
K Kompressionsmodul $= 1/\varkappa$,
$\varkappa$ Kompressibilität (→ Tabelle 4),
ϱ Dichte der Flüssigkeit (→ Tabelle 1),

dann gilt

(A 22.2) $$c = \sqrt{\frac{K}{\varrho}} = \sqrt{\frac{1}{\varkappa\varrho}}$$

	c	K	$\varkappa$	ϱ
SI	$\frac{\mathrm{m}}{\mathrm{s}}$	$\mathrm{Pa} = \frac{\mathrm{kg}}{\mathrm{s}^2 \cdot \mathrm{m}}$	$\frac{1}{\mathrm{Pa}}$	$\frac{\mathrm{kg}}{\mathrm{m}^3}$

Beachte:

- Mit der Dichte ϱ ist die Schallgeschwindigkeit c temperaturabhängig

22.1.3 Schallgeschwindigkeit in Gasen

Der Wechsel von Über- und Unterdruck an einer bestimmten Stelle des Gases erfolgt so schnell, dass er als isentroper Vorgang → [18.5] angesehen werden kann.

Wenn

c Schallgeschwindigkeit in einem Gas,
$\varkappa$ $= c_p/c_V$, Isentropenexponent (→ Tabelle 18),
ϱ Gasdichte,
p Gasdruck,
R_i spezielle Gaskonstante (→ Tabelle 14),
T Gastemperatur,

dann gilt

(A 22.3) $$c = \sqrt{\frac{\varkappa p}{\varrho}}$$

	c	$\varkappa$	p	ϱ
SI	$\frac{\text{m}}{\text{s}}$	–	$\text{Pa} = \frac{\text{kg}}{\text{s}^2 \cdot \text{m}}$	$\frac{\text{kg}}{\text{m}^3}$

oder wenn man entsprechend (W 15.19) $\varrho = p/(R_i T)$ setzt,

(A 22.4) $$c = \sqrt{\varkappa R_i T}$$

	c	$\varkappa$	R_i	T
SI	$\frac{\text{m}}{\text{s}}$	–	$\frac{\text{J}}{\text{kg} \cdot \text{K}}$	K

Beachte:

- Die Schallgeschwindigkeit in Gasen hängt innerhalb weiter Grenzen nur von der Temperatur, nicht aber vom Druck des Gases ab.

22.1.4 Schallgeschwindigkeit in Luft

Setzt man in (A 22.4) die Zahlenwerte für trockene Luft von 0 °C ein, so erhält man

$$c_0 = \sqrt{1{,}4 \cdot 287 \frac{\text{J}}{\text{kg} \cdot \text{K}} \cdot 273\,\text{K}} = 331{,}2 \frac{\text{m}}{\text{s}}.$$

Experimentell wurden 331,6 m/s ermittelt.

■ Für Luft anderer Temperatur lässt sich die Schallgeschwindigkeit ebenfalls mit (A 22.4) bestimmen.

A

Wenn

c Schallgeschwindigkeit in Luft bei der Temperatur t (in °C),
t Celsius-Temperatur der Luft,
T absolute Temperatur der Luft,

dann gilt

$$\frac{c}{331{,}6\,\mathrm{m/s}} = \frac{\sqrt{\varkappa R_i T}}{\sqrt{\varkappa R_i \cdot 273\,\mathrm{K}}}.$$ Daraus folgt

$$c = 331{,}6\,\frac{\mathrm{m}}{\mathrm{s}} \cdot \sqrt{\frac{T}{273\,\mathrm{K}}} \quad \text{und mit} \quad T = t + T_0 \quad \text{sowie} \quad T_0 = 273\,\mathrm{K}$$

$$c = 331{,}6\,\frac{\mathrm{m}}{\mathrm{s}} \cdot \sqrt{1 + \frac{t}{273\,\mathrm{K}}}.$$

Dieser Ausdruck lässt sich mit hinreichender Genauigkeit vereinfachen zu

(A 22.5) $$c = \left(331{,}6 + 0{,}6\,\frac{t}{{}^\circ\mathrm{C}}\right)\,\frac{\mathrm{m}}{\mathrm{s}}$$

Beachte:

- Durch den Gehalt an Wasserdampf ändert sich die Schallgeschwindigkeit (gegenüber trockener Luft) nur unmerklich.

22.2 Doppler-Effekt

Besteht zwischen einer Schallquelle (Sender) und dem Schallempfänger eine Relativbewegung, vergrößert oder verkleinert sich also ihr gegenseitiger Abstand, so nimmt der Empfänger E eine andere Frequenz wahr, als der Sender S abgestrahlt hat.

Wenn

c Schallgeschwindigkeit,
v_S Geschwindigkeit des Senders,
v_E Geschwindigkeit des Empfängers,
f_S vom Sender abgestrahlte Frequenz,
f_E vom Empfänger aufgenommene Frequenz,
λ Wellenlänge der abgestrahlten Welle,

dann gilt entsprechend (M 14.1) $f_S = c/\lambda$. Bei der Bestimmung von f_E muss zwischen einer Bewegung des Senders und einer des Empfängers unterschieden werden. Beide wirken sich verschiedenartig aus.

- Entfernt sich E von S, so entspricht dies einer Verkleinerung der Relativgeschwindigkeit c zwischen Schallwelle und Empfänger. In oben stehender Beziehung ist $c - v_E$ an Stelle von c einzusetzen.
- Bewegt sich S auf E zu, so entspricht dies einer Verkürzung der Wellenlänge um den Weg, den S während der Dauer einer Schwingung zurücklegt. In vorstehender Beziehung ist λ zu ersetzen durch $\lambda - \frac{v_S}{f_S}$.

Setzt man diese Ausdrücke in $f_S = c/\lambda$ ein, so erhält man

$$f_E = \frac{c - v_E}{\lambda - \frac{v_S}{f_S}} = \frac{c - v_E}{\frac{c - v_S}{f_S}}.$$ Daraus folgt nach Vereinfachung als

Doppler-Effekt

(A 22.6) $$f_E = f_S \frac{c - v_E}{c - v_S}$$

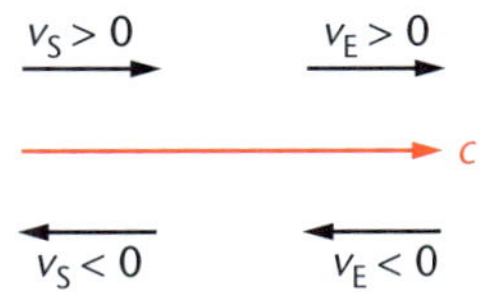

Für den häufigsten Fall, dass $v_S, v_E \ll c$, kann in guter Näherung (A 22.6) vereinfacht werden zu

(A 22.7) $$f_E = f_S \left(1 + \frac{\Delta v}{c}\right)$$

Beachte:

- Eine Bewegung des Beobachters bei ruhendem Sender ergibt keine Änderung der Wellenlänge.
- Für das Vorzeichen von v_S und v_E gilt, dass bei Bewegung in Richtung der Schallwelle die Geschwindigkeiten positiv sind und umgekehrt.
- Bei ruhendem Sender ist $v_S = 0$, bei ruhendem Empfänger ist $v_E = 0$.
- Δv ist die Relativgeschwindigkeit zwischen Sender und Empfänger. Unter Berücksichtigung der Vorzeichenregel ergibt sie sich aus $\Delta v = v_S - v_E$.
- Berechnung der Schallgeschwindigkeit erfolgt mit Gleichung (A 22.5).

■ Wächst die Sendergeschwindigkeit so, dass $v_S = c$, dann wird $\lambda_E = 0$. In dem Punkt, in dem sich der Sender zur Zeit befindet, berühren sich die Fronten aller zu den verschiedenen Zeiten abgestrahlten Wellen. Gleichzeitig addieren sich dort die Drücke der einzelnen Wellen, man spricht von einer „**Schallmauer**“.

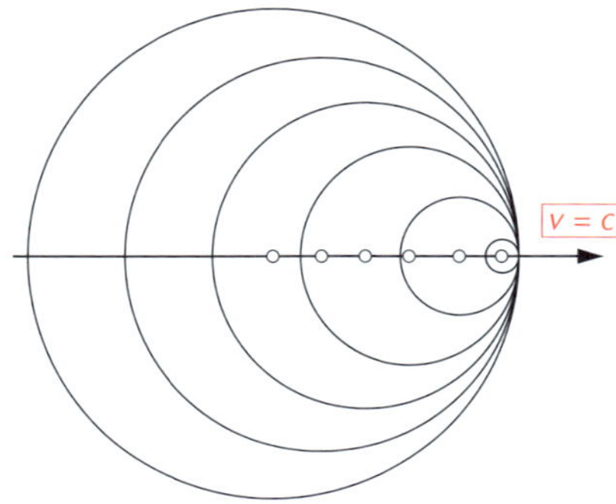

Bei noch größerer Geschwindigkeit des Senders – er bewegt sich dann mit Überschallgeschwindigkeit ($v_S > c$) – überlagern sich die zu den verschiedenen Zeiten abgestrahlten Wellen zu einer resultierenden Welle mit kegelförmiger Wellenfront. Der gesamte Kegel bewegt sich mit der Geschwindigkeit v_S des Senders. Ein Empfänger, der von der Wellenfront getroffen wird, registriert einen Knall, den so genannten **Überschallknall**. Den Kegel selbst bezeichnet man meist als MACH'schen Kegel.

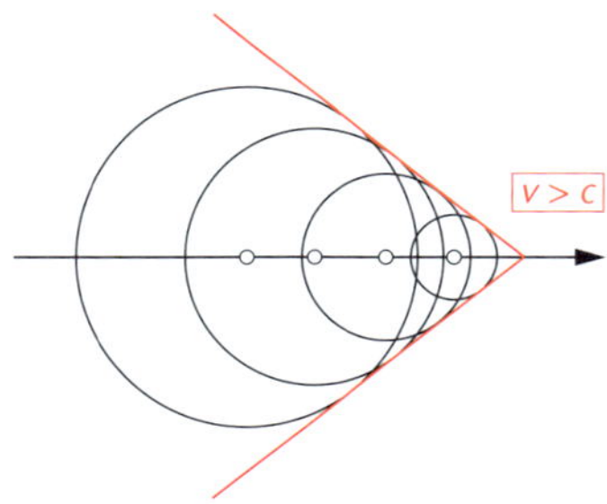

Für den Öffnungswinkel des Kegels ergibt sich aus dem Bild

(A 22.8) $$\sin\frac{\alpha}{2} = \frac{c}{v} = \frac{1}{M}$$

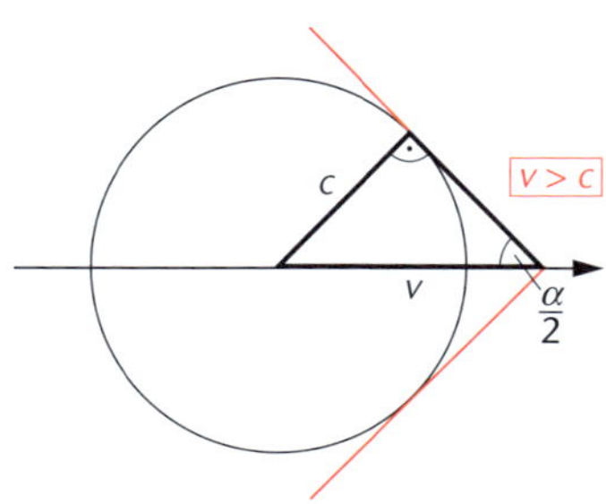

Darin ist M die so genannte MACH-Zahl. Eine MACH-Zahl 2 z. B. bedeutet, dass sich der Körper mit doppelter Schallgeschwindigkeit bewegt.

Beachte:

- Der MACH'sche Kegel bildet sich auch, wenn es sich um keine Schallquelle handelt. Bei jedem Körper, dessen Geschwindigkeit größer als die des Schalls in dem jeweiligen Medium ist, entsteht durch Verdichtung des Mediums eine solche „Kopfwelle“.

■ Für **elektromagnetische** Wellen ist (A 22.6) nicht anwendbar, weil kein Medium vorhanden ist, auf das die Geschwindigkeiten bezogen werden können. Bei Schallwellen beziehen sich v_S und v_E auf das (als ruhend angesehene) Medium Luft. Bei elektromagnetischen Wellen hängt die Frequenzänderung nur von der Relativgeschwindigkeit v zwischen Sender und Empfänger ab. Aus relativitätstheoretischen Überlegungen ergibt sich die entsprechende Gleichung.

Wenn

v Relativgeschwindigkeit zwischen Sender und Empfänger,
c_0 Lichtgeschwindigkeit, in Vakuum und Luft $= 2{,}998 \cdot 10^8$ m/s,
f_S vom Sender abgestrahlte Frequenz,
f_E vom Empfänger aufgenommene Frequenz,

dann gilt

(A 22.9) $$f_E = f_S \frac{1 + \frac{v}{c_0}}{\sqrt{1 - \frac{v^2}{c_0^2}}}$$

Im Normalfall ist $v \ll c_0$. In erster Näherung folgt aus (A 22.9) übereinstimmend mit (A 22.7)

(A 22.10) $$f_E = f_S \left(1 + \frac{v}{c_0}\right)$$

und für die **Frequenzänderung**

(A 22.11) $$\Delta f = f_S \frac{v}{c_0}$$

Umgerechnet auf die Wellenlängen ergibt sich als **Wellenlängenänderung** der in der Astronomie allgemein benutzte Ausdruck

(A 22.12) $$\Delta \lambda = -\lambda_S \frac{v}{c_0}$$

Beachte:

● Analog zum Überschallknall entsteht die Čerenkov-Strahlung (Tscherenkow-Strahlung), wenn sich z. B. ein Elementarteilchen in einem Medium schneller als elektromagnetische Wellen bewegt. Das setzt voraus, dass die Lichtgeschwindigkeit in diesem Medium kleiner als die im Vakuum ist, also $c < c_0$.

A

22.3 Überlagerung von Schallwellen

Für die Überlagerung (Interferenz) von Schallwellen gelten die gleichen Gesetzmäßigkeiten wie für alle anderen Wellenarten → [14.3.1]. Hier sind nur die wichtigsten Sonderfälle genannt.

22.3.1 Auslöschung

Zwei Schallwellen gleicher Ausbreitungsrichtung, Frequenz und Amplitude löschen sich aus, wenn sie einen

$$\text{Gangunterschied} = (2k+1)\cdot\frac{\lambda}{2} \quad (\text{mit } k = 0, 1, 2, \ldots)$$

besitzen. Bei ungleichen Amplituden ergibt sich unter den gleichen Bedingungen eine *Schwächung*.

22.3.2 Verstärkung

Zwei Schallwellen gleicher Ausbreitungsrichtung. Frequenz und Amplitude verstärken sich zu doppelt so großen Elongationen bei einem

$$\text{Gangunterschied} = k\lambda \quad (\text{mit } k = 0, 1, 2, \ldots).$$

Bei ungleichen Amplituden ergibt sich unter den gleichen Bedingungen eine *Addition* der Elongationen.

22.3.3 Schwebung

Die Überlagerung zweier Schallwellen gleicher Ausbreitungsrichtung ergibt bei *geringer* Frequenzdifferenz eine Schwebung. Die Amplitude der resultierenden Welle nimmt periodisch zu und ab.

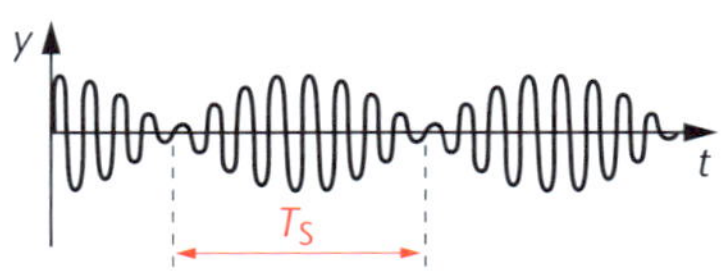

Wenn
- f_1 Frequenz der ersten Schallwelle,
- f_2 Frequenz der zweiten Schallwelle,
- f_S Schwingungsfrequenz, Zahl der Lautstärkemaxima bzw. -minima je Zeiteinheit,
- T_S Schwebungsdauer $= 1/f_S$,

dann gilt

(A 22.13) $$f_S = f_1 - f_2 \quad \text{und} \quad T_S = \frac{1}{f_1 - f_2}$$

Beachte:

- Bei Schwebungsfrequenzen größer als ≈ 16 Hz nimmt das menschliche Ohr keine Schwankung der Lautstärke mehr wahr, sondern hört den dieser Frequenzdifferenz entsprechenden Ton.

A

23 Schallmessung

23.1 Schallfeldgrößen

Die von einer Schallquelle abgestrahlte Energie wird in Form von Schallwellen durch das Schallfeld transportiert. Im Gegensatz zum allgemeinen Wellenfeld → [14.3] haben die Größen des Schallfeldes spezielle Bezeichnungen.

23.1.1 Schallschnelle

Als Schallschnelle v bezeichnet man die Schwinggeschwindigkeit der Teilchen des Mediums (Wechselgeschwindigkeit).

Wenn
v Schallschnelle (Augenblickswert),
f Frequenz der Schallwelle,
$\hat{y}$ Schwingungsamplitude der Teilchen,
ω Kreisfrequenz $= 2\pi f$,
ωt Phasenwinkel,

dann gilt analog (M 13.3)

(A 23.1) $$v = \hat{y}\omega \cos \omega t$$

Daraus folgt für die **maximale Schnelle (Geschwindigkeitsamplitude)**

(A 23.2) $$\hat{v} = \omega \hat{y} = 2\pi f \hat{y}$$

und für den **Effektivwert der Schnelle**

(A 23.3) $$\tilde{v} = \frac{\hat{v}}{\sqrt{2}} = \sqrt{2}\pi f \hat{y}$$

Beachte:

- Im Allgemeinen wird die Schallschnelle nicht gemessen, sondern aus dem Schalldruck → [23.1.2] berechnet.

23.1.2 Schalldruck

Als Schalldruck p bezeichnet man die in einer Schallwelle auftretenden periodischen Druckabweichungen (Über- und Unterdruck, Wechseldruck).
In gasförmigen Medien ist der Schalldruck p dem vorhandenen Gasdruck p_G überlagert.

SI-Einheit des Schalldruckes: $[p] = \text{Pascal (Pa)} = \dfrac{\text{N}}{\text{m}^2} = \dfrac{\text{kg}}{\text{m} \cdot \text{s}^2}$.

Zulässige SI-fremde Einheit: Mikrobar (µbar) $= 10^{-6}$ Bar (bar).

Umrechnung:

1 bar $= 10^6$ µbar $= 10^5$ Pa	1 µbar $= 10^{-6}$ bar $= 0{,}1$ Pa
1 mbar $= 10^{-3}$ bar $= 100$ Pa	

A

Die Wellengleichung (M 14.4) $y = \hat{y} \sin 2\pi \left(\dfrac{t}{T} - \dfrac{x}{\lambda} \right)$ gilt auch für Schallwellen. Es ist aber zweckmäßig, als orts- und zeitabhängige Schwingungsgröße den Schalldruck zu wählen.

Wenn
p Schalldruck,
ω Kreisfrequenz $= 2\pi f = 2\pi / T$,
ϱ Dichte des Mediums (→ Tabelle 1),
c Schallgeschwindigkeit in dem Medium (→ Tabelle 35),
$\hat{y}$ Schwingungsamplitude,
$\hat{v}$ Geschwindigkeitsamplitude, maximale Schnelle der Teilchen,
t Zeit,
T Schwingungsdauer,
x Abstand vom Wellenzentrum,
λ Wellenlänge,

dann ergibt sich aus hier nicht angeführter Ableitung für den

Schalldruck

(A 23.4) $$p = \omega \varrho c \hat{y} \cos 2\pi \left(\frac{t}{T} - \frac{x}{\lambda} \right)$$ Einheiten → (A 23.5)

Mit (A 23.2) $\omega\hat{y} = \hat{v}$ folgt für den

maximalen Schalldruck (Druckamplitude)

(A 23.5) $$\hat{p} = \varrho c \omega \hat{y} = \varrho c \hat{v}$$

	p	ϱ	c, v	y	ω
SI	$\mathrm{Pa} = \frac{\mathrm{kg}}{\mathrm{s^2 \cdot m}}$	$\frac{\mathrm{kg}}{\mathrm{m^3}}$	$\frac{\mathrm{m}}{\mathrm{s}}$	m	$\frac{1}{\mathrm{s}}$
g	µbar	$\frac{\mathrm{g}}{\mathrm{cm^3}}$	$\frac{\mathrm{cm}}{\mathrm{s}}$	cm	$\frac{1}{\mathrm{s}}$

und für den

Effektivwert des Schalldruckes

(A 23.6) $$\tilde{p} = \frac{\hat{p}}{\sqrt{2}} = \frac{\varrho c \hat{v}}{\sqrt{2}}$$

Einheiten → (A 23.5)

Beachte:

- Der kleinste vom menschlichen Ohr noch wahrnehmbare Schalldruck beträgt etwa 20 µPa.

■ Nach (M 14.18) ist das Produkt ϱc der **Wellenwiderstand** Z, der hier als **spezifische Schallimpedanz** Z_a bezeichnet wird.

SI-Einheit: $[Z] = \frac{\mathrm{Pa \cdot s}}{\mathrm{m}} = \frac{\mathrm{N \cdot s}}{\mathrm{m^3}} = \frac{\mathrm{kg}}{\mathrm{m^2 \cdot s}}$.

Mit $Z_a = \varrho c$ ergibt sich aus (A 23.5)

(A 23.7) $$Z_a = \frac{\hat{p}}{\hat{v}}$$

	Z_a	p	v
SI	$\frac{\mathrm{Pa \cdot s}}{\mathrm{m}}$	Pa	$\frac{\mathrm{m}}{\mathrm{s}}$

23.1.3 Schallintensität

Als Schallintensität (oder **Schallstärke**) J bezeichnet man das Verhältnis der auf eine Fläche treffenden Schallleistung P zur Größe dieser Fläche A:

$$J = \frac{P}{A}.$$

SI-Einheit der Schallintensität: $[J] = \frac{\mathrm{W}}{\mathrm{m^2}} = \frac{\mathrm{N}}{\mathrm{m \cdot s}} = \frac{\mathrm{kg}}{\mathrm{s^3}}$.

Wenn

J Schallintensität, Schallstärke,
ϱ Dichte des Mediums (→ Tabelle 1),
c Schallgeschwindigkeit in dem Medium (→ Tabelle 35),
v Schallschnelle,
p Schalldruck,

dann gilt $J = P/A = E/(tA)$, worin E die in der Zeit t auf die Fläche A treffende Energie ist. Sie ist identisch mit der Energie in dem Volumen $V = Al$, worin l der Weg ist, den die Energie in der Zeit t zurücklegt. Also ergibt sich

$$J = \frac{E}{tA} = \frac{El}{tV} \quad \text{und mit} \quad \frac{l}{t} = c \quad \text{und} \quad \frac{E}{V} = w \quad \text{(M 14.14)}$$

$J = wc.$

Unter Verwendung von $w = \dfrac{\varrho \hat{v}^2}{2}$ folgt für die

Schallintensität

(A 23.8) $$J = \frac{\varrho c \hat{v}^2}{2} = \varrho c \tilde{v}^2$$

	J		ϱ	c	v
SI	$\frac{\text{W}}{\text{m}^2}$	$= \frac{\text{kg}}{\text{s}^3}$	$\frac{\text{kg}}{\text{m}^3}$	$\frac{\text{m}}{\text{s}}$	$\frac{\text{m}}{\text{s}}$

oder mit (A 23.5) $\hat{p} = \varrho c \hat{v}$

(A 23.9) $$J = \frac{\hat{p}^2}{2\varrho c} = \frac{\hat{p}\hat{v}}{2} = \tilde{p}\tilde{v} = \frac{\tilde{p}^2}{\varrho c}$$

	J		p	ϱ	c	v
SI	$\frac{\text{W}}{\text{m}^2}$	$= \frac{\text{kg}}{\text{s}^3}$	$\text{Pa} = \frac{\text{N}}{\text{m}^2}$	$\frac{\text{kg}}{\text{m}^3}$	$\frac{\text{m}}{\text{s}}$	$\frac{\text{m}}{\text{s}}$

Mit der spezifischen Schallimpedanz $Z_a = \varrho c$ ergibt sich für die Schallintensität aus (A 23.8) und (A 23.9)

(A 23.10) $$J = \frac{Z_a \hat{v}^2}{2} = Z_a \tilde{v}^2 = \frac{\hat{p}^2}{2Z_a} = \frac{\tilde{p}^2}{Z_a}$$

	J		Z_a		v	p
SI	$\frac{\text{W}}{\text{m}^2}$	$= \frac{\text{kg}}{\text{s}^3}$	$\frac{\text{kg}}{\text{m}^2 \cdot \text{s}}$	$= \frac{\text{N} \cdot \text{s}}{\text{m}^3}$	$\frac{\text{m}}{\text{s}}$	$\text{Pa} = \frac{\text{N}}{\text{m}^2}$

23.1.4 Schallpegel

Der Vergleich zweier Schallintensitäten bzw. Schalldrücke erfolgt durch Angabe des Schallpegels.

Als Schallintensitätspegel L_J bezeichnet man den 10fachen (dekadischen) Logarithmus vom Verhältnis zweier Schallintensitäten; als Schalldruckpegel L_p den 20fachen Logarithmus vom Verhältnis zweier Schalldrücke.

A

Grundsätzlich ist der Pegel L als Logarithmus einer Verhältnisgröße dimensionslos und besitzt demzufolge keine Einheit. Jedoch fügt man zur Kennzeichnung der Logarithmierung dem Zahlenwert des Logarithmus die Bezeichnung **Dezibel (dB)** bei. Man verwendet sie wie eine Einheit.

■ Zur Angabe des absoluten Schallpegels führt man die Hörschwelle des menschlichen Ohrs für $f = 1\,\text{kHz}$ als **Bezugsschallintensität** $\boldsymbol{J_0 = 10^{-12}\,\text{W/m}^2 = 1\,\text{pW/m}^2}$ ein.

Wenn
L_J Schallintensitätspegel,
J Schallintensität, deren Pegel bestimmt werden soll,
J_0 Bezugsschallintensität $= 1\,\text{pW/m}^2$,

dann gilt entsprechend der Definition des Schallpegels

(A 23.11) $$L_J = 10\lg\frac{J}{J_0}\,\text{dB}$$

■ Analog bestimmt man den absoluten Schalldruckpegel unter Verwendung des **Bezugsschalldruckes** $\boldsymbol{p_0 = 2\cdot 10^{-5}\,\text{Pa} = 20\,\mu\text{Pa}}$ mit (A 23.9).

Wenn
L_p Schalldruckpegel,
$\tilde{p}$ Schalldruck, dessen Pegel bestimmt werden soll,
p_0 Bezugsschalldruck $= 20\,\mu\text{Pa}$,

dann gilt

(A 23.12) $$L_p = 20\lg\frac{\tilde{p}}{p_0}\,\text{dB} = 20\lg\frac{\hat{p}}{\sqrt{2}p_0}\,\text{dB}$$

Beachte:

- J_0 und p_0^2 sind nach (A 23.9) proportional. Der Proportionalitätsfaktor $\dfrac{1}{\varrho c} = \dfrac{1}{Z_a}$ hängt allerdings von den Eigenschaften des Mediums ab. Da p_0 gesetzlich festgelegt ist, gilt $J_0 \approx 1\,\text{pW/m}^2$ nur für „normale" Luft. Für andere Medien müsste J_0 erst mit (A 23.9) errechnet werden.
- Schallpegelangaben sind *objektiv*, sie lassen die frequenzabhängige Empfindlichkeit des menschlichen Ohrs unberücksichtigt.

■ Der Summenschallpegel mehrerer Schallquellen errechnet sich aus der Summe der Schallintensitäten bzw. aus der Wurzel der Summe der Schalldruckquadrate $\left(\sqrt{p_1^2 + p_2^2 + \ldots}\right)$.

Die Rechnung zeigt, dass eine zweite Schallintensität gleicher Größe den Schallpegel um 3 dB vergrößert. Bei n Schallquellen gleicher Schallintensität gilt für den Gesamtschallpegel

(A 23.13) $$L_{ges} = L + 10 \lg n$$

Der Summenschallpegel zweier ungleicher Schallintensitäten kann mit dem Diagramm bestimmt werden. Es zeigt, um wie viel Dezibel (ΔL) der größere Pegel L_1 in Abhängigkeit von der Differenz beider Pegel ($L_1 - L_2$) wächst.

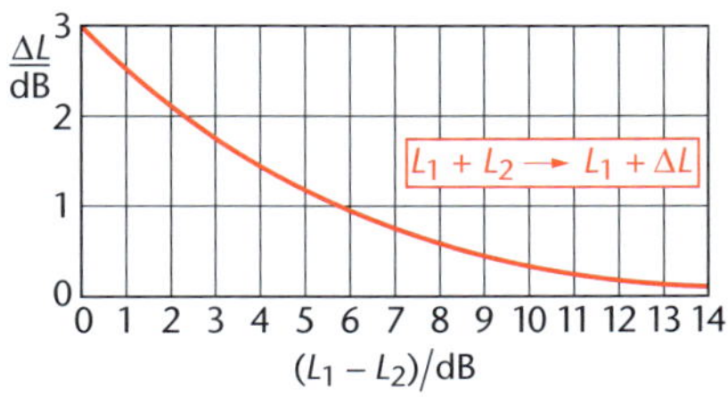

■ In der Hochfrequenztechnik werden Leistungs- und Spannungspegel ebenfalls in Dezibel (dB) angegeben. Dort gilt

(A 23.14) $$L_P = 10 \lg \frac{P}{P_0}\,\text{dB} \quad \text{bzw.} \quad \text{mit } P_0 = 1\,\text{mW}$$
$$L_U = 20 \lg \frac{U}{U_0}\,\text{dB} \quad \text{mit } U_0 = 0{,}775\,\text{V}$$

Für die Angabe des Spannungspegels wird (z. B. in der Fernmeldetechnik) gelegentlich noch das Neper (Np) verwendet. Es gilt dann (mit $U_0 = 0{,}775\,\text{V}$)

(A 23.15) $$L_U = \ln \frac{U}{U_0}\,\text{Np}$$

$1\,\text{Np} = 8{,}685\,8\,\text{dB}$
$1\,\text{dB} = 0{,}115\,13\,\text{Np}$

Übersicht:

Pegel in dB	**Bezugsgröße**	**Beziehung**
Schallintensitätspegel L_J	$1\,\text{pW/m}^2 = J_0$	$J = 10^{0{,}1 L_J}\,\text{pW/m}^2$
Schalldruckpegel L_p	$20\,\mu\text{Pa} = p_0$	$p = 20 \cdot 10^{0{,}05 L_p}\,\mu\text{Pa}$
elektrischer Leistungspegel L_P	$1\,\text{mW} = P_0$	$P = 10^{0{,}1 L_P}\,\text{mW}$
elektrischer Spannungspegel L_U	$0{,}775\,\text{V} = U_0$	$U = 0{,}775 \cdot 10^{0{,}05 L_U}\,\text{V}$

A

23.1.5 Relativer Schallpegel

Als relativen Schallpegel bezeichnet man die Differenz zweier absoluter Schallpegel: $\Delta L = L_1 - L_2$.

Damit ergibt sich mit (A 23.11) für den relativen Schallintensitätspegel

$L_{J1} - L_{J2} = 10\left(\lg\frac{J_1}{J_0} - \lg\frac{J_2}{J_0}\right)$ und vereinfacht

(A 23.16) $$\Delta L_J = 10\lg\frac{J_1}{J_2}\,\text{dB}$$

und analog ans (A 23.12) für den relativen Schalldruckpegel

(A 23.17) $$\Delta L_p = 20\lg\frac{\tilde{p}_1}{\tilde{p}_2}\,\text{dB} = 20\lg\frac{\hat{p}_1}{\hat{p}_2}\,\text{dB}$$

Beachte:

- Auch bei elektrischen Leistungs- und Spannungspegeln werden Differenzen gebildet. So vergleicht man Ein- und Ausgangsgrößen von Verstärkern, Leitungen usw.

Das in der Bautechnik verwendete **Schalldämmmaß** R (früher: Dämmzahl) kennzeichnet die Schwächung der Schallwellen beim Durchgang durch Bau- und Isolierstoffe. Als Schalldämmmaß bezeichnet man die Differenz der Schallintensitätspegel vor und hinter dem schwächenden Material: $R = L_{J1} - L_{J2}$. Daraus folgt analog (A 23.16) und (A 23.17)

(A 23.18) $$R = 10\lg\frac{J_1}{J_2}\,\text{dB} = 20\lg\frac{p_1}{p_2}\,\text{dB}$$

Beachte:

- Zahlenwerte für das Schalldämmmaß $R \rightarrow$ Tabelle 36.

23.2 Hören

23.2.1 Hörfläche

Eine Übersicht über die vom menschlichen Ohr wahrnehmbaren Intensitäts- und Frequenzbereiche bietet die Hörfläche. Hörbar ist für ein „normales“ Ohr nur das, was innerhalb dieser Fläche liegt. Die untere Begrenzungskurve zeigt den **Schwellenwert (Hörschwelle, Reizschwelle)** in Abhängigkeit von der Frequenz, die obere Kurve die **Schmerzgrenze**, ebenfalls als Funktion der Frequenz. Man erkennt, dass bei gleichem Schalldruck (und damit auch gleicher Schallintensität) Töne unterschiedlicher Frequenz vom Ohr verschieden laut wahrgenommen werden. Da das Ohr für 1000 Hz den größten Intensitätsbereich wahrnehmen kann (die Hörfläche besitzt bei 1000 Hz ihren größten senkrechten Durchmesser), werden Lautstärken auf diese Frequenz bezogen.

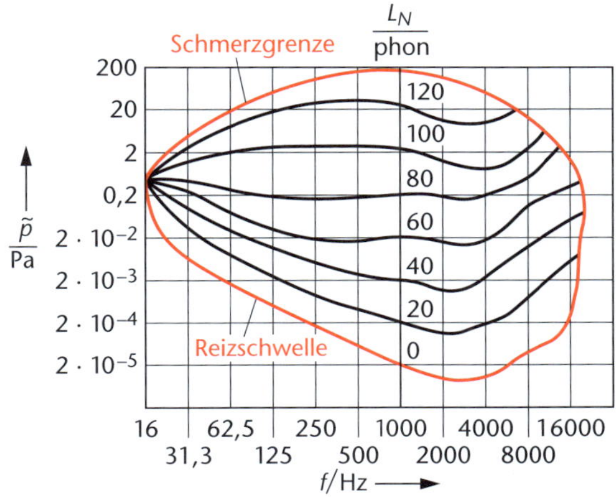

23.2.2 Lautstärkepegel

Die in [23.1] angeführten Schallfeldgrößen sind physikalische Größen, *objektiv* vorhanden und deshalb messbar. Die Lautstärke dagegen, mit der der Mensch eine Schallstärke *subjektiv* empfindet, hängt vom Gehörsinn ab und ist eine physiologische Größe. Sie wird in **Phon (phon)** angegeben. Diese Bezeichnung ist ebenso wie Dezibel keine Einheit, sondern kennzeichnet nur den 20fachen Logarithmus eines Schalldruckverhältnisses.

Wenn

L_N Lautstärkepegel,

$\tilde{p}$ Schalldruck eines gleich laut empfundenen 1000-Hz-Tones,

p_0 Bezugsschalldruck $= 20\,\mu\text{Pa}$,

dann gilt analog zu (A 23.12)

(A 23.19) $$L_N = 20 \lg \frac{\tilde{p}}{p_0} \text{ phon} = 20 \lg \frac{\hat{p}}{\sqrt{2}\,p_0} \text{ phon}$$

A

Das Diagramm mit den „**Kurven gleicher Lautstärke**" zeigt den Zusammenhang zwischen dem *objektiv vorhandenen* Schalldruckpegel L_p und dem *subjektiv empfundenen* Lautstärkepegel L_N.

Man erkennt: Um eine bestimmte Lautstärke zu erzeugen, ist ein Schalldruck nötig, dessen Größe stark von der Frequenz abhängt.

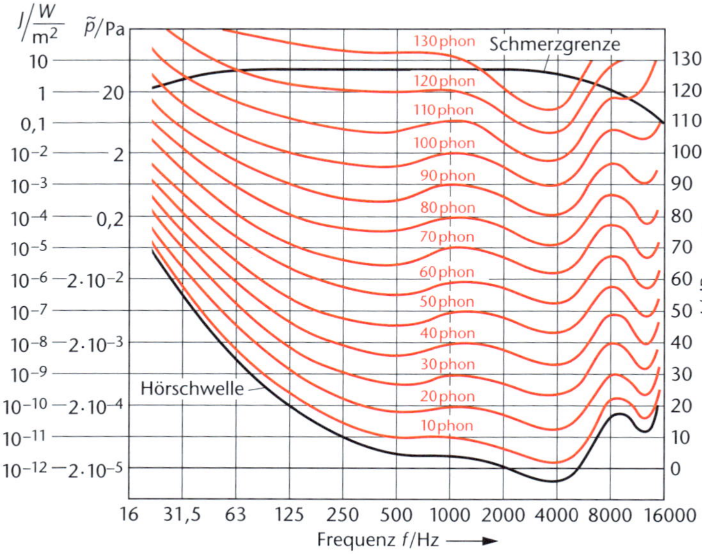

Beachte:

- Nur für einen Schall von 1 000 Hz stimmen Schalldruckpegel L_p und Lautstärkepegel L_N zahlenmäßig überein.
- Der Lautstärkepegel eines Tons beliebiger Frequenz ergibt sich aus dem Schalldruckpegel des als *gleich laut empfundenen* 1000-Hz-Tons.
- Zahlenwerte für den Lautstärkepegel $L_N \rightarrow$ Tabelle 37.
- (A 23.19) berücksichtigt, dass die Schallempfindung (Empfindungsstärke) mit dem Logarithmus der Schallintensität (Reizstärke) wächst (WEBER-FECHNER'sches Gesetz).
- Bei mehreren Schallquellen (gleicher Frequenz) errechnet sich der gesamte Lautstärkepegel aus der Wurzel der Summe der Schalldruckquadrate.

23.2.3 Bewerteter Schallpegel

Das Diagramm → [23.2.2] zeigt den Zusammenhang zwischen Lautstärkepegel und Schalldruckpegel von Tönen einer bestimmten Frequenz. Bei dem im Alltag vorkommenden Schall handelt es sich doch überwiegend um *Frequenzgemische.*

Statt des Lautstärkepegels bestimmt man den so genannten **bewerteten Schallpegel**. Man misst ihn mit Schallpegelmessern, bestehend aus Messmikrofon, Verstärker und Anzeige. Dabei wird durch zusätzliche Korrekturglieder (R-C-Netzwerk, Filter) die frequenzabhängige Empfindlichkeit der des Ohrs weitgehend angenähert.

Dafür gibt es in DIN 45 633 (IEC-Norm 123) festgelegte Bewertungskurven A, B und C, deren Bezeichnung dem Messwert angefügt wird. So bedeuten z. B. 65 dB(A) einen nach Kurve A bewerteten Schalldruckpegel von 65 dB.

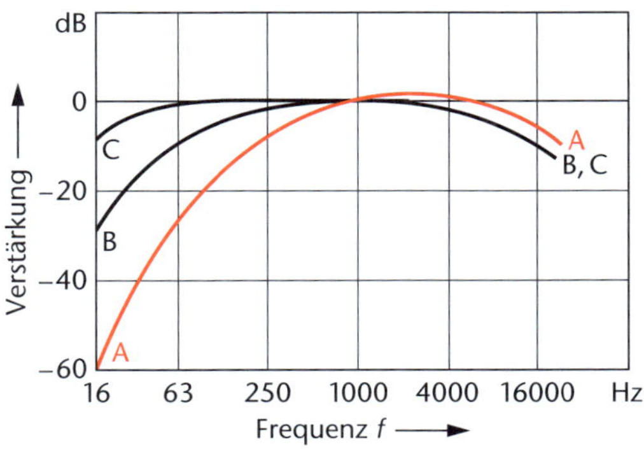

Für Lautstärken bis zu etwa 90 phon verwendet man die Kurve A; für Lautstärken oberhalb 60 phon ist die Kurve B vorgesehen, die nur noch selten verwendet wird. Die Kurve C wird benutzt bei Lautstärken oberhalb 100 phon.

A

24 Ultraschall

24.1 Eigenschaften

Schallfrequenzen oberhalb des Hörbereichs ($> 20\,\text{kHz}$) bezeichnet man als Ultraschall. Die besonderen Eigenschaften des Ultraschalls ergeben sich aus der hohen Frequenz bzw. kurzen Wellenlänge (in Luft $< 1{,}5\,\text{cm}$), was die Anwendung der Gesetzmäßigkeiten der geometrischen Optik ermöglicht (Bündelung, Fokussierung u. Ä.).

24.1.1 Schallstärke

Aus (A 23.8) $J = \varrho c \hat{v}^2/2$ und (A 23.2) $\hat{v} = 2\pi f \hat{y}$ folgt $J = 2\pi^2 \varrho c \hat{y}^2 f^2$, d. h. $J \sim f^2$. Hohe Frequenzen ergeben besonders große Schallintensitäten (von über $100\,\text{W/cm}^2$) bzw. große Schalldrücke (bis zu mehreren Bar). Die Wirkungen im Inneren des beschallten Körper reichen von Erwärmung bis zu Strukturveränderungen.

Anwendungen sind u. a.:

- Ultraschallmassage,
- Zerstörung von Zellen,
- Emulgieren von Wasser und Öl,
- Entgasung von Metallschmelzen und Flüssigkeiten,
- Kavitation (Hohlraumbildung) im Medium,
- Ultraschalllöten von Aluminium (Zerstörung der Oxidschicht),
- Ultraschallbohren,
- Ultraschallreinigen.

24.1.2 Ausbreitung

Wegen der kurzen Wellenlänge sind Ultraschallwellen wie Licht scharf zu bündeln. Es gelten die Gesetze der geometrischen Optik. Beugungen treten kaum auf.

Mit einem hohlspiegelartigen Reflektor können Ultraschallwellen aus dem Brennpunkt heraus gebündelt in eine bestimmte Richtung gestrahlt werden:

- Echolot (Sonar) zur Tiefenmessung, u. a. auch zum Aufsuchen von Fischschwärmen;

- zerstörungsfreie Werkstoffprüfung, wobei Ultraschallwellen an Rissen und Fehlern reflektiert werden;
- bilderzeugende Ultraschalldiagnostik in der Medizin als Alternative zu Röntgenuntersuchungen unter Auswertung der Laufzeit des reflektierten Ultraschalls (Echo).

24.2 Erzeugung von Ultraschall

Mechanische Erzeugung. Stimmgabel mit Zinkenlängen von wenigen Millimetern, die GALTON-Pfeife und Lochsirenen erzeugen Ultraschallfrequenzen von mehr als 200 kHz. Höhere Frequenzen und vor allem größere Schallintensitäten erreicht man mit elektrischen und magnetischen Verfahren.

Magnetische Erzeugung. Mit der **Magnetostriktion** ist es möglich, Ultraschall bis zu 50 kHz zu erzeugen. Ferromagnetische Stoffe (Nickel, Eisen usw.) ändern in einem magnetischen Feld unter dem Einfluss der Feldstärke ihre Länge in geringem Maße. In einem magnetischen Wechselfeld schwingt z. B. ein Nickelstab longitudinal mit entsprechender Frequenz. Die größten Amplituden entstehen im Resonanzfall.

Elektrische Erzeugung. Bei der **Elektrostriktion** (inverser piezoelektrischer Effekt) wird an eine Quarz- oder Bariumtitanatplatte eine Wechselspannung hoher Frequenz gelegt. Die Platte führt Schwingungen in entsprechender Frequenz aus, die bei Resonanz besonders kräftig sind. Es sind Frequenzen bis zu 10^4 kHz möglich.

OPTIK O

25 Strahlenoptik

25.1 Lichtausbreitung

25.1.1 Geradlinigkeit der Ausbreitung

Beweis für die geradlinige Ausbreitung ist die Schattenbildung. Bei punktförmiger Lichtquelle entsteht ein *Kernschatten*. Bei einer Lichtquelle mit flächenhafter Ausdehnung erkennt man *Kern-* und *Halbschatten*, desgleichen bei zwei oder mehreren Lichtquellen.

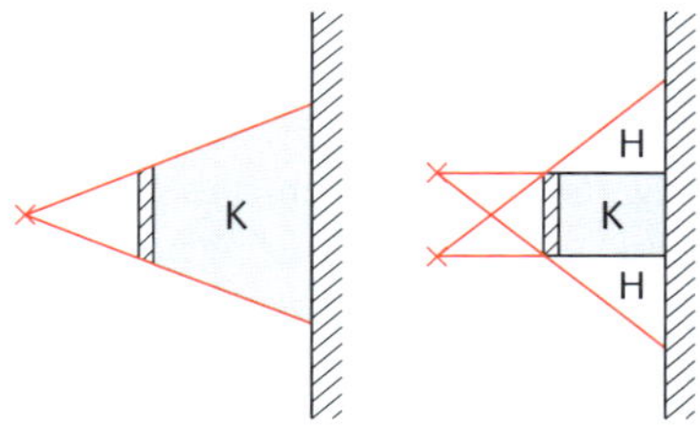

- Strahlen, die von einem gemeinsamen Punkt radial ausstrahlen, sind *divergent* (Bündelquerschnitt nimmt zu).
- Strahlen, die auf einen gemeinsamen Schnittpunkt zulaufen, sind *konvergent* (Bündelquerschnitt nimmt ab).
- Strahlen, die weder einen gemeinsamen Ausgangspunkt noch einen gemeinsamen Zielpunkt haben, sind *diffus*.

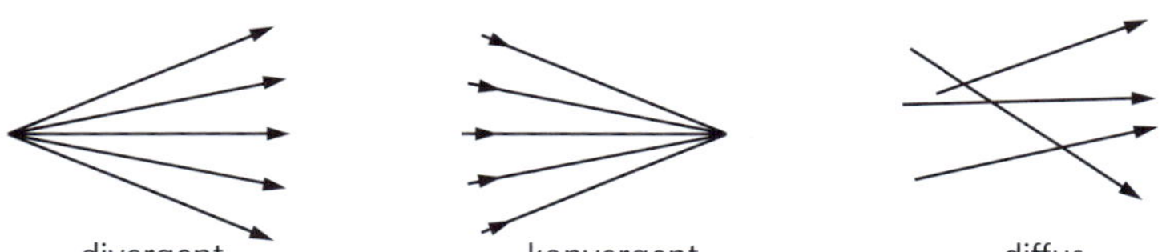

25.1.2 Lichtgeschwindigkeit

Die ältesten Bestimmungen der Lichtgeschwindigkeit sind:

- 1676 Olaf Römer (astronomische Methode),
- 1849 H. Fizeau (erste irdische Bestimmung),
- 1892 Foucault (erste Bestimmung in anderen Medien als Luft).

Auf Grund genauer Messungen und der Definition des Meters gilt seit 1983 für die

Lichtgeschwindigkeit im Vakuum $c_0 = 299\,792\,458\ \mathrm{m/s}$.

Sie ist eine **universelle Konstante** und von der Frequenz der Strahlung unabhängig. In allen Medien ist die Lichtgeschwindigkeit **kleiner** als im Vakuum.

Übersicht:

Lichtgeschwindigkeit $c \Big/ 10^3\,\frac{\mathrm{km}}{\mathrm{s}}$ (gerundet)			
Vakuum	300	Kronglas	197
Luft	300	Flintglas	186
Wasser	224	Schwefelkohlenstoff	184
Kanadabalsam	198	Diamant	122

Beachte:

- Weitere Werte für die Lichtgeschwindigkeit → Tabelle 38.

O

25.2 Reflexion

25.2.1 Reflexionsgesetz

(M 14.12) gilt auch für die Lichtwellen, also:

Einfallswinkel = Reflexionswinkel; $\alpha = \beta$

Beachte:

- Alle Winkel werden zwischen dem Strahl und dem Einfallslot gemessen.
- Einfallender Strahl, reflektierter Strahl und Lot liegen in einer Ebene.

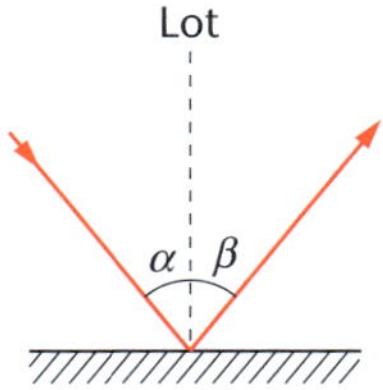

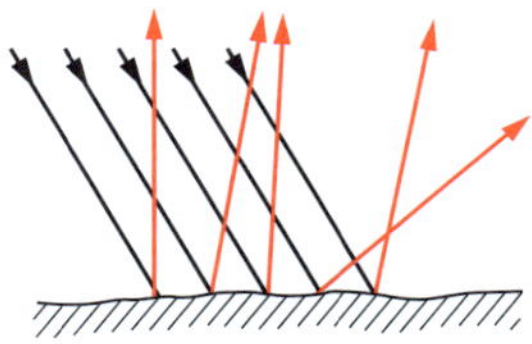

Das Reflexionsgesetz gilt auch, wenn die reflektierende Oberfläche unregelmäßig ist. Parallele Strahlen werden an ihr *diffus* reflektiert. Jeder Strahl genügt dem Reflexionsgesetz.

25.2.2 Ebener Spiegel

Glatte Oberflächen, an denen einfallende Parallelstrahlen auch nach der Reflexion parallel sind, werden als ebene Spiegel bezeichnet. Sie dienen der Bilderzeugung.

Der ebene Spiegel erzeugt **virtuelle** (scheinbare) Bilder, die symmetrisch mit dem Gegenstand zum Spiegel liegen.

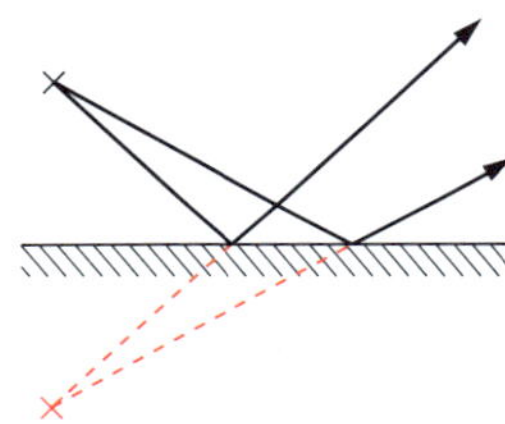

Ein Betrachter hat den Eindruck, als kämen die Strahlen von einem Punkt hinter dem Spiegel her.

25.2.3 Hohlspiegel (Konkavspiegel)

Das Reflexionsgesetz gilt auch für gekrümmte Flächen. Das Lot (die Flächennormale) hat allerdings für jeden Punkt der Spiegelfläche eine andere Richtung. Hohlspiegel sind entweder Teile von Kugelflächen (**sphärische Spiegel**) oder von Rotationsparaboloiden (**Parabolspiegel**).

Parallel zur optischen Achse auf einen Hohlspiegel treffende Strahlen werden im Brennpunkt F gesammelt.

Den Abstand des Brennpunktes F vom Scheitel S des Spiegels nennt man **Brennweite** f.

Wenn

f Brennweite des Hohlspiegels,
r Krümmungsradius des Hohlspiegels,

dann gilt

(O 25.1) $$f = \frac{r}{2}$$

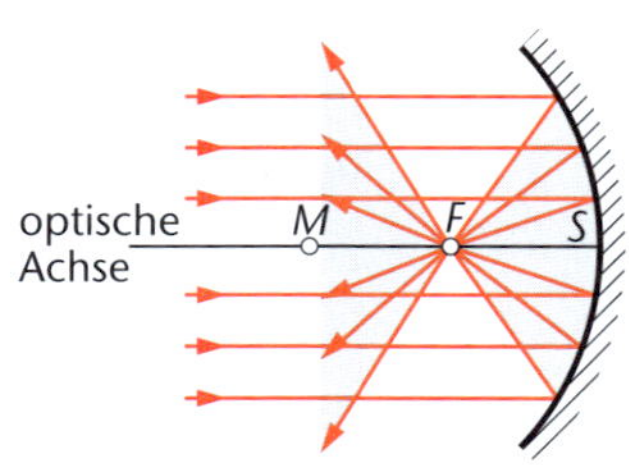

Der Brennpunkt halbiert die Strecke Mittelpunkt M – Scheitelpunkt S.

Beachte:

- Bei sphärischen Spiegeln schneiden sich nur die achsnahen Strahlen exakt im Brennpunkt. Sollen auch die achsfernen Strahlen durch den Brennpunkt gehen, so muss ein Parabolspiegel verwendet werden.

Konstruktion des Spiegelbildes

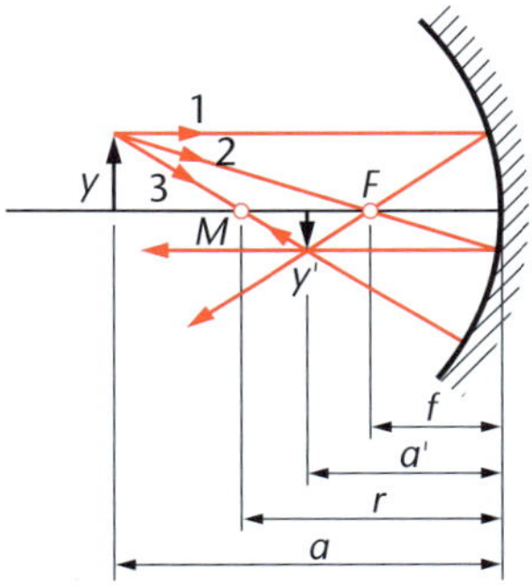

Zur Bildkonstruktion benutzt man mindestens 2 der 3 ausgezeichneten Strahlen (**Hauptstrahlen**). Diese sind

- **der Parallelstrahl** (1), er wird zum Brennpunktstrahl;
- der **Brennpunktstrahl** (2), er wird zum Parallelstrahl;
- der **Mittelpunktstrahl** (3), er wird in sich reflektiert.

Berechnung des Spiegelbildes

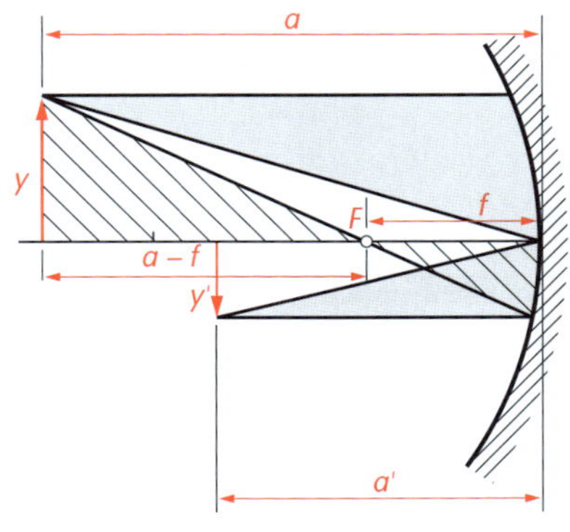

Wenn

f Brennweite des Hohlspiegels,
a Gegenstandsweite, Abstand des Gegenstandes vom Spiegel,
a' Bildweite, Abstand des Bildes vom Hohlspiegel,
y Gegenstandsgröße,
y' Bildgröße,

dann gilt entsprechend der Zeichnung

(O 25.2) $$y : y' = a : a'$$

Ferner folgt aus der Zeichnung

$$\frac{y}{y'} = \frac{a-f}{f} = \frac{a}{a'}; \quad \frac{a}{f} - \frac{f}{f} = \frac{a}{a'}$$

oder nach Division durch a und entsprechender Umstellung

(O 25.3) $$\frac{1}{f} = \frac{1}{a} + \frac{1}{a'}$$

Beachte:

- (O 25.2) und (O 25.3) gelten mit hinreichender Genauigkeit nur für achsnahe Strahlen, weil bei der Ableitung die gekrümmte Spiegelfläche durch eine Ebene ersetzt wurde.

O

- Reelle Bilder sind stets umgekehrt, virtuelle Bilder dagegen aufrecht.
- Reelle Bilder können auf einem Schirm aufgefangen werden, virtuelle nicht.
- Im Fall 5 folgender Übersicht ist a' *negativ*.
- In Spiegelteleskopen verwendet man Hohlspiegel als Objektiv.
- Wegen der Umkehrbarkeit des Strahlenganges wird das divergente Strahlenbündel einer in den Brennpunkt des Hohlspiegels gebrachten Lichtquelle nach der Reflexion annähernd parallel.

Übersicht:

Bilder des Hohlspiegels					
	Gegenstandsweite a	Bildweite a'	Bildgröße y'	Abbildungsmaßstab β	Bildart
1.	$a > r$	$r > a' > f$	$y' < y$	$\beta < 1$	reell, umgekehrt
2.	$a = r$	$a' = r$	$y' = y$	$\beta = 1$	reell, umgekehrt
3.	$r > a > f$	$a' > r$	$y' > y$	$\beta > 1$	reell, umgekehrt
4.	$a = f$	$a' = \infty$	$y' = \infty$	$\beta = \infty$	—
5.	$a < f$	$a' < 0$	$y' > y$	$\beta > 1$	virtuell, aufrecht
Bild des Wölbspiegels					
6.	a beliebig	$a' < 0$	$y' < y$	$\beta < 1$	virtuell, aufrecht

25.2.4 Wölbspiegel (Konvexspiegel)

Parallel zur optischen Achse auf einen Wölbspiegel fallende Strahlen werden so reflektiert, als kämen sie vom Zerstreuungspunkt F her.

Der Wölbspiegel erzeugt stets virtuelle, aufrechte und verkleinerte Bilder.

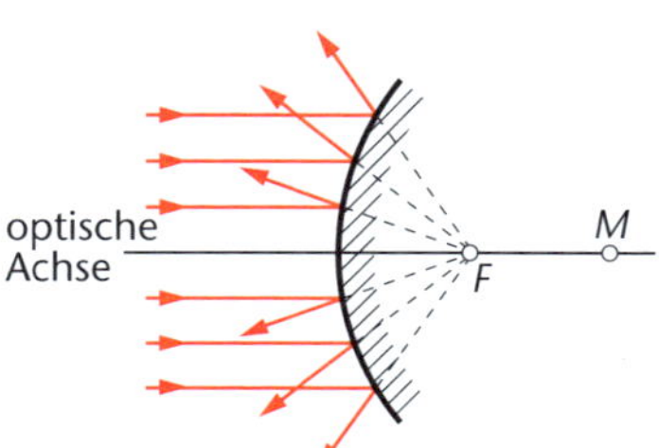

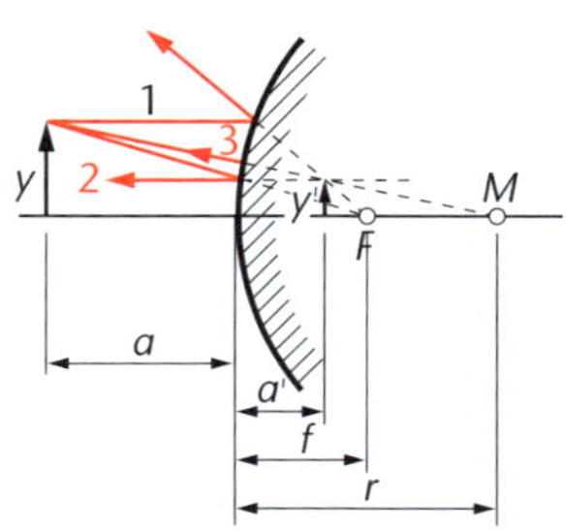

Beachte:

- (O 25.1) bis (O 25.3) gelten auch für den Wölbspiegel. Jedoch sind die Brennweite f und die Bildweite a' negativ, weil sie hinter dem Spiegel liegen.
- Zur Konstruktion des Spiegelbildes benutzt man wie beim Hohlspiegel mindestens 2 der 3 Hauptstrahlen.

25.3 Brechung

An der Grenzfläche zweier Medien wird ein Lichtstrahl nicht nur reflektiert, sondern er tritt mit einem Teil seiner Energie in anderer Richtung in das neue Medium über, er wird gebrochen.

25.3.1 Brechungsgesetz

(M 14.13) gilt auch für Lichtstrahlen.

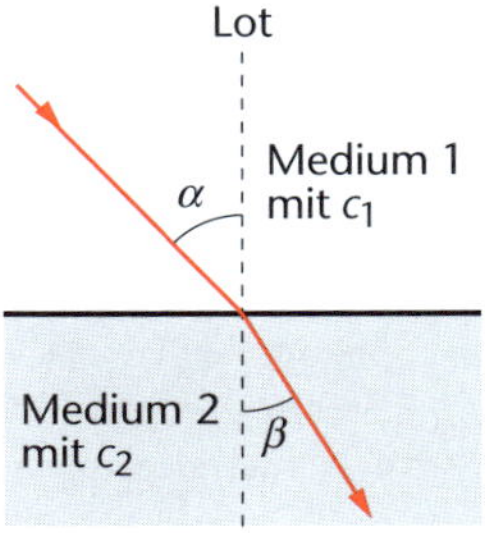

Wenn

α Einfallswinkel (zum Lot gemessen),
β Brechungswinkel (zum Lot gemessen),
c_0 Lichtgeschwindigkeit im Vakuum,
c_1 Lichtgeschwindigkeit im Medium 1,
c_2 Lichtgeschwindigkeit im Medium 2,
n Brechzahl (→ Tabelle 39),

dann gilt für einen Übergang des Lichts **Vakuum → Medium**

(O 25.4) $$\frac{\sin\alpha}{\sin\beta} = \frac{c_0}{c} = n$$

Beachte:

- Da sich die Lichtgeschwindigkeiten im Vakuum c_0 und in Luft c_{Luft} nur um 0,3 ‰ unterscheiden, kann auch bei einem Übergang aus Luft mit der auf das Vakuum bezogenen Brechzahl n gerechnet werden.

■ Bei einem Übergang **Medium 1 → Medium 2** gilt sinngemäß

(O 25.5) $$\frac{\sin\alpha}{\sin\beta} = \frac{c_1}{c_2} = \frac{n_2}{n_1}$$ oder $$n_1 \sin\alpha = n_2 \sin\beta$$

Beachte:

- (O 25.5) ist eine Verallgemeinerung von (O 25.4). Mit c_1 bzw. $c_2 = c_0$ kann auch sie für Vakuum (und Luft) benutzt werden. Es ist dann $n = 1$ zu setzen.
- Das Medium mit der kleineren Lichtgeschwindigkeit wird als **optisch dichter**, das mit der größeren Lichtgeschwindigkeit als **optisch dünner** bezeichnet.

Beim Übergang in ein optisch *dichteres* Medium ($c_2 < c_1$; $n_2 > n_1$) wird der Strahl zum Lot hin gebrochen ($\beta < \alpha$).
Beim Übergang in ein optisch *dünneres* Medium ($c_2 > c_1$; $n_2 < n_1$) wird der Strahl vom Lot weg gebrochen ($\beta > \alpha$).

25.3.2 Totalreflexion

Bei einem Übergang dichteres → dünneres Medium kann der Einfallswinkel einen bestimmten Grenzwert (**Grenzwinkel** α_G) nicht überschreiten, weil der Sinus des Brechungswinkels maximal eins werden kann.

Wenn
α_G Grenzwinkel, größter Einfallswinkel (→ Tabelle 40),
n Brechzahl (→ Tabelle 39),
c_1 Geschwindigkeit im dichteren Medium 1,
c_2 Geschwindigkeit im dünneren Medium 2,

dann gilt mit (O 25.5)

$n_1 \sin \alpha_G = n_2 \sin \beta$, worin

$\sin \beta = 1$, also

(O 25.6) $$\sin \alpha_G = \frac{c_1}{c_2} = \frac{n_2}{n_1}$$

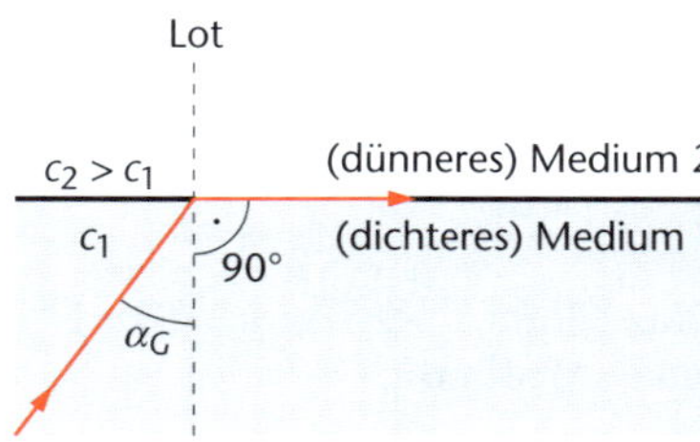

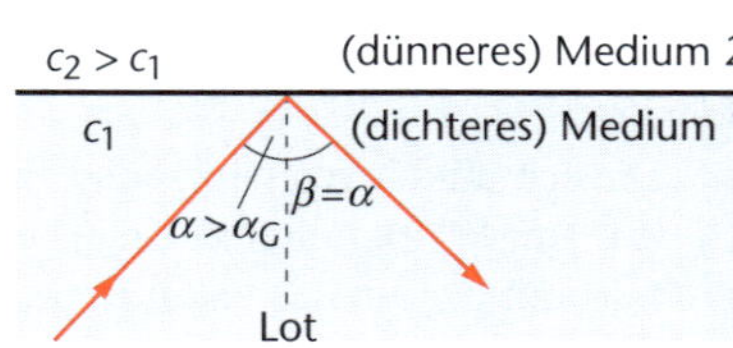

Bei allen Einfallswinkeln $\alpha > \alpha_G$ tritt **Totalreflexion** ein. Die gesamte Lichtenergie wird dann nach dem Reflexionsgesetz in das erste, also dichtere Medium zurück reflektiert.

■ Ist in (O 25.6) das 2. Medium Vakuum (oder Luft), so kann wegen $n_2 = 1$ vereinfacht geschrieben werden

(O 25.7) $$\sin \alpha_G = \frac{1}{n}$$

Anwendung der Totalreflexion u. a.

- bei der Brechzahl-Bestimmung mit einem **Refraktometer**,
- in **Lichtleitern** (Glasfaseroptik), das sind dünne Glasfasern (Brechzahl n_1) mit etwa 30 µm Durchmesser, ummantelt mit einer sehr dünnen Schicht (Brechzahl $n_2 < n_1$). Durch die Stirnfläche des Lichtleiters eintretende Strahlen werden am Mantelinneren totalreflektiert und an einem seitlichen „Ausbrechen" aus dem Leiter gehindert.

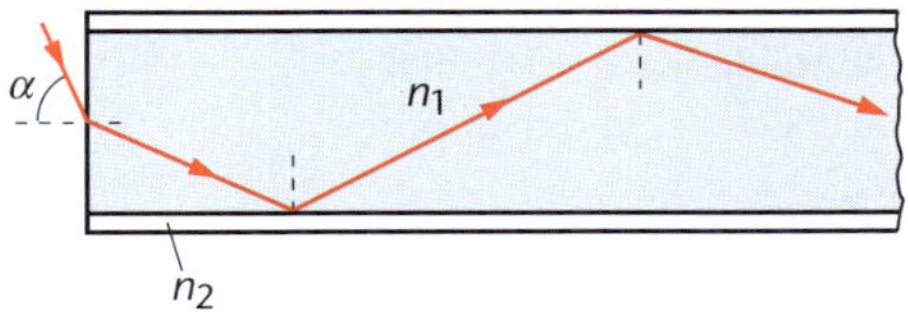

- Auch die „Fata Morgana" beruht als *Luftspiegelung* auf der Totalreflexion.

25.3.3 Planparallele Platte

Beim Durchgang durch eine planparallele Platte (Brechung an zwei parallelen Grenzflächen) erfährt ein Lichtstrahl keine Richtungsänderung, sondern nur eine *Parallelverschiebung*.

Wenn

a Parallelverschiebung des Strahls,
δ Dicke der Platte,
α Einfallswinkel an der 1. Grenzfläche,
β Brechungswinkel an der 1. Grenzfläche = Einfallswinkel an der 2. Grenzfläche,

dann gilt, wenn das Medium beiderseits der Platte gleich ist,

(O 25.8) $$a = \frac{\delta \sin(\alpha - \beta)}{\cos \beta}$$

■ Infolge der Strahlenbrechung erscheint eine planparallele Platte beim Hindurchblicken von einer geringeren Dicke.

O

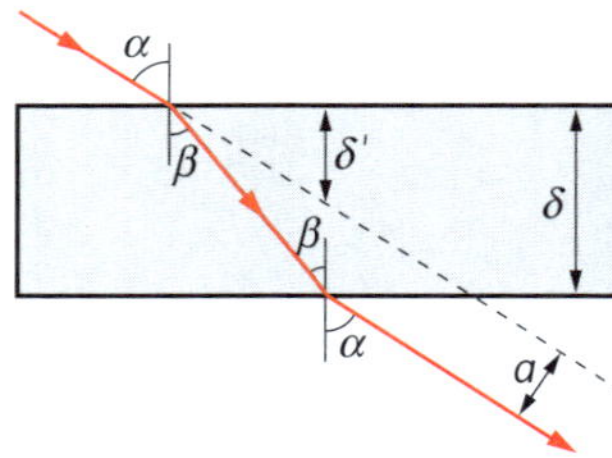

Wenn

δ Dicke der Platte,

n Brechzahl der Platte (→ Tabelle 39),

δ' scheinbare Dicke,

dann gilt

(O 25.9) $$\delta' = \frac{\delta}{n}$$

25.3.4 Prisma

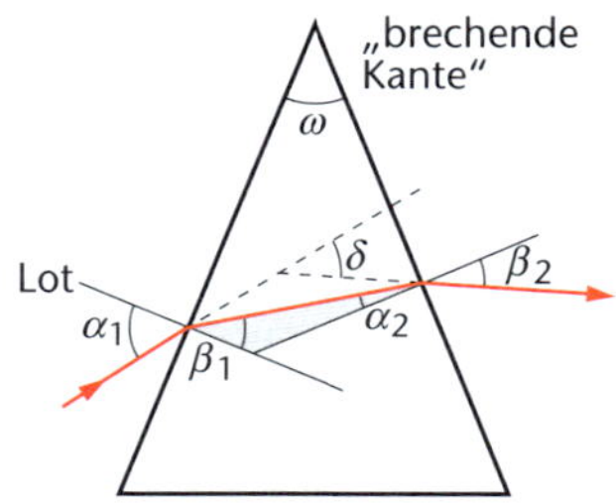

Im Prisma wird der Lichtstrahl zweimal von der „brechenden Kante" weg gebrochen. Die Gesamtablenkung ist abhängig vom 1. Einfallswinkel und dem brechenden Winkel.

Wenn

δ Ablenkwinkel bei zweimaliger Brechung, Gesamtablenkung,

α_1 Einfallswinkel an der 1. Grenzfläche,

β_2 Brechungswinkel an der 2. Grenzfläche,

ω brechender Winkel des Prismas,

n Brechzahl (→ Tabelle 39),

dann gilt

(O 25.10) $$\delta = \alpha_1 + \beta_2 - \omega$$

Für kleine Werte von ω ergibt sich dann in guter Näherung

(O 25.11) $$\delta = (n - 1)\omega$$

Beachte:

- Aus den geometrischen Beziehungen folgt $\omega = \beta_1 + \alpha_2$.
- Bei symmetrischem Strahlengang, also $\alpha_1 = \beta_2$ und $\beta_1 = \alpha_2$, verläuft der Strahl im Prisma parallel zur Grundfläche, die Gesamtablenkung δ erreicht ein Minimum.

■ Die minimale Ablenkung bei $\delta_{\min}$ benutzt man zur Bestimmung der Brechzahl des Prismenmaterials.

Wenn
ω brechender Winkel,
$\delta_{\min}$ kleinste Gesamtablenkung bei symmetrischem Strahlengang,
n Brechzahl (→ Tabelle 39),

dann gilt

(O 25.12) $$n = \frac{\sin \frac{\omega + \delta_{\min}}{2}}{\sin \frac{\omega}{2}}$$

25.4 Linsen

Linsen bestehen aus Glas, Kunststoff oder anderen durchsichtigen Materialien. Bei **sphärischen Linsen** sind die Begrenzungsflächen Teile von Kugelflächen.

Beim Durchlaufen einer Linse werden die Strahlen zweimal gebrochen. In Zeichnungen und Rechnungen ersetzt man jedoch die Brechung an beiden *Oberflächen* durch die Brechungen an zwei **Hauptebenen** → [25.4.5]. Bei *dünnen* Linsen, deren Dicke gegenüber den Krümmungsradien der Kugelflächen klein ist, fallen die beiden Hauptebenen praktisch zusammen und liegen in der Mittelebene der Linse.

Alle Abstände (Brenn-, Gegenstands- und Bildweiten) sind auf diese Ebene bezogen, die auch in Zeichnungen an Stelle der Linse dargestellt wird.

Für die technische Optik gilt folgende **Vorzeichenkonvention**:

> Alle Strecken (Gegenstands-, Bild- und Brennweiten sowie Krümmungsradien) in Richtung der Lichtstrahlen sind *positiv*, alle in Gegenrichtung sind *negativ*.

25.4.1 Linsenarten

Konvexlinsen (Sammellinsen) sind durch zwei Kugelflächen so begrenzt, dass sie in der Mitte dicker als am Rande sind. Sie können sein:
a) bikonvex,
b) plankonvex,
c) konkavkonvex (positiver Meniskus).

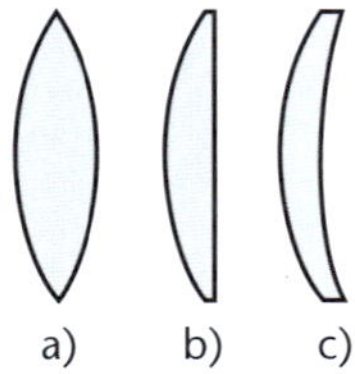

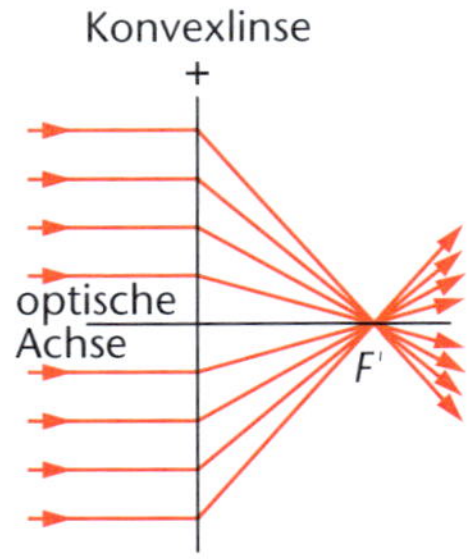

Strahlen, die parallel zur optischen Achse durch eine Konvexlinse treten, werden im Brennpunkt F' gesammelt. Sein Abstand von der Linse heißt Brennweite f'.

Konkavlinsen (Zerstreuungslinsen) sind durch Kugelflächen so begrenzt, dass sie in der Mitte dünner als am Rande sind. Sie können sein:
a) bikonkav,
b) plankonkav,
c) konvexkonkav (negativer Meniskus).

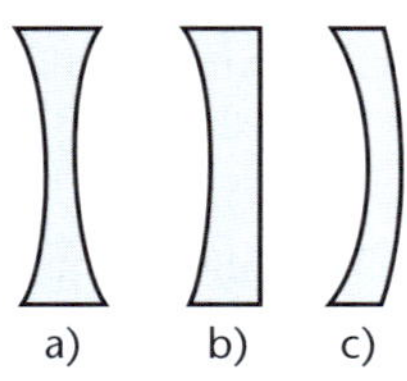

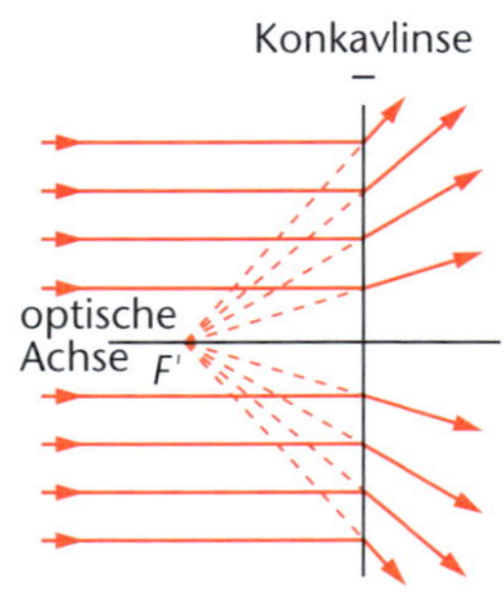

Strahlen, die parallel zur optischen Achse durch eine Konkavlinse treten, werden so gebrochen, als kämen sie von einem *vor* der Linse liegenden Brennpunkt F'. Sein Abstand von der Linse heißt Brennweite f', die hier negativ ist ($f' < 0$).

Den Kehrwert der Brennweite f' bezeichnet man als

Brechwert *D'*

(O 25.13) $$D' = \frac{1}{f'}$$

Einheit des Brechwertes: $[D'] = \text{Dioptrie (dpt)} = \frac{1}{\text{m}}$.

Der Brechwert einer Zerstreuungslinse ist *negativ*.

(O 25.13) gilt nur, wenn die Brechzahl des *umgebenden* Mediums ≈ 1 beträgt (z. B. Luft). Sonst ist diese zu berücksichtigen mit

(O 25.13a) $$D' = \frac{n}{f'}$$

25.4.2 Bestimmung der Brennweite

Die Brennweite einer Linse hängt von ihrem Material, den Krümmungsradien der begrenzenden Kugelflächen und dem umgebenden Medium ab.

Die Laufrichtung des Lichts wird – wie allgemein üblich – von links nach rechts angenommen.

Wenn
- f' bildseitige Brennweite $= -f$ gegenstandsseitige Brennweite,
- n Brechzahl des Linsenmaterials (→ Tabelle 39),
- n_M Brechzahl des umgebenden Mediums (bei Luft ≈ 1),
- r_1 Krümmungsradius der linken Linsenfläche,
- r_2 Krümmungsradius der rechten Linsenfläche,

dann gilt für dünne Linsen

(O 25.14) $$\frac{1}{f'} = D' = \left(\frac{n}{n_M} - 1\right)\left(\frac{1}{r_1} - \frac{1}{r_2}\right)$$

Übersicht:

Linsenarten				
Linse		f'	r_1	r_2
Konvexlinse	bikonvex	+	+	−
	plankonvex		+	∞
	konkavkonvex		+	+
Konkavlinse	bikonkav	−	−	+
	plankonkav		−	∞
	konvexkonkav		−	−

O

Beachte:

- Die Krümmungsradien der zur Gegenstandsseite gewölbten Flächen sind *positiv*, die der zur Bildseite gewölbten Flächen *negativ*.
- (O 25.14) gilt nur für *dünne* Linsen, deren Dicke klein ist gegenüber den übrigen Abmessungen und ihrer Brennweite. Dicke Linsen → [25.4.5].

■ **Systeme dünner Linsen** wirken wie *eine* Linse, wenn der Abstand d zwischen beiden klein ist gegenüber ihren Brennweiten f_1' und f_2'. Die Brennweite solcher Kombinationen ergibt sich aus den Brennweiten der Einzellinsen.

Wenn

f_1' Brennweite der 1. Linse,
f_2' Brennweite der 2. Linse,
f' Brennweite des Systems,
d Abstand beider Linsen,
D' Brechwert des Systems,

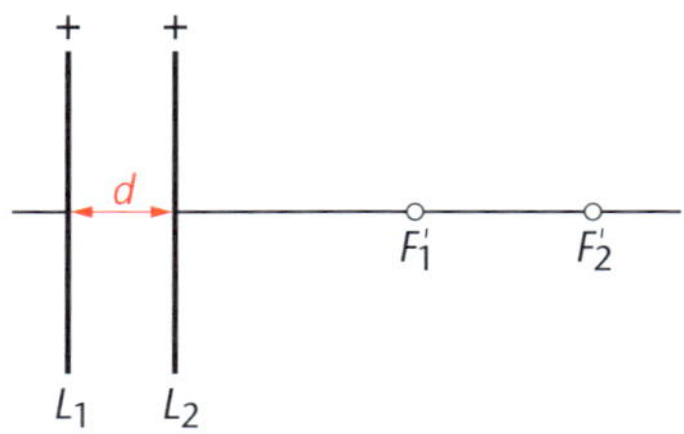

dann gilt für ein System aus zwei dünnen Linsen

(O 25.15) $$\frac{1}{f'} = \frac{1}{f_1'} + \frac{1}{f_2'} - \frac{d}{f_1' f_2'}$$ oder, da $\frac{1}{f'} = D'$

(O 25.16) $$D' = D_1' + D_2' - dD_1'D_2'$$

Beachte:

- Brennweite und Brechwert einer Konkavlinse sind *negativ*.

25.4.3 Konstruktion des Linsenbildes

Zur Bildkonstruktion benutzt man mindestens 2 der 3 (ausgezeichneten) **Hauptstrahlen**, deren Verlauf vor und nach der Brechung bekannt ist:

- der **Parallelstrahl** (1) wird zum Brennpunktstrahl,
- der **Brennpunktstrahl** (2) wird zum Parallelstrahl,
- der **Mittelpunktstrahl** (3) geht ohne Richtungsänderung durch die Linse.

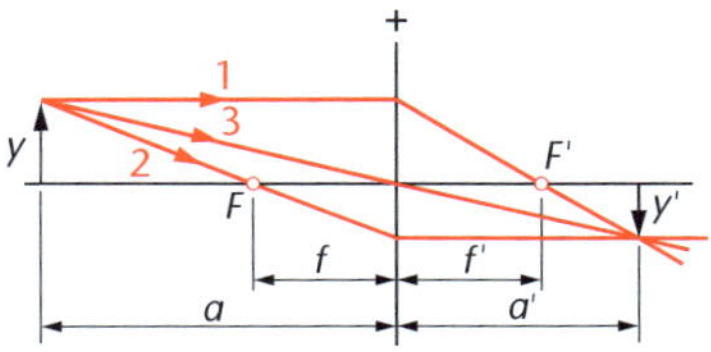

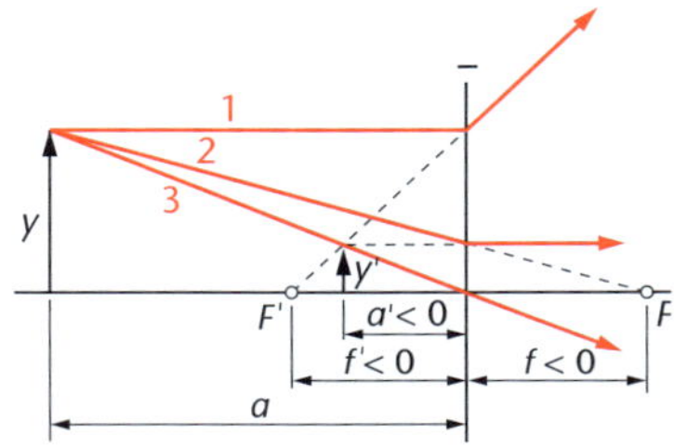

25.4.4 Abbildungsgesetze

Die *Lage* und *Größe* des von einer Linse erzeugten Bildes kann mit Hilfe der Abbildungsgesetze berechnet werden.

Wenn

β Abbildungsmaßstab,
y Gegenstandsgröße,
a Gegenstandsweite,
y' Bildgröße,
a' Bildweite,

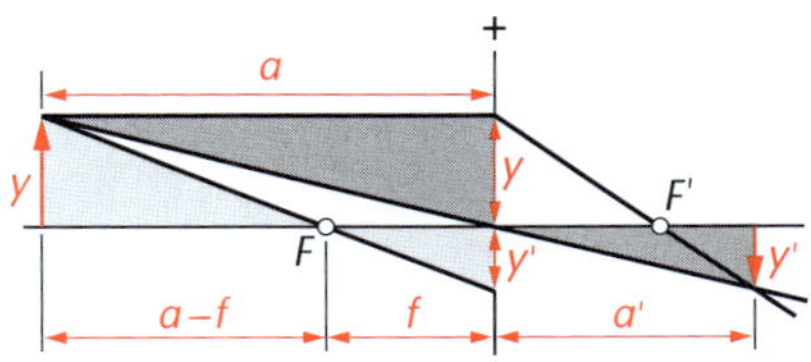

dann gilt entsprechend der Zeichnung für den

Abbildungsmaßstab

(O 25.17) $$\beta = \frac{y'}{y} = \frac{a'}{a}$$

Aus der Zeichnung lassen sich folgende Proportionen ablesen:

$$\frac{y}{y'} = \frac{a-f}{f} = \frac{a}{a'} \quad \text{und daraus} \quad \frac{a}{f} - \frac{f}{f} = \frac{a}{a'}.$$

Division durch a und entsprechende Umstellung ergibt

$$\frac{1}{f} = \frac{1}{a} + \frac{1}{a'}.$$

Da die Größen a und f entsprechend der Vorzeichenkonvention *negativ* sind, folgt als

Abbildungsgleichung

(O 25.18) $$\frac{1}{f'} = \frac{1}{a'} - \frac{1}{a}$$

Beachte:

- Bilder, die auf der Gegenstandsseite, liegen sind **virtuell**, die Bildweite a' ist *negativ*.
- Bei Konkavlinsen sind Bildweite a' und Brennweite f' *negativ*.

Übersicht:

Bilder der Konvexlinse (Beträge)					
	Gegenstands-weite a	Bildweite a'	Bildgröße y'	Abbildungs-maßstab β	Bildart
1.	$a > 2f$	$2f > a' > f$	$y' < y$	$\beta < 1$	reell, umgekehrt
2.	$a = 2f$	$a' = 2f$	$y' = y$	$\beta = 1$	reell, umgekehrt
3.	$2f > a > f$	$a' > 2f$	$y' > y$	$\beta > 1$	reell, umgekehrt
4.	$a = f$	$a' = \infty$	$y' = \infty$	$\beta = \infty$	—
5.	$a < f$	$a' < 0$	$y' > y$	$\beta > 1$	virtuell, aufrecht
Bilder der Konkavlinse (Beträge)					
6.	a beliebig	$a' < 0$	$y' < y$	$\beta < 1$	virtuell, aufrecht

25.4.5 Dicke Linsen

Linsen, deren Dicke nicht klein genug gegenüber ihrer Brennweite ist, heißen dicke Linsen. Bei dünnen Linsen kann man die beiden Brechungen an den Oberflächen durch eine in der Mittelebene ersetzen. Bei dicken Linsen dagegen gelten die Abbildungsgesetze nur, wenn man Parallelstrahl und Brennpunktstrahl in verschiedenen Ebenen, den **Hauptebenen**, bricht. Die Abstände f, f', a und a' beziehen sich dann stets auf die entsprechende Hauptebene.

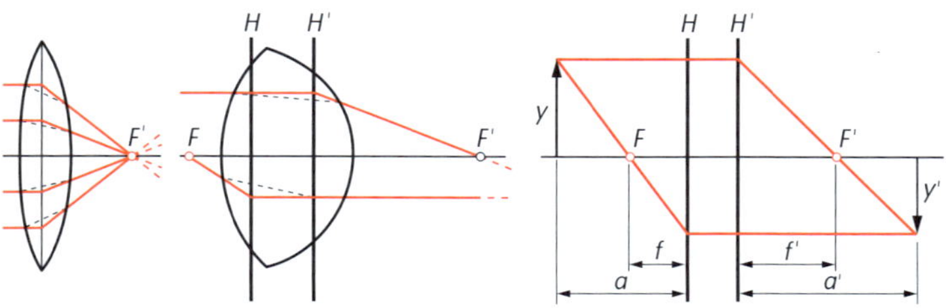

Die Brennweite einer dicken Linse hängt vom Linsenmaterial und den Abmessungen der Linse ab.

Wenn

f' Brennweite der dicken Linse,

n Brechzahl des Linsenmaterials (→ Tabelle 39),

r_1 Krümmungsradius der linken Linsenfläche,

r_2 Krümmungsradius der rechten Linsenfläche,

d Abstand der beiden Linsenscheitel, Linsendicke,

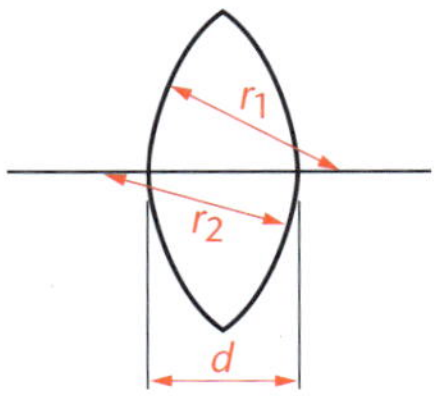

dann gilt

(O 25.19) $$D' = \frac{1}{f'} = (n-1)\left(\frac{1}{r_1} - \frac{1}{r_2}\right) + \frac{d(n-1)^2}{n r_1 r_2}$$

■ Die Brennweite eines Systems dicker Linsen ergibt sich ebenfalls aus (O 25.15) bzw. die Brechkraft aus (O 25.16). An Stelle des Abstandes beider Linsen ist für d der Abstand der beiden einander zugekehrten Hauptebenen einzusetzen.

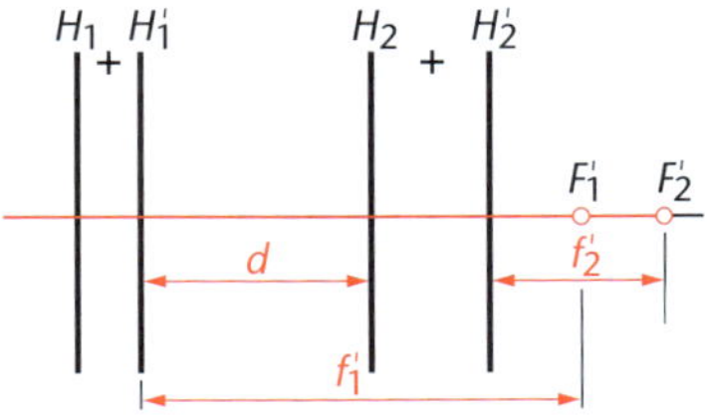

O

25.4.6 Abbildungsfehler

In einer fehlerfreien Abbildung ist jeder Bildpunkt eindeutig einem Gegenstandspunkt zugeordnet. Ferner muss die geometrische Anordnung der Bildpunkte der der Gegenstandspunkte ähnlich sein. Sphärische Linsen erfüllen diese Bedingung nur näherungsweise. Die Abweichungen werden als Abbildungsfehler (Linsenfehler, Aberrationen) bezeichnet.

Durch Verwendung von Linsensystemen und z. T. auch asphärischen Linsen werden die Abbildungsfehler weitgehend vermieden.

Farbfehler (chromatische Aberration). Die Bilder bekommen Farbsäume, weil Licht unterschiedlicher Wellenlänge verschieden stark gebrochen wird (Blau stärker als Rot). Der Fehler wird vermieden (exakt jedoch nur für 2 Wellenlängen) durch Kombination einer Konvexlinse aus Kronglas und einer Konkavlinse aus Flintglas (achromatisches Linsenpaar, *Achromat*).

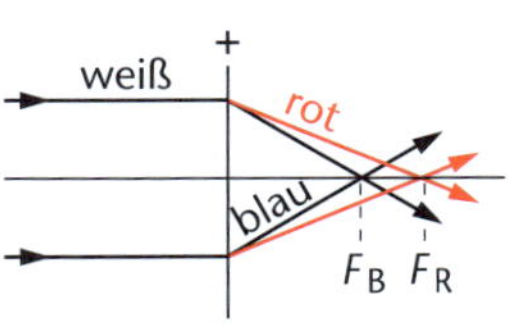

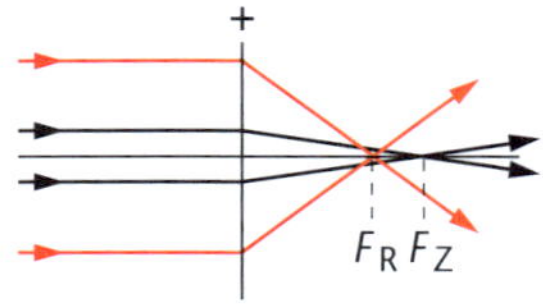

Sphärischer Fehler. Unschärfe im Bild, weil die durch die Randzonen der Linse gehenden Strahlen stärker gebrochen werden. Abhilfe: Abblenden. Vermieden wird der Fehler bei einem entsprechend korrigierten Linsenpaar.

Bildfeldwölbung. Die Ränder der Bilder werden unscharf, weil das Bild auf einer gewölbten Fläche erzeugt wird. Der Fehler wird vermieden durch Verwendung besonderer Linsensysteme (*Aplanate*).

Verzeichnung. Die Abbildung eines rechtwinkligen Gitternetzes ist kissen- oder tonnenförmig verzeichnet, d. h., vor allem an den Rändern werden die Geraden nach innen oder außen gekrümmt.

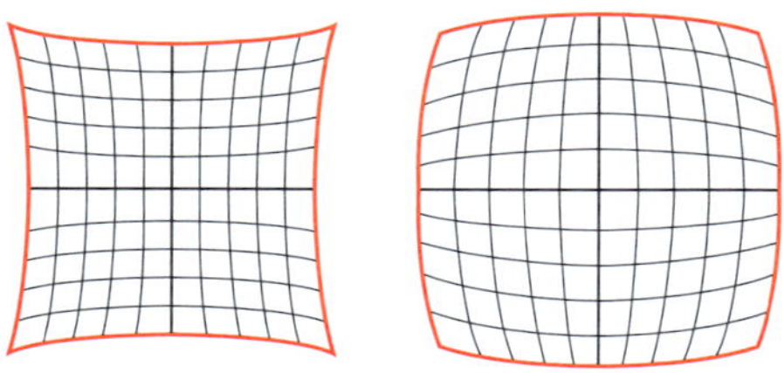

Weitere Linsenfehler sind u. a.
- Astigmatismus,
- Koma.

Zu ihrer Korrektur sind komplizierte Linsensysteme mit drei und mehr Einzellinsen erforderlich. In den modernen Objektiven für Foto-, Film- und Videokameras sind alle genannten Fehler auf ein Minimum reduziert.

25.5 Optische Geräte

Sie erfüllen zwei Aufgaben:
- Bilderzeugung (Projektor, Kamera usw.),
- Vergrößerung des Sehwinkels (Lupe, Mikroskop, Fernrohr usw.).

25.5.1 Projektor

Die Bilderzeugung erfolgt mit Hilfe eines konvexen Linsensystems, dem Objektiv. Der abzubildende Gegenstand befindet sich ein bis zwei Brennweiten vor der Linse ($f < a < 2f$). Das Bild entsteht mehr als zwei

Brennweiten hinter der Linse ($a' > 2f$) und ist reell, vergrößert und umgekehrt → Fall 3. der Übersicht in [25.4.4].

Das Scharfstellen des Projektionsbildes erfolgt durch Anpassen der Gegenstandsweite an die jeweilige Bildweite (Verschieben des Objektives). Die Größe des Projektionsbildes lässt sich aus dem Abbildungsmaßstab bestimmen.

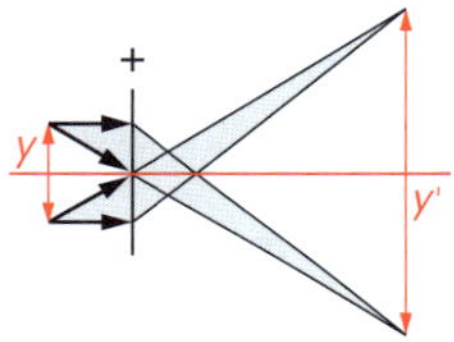

Wenn

β Abbildungsmaßstab $= y/y'$,

a' Bildweite,

f Brennweite,

dann gilt, wenn (O 25.17) und (O 25.18) entsprechend umgeformt werden,

(O 25.20) $$\beta = \frac{a'}{f} - 1$$

■ *Undurchsichtige* Gegenstände (Schriftvorlagen, Zeitschriften u. Ä.) werden mit einem **Episkop** projiziert. Für die Beleuchtung sind sehr starke Lampen erforderlich, weil nur das von der Vorlage *reflektierte* Licht für die Bilderzeugung genutzt werden kann.

■ *Durchsichtige* Gegenstände (Diapositive) werden mit einem **Diaskop** (Diaprojektor) projiziert. Auch der Filmprojektor und alle Arten von Schreibprojektoren gehören zu dieser Gerätegruppe. Um einen möglichst großen Teil des von der Lichtquelle ausgestrahlten Lichts zu nutzen, verwendet man eine spezielle Beleuchtungsvorrichtung. Die Lichtquelle steht im Krümmungsmittelpunkt eines Hohlspiegels. Dadurch gelangt ein wesentlicher Teil des nach hinten abgestrahlten Lichts ebenfalls auf den durchsichtigen Gegenstand. Vor der Lampe befindet sich der meist mehrteilige *Kondensor* (konvexes Linsensystem). Da die Lampe im Brennpunkt der ersten Kondensorlinse steht, wird das divergent auftreffende Licht parallel zur zweiten Kondensorlinse geführt. Von hier an sind die Lichtstrahlen konvergent. Etwa im Brennpunkt der zweiten Kondensorlinse steht das Objektiv.

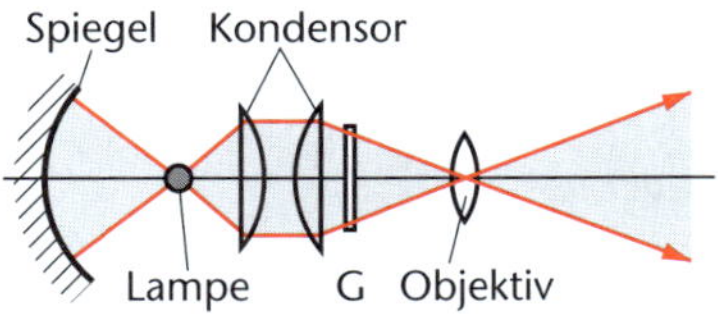

O

25.5.2 Kamera (Fotoapparat)

Die Bilderzeugung erfolgt mit Hilfe eines konvexen Linsensystems, des Objektivs. Der abzubildende Gegenstand ist in der Regel mehr als zwei Brennweiten entfernt ($a > 2f$). Das Bild ist reell, verkleinert und umgekehrt → Fall 1. der Übersicht [25.4.4]. Das Einstellen der Schärfe erfolgt durch Verschieben des Objektivs, wobei die Bildweite der jeweiligen Gegenstandsweite angepasst wird.

Zur ausreichenden Belichtung des Films ist eine bestimmte Lichtmenge bezogen auf die Fläche nötig. Sie wird von der Belichtungsdauer und dem Durchmesser des Strahlenbündels bestimmt. Dieser ist mit einer Blende regelbar.

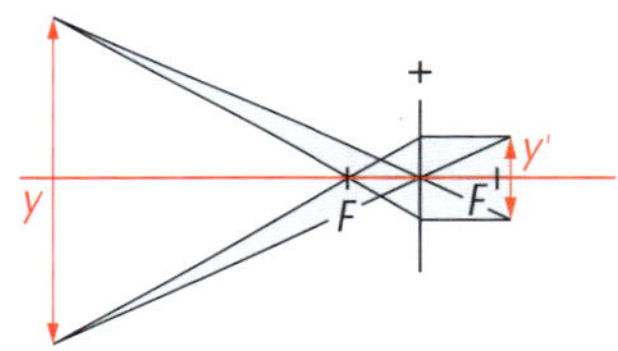

Wenn
- d Durchmesser des Lichtstrahlbündels, begrenzt durch die Blende,
- f Brennweite des Objektivs,
- k Blendenzahl, Öffnungszahl, „Blende",

dann gilt für die

relative Öffnung

(O 25.21) $$\frac{1}{k} = \frac{d}{f}$$

Beachte:

- Die größte relative Öffnung eines Objektivs (bei voll geöffneter Blende) bezeichnet man als **Öffnungsverhältnis**.
- Die mit (O 25.21) zu bestimmende relative Öffnung stimmt nur für die Einstellung $a = \infty$ (und damit $a' = f$). Bei kleineren Objektweiten ist $a' > f$. Die relative Öffnung ergibt sich dann aus $1/k = d/a'$, d. h., sie ist bei unverändertem Durchmesser des Lichtstrahlbündels kleiner. Dies ist besonders bei Nahaufnahmen zu beachten.

■ An Stelle der relativen Öffnung benutzt man meist den Kehrwert und nennt ihn **Blendenzahl** k oder **Öffnungszahl** oder auch nur „Blende". Als internationale **Blendenreihe** gelten folgende Blendenzahlen:

0,5 – 0,7 – 1,0 – 1,4 – 2 – 2,8 – 4 – 5,6 – 8 – 11 – 16 – 22 – 32 – 45 – 64 – 90.

Diese Blendenreihe ist so abgestuft, dass von Öffnungszahl zu Öffnungszahl die Querschnittsfläche des durchgelassenen Strahlenbündels halbiert wird.

Angepasst an die Abstufung dieser Blendenreihe ist die **Belichtungszeitenreihe**. Der Übergang zur nächsten Belichtungszeit bedeutet jeweils etwa eine Verdopplung der in Sekunden angegebenen Zeiten:

1/1000 – 1/500 – 1/250 – 1/125 – 1/60 – 1/30 – 1/15 – 1/8 – 1/4 – 1/2 – 1.

Bei modernen Kameras (analog oder digital) wird die einfallende Lichtmenge vor der Aufnahme gemessen und die optimale Blendenzahl-Belichtungszeit-Kombination mit speziellen Programmen elektronisch ermittelt und eingestellt.

25.5.3 Auge

Mit Hilfe der konvexen Augenlinse wird ein verkleinertes, umgekehrtes und reelles Bild des betrachteten Gegenstandes auf der Netzhaut erzeugt. Die Anpassung an die verschiedenen Objektentfernungen erfolgt – da die Bildweite unveränderlich ist – durch Veränderung der Brennweite. Mit einem Muskel kann der Krümmungsradius der Augenlinse variiert werden. Dieses „Scharfstellen" erfolgt unbewusst und heißt **Akkommodation**. Bei einem normalsichtigen Auge reicht der Akkommodationsbereich von dem im Unendlichen liegenden **Fernpunkt** (bei entspanntem Augenmuskel) bis zum **Nahpunkt**. Dieser liegt in der Jugend etwa 8 bis 10 cm vor dem Auge. Der Wert vergrößert sich mit zunehmendem Alter.

Der kleinste Betrachtungsabstand, auf den ein normalsichtiges Auge längere Zeit ohne Anstrengung akkommodieren kann, die so genannte „deutliche Sehweite", liegt bei etwa 25 cm. Für Rechnungen wurde die (konventionelle) **Bezugssehweite** $a_B = 25$ cm festgelegt.

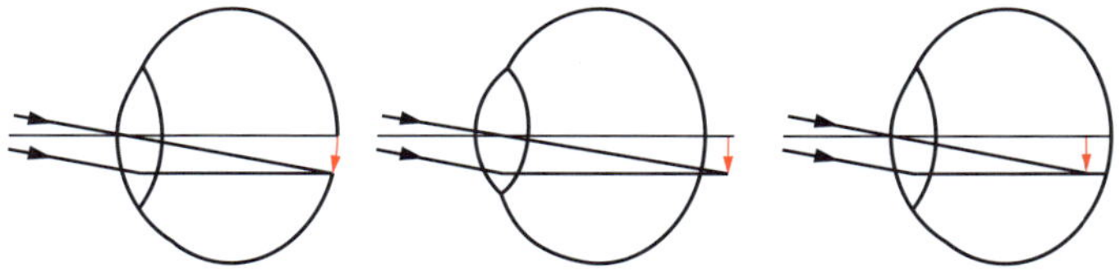

Bei *Weitsichtigkeit* ist der Abstand des Nahpunkts vom Auge zu groß. Objekte im Abstand a_B werden hinter der Netzhaut abgebildet. Mit einer zusätzlichen Sammellinse (Brille oder Kontaktlinse) wird der Brechwert der Augenlinse vergrößert.

Bei *Kurzsichtigkeit* ist der Abstand des Fernpunkts vom Auge kleiner als unendlich. Objekte mit sehr großem Abstand werden vor der Netzhaut abgebildet. Mit einer zusätzlichen Zerstreuungslinse wird der Brechwert der Augenlinse verkleinert.

Sehwinkel

Als Sehwinkel σ bezeichnet man den Winkel, den die äußersten vom betrachteten Gegenstand kommenden Strahlen miteinander bilden. Er bestimmt die Größe des Netzhautbildes.

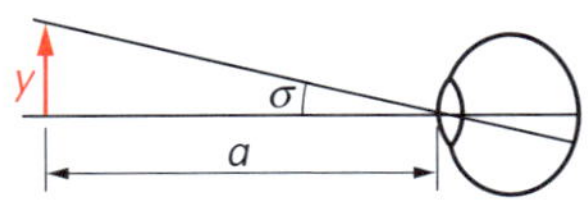

Wenn
y Objektgröße, Gegenstandsgröße,
a Objektweite, Gegenstandsweite,
σ Sehwinkel,

dann gilt

(O 25.22)
$$\tan\sigma = \frac{y}{a} \quad \text{oder} \quad \sigma = \arctan\frac{y}{a} \approx \frac{y}{a}$$

Beachte:

- Bei kleinen Sehwinkeln kann in guter Näherung der Tangens des Winkels durch den Winkel (in rad!) ersetzt werden.

Auflösungsvermögen des Auges

Die Linse erzeugt das Bild des Gegenstandes auf der so genannten Netzhaut. In ihr mündet der Sehnerv in feinsten Verästelungen, den Zapfen für das farbige Sehen im Hellen (Tagsehen) und den Stäbchen für das Schwarz-Weiß-Sehen bei Dunkelheit (Nachtsehen). Zwei Gegenstandspunkte können nur dann getrennt wahrgenommen werden, wenn ihre beiden Bildpunkte auf zwei verschiedene Zapfen (oder Stäbchen) fallen. Dies entspricht einem Sehwinkel von **mindestens 1′**.

Vergrößerung

Der Sehwinkel σ, unter dem ein Gegenstand auf der Netzhaut abgebildet wird, kann aus zwei Gründen (da $\tan\sigma = y/a$) zu klein sein:

- Die Objektgröße y ist zu klein, sodass selbst eine Verkleinerung der Objektweite a bis auf das Minimum $a = a_B = 25\,\text{cm}$ keinen ausreichenden Sehwinkel ergibt. Abhilfe: Lupe → [25.5.4] oder Mikroskop → [25.5.5].

- Die Objektweite a ist zu groß. Abhilfe: Fernrohr → [25.5.6].

Die genannten optischen Geräte haben die Aufgabe, den Sehwinkel σ zu vergrößern. Ihre wichtigste Kenngröße ist deshalb die Vergrößerung. Man definiert sie als das Verhältnis der Sehwinkel mit und ohne optisches Gerät.

Wenn

Γ Vergrößerung,

σ Sehwinkel, unter dem das vom optischen Gerät erzeugte Bild wahrgenommen wird,

σ_0 Sehwinkel ohne optisches Gerät,

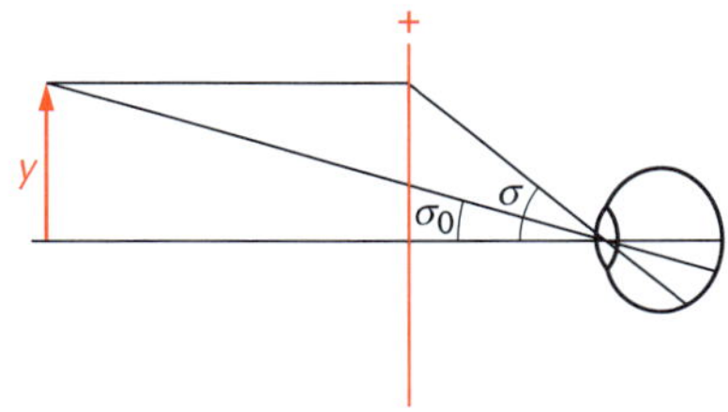

dann gilt

(O 25.23) $$\Gamma = \frac{\tan \sigma}{\tan \sigma_0} \approx \frac{\sigma}{\sigma_0}$$

O

Beachte:

- Die Vergrößerung Γ darf nicht mit dem Abbildungsmaßstab β → (O 25.17) verwechselt werden.

25.5.4 Lupe

Sie ist eine Sammellinse, die (meist) unmittelbar vor das Auge gehalten wird. Der Gegenstand befindet sich innerhalb der Brennweite ($a < f$). Das Bild entsteht auf der Objektseite ($a' < 0$) und ist vergrößert, aufrecht und virtuell.

Wenn

Γ Vergrößerung der Lupe,

f Brennweite der Lupe,

a_B Bezugssehweite $= 25$ cm,

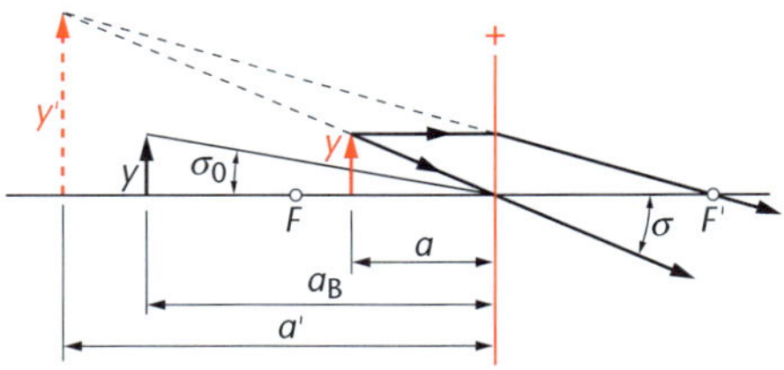

dann gilt

$$\tan \sigma_0 = \frac{y}{a_B} \quad \text{und} \quad \tan \sigma = \frac{y'}{a'} = \frac{y}{a}.$$

Für die Vergrößerung ergibt sich also

(O 25.24) $$\Gamma = \frac{\tan\sigma}{\tan\sigma_0} = \frac{a_B}{a}$$

Hierbei muss das Auge auf die Bildweite $a' < \infty$ akkommodieren. Bei längeren Beobachtungen ist $a' = \infty$ anzustreben. Für ein im Unendlichen entstehendes Bild muss das Objekt in der Brennebene der Linse liegen. Es ergibt sich als minimale Vergrößerung bei nicht akkommodiertem Auge $a = f$ die

Normalvergrößerung

(O 25.25) $$\Gamma = \frac{a_B}{f}$$ (Betrachtung bei nicht akkommodiertem Auge)

Beachte:

- Die Vergrößerung ist umso stärker, je kleiner die Brennweite ist.
- Lupen lassen Vergrößerungen von etwa 10 bis 15 zu. Stärkere Vergrößerungen führen zu unzureichender Bildqualität.

25.5.5 Mikroskop

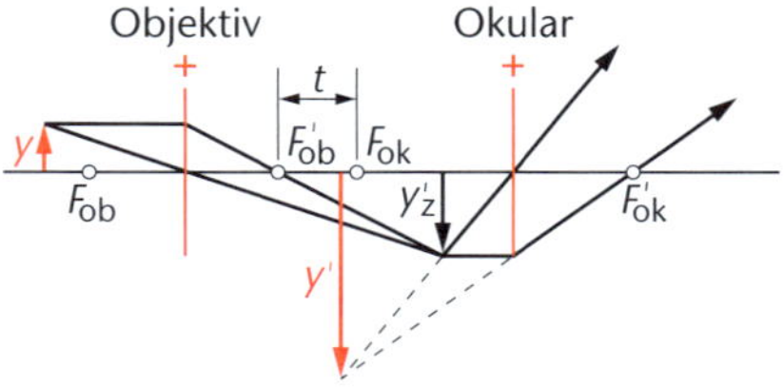

Es besteht aus zwei konvexen Linsensystemen, dem **Objektiv** (Brennweite f_{ob} einige Millimeter) und dem **Okular** (Brennweite f_{ok} mehrere Zentimeter). Das Objekt befindet sich unmittelbar vor dem Brennpunkt F_{ob}. Mehr als zwei Brennweiten hinter dem Objektiv entsteht ein **reelles, vergrößertes Zwischenbild**. Es liegt unmittelbar hinter dem Brennpunkt F_{ok} und dient dem als Lupe wirkenden Okular als Gegenstand. Das virtuelle Endbild ist vergrößert und (auf den Gegenstand bezogen) umgekehrt → Fall 3. und 5. der Übersicht in [25.4.4].

Wenn

Γ Gesamtnormalvergrößerung des Mikroskops,
β_{ob} Abbildungsmaßstab des Objektivs $= a'/a \approx t/f_{ob}$,
Γ_{ok} Normalvergrößerung des Okulars $= a_B/f_{ok}$ (Lupe),
f_{ob} Brennweite des Objektivs,

f_{ok} Brennweite des Okulars,
t optische **Tubuslänge**, Abstand der inneren Brennpunkte F'_{ob} und F_{ok},
a_B Bezugssehweite = 25 cm,

dann gilt

(O 25.26) $$\Gamma = \beta_{ob}\Gamma_{ok} = \frac{t a_B}{f_{ob} f_{ok}}$$

Beachte:

- Wegen der Wellennatur des Lichts → [26.2.6] sind beim Mikroskop Vergrößerungen nur bis etwa 2000 sinnvoll.
- Prinzipiell kann man ein Mikroskop als eine aus zwei Linsen zusammengesetzte Lupe (Linsensystem) ansehen. Die Vergrößerung ergibt sich dann aus (O 25.25), wobei für f die mit (O 25.15) bestimmte Gesamtbrennweite des Systems einzusetzen ist ($d = f_{ob} + f_{ok} + t$), also $f = |f_{ob} f_{ok}/t|$.

O

25.5.6 Fernrohre

Sie sollen bei sehr weit entfernten Objekten den Sehwinkel vergrößern.

Kepler'sches Fernrohr (astronomisches Fernrohr)

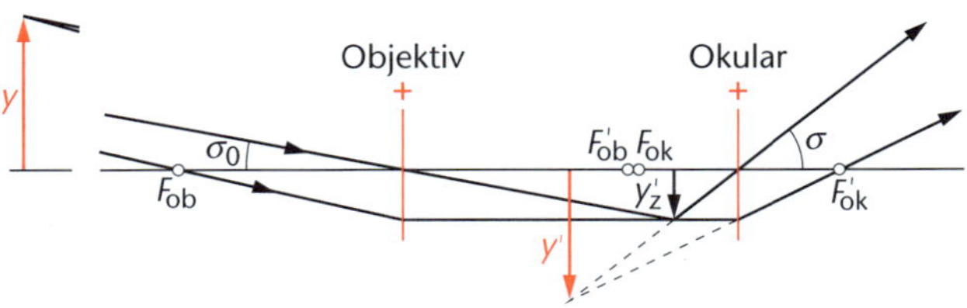

Es besteht aus zwei konvexen Linsensystemen. Das **Objektiv** entwirft ein reelles, umgekehrtes Zwischenbild y'_Z des Objektes, das dann durch das als Lupe wirkende **Okular** betrachtet wird. Da die Objektweite a fast unendlich ist, entsteht das Zwischenbild unmittelbar hinter der Brennebene des Objektivs. Zum Scharfstellen wird das Okular dem Objektiv genähert, bis das Zwischenbild innerhalb der Okularbrennweite liegt. Die *inneren* Brennpunkte F'_{ob} und F_{ok} fallen dann praktisch zusammen. Das Endbild ist vergrößert, virtuell und (auf den Gegenstand bezogen) umgekehrt → Fall 1. und 5. der Übersicht in [25.4.4].

Wenn

Γ Normalvergrößerung des Fernrohrs,
f_{ob} Brennweite des Objektivs,
f_{ok} Brennweite des Okulars,
l Länge des Fernrohrs, Abstand Objektiv–Okular,

dann gilt bei Betrachtung eines etwa unendlich weit entfernten Objektes mit einem entspannten (nicht akkommodierten) Auge $\tan\sigma_0 = y/a = y'/f_{\text{ob}}$ und $\tan\sigma = y'/f_{\text{ok}}$ und damit

(O 25.27) $$\Gamma = \frac{\tan\sigma}{\tan\sigma_0} = \frac{f_{\text{ob}}}{f_{\text{ok}}}$$

und

(O 25.28) $$l = f_{\text{ob}} + f_{\text{ok}}$$

Beachte:

- Allgemein wird das Fernrohr so eingestellt, dass die von einem sehr weit entfernten Gegenstand so gut wie parallel ankommenden Strahlen auch wieder parallel aus dem Okular austreten und so in das Auge gelangen. So ist eine Betrachtung mit nicht akkommodiertem Auge möglich.

Erdfernrohr (terrestrisches Fernrohr)

Es entspricht in allem dem astronomischen Fernrohr. Um jedoch – bezogen auf den Gegenstand – *aufrechte* Bilder zu erhalten, wird eine *Umkehrlinse* in den Strahlengang eingefügt. Das Zwischenbild entsteht zwei Brennweiten vor der Umkehrlinse. Diese erzeugt ein zweites Zwischenbild zwei Brennweiten hinter ihr → Fall 2. der Übersicht in [25.4.4]. Das Fernrohr verlängert sich dadurch um vier Brennweiten der Umkehrlinse.

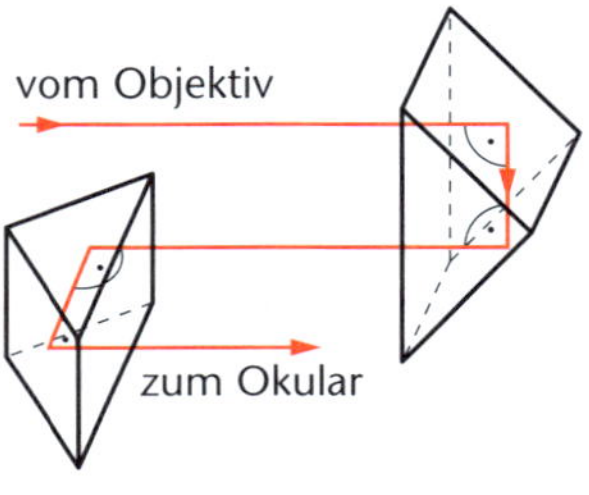

In **Prismenferngläsern** („Feldstecher") erfolgt die Umkehrung durch totalreflektierende Umkehrprismen mit je 180° Richtungsänderung. Ein Prisma vertauscht oben und unten, das andere links und rechts. Auch für Erdfernrohr und Prismenfernglas ergibt sich die Vergrößerung Γ aus (O 25.27). Bei Ferngläsern wird sie meist zusammen mit dem Objektivdurchmesser angegeben. So bedeutet z. B. 8×30, dass das Fernglas eine achtfache Vergrößerung und einen Durchmesser der Eintrittsöffnung von 30 mm besitzt. Die Angabe des Durchmessers ist wichtig für die scheinbare Helligkeit, mit der man die Gegenstände im Fernrohr sieht.

Galilei'sches Fernrohr (Holländisches Fernrohr)

Es besteht aus einem *konvexen* Linsensystem (Objektiv) und aus einem *konkaven* (Okular). Im Gegensatz zu den anderen Fernrohren entsteht bei ihm kein Zwischenbild; denn das konvergente Strahlenbündel trifft noch vorher auf das Okular und wird von diesem divergent gemacht.

Das Bild ist *virtuell, schwach vergrößert* und *aufrecht*, jedoch lichtstark (Opernglas, Nachtglas). Für die Vergrößerung gilt auch hier (O 25.27). Seine Länge (Abstand Objektiv–Okular) beträgt

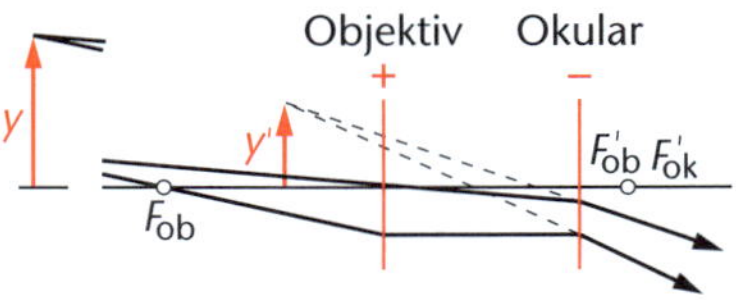

(O 25.29) $$l = f_{\text{ob}} - |f_{\text{ok}}|$$

Beachte:

- Die *hinteren* Brennpunkte von Objektiv und Okular (F'_{ob} und F'_{ok}) fallen praktisch zusammen.

25.6 Zerlegung des Lichts

25.6.1 Lichtquellen

Temperaturstrahler. Jeder Körper emittiert auf Grund seiner Temperatur Strahlung. Der Wellenlängenbereich dieser elektromagnetischen Strahlung dehnt sich mit wachsender Temperatur immer mehr zu den kürzeren Wellenlängen hin aus und erfasst schließlich auch den Bereich des *sichtbaren Lichts* (→ WIEN'sches Verschiebungsgesetz [20.5.5]) von **390 bis 370 nm.**

Lumineszenz. Nicht auf der Temperatur des Körpers beruhende Leuchterscheinungen nennt man Lumineszenz. Es ist die Bezeichnung für Licht, das bei Elektronensprüngen von kernferneren auf kernnähere Bahnen entsteht → [37.4]. Diese Strahlung enthält ganz bestimmte Wellenlängen, die vom Atombau des jeweiligen Stoffes abhängen. Jedes Elektron muss vor einem Übergang zu einer kernnäheren Bahn erst durch Energiezufuhr auf die kernfernere Bahn gebracht werden. Je nach Art der Energiezufuhr unterscheidet man mehrere Arten der Lumineszenz:

- Elektrolumineszenz ist das Leuchten bei elektrischer Anregung, z. B. Lumineszenzdioden (LED).
- Chemolumineszenz tritt bei Fäulnisprozessen auf.
- Fluoreszenz wird angeregt durch Bestrahlung mit elektromagnetischen Wellen kürzerer Wellenlängen oder Teilchenstrahlung (Elektronen, Protonen, α-Teilchen u. a.). Anwendung: Fernsehbildröhre, Leuchtstoffröhre u. a.
- Phosphoreszenz entspricht der Fluoreszenz, zeigt aber zusätzlich nach Beendigung der Bestrahlung ein temperaturabhängiges Nachleuchten, z. B. Zeiger und Ziffern bei Uhren u. Ä.

25.6.2 Lichtzerlegung

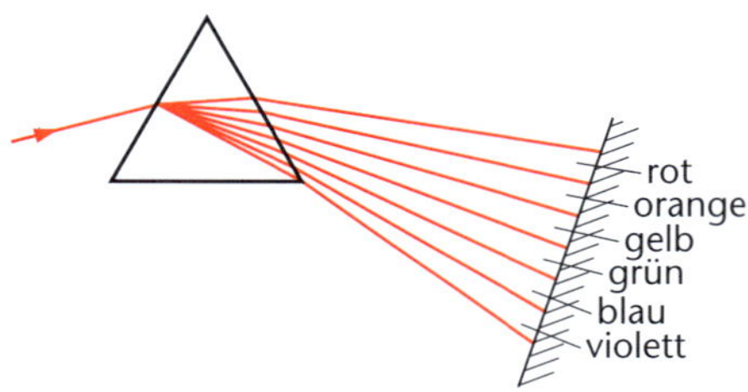

Beim Durchgang durch ein Prisma wird ein Lichtstrahl fächerartig aufgespaltet, d. h. in Strahlen verschiedener Wellenlänge zerlegt. Die Ursache dafür ist die unterschiedliche Geschwindigkeit der einzelnen Wellenlängen im Medium des Prismas. Mit (O 25.4) ergibt sich, dass die Brechzahl n und damit die Ablenkung wellenlängenabhängig sind.

Wird *weißes* Licht zerlegt, also Licht, das (im sichtbaren Bereich) alle Wellenlängen enthält, so entsteht ein als **Spektrum** bezeichnetes Farbband. Die einzelnen Farben nennt man **Spektralfarben**.

Rot – Orange – Gelb – Grün – Blau – Violett

Beachte:

- Der Übergang von Farbe zu Farbe ist allmählich und enthält sehr viele Farbtöne. Die Einteilung in die genannten Spektralfarben ist willkürlich. Jede Farbe umfasst einen Wellenlängenbereich (→ Übersicht).
- Spektralfarben sind nicht weiter zerlegbar.

Übersicht:

Wellenlängen der einzelnen Farbbereiche Im Vakuum (Richtwerte)
UV – Violett – Blau – Grün – Gelb – Orange – Rot – Infrarot
390 – 435 – 495 – 570 – 590 – 630 – 770 nm

25.6.3 Komplementärfarben

Das gesamte Farbband eines Spektrums lässt sich wieder zu Weiß vereinigen. Wird jedoch vorher eine Wellenlänge ausgeblendet, so ergibt der Rest nicht mehr Weiß, sondern die Komplementärfarbe (Ergänzungsfarbe). Fügt man dieser die ausgeblendete Wellenlänge zu, entsteht wieder Weiß.

Komplementärfarben sind Misch- oder Spektralfarben, die sich zu Weiß ergänzen.

Übersicht:

Komplementärfarben							
ausgeblendete Farbe:	Rot	Orange	Gelb	Grün	Blau	Indigo	Violett
Mischfarbe des Restes:	Blaugrün	Blau	Indigo	Purpur	Orange	Gelb	Grüngelb

Beachte:

- Die in der unteren Reihe stehenden Mischfarben kommen mit Ausnahme des Purpurs auch als Spektralfarben vor.

25.6.4 Farbmischung

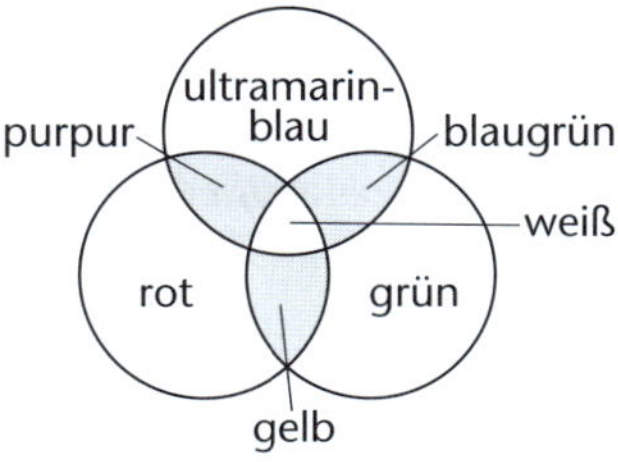

Additive Farbmischung ist die Mischung von verschiedenfarbigem Licht. Die Mischung enthält alle Wellenlängen der Komponenten. Die bekannteste additive Farbmischung ist die Mischung aller Spektralfarben oder die zweier Komplementärfarben zu Weiß. Durch additive Mischung von drei **Grundfarben** können Weiß und sämtliche Farbeindrücke erzeugt werden. Geeignete Grundfarben sind: **Rot**, **Grün** und **Ultramarinblau**.

Das menschliche Auge empfindet das zeitliche Nacheinander oder das enge räumliche Nebeneinander ebenfalls als eine additive Mischung. Beispiel dafür sind Farbdruck und Farbfernsehen.

Subtraktive Farbmischung entsteht, wenn durch Filter Anteile des weißen Lichts entzogen (absorbiert) werden. In der übrig bleibenden Mischfarbe fehlen die absorbierten Wellenlängen. Das Ausblenden einer einzelnen Spektralfarbe ergibt als Mischfarbe die Komplementärfarbe. Durch subtraktive Mischung von drei **Grundfarben** können Schwarz und sämtliche Farbeindrücke erzeugt werden. Geeignete Grundfarben sind: **Gelb**, **Blaugrün**, **Purpur**.

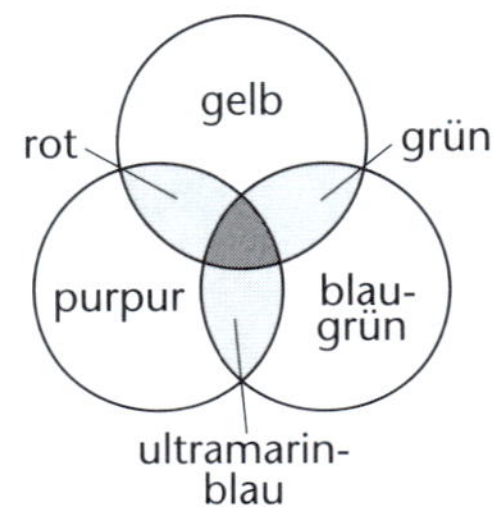

Das Mischen von Pigmentfarben ist eine subtraktive Farbmischung. Jeder Farbstoff absorbiert bestimmte Wellenlängen. Auch die so genannten **Körperfarben** entstehen durch Absorption. Weitere wichtige Beispiele sind Farbfilm (einschließlich Dia) und Farbfoto.

Beachte:

- Die Grundfarben der subtraktiven Farbmischung sind die Komplementärfarben der Grundfarben der additiven Farbmischung.

25.6.5 Spektren

Licht, das durch ein Prisma geht, wird in ein Spektrum aufgespaltet → [25.6.2]. Handelt es sich dabei um das Licht einer Lichtquelle, so entsteht ein **Emissionsspektrum**. Dagegen ergibt sich ein **Absorptionsspektrum**, wenn Licht zerlegt wird, aus dem zuvor beim Durchlaufen eines Körpers bestimmte Wellenlängen bzw. Wellenlängenbereiche absorbiert werden.

Emissionsspektrum

- Das von glühenden Festkörpern und Flüssigkeiten abgestrahlte Licht enthält lückenlos alle Wellenlängen des sichtbaren Bereiches. Die Zerlegung ergibt ein **kontinuierliches Spektrum**.
- Das Licht leuchtender *atomarer* Gase und Dämpfe besteht nur aus einer bestimmten Auswahl von Wellenlängen. Es entsteht ein **Linienspektrum**, das charakteristisch ist für den Bau der Atomhülle des jeweiligen Elements.

► Bei leuchtenden *molekularen* Gasen und Dämpfen ergibt die Zerlegung ein so genanntes **Bandenspektrum**, das sich aus gesetzmäßig angeordneten Liniengruppen zusammensetzt.

Anzahl und Lage der Linien in einem diskontinuierlichen (Linien- oder Banden-)Spektrum leuchtender Gase und Dämpfe sind charakteristisch für das Element bzw. die chemische Verbindung und Grundlage der **Spektralanalyse**.

Absorptionsspektrum

Lichtdurchlässige Stoffe absorbieren einen Teil des sie durchdringenden Lichts. Das ursprünglich kontinuierliche Spektrum erhält Unterbrechungen.

Feste und flüssige lichtdurchlässige Stoffe absorbieren größere Bereiche des Spektrums. Glühende Gase und Dämpfe hingegen absorbieren nur die Wellenlängen, die sie selbst emittieren (Absorptionslinien).

O

Auch Absorptionsspektren sind charakteristisch und werden zum Nachweis und zur Identifizierung des absorbierenden Stoffes genutzt.

■ Das Spektrum des Sonnenlichts ist das bekannteste Absorptionsspektrum. Durch Absorption in der Gashülle der Sonne entstehen die **FRAUNHOFER'schen Linien** als Unterbrechungen im sonst kontinuierlichen Spektrum. Die stärksten der vielen tausend Linien zeigt die Übersicht. Sie werden mit A bis K bezeichnet.

Übersicht:

Fraunhofer'sche Linien								
A	B	C	D	E	F	G	H	K
760,8	686,7	656,3	589,3	527,0	486,1	430,8	396,8	393,4 nm
Dunkelrot	Rot	Rot	Gelb	Grün	Blaugrün	Blauviolett	Violett	Violett
O	O	H	Na	Fe	H	Fe	Ca	Ca

Beachte:

- Einige der FRAUNHOFER'schen Linien (z. B. A und B) entstehen vermutlich durch Absorption des Sonnenlichts in der Erdatmosphäre.
- Wellenlängen der sichtbaren Strahlung einiger Gase → Tabelle 42.

25.6.6 Dispersion

Prismen aus unterschiedlichem Material erzeugen unter sonst gleichen Bedingungen Spektren unterschiedlicher Länge. Ein Maß für die relative Länge eines Spektrums ist die Differenz der Brechzahlen zweier Wellenlängen, **Dispersion** genannt. Meist gibt man die Hauptdispersion ϑ an, die sich auf die Brechzahlen der FRAUNHOFER'schen Linien C′ und F′ bezieht.

Wenn

ϑ Hauptdispersion (→ Tabelle 43),
ϑ_{rel} relative Dispersion,
ν ABBE'sche Zahl (→ Tabelle 43),
$n_{C'}$ Brechzahl für 643,65 nm (rote Cadmium C′-Linie),
$n_{F'}$ Brechzahl für 479,99 nm (blaue Cadmium F′-Linie),
n_e Brechzahl für 546,07 nm (grüne Quecksilber e-Linie),

dann gilt

(O 25.30) $$\vartheta = n_{F'} - n_{C'}$$

oder auf die mittlere Brechung bezogen

(O 25.31) $$\vartheta_{rel} = \frac{n_{F'} - n_{C'}}{n_e - 1}$$

■ Häufig wird der Kehrwert der relativen Dispersion angegeben. Dieser, als ABBE'sche Zahl ν bezeichnet, ist das Verhältnis der Brechung (Richtungsänderung) zur Dispersion (Auffächerung) eines weißen Lichtstrahls in einem Prisma und wird zur Kennzeichnung und Klassifizierung optischer Werkstoffe (Gläser und auch Kunststoffe) verwendet.

(O 25.32) $$\nu = \frac{n_e - 1}{n_{F'} - n_{C'}}$$

Beachte:

- Die Bezeichnung *Dispersion* verwendet man auch zur Kennzeichnung der Lichtzerlegung durch Brechung (Prisma) im Gegensatz zur Lichtzerlegung durch Beugung (Gitter).

26 Wellenoptik

Das Licht zeigt sich in vielen Experimenten als eine elektromagnetische Welle. Die Wellenlängen des sichtbaren Lichts liegen im Vakuum im Bereich von etwa **390 bis 770 nm**.

Während die Schwingungszahl (Frequenz) für eine bestimmte Lichtart konstant ist, hängt ihre Wellenlänge von der Phasengeschwindigkeit im jeweiligen Medium ab.

26.1 Interferenz

Darunter versteht man die Überlagerung von Wellen. Auch Lichtwellen können interferieren, vorausgesetzt, sie sind **kohärent**, d. h., sie wurden aus ein und demselben Wellenzug durch Reflexion, Brechung oder Beugung aufgespaltet.

Beträgt beim Wiederzusammentreffen nach verschieden langen Wegen der Gangunterschied ein geradzahliges Vielfaches von $\lambda/2$, so tritt Verstärkung, bei einem ungeradzahligen Vielfachen von $\lambda/2$ Schwächung ein bzw. Auslöschung bei gleicher Intensität beider Teilstrahlen.

26.1.1 Farben dünner Schichten

Der Strahl wird an der Ober- und Unterseite einer dünnen Schicht jeweils nur teilweise reflektiert. Die reflektierten Teile überlagern sich mit einem Gangunterschied, der sich aus dem Umweg des einen Strahls und dem Phasensprung von $\lambda/2$ des anderen bei der Reflexion am dichteren Medium zusammensetzt. Der Umweg beträgt $2dn$, weil er mit der kleineren Geschwindigkeit c/n zurückgelegt wurde.

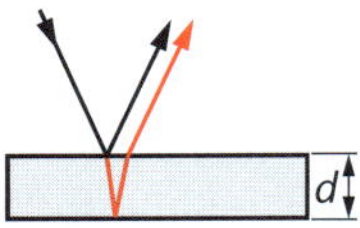

Wenn

- δ Gangunterschied bei *senkrechtem* Einfall,
- d Dicke der dünnen Schicht,
- n Brechzahl der Schicht (→ Tabelle 39),
- λ Wellenlänge des Lichts,

dann gilt

(O 26.1) $$\delta = 2dn - \frac{\lambda}{2}$$

■ Aus (O 26.1) folgt mit dem Gangunterschied für maximale Verstärkung $\delta = k\lambda$ (M 14.10)

(O 26.2) $$\lambda = \frac{4dn}{2k+1}$$ **Verstärkung** (mit $k = 0, 1, 2, \ldots$)

■ Ebenfalls aus (O 26.1) folgt mit dem Gangunterschied für eine Auslöschung $\delta = (k + 1/2)\lambda$ (M 14.11)

(O 26.3) $$\lambda = \frac{2dn}{k+1}$$ **Auslöschung** (mit $k = 0, 1, 2, \ldots$)

Beachte:

- Bei bekannter Schichtdicke d kann man die Wellenlänge des ausgelöschten Lichts bestimmen.
- Bei bekannter Wellenlänge des ausgelöschten Lichts kann man die Schichtdicke berechnen.
- Die gleichen Interferenzerscheinungen ergeben sich an zwischen zwei festen Körpern (z. B. Glasplatten) eingeschlossenen dünnen Luftschichten. (O 26.2) und (O 26.3) gelten auch dann.
- Dünne Überzüge auf festen (lichtundurchlässigen oder lichtdurchlässigen) Körpern mit größerer Brechzahl n erzeugen entsprechende Interferenzerscheinungen. Da jetzt für beide Strahlen eine Reflexion am dichteren Medium mit $\lambda/2$-Phasensprung auftritt, ist der gesamte Gangunterschied $\delta = 2dn$. (O 26.2) gilt somit für *Auslöschung*, (O 26.3) für *Verstärkung*.

26.1.2 Newton'sche Ringe

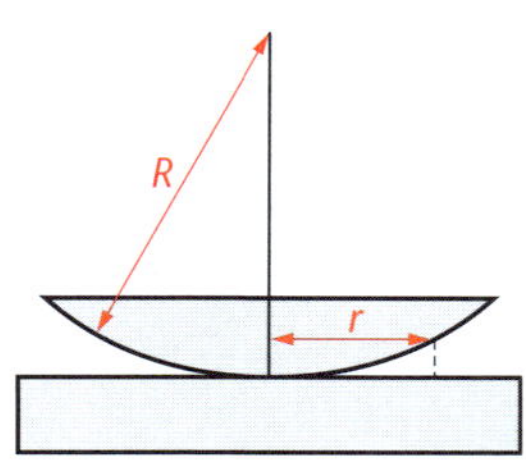

Wird eine Plankonvexlinse mit ihrer gekrümmten Fläche auf eine planparallele Platte gelegt, so befindet sich zwischen beiden eine dünne Luftschicht, deren Dicke nach außen zunimmt. Punkte jeweils gleicher Luftschichtdicke bilden Kreise um den Berührungspunkt. Bei Beleuchtung mit monochromatischem Licht (Licht nur einer Wellenlänge) entstehen durch Interferenz dunkle Ringe bei Auslöschung und helle Ringe bei Verstärkung. Bei weißem Licht entstehen farbige Ringe in der

Farbe der *verstärkten* bzw. in der Komplementärfarbe der *ausgelöschten* Wellenlänge. Der Radius der Ringe ist wellenlängenabhängig.

Wenn
r_{max} Radius des Interferenzmaximums, Verstärkung,
r_{min} Radius des Interferenzminimums, Auslöschung,
R Krümmungsradius der Linse,
λ Wellenlänge,

dann gilt entsprechend der Zeichnung

$R^2 = (R-d)^2 + r^2$. Daraus folgt

$r^2 = R^2 - (R-d)^2 = 2Rd - d^2$ und wegen der Kleinheit von d

$r^2 = 2Rd$.

Aus (O 26.2) mit $n_{Luft} = 1$ folgt im Falle der Verstärkung

$$d = \frac{(2k+1)\lambda}{4}.$$

Das ergibt

(O 26.4) $$r_{max}^2 = R\left(k + \frac{1}{2}\right)\lambda$$ (mit $k = 0, 1, 2, \ldots$)

Analog folgt aus (O 26.3) im Falle der Auslöschung

$d = \frac{k\lambda}{2}$ und damit

(O 26.5) $$r_{min}^2 = Rk\lambda$$ (mit $k = 1, 2, 3, \ldots$)

Beachte:

- Prinzipiell Gleiches ist auch im durchgehenden Licht zu beobachten.
- Die verwendete Linse muss eine große Brennweite ($f \approx 2 \ldots 4\,\mathrm{m}$) besitzen.

26.2 Beugung

Die bei mechanischen Wellen auftretenden Beugungen → [14.3.4] können auch bei Lichtwellen beobachtet werden. Das an scharfen Kanten vorbeilaufende Licht wird in den Schattenraum gebeugt. Besonders wichtig ist die Beugung an Drähten, Spalten und Blenden.

26.2.1 Beugung am engen Spalt

An den Kanten eines engen Spalts bilden sich nach dem HUYGENS'schen Prinzip Elementarwellen. Je nach Richtung besteht zwischen diesen ein bestimmter Gangunterschied, der bei der Überlagerung Maxima (Verstärkung) oder Minima (Auslöschung) ergibt.

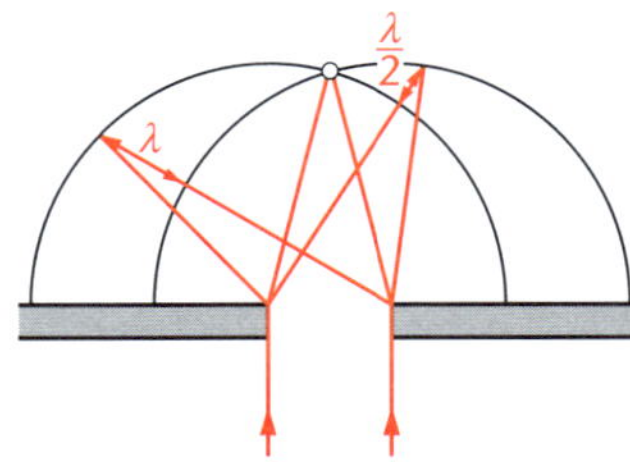

Wenn

b Spaltbreite,
λ Wellenlänge,
α_{min} Beugungswinkel für die Richtung der *Minima*,
α_{max} Beugungswinkel für die Richtung der *Maxima*,

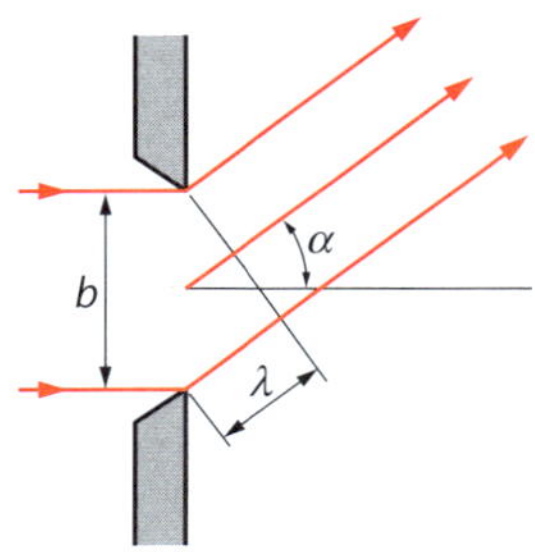

dann gilt, weil zwischen den entsprechenden Strahlen der linken und rechten Hälfte des Strahlenbündels ein Gangunterschied von jeweils $\lambda/2$ besteht, für die Richtung der

Intensitätsminima

(O 26.6) $$\sin\alpha_{min} = \pm k\frac{\lambda}{b}$$ (mit $k = 1, 2, 3, \ldots$)

und für die Richtung der

Intensitätsmaxima

(O 26.7) $$\sin\alpha_{max} = \pm\left(k + \frac{1}{2}\right)\frac{\lambda}{b}$$ (mit $k = 1, 2, 3, \ldots$)

In der ursprünglichen Richtung ($\alpha = 0$) liegt das **Hauptmaximum**, die **Nebenmaxima** besitzen wesentlich weniger Intensität, die sich mit wachsendem k noch weiter verringert.

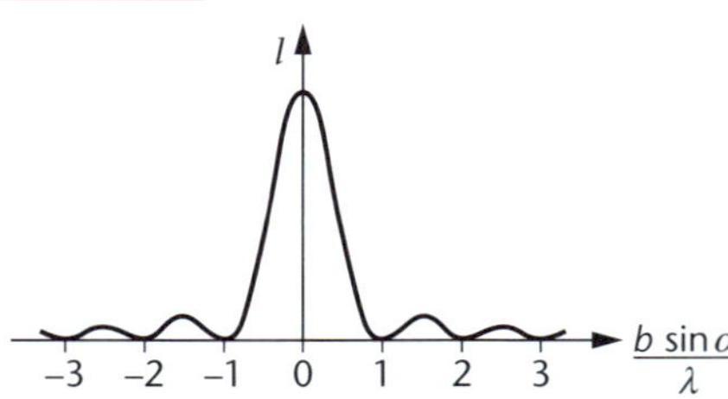

26.2.2 Beugung am Doppelspalt

Bei einem Doppelspalt sind die Verhältnisse ähnlich. Zur Interferenz gelangen jeweils entsprechende Strahlen beider Spalte. Je nach Gangunterschied zwischen ihnen entstehen Maxima oder Minima.

Wenn

d Abstand beider Spalte,

λ Wellenlänge,

α_{min} Beugungswinkel für die Richtung der Minima,

α_{max} Beugungswinkel für die Richtung der Maxima,

dann gilt für die

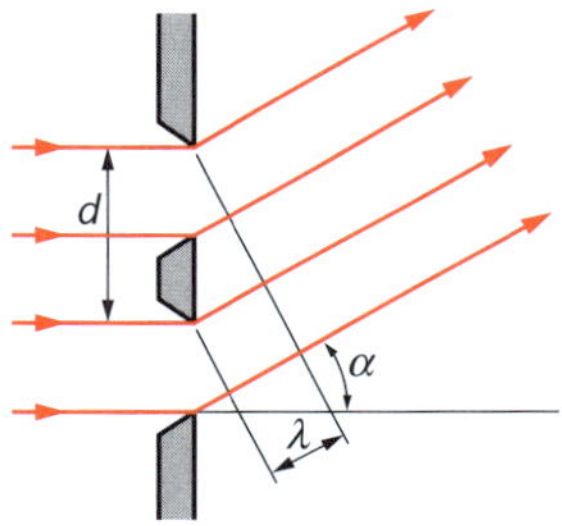

Intensitätsmaxima

(O 26.8) $$\sin \alpha_{max} = \pm k \frac{\lambda}{d}$$ (mit $k = 0, 1, 2, \ldots$)

und für die

Intensitätsminima

(O 26.9) $$\sin \alpha_{min} = \pm \left(k + \frac{1}{2}\right) \frac{\lambda}{d}$$ (mit $k = 0, 1, 2, \ldots$)

26.2.3 Beugungsgitter

Die Beugungserscheinungen entsprechen denen am Doppelspalt. Durch die große Anzahl der parallel nebeneinander liegenden Spalte sind die Maxima jedoch wesentlich heller. Den Abstand zweier Spaltmitten (oder anderer sich entsprechender Strahlen), also die Summe von Spaltbreite und Zwischenraum, bezeichnet man als **Gitterkonstante** *g*. Gute Gitter haben bis zu 1 700 Spalte je Millimeter.

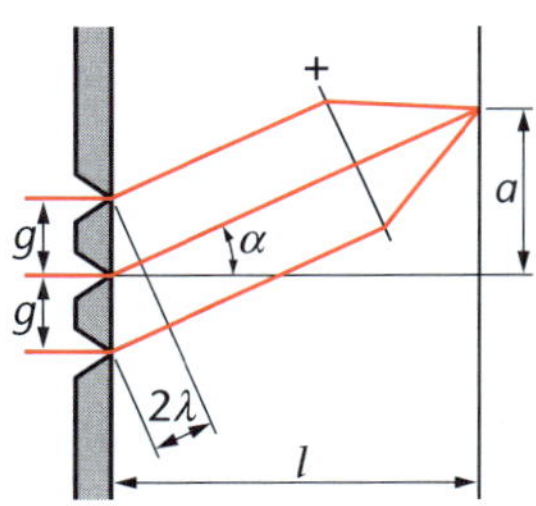

Wenn

α_{max} Beugungswinkel für die Richtung der Maxima,
g Gitterkonstante,
λ Wellenlänge,
l Entfernung Gitter–Auffangschirm,
a Abstand des Maximums k-ter Ordnung,

dann gilt entsprechend der Zeichnung

(O 26.10) $$\sin \alpha_{max} = \pm k \frac{\lambda}{g}$$ (mit $k = 0, 1, 2, \ldots$)

worin α aus $\tan \alpha = a/l$ zu bestimmen ist.

Beachte:

- Der Sinus des Beugungswinkels ist der Wellenlänge proportional. Rotes Licht wird also im Gegensatz zur Brechung im Prisma am stärksten abgelenkt (gebeugt).
- Je kleiner die Gitterkonstante, desto größer ist der Beugungswinkel für eine bestimmte Wellenlänge.
- Die Wellenlänge einer Lichtstrahlung lässt sich bei bekannter Gitterkonstante leicht aus der Lage des Maximums bestimmen.

26.2.4 Beugungsspektrum

Nach (O 26.10) ist der Beugungswinkel α_{max} für das Maximum eine Funktion der Wellenlänge. Tritt weißes Licht durch ein Beugungsgitter, dann hat jede Wellenlänge ihr Beugungsmaximum an einer anderen Stelle des Auffangschirms: Es entsteht ein Beugungsspektrum. Man nennt es **Normalspektrum**, weil die Länge der einzelnen Farbbereiche den Wellenlängenbereichen entspricht. Bei der Farbzerlegung mit einem Prisma (Dispersionsspektrum) ist z. B. das Rot zu sehr gedehnt im Verhältnis zu Blau und Violett. Mit $k = 1, 2, \ldots$ ergeben sich Spektren 1., 2., … Ordnung.

26.2.5 Beugung an kreisförmiger Öffnung

Wenn

r Radius der Öffnung,
λ Wellenlänge,
α_{min} Beugungswinkel für die Richtung der Minima,

dann gilt die hier nicht abgeleitete Beziehung

(O 26.11)
$$\sin \alpha_{\min 1} = 0{,}610\frac{\lambda}{r}$$
$$\sin \alpha_{\min 2} = 1{,}116\frac{\lambda}{r}$$
$$\sin \alpha_{\min 3} = 1{,}619\frac{\lambda}{r}$$

Beachte:

- Paralleles Licht ergibt in der Brennebene einer Konvexlinse (Brennweite f) keinen Bildpunkt, sondern ein helles Beugungsscheibchen, dessen Helligkeit nach außen bis zum Wert 0 bei $R_1 = 0{,}610 f\lambda/r$ abnimmt. Zwischen R_1 und $R_2 = 1{,}116 f\lambda/r$ liegt ein heller Ring usw. Die Ursache ist die Beugung an der Kante bzw. einer Blende.

26.2.6 Auflösungsvermögen optischer Geräte

O

Jedes optische Gerät (auch das Auge) wirkt mit den Rändern der Blenden, Fassungen usw. beugend. Gegenstandspunkte werden nicht als Punkte, sondern als kleine Scheibchen abgebildet, die sich gegenseitig überdecken und deshalb nicht mehr getrennt wahrgenommen werden können. Die Instrumente besitzen ein begrenztes Auflösungsvermögen, eine **Auflösungsgrenze**. Diese ergibt sich aus dem kleinsten Winkel, unter dem zwei Gegenstandspunkte erscheinen dürfen, bzw. aus dem kleinsten Abstand, den sie haben dürfen, wenn sie noch getrennt wahrgenommen werden sollen. Dann fällt das Hauptmaximum des einen „Bildpunktes" mit dem ersten Minimum des anderen zusammen.

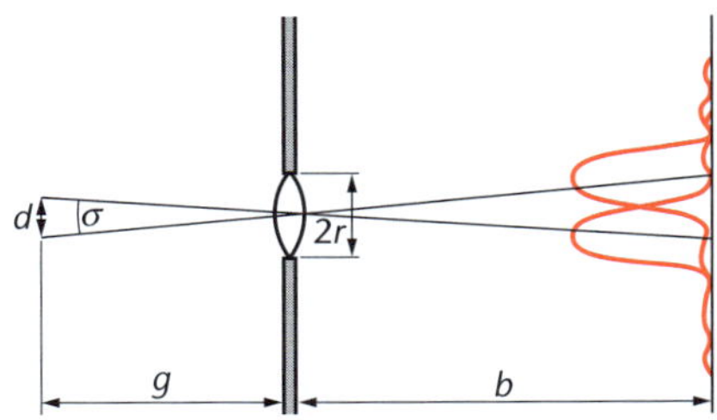

Wenn

- σ Auflösungsgrenze, kleinster Sehwinkel,
- d Auflösungsgrenze, kleinster Punktabstand,
- λ Wellenlänge des Lichts,
- r Radius der wirksamen Öffnung,
- n Brechzahl des Mediums zwischen Objekt und Mikroskopobjektiv,
- α Aperturwinkel, halber Öffnungswinkel des Objektivs,
- A numerische Apertur $= n \sin \alpha$,

dann gilt für die Auflösungsgrenze von **Auge** und **Fernrohr**

(O 26.12) $$\sigma = 0{,}61\frac{\lambda}{r}$$

und für die Auflösungsgrenze eines **Mikroskops**

(O 26.13) $$d = 0{,}61\frac{\lambda}{n\sin\alpha} = 0{,}61\frac{\lambda}{A}$$

Beachte:

- Das Auflösungsvermögen eines Fernrohres kann zusammen mit der Lichtstärke nur durch Wahl großer Objektivdurchmesser gesteigert werden.
- Die Auflösungsgrenze des menschlichen Auges liegt bei $1'$.
- Mikroskope mit großer **numerischer Apertur** $A = n\sin\alpha$ lösen bis zu etwa $d = \lambda/2$ auf.
- Der Ausdruck λ/n stellt die (gegenüber Luft verkürzte) Wellenlänge im Medium zwischen Objekt und Objektiv (Immersionsflüssigkeit) dar.

26.3 Polarisation

Eine Welle wird als polarisiert bezeichnet, wenn bestimmte Schwingungsrichtungen bevorzugt werden. Folgende Polarisationsmöglichkeiten gibt es:

- linear polarisiert,
- zirkular polarisiert,
- elliptisch polarisiert.

Polarisieren lassen sich nur Transversalwellen. Zirkular oder elliptisch polarisierte Wellen können in je zwei linear polarisierte Wellen zerlegt werden.

Eine Welle ist linear polarisiert, wenn sie nur in einer Richtung quer zur Ausbreitungsrichtung schwingt. Nur Transversalwellen sind polarisierbar.

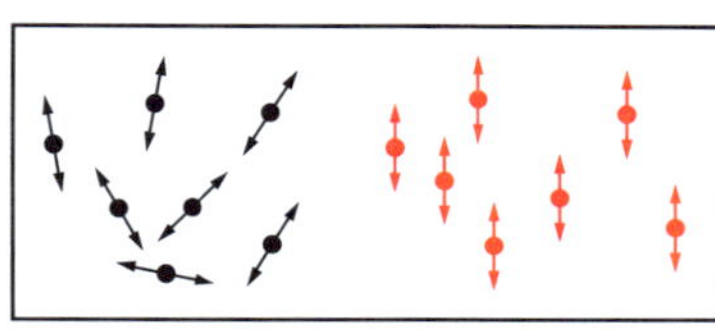

Natürliches Licht ist unpolarisiert. Obwohl bei jedem Elektronensprung → [37.1.2] ein linear polarisierter Wellenzug entsteht, ergibt sich bei der Vielzahl von Wellenzügen keine bevorzugte Schwingungsrichtung. Als Schwingungsrichtung einer polarisierten Lichtwelle verwendet man die Richtung des elektrischen Feldvektors $\vec{E}$. Die Richtung des magnetischen Feldvektors $\vec{H}$ bezeichnet man als Polarisationsrichtung → [34.2.2].

Es gibt verschiedene Möglichkeiten, Licht zu polarisieren. Licht ist demnach eine Transversalwelle. Anordnungen, mit denen man aus natürlichem Licht polarisiertes erzeugen kann, heißen **Polarisatoren**. Zum Nachweis der Polarisation dienen **Analysatoren**. Beide sind in ihrer Wirkungsweise identisch.

Der Polarisator lässt vom natürlichen Licht nur eine Komponente mit bestimmter Schwingungsrichtung durch. Für diese ist der Analysator je nach Stellung durchlässig oder sperrend. In gekreuztem Zustand, also um 90° gegeneinander verdreht, sind sie für Transversalwellen undurchlässig.

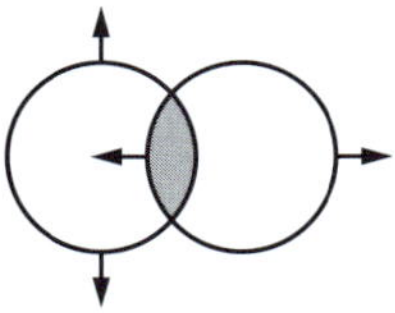

O

26.3.1 Polarisation durch Reflexion

An der Grenzfläche zweier Medien wird ein Lichtstrahlbündel teilweise reflektiert, der Rest gebrochen. Beide Teile erweisen sich als (unvollständig) linear polarisiert. Das reflektierte Licht schwingt vorwiegend senkrecht zur Einfallsebene, das gebrochene Licht in der Einfallsebene. Bei einem bestimmten Einfallswinkel ist der *reflektierte* Strahl *völlig*, der gebrochene nur teilweise polarisiert.

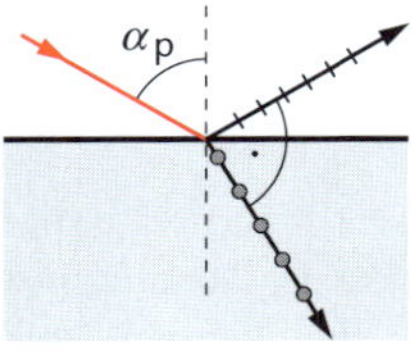

BREWSTER'sches Gesetz:
Trifft ein Lichtstrahl unter dem **Polarisationswinkel** α_p (auch BREWSTER-Winkel genannt) auf die Grenzfläche, dann ist der reflektierte Teil vollkommen linear polarisiert. In diesem Falle bilden reflektierter und gebrochener Strahl einen rechten Winkel.

Wenn
- n Brechzahl (→ Tabelle 39),
- α_p Polarisationswinkel; Einfallswinkel, bei dem *vollständige* Polarisation eintritt,

dann gilt entsprechend der Zeichnung

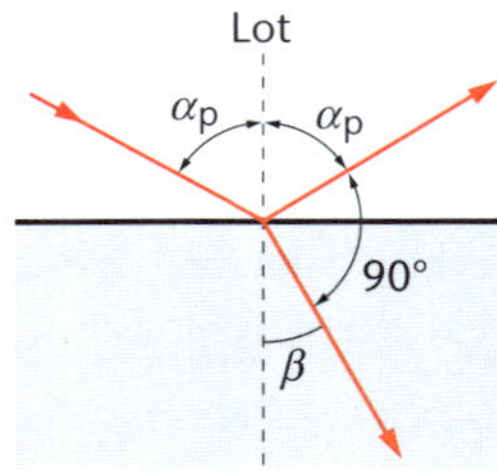

$\beta = 90° - \alpha_p$.

Mit dem Brechungsgesetz

$\dfrac{\sin \alpha_p}{\sin \beta} = n$ ergibt sich

$\dfrac{\sin \alpha_p}{\sin(90° - \alpha_p)} = \dfrac{\sin \alpha_p}{\cos \alpha_p} = n$ und daraus

(O 26.14) $\tan \alpha_p = n \quad \text{bzw.} \quad \alpha_p = \arctan n$

Beachte:

- Für Glas beträgt der Polarisationswinkel $\alpha_p = 57°$.
- Polarisationswinkel anderer Stoffe → Tabelle 41.

26.3.2 Polarisation durch Doppelbrechung

Als Doppelbrechung bezeichnet man die Eigenschaft bestimmter Stoffe, einen auftreffenden Lichtstrahl in einen ordentlichen (o) und einen außerordentlichen (ao) Strahl aufzuspalten. Beide laufen mit unterschiedlichen Phasengeschwindigkeiten in verschiedenen Richtungen und sind senkrecht zueinander polarisiert.

Stoffe, in denen die Phasengeschwindigkeit elektromagnetischer Wellen von der Ausbreitungsrichtung abhängt, sind **optisch anisotrop**. Bei doppelbrechenden Stoffen ist die Anisotropie auch noch von der Schwingungsrichtung abhängig.

Während der ordentliche Strahl dem bekannten Brechungsgesetz genügt, wird der außerordentliche Strahl anders gebrochen (z. B. auch schon bei einem Einfallswinkel $\alpha = 0$). Seine Geschwindigkeit ist richtungsabhängig.

Doppelbrechend sind

- viele Kristalle (Kalkspat, Quarz, Glimmer, Turmalin u. a.),
- viele durchsichtige Stoffe (Glas, Kunstharz u. a.) unter Einwirkung innerer oder äußerer Kräfte (Spannungsdoppelbrechung),
- einige isotrope Stoffe unter dem Einfluss eines elektrischen Feldes (KERR-Effekt → [26.3.4]).

Man erhält polarisiertes Licht, wenn man nur einen der beiden Strahlen verwendet. Seine Energie beträgt nur noch höchstens 50 % der des einfallenden Strahles.

Bei einem **NICOL'schen Prisma** wird der ordentliche Strahl durch Totalreflexion an einer Kittfläche aus dem Strahlengang entfernt. Es ist ein speziell bearbeiteter Kalkspatkristall (Stirnflächen auf bestimmten Winkel geschliffen, gespalten und mit Kanadabalsam gekittet).

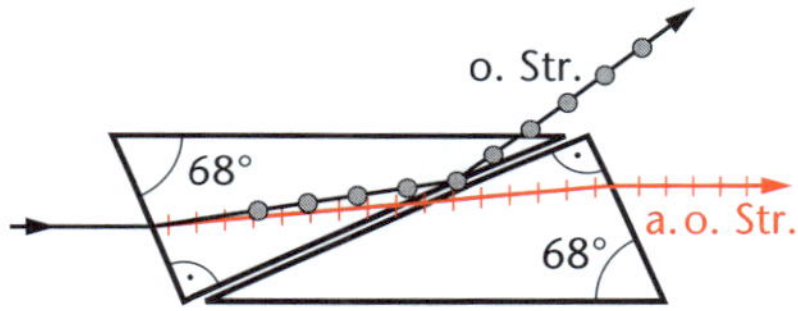

Bei anderen Polarisatoren wird einer der beiden Strahlen in dem Material *absorbiert*. Dieser Effekt wird als **Dichroismus** bezeichnet. So absorbiert z. B. Turmalin von 1 mm Dicke den ordentlichen Strahl fast vollständig.

Polarisatoren größerer Durchlassfläche und geringerer Dicke werden als **Polarisationsfolien** bezeichnet. Es sind Kunststofffolien, in die parallel zueinander dichroitische nadelförmige Herapathit-Kristalle (schwefelsaures Iodchinin) eingebettet wurden, die einen starken Dichroismus zeigen. Es gibt auch Polarisationsfolien, bei denen die Makromoleküle durch starke Streckung parallel ausgerichtet wurden und die damit eine bleibende Spannungsdoppelbrechung aufweisen.

O

26.3.3 Spannungsdoppelbrechung

Viele durchlässige isotrope Stoffe werden unter mechanischer Belastung (Druck, Zug, Biegung, Torsion) doppelbrechend. Befinden sich die Stoffe zwischen zwei gekreuzten Polarisationsfiltern, so hellt sich das Gesichtsfeld an den Stellen auf, an denen durch Deformation die Brechzahl verändert wurde.

Um bei komplizierten oder großen Bauteilen und Konstruktionen die Verteilung der mechanischen Spannungen untersuchen zu können, bringt man maßstabsgetreue Modelle in den Strahlengang zwischen gekreuzten Polarisationsfiltern. Bei entsprechender Belastung entstehen an den Stellen der Spannungen Aufhellungen. Linien oder Gebiete gleicher Helligkeit bzw. Farbe (**Isochromaten**) entsprechen Linien oder Gebieten gleicher Spannung. Als Material für die Modelle verwendet man in der **Spannungsoptik** durchsichtige Kunststoffe, z. B. Phenolkunstharz.

26.3.4 Kerr-Effekt

Elektrische Felder erzeugen in isotropen Stoffen aller Aggregatzustände Doppelbrechung. Diese als KERR-Effekt bezeichnete **elektrooptische** Erscheinung ist besonders stark bei Nitrobenzol und Nitrotoluol.

Zwischen zwei gekreuzten Polarisationsfiltern befindet sich der isotrope Stoff im elektrischen Feld eines Kondensators. Unter dem Feldeinfluss wird der Stoff doppelbrechend, und das Gesichtsfeld hellt sich auf, am stärksten, wenn der Schwingungsvektor des auf die „KERR-Zelle" fallenden linear polarisierten Lichts um 45° gegen den elektrischen Feldvektor gedreht ist.

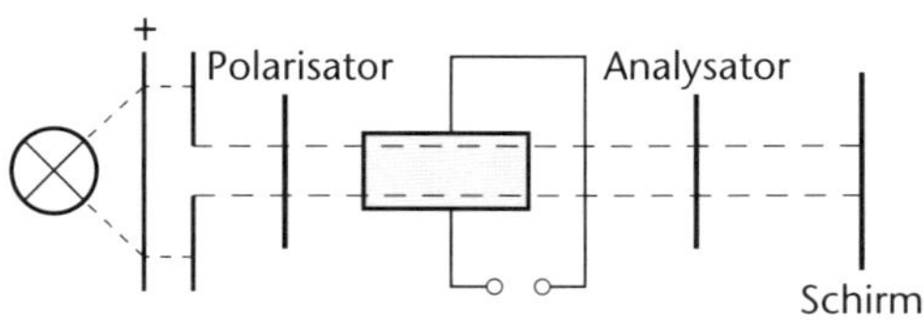

Parallel und senkrecht zum Feldstärkevektor ändert sich die Brechzahl n. Für die entstehende Differenz gilt $\Delta n \sim \lambda E^2$. Die Änderung erfolgt praktisch trägheitslos, Frequenzen von über 10^8 Hz sind möglich. KERR-Zellen mit Nitrobenzol werden zur elektrischen Helligkeitssteuerung eines Lichtbündels verwendet.

26.3.5 Optische Aktivität

Bestimmte Stoffe, man nennt sie **optisch aktiv**, drehen die Schwingungsrichtung des durch sie hindurchgehenden linear polarisierten Lichts. Es gibt links- und rechtsdrehende Stoffe. In jedem Fall ist der Drehwinkel proportional der Länge des Lichtweges in diesem Stoff; bei *Lösungen* fester aktiver Stoffe außerdem von der Konzentration.

Wenn
α Drehwinkel der Schwingungsrichtung, Drehvermögen,
α_s spezifische Drehung,
l Länge der Flüssigkeitssäule, Lichtweg in der Flüssigkeit,
m Masse des optisch aktiven Stoffes,
V_L Volumen der Lösung,

dann gilt

(O 26.15) $$\alpha = \alpha_s \frac{lm}{V_L}$$

	α	α_s	l	m	V
ges	°	$\frac{° \cdot cm^3}{dm \cdot g}$	dm	g	cm^3

Beachte:

- Die in der Übersicht angegebenen Zahlenwerte für die spezifische Drehung einiger Stoffe gelten nur für eine wässrige Lösung von $t = 20\,°C$ und Licht der Wellenlänge $\lambda = 589{,}3$ nm (D-Linie).
- Da sich der Drehwinkel leicht messen lässt, bestimmt man mit (O 26.15) die Konzentration von Lösungen, z. B. Zuckerlösungen.
- Auch die Flüssigkristallanzeige (LCD) beruht auf diesem Effekt.

Übersicht:

Spezifische Drehung $\alpha_s / \frac{° \cdot cm^3}{dm \cdot g}$ einiger wässriger Lösungen		
Rohrzucker	+66,44	rechtsdrehend
Traubenzucker	+52,50	rechtsdrehend
Fruchtzucker	−91,90	linksdrehend

Beachte:

- Die Angaben rechts- bzw. linksdrehend beziehen sich auf eine Blickrichtung entgegengesetzt zur Richtung des Lichts.

26.3.6 Faraday-Effekt

In durchsichtigen isotropen Stoffen wird die Schwingungsrichtung linear polarisierten Lichts gedreht, wenn sie in ein starkes Magnetfeld gebracht werden und der Feldvektor $\vec{H}$ mit der Richtung des Lichts zusammenfällt. Diese *magnetooptische* Erscheinung bezeichnet man auch als **Magnetorotation**. Für den Drehwinkel der Schwingungsebene gilt $\alpha \sim l\vec{H}$, worin l die Länge des im Feld befindlichen durchstrahlten Stoffes ist.

O

27 Lichtstrahlung

Der Bereich der elektromagnetischen Wellen umfasst etwa 50 Oktaven[1)], von denen für das menschliche Auge nur eine sichtbar ist. Es ist der Bereich von **390 bis 770 nm Wellenlänge**, der im engeren Sinne als Licht bezeichnet wird.

Es muss zwischen den allgemeinen **strahlungsphysikalischen Größen** (gekennzeichnet durch Index e) und den speziellen **lichttechnischen Größen** unterschieden werden. Während die Ersten Eigenschaften des Strahlungsfeldes objektiv wiedergeben, sind Letztere Ausdruck subjektiver Empfindung.

27.1 Strahlungsphysikalische Größen

Die von der Oberfläche des strahlenden Körpers ausgehende Energie wird mit W oder Q_e bezeichnet.

Für die abgestrahlte oder aufgenommene Leistung ergibt sich als

Strahlungsfluss

(O 27.1) $$\Phi_e = \frac{Q_e}{t}$$

	Φ	Q_e	t
SI	W	J	s

oder, wenn die Leistung während der Zeit t nicht konstant ist, als *Momentanleistung*

(O 27.2) $$\Phi_e = \frac{dQ_e}{dt}$$

Auf die Empfängerfläche bezogen erhält man die

Bestrahlung

(O 27.3) $$H_e = \frac{Q_e}{A_E}$$

	H	Q_e	A
SI	$\frac{J}{m^2}$	J	m^2

oder bei *ungleichmäßiger* Verteilung der Energie

(O 27.4) $$H_e = \frac{dQ_e}{dA_E}$$

[1)] Oktave: Frequenz- bzw. Wellenlängenverhältnis 1 : 2

Die auf die Empfängerfläche bezogene zugestrahlte Leistung nennt man

Bestrahlungsstärke

(O 27.5) $$E_e = \frac{\Phi_e}{A_E}$$

	E	Φ	A
SI	$\frac{W}{m^2}$	W	m^2

Bei *ungleichmäßiger* Verteilung des Strahlungsflusses auf die Fläche gilt

(O 27.6) $$E_e = \frac{d\Phi_e}{dA_E}$$

Die von der Strahlungsquelle abgestrahlte Leistung wird – auf den Raumwinkel → [27.2.4] bezogen – als **Strahlstärke** I_e (oder Intensität) bezeichnet. Für sie gilt

(O 27.7) $$I_e = \frac{\Phi_e}{\Omega}$$

	I	Φ	Ω
SI	$\frac{W}{sr}$	W	sr = 1

oder, wenn der Strahlungsfluss innerhalb des Raumwinkels *richtungsabhängig* ist,

(O 27.8) $$I_e = \frac{d\Phi_e}{d\Omega}$$

Die von einer strahlenden Fläche (in den Halbraum) abgegebene Leistung, dividiert durch die Größe der Fläche, heißt **spezifische Ausstrahlung** M_e. Es ist also

(O 27.9) $$M_e = \frac{\Phi_e}{A_S}$$

	M	Φ	A
SI	$\frac{W}{m^2}$	W	m^2

Ist der Strahlungsfluss nicht an allen Stellen der Strahlerfläche gleich groß, dann gilt

(O 27.10) $$M_e = \frac{d\Phi_e}{dA_S}$$

Die abgestrahlte Leistung, bezogen auf Raumwinkel und Strahlerfläche, wird als **Strahldichte** L_e bezeichnet. Es gilt

(O 27.11) $$L_e = \frac{\Phi_e}{\Omega A_S} = \frac{I_e}{A_S}$$

	L	Φ	Ω	A
SI	$\frac{W}{sr \cdot m^2}$	W	sr = 1	m^2

und in differenzieller Schreibweise

(O 27.12) $$L_e = \frac{d^2\Phi_e}{d\Omega\, dA_S} = \frac{dI_e}{dA_S}$$

O

Beachte:

- In (O 27.11) und (O 27.12) ist vorausgesetzt, dass die Strahlung senkrecht abgestrahlt wird. Ist dies nicht der Fall, dann ist die Fläche A_S mit $\cos\alpha$ zu multiplizieren (α = Winkel zwischen Richtung des Strahlungsflusses und der Flächennormalen).
- Im Index e unterscheiden sich die allgemeinen strahlungsphysikalischen Größen von den lichttechnischen Größen; Formelzeichen und Definitionen stimmen überein.

Übersicht:

Strahlungsphysikalische Größe	Einheit	Lichttechnische Größe	Einheit
Strahlungsenergie W, Q_e	J	Lichtmenge Q	lm · s
Strahlungsfluss Φ_e	W	Lichtstrom Φ	lm
Bestrahlung H_e	J/m^2	Belichtung H	lx · s
Bestrahlungsstärke E_e	W/m^2	Beleuchtungsstärke E	lx
Strahlstärke I_e	W/sr	Lichtstärke I	cd
spezifische Ausstrahlung M_e	W/m^2	spezifische Lichtausstrahlung M	lm/m^2
Strahldichte L_e	$W/(sr \cdot m^2)$	Leuchtdichte L	cd/m^2

27.2 Lichttechnische Größen (Fotometrie)

27.2.1 Spektraler Hellempfindlichkeitsgrad

In der Fotometrie wird das Licht nicht nach seiner Energie oder Leistung bewertet, sondern es wird die Helligkeitsempfindung des menschlichen Auges zu Grunde gelegt. Diese ist jedoch wellenlängenabhängig.

Die relative spektrale Empfindlichkeit – als spektraler Hellempfindlichkeitsgrad $V(\lambda)$ bezeichnet – ist in einer international vereinbarten Kurve dargestellt. Das Maximum liegt bei $\boldsymbol{\lambda} = \mathbf{555\,nm}$ und wird gleich 1 gesetzt. Sie gilt für das Tagsehen mit den Zapfen (Kurve T) → [25.5.3].

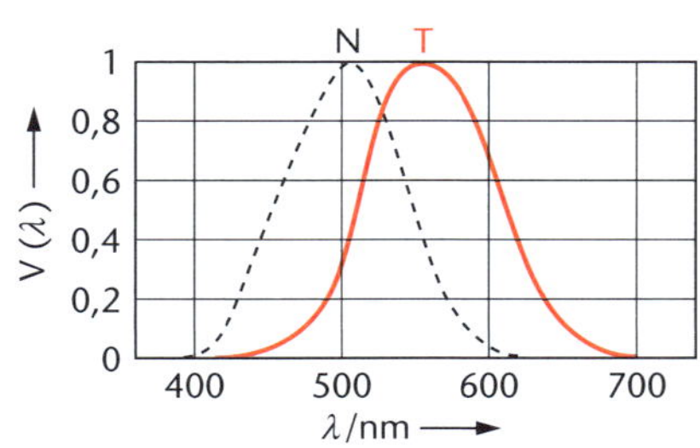

Für das Nachtsehen mit den Stäbchen (Kurve N) liegt das Maximum des Hellempfindlichkeitsgrades $V'(\lambda)$ bei $\boldsymbol{\lambda} = \mathbf{507\,nm}$.

Den Quotienten aus der physiologischen Größe Lichtstrom Φ und dem physikalischen Strahlungsfluss Φ_e bezeichnet man als **fotometrisches Strahlungsäquivalent** $K(\lambda)$. Sein Maximalwert K_m (bei 555 nm) beträgt **683 Lumen/Watt** für das Tagsehen bzw. für das Nachtsehen $K'_m = 1\,699\,\text{lm/W}$ (bei 507 nm).

Für alle anderen Wellenlängen errechnet sich $K(\lambda)$ aus dem Produkt $K_m \cdot V(\lambda)$. Die folgende Übersicht enthält die Werte für den gesamten sichtbaren Bereich. Da die Glühlampen den größten Teil ihrer Leistung im Infrarot, also außerhalb des sichtbaren Bereichs abstrahlen, erreicht man bei ihnen „Lichtausbeuten" nur von etwa 10 bis 50 Lumen/Watt.

Übersicht:

Spektraler Hellempfindlichkeitsgrad $V(\lambda)$ (Tagessehen)					
$\frac{\lambda}{\text{nm}}$	$V(\lambda)$	$\frac{V(\lambda)\cdot K_m}{\text{lm/W}}$	$\frac{\lambda}{\text{nm}}$	$V(\lambda)$	$\frac{V(\lambda)\cdot K_m}{\text{lm/W}}$
380	0,000 039	0,026 6	580	0,870	594
390	0,000 12	0,082	590	0,757	517
400	0,000 40	0,270	600	0,631	431
410	0,001 21	0,826	610	0,503	344
420	0,004 00	2,73	620	0,381	260
430	0,011 60	7,92	630	0,265	181
440	0,023 0	15,7	640	0,175	120
450	0,038 0	26,0	650	0,107	73,1
460	0,060 0	41,0	660	0,061 0	41,7
470	0,091 0	62,1	670	0,032 0	21,9
480	0,139	94,9	680	0,017 0	11,6
490	0,208	142	690	0,008 21	5,61
500	0,323	221	700	0,004 10	2,80
510	0,503	344	710	0,002 10	1,43
520	0,710	485	720	0,001 05	0,715
530	0,862	589	730	0,000 520	0,355
540	0,954	652	740	0,000 249	0,170
550	0,995	679	750	0,000 120	0,082 0
555	1,000	683	760	0,000 060	0,041 0
560	0,995	680	770	0,000 030	0,020 5
570	0,952	650	780	0,000 015	0,010 2

27.2.2 Lichtstärke

Sie ist **Basisgröße** des Internationalen Einheitensystems und wird in Candela (cd) gemessen. Ihr Formelzeichen: I.

Definition der Basiseinheit Candela:

> Eine Candela ist die Lichtstärke einer Strahlungsquelle, die in einer bestimmten Richtung monochromatisches Licht der Frequenz 540 THz ($\hat{=}$ der Vakuumwellenlänge 555 nm) mit der Strahlstärke 1/683 Watt/Steradiant aussendet.

Beachte:

- Die früheren Einheiten Hefnerkerze (HK) und Neue Kerze (NK) sind veraltet und nicht mehr zulässig. Größenmäßig sind Neue Kerze und Candela gleich.

■ Allgemein ist die Lichtstärke richtungsabhängig, sie wird in einem Polardiagramm dargestellt, der so genannten **Lichtstärkeverteilungskurve**.

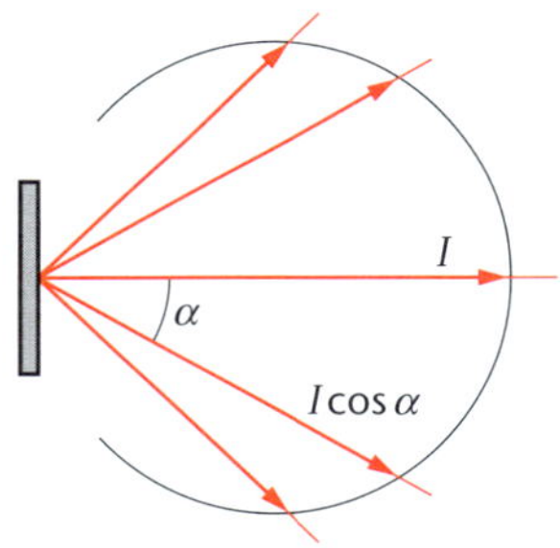

Die regelmäßigste Lichtstärkeverteilungskurve erhält man bei einer ebenen, diffus strahlenden Fläche. In Richtungen, die um den Winkel α zur Flächennormalen geneigt sind, beträgt die Lichtstärke nur $I\cos\alpha$. Deshalb muss die Lichtstärkeverteilungskurve ein Kreis sein. Eine solche strahlende Fläche wird als LAMBERT-**Strahler** bezeichnet.

Die Lichtstärkeverteilungskurve anderer Strahler, z. B. Glühlampen, ist unregelmäßiger. Nebenstehende Kurve gilt für Glühlampen der Allgebrauchsserie und bezieht sich auf einen Gesamtlichtstrom $I_{ges} = 1000$ lm. Die Werte des Diagramms sind entsprechend dem Gesamtlichtstrom der jeweiligen Lampe (→ Tabelle 44) umzurechnen (Proportion).

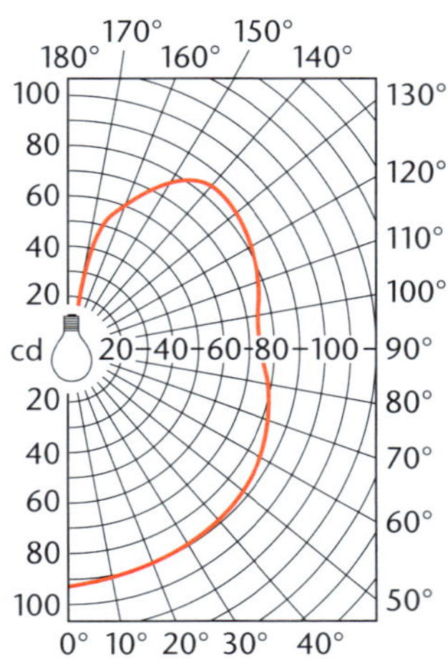

Die Lichtstärkeverteilungskurve von LEDs (Leuchtdioden) hat die Form einer in Strahlrichtung weisenden langausgestreckten „Keule“.

27.2.3 Leuchtdichte

Die Leuchtdichte L ist definiert als Quotient aus der Lichtstärke und der leuchtenden Fläche.

SI-Einheit der Leuchtdichte: $[L] = \frac{\text{cd}}{\text{m}^2}$.

Ungesetzliche Einheit: Stilb (sb) = cd/cm². $1\,\text{sb} = 1\,\frac{\text{cd}}{\text{cm}^2} = 10^4\,\frac{\text{cd}}{\text{m}^2}$.

Wenn

L Leuchtdichte einer Lichtquelle oder einer reflektierenden Fläche,
I Lichtstärke der Fläche,
A *scheinbare* Größe der Fläche,

dann gilt

(O 27.13) $$L = \frac{I}{A}$$

	L	I	A
SI	$\frac{\text{cd}}{\text{m}^2}$	cd	m^2

Beachte:

- Für A ist die so genannte **scheinbare Fläche** einzusetzen, das ist bei geneigten oder gekrümmten Flächen ihre Projektion auf eine zur Betrachtungsrichtung senkrecht stehende Ebene.
- Für den Lambert-Strahler → [27.2.2] ist wegen der richtungsabhängigen Lichtstärke die Leuchtdichte L *richtungsunabhängig*.

Übersicht:

Leuchtdichte einiger Lichtquellen in cd/cm²	
Fluoreszenz	bis 10^{-2}
Nachthimmel	10^{-7}
Grauer Himmel	bis 0,3
Blauer Himmel	bis 1
Mond	0,25
Sonne am Horizont	600
Mittagssonne	bis 150 000
Leuchtstofflampen	0,2 … 0,4
Kerzenflamme	bis 1
Wolfram-Glühlampe, mattiert	5 … 40
Wolfram-Glühlampe, klar	200 … 3 000
Kohlelichtbogen	bis 18 000
Quecksilber-Höchstdrucklampe	25 000 … 150 000
Xenon-Höchstdrucklampe	50 000 … 1 000 000

Beachte:

- Bei Leuchtdichten ab etwa 0,75 cd/cm^2 tritt eine Blendung des Auges ein.

27.2.4 Lichtstrom

Als *Lichtstrom* Φ bezeichnet man das Produkt aus der Lichtstärke und dem durchstrahlten Raumwinkel.

SI-Einheit des Lichtstroms: $[\Phi]$ = Lumen (lm) = cd · sr.

Der **Raumwinkel** Ω ist der Quotient aus einer Kugelfläche und dem Quadrat ihres Radius: $\Omega = A/r^2$.

SI-Einheit des Raumwinkels: $[\Omega]$ = Steradiant (sr) $= \frac{\mathrm{m}^2}{\mathrm{m}^2} = 1$.

Beachte:

- Der volle Raumwinkel beträgt $\Omega = 4\pi$ sr.
- Ein Raumwinkel von 1 sr entspricht einem Kreiskegel mit einem Öffnungswinkel von 65,6°.

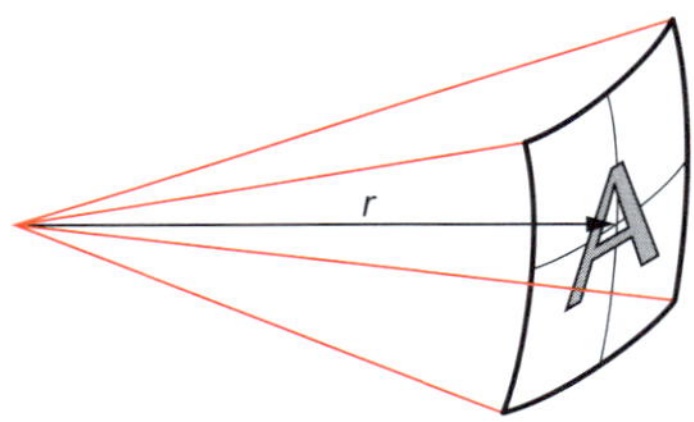

Wenn
Φ Lichtstrom,
I Lichtstärke, innerhalb des Raumwinkels Ω konstant,
Ω Raumwinkel,

dann gilt

(O 27.14) $$\Phi = I\Omega$$

	Φ	I	Ω
SI	lm	cd	sr

Für den Fall, dass die Lichtstärke innerhalb des Raumwinkels nicht konstant ist, gilt

(O 27.15) $$\Phi = \int I \,\mathrm{d}\Omega$$

Aus (O 27.15) folgt für den Gesamtstrom einer Lichtquelle

(O 27.16) $$\Phi_{\mathrm{ges}} = \int_0^{4\pi} I \,\mathrm{d}\Omega$$

Beachte:

- Zahlenwerte für den Gesamtlichtstrom wichtiger Lichtquellen → Tabelle 44.

27.2.5 Spezifische Lichtausstrahlung

Als *spezifische Lichtausstrahlung M* bezeichnet man den Quotienten aus Lichtstrom und Strahlerfläche.

SI-Einheit der spezifischen Lichtausstrahlung: $[M] = \frac{\text{Lumen}}{\text{Meter}^2} \left(\frac{\text{lm}}{\text{m}^2}\right)$.

Wenn
M spezifische Lichtausstrahlung,
Φ Lichtstrom, an allen Stellen der Strahlerfläche gleich,
A_S Strahlerfläche,
dann gilt

(O 27.17) $$M = \frac{\Phi}{A_S}$$

	M	Φ	A
SI	$\frac{\text{lm}}{\text{m}^2}$	lm	m^2

Wenn der Lichtstrom nicht an allen Stellen der Strahlerfläche gleich ist, dann gilt

(O 27.18) $$M = \frac{d\Phi}{dA_S}$$

27.2.6 Lichtmenge

Als *Lichtmenge Q* bezeichnet man das Produkt aus Lichtstrom und Zeit.

SI-Einheit der Lichtmenge: $[Q]$ = Lumensekunde (lm · s).

Wenn
Q Lichtmenge,
Φ Lichtstrom,
t Zeit,
dann gilt

(O 27.19) $$Q = \Phi t$$

	Q	Φ	t
SI	lm · s	lm	s

O

Ist der Lichtstrom Φ nicht konstant, sondern eine Funktion der Zeit t, so gilt

(O 27.20) $$Q = \int \Phi \, \mathrm{d}t$$

27.2.7 Beleuchtungsstärke

Als *Beleuchtungsstärke* E bezeichnet man den Quotienten aus auftreffendem Lichtstrom und Größe der Empfängerfläche.

SI-Einheit der Beleuchtungsstärke: $[E] = \text{Lux (lx)} = \text{lm/m}^2$.

Wenn

- E Beleuchtungsstärke,
- Φ Lichtstrom, der auf die Fläche A trifft,
- A vom Lichtstrom getroffene Fläche, Empfängerfläche,
- α Winkel zwischen den auftreffenden Lichtstrahlen und der Flächennormalen,
- r Abstand Lampe–Empfängerfläche,
- I Lichtstärke,

dann gilt

(O 27.21) $$E = \frac{\Phi}{A}$$

	E	Φ	A
SI	lx	lm	m^2

oder bei ungleichmäßiger Verteilung des Lichtstroms

(O 27.22) $$E = \frac{\mathrm{d}\Phi}{\mathrm{d}A}$$

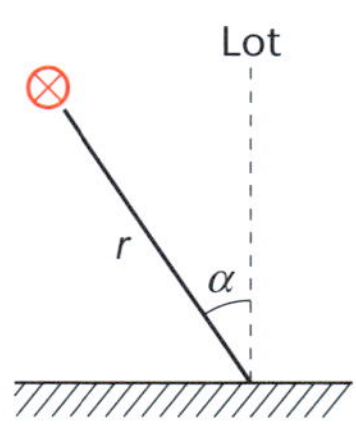

Ersetzt man in (O 27.21) Φ durch $I\Omega$, worin bei schrägem Einfall $\Omega = A \cos\alpha / r^2$ ist, so ergibt sich die wichtige Beziehung

(O 27.23) $$E = \frac{I \cos\alpha}{r^2}$$

	E	I	r
SI	lx	cd	m

Beachte:

- Die Beleuchtungsstärke nimmt mit dem Quadrat der Entfernung ab.
- Die Lichtstärke I wird mit Hilfe der Lichtverteilungskurve aus dem Gesamtlichtstrom ermittelt. Zahlenwerte → Tabelle 44.

Übersicht:

Natürliche Beleuchtungsstärke E/lx	
Sonnenlicht im Sommer	100 000
Sonnenlicht im Winter	10 000
Bedeckter Himmel im Sommer	5 000 ... 20 000
Bedeckter Himmel im Winter	1 000 ... 2 000
Grenze der Farbwahrnehmung	≈ 3
Nachts bei Vollmond	0,2
Mondlose Nacht	0,000 3

Übersicht:

Normalbeleuchtungsstärken E/lx				
Ansprüche:	niedrig	mittel	hoch	
Wohnräume				
– Allgemeinbeleuchtung	40	80	150	
Art der Arbeit:	grob	mittel	fein	sehr fein
Arbeitsräume, Schulen				
– nur Allgemeinbeleuchtung	40	80	150	300
– Allgemeinbeleuchtung	20	30	40	50
mit Arbeitsplatzbeleuchtung	100	300	1000	5000
Verkehrsstärke:	schwach	mittel	stark	sehr stark
Durchgänge und Treppen	15		30	
Straßen und Plätze	3	8	15	30
Fabrikhöfe	3		15	

O

27.2.8 Belichtung

Als *Belichtung* H bezeichnet man das Produkt aus Beleuchtungsstärke und Zeit.

SI-Einheit der Belichtung: $[H]$ = Luxsekunde (lx · s).

Wenn
H Belichtung,
E Beleuchtungsstärke,
t Zeit,
Q Lichtmenge,
A beleuchtete Fläche,

dann gilt mit $E = \Phi/A$ (O 27.21) und $\Phi t = Q$ (O 27.19)

(O 27.24) $$H = Et = \frac{Q}{A}$$

	H	E	t	Q	A
SI	lx · s	lx	s	lm · s	m^2

Ist die Beleuchtungsstärke während der Zeit nicht konstant, gilt

(O 27.25) $$H = \int E \, dt$$

Beachte:

- Belichtungsmesser für die Fotografie bestimmen aus der Beleuchtungsstärke die erforderliche Belichtungszeit, damit der Film die richtige für die Schwärzung erforderliche Belichtung (Lichtmenge durch Fläche) erhält.

27.3 Fotometer

Zur Messung fotometrischer Größen dienen Fotometer, die sowohl mit subjektivem Vergleich arbeiten können als auch eine objektive Messung zulassen.

27.3.1 Messung der Lichtstärke

Die Lichtstärke wird stets durch Vergleich bestimmt. Erzeugen zwei verschiedene Lichtquellen auf der gleichen Fläche die gleiche Beleuchtungsstärke, dann gilt entsprechend (O 27.23)

$E = I_1/r_1^2 = I_2/r_2^2$ oder

$I_1/I_2 = r_1^2/r_2^2$.

Daraus ergibt sich für die unbekannte Lichtstärke I_2

(O 27.26) $$I_2 = I_1 \frac{r_2^2}{r_1^2}$$

Beachte:

- Die Gleichung gilt nur, wenn beide Lichtquellen **gleiche** Beleuchtungsstärken auf der Fläche hervorrufen und annähernd gleiche Lichtzusammensetzung haben.

Die Gleichheit der beiden Beleuchtungsstärken erreicht man durch Veränderung der Abstände der Lichtquellen von der Fläche. Als Hilfsmittel dienen z. B.

- Fettfleckfotometer von Bunsen,
- Fotometerwürfel von Lummer und Brodhun.

27.3.2 Messung des Gesamtlichtstroms

Zur Bestimmung des Gesamtlichtstroms z. B. einer Glühlampe wird die ULBRICHT'sche Fotometerkugel verwendet. Diese Hohlkugel besitzt innen einen hohen Reflexionsgrad. Dadurch wird nach mehrmaliger Reflexion des Lichts an der Wandung die ungleiche Lichtverteilung ausgeglichen. An einer Stelle der Wand wird die Beleuchtungsstärke gemessen. Eine Multiplikation mit der gesamten Kugelfläche ergibt den Gesamtlichtstrom Φ_{ges} (bzw. einen ihm proportionalen Wert, abhängig vom Reflexionsgrad der Innenseite).

27.3.3 Messung der Beleuchtungsstärke

Dazu dienen so genannte Luxmeter. Das sind Mikroamperemeter, die mit einem Fotoelement (meist Selenfotoelement) verbunden sind. Ihre spektrale Hellempfindlichkeit V_λ wird mit Filtern der des Auges weitgehend angepasst.

Auch Fotowiderstände werden für die Messung verwendet (vor allem bei „Belichtungsmessern" für die Fotografie). Nachteilig ist, dass sie eine Spannungsquelle benötigen.

ELEKTRIK E

28 Gleichstromkreis

28.1 Elektrischer Strom

Der in einem Leiter fließende Strom besteht aus Elektronen, die sich mit relativ kleiner Geschwindigkeit vorwärts bewegen. Diese so genannten **freien Elektronen** haben sich aus dem Atomverband gelöst.

Der elektrische Strom übt verschiedene Wirkungen aus:

- Wärmewirkung,
- chemische Wirkung,
- magnetische Wirkung.

28.1.1 Elektrische Stromstärke

Sie ist Basisgröße des Internationalen Einheitensystems und wird in Ampere (A) gemessen. Ihr Formelzeichen: I.

> **Definition** der Basiseinheit Ampere:
> Ein Ampere ist die Stärke eines elektrischen Stromes, der durch zwei geradlinige parallele Leiter mit einem Abstand von einem Meter fließt und der zwischen den Leitern je Meter Länge eine Kraft von $2 \cdot 10^{-7}$ N hervorruft.

28.1.2 Elektrische Ladung

> Unter der Ladung Q versteht man das Produkt aus Stromstärke und Zeit. Sie heißt auch Elektrizitätsmenge oder Ladungsmenge.

SI-Einheit der Ladung: $[Q]$ = Amperesekunde $(\mathrm{A} \cdot \mathrm{s})$ = Coulomb (C).

Wenn

Q Ladung, die in der Zeit t durch die Querschnittsfläche eines Leiters fließt,

t Dauer des Stromflusses,

I Stromstärke, konstant während der Zeit t,

dann gilt

(E 28.1) $$Q = It$$

	Q	I	t
SI	$\mathrm{C} = \mathrm{A} \cdot \mathrm{s}$	A	s

Ist die Stromstärke I nicht konstant, sondern eine Funktion der Zeit, also $i = I(t)$, so ergibt sich

(E 28.2) $$Q = \int_{t_1}^{t_2} i \,\mathrm{d}t$$

Umrechnung:

1 Amperestunde (Ah) = 3 600 C

■ Die kleinste elektrische Ladung besitzen die Elementarteilchen Elektron (negativ) und Proton (positiv). Man bezeichnet sie als die

elektrische Elementarladung

(E 28.3) $$e = 1{,}602\,176\,565 \cdot 10^{-19}\,\mathrm{C}$$

Beachte:

- Jede elektrische Ladung ist ein ganzzahliges Vielfaches der elektrischen Elementarladung e.
- Die Ladung 1 C entspricht der Ladung von $\approx 6{,}24 \cdot 10^{18}$ Elektronen.

E

28.2 Elektrische Spannung

28.2.1 Quellenspannung U_q (Urspannung)

Sie ist die Ursache jedes elektrischen Stroms und herrscht zwischen den Polen einer **Spannungsquelle**. Früher wurde sie als **elektromotorische Kraft** (**EMK**) bezeichnet.

Am **Minuspol** besteht ein Elektronenüberschuss, am **Pluspol** ein Elektronenmangel. Beide Zustände werden durch Vorgänge im Inneren der Spannungsquelle erzeugt und aufrechterhalten. Die Elektronen fließen *außerhalb* der Spannungsquelle vom Elektronenüberschuss zum -mangel, also vom Minus- zum Pluspol. Vor Kenntnis der wahren Verhältnisse war bereits festgelegt die

technische Stromrichtung:
Der Strom fließt vom Plus- zum Minuspol.

Übersicht:

Beispiele für Spannungen	U/V
Batterien (Primärelemente) je Zelle	
Zink-Kohle (ZnC)	1,5
Alkali-Mangan (AlMa)	1,5
Zink-Luft (Zn-Luft)	1,4
Lithium (Li)	3,0
Silberoxid (AgO)	1,55
Akkus (Sekundärelemente) je Zelle	
Nickel-Cadmium (NiCd)	1,2
Nickel-Eisen (NiFe)	1,2
Nickel-Metall-Hydrid (NiMH)	1,2
Blei (Pb)	2,0
Halogen-Lampen	12
elektrische Anlage im Pkw	12
öffentliches Stromnetz	230; 400
Straßenbahn	550
elektrische Lokomotiven	bis 15 000
Hochspannungsfernleitungen	bis 380 000

28.2.2 Spannungsabfall *U*

So bezeichnet man die Spannung zwischen zwei beliebigen Punkten eines stromdurchflossenen Leiters. Sie ist stets kleiner als die Quellenspannung.

Unter der *Spannung U* zwischen zwei Punkten eines Leiters versteht man das Verhältnis der in diesem Leiterteil umgesetzten Leistung zu der Stromstärke im Leiter.

SI-Einheit der Spannung: $[U] = \frac{\mathrm{W}}{\mathrm{A}} = \mathrm{Volt}\ (\mathrm{V})$.

Definition der Spannungseinheit Volt:
Das Volt ist die elektrische Spannung zwischen zwei Punkten eines metallischen Leiters, in dem bei einem konstanten Strom von 1 A zwischen den beiden Punkten eine Leistung von 1 W umgesetzt wird.

28.3 Elektrischer Widerstand

Er bestimmt die Stärke des Stroms, der bei einer bestimmten Spannung durch den Stromkreis fließt.

Unter dem *Widerstand R* versteht man das Verhältnis der Spannung zwischen den Enden eines Leiters zur Stärke des Stroms im Leiter.

SI-Einheit des Widerstandes: $[R] = \frac{\mathrm{V}}{\mathrm{A}} = \mathrm{Ohm}\ (\Omega)$.

Definition der Widerstandseinheit Ohm:
Das Ohm ist der elektrische Widerstand zwischen zwei Punkten eines metallischen Leiters, durch den bei der Spannung 1 V zwischen den beiden Punkten ein Strom von 1 A fließt.

Wenn
R Widerstand des Leiters,
U Spannung im Stromkreis,
I Stromstärke,
dann gilt das

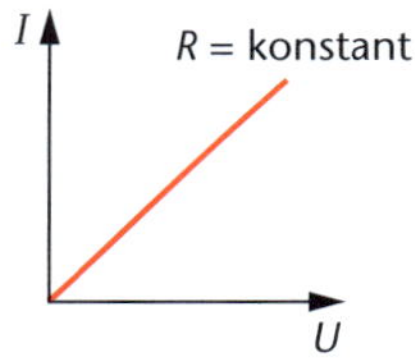

Ohm'sche Gesetz

(E 28.4) $$R = \frac{U}{I}$$

	R	U	I
SI	Ω	V	A

In einem Leiter ist die Stromstärke der Spannung direkt und dem Widerstand umgekehrt proportional.

Beachte:

- Das OHM'sche Gesetz gilt auch für Teile eines Stromkreises.
- Die Strom-Spannungs-Kennlinie ist nur bei konstantem Widerstand eine Gerade. Der Widerstand ist aber temperaturabhängig → [28.3.2].

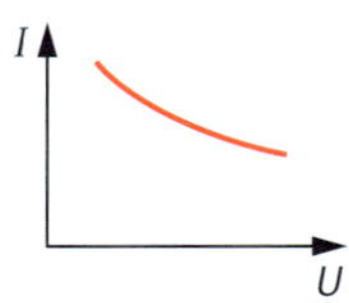

- In Gasentladungsröhren ist $U = f(I)$. In bestimmten Bereichen fällt die Kennlinie, d. h., die Spannung sinkt bei steigender Stromstärke.

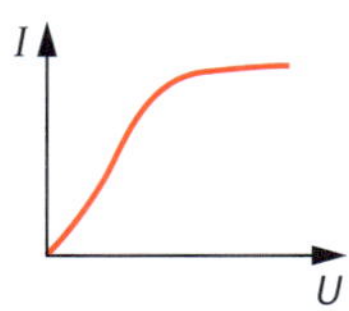

- Bei einer begrenzten Anzahl von Ladungsträgern (Elektronenröhren) strebt die Stromstärke bei steigender Spannung einem bestimmten Maximalwert (Sättigungswert) zu. Die I, U-Kurve ergibt eine Sättigungskennlinie.

■ Den Kehrwert des Widerstandes R bezeichnet man als

elektrischen Leitwert *G*

(E 28.5) $$G = \frac{1}{R}$$

	G	R
SI	S	Ω

SI-Einheit des Leitwertes: $[G] = \frac{1}{\Omega}$ = Siemens (S).

28.3.1 Spezifischer elektrischer Widerstand

Wenn

R Widerstand des Leiters,
ϱ spezifischer Widerstand des Materials (→ Tabelle 45),
l Gesamtlänge des Leiters,
A Querschnittsfläche des Leiters,

dann gilt

(E 28.6) $$R = \frac{\varrho l}{A}$$

	R	ϱ	l	A	$\varkappa$
SI	Ω	$\Omega \cdot \mathrm{m}$	m	m^2	$\frac{1}{\Omega \cdot \mathrm{m}}$
VT	Ω	$\frac{\Omega \cdot \mathrm{mm}^2}{\mathrm{m}}$	m	mm^2	$\frac{\mathrm{m}}{\Omega \cdot \mathrm{mm}^2}$
VT	Ω	$\Omega \cdot \mathrm{cm}$	cm	cm^2	$\frac{1}{\Omega \cdot \mathrm{mm}}$

Beachte:

● Der spezifische Widerstand ϱ ist temperaturabhängig → [28.3.2].

■ Den Kehrwert des spezifischen Widerstandes ϱ bezeichnet man als

elektrische Leitfähigkeit $\varkappa$

(E 28.7) $$\varkappa = \frac{1}{\varrho}$$ Einheiten → (E 28.6)

28.3.2 Widerstand und Temperatur

Der spezifische Widerstand von Leitern und Nichtleitern ist temperaturabhängig.

Der Widerstand eines metallischen Leiters *wächst* mit der Temperatur.
Bei Halbleitern *sinkt* der große Widerstand beim Erwärmen beträchtlich.

Bei einigen Metallen sinkt der Widerstand in der Nähe des absoluten Nullpunkts sprunghaft auf annähernd null: **Supraleitung**.

Konstantan (60 % Cu, 40 % Ni) und Manganin (86 % Cu, 2 % Ni, 12 % Mn) sind sehr gering temperaturabhängige Widerstandslegierungen.

■ Der spezifische Widerstand ϱ (in Tabellen meist auf 20 °C bezogen) bzw. der elektrische Widerstand lassen sich auf andere Temperaturen umrechnen.

Wenn

ϱ_t spezifischer Widerstand bei der Temperatur t,

ϱ_{20} spezifischer Widerstand bei 20 °C (→ Tabelle 45),

R_t Widerstand eines Leiters bei der Temperatur t,

R_{20} Widerstand des gleichen Leiters bei 20 °C,

α Temperaturkoeffizient des elektrischen Widerstandes für 20 °C (→ Tabelle 46),

t Temperatur,

dann gilt

(E 28.8) $$\varrho_t = \varrho_{20}\left[1 + \alpha(t - 20\,^\circ\mathrm{C})\right]$$

oder

(E 28.9) $$R_t = R_{20}\left[1 + \alpha(t - 20\,^\circ\mathrm{C})\right]$$

	ϱ	R	α	t
SI	wie bei (E 28.6)		$\frac{1}{\mathrm{K}}$	°C

Der *Temperaturkoeffizient* des elektrischen Widerstandes ist das Verhältnis der relativen Änderung des Widerstandes (bzw. des spezifischen Widerstandes) zur Temperaturänderung.

$$\alpha = \frac{\Delta R}{R\,\Delta t} = \frac{\Delta\varrho}{\varrho\,\Delta t}$$

Beachte:

- Bei sehr genauen Berechnungen muss berücksichtigt werden, dass der Temperaturkoeffizient α selbst auch gering temperaturabhängig ist.

28.4 Elektrischer Stromkreis

In einem Stromkreis fließen die Elektronen *außerhalb* der Spannungsquelle vom Minus- zum Pluspol und *innerhalb* der Spannungsquelle vom Plus- zum Minuspol wieder zurück (technische Stromrichtung entgegengesetzt!).

In einem unverzweigten elektrischen Stromkreis ist an allen Stellen die Stromstärke gleich groß.

Auch das Innere einer Spannungsquelle besitzt einen Widerstand (**Innenwiderstand** R_i). Dieser und die äußeren Widerstände (R_a) bestimmen die Stromstärke. Für den gesamten Stromkreis lautet demnach das Ohm'sche Gesetz (E 28.4)

(E 28.10) $$I = \frac{U_q}{R_i + R_a}$$

	I	U	R
SI	A	V	Ω

E

Beachte:

- Die an den inneren und äußeren Widerständen entstehenden Spannungsabfälle werden nach dem OHM'schen Gesetz (E 28.4) berechnet.
- Wenn $R_a \to 0$, dann bestimmt nur noch der meist sehr kleine Innenwiderstand R_i die Stromstärke, die durch Sicherungen begrenzt werden muss, um Zerstörungen zu vermeiden (**Kurzschluss**).

■ In einem *vollständigen* Stromkreis muss zwischen folgenden Spannungen unterschieden werden:

► **Quellenspannung** (U_q) oder **Urspannung** (früher EMK):
Spannung zwischen den Polen einer Spannungsquelle bei nicht geschlossenem Stromkreis (Leerlauf-Spannung).

► **Innerer Spannungsabfall** (U_i):
Teil der Urspannung, der im Innern der Spannungsquelle wegen des inneren Widerstandes abfällt, wenn der Stromkreis geschlossen ist, $U_i = IR_i$.

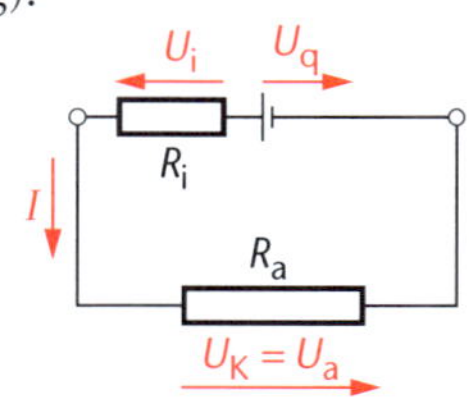

► **Klemmenspannung** (U_K):
Spannung zwischen den Polen einer Spannungsquelle bei geschlossenem Stromkreis. Sie ist um den inneren Spannungsabfall kleiner als die Urspannung, also

Urspannung = Klemmenspannung + innerer Spannungsabfall.

Wenn
U_K Klemmenspannung,
U_q Quellenspannung,
R_i Innenwiderstand der Spannungsquelle,
R_a Summe der äußeren Widerstände,

dann gilt

$U_K = U_q - U_i$ und daraus mit (E 28.4)

(E 28.11) $$U_K = U_q - IR_i$$

	U	I	R
SI	V	A	Ω

und wegen (E 28.10) $I = \dfrac{U_q}{R_i + R_a}$

(E 28.11a) $$U_K = \frac{U_q R_a}{R_i + R_a}$$

Einheiten → (E 28.11)

■ Für den *äußeren* Stromkreis steht nur die Klemmenspannung zur Verfügung. Sie entspricht dem gesamten äußeren Spannungsabfall.

Die Klemmenspannung ist gleich der Summe der äußeren Spannungsabfälle.

(E 28.12) $$U_K = U_1 + U_2 + U_3 + \ldots$$

Aus dem OHM'schen Gesetz für den gesamten Stromkreis → (E 28.10) ergibt sich durch Umformung

(E 28.13) $$U_q = I(R_i + R_a) = U_i + U_a$$

In einem *geschlossenen* Stromkreis ist die Quellenspannung gleich der Summe aller Spannungsabfälle.

Enthält ein Stromkreis mehrere Quellenspannungen, dann sind diese algebraisch zu addieren. Bei Gegenreihenschaltung (umgekehrte Polung) wird die betreffende Quellenspannung demnach subtrahiert. Um die richtigen Vorzeichen der Quellenspannungen in solch einem als **Masche** bezeichneten Stromkreis zu finden, legt man einen Umlaufsinn willkürlich fest. Es gilt dann

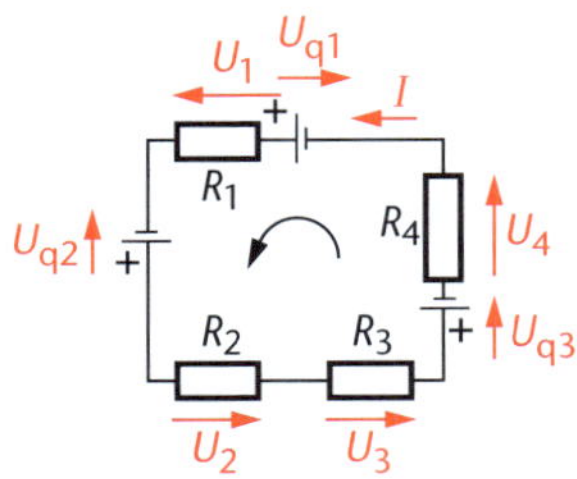

(E 28.14) $$\sum U_q = \sum U$$

2. KIRCHHOFF'sches Gesetz (Maschensatz):
In einem unverzweigten Stromkreis bzw. in jeder Masche eines verzweigten Netzwerkes ist die algebraische Summe aller Quellenspannungen gleich der Summe aller inneren und äußeren Spannungsabfälle.

Gleichwertig ist die Formulierung

(E 28.15) $$\sum U_K = \sum U_a$$

In einem unverzweigten Stromkreis bzw. in jeder Masche eines verzweigten Netzwerkes ist die algebraische Summe aller Klemmenspannungen gleich der Summe aller äußeren Spannungsabfälle.

28.5 Stromverzweigung

1. KIRCHHOFF'sches Gesetz (Knotenpunktsatz):
In einer Stromverzweigung ist die Summe der Zweigströme gleich dem Gesamtstrom.

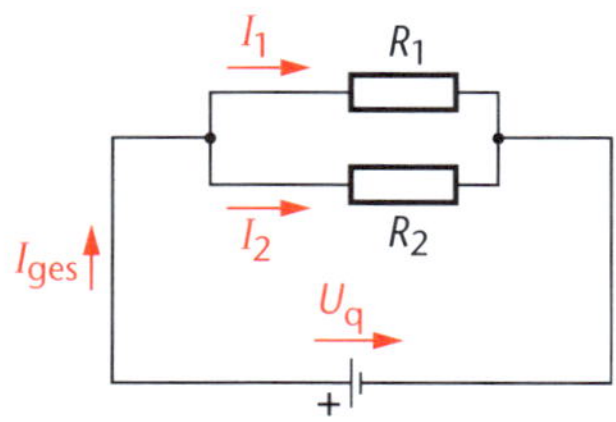

(E 28.16) $$I_{ges} = I_1 + I_2 + I_3 + \ldots$$

Eine gleichwertige Formulierung ist:

In jedem Verzweigungspunkt (Knotenpunkt) eines Stromkreises ist die Summe der zufließenden Ströme gleich der Summe der abfließenden Ströme.

28.6 Schaltung von Widerständen

28.6.1 Reihenschaltung

Bei einer Reihen- oder Serienschaltung sind die Widerstände hintereinander geschaltet, d. h., jeder von ihnen wird nacheinander vom gleichen Strom durchflossen.

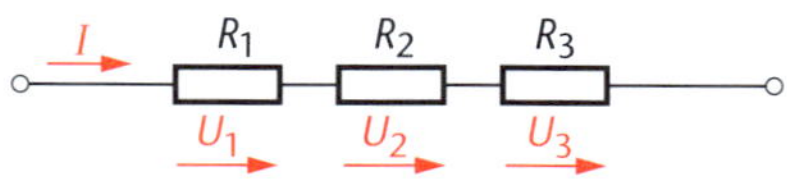

Bei einer Reihenschaltung von Widerständen ist der Gesamtwiderstand gleich der Summe der Einzelwiderstände.

(E 28.17) $$R_r = R_1 + R_2 + R_3 + \ldots$$

Da jeder Widerstand vom gleichen Strom durchflossen wird, gilt nach dem OHM'schen Gesetz (E 28.4)

$$I = \frac{U_1}{R_1} = \frac{U_2}{R_2} = \frac{U_3}{R_3} = \ldots \quad \text{oder}$$

(E 28.18) $$\frac{U_1}{U_2} = \frac{R_1}{R_2}$$

Bei einer Reihenschaltung verhalten sich die Spannungsabfälle über den Widerständen wie die Widerstände selbst.

28.6.2 Parallelschaltung

Aus den Gesetzen von OHM und KIRCHHOFF folgt:

Bei der Parallelschaltung ist der Kehrwert des Gesamtwiderstandes R_p gleich der Summe der Kehrwerte der Einzelwiderstände.

(E 28.19) $$\frac{1}{R_p} = \frac{1}{R_1} + \frac{1}{R_2} + \frac{1}{R_3} + \ldots$$

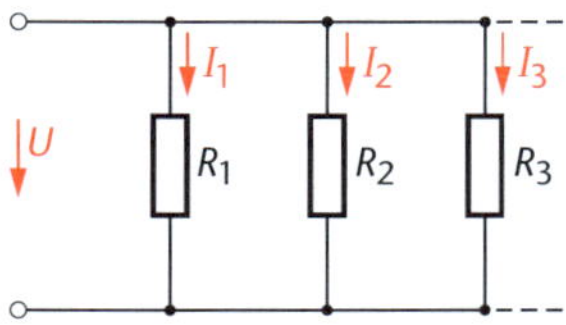

oder wegen $1/R = G$ (E 28.5)

(E 28.20) $$G_p = G_1 + G_2 + G_3 + \ldots$$

Bei einer Parallelschaltung addieren sich die Einzelleitwerte zum Gesamtleitwert.

Bei nur *zwei* parallel geschalteten Widerständen vereinfacht sich (E 28.19) zu

(E 28.21) $$R_p = \frac{R_1 R_2}{R_1 + R_2}$$

E

Beachte:

- Bei der Parallelschaltung ist der Gesamtwiderstand kleiner als der kleinste Einzelwiderstand.

Da an jedem der parallel geschalteten Widerstände die gleiche Spannung liegt, gilt nach dem OHM'schen Gesetz (E 28.4)

$U = I_1 R_1 = I_2 R_2 = \ldots$ oder

(E 28.22) $$\frac{I_1}{I_2} = \frac{R_2}{R_1}$$

Bei einer Parallelschaltung verhalten sich die Ströme in den Widerständen umgekehrt wie die Widerstände selbst.

28.6.3 Spannungsteiler

Fällt an dem Widerstand eine Spannung U ab, so kann man eine Teilspannung an dem entsprechenden Teil des Widerstandes abgreifen.

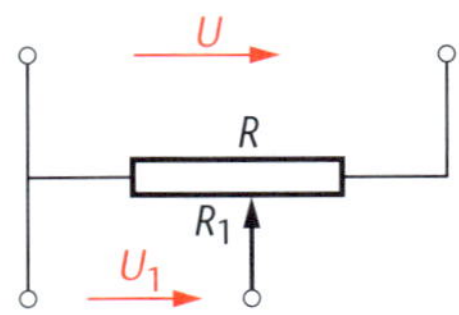

Wenn

U_1 Spannungsabfall am abgegriffenen Teilwiderstand R_1,

U Spannungsabfall am gesamten Widerstand R,

R_1 abgegriffener Teilwiderstand,

R Gesamtwiderstand,

dann gilt

(E 28.23) $$U_1 = U\frac{R_1}{R}$$

Beachte:

- Diese Gleichung gilt exakt nur für den unbelasteten Spannungsteiler und mit hinreichender Genauigkeit bei geringer Belastung (kleiner Stromstärke), weil im Abgriffspunkt eine Stromverzweigung vorliegt. Durch den abgegriffenen Widerstand R_1 fließt nur ein Teilstrom, der Spannungsabfall U_1 ist kleiner, als sich nach (E 28.23) ergibt.

28.6.4 Wheatstone'sche Messbrücke

Diese Messbrücke zur Bestimmung von Widerständen ist eine Anwendung der KIRCHHOFF'schen Gesetze. Der Abgriff wird so eingestellt, dass die Brücke mit dem Messgerät stromlos wird, die Spannung U_{CD} also gleich null wird.

Es gilt dann

$\frac{R_x}{R_3} = \frac{R_1}{R_2}$. Durch Umstellung folgt daraus für den zu bestimmenden Widerstand R_x

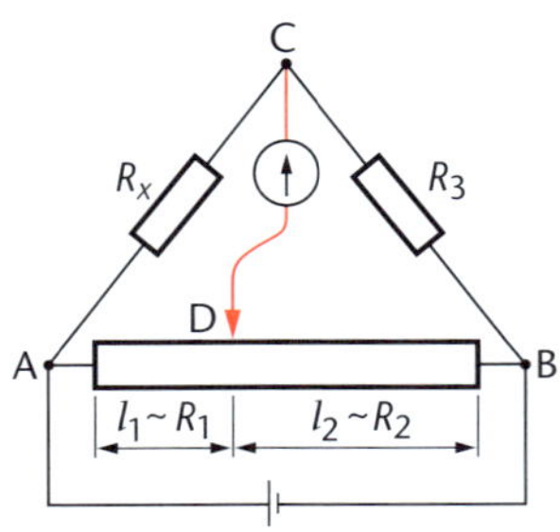

(E 28.24) $$R_x = R_3\frac{R_1}{R_2} = R_3\frac{l_1}{l_2}$$

Beachte:

- Die abgegriffenen Teilwiderstände R_1 und R_2 können nur dann durch die Längen l_1 und l_2 ersetzt werden, wenn es sich um einen *homogenen* Draht handelt.

28.7 Messung von Stromstärke und Spannung

Die Messgeräte nutzen die Wirkungen des elektrischen Stromes. Beim **Hitzdrahtinstrument** erwärmt und verlängert sich ein stromdurchflossener Messdraht. Die Verlängerung ist ein Maß für die Stärke des Stromes.

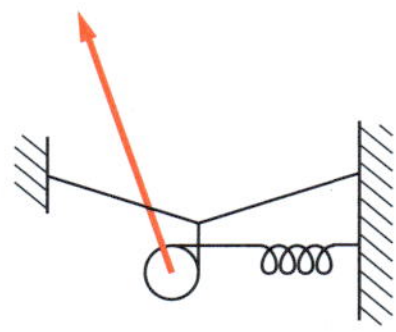

Beim **Dreheiseninstrument** werden ein fest stehendes Eisen (meist Weicheisen) und ein am drehbaren Zeiger befestigtes Eisen von einer Zylinderspule umschlossen. Der durch die Spule fließende Messstrom magnetisiert beide Eisen gleichsinnig, sie stoßen sich gegenseitig ab. Die Drehrichtung ist unabhängig von der Stromrichtung, man kann also Gleich- und Wechselströme messen.

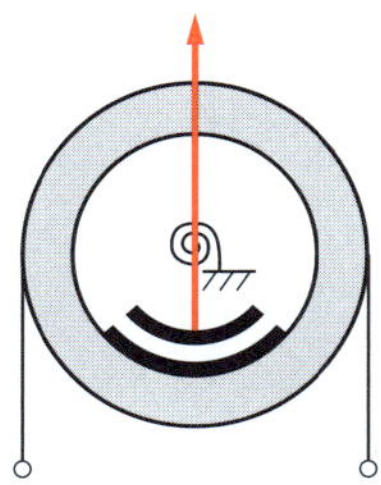

Beim **Drehspulinstrument** befindet sich im Feld eines Dauermagneten eine drehbar gelagerte Spule. Wird sie vom zu messenden Strom durchflossen, so entsteht durch Überlagerung beider Magnetfelder ein Drehmoment. Der Ausschlagwinkel ist ein Maß für die Stärke des Stromes.

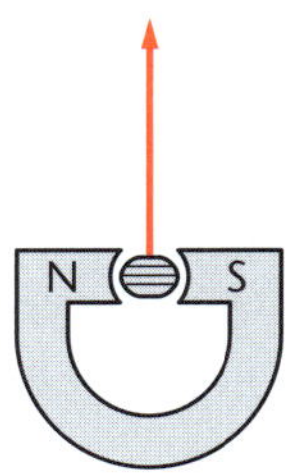

Galvanometer sind besonders empfindliche Drehspulinstrumente. Bei ihnen erzeugen meistens Spiralfedern das Rückstellmoment.

28.7.1 Strommesser

Sie liegen im **Hauptschluss**, d. h., der zu messende Strom fließt durch sie hindurch. Ihr Innenwiderstand R_i soll möglichst *klein* sein, damit am Messgerät kein nennenswerter Spannungsabfall entsteht, der die Spannung am Messobjekt verringern würde.

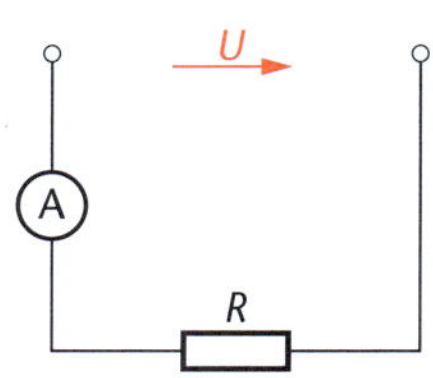

Will man größere Ströme messen, als es der Messbereich zulässt, dann muss ein Parallelwiderstand (Nebenwiderstand, Shunt) geschaltet werden, der den entsprechenden Teil des Stroms am Messgerät vorbei leitet.

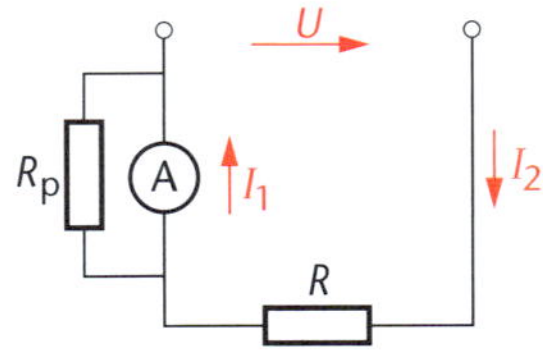

Wenn

R_p erforderlicher Parallelwiderstand,
R_i Innenwiderstand des Strommessers,
I_2 gewünschter neuer Messbereich,
I_1 bisheriger Messbereich des Instrumentes,

dann gilt, weil sich bei Parallelschaltung die Ströme umgekehrt wie die Widerstände verhalten,

$\frac{I_1}{I_2 - I_1} = \frac{R_p}{R_i}$. Durch Umstellung folgt daraus

$$R_p = \frac{R_i}{\frac{I_2}{I_1} - 1} \quad \text{(E 28.25)}$$

28.7.2 Spannungsmesser

Sie liegen im **Nebenschluss**, d. h. parallel zu der zu messenden Spannung. Ihr Innenwiderstand soll möglichst *groß* sein, damit nicht ihr Strom den Gesamtwiderstand vergrößert und so die Klemmenspannung verkleinert.

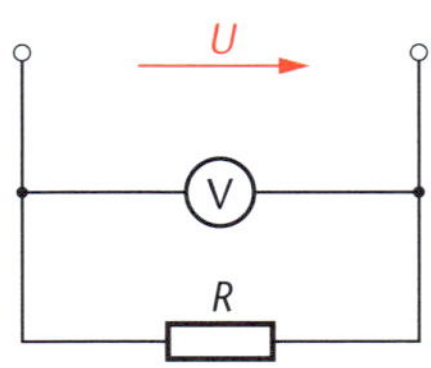

Will man größere Spannungen messen, als es der Messbereich zulässt, dann muss ein Vorwiderstand geschaltet werden, der den entsprechenden Spannungsabfall erzeugt.

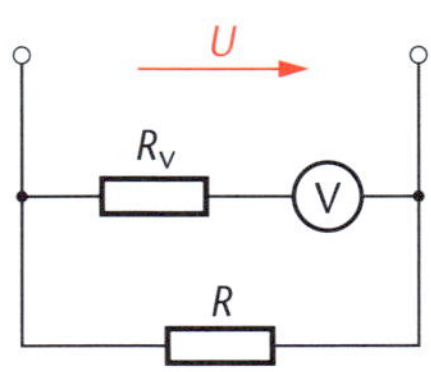

Wenn

R_v erforderlicher Vorwiderstand,
R_i Innenwiderstand des Spannungsmessers,
U_2 gewünschter neuer Messbereich,
U_1 bisheriger Messbereich des Instrumentes,

dann gilt, weil Vorwiderstand und Messwerk vom gleichen Strom durchflossen werden,

$I = \frac{U_1}{R_i} = \frac{U_2 - U_1}{R_v}$. Durch Umstellung folgt daraus

(E 28.26) $$R_v = R_i \left(\frac{U_2}{U_1} - 1 \right)$$

28.8 Elektrische Arbeit und Leistung

28.8.1 Elektrische Arbeit

Elektrische Energie entsteht aus anderen Energiearten und lässt sich wieder in andere umwandeln. Auch für sie gilt der Satz von der Erhaltung der Energie. Unter der Kraftwirkung eines elektrischen Feldes → [29.2] bewegen sich die Ladungsträger durch den Leiter.

Wenn
W elektrische Arbeit, Stromarbeit,
U Spannung,
I Stromstärke,
t Zeit, Dauer des Stromflusses,
Q transportierte Ladung,

dann gilt, weil die für den Transport der Ladung Q erforderliche Arbeit $W = UQ$ ist, mit $Q = It$

(E 28.27) $$W = UIt = \frac{U^2 t}{R} = I^2 Rt$$

	W	U	I	t	R
SI	$\mathrm{J = W \cdot s}$	V	A	s	Ω

Umrechnung:

1 kWh = $3{,}6 \cdot 10^6$ J = 3,6 MJ	1 cal = 4,187 J	1 kp · m = 9,807 J

Beachte:

- Weitere Umrechnungen von Arbeitseinheiten → hintere Einbandinnenseite.
- (E 28.27) gilt nur, wenn die Stromstärke I während der Zeit t konstant ist. Dann bewegen sich die Ladungsträger mit konstanter Geschwindigkeit, die gesamte elektrische Arbeit wird in Wärme umgewandelt (**Stromwärme**).

E

28.8.2 Elektrische Leistung

Wenn
P elektrische Leistung, Stromleistung,
U Spannung,
I Stromstärke,

dann gilt entsprechend (M 7.28) $P = W/t$ und mit (E 28.27)

(E 28.28) $$P = UI = \frac{U^2}{R} = I^2 R$$

	P	U	I	R
SI	W	V	A	Ω

Übersicht:

Elektrische Leistung einiger Geräte P/W (Richtwerte)			
Taschenlampe	0,5 . . . 3	Heizsonne	500 . . . 1 000
Glühlampe	15 . . . 1000	Bügeleisen	600 . . . 1 200
Halogenlampe 12 V	20 . . . 50	Mikrowellenherd	600 . . . 1 000
Halogenlampe 230 V	bis 500	Elektrogrill	2 000
Sparlampe	5 . . . 16	Raumheizlüfter	2 000
Leuchtstoffröhre	25 . . . 100	Warmwasserspeicher	2 000
PC	bis 300	Waschmaschine	2 200 . . . 3 200
Fernsehgerät	bis 200	Elektroherd	bis 9 000
Kocher	500 . . . 1 500	Straßenbahnmotor	150 000
Tauchsieder	bis 1 000	E-Lok-Motor	5 000 000

29 Elektrisches Feld

In der Umgebung eines elektrisch geladenen Körpers bzw. zwischen zwei elektrisch geladenen Körpern besteht ein *elektrisches Feld*. So bezeichnet man den Raum, in dem die Kräfte der geladenen Körper auf andere Ladungen wirken.

29.1 Elektrische Ladung

Bei vielen Nichtleitern (Bernstein, Glas, Hartgummi u. a.) kann durch Reibung die Oberfläche elektrisch geladen werden. Der Oberfläche werden bei diesem Vorgang Elektronen entzogen oder zugeführt.

Elektronenmangel: Körper ist **positiv** geladen,
Elektronenüberschuss: Körper ist **negativ** geladen.

Zwischen elektrisch geladenen Körpern wirken Kräfte.

Gleichartig geladene Körper stoßen sich ab, *ungleichartig* geladene Körper ziehen sich an.

Aus diesem Grunde sitzen die Ladungen leitender Körper stets an der Oberfläche. Das Innere ist ladungs- und damit feldfrei. Die Verteilung der Ladungen ist ungleich. An stärker gekrümmten Stellen sitzen sie dichter. An Spitzen und Kanten können sie so dicht sitzen, dass sie die Luft ionisieren und den Körper verlassen: Spitzenwirkung → auch [29.2.4].

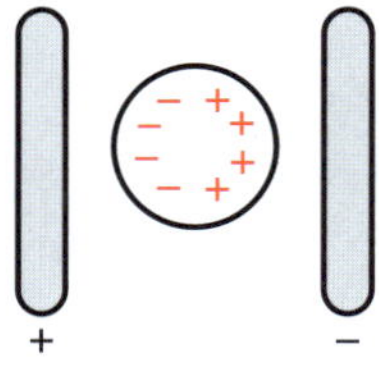

Die gleichmäßig verteilten Elektronen eines ungeladenen Leiters sammeln sich auf einer Körperhälfte unter Wirkung der Kräfte eines elektrischen Feldes: **Influenz**.

Demnach werden auch neutrale Körper (ungeladene Körper) von geladenen angezogen. Der Nachweis der Ladung kann somit nur durch Abstoßung erfolgen.

Zum Nachweis und zur Messung von Ladungen verwendet man **Elektrometer**. Sie bestehen im Wesentlichen aus einem starren und einem beweglichen Metallstab. Werden diese mit einem geladenen Körper verbunden, so spreizt sich der bewegliche Stab ab, weil beide gleiche Ladungen tragen.

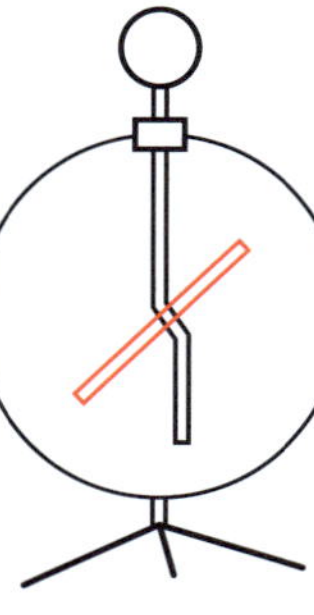

Auch ruhende Ladungen setzen sich (wie fließende Ladungen) aus Elementarladungen zusammen und werden in Coulomb (C = A · s) gemessen.

■ Ein elektrisches Feld kann durch **elektrische Kraftlinien** oder **Feldlinien** dargestellt werden.

Die Feldlinien geben in jedem Punkt eines elektrischen Feldes die *Richtung* der auf eine positive Ladung wirkenden Kraft an.

Eigenschaften:

- Sie verlaufen von der positiven zur negativen Ladung, haben also Anfang und Ende.
- Sie treten stets *senkrecht* aus der Oberfläche eines leitenden Körpers aus.
- *Positive* Ladungen bewegen sich in Richtung der Feldlinien, *negative* Ladungen entgegengesetzt.
- Je nach Verlauf der Feldlinien nennt man das Feld **radial**, **homogen** (bei parallelen Feldlinien) oder **inhomogen** (bei nicht parallelen Feldlinien).

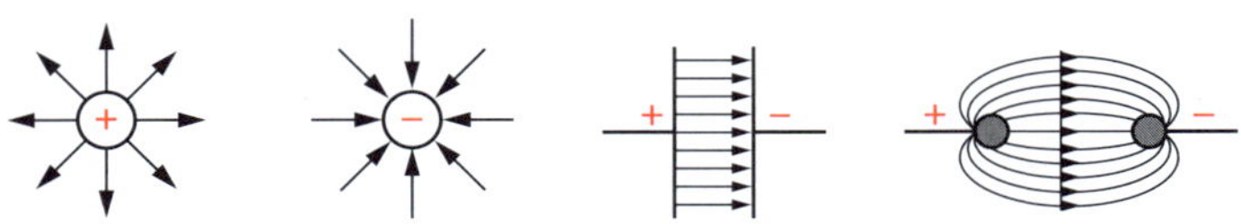

29.2 Elektrische Feldstärke

Die Stärke des elektrischen Feldes wird durch die Kraft ausgedrückt, die auf eine kleine Punktladung (Probeladung) in diesem Feld wirkt.

Unter der Feldstärke versteht man das Verhältnis der auf eine Ladung im Feld wirkenden Kraft zur Größe dieser Ladung.

SI-Einheit der elektrischen Feldstärke:

$$[E] = \frac{\mathrm{N}}{\mathrm{C}} \left(= \frac{\mathrm{N}}{\mathrm{A \cdot s}} = \frac{\mathrm{V \cdot N}}{\mathrm{W \cdot s}} \right) = \frac{\mathrm{V}}{\mathrm{m}}.$$

Die elektrische Feldstärke ist eine vektorielle Größe mit der Richtung der Kraft, die Ladung ist eine skalare Größe. Bei negativer Ladung hat die Feldstärke die Gegenrichtung der Kraft.

Wenn
E elektrische Feldstärke,
F Kraft, die im Feld auf eine Ladung Q wirkt,
Q Ladung im Feld,

dann gilt

(E 29.1) $$\vec{E} = \frac{\vec{F}}{Q}$$

	E	F	Q
SI	$\frac{\text{V}}{\text{m}}$	N	$\text{C} = \text{A} \cdot \text{s}$

Beachte:

- In inhomogenen Feldern ist die Kraft örtlich verschieden, (E 29.1) liefert deshalb nur bei homogenen Feldern die für das gesamte Feld geltende Feldstärke.

■ Die Verschiebung einer Ladung Q im homogenen Feld zwischen zwei geladenen parallelen Platten erfordert nach (M 7.11) die Arbeit $W = Fs = UIt = UQ$. Speziell für diese Arbeit ist die Einheit **Elektronvolt** (eV) gebräuchlich, bei der die Ladung als Vielfaches der Elementarladung und die Spannung in Volt angegeben sind → [33.4.1].

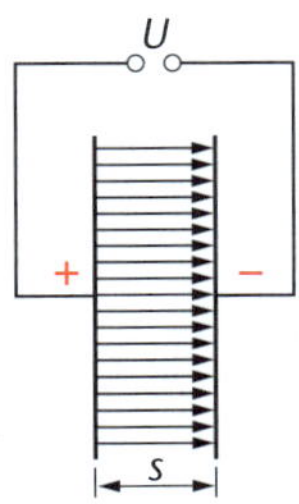

Aus oben stehender Gleichung folgt $\frac{U}{s} = \frac{F}{Q} = E$.

Somit ergibt sich für die elektrische Feldstärke ein weiterer Ausdruck.

Wenn
E elektrische Feldstärke eines homogenen Feldes,
s Abstand der beiden geladenen Platten,
U Spannung zwischen den Platten,

dann gilt

(E 29.2) $$E = \frac{U}{s}$$

	E	U	s
SI	$\frac{\text{V}}{\text{m}}$	V	m
VT	$\frac{\text{V}}{\text{cm}}$	V	cm

29.2.1 Elektrisches Potenzial

Die Verschiebung einer Ladung Q im inhomogenen elektrischen Feld erfordert eine Arbeit, bei der die Kraft $\vec{F}$ längs des Weges nicht konstant ist.

Eine Bewegung vom Punkt 0 zum Punkt A erfordert die Arbeit

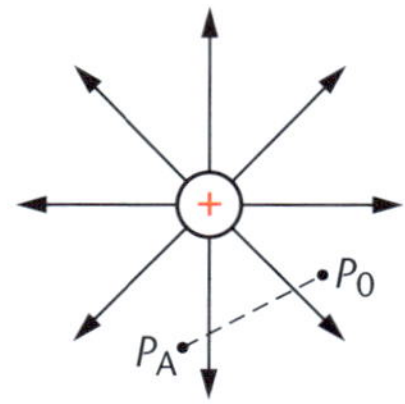

$$W_{0A} = \int_0^A \vec{F} \cdot d\vec{s} = -Q \int_0^A \vec{E} \cdot d\vec{s}, \quad \text{weil}$$

$$\vec{F} = -\vec{F}_{el} = -Q\vec{E}.$$

Wenn

φ_A elektrisches Potenzial im Punkt A,
E elektrische Feldstärke,
W Arbeit,
s Weg,

dann gilt

(E 29.3) $$\varphi_A = \frac{W}{Q} = -\int_0^A \vec{E} \cdot d\vec{s}$$

	φ	W	Q	E	s
SI	V	J	C	$\frac{V}{m}$	m

Als elektrisches Potenzial eines Feldpunktes bezeichnet man den Quotienten aus der Arbeit, die nötig ist, die positive Ladung Q von einem beliebigen Bezugspunkt 0 (mit dem Potenzial φ_0) an die betreffende Feldstelle zu bringen, und der Ladung.

SI-Einheit des elektrischen Potenzials: $[\varphi] = \frac{J}{C} = \text{Volt (V)}$.

Beachte:

- Grundsätzlich ist das *Bezugspotenzial* und damit die Lage des Bezugspunktes willkürlich gewählt. Häufig wählt man einen unendlich fernen Punkt, vielfach auch einen Punkt auf der Oberfläche eines Leiters. Legt man den Bezugspunkt ins Unendliche, dann sind alle Potenziale um einen positiv geladenen Körper positiv.

■ Die Bewegung der Ladung Q von A nach B bedeutet einen Übergang vom Potenzial φ_A zum Potenzial φ_B.

Wenn

U Spannung zwischen den Punkten A und B,
φ_A Potenzial des Punktes A,
φ_B Potenzial des Punktes B,
E elektrische Feldstärke,
s Weg von A nach B,

dann gilt für die zu verrichtende Arbeit (sie ist gleich dem Gewinn an potenzieller Energie der Ladung)

$$W_{AB} = \int_0^B \vec{F} \cdot d\vec{s} - \int_0^A \vec{F} \cdot d\vec{s}.$$

Ersetzt man $\vec{F} = -\vec{F}_{el} = -Q\vec{E}$, so folgt

$$W_{AB} = -Q \int_0^B \vec{E} \cdot d\vec{s} + Q \int_0^A \vec{E} \cdot d\vec{s} \quad \text{oder mit} \quad \varphi = \frac{W}{Q}$$

$$\varphi_B - \varphi_A = -\int_0^B \vec{E} \cdot d\vec{s} + \int_0^A \vec{E} \cdot d\vec{s} = \int_B^0 \vec{E} \cdot d\vec{s} + \int_0^A \vec{E} \cdot d\vec{s}.$$

Die Potenzialdifferenz ist die Spannung zwischen den Punkten A und B; ihre Dimension Arbeit/Ladung und ihre Einheit $\frac{J}{C} = \frac{N \cdot m}{C} = V$.

(E 29.4) $$U = \varphi_B - \varphi_A = -\int_A^B \vec{E} \cdot d\vec{s} = \int_B^A \vec{E} \cdot d\vec{s}$$

	U	E	s
SI	V	$\frac{V}{m}$	m

Die elektrische Spannung zwischen zwei Punkten eines elektrischen Feldes bezeichnet man als deren Potenzialdifferenz.

29.2.2 Elektrische Flussdichte

Die auf einem geladenen Körper (z. B. den Platten eines Kondensators) gebundenen Ladungen bestimmen die Größe der elektrischen Feldstärke.

Als **Flächenladungsdichte** bezeichnet man das Verhältnis der Ladung zur Größe der geladenen Fläche.

SI-Einheit der Flächenladungsdichte: $[\sigma] = \frac{\text{Coulomb}}{\text{Quadratmeter}} = \frac{C}{m^2}$.

Wenn

σ Flächenladungsdichte,
Q Ladung, gebunden auf der Oberfläche eines Leiters,
A Oberfläche des geladenen Leiters,

dann gilt

(E 29.5) $$\sigma = \frac{Q}{A}$$

	σ	Q	A
SI	$\frac{C}{m^2}$	C	m^2

E

Ladungen sind *Ursache*, die Kräfte auf Ladungen im Feld *Wirkungen* des elektrischen Feldes. Ursache und Wirkung sind einander proportional. Der Proportionalitätsfaktor ist eine universelle Konstante und heißt

elektrische Feldkonstante ε_0

(E 29.6) $$\varepsilon_0 = \frac{1}{\mu_0 c_0^2} = 8{,}854\,187\,817 \cdot 10^{-12}\,\frac{\mathrm{C}}{\mathrm{V \cdot m}}$$

Für elektrische Felder im Vakuum (bzw. in Luft) gilt

(E 29.7) $$\sigma = \varepsilon_0 E$$

	σ	ε_0	E
SI	$\frac{\mathrm{C}}{\mathrm{m^2}}$	$\frac{\mathrm{C}}{\mathrm{V \cdot m}}$	$\frac{\mathrm{V}}{\mathrm{m}}$

■ Mit (E 29.2) ist nur der Betrag, nicht aber die Richtung der elektrischen Feldstärke bestimmt. Da jedoch die Feldlinien senkrecht aus Leiteroberflächen treten, kann die Flächennormale zur Bestimmung der Feldrichtung verwendet werden. Man führt die vektorielle Größe **elektrische Flussdichte** $\vec{D}$ ein, deren Betrag D gleich der Flächenladungsdichte σ ist.

Mit
$\vec{D}$ elektrische Flussdichte,
$\vec{E}$ elektrische Feldstärke,
ε_0 elektrische Feldkonstante $= 8{,}854 \cdot 10^{-12}\,\frac{\mathrm{C}}{\mathrm{V \cdot m}}$

erhält man nun

(E 29.8) $$\vec{D} = \varepsilon_0 \vec{E}$$

	D	ε_0	E
SI	$\frac{\mathrm{C}}{\mathrm{m^2}}$	$\frac{\mathrm{C}}{\mathrm{V \cdot m}}$	$\frac{\mathrm{V}}{\mathrm{m}}$

Beachte:

- Die Flussdichte $\vec{D}$ besitzt die Richtung von der positiven zur negativen Ladung.

29.2.3 Dielektrikum

Füllt man das elektrische Feld mit einem nichtleitenden Stoff (**Dielektrikum**), so wird ein Teil der Flussdichte D durch **Polarisation** des Dielektrikums gebunden. Die Feldstärke sinkt von E_0 auf E (bei gleicher Flussdichte D). Das

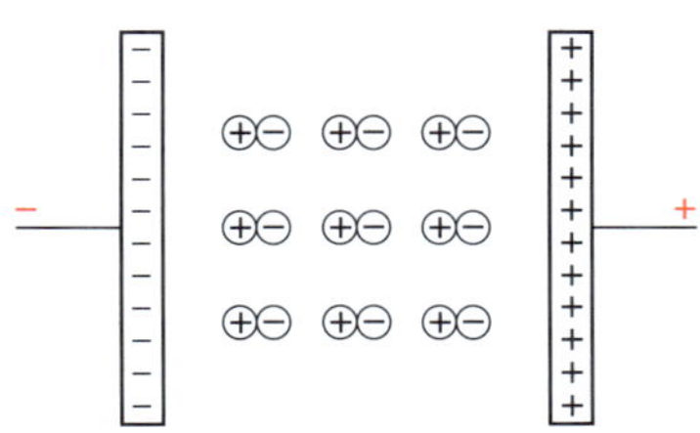

Verhältnis beider Feldstärken nennt man **Permittivitätszahl** ε_r (leider häufig noch relative Dielektrizitätskonstante):

$$\varepsilon_r = E_0/E.$$

Hält man dagegen die elektrische Feldstärke E konstant, so steigt beim Einbringen des Dielektrikums die Flussdichte von D_0 auf D. Die Permittivitätszahl ε_r ist also auch definiert durch

$$\varepsilon_r = D/D_0.$$

Wenn
$\vec{D}$ elektrische Flussdichte,
$\vec{E}$ elektrische Feldstärke,
ε_0 elektrische Feldkonstante $= 8{,}854 \cdot 10^{-12}\,\mathrm{C/(V \cdot m)}$,
ε_r Permittivitätszahl, Dielektrizitätszahl, früher relative Dielektrizitätskonstante (→ Tabelle 47),

dann gilt

(E 29.9) $$\vec{D} = \varepsilon_0 \varepsilon_r \vec{E}$$

	D	ε_0	ε_r	E
SI	$\frac{\mathrm{C}}{\mathrm{m}^2}$	$\frac{\mathrm{C}}{\mathrm{V \cdot m}}$	–	$\frac{\mathrm{V}}{\mathrm{m}}$

Meist fasst man das Produkt $\varepsilon_0\varepsilon_r$ zusammen zur

Permittivität (Dielektrizitätskonstante)

(E 29.10) $$\varepsilon = \varepsilon_0 \varepsilon_r$$

Beachte:

- Vakuum und Luft haben die Permittivitätszahl 1.

29.2.4 Feldstärke an Kugeloberflächen

Mit (E 29.9), (E 29.10) und (E 29.5) lässt sich die Feldstärke an der Oberfläche von Leitern bestimmen. Es ergibt sich $E = D/\varepsilon = Q/(A\varepsilon)$ unter der Voraussetzung, dass die Ladung Q gleichmäßig auf der Fläche A verteilt ist. Das trifft nur bei Kugeln zu; bei anderen Körpern jedoch für Teilladungen ΔQ und Teilflächen ΔA.

Wenn
E elektrische Feldstärke,
Q Ladung auf der Kugeloberfläche,
ε Permittivität $= \varepsilon_0\varepsilon_r$ (Dielektrizitätskonstante),
ε_0 elektrische Feldkonstante $= 8{,}854 \cdot 10^{-12}\,\mathrm{C/(V \cdot m)}$,

E

ε_r Permittivitätszahl (→ Tabelle 47),
r Kugelradius,

dann gilt mit $A = 4\pi r^2$

(E 29.11) $$E = \frac{Q}{4\pi\varepsilon r^2}$$

	E	Q	ε	r
SI	$\frac{\text{V}}{\text{m}}$	C	$\frac{\text{C}}{\text{V}\cdot\text{m}}$	m

Beachte:

- (E 29.11) gilt auch für einen Punkt im Abstand r von einer Punktladung.
- Die Feldstärke nimmt mit dem Quadrat des Abstandes von der Kugelmitte ab.
- $1/(4\pi\varepsilon_0) = 8{,}988 \cdot 10^9\,\text{V}\cdot\text{m/C}$.

■ Bei Körpern mit beliebig geformter Oberfläche ist die Feldstärke an Stellen starker Krümmung besonders groß. Es kann zu einem selbstständigen Austritt von Ladungsträgern kommen: **Spitzenentladung**. Bei Metallspitzen mit einem Krümmungsradius von $\approx 1\,\mu\text{m}$ genügt zur Elektronenbefreiung bereits eine Spannung von einigen hundert Volt.

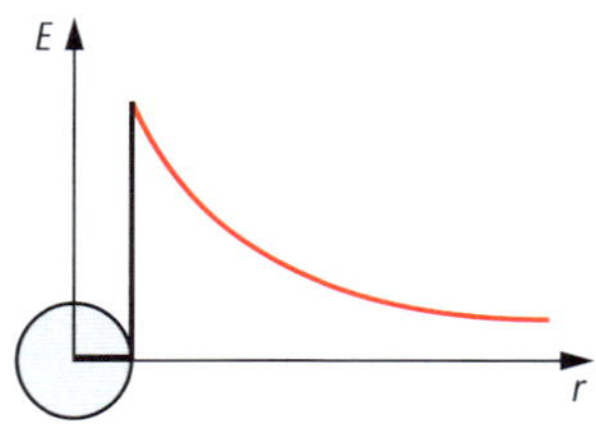

29.3 Kapazität

Beim Aufladen eines Körpers ist die Spannung gegen einen Bezugspunkt (z. B. Erde) proportional der zugeführten Ladung: $U \sim Q$. Den Proportionalitätsfaktor nennt man **Kapazität** des Körpers. Sie kennzeichnet seine Fähigkeit, Ladungen zu speichern.

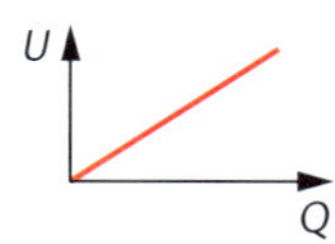

Unter der Kapazität C eines Körpers versteht man das Verhältnis der zugeführten Ladung Q zur entstandenen Spannung U.

SI-Einheit der Kapazität: $[C] = \frac{\text{C}}{\text{V}} = \text{Farad (F)} = \frac{\text{A}\cdot\text{s}}{\text{V}}$.

Wenn
C Kapazität eines Körpers,
Q zugeführte Ladung,
U Spannung,

dann gilt

(E 29.12) $$C = \frac{Q}{U}$$

	C	Q	U
SI	F	C	V

Umrechnung:

1 F = 10^6 Mikrofarad (μF) = 10^9 Nanofarad (nF)
= 10^{12} Pikofarad (pF)

29.3.1 Kondensator

Darunter versteht man zwei ungleichartig geladene Körper, die einen bestimmten Abstand voneinander besitzen. In den meisten Fällen sind es parallel zueinander stehende Platten. Die Kapazität des Kondensators hängt ab von dem Abstand, der Größe der Platten sowie dem Material zwischen den Platten (**Dielektrikum**).

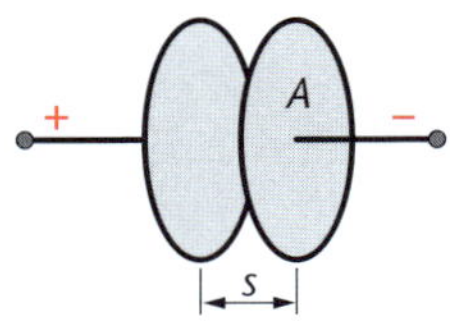

Zweiplattenkondensator

Wenn

C Kapazität des Zweiplattenkondensators,
A Fläche der Kondensatorplatte,
s Plattenabstand,
ε_0 elektrische Feldkonstante = $8{,}854 \cdot 10^{-12}$ F/m,
ε_r Permittivitätszahl (→ Tabelle 47),
ε Permittivität = $\varepsilon_0\varepsilon_r$, Dielektrizitätskonstante,

dann gilt entsprechend (E 29.12)

$$C = \frac{Q}{U} = \frac{DA}{U} = \frac{DA}{Es} = \frac{\varepsilon DA}{Ds}.$$

Daraus folgt

(E 29.13) $$C = \frac{\varepsilon A}{s}$$

	C	ε	A	s
SI	F	$\frac{\text{F}}{\text{m}}$	m^2	m

■ Bei technischen Kondensatoren (z. B. Dreh- oder Blockkondensator) werden mehr als 2 Platten verwendet. Für die Kapazität gilt dann mit

z Anzahl der Zwischenräume zwischen den Platten

(E 29.14) $$C = \frac{z\varepsilon A}{s}$$

Einheiten → (E 29.13)

Kugelkondensator

Er besteht aus zwei konzentrisch angeordneten Hohlkugeln. Ist der Abstand beider Kugelflächen sehr klein (Δr), also beide Kugelflächen praktisch gleich groß, dann kann die Gleichung für die Kapazität eines Zweiplattenkondensators angewendet werden.

Mit $A = 4\pi r^2$ ergibt sich

(E 29.15) $$C = \frac{4\pi \varepsilon r^2}{\Delta r}$$

■ Bei größerem Abstand der Kugelflächen muss ihre unterschiedliche Größe berücksichtigt werden.

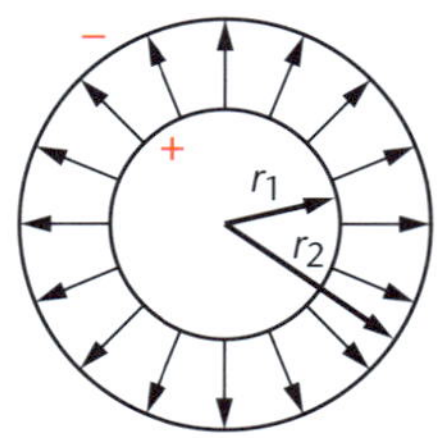

Wenn
- C Kapazität eines Kugelkondensators,
- r_1 Radius der Innenkugel,
- r_2 Radius der Außenkugel,
- ε Permittivität $= \varepsilon_0 \varepsilon_r$, Dielektrizitätskonstante,
- ε_0 elektrische Feldkonstante $= 8{,}854 \cdot 10^{-12}$ F/m,
- ε_r Permittivitätszahl (→ Tabelle 47),

dann gilt

(E 29.16) $$C = 4\pi\varepsilon \frac{r_1 r_2}{r_2 - r_1} = \frac{4\pi\varepsilon}{\frac{1}{r_1} - \frac{1}{r_2}}$$

	C	ε	r
SI	F	$\frac{\text{F}}{\text{m}}$	m

Beachte:
- $4\pi\varepsilon_0 = 1{,}113 \cdot 10^{-10}$ F/m.

Kapazität einer Kugel

Ihre Kapazität ergibt sich aus (E 29.16) mit $r_2 = \infty$ und $r_1 = r$.

(E 29.17) $$C = 4\pi\varepsilon r$$

	C	ε	r
SI	F	$\frac{\text{F}}{\text{m}}$	m

Beachte:
- Die Kapazität der Erdkugel beträgt etwa 700 μF.

Zylinderkondensator

Wenn

C Kapazität des Zylinderkondensators,
ε Permittivität $= \varepsilon_0 \varepsilon_r$, Dielektrizitätskonstante,
r_1 Radius des inneren Zylindermantels,
r_2 Radius des äußeren Zylindermantels,
l Länge des Zylinders,

dann gilt

(E 29.18) $$C = \frac{2\pi\varepsilon l}{\ln(r_2/r_1)}$$

	C	ε	l	r
SI	F	$\frac{\mathrm{F}}{\mathrm{m}}$	m	m

Beachte:

- $2\pi\varepsilon_0 = 5{,}563 \cdot 10^{-11}\ \mathrm{F/m}$.

Doppelleitung

Wenn

C Kapazität einer Doppelleitung,
l Länge der Leitung,
a Abstand von Leitermitte zu Leitermitte,
r Radius jedes der beiden Leiter,
ε Permittivität $= \varepsilon_0 \varepsilon_r$, Dielektrizitätskonstante,

dann gilt unter der Bedingung $a \gg r$

(E 29.19) $$C = \frac{\pi\varepsilon l}{\ln(a/r)}$$

	C	ε	l
SI	F	$\frac{\mathrm{F}}{\mathrm{m}}$	m

E

Kondensator aus zwei Kugeln

Wenn

C Kapazität der beiden Kugeln,
a Abstand von Kugelmitte zu Kugelmitte,
r Radius jeder der beiden Kugeln,
ε Permittivität $= \varepsilon_0 \varepsilon_r$, Dielektrizitätskonstante,

dann gilt

(E 29.20) $$C = 2\pi\varepsilon r \left[1 + \frac{r(a^2 - r^2)}{a(a^2 - ar - r^2)}\right]$$

	C	ε	a	l
SI	F	$\frac{\mathrm{F}}{\mathrm{m}}$	m	m

29.3.2 Parallelschaltung von Kondensatoren

An jedem Kondensator liegt die gleiche Spannung: $U = U_1 = U_2 = U_3 = \ldots$ Die Gesamtladung ist gleich der Summe der Einzelladungen:

$Q = Q_1 + Q_2 + Q_3 + \ldots$

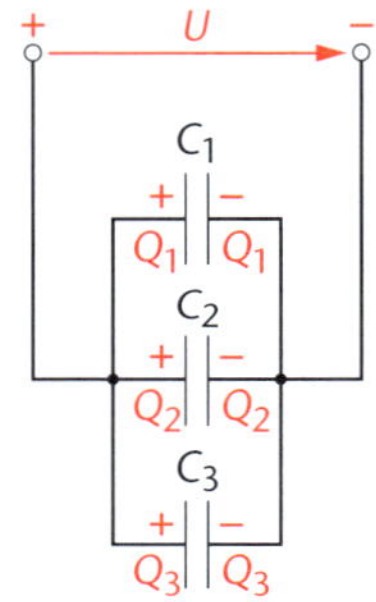

Bei der Parallelschaltung ist die Gesamtkapazität C_p gleich der Summe der Einzelkapazitäten.

(E 29.21) $$C_p = C_1 + C_2 + C_3 + \ldots$$

29.3.3 Reihenschaltung von Kondensatoren

Jeder Kondensator enthält die gleiche Ladung: $Q = Q_1 = Q_2 = Q_3 = \ldots$ Die Gesamtspannung ist gleich der Summe der Einzelspannungen:

$$U = U_1 + U_2 + U_3 + \ldots$$
$$= \frac{Q}{C} = \frac{Q}{C_1} + \frac{Q}{C_2} + \frac{Q}{C_3} + \ldots$$

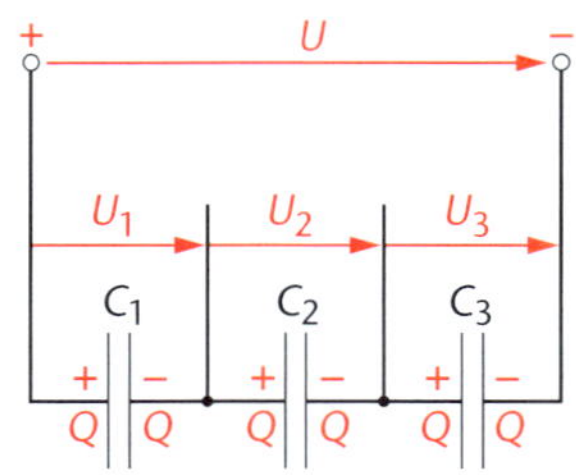

Bei der Reihenschaltung ist der Kehrwert der Gesamtkapazität C_r gleich der Summe der Kehrwerte der Einzelkapazitäten.

(E 29.22) $$\frac{1}{C_r} = \frac{1}{C_1} + \frac{1}{C_2} + \frac{1}{C_3} + \ldots$$

Bei nur *zwei* in Reihe geschalteten Kondensatoren vereinfacht sich (E 29.22) zu

(E 29.23) $$C_r = \frac{C_1 C_2}{C_1 + C_2}$$

Beachte:

- Bei einer Reihenschaltung ist die Gesamtkapazität stets kleiner als die kleinste Einzelkapazität.

29.4 Kraft und Energie im elektrischen Feld

29.4.1 Kraftwirkung im Feld

Ungleichartig geladene Körper ziehen sich an, gleichartig geladene stoßen sich ab. Die Größe der zwischen ihnen wirkenden Kraft lässt sich bestimmen.

Punktladungen

Wenn

F Kraft zwischen zwei Punktladungen (anziehend oder abstoßend),
Q_1 1. Punktladung,
Q_2 2. Punktladung,
r Abstand der beiden Punktladungen voneinander,
ε Permittivität $= \varepsilon_0 \varepsilon_r$, Dielektrizitätskonstante,
ε_0 elektrische Feldkonstante $= 8{,}854 \cdot 10^{-12}$ F/m,
ε_r Permittivitätszahl (→ Tabelle 47),

dann gilt als

Coulomb'sches Gesetz

(E 29.24) $$F = \frac{1}{4\pi\varepsilon} \frac{Q_1 Q_2}{r^2}$$

	F	ε	Q	r
SI	N	$\frac{\text{F}}{\text{m}}$	C	m

Beachte:

- Die Gleichung gilt in guter Näherung auch für Kugeln, wenn deren Abstand groß ist im Verhältnis zu ihrem Radius. In diesem Fall ist r der Mittelpunktabstand.
- $1/(4\pi\varepsilon_0) = 8{,}988 \cdot 10^9$ m/F.

Plattenpaar

Die Ladung einer Platte wirkt auf ein Ladungselement dQ der anderen Platte mit der Kraft $\mathrm{d}F = E\,\mathrm{d}Q$ entsprechend (E 29.1). Mit (E 29.12) $\mathrm{d}Q = C\,\mathrm{d}U$ und (E 29.2) $E = \frac{U}{s}$ ergibt sich $\mathrm{d}F = \frac{U}{s} \cdot C\,\mathrm{d}U$ oder $\mathrm{d}F = \frac{C}{s} \cdot U\,\mathrm{d}U$.

Wenn

F Kraft zwischen den Platten,
A Plattenfläche,
E elektrische Feldstärke,

D elektrische Flussdichte,
C Kapazität,
s Plattenabstand,
U Spannung zwischen den Platten,
ε Permittivität $= \varepsilon_0 \varepsilon_r$, Dielektrizitätskonstante,

dann ergibt sich die Gesamtkraft durch Integration

$$F = \frac{C}{s} \int_0^U U \, \mathrm{d}U = \frac{C}{s} \frac{U^2}{2}.$$

Wird für C die Kapazität des Zweiplattenkondensators eingesetzt (E 29.13), so folgt für den Betrag der Kraft

(E 29.25) $$F = \frac{\varepsilon A U^2}{2s^2}$$

	F	ε	A	U	s
SI	N	$\frac{\text{F}}{\text{m}}$	m^2	V	m

Mit $U/s = E$ folgt daraus

(E 29.26) $$F = \frac{\varepsilon E^2 A}{2}$$

	F	ε	E	A
SI	N	$\frac{\text{F}}{\text{m}}$	$\frac{\text{V}}{\text{m}}$	m^2

Wegen $\varepsilon E = D$ und $D = Q/A$ ergibt sich

(E 29.27) $$F = \frac{EDA}{2} = \frac{QE}{2}$$

	F	E	D	A	Q
SI	N	$\frac{\text{V}}{\text{m}}$	$\frac{\text{C}}{\text{m}^2}$	m^2	C

29.4.2 Energie des Feldes

In jedem elektrischen Feld ist Energie gespeichert. Sie entspricht der Arbeit, die zum Aufbau des Feldes (Trennung der Ladungen) aufzuwenden ist, und wird beim Zusammenbrechen des Feldes wieder in Arbeit umgewandelt.

Wenn
E_F Energie des geladenen Kondensators,
C Kapazität des Kondensators,
U Spannung zwischen den Platten des Kondensators,

dann gilt, weil die Stromarbeit nach (E 28.27) $W = UIt$ und die Spannung während der Ladung von null auf U gleichmäßig steigt,

$$E_F = \frac{UIt}{2} = \frac{UQ}{2} \quad \text{und wegen} \quad Q = CU \quad \text{(E 29.12)}$$

(E 29.28) $$E_F = \frac{CU^2}{2} = \frac{Q^2}{2C}$$

	E_F	C	U	Q
SI	J	F	V	C

Beachte:

- Diese Gleichung gilt für jedes elektrische Feld.

- Aus (E 29.28) folgt mit $C = \varepsilon A/s$ und $U = Es$ speziell für den

Zweiplattenkondensator

(E 29.29) $$E_F = \frac{\varepsilon E^2 As}{2}$$

	E_F	ε	E	A	s
SI	J	$\frac{\text{F}}{\text{m}}$	$\frac{\text{V}}{\text{m}}$	m^2	m

oder mit $As = V$ als dem Volumen des homogenen elektrischen Feldes sowie $\varepsilon E = D$

(E 29.30) $$E_F = \frac{\varepsilon E^2 V}{2} = \frac{DEV}{2}$$

	E_F	ε	D	E	V
SI	J	$\frac{\text{F}}{\text{m}}$	$\frac{\text{C}}{\text{m}^2}$	$\frac{\text{V}}{\text{m}}$	m^3

Beachte:

- (E 29.30) gilt auch für kleine, als homogen zu betrachtende Bereiche eines größeren nicht homogenen elektrischen Feldes.

E

29.4.3 Energiedichte

Die Energiedichte w eines elektrischen Feldes ergibt sich aus (E 29.30) mit $w = E_F/V$.

(E 29.31) $$w = \frac{\varepsilon E^2}{2} = \frac{DE}{2}$$

	w	ε	E	D
SI	$\frac{\text{J}}{\text{m}^3}$	$\frac{\text{F}}{\text{m}}$	$\frac{\text{V}}{\text{m}}$	$\frac{\text{C}}{\text{m}^2}$

29.4.4 Auf- und Entladung eines Kondensators

Beide Vorgänge folgen der Differenzialgleichung $\frac{i}{C} + R\frac{\mathrm{d}i}{\mathrm{d}t} = 0$, wenn $U = u_C + u_R =$ konstant.

Laden

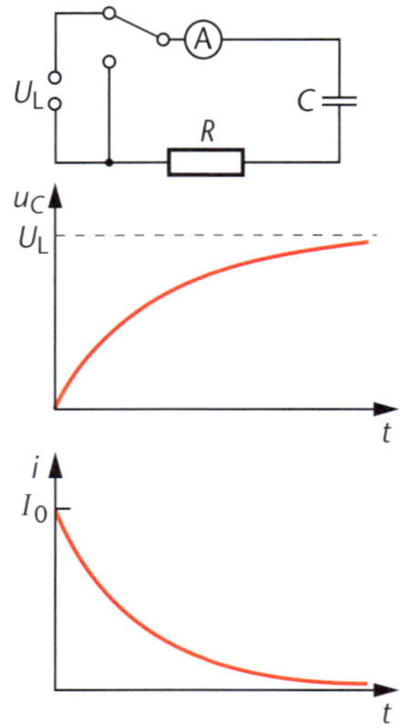

Wenn
U_L Ladespannung,
u_C Spannung am Kondensator zur Zeit t,
I_0 Anfangsladestromstärke $= U_L/R$,
C Kapazität des Kondensators,
R Widerstand,
i Stromstärke zur Zeit t,
t Zeit,
τ Abklingzeit, Zeitkonstante $= RC$,

dann gilt

(E 29.32) $$u_C = U_L(1 - e^{-t/\tau})$$

und

(E 29.33) $$i = I_0 e^{-t/\tau}$$

Entladen

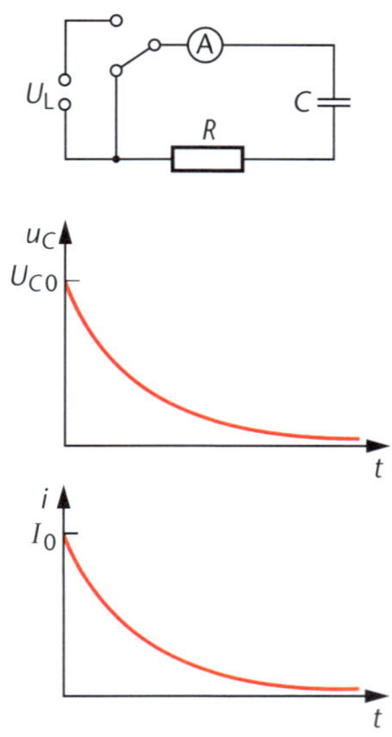

Wenn
U_{C0} Anfangsspannung am Kondensator,
u_C Spannung am Kondensator zur Zeit t,
I_0 Anfangsentladestromstärke $= U_{C0}/R$,
i Stromstärke zur Zeit t,
R Widerstand,
C Kapazität des Kondensators,
t Zeit,
τ Abklingzeit, Zeitkonstante $= RC$,

dann gilt

(E 29.34) $$u_C = U_{C0} e^{-t/\tau}$$

und

(E 29.35) $$i = I_0 e^{-t/\tau}$$

Wichtig ist die Zeit $t_{1/2}$, also die Zeit, während der die Spannung auf die Hälfte ihres Anfangswerts sinkt: $u_C = U_0/2$. Aus (E 29.34) folgt $\frac{U_0}{2} = U_0\,\mathrm{e}^{-t_{1/2}/\tau}$ und daraus

(E 29.36) $$t_{1/2} = \tau \ln 2 = RC \ln 2$$

Beachte:

- Lade- und Entladestrom haben entgegengesetzte Richtungen.
- Die Zeitkonstante $\tau = RC$ ist die Zeit, in der Spannung bzw. Stromstärke auf den Wert $1/\mathrm{e}$ absinken.
  Ihre Maßeinheit:
  $[\tau] = [RC] = \Omega \cdot \mathrm{F} = \frac{\mathrm{V}}{\mathrm{A}} \cdot \frac{\mathrm{C}}{\mathrm{V}} = \frac{\mathrm{A} \cdot \mathrm{s}}{\mathrm{A}} = \mathrm{s}$ (Sekunde).
- Nach etwa $t = 5\tau$ sind Lade- bzw. Entladevorgang beendet.

■ Für den Ausgleich der Ladung gilt die gleiche Gesetzmäßigkeit. Die zur Zeit $t = 0$ vorhandene Ladung Q_0 sinkt während der Zeit t auf

(E 29.37) $$Q = Q_0\,\mathrm{e}^{-t/\tau}$$

Die vor der Entladung vorhandene Feldenergie $E_0 = Q^2/(2C)$ wandelt sich in Stromwärme um und sinkt auf

(E 29.38) $$E = E_0\,\mathrm{e}^{-2t/\tau}$$

30 Magnetisches Feld

30.1 Dauermagnetismus (permanenter Magnetismus)

30.1.1 Stabmagnet

Jeder Magnet hat zwei Pole, einen **Nord-** und einen **Südpol**. Ein Pol kommt niemals allein vor. Die Pole *zweier* Magneten üben eine Kraft aufeinander aus.

Gleichartige Pole stoßen sich ab, *ungleichartige* Pole ziehen sich an.

Den Raum, in dem ein Magnet Kraftwirkungen ausübt, heißt **magnetisches Feld**. Es kann durch magnetische *Feldlinien* modellmäßig dargestellt werden.

Die magnetischen Feldlinien zeigen in einem Feld die *Richtung* der wirkenden Kraft an.

Eigenschaften:

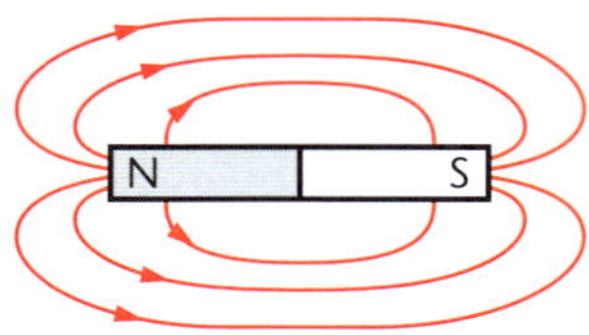

- Sie sind immer in sich geschlossen. *Außerhalb* des Magneten verlaufen sie vom Nord- zum Südpol.
- *Parallele* Feldlinien kennzeichnen ein *homogenes* Feld.
- Ein kleiner Probemagnet dreht sich in die Richtung der Feldlinien.

30.1.2 Magnetfeld der Erde

Der *magnetische* Südpol der Erde liegt in der Nähe des *geographischen* Nordpols (74° nördlicher Breite und 100° westlicher Länge). Der *magnetische* Nordpol liegt in der Nähe des *geographischen* Südpols (72° südlicher Breite und 155° östlicher Länge). Eine frei bewegliche Magnetnadel stellt sich unter der Wirkung des magnetischen Erdfeldes in Richtung der Feldlinien ein. Diese Richtung weicht sowohl von der Horizontalen als auch von der Nord-Süd-Richtung ab.

Unter *Deklination* (Missweisung) versteht man die Abweichung einer Magnetnadel von der geographischen Nord-Süd-Richtung, unter *Inklination* ihre Abweichung von der Horizontalen.

Beachte:

- Die magnetischen Pole der Erde wandern geringfügig.

30.2 Elektromagnetismus

Ein stromdurchflossener Leiter ist immer von einem Magnetfeld umgeben.

Die magnetischen Feldlinien eines geraden Stromleiters sind konzentrische Kreise.

Für die Bestimmung des Richtungssinns der Feldlinien gilt die

Korkenzieherregel:
Schraubt man einen Korkenzieher in Richtung des fließenden Stroms vorwärts, so gibt sein Drehsinn die Richtung der Feldlinien an (Rechtsschraube).

Bei einer Spule überlagern sich die Felder der einzelnen Windungen.

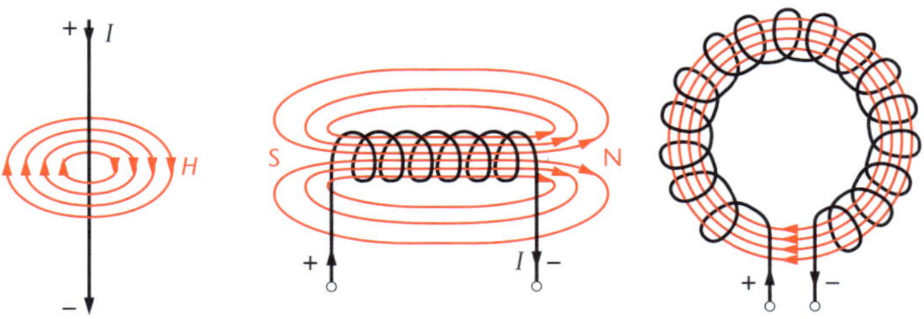

Das Feld im Innern einer relativ langen **Zylinderspule** ist homogen.

Die an den Enden auftretenden inhomogenen Feldteile sind bei einer **Ringspule** nicht vorhanden.

Im Innern einer Ringspule sind die Feldlinien in sich geschlossen.

30.2.1 Magnetische Feldstärke

Die Stärke des magnetischen Feldes kann durch die Kraftwirkung bestimmt werden, die es auf einen im Innern des Feldes befindlichen Probemagneten ausübt. Da kein Magnetpol allein vorkommt, erfahren Nord- und Südpol des Probemagneten entgegengerichtete Kraftwirkungen. Es entsteht also ein Drehmoment, das den Probemagneten in Feldlinienrichtung orientiert. Dieses Drehmoment ist ein Maß für die magnetische

Feldstärke an dieser Stelle und bei der Zylinderspule der Windungszahl und der Stromstärke proportional sowie der Spulenlänge umgekehrt proportional.

Die Richtung der Feldstärke stimmt in jedem Punkt eines Feldes mit der Richtung der Feldlinien überein. Sie weist im Innern der Spule (des Magneten) vom Süd- zum Nordpol, außerhalb vom Nord- zum Südpol.

Zylinderspule

Wenn

H magnetische Feldstärke im Inneren einer Zylinderspule,
I Stärke des durch die Spule fließenden Stroms,
N Windungszahl der Spule (vielfach auch mit n oder w bezeichnet),
l Länge der Spule bzw. der Feldlinien im homogenen Feld,

dann gilt für den Betrag der magnetischen Feldstärke

(E 30.1) $$H = \frac{IN}{l}$$

	H	I	N	l
SI	$\frac{\mathrm{A}}{\mathrm{m}}$	A	–	m

SI-Einheit der magnetischen Feldstärke: $[H] = \frac{\text{Ampere}}{\text{Meter}} \left(\frac{\mathrm{A}}{\mathrm{m}}\right)$.

Beachte:

- Das Produkt IN wurde vielfach als *Stromwindungszahl* bezeichnet.
- Die Einheit **Oersted (Oe)** für die magnetische Feldstärke ist keine SI-Einheit und unzulässig.
  $1\,\mathrm{Oe} = 1000/(4\pi)\,\mathrm{A/m} = 79{,}58\,\mathrm{A/m}$.

Gerader Leiter

Bei einem geraden Leiter ist die Feldstärke H entlang einer kreisförmigen Feldlinie der Länge $l = 2\pi r$ konstant.

Mit

H magnetische Feldstärke außerhalb eines stromdurchflossenen geraden Leiters im Abstand r,
I Stromstärke im Leiter,
r Abstand vom Leiter in einer zum Leiter senkrechten Ebene

erhält man aus dem Durchflutungsgesetz → [30.2.2]

(E 30.2) $$H = \frac{I}{2\pi r}$$

	H	I	r
SI	$\frac{\mathrm{A}}{\mathrm{m}}$	A	m

Kurze Zylinderspule

Bei einer relativ kurzen Zylinderspule ist der inhomogene Feldanteil zu groß, um (E 30.1) verwenden zu können.

Wenn

- H magnetische Feldstärke in einer kurzen Zylinderspule,
- I Stromstärke im Leiter,
- N Windungszahl,
- l Länge der Spule,
- r Radius der Windungen,

dann gilt

(E 30.3) $$H = \frac{IN}{\sqrt{4r^2 + l^2}}$$

	H	N	I	r	l
SI	$\frac{\text{A}}{\text{m}}$	–	A	m	m

Kreisring

Wenn

- H magnetische Feldstärke im Zentrum eines stromdurchflossenen Kreisringes,
- I Stromstärke im Leiter,
- r Radius des Kreisringes,

dann folgt aus (E 30.3) mit $N = 1$ und $l = 0$

(E 30.4) $$H = \frac{I}{2r}$$

	H	I	r
SI	$\frac{\text{A}}{\text{m}}$	A	m

E

30.2.2 Durchflutungsgesetz

Es beschreibt den Zusammenhang zwischen dem elektrischen Strom als Ursache des Feldes und der magnetischen Feldstärke. In allgemeinster Form lautet es:

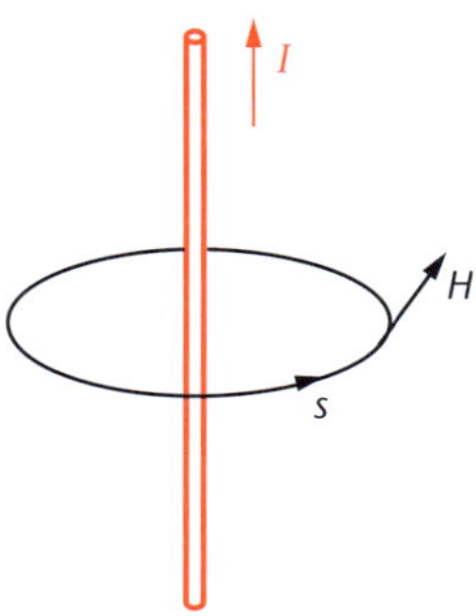

> Das Integral der magnetischen Feldstärke längs einer geschlossenen Umlauflinie ist gleich der Summe der von der Kurve eingeschlossenen Ströme, der so genannten **Durchflutung**.

Wenn

H magnetische Feldstärke,
s Umlaufweg,
I Stromstärke,
H_s Feldstärkekomponente in Wegrichtung,

dann gilt

(E 30.5) $$\oint \vec{H} \cdot d\vec{s} = \oint H_s \, ds = \sum I$$

	H	s	I
SI	$\frac{A}{m}$	m	A

oder, wenn die Feldstärke in Wegrichtung H_s jeweils über den Wegabschnitt Δs konstant ist,

(E 30.6) $$\sum H_s \Delta s = \sum I$$

Beachte:

- Bei einer Spule kann für $\sum I$ das Produkt IN gesetzt werden, weil das Feld N gleichsinnig durchflossene Leiter umschließt.

30.2.3 Magnetische Spannung

Der Ausdruck $\oint \vec{H} \cdot d\vec{s}$ in (E 30.5) wird als **magnetische Spannung** V bezeichnet.

SI-Einheit der magnetischen Spannung: $[V]$ = Ampere (A).

Unter der *magnetischen Spannung* V zwischen den Enden einer Zylinderspule versteht man das Produkt aus der magnetischen Feldstärke und der Länge der Spule.

Wenn

V magnetische Spannung zwischen den Enden einer Zylinderspule,
H magnetische Feldstärke im Innern der Zylinderspule,
l Länge der Zylinderspule,
N Windungszahl,
I Stromstärke,

dann gilt mit (E 30.6)

(E 30.7) $$V = Hl = IN$$

	V	H	l	I	N
SI	A	$\frac{A}{m}$	m	A	–

(E 30.7) gilt auch für die gesamte magnetische Spannung einer Ringspule.

Besitzt jedoch die Feldstärke H entlang der Feldlinie verschiedene Werte, z. B. in einem Luftspalt, dann müssen die magnetischen Spannungen für jeden Teil einzeln bestimmt und addiert werden.

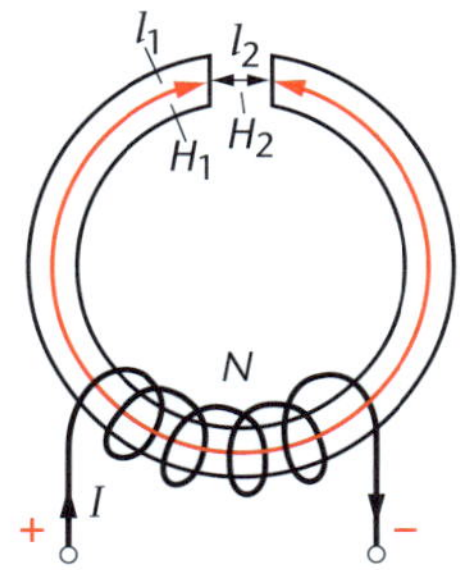

Wenn
V magnetische Spannung,
H_i magnetische Feldstärke entlang einem Teil l_i der Feldlinie,
l_i Länge des Feldlinienteils, über den die Feldstärke konstant ist,
N Windungszahl,
I Stromstärke,

dann gilt

(E 30.8) $$V = H_1 l_1 + H_2 l_2 + \ldots = \sum H_i l_i = IN$$

Beachte:

- Die gesamte magnetische Spannung über einer geschlossenen Feldlinie heißt magnetische **Umlauf-** oder **Randspannung**. Sie entspricht dem Ausdruck $\oint \vec{H} \cdot \mathrm{d}\vec{s}$ in (E 30.5).

- Für beliebige (auch inhomogene) Felder gilt als Definition der magnetischen Spannung:

Die magnetische Spannung zwischen zwei Punkten eines beliebigen magnetischen Feldes ist gleich dem Linienintegral über der Feldstärke $\vec{H}$ längs eines Weges $\vec{s}$ vom Punkt A zum Punkt B.

(E 30.9) $$V = \int_{\mathrm{A}}^{\mathrm{B}} \vec{H} \cdot \mathrm{d}\vec{s}$$

Für die magnetische Spannung zwischen zwei Punkten A und B eines *homogenen* Feldes, die nicht auf gleicher Feldlinie liegen, vereinfacht sich (E 30.9) zu

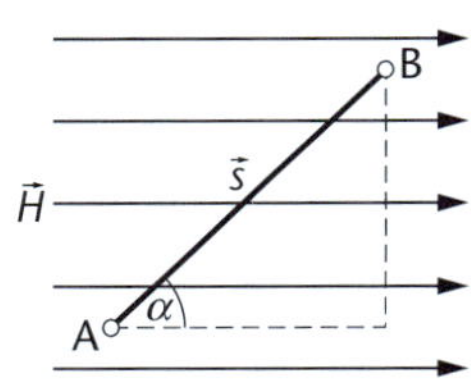

(E 30.10) $$\begin{aligned} V &= \vec{H} \cdot \vec{s} \\ &= Hs\cos\alpha \end{aligned}$$

E

30.2.4 Magnetische Flussdichte

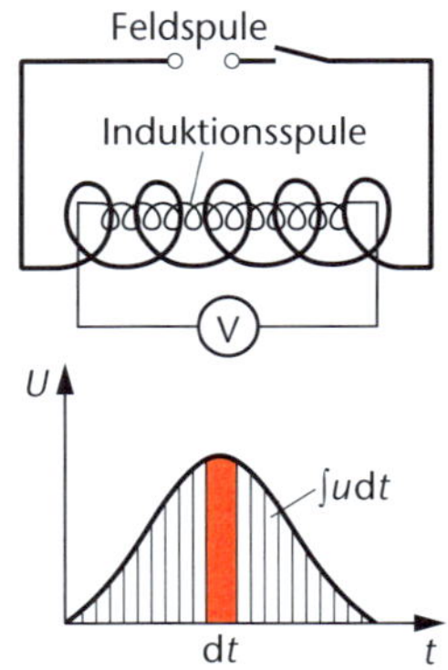

Als Maß für die Stärke eines magnetischen Feldes kann man die Feldstärke H und damit den sie erzeugenden Strom I ansehen → [30.2.1] **oder** man betrachtet die Induktionswirkung → [30.3] eines sich zeitlich ändernden Magnetfeldes. In einer Probespule (Induktionsspule mit der Windungszahl N) oder einer Leiterschleife ($N = 1$) wird beim Ein- oder Ausschalten des die Schleife durchsetzenden Magnetfeldes ein Spannungsstoß der Größe $\int u\,\mathrm{d}t$ induziert. Er entspricht der Änderung der magnetischen Flussdichte.

Den je Flächeneinheit und Windung induzierten Spannungsstoß bezeichnet man als **magnetische Flussdichte** B (früher magnetische Induktion).
$B = \int u\,\mathrm{d}t/(NA)$

SI-Einheit der magnetischen Flussdichte:

$$[B] = \frac{\text{Voltsekunde (V} \cdot \text{s)}}{\text{Quadratmeter (m}^2\text{)}} = \text{Tesla (T)}.$$

Magnetische Flussdichte B und Feldstärke H sind einander *proportional*. Der Proportionalitätsfaktor ist eine universelle Konstante und heißt

magnetische Feldkonstante μ_0
(früher: Induktionskonstante)

(E 30.11) $$\mu_0 = \frac{1}{\varepsilon_0 c_0^2} = 4\pi \cdot 10^{-7}\,\frac{\text{V} \cdot \text{s}}{\text{A} \cdot \text{m}} = 1{,}256\,637 \cdot 10^{-6}\,\frac{\text{V} \cdot \text{s}}{\text{A} \cdot \text{m}}$$

Für Felder im *Vakuum* gilt

(E 30.12) $$B = \mu_0 H$$

	B	μ_0	H
SI	$\text{T} = \frac{\text{V} \cdot \text{s}}{\text{m}^2}$	$\frac{\text{V} \cdot \text{s}}{\text{A} \cdot \text{m}}$	$\frac{\text{A}}{\text{m}}$

oder, da die magnetische Flussdichte eine vektorielle Größe und der Feldstärke gleichgerichtet ist,

(E 30.13) $$\vec{B} = \mu_0 \vec{H}$$

Beachte:

- (E 30.12) und (E 30.13) gelten mit genügender Genauigkeit auch für Luft.
- Für Felder in stofflichen Medien → (E 30.18).
- Die Einheit **Gauß (G)** für die magnetische Flussdichte ist keine SI-Einheit und ungesetzlich.
  1 Gauß (G) = 10^{-4} Tesla (T).

30.2.5 Magnetischer Fluss

Als *magnetischen Fluss* bezeichnet man das Produkt aus der magnetischen Flussdichte und der Querschnittsfläche des Feldes.

SI-Einheit des magnetischen Flusses: $[\Phi]$ = Voltsekunde (V · s)
= Weber (Wb).

Wenn
Φ magnetischer Fluss,
B magnetische Flussdichte,
B_N Normalkomponente der magnetischen Flussdichte (in Richtung der Flächennormalen),
A Querschnittsfläche des Feldes,

dann gilt für ein homogenes Feld

(E 30.14) $$\Phi = B_N A$$

	Φ	B	A
SI	$\mathrm{Wb} = \mathrm{V \cdot s}$	$\mathrm{T} = \dfrac{\mathrm{V \cdot s}}{\mathrm{m^2}}$	$\mathrm{m^2}$

mit

(E 30.15) $$B_N = B\cos(\vec{B}, \vec{n}) = B\cos\alpha$$

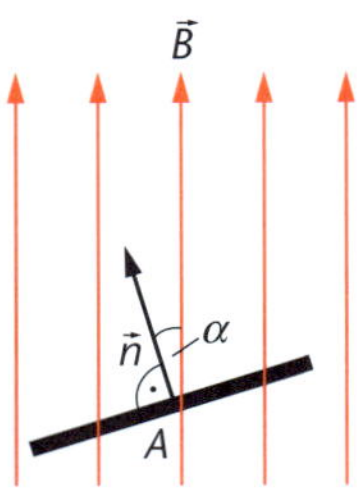

worin $\vec{n}$ die Richtung der Flächennormalen ist. Im inhomogenen Feld (die Flussdichte ist an den Punkten der Querschnittsfläche nicht gleich groß) ergibt sich

(E 30.16) $$\Phi = \int B_N \, \mathrm{d}A$$

Beachte:

- Die Einheit **Maxwell (M)** für den magnetischen Fluss ist keine SI-Einheit und ungesetzlich.
  1 Maxwell (M) = 10^{-8} Weber (Wb).

30.2.6 Stoff im magnetischen Feld

Bringt man stoffliche Materie in ein magnetisches Feld, dann orientieren sich die magnetischen Dipole des Stoffs unter der Kraftwirkung des Feldes in Feldrichtung. Bei *gleich bleibender* Feldstärke H ändern sich die magnetische Flussdichte von B_0 auf B und der magnetische Fluss von Φ_0 auf Φ.

Das Verhältnis der magnetischen Flussdichten mit und ohne Stoff im Feld, also der Faktor, um den sich die magnetische Flussdichte durch Einbringen von Stoff vergrößert (bzw. verkleinert), heißt

Permeabilitätszahl

(E 30.17) $$\mu_r = \frac{B}{B_0} = \frac{B}{\mu_0 H}$$

Wenn
B magnetische Flussdichte *mit* Stoff im Feld,
H magnetische Feldstärke,
μ_0 magnetische Feldkonstante $= 1{,}257 \cdot 10^{-6}\,\text{V} \cdot \text{s}/(\text{A} \cdot \text{m})$,
μ_r Permeabilitätszahl des Stoffs (→ Tabelle 48),
μ Permeabilität $= \mu_0 \mu_r$,

dann gilt für die

magnetische Flussdichte

(E 30.18) $$\vec{B} = \mu_0 \mu_r \vec{H} = \mu \vec{H}$$

	B	μ_0, μ	H
SI	$\text{T} = \frac{\text{V} \cdot \text{s}}{\text{m}^2}$	$\frac{\text{V} \cdot \text{s}}{\text{A} \cdot \text{m}}$	$\frac{\text{A}}{\text{m}}$

Beachte:

- (E 30.13) ist ein nur für Vakuum (und praktisch auch für Luft) geltender Sonderfall von (E 30.18).

■ Die durch das Einbringen des Stoffs entstandene *zusätzliche* magnetische Flussdichte ΔB heißt **magnetische Polarisation** J.

Wenn
J magnetische Polarisation,
B magnetische Flussdichte *mit* Stoff im Feld,
H magnetische Feldstärke im Vakuum,
μ_0 magnetische Feldkonstante $= 1{,}257 \cdot 10^{-6}\,\text{V} \cdot \text{s}/(\text{A} \cdot \text{m})$,

dann gilt mit $\vec{J} = \Delta\vec{B} = \vec{B} - \vec{B}_0$ für die

magnetische Polarisation

(E 30.19) $$\vec{J} = \vec{B} - \mu_0 \vec{H}$$

	J, B	μ_0	H
SI	$\mathrm{T} = \frac{\mathrm{V \cdot s}}{\mathrm{m^2}}$	$\frac{\mathrm{V \cdot s}}{\mathrm{A \cdot m}}$	$\frac{\mathrm{A}}{\mathrm{m}}$

■ Der magnetischen Polarisation, also der zusätzlichen magnetischen Flussdichte, entspricht eine *scheinbare* Vergrößerung der magnetischen Feldstärke von H auf B/μ_0. Sie wird als **Magnetisierung** M bezeichnet.

Wenn
M Magnetisierung,
B magnetische Flussdichte *mit* Stoff im Feld,
H magnetische Feldstärke,
J magnetische Polarisation,
μ_0 magnetische Feldkonstante $= 1{,}257 \cdot 10^{-6}\,\mathrm{V \cdot s/(A \cdot m)}$,

dann gilt

$\vec{M} = \Delta\vec{H} = \vec{H}_{\text{Stoff}} - \vec{H}_{\text{Vakuum}} = \dfrac{\vec{B}}{\mu_0} - \vec{H}$ oder mit (E 30.19) für die

Magnetisierung

(E 30.20) $$\vec{M} = \frac{\vec{J}}{\mu_0}$$

	M	J	μ_0
SI	$\frac{\mathrm{A}}{\mathrm{m}}$	$\mathrm{T} = \frac{\mathrm{V \cdot s}}{\mathrm{m^2}}$	$\frac{\mathrm{V \cdot s}}{\mathrm{A \cdot m}}$

■ Bei allen *nicht* ferromagnetischen Stoffen ist die Polarisation der sie *erzeugenden* Feldstärke proportional. Der Proportionalitätsfaktor heißt **magnetische Suszeptibilität** $\varkappa$.

Wenn
J magnetische Polarisation,
H magnetische Feldstärke,
μ_0 magnetische Feldkonstante $= 1{,}257 \cdot 10^{-6}\,\mathrm{V \cdot s/(A \cdot m)}$,
$\varkappa$ magnetische Suszeptibilität (→ Tabelle 48),

dann gilt

(E 30.21) $$\varkappa = \frac{\vec{J}}{\mu_0 \vec{H}} = \frac{\vec{M}}{\vec{H}}$$

	J	μ_0	H	M
SI	$\mathrm{T} = \frac{\mathrm{V \cdot s}}{\mathrm{m^2}}$	$\frac{\mathrm{V \cdot s}}{\mathrm{A \cdot m}}$	$\frac{\mathrm{A}}{\mathrm{m}}$	$\frac{\mathrm{A}}{\mathrm{m}}$

E

Aus (E 30.21) folgt mit (E 30.19) $\varkappa = \dfrac{\vec{B} - \mu_0 \vec{H}}{\mu_0 \vec{H}} = \dfrac{\vec{B}}{\mu_0 \vec{H}} - 1$

und daraus mit (E 30.18)

(E 30.22) $$\boxed{\varkappa = \mu_r - 1}$$

Beachte:

- Stoffe mit $\mu_r \gg 1$ und $\varkappa \gg 0$ (z. B. Eisen, Cobalt, Nickel) heißen **ferromagnetisch** und *stärken* das Feld *erheblich*.
- Stoffe mit $\mu_r > 1$ und $0 < \varkappa < 1$ (z. B. Platin, Aluminium, Luft) heißen **paramagnetisch** und *stärken* das Feld geringfügig.
- Stoffe mit $\mu_r < 1$ und $-1 < \varkappa < 0$ (z. B. Silber, Kupfer, Bismut) heißen **diamagnetisch** und *schwächen* das Feld geringfügig.
- *Oberhalb* einer bestimmten stoffabhängigen Temperatur (**CURIE-Temperatur**) werden ferromagnetische Stoffe paramagnetisch (→ Tabelle 49).

30.2.7 Ferromagnetische Stoffe

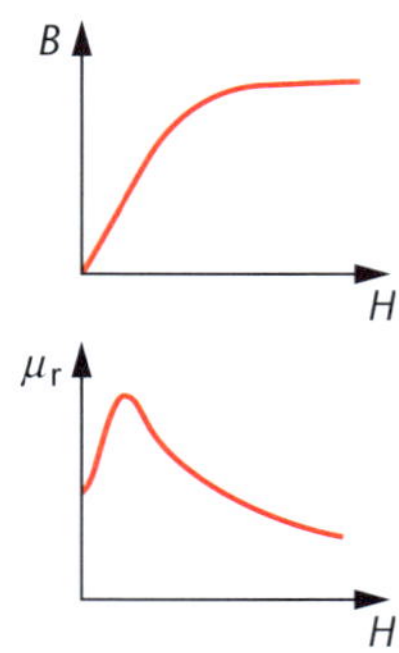

(E 30.18) gilt nicht für ferromagnetische Stoffe, weil magnetische Flussdichte und magnetische Feldstärke nicht proportional sind. Eine Vergrößerung der Feldstärke führt als Folge der magnetischen Polarisation zunächst zu einem Ansteigen der B, H-Kurve, bis die Polarisation einen Sättigungswert erreicht hat. Danach verläuft die Kurve flach, Flussdichte und Feldstärke sind proportional.

Im Bereich der Polarisation sind auch magnetische Suszeptibilität und Permeabilitätszahl nicht konstant.

Die magnetische Flussdichte B als Funktion der Feldstärke H zeigen die **Magnetisierungskurven**. Aus ihnen kann für jede Feldstärke auch die Permeabilitätszahl mit (E 30.17) $\mu_r = B/(\mu_0 H)$ bestimmt werden. Tabellen geben meist den nur bei einer bestimmten Feldstärke geltenden *Maximalwert* an.

Hysterese

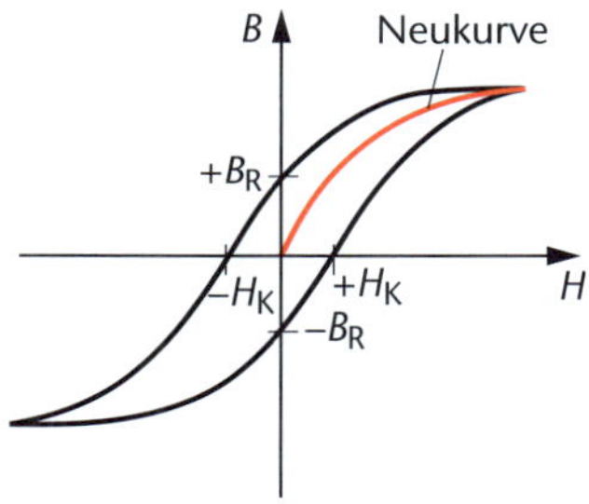

Die Hystereseschleife ist eine besondere Art der Magnetisierungskurve *ferromagnetischer* Stoffe. Nach dem ersten Aufmagnetisieren des zunächst unmagnetischen Stoffs bis zum Maximalwert der Polarisierung (**Neukurve**) ergeben sich zu jeder Feldstärke jeweils zwei unterschiedliche Werte der Flussdichte, je nachdem, ob die Kurve steigend oder fallend durchlaufen wurde. Die bei $H = 0$ vorhandene restliche Flussdichte B_R nennt man **Remanenz**. Als **Koerzitivfeldstärke** H_K bezeichnet man die Feldstärke, bei der $B = 0$ wird.

Stoffe mit kleiner Koerzitivfeldstärke werden als magnetisch *weich* bezeichnet. Ihre Hystereseschleife ist schmal. Magnetisch *harte* Stoffe dagegen besitzen eine große Koerzitivfeldstärke, die Hystereseschleife ist breit.

Magnetisierungskurven

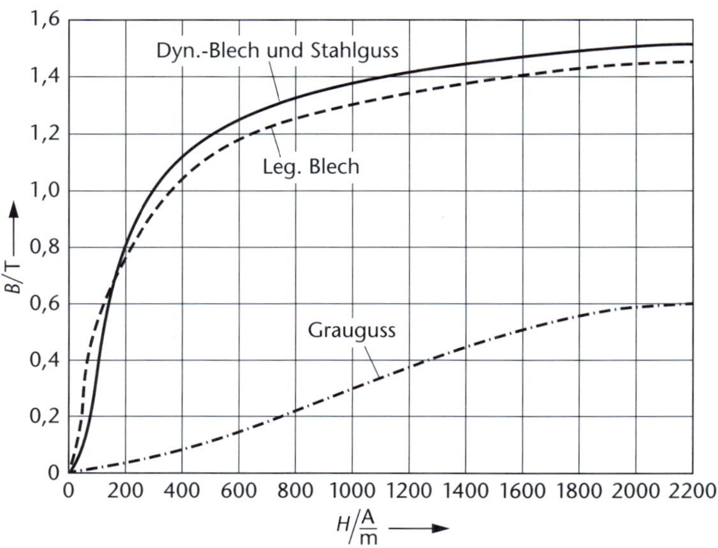

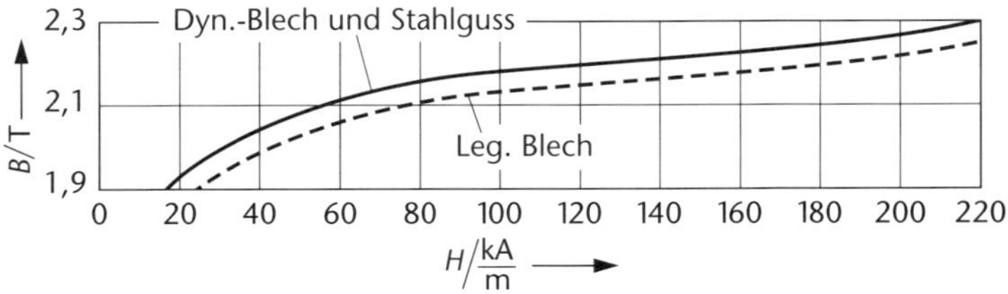

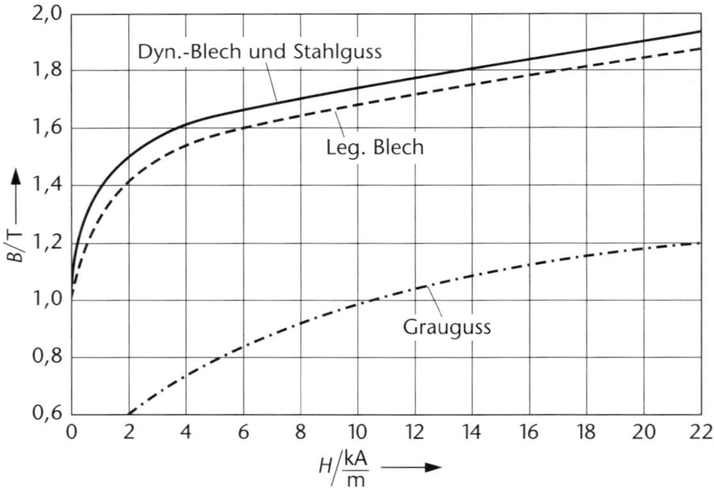

Magnetostriktion

Die magnetische Feldstärke hat bei ferromagnetischen Stoffen einen Einfluss auf die Abmessungen (z. B. Länge eines Stabes). Die Magnetisierung bewirkt eine geringfügige Änderung des Atomabstandes. Die relativen Längenänderungen können positiv oder negativ sein. Dieser Effekt wird zur Erzeugung von Ultraschall verwendet → [24].

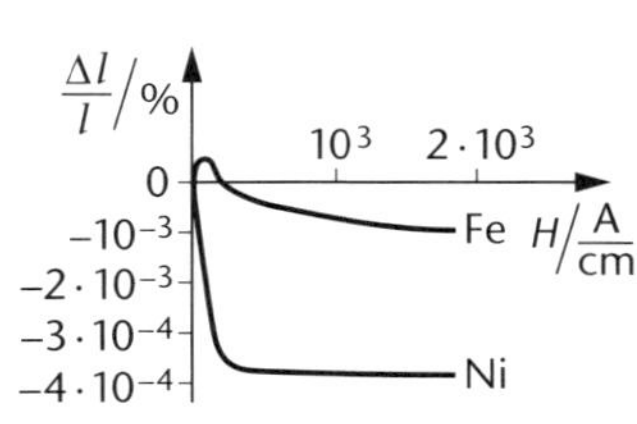

30.3 Elektromagnetische Induktion

In einer Spule wird eine Spannung induziert, wenn sich der sie durchsetzende magnetische Fluss ändert. Ähnliches geschieht bei der Bewegung eines Leiters quer durch ein Magnetfeld. Diesen Vorgang nennt man Induktion. Bei geschlossenen Leiterschleifen bewirkt die induzierte Spannung einen Induktionsstrom.

30.3.1 Induktionsgesetz

Voraussetzung einer Induktion ist immer eine zeitliche Änderung des magnetischen Flusses, die durch Veränderung des Magnetfeldes oder Bewegung des Leiters im Feld erzielt werden kann.

Wenn
U in einer Spule induzierte Spannung,
$\Delta \Phi$ gleichmäßige Flussänderung,
Δt Dauer der gleichmäßigen Änderung,
N Windungszahl der Spule,

dann gilt das

Induktionsgesetz von Faraday

(E 30.23) $$U = -N \frac{\Delta \Phi}{\Delta t}$$

	U	N	Φ	t
SI	V	–	V · s	s

Bei einer ungleichmäßigen Änderung des Flusses gilt für die induzierte Spannung als *augenblicklicher* Wert u

(E 30.24) $$u = -N \frac{\mathrm{d}\Phi}{\mathrm{d}t}$$

Beachte:

- Das Minuszeichen bedeutet, dass Induktionsspannung und Induktionsstrom der sie erzeugenden Flussänderung entgegenwirken (**Lenz'sche Regel**). Bei einer Zunahme des magnetischen Flusses fließt der induzierte Strom also entgegengesetzt zu der sich aus der Korkenzieherregel ergebenden Richtung.

E

30.3.2 Induktion im bewegten Leiter

Wird ein Leiter senkrecht zu den Feldlinien durch ein Magnetfeld bewegt, so wird an den Enden des Leiters eine Spannung induziert. Bei geschlossenem Stromkreis fließt ein Induktionsstrom; seine Richtung lässt sich bestimmen mit der **Rechten-Hand-Regel**:

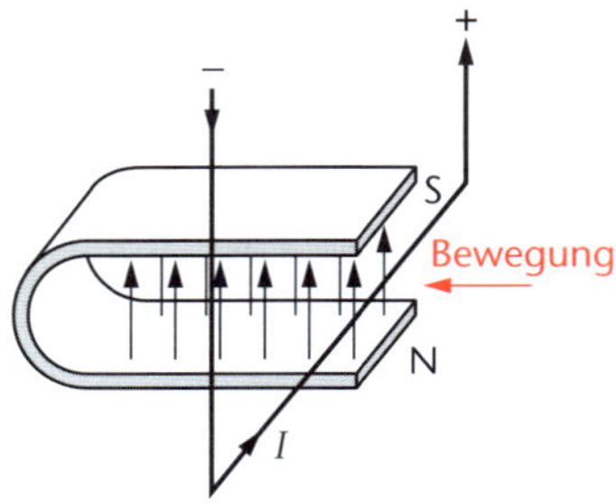

Hält man die rechte Hand so, dass die magnetischen Feldlinien in die innere Handfläche treten und der abgespreizte Daumen in Bewegungsrichtung zeigt, so geben die gestreckten Finger die (technische) Stromrichtung an.

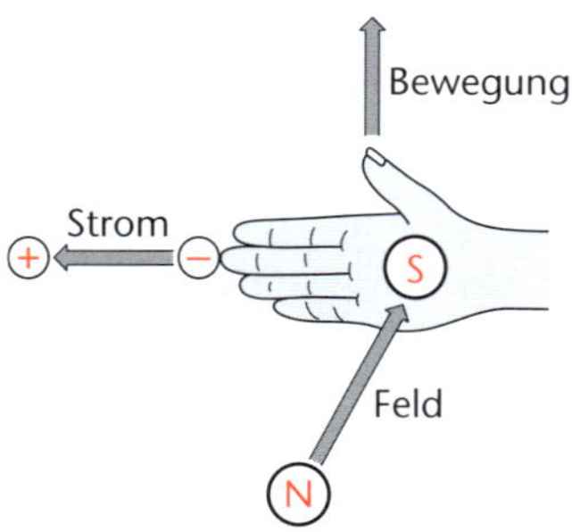

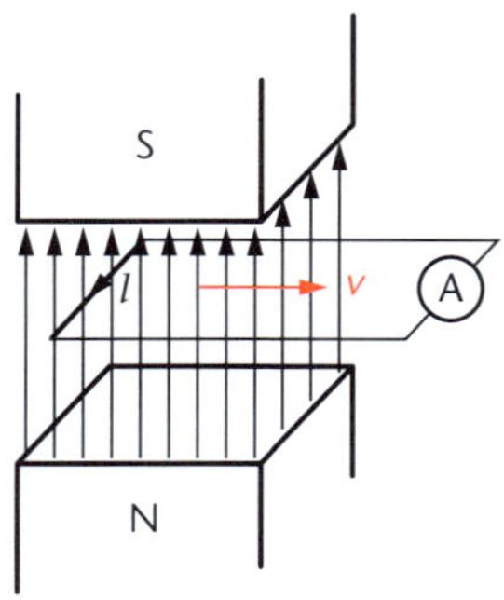

■ Bewegt sich der Leiter mit konstanter Geschwindigkeit v, so überstreicht er in der Zeit Δt die Fläche $l\Delta s$, sodass der magnetische Fluss um $\Delta\Phi = Bl\Delta s$ geändert wird.

Wenn

- U im bewegten Leiter induzierte Spannung,
- v konstante Geschwindigkeit des senkrecht zu den Feldlinien bewegten Leiters,
- l Länge des Leiters,
- B magnetische Flussdichte des Magnetfeldes,

dann gilt entsprechend (E 30.23) mit $N = 1$

$$U = -\frac{\Delta \Phi}{\Delta t} = -\frac{Bl\Delta s}{\Delta t} \quad \text{oder, weil} \quad \frac{\Delta s}{\Delta t} = v,$$

(E 30.25) $$U = -Blv$$

	U	B	l	v
SI	V	$\frac{\text{V} \cdot \text{s}}{\text{m}^2}$	m	$\frac{\text{m}}{\text{s}}$

30.3.3 Selbstinduktion

Änderungen des magnetischen Flusses induzieren nicht nur in anderen Leitern eine Spannung, sondern auch in der das magnetische Feld erzeugenden Spule selbst. Diese Erscheinung nennt man *Selbstinduktion.*

Unter *Selbstinduktion* versteht man das Entstehen einer zusätzlichen Induktionsspannung in den eigenen Windungen einer von nicht konstantem Strom durchflossenen Spule.

Bestimmt man die Richtung der induzierten Spannungen, so ergibt sich:

Die durch Selbstinduktion entstehenden Spannungen wirken verzögernd auf die sie erzeugenden Stromstärkeänderungen.

Für die in der Spule (oder jedem anderen Leiter) selbst induzierte Spannung gilt ebenfalls (E 30.23). Die Änderung des magnetischen Flusses $\Delta \Phi$ ist aber in jedem Fall der Stromstärkeänderung ΔI im Stromkreis proportional.

Wenn
U Selbstinduktionsspannung,
ΔI gleichmäßige Stromstärkeänderung im Leiter,
Δt Dauer der Änderung der Stromstärke,
L Induktivität des Leiters,
μ Permeabilität $= \mu_0 \mu_r$,

dann gilt für die durch Änderung der Stromstärke im eigenen Stromkreis induzierte Spannung

(E 30.26) $$U = -L\frac{\Delta I}{\Delta t}$$

	U	L	I	t
SI	V	$\text{H} = \frac{\text{V} \cdot \text{s}}{\text{A}}$	A	s

E

oder, wenn die Änderungsgeschwindigkeit der Stromstärke nicht konstant ist, für die induzierte **Momentanspannung**

(E 30.27) $$u = -L\frac{\mathrm{d}I}{\mathrm{d}t}$$

Der Proportionalitätsfaktor wird als **Induktivität** L des Stromkreises bezeichnet und hängt nur von dessen Geometrie sowie dem im Feld befindlichen Stoff ab.

SI-Einheit der Induktivität: $[L] = \text{Henry (H)} = \frac{\text{Wb}}{\text{A}} = \frac{\text{V} \cdot \text{s}}{\text{A}}$.

Beachte:

- Die Induktivität L wird manchmal noch als Selbstinduktionskoeffizient oder als Eigeninduktivität bezeichnet.

Induktivität einer Ring- bzw. langen Zylinderspule

Aus (E 30.23) folgt mit $\Phi = \mu H A$ und $H = IN/l$

$$U = -N\frac{\Delta\Phi}{\Delta t} = -N\frac{\mu A \Delta H}{\Delta t} = -N\mu A\frac{N\Delta I}{l\Delta t} = -L\frac{\Delta I}{\Delta t}, \quad \text{also}$$

(E 30.28) $$L = \frac{\mu N^2 A}{l}$$

	L	μ	N	A	l
SI	H	$\frac{\text{H}}{\text{m}}$	–	m^2	m

Induktivität der geraden Einfach- und Doppelleitung

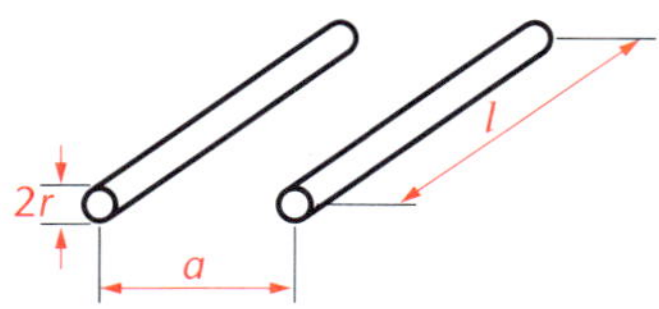

Wenn

L Induktivität des Leiters,
l Länge der Leitung,
r Radius des Drahtes,
a Abstand der beiden Leitermitten,
μ Permeabilität $= \mu_0\mu_r$,

dann gilt für die Einfachleitung

(E 30.29) $$L = \frac{\mu}{2\pi} l \left(\ln\frac{2l}{r} - \frac{3}{4}\right)$$

und für die Doppelleitung

(E 30.30) $$L = \frac{\mu}{\pi} l \left(\ln\frac{a}{r} + \frac{1}{4}\right)$$

	L	μ	l	r	a
SI	H	$\frac{\text{H}}{\text{m}}$	m	m	m

30.3.4 Schaltung von Induktivitäten

Bei der *Reihenschaltung* ist die Gesamtinduktivität L_r gleich der Summe der Einzelinduktivitäten.

(E 30.31) $$L_r = L_1 + L_2 + L_3 + \dots$$

Bei der *Parallelschaltung* ist der Kehrwert der Gesamtinduktivität L_p gleich der Summe der Kehrwerte der Einzelinduktivitäten.

(E 30.32) $$\frac{1}{L_p} = \frac{1}{L_1} + \frac{1}{L_2} + \frac{1}{L_3} + \dots$$

Bei nur *zwei* parallel geschalteten Induktivitäten vereinfacht sich (E 30.32) zu

(E 30.33) $$L_p = \frac{L_1 L_2}{L_1 + L_2}$$

Beachte:

- Bei der Parallelschaltung ist die Gesamtinduktivität stets kleiner als die kleinste Einzelinduktivität.

30.3.5 Ein- und Ausschalten von Stromkreisen mit Induktivität

E

Beim Öffnen und Schließen von Stromkreisen mit Induktivität *verzögert* die Selbinduktionsspannung die Stromstärke*änderungen* (LENZ'sche Regel). Nach dem Einschalten erreicht der Strom nicht sofort seinen endgültigen Wert, und nach dem Ausschalten der Spannungsquelle geht er allmählich auf null zurück, wenn über einen parallelen Zweig ein geschlossener Stromkreis vorliegt.

Nach dem Maschensatz (E 28.15) ist in einem Stromkreis zu jedem Zeitpunkt die Summe aller Spannungen gleich null:
Klemmenspannung − Spannungsabfall über dem Widerstand − induzierte Spannung = 0, also $U - RI - L\frac{\mathrm{d}i}{\mathrm{d}t} = 0$.

Wenn
U Klemmenspannung der Spannungsquelle,
i Stromstärke zur Zeit t nach dem Ein- bzw. Ausschalten,
I_0 Anfangsstromstärke beim Ausschalten bzw. Endstromstärke beim Einschalten $= U/R$,
L Induktivität des Stromkreises,

t Zeit,
τ Abklingzeit, Zeitkonstante $= L/R$,

dann gilt als Lösung der Differenzialgleichung für den

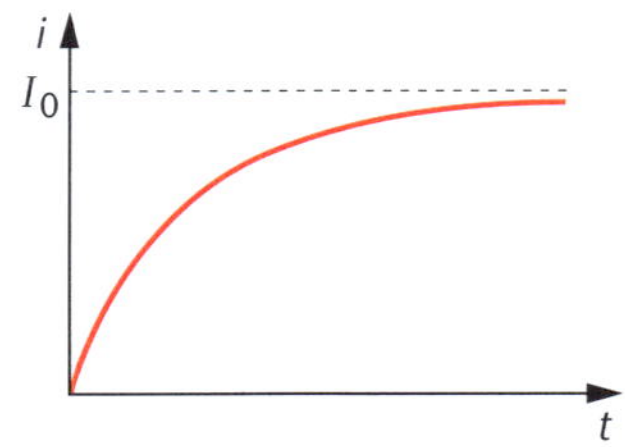

Einschaltvorgang

(E 30.34) $$i = I_0(1 - \mathrm{e}^{-t/\tau})$$

■ Nach dem Ausschalten entfällt die Klemmenspannung U, die Differenzialgleichung vereinfacht sich zu

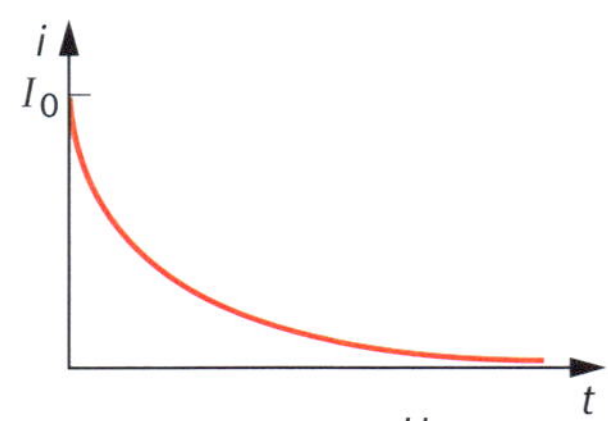

$Ri + L\dfrac{\mathrm{d}i}{\mathrm{d}t} = 0.$ Ihre Lösung lautet für den

Ausschaltvorgang

(E 30.35) $$i = I_0\,\mathrm{e}^{-t/\tau}$$

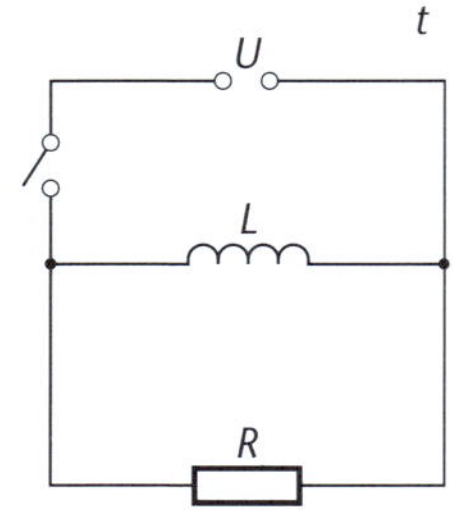

Beachte:

- Wenn der Strom nach dem Ausschalten nicht über einen Parallelzweig abfließen kann, liegt die Induktionsspannung am Schalter an, was zu Öffnungsfunken oder zur Zerstörung von Bauelementen führen kann.

30.4 Kraft und Energie im magnetischen Feld

30.4.1 Kraftwirkungen im Feld

Magnetische Felder üben auf Ladungsträger Kräfte aus, wenn sich diese relativ zum Feld bewegen. Dabei ist es gleichgültig, ob sich diese frei im Raum bewegen oder als elektrischer Strom durch einen Leiter fließen. Die Richtung der Kraft ist stets rechtwinklig zur Bewegung und zum Feld. Sie wird als **LORENTZ-Kraft** bezeichnet.

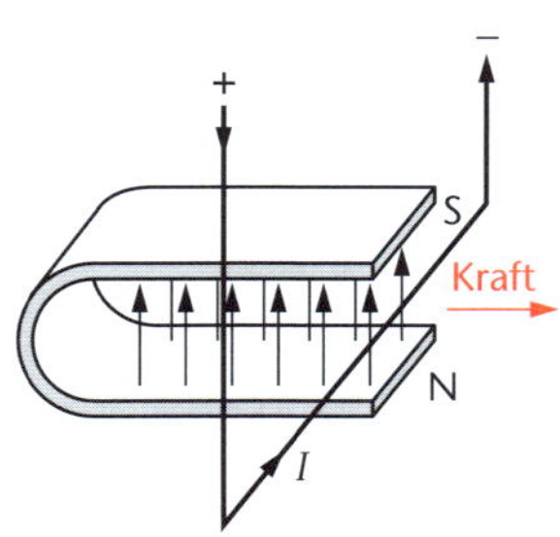

Elektrische Ladung im Magnetfeld

Wenn

F Kraft, die auf einen *positiven* Ladungsträger wirkt, der sich *rechtwinklig* zur Feldrichtung durch ein Magnetfeld bewegt,
B magnetische Flussdichte des Feldes,
v Geschwindigkeit des Ladungsträgers,
Q Ladung,

dann gilt für die LORENTZ-Kraft

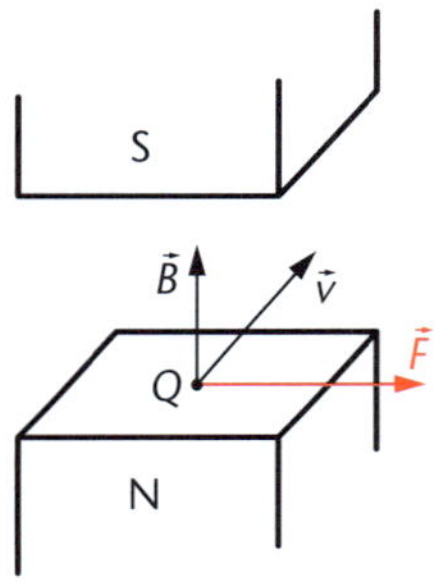

(E 30.36) $$F = QvB$$

	F	Q	v	B
SI	N	C	$\frac{\text{m}}{\text{s}}$	T

■ Bewegt sich der Ladungsträger unter einem beliebigen Winkel α zur Feldrichtung, dann gilt

(E 30.37) $$\vec{F} = Q(\vec{v} \times \vec{B})$$ $$F = QvB \sin\alpha$$

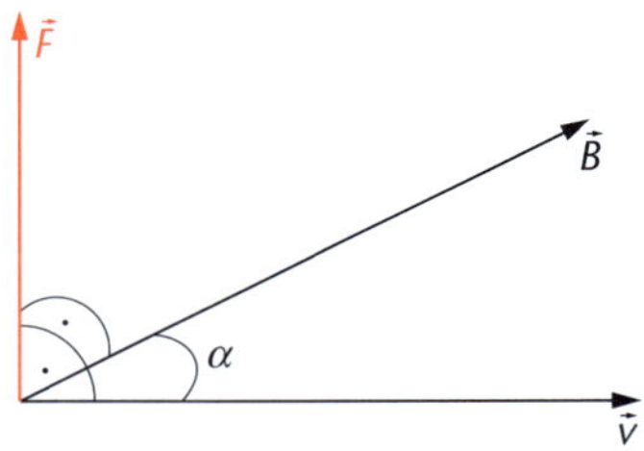

Beachte:

- Im speziellen Fall des Elektrons als Ladungsträger ist $Q = -e = -1{,}602 \cdot 10^{-19}\,\text{C}$. Bei der Bestimmung der Kraftrichtung ist zu berücksichtigen, dass sich das Elektron entgegengesetzt zur konventionellen (technischen) Stromrichtung bewegt.
- Da die Kraft senkrecht zur Bewegungsrichtung wirkt, vermag sie nicht den Betrag der Geschwindigkeit zu ändern. Das magnetische Feld verrichtet also keine Arbeit am Ladungsträger und hat keinen Einfluss auf dessen kinetische Energie (im Gegensatz zum elektrischen Feld).
- Die LORENTZ-Kraft auf einen bewegten Ladungsträger wird nur dann zu null, wenn $\alpha = 0$, also die Bewegung in Feldrichtung erfolgt.

■ Da die LORENTZ-Kraft senkrecht zur Geschwindigkeit wirkt, ändert sie die Richtung der Geschwindigkeit, nicht aber deren Betrag. Der Ladungsträger wird ständig zentralbeschleunigt und bewegt sich auf einer Kreisbahn, solange er innerhalb des Magnetfeldes bleibt. Der Radius dieser Kreisbahn folgt aus dem Ansatz

LORENTZ-Kraft = Zentripetalkraft.

E

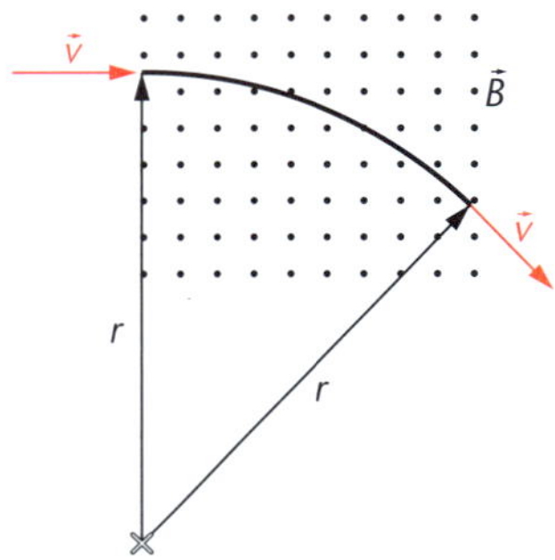

Wenn

r Radius der Kreisbahn eines Elektrons,

m_e Masse des Elektrons $= 9{,}109 \cdot 10^{-31}$ kg,

e elektrische Elementarladung $= 1{,}602 \cdot 10^{-19}$ C,

v Geschwindigkeit des Elektrons,

B magnetische Flussdichte des Feldes,

dann gilt im *speziellen Fall eines Elektrons* mit (E 30.37)

$$evB = \frac{m_e v^2}{r} \quad \text{und somit}$$

(E 30.38) $$r = \frac{m_e v}{eB}$$

	r	m_e	v	e	B
SI	m	kg	$\frac{\text{m}}{\text{s}}$	C	T

Beachte:

- Bei großen Geschwindigkeiten (ab etwa $2 \cdot 10^7$ m/s) kann nicht mehr mit der Ruhemasse m_e des Elektrons gerechnet werden, sondern es ist der relativistische Massenzuwachs zu berücksichtigen → [41.4.1].
- (E 30.38) ist auch bei anderen geladenen Teilchen anwendbar, wenn an Stelle von m_e deren Masse m und für e ihre Ladung Q eingesetzt werden.

Anwendungen:

- Zyklotron, Synchrotron und andere Kreisbeschleuniger für geladene atomare Teilchen,
- Ablenkung des Elektronenstrahls in Fernsehbildröhren,
- → HALL-Effekt.

Stromleiter im Magnetfeld

Jeder Strom in einem Leiter besteht aus bewegten Ladungen, auf die ebenfalls die LORENTZ-Kraft wirkt. Die Richtung der Kraft (und die evtl. daraus resultierende Bewegung des Leiters) lässt sich bestimmen mit der **Linken-Hand-Regel**:

Hält man die linke Hand so, dass die magnetischen Feldlinien in die innere Handfläche eintreten und die gestreckten Finger in (technischer) Stromrichtung zeigen, dann gibt der abgespreizte Daumen die Richtung der Kraft an.

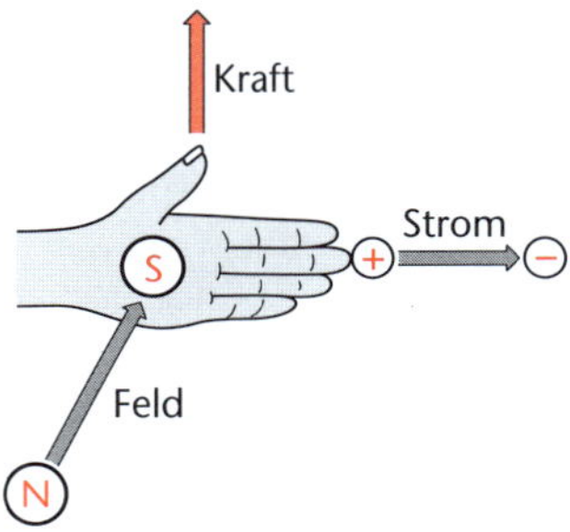

■ Bei Stromleitern, die senkrecht zur Feldrichtung verlaufen, ergibt sich die Kraft aus (E 30.36).

Wenn

F Kraft auf einen stromdurchflossenen Leiter,

B magnetische Flussdichte des Feldes,

l Länge des Leiters im Feld,

I Stromstärke im Leiter,

dann gilt $F = QvB$. Mit $Q = It$ und $v = l/t$ folgt daraus

(E 30.39) $$F = IlB$$

	F	B	l	I
SI	N	T	m	A

Beachte:

- Stromleiter, magnetische Flussdichte und Kraft stehen senkrecht aufeinander.

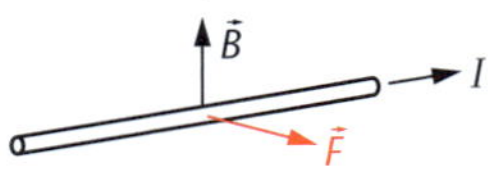

■ Bei beliebigem Winkel α zwischen der Richtung des Leiters und der magnetischen Flussdichte ergibt sich die Kraft aus (E 30.37) mit $Q = It$ und $v = l/t$

(E 30.40) $$\vec{F} = I(\vec{l} \times \vec{B})$$ $$F = IlB \sin \alpha$$

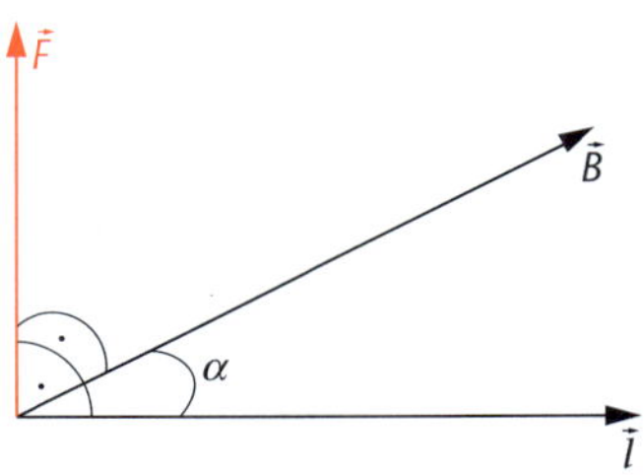

wobei $\vec{l}$, $\vec{B}$ und $\vec{F}$ in dieser Reihenfolge ein Rechtssystem bilden.

Zwei parallele Stromleiter

Auch zwischen parallel verlaufenden Leitern entstehen Kraftwirkungen, wenn in beiden Ströme fließen. Ein Leiter befindet sich dann jeweils im Magnetfeld des anderen.

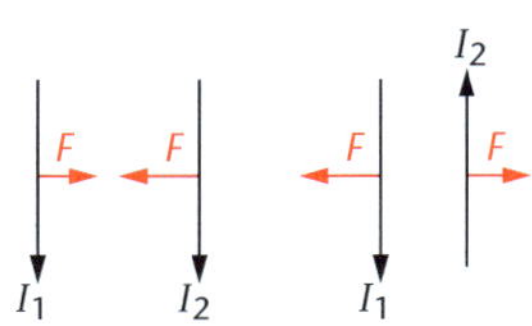

Parallele Stromleiter mit gleicher Stromrichtung ziehen sich an, bei entgegengesetzter Stromrichtung stoßen sie sich ab.

Wenn

F Kraft zwischen parallelen Stromleitern,
μ Permeabilität $= \mu_0\mu_r$,
μ_0 magnetische Feldkonstante $= 1{,}257 \cdot 10^{-6}$ H/m,
μ_r Permeabilitätszahl (→ Tabelle 48),
I_1 Stromstärke im 1. Leiter,
I_2 Stromstärke im 2. Leiter,
l Länge der Leiter,
r Abstand der beiden Leiter voneinander,

dann gilt für den 2. Leiter im Feld des 1. nach (E 30.39)

$F = I_1 l_1 B_1$ und, weil $B_1 = \mu H_1$ und H_1 im Abstand r vom Leiter $H_1 = I_1/(2\pi r)$, folgt für die Kraft zwischen den beiden Leitern

(E 30.41) $$F = \frac{\mu I_1 I_2 l}{2\pi r}$$

	F	μ	I	l	r
SI	N	$\frac{\text{H}}{\text{m}} = \frac{\text{V} \cdot \text{s}}{\text{A} \cdot \text{m}}$	A	m	m

Beachte:

- Hierauf beruht die gesetzliche Definition der Stromstärkeeinheit Ampere als Basiseinheit des SI → [28.1.1].
  Mit $I_1 = I_2 = 1$ A; $\mu_r = 1$; $r = l = 1$ m; $\mu_0 = 4\pi \cdot 10^{-7}$ H/m folgt aus (E 30.41) $F = 2 \cdot 10^{-7}$ N.

Zugkraft eines Magneten

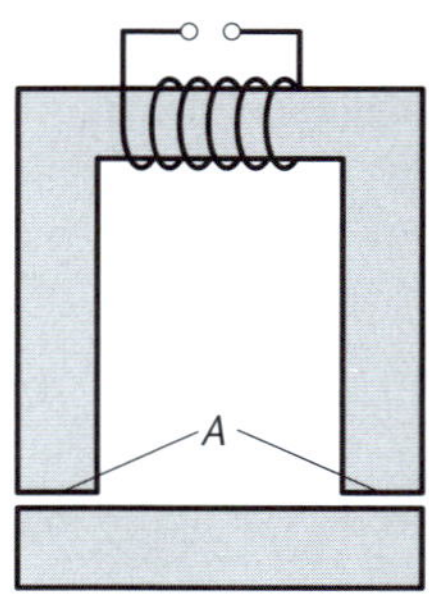

Wenn

F Zugkraft eines Elektromagneten,
H magnetische Feldstärke,
B magnetische Flussdichte,
μ Permeabilität $= \mu_0\mu_r$,
μ_0 magnetische Feldkonstante $= 1{,}257 \cdot 10^{-6}$ H/m,
μ_r Permeabilitätszahl (→ Tabelle 48),
A Querschnittsfläche beider Magnetpole,

dann gilt

(E 30.42) $$F = \frac{\mu H^2 A}{2}$$

	F	H	B	A	μ
SI	N	$\frac{\text{A}}{\text{m}}$	$\text{T} = \frac{\text{V} \cdot \text{s}}{\text{m}^2}$	m^2	$\frac{\text{H}}{\text{m}} = \frac{\text{V} \cdot \text{s}}{\text{A} \cdot \text{m}}$

Wegen $\mu H = B$ folgt daraus

(E 30.43) $$F = \frac{BHA}{2} = \frac{B^2A}{2\mu}$$ Einheiten → (E 30.42)

Hall-Effekt

Die Lorentz-Kraft wirkt in Magnetfeldern auf bewegte Ladungen. Deshalb bewegen sich Elektronen in Leitern mit ausgedehnter Querschnittsfläche (z. B. einer Platte) nicht mehr auf geraden Bahnen, sondern werden rechtwinklig zur Strom- und Feldrichtung abgelenkt. In dieser Richtung entsteht als Folge der veränderten Elektronenkonzentration ein elektrisches Feld und damit auch eine Spannung. Sie wird als Hall-Spannung U_H bezeichnet.

Die Elektronen werden bis zu einem Gleichgewicht verschoben, in dem die elektrische Feldkraft $F = Ee$ (E 29.1) der Lorentz-Kraft $F = evB$ (E 30.36) gleich ist.

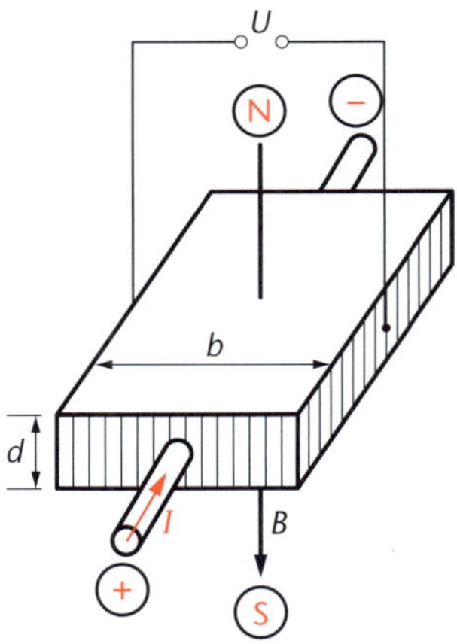

Wenn
- U_H Hall-Spannung,
- B magnetische Flussdichte senkrecht zur Stromrichtung,
- I Stromstärke,
- b Breite der Platte,
- d Dicke der Platte,
- n Ladungsträgerdichte $= N/V$,
- e Elementarladung $= 1{,}602 \cdot 10^{-19}$ C,
- R_H Hall-Koeffizient $= 1/(ne)$,

dann gilt für den Gleichgewichtszustand $Ee = evB$, worin für $E = U_H/b$ (E 29.2) gesetzt wird, also $U_H = bvB$. Hierin kann die Elektronengeschwindigkeit v durch die leicht messbare Stromstärke I ersetzt werden. Es ist $v = l/t$, worin $l = V/A = V/(bd)$ ist. Mit $V = N/n = Q/(ne)$ → [33] und $Q = It$ folgt für die Geschwindigkeit $v = I/(bdne)$. Eingesetzt in oben stehenden Ansatz ergibt dies für die

Hall-Spannung

(E 30.44) $$U_H = \frac{IB}{ned} = R_H \frac{IB}{d}$$

	I	B	d	n	e
SI	A	T	m	$\frac{1}{m^3}$	C

Beachte:

- Der Kehrwert des HALL-Koeffizienten $1/R_{\mathrm{H}} = ne$ ist die räumliche Ladungsdichte Q/V.
- Aus dem HALL-Koeffizienten ergeben sich Vorzeichen, Beweglichkeit und Konzentration der Ladungsträger besonders bei Halbleitern.
- Mit HALL-Sonden kann man die magnetische Induktion B von Feldern messen.

30.4.2 Energie des Feldes

In jedem magnetischen Feld ist Energie gespeichert. Sie entspricht der Arbeit, die zum Aufbau des Feldes aufzuwenden ist, und wird beim Zusammenbrechen des Feldes wieder frei.

Wenn
E_{F} Energie des Magnetfeldes eines stromdurchflossenen Leiters,
L Induktivität des Leiters,
I Stromstärke im Leiter,

dann gilt für die Stromarbeit im Zeitabschnitt $\mathrm{d}t$ (U und I sind nicht konstant)

$$\mathrm{d}E_{\mathrm{F}} = ui\,\mathrm{d}t, \quad \text{worin} \quad u = L\frac{\mathrm{d}i}{\mathrm{d}t}$$

die durch Selbstinduktion entstandene Gegenspannung ist. Also

$$\mathrm{d}E_{\mathrm{F}} = Li\,\mathrm{d}i \quad \text{und die gesamte Energie}$$

$$E_{\mathrm{F}} = \int_0^I Li\,\mathrm{d}i \quad \text{bzw.}$$

(E 30.45) $$E_{\mathrm{F}} = \frac{LI^2}{2}$$

	E_{F}	L	I
SI	J	H	A

Beachte:

- Diese Gleichung gilt für jedes magnetische Feld.

Feldenergie einer Spule

Wenn
E_{F} Energie des homogenen Feldes einer Ring- bzw. langen Zylinderspule,
μ Permeabilität $= \mu_0\mu_{\mathrm{r}}$,
μ_0 magnetische Feldkonstante $= 1{,}257 \cdot 10^{-6}$ H/m,

μ_r Permeabilitätszahl (→ Tabelle 48),
H magnetische Feldstärke,
A Querschnittsfläche des Feldes im Innern der Spule,
l Länge der Spule,

dann gilt mit (E 30.28) $L = \mu_0 \mu_r \frac{AN^2}{l}$ und (E 30.1) $H = \frac{IN}{l}$ entsprechend (E 30.45)

$$E_F = \frac{\mu A N^2 I^2}{2l} \quad \text{bzw.}$$

(E 30.46) $$E_F = \frac{\mu H^2 A l}{2}$$

	E_F	μ	H	A	l
SI	J	$\frac{\text{H}}{\text{m}}$	$\frac{\text{A}}{\text{m}}$	m^2	m

Mit $Al = V$ als dem Volumen des homogenen magnetischen Feldes folgt aus (E 30.46)

(E 30.47) $$E_F = \frac{\mu H^2 V}{2}$$

	E_F	μ	H	V
SI	J	$\frac{\text{H}}{\text{m}}$	$\frac{\text{A}}{\text{m}}$	m^3

und wegen $B = \mu H$

(E 30.48) $$E_F = \frac{BHV}{2} = \frac{B^2 V}{2\mu}$$

	E_F	B	H	V	μ
SI	J	T	$\frac{\text{A}}{\text{m}}$	m^3	$\frac{\text{H}}{\text{m}}$

E

Beachte:

- Die Gleichungen gelten auch für kleine, als homogen zu betrachtende Bereiche eines größeren, nicht homogenen Feldes.

- Für die Energie eines *inhomogenen* magnetischen Feldes mit dem Volumen V ergibt sich

(E 30.49) $$E_F = \frac{1}{2} \int_0^V BH \, \mathrm{d}V$$

Einheiten → (E 30.47) und (E 30.48)

30.4.3 Energiedichte

Die Energiedichte des magnetischen Feldes ergibt sich mit $w = E_F/V$ aus (E 30.47) und (E 30.48) zu

(E 30.50) $$w = \frac{\mu H^2}{2} = \frac{BH}{2}$$

	w	μ	H	B
SI	$\frac{\text{J}}{\text{m}^3}$	$\frac{\text{H}}{\text{m}}$	$\frac{\text{A}}{\text{m}}$	T

30.4.4 Elektrische und magnetische Feldgrößen

Eine vergleichende Zusammenstellung der Größen, Gleichungen und Einheiten des elektrischen und magnetischen Feldes zeigt die

Übersicht:

Elektrisches Feld			**Magnetisches Feld**		
Größe	Gleichung	Einheit	Größe	Gleichung	Einheit
Stromstärke	$I = \frac{dQ}{dt}$	A	induzierte Spannung	$U = -\frac{d\Phi}{dt}$	V
Ladung	$Q = IT$	$C = A \cdot s$	magnetischer Fluss	$\Phi = BA$	$Wb = V \cdot s$
Spannung	$U = Es$	V	Spannung	$V = HI$	A
Flussdichte, elektrische	$D = \frac{Q}{A}$	$\frac{C}{m^2}$	Flussdichte, magnetische	$B = \frac{\Phi}{A}$	$T = \frac{Wb}{m^2}$
	$D = \varepsilon E$			$B = \mu H$	
Feldkonstante	$\varepsilon_0 = \frac{1}{\mu_0 c_0^2}$	$\frac{F}{m}$	Feldkonstante	$\mu_0 = \frac{1}{\varepsilon_0 c_0^2}$	$\frac{H}{m}$
Permittivitätszahl	ε_r	—	Permeabilitätszahl	μ_r	—
Permittivität	$\varepsilon = \varepsilon_0 \varepsilon_r$	$\frac{F}{m}$	Permeabilität	$\mu = \mu_0 \mu_r$	$\frac{H}{m}$
Kapazität	$C = \frac{Q}{U}$	$F = \frac{C}{V}$	Induktivität	$L = \frac{\Phi N}{I}$	$H = \frac{Wb}{A}$
Kapazität des Plattenkondensators	$C = \frac{\varepsilon A}{s}$	F	Induktivität der Ringspule	$L = \frac{\mu A N^2}{l}$	H
Feldenergie	$E_F = \frac{CU^2}{2}$	J	Feldenergie	$E_F = \frac{LI^2}{2}$	J
Energie des Plattenkondensators	$E_F = \frac{\varepsilon E^2 V}{2}$	J	Energie der Ringspule	$E_F = \frac{\mu H^2 V}{2}$	J
Energiedichte	$w = \frac{\varepsilon E^2}{2}$	$\frac{J}{m^3}$	Energiedichte	$w = \frac{\mu H^2}{2}$	$\frac{J}{m^3}$
	$= \frac{DE}{2}$			$= \frac{BH}{2}$	

31 Elektrische Maschinen

Zu den elektrischen Maschinen gehören

- **Generatoren** (Dynamomaschinen) für die *Umwandlung* mechanischer Energie in elektrische und
- **Elektromotoren** für die *Umwandlung* elektrischer Energie in mechanische.

Die Wirkung der Generatoren beruht auf der elektromagnetischen Induktion → [30.3], die der Elektromotoren auf der Kraftwirkung eines Magnetfeldes auf elektrische Ströme → [30.4.1].

31.1 Generatoren

31.1.1 Wechselstromgenerator

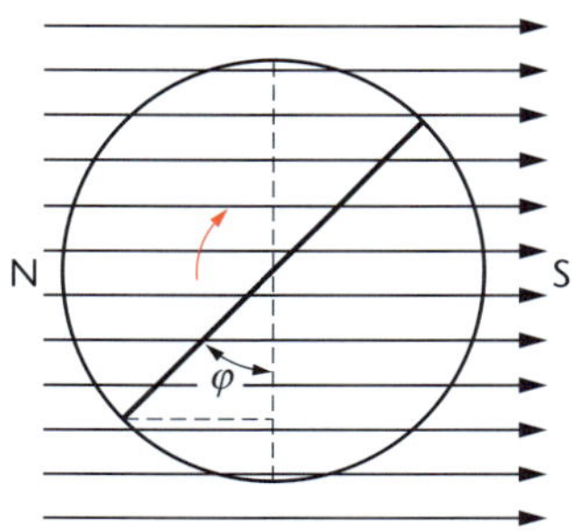

Wird zur Spannungserzeugung eine im Magnetfeld rotierende Leiterschleife benutzt, so ist die Induktionsspannung nicht konstant, sondern hängt von der jeweiligen Stellung der Schleife im Magnetfeld ab. Sie ist proportional der Änderungsgeschwindigkeit des magnetischen Flusses, wie sich aus (E 30.23) ergibt. Wegen (E 30.14) $\Phi = BA$ ist der magnetische Fluss proportional der Querschnittsfläche A des die Leiterschleife durchsetzenden Feldes, also $\Phi = BA\cos\varphi$. Gleiches gilt für eine rotierende Spule.

Wenn

u augenblickliche Induktionsspannung,

$\hat{u}$ Scheitelspannung, maximaler Wert der Induktionsspannung, während einer Umdrehung der Spule zweimal vorhanden,

φ Drehwinkel der Spule, bezogen auf eine Anfangsstellung rechtwinklig zur Richtung des magnetischen Feldes $= \omega t$,

A Fläche einer Windung,

N Windungszahl der Spule,

T Dauer einer Umdrehung der Spule,

f Frequenz der Spule,

t Zeit,

dann gilt

$$u = -\frac{d\Phi}{dt}N = -\frac{d(NBA\cos\varphi)}{dt} = -\frac{d(NBA\cos\omega t)}{dt}.$$ Das ergibt

$u = NBA\omega \sin \omega t.$

Die induzierte Spannung ist eine Sinusfunktion der Zeit. Während einer Periode wechselt sie zweimal das Vorzeichen. Man bezeichnet sie deshalb als **Wechselspannung**.

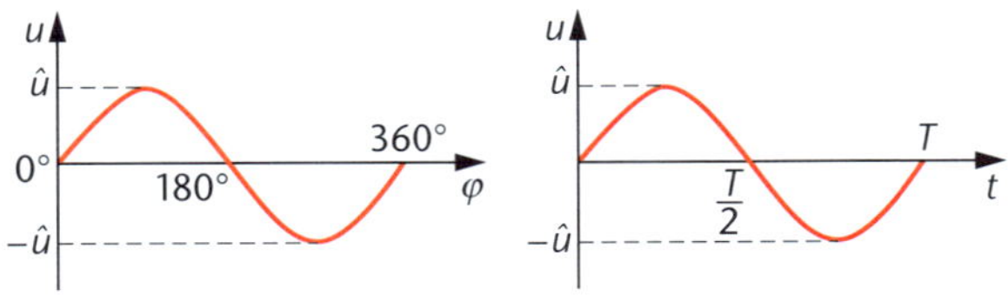

Der Maximalwert der Induktionsspannung ist die

Scheitelspannung

(E 31.1) $$\hat{u} = NBA\omega$$

	u	N	B	A	ω
SI	V	–	$T = \frac{V \cdot s}{m^2}$	m^2	$\frac{1}{s}$

Damit ergibt sich für die

Momentanspannung

(E 31.2) $$u = \hat{u}\sin\omega t = \hat{u}\sin 2\pi f t = \hat{u}\sin 2\pi\frac{t}{T}$$

	u	ω	t	f	T
SI	V	$\frac{1}{s}$	s	Hz	s

Beachte:

- $\omega = 2\pi f$ wird als **Kreisfrequenz** bezeichnet. Der technische Wechselstrom der öffentlichen Netze besitzt die Frequenz $f = 50\,\text{Hz}$ und damit die Kreisfrequenz $\omega = 100\pi\,\text{s}^{-1} = 314\,\text{s}^{-1}$.

Werden die Enden der rotierenden Spule mit einem äußeren Stromkreis verbunden, fließt ein Strom, dessen Stärke ebenfalls eine Sinusfunktion der Zeit ist und dessen Vorzeichen (Richtung) in jeder Periode zweimal wechselt. Man bezeichnet ihn als **Wechselstrom**.

Wenn

i Momentanwert der Stromstärke,
$\hat{i}$ Scheitelwert der Stromstärke,
ω Kreisfrequenz $= 2\pi f$,

dann gilt analog zu (E 31.2) für den Strom

(E 31.3) $$i = \hat{i} \sin \omega t = \hat{i} \sin 2\pi f t = \hat{i} \sin 2\pi \frac{t}{T}$$

Beachte:

- Wenn der Stromkreis Wechselstromwiderstände → [32.2] enthält, ist die Phasenwinkeldifferenz zwischen Spannung und Strom zu beachten!

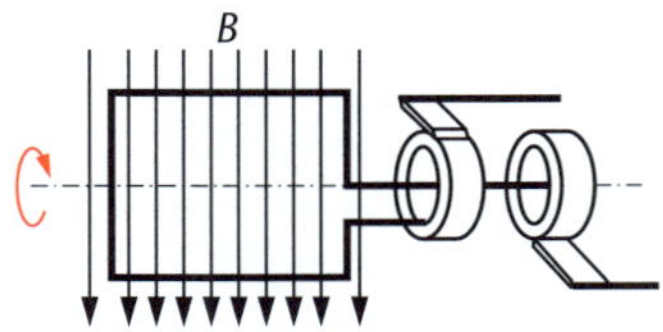

■ Jeder Wechselstromgenerator besteht aus einem Magneten zur Erzeugung des erforderlichen magnetischen Feldes (meist Elektromagnet, bei kleineren Leistungen aber auch Permanentmagnet), einer rotierenden Spule sowie Schleifringen zur Abnahme des Stromes. Um zu recht hohen Spannungen zu kommen, verwendet man Spulen mit vielen Windungen und Eisenkern. Der rotierende Teil heißt **Rotor** bzw. **Läufer**, der ruhende Teil **Stator**. Bei Generatoren mit größerer Leistung bildet die Induktionsspule den Stator, während der Feldmagnet als Läufer rotiert (**Innenpolmaschine**). Dadurch wird über die Schleifringe nur die geringe Leistung des Feldmagneten übertragen.

Mit Permanentmagneten werden auch kleinere Generatoren als Innenpolmaschine gebaut (Fahrraddynamo).

E

31.1.2 Gleichstromgenerator

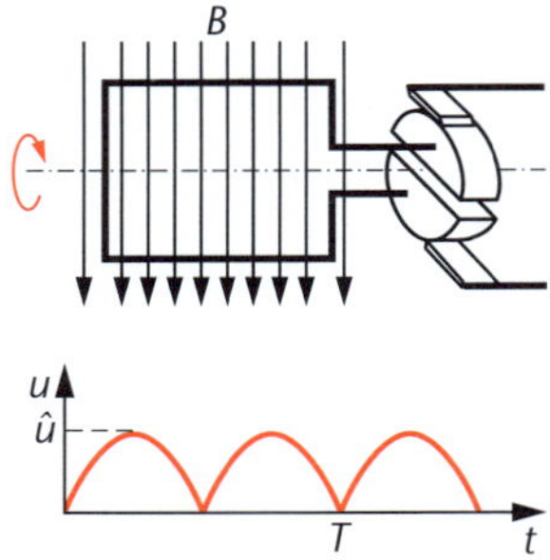

Er entspricht im Prinzip einem Wechselstromgenerator, hat jedoch an Stelle der beiden Schleifringe zur Abnahme des Stromes zwei gegeneinander isolierte Halbringe (**Kommutator**). Diese haben die Aufgabe, die Anschlüsse in dem Augenblick umzupolen, in dem die Spannung ihre Richtung ändert. Es entsteht **pulsierende Gleichspannung**, die zwar ihre Richtung nicht mehr ändert, deren Stärke aber dennoch sinusförmig zu- und abnimmt.

Größere Spannungen als eine Leiterschleife liefert eine eisengefüllte Spule mit vielen Windungen (**Doppel-T-Anker**). Das Pulsieren des Stromes lässt sich weitgehend mindern durch Verwendung eines **Trommelankers**. Dieser besteht im Prinzip aus vielen zueinander versetzten Wicklungen, die jeweils mit entsprechenden Segmenten des **Kollektors** verbunden sind.

Für die Erregung des Feldmagneten benutzt man den im Anker induzierten Strom (**SIEMENS'sches Prinzip**). Bei der **Hauptschlussmaschine** (auch Reihenschlussmaschine genannt) liegen Feld- und Ankerwicklung in Reihe, d. h., der gesamte Strom fließt durch den Magneten. Bei der **Nebenschlussmaschine** dagegen liegen beide Wicklungen parallel, und durch den Magneten fließt nur ein Teilstrom. Beim Anlassen ist zunächst nur der remanente Magnetismus wirksam.

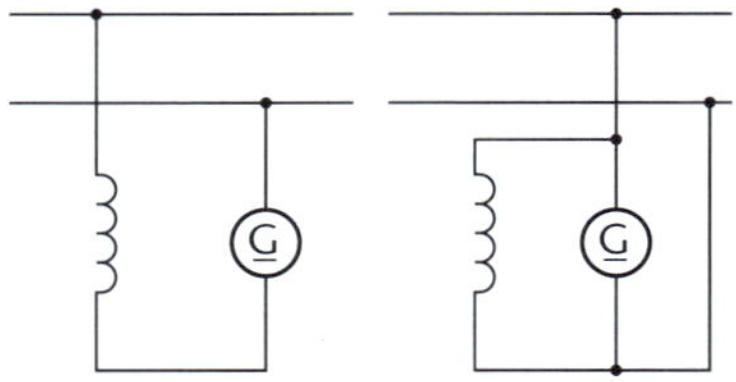

31.1.3 Drehstromgenerator

Er ist ein Wechselstromgenerator mit drei gleichen, um je 120° versetzten Induktionsspulen und liefert drei um je 120° phasenverschobene Wechselspannungen. Man spricht von **Drehstrom** bzw. **Dreiphasenstrom**.

Aus $\hat{u}\,[\sin\omega t + \sin(\omega t + 120°) + \sin(\omega t - 120°)] = 0$ folgt:

> Die algebraische Summe der drei Spannungen (bzw. Ströme) ist in jedem Augenblick null.

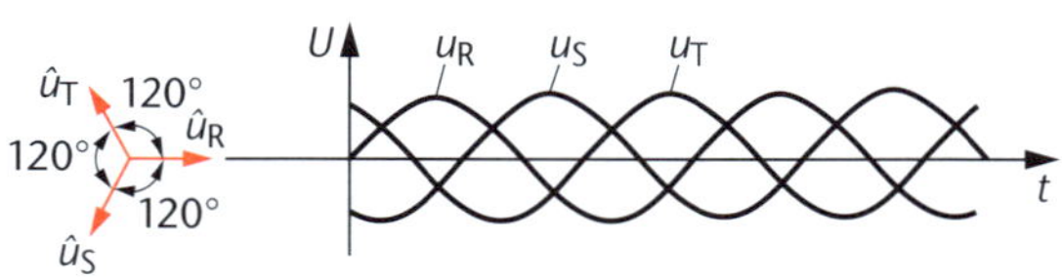

Um weniger als $3 \cdot 2 = 6$ Leitungen fortführen zu können, sind die drei Induktionsspulen (jeweils als **Strang** oder **Phase** bezeichnet) in besonderer Weise verkettet.

Dreieckschaltung. Die drei Stränge sind hintereinander zu einem geschlossenen Stromkreis geschaltet. Für die Spannungen zwischen den Leitern bzw. den Strömen in den Leitern gilt

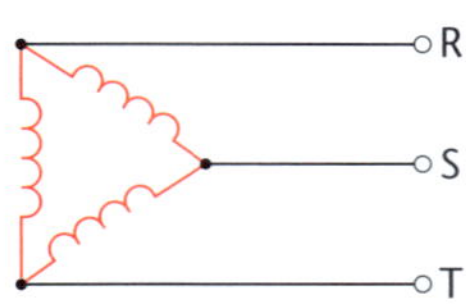

(E 31.4)

$$\text{Leiterspannung}\quad U_{RS} = U_{RT} = U_{ST} = \text{Strangspannung}$$

und

(E 31.5)

$$\text{Leiterstrom}\quad I_R = I_S = I_T = \sqrt{3} \cdot \text{Strangstrom}$$

Sternschaltung. Die Anfänge der drei Stränge sind in einem Punkt, dem Sternpunkt, zusammengeschaltet. Dieser wird geerdet und als vierter, so genannter Nullleiter fortgeführt. Für die Spannungen bzw. Ströme gilt

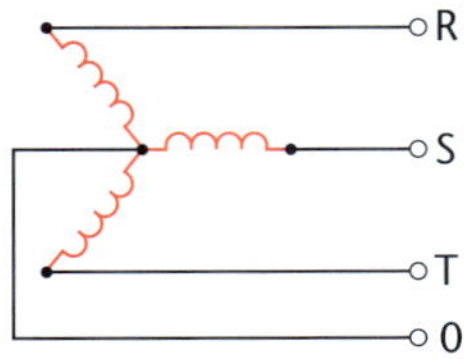

(E 31.6)

$$\text{Leiterspannung}\quad U_{RS} = U_{RT} = U_{ST} = \sqrt{3} \cdot \text{Strangspannung}$$

$$\text{Strangspannung}\quad U_{R0} = U_{S0} = U_{T0}$$

und

(E 31.7)

$$\text{Leiterstrom}\quad I_R = I_S = I_T = \text{Strangstrom}$$

$$\text{Nullleiterstrom}\quad I_0 = 0$$

Beachte:

- Im öffentlichen Netz beträgt die Strangspannung 230 V und die Leiterspannung $\sqrt{3} \cdot 230\,\text{V} = 400\,\text{V}$.
- (E 31.5) und (E 31.7) sind nur bei *gleicher* Belastung aller drei Stränge erfüllt.

31.2 Motoren

Sie haben den gleichen prinzipiellen Aufbau wie Generatoren, jedoch eine umgekehrte Wirkungsweise. An die Ankerwicklung wird eine Spannung gelegt, die den Ankerstrom erzeugt. Das Feld eines Elektro- oder Permanentmagneten übt auf die stromdurchflossenen Ankerwindungen Kräfte aus → [30.4.1], die zu einem Drehmoment führen. Dieses setzt den Rotor in Umdrehung.

Für das Drehmoment gilt mit

M Drehmoment, das auf den Motoranker wirkt,
N Anzahl der Windungen der Ankerspule,
I Strom, der durch den Anker fließt,
B magnetische Flussdichte,
A Fläche einer Windung,
ω Winkelgeschwindigkeit der Spule $= 2\pi f$,
t Zeit seit Durchlaufen der Anfangsstellung *rechtwinklig* zur Richtung des Magnetfeldes

(E 31.8) $$M = NIBA \sin \omega t$$

	M	P	I	B	A	t	ω
SI	N·m	W	A	$\mathrm{T} = \frac{\mathrm{V \cdot s}}{\mathrm{m^2}}$	$\mathrm{m^2}$	s	$\frac{1}{\mathrm{s}}$

und für die Leistung $P = M\omega$

(E 31.9) $$P = NIBA\omega \sin \omega t$$

31.2.1 Wechselstrommotoren

Synchronmotor. Er entspricht dem Wechselstromgenerator, bei dem die Frequenz der erzeugten Wechselspannung von der Drehzahl des Läufers bestimmt wird. Umgekehrt bestimmt beim Synchronmotor die Frequenz der Wechselspannung die Drehzahl des Läufers. Der Motor läuft nicht von allein an, sondern muss erst auf die erforderliche Drehzahl gebracht, d. h. angeworfen werden oder eine besondere Anlaufwicklung besitzen. Bei größerer Überlastung sinkt nicht die Drehzahl, sondern der Motor bleibt stehen. Er kann als Außenpol- oder Innenpolmaschine gebaut sein.

Universalmotor. Er ist die Umkehrung eines Gleichstromgenerators und müsste deshalb als Gleichstrommotor → [31.2.2] mit Gleichstrom betrieben werden. Er kann aber auch als Wechselstrommotor laufen, weil die Änderung der Stromrichtung in Feldmagnet und Anker gleichzeitig erfolgt und deshalb ohne Wirkung bleibt. Die Drehzahl ist also unabhängig von der Netzfrequenz, der Motor läuft asynchron. Nach dem gleichen Prinzip arbeitet der für größere Leistungen ausgelegte **Bahnmotor**. Er wird mit einer Frequenz von 16 2/3 Hz betrieben und ist bei Elektrolokomotiven der Eisenbahnen vieler Länder im Einsatz.

31.2.2 Gleichstrommotoren

Sie sind eine Umkehrung des Gleichstromgenerators und können wie dieser als Hauptschluss- oder Nebenschlussmaschine ausgeführt sein.

Hauptschlussmotor. Die Wicklungen von Feldmagnet und Anker liegen in Reihe. Beim Einschalten fließt ein großer Strom durch den Anker und damit auch durch den Magneten und gibt dem Motor ein großes Drehmoment. Seine Drehzahl ist *stark belastungsabhängig*. Bei zu geringer Belastung kann die Drehzahl sehr ansteigen und der Motor „durchgehen“.

Nebenschlussmotor. Die Wicklungen von Feldmagnet und Anker liegen parallel. Beim Einschalten muss der Ankerwicklung ein strombegrenzender *Anlasswiderstand* vorgeschaltet sein, der erst mit steigender Drehzahl und damit steigender induzierter Gegenspannung überflüssig wird. Da der Ankerstrom nicht durch den Magneten fließt, ist die Erregung konstant und die Drehzahl des Motors nur gering belastungsabhängig.

31.2.3 Drehstrommotoren

Im Aufbau entsprechen sie einem Innenpol-Drehstromgenerator. Ihr Stator besteht aus drei Wicklungen, in denen der Drehstrom ein **Drehfeld** erzeugt, weil der Strom in den einzelnen Wicklungen nacheinander sein Maximum erreicht. Der Rotor (Läufer) benötigt deshalb keine Wicklung; er ist meistens ein Käfiganker (Zylinder aus Kupfer- oder Aluminiumstäben), der als Kurzschlussläufer bezeichnet wird. Das von Drehstrom in den Statorwicklungen erzeugte Drehfeld setzt den Rotor in Umdrehung.

E

Damit im Rotor ein Strom induziert werden kann, muss dieser immer etwas langsamer rotieren als das Drehfeld. Der Drehstrommotor ist also ein **Asynchronmotor**. Die relative Drehzahldifferenz bezeichnet man als **Schlupf**.

Wenn
n_L Drehzahl des Läufers,
n_F Drehzahl des Feldes,
dann gilt für den Schlupf s

(E 31.10) $$s = \frac{n_F - n_L}{n_F}$$

Beachte:

- Meist wird der Schlupf in *Prozent* ausgedrückt. Er beträgt bei Nennlast nur wenige Prozent.
- Um den hohen Einschaltstrom (er beträgt etwa das 5- bis 7fache des Nennstromes) herabzusetzen, wird häufig während des Anlaufens die Statorwicklung im Stern und erst danach im Dreieck geschaltet.

32 Wechselstromkreis

Er unterscheidet sich vom Gleichstromkreis vor allem dadurch, dass Spannung und Stromstärke Funktionen der Zeit sind und sich periodisch ändern. Befinden sich im Wechselstromkreis außer den so genannten Gleichstromwiderständen (ohmsche Widerstände) zusätzlich noch Induktivitäten oder Kapazitäten, dann erreichen Spannung und Stromstärke nicht *gleichzeitig* ihre Maximalwerte. Die Berechnung von Arbeit und Leistung ist mit (E 28.27) und (E 28.28) nicht möglich.

32.1 Effektivwerte von Strom und Spannung

Zur Berechnung von Arbeit und Leistung mit (E 28.27) und (E 28.28) können bei Wechselstrom weder die Momentan- noch die Maximalwerte von Stromstärke und Spannung verwendet werden. Deshalb vergleicht man den Wechselstrom mit einem Gleichstrom gleicher Leistung und bestimmt so die *effektiven* (wirksamen) Werte für Spannung und Stromstärke.

Da bei konstantem Widerstand die Leistung $P \sim I^2$ bzw. $P \sim U^2$, ergibt sich der effektive Wert aus den Quadraten der Momentanwerte. Durch Quadrieren der Werte der sinusförmigen i-Kurve ergibt sich die ebenfalls sinusförmige i^2-Kurve, deren zeitlicher Mittelwert den Effektivwert ergibt: $I_{\text{eff}}^2 = \overline{i^2} = \hat{i}^2/2$.

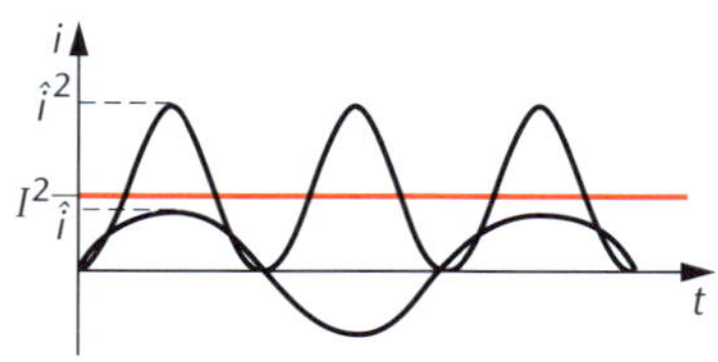

Wenn
- I effektive Stromstärke,
- $\hat{i}$ Maximalwert der Stromstärke,
- U effektive Spannung,
- $\hat{u}$ Maximalwert der Spannung,

dann gilt

(E 32.1) $$I = \frac{\hat{i}}{\sqrt{2}} = 0{,}707\hat{i}$$

und nach Multiplikation mit dem Widerstand

(E 32.2) $$U = \frac{\hat{u}}{\sqrt{2}} = 0{,}707\hat{u}$$

Die Effektivwerte von Stromstärke und Spannung verhalten sich zu den Maximalwerten (Scheitelwerten) wie $1 : \sqrt{2}$.

Beachte:

- (E 32.1) und (E 32.2) gelten nur bei *sinusförmigem* Wechselstrom.
- Mit I und U sind in den Gleichungen des Wechselstromkreises immer die *Effektivwerte* von Stromstärke und Spannung gemeint.

32.2 Wechselstromwiderstand

(E 28.6) zur Berechnung des Widerstandes eines Leiters gilt für Gleich- und Wechselstrom. Man bezeichnet ihn als **ohmschen** oder auch als **Wirkwiderstand**. Ursache dieses Widerstandes ist die Struktur des Leiters.

Der Wechselstromkreis kann zusätzlich zum Wirkwiderstand noch so genannte **Blindwiderstände** enthalten. Sie verwandeln keine elektrische Energie in Wärme.

Die *geometrische Summe* von Blind- und Wirkwiderstand heißt **Scheinwiderstand**.

E

32.2.1 Induktiver Widerstand

Eine Induktivität L im Stromkreis wirkt auf die Änderung des Stroms verzögernd → [30.3.5]. Der Strom erreicht sein Maximum $\hat{i}$ stets *später* als die Spannung ihr Maximum $\hat{u}$.

Für den Fall, dass $R = 0$, ist die angelegte Spannung entgegengesetzt gleich der induzierten Spannung, also

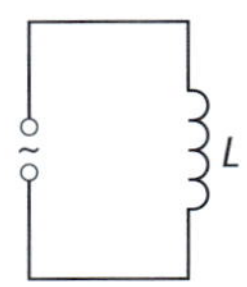

$$u = L\frac{\mathrm{d}i}{\mathrm{d}t} = \frac{\mathrm{d}(L\hat{i}\sin\omega t)}{\mathrm{d}t}. \quad \text{Das gibt}$$

$$u = \omega L\hat{i}\cos\omega t \quad \text{oder}$$

$$u = \omega L\hat{i}\sin\left(\omega t + \frac{\pi}{2}\right).$$

Zwischen Spannung und Strom besteht eine Phasendifferenz (als **Phasenverschiebung** bezeichnet) von $+\boldsymbol{\pi/2}$.

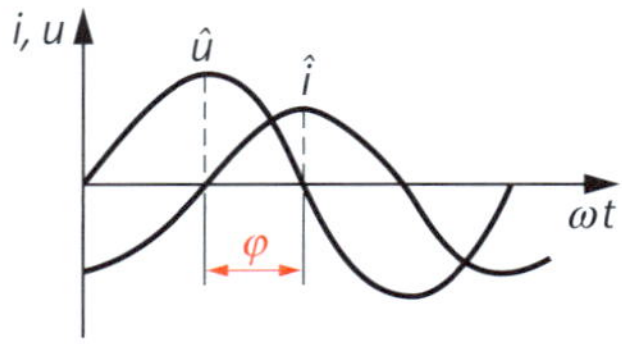

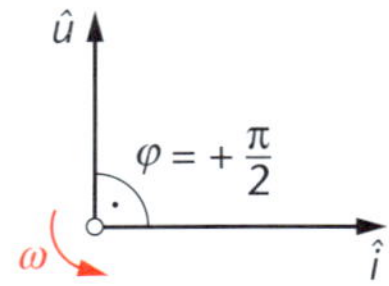

In jedem Wechselstromkreis mit reiner Induktivität eilt die Spannung dem Strom um $\pi/2$ ($\widehat{=}\, T/4$) voraus.

Beachte:

- Im **Zeigerdiagramm** drehen sich die Zeiger gegen den Uhrzeigersinn mit der Winkelgeschwindigkeit ω. Der Winkel zwischen dem Spannungszeiger und dem Stromzeiger entspricht der Phasenverschiebung $\varphi = \varphi_u - \varphi_i$.

Für den Maximalwert der Spannung folgt aus oben stehender Ableitung $\hat{u} = \omega L \hat{i}$. Ein Vergleich mit dem Ohm'schen Gesetz $U = RI$ zeigt, dass das Produkt ωL wie ein Widerstand wirkt.

In jedem Wechselstromkreis mit einer Induktivität L gibt es einen Wechselstromwiderstand; man nennt ihn **induktiven Widerstand** X_L.

SI-Einheit des induktiven Widerstandes: $[X_L] = \text{Ohm}\ (\Omega)$.

Wenn

X_L induktiver Widerstand eines Wechselstromkreises,
ω Kreisfrequenz des Wechselstromes $= 2\pi f$,
L Induktivität des Stromkreises,

dann gilt

(E 32.3) $$X_L = \omega L$$

	X	ω	L
SI	Ω	$\frac{1}{\mathrm{s}}$	$\mathrm{H} = \frac{\mathrm{V \cdot s}}{\mathrm{A}}$

Beachte:

- Der induktive Widerstand X_L wächst mit der Frequenz; für Gleichstrom ($f = 0$) ist er null.

Bei *nur* induktivem Widerstand im Stromkreis ergibt sich für die Stromstärke

(E 32.4) $$I = \frac{U}{\omega L}$$

	I	U	ω	L
SI	A	V	$\frac{1}{\mathrm{s}}$	$\mathrm{H} = \frac{\mathrm{V \cdot s}}{\mathrm{A}}$

32.2.2 Kapazitiver Widerstand

Im Gleichstromkreis stellt ein Kondensator der Kapazität C einen unendlich großen Widerstand dar. An eine Wechselspannung gelegt, wird er jedoch periodisch umgeladen, im Stromkreis fließt ein Wechselstrom. Die Spannung am Kondensator erreicht aber ihren Maximalwert erst, wenn der Strom null geworden ist.

Für den Fall, dass $R = 0$, ist die angelegte Spannung gleich der Kondensatorspannung, also

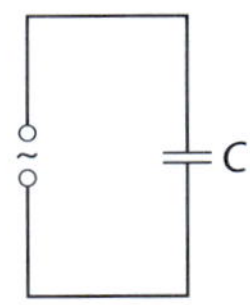

$u = \dfrac{q}{C}$. Der Momentanwert des Stromes ergibt sich zu

$i = \dfrac{\mathrm{d}q}{\mathrm{d}t} = \dfrac{C\,\mathrm{d}u}{\mathrm{d}t} = C\dfrac{\mathrm{d}(\hat{u}\sin\omega t)}{\mathrm{d}t}$. Daraus folgt

$$i = \omega C\hat{u}\cos\omega t$$
$$= \omega C\hat{u}\sin\left(\omega t + \frac{\pi}{2}\right).$$

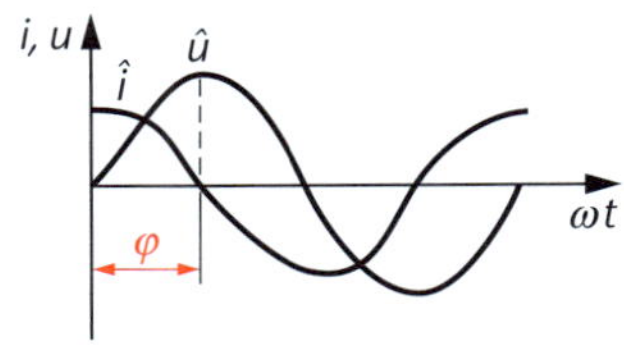

Zwischen Spannung und Strom besteht eine Phasendifferenz von $-\boldsymbol{\pi}/\mathbf{2}$.

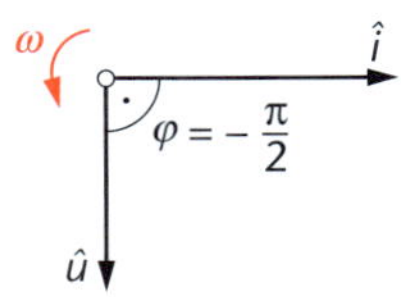

> In jedem Wechselstromkreis mit reiner Kapazität eilt der Strom der Spannung um $\pi/2$ ($\widehat{=} T/4$) voraus.

Für den Maximalwert des Stroms folgt aus oben stehender Ableitung $\hat{i} = \omega C\hat{u}$. Ein Vergleich mit dem Ohm'schen Gesetz $U = RI$ zeigt, dass eine Kapazität wie ein Widerstand wirkt.

> In jedem Wechselstromkreis mit einer Kapazität C gibt es einen Wechselstromwiderstand; man nennt ihn **kapazitiven Widerstand** X_C.

SI-Einheit des kapazitiven Widerstandes: $[X_C] = \text{Ohm}\ (\Omega)$.

Wenn

X_C kapazitiver Widerstand eines Wechselstromkreises,
ω Kreisfrequenz des Wechselstroms $= 2\pi f$,
C Kapazität des Stromkreises,

dann gilt

(E 32.5) $$X_C = \frac{1}{\omega C}$$

	X	ω	C
SI	Ω	$\frac{1}{\mathrm{s}}$	$\mathrm{F} = \frac{\mathrm{A \cdot s}}{\mathrm{V}}$

Beachte:

- Der kapazitive Widerstand nimmt mit steigender Frequenz ab; für Gleichstrom ($f = 0$) ist er unendlich.

Bei *nur* kapazitivem Widerstand im Stromkreis ergibt sich für den Strom

(E 32.6) $$I = U\omega C$$

	I	U	ω	C
SI	A	V	$\frac{1}{\mathrm{s}}$	$\mathrm{F} = \frac{\mathrm{A \cdot s}}{\mathrm{V}}$

32.2.3 Blindwiderstand

Vielfach besitzt ein Wechselstromkreis sowohl kapazitiven als auch induktiven Blindwiderstand. Für ihre Zusammenfassung gelten besondere Regeln.

Wenn

U Gesamtspannung (Effektivwert),
I Gesamtstromstärke (Effektivwert),
U_C Spannung am kapazitiven Widerstand,
U_L Spannung am induktiven Widerstand,
I_C Strom durch kapazitiven Widerstand,
I_L Strom durch induktiven Widerstand,
X_C kapazitiver Widerstand,
X_L induktiver Widerstand,
X gesamter Blindwiderstand,
B Blindleitwert $= 1/X$,

dann gilt für

***L* und *C* in Reihe**

(E 32.7) $$X = X_L - X_C = \omega L - \frac{1}{\omega C}$$

und

(E 32.8) $$U = U_L - U_C = IX_L - IX_C = IX$$

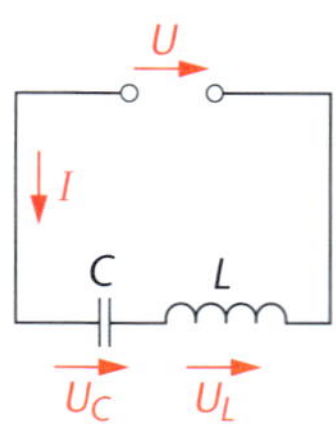

L und C parallel

(E 32.9)
$$B = B_C - B_L = \frac{1}{X_C} - \frac{1}{X_L} = \omega C - \frac{1}{\omega L}$$
$$X = \frac{\omega L}{\omega^2 LC - 1}$$

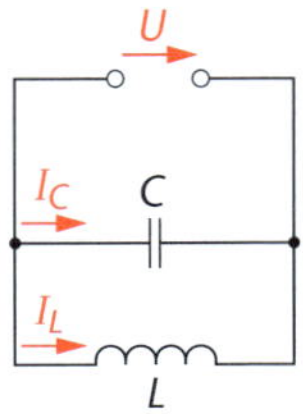

und

(E 32.10)
$$I = I_C - I_L = \frac{U}{X_C} - \frac{U}{X_L} = \frac{U}{X} = UB$$

32.2.4 Scheinwiderstand

Jeder Wechselstromkreis besitzt außer den Blindwiderständen auch ohmschen (Wirk-)Widerstand, der bei der Bestimmung des Gesamtwiderstandes, **Scheinwiderstand**, berücksichtigt werden muss.

Wenn

Z Scheinwiderstand,
R ohmscher (Wirk-)Widerstand,
X Blindwiderstand,
Y Scheinleitwert $= 1/Z$,
G Wirkleitwert $= 1/R$,
B Blindleitwert $= 1/X$,
U Gesamtspannung (Effektivwert),
I Gesamtstromstärke (Effektivwert),

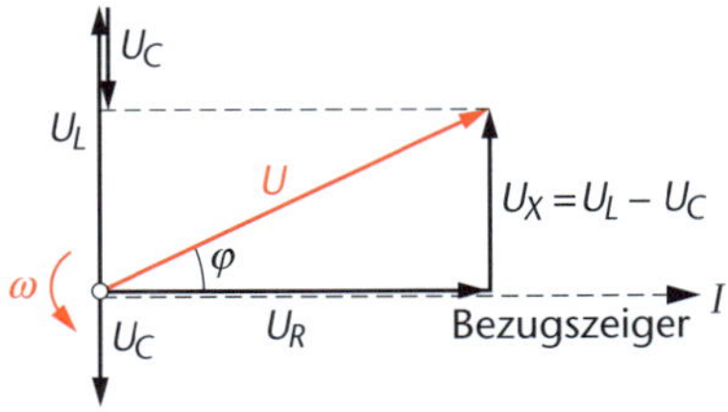

dann gilt für

R und X in Reihe

Bei Reihenschaltung, werden Wirk- und Blindwiderstand *geometrisch* addiert.

(E 32.11)
$$Z = \sqrt{R^2 + X^2}$$

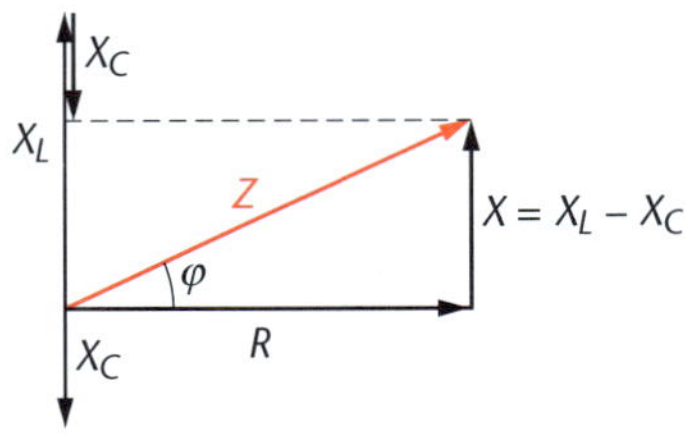

und

(E 32.12) $$U = \sqrt{U_R^2 + U_X^2} = IZ$$

Beachte:

- X ist mit (E 32.7) bzw. (E 32.9) zu bestimmen. U_X ergibt sich aus IX.
- Z ist *zeitunabhängig*, Widerstandszeiger rotieren nicht.

R und X parallel

Bei Parallelschaltung werden Wirk- und Blindleitwert *geometrisch* addiert.

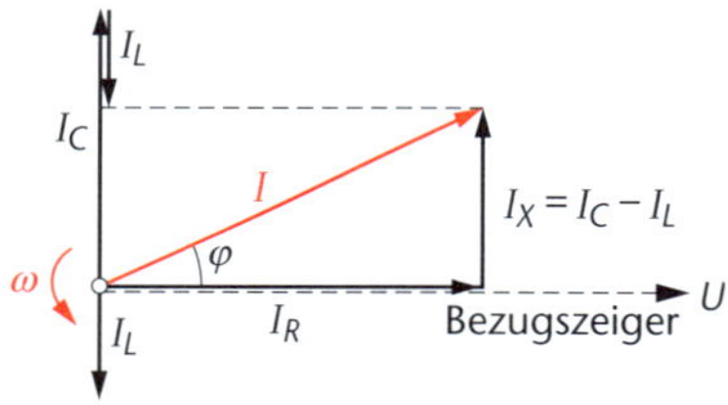

(E 32.13) $$Y = \sqrt{G^2 + B^2}$$

und

(E 32.14) $$I = \sqrt{I_R^2 + I_X^2} = UY$$

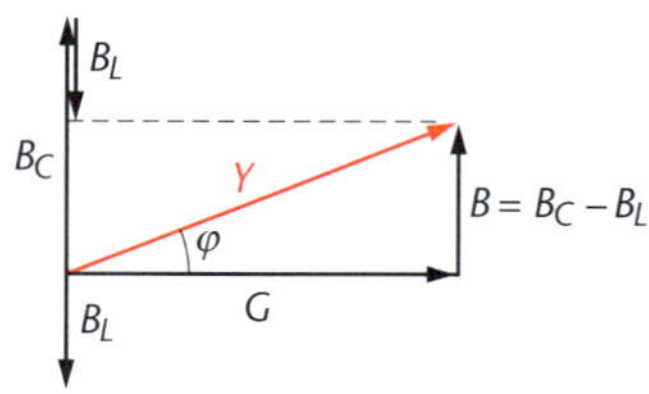

Beachte:

- $B = 1/X$ ist mit (E 32.7) bzw. (E 32.9) zu bestimmen. I_X ergibt sich aus UB.
- Y ist *zeitunabhängig*, Leitwertzeiger rotieren nicht.

32.2.5 Phasenverschiebung

Induktiver und kapazitiver Widerstand verursachen eine Phasendifferenz φ von $+\pi/2$ bzw. $-\pi/2$ zwischen Spannung und Strom. Besitzt der Stromkreis außerdem noch ohmschen Widerstand – was ja kaum vermeidbar ist –, dann ergibt sich eine Phasenverschiebung von $+\pi/2 > \varphi > -\pi/2$. Diese Differenz der Phasen von Spannung und Strom folgt aus den Zeigerdiagrammen dieser Größen.

Im Zeigerdiagramm der *Widerstände* ist φ der Winkel zwischen Wirk- und Scheinwiderstand bzw. Wirk- und Scheinleitwert.

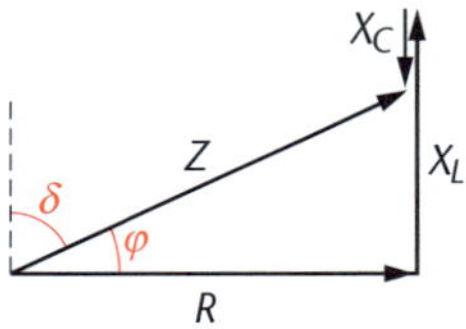

Speziell für eine **Reihenschaltung** von R, C und L ergibt sich mit (E 32.7)

(E 32.15) $$\tan\varphi = \frac{\omega L - \dfrac{1}{\omega C}}{R}$$

	ω	L	C	R	φ
SI	$\frac{1}{s}$	$H = \frac{V \cdot s}{A}$	$F = \frac{A \cdot s}{V}$	Ω	rad

Für eine **Parallelschaltung** von R, C und L folgt aus (E 32.9)

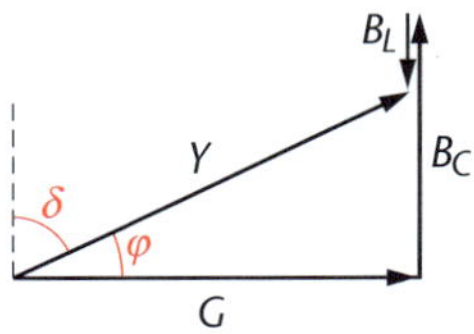

(E 32.16) $$\tan\varphi = R\left(\omega C - \frac{1}{\omega L}\right)$$

■ In vielen Fällen (z. B. *Parallelschaltung* von *großer* Kapazität und *großem* ohmschem Widerstand **oder** Reihenschaltung von *großer* Induktivität und *sehr kleinem* ohmschem Widerstand) ergeben sich Phasenverschiebungen von fast $\pi/2 = 90°$. Wegen der schlechten Bestimmbarkeit von $\tan\varphi$ rechnet man dann mit dem

Verlustwinkel δ

(E 32.17) $$\delta = 90° - \varphi$$

also $\tan\delta = 1/\tan\varphi = \cot\varphi$.

32.2.6 Resonanz

In einem Wechselstromkreis wird der Blindwiderstand X null, wenn X_L und X_C dem Betrag nach gleich sind und sich aufheben.

Wenn

L Induktivität des Stromkreises, } parallel oder in Reihe,
C Kapazität des Stromkreises, }
ω Kreisfrequenz $= 2\pi f$,
f Frequenz der Wechselspannung,
T Periodendauer $= 1/f$,

dann gilt als Resonanzbedingung

$$\omega L = \frac{1}{\omega C} \quad \text{oder umgestellt} \quad \omega^2 = \frac{1}{LC}.$$

Das ergibt die

Thomson-Gleichung

(E 32.18)
$$\omega = \sqrt{\frac{1}{LC}}$$
$$f = \frac{1}{2\pi\sqrt{LC}}$$
$$T = 2\pi\sqrt{LC}$$

	f	ω	T	L	C
SI	Hz	$\frac{1}{\mathrm{s}}$	s	$\mathrm{H} = \frac{\mathrm{V \cdot s}}{\mathrm{A}}$	$\mathrm{F} = \frac{\mathrm{A \cdot s}}{\mathrm{V}}$

Es sind zwei Fälle der Resonanz zu unterscheiden:

- Reihenresonanz, wenn Kapazität und Induktivität in Reihe geschaltet sind.
- Parallelresonanz, wenn Kapazität und Induktivität parallel geschaltet sind.

Bei Reihenresonanz ergibt sich ein Stromstärkemaximum. Die Teilspannungen über den Blindwiderständen sind größer als die Gesamtspannung (**Spannungsresonanzkreis**).

Der Scheinwiderstand des Reihenkreises hat für eine bestimmte Frequenz $f \rightarrow$ (E 32.18) ein *Minimum* ($Z = R$). Deshalb verwendet man ihn als **Siebkreis** (so genannte Siebkette).

Bei Parallelresonanz ergibt sich ein Stromminimum. Die Teilströme durch die Blindwiderstände sind größer als der Gesamtstrom (**Stromresonanzkreis**).

Der Scheinwiderstand des Parallelkreises hat für eine bestimmte Frequenz $f \rightarrow$ (E 32.18) ein *Maximum*. Deshalb verwendet man ihn als **Sperrkreis**.

32.3 Wechselstromleistung

32.3.1 Wirkleistung

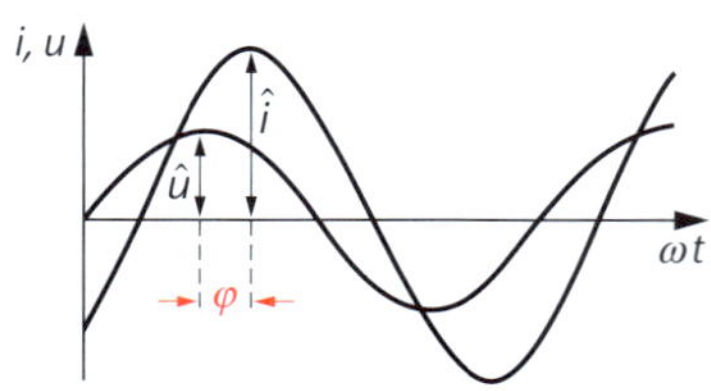

Die Blindwiderstände eines Wechselstromkreises erzeugen eine Phasendifferenz zwischen Spannung und Stromstärke. Im Zeigerdiagramm schließen U und I den Phasenwinkel φ ein. Für die Bestimmung der Wirkleistung kann nur der **Wirkstrom** (die Stromkomponente *in Spannungsrichtung*) berücksichtigt werden.

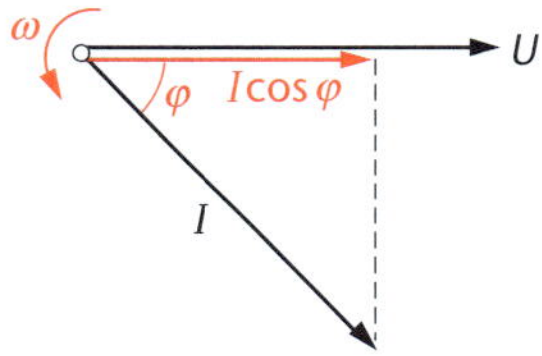

Wenn
P Wirkleistung,
I effektive Stromstärke,
I_W Wirkstrom $= I \cos\varphi$,
U effektive Spannung,
φ Phasenwinkel,

dann gilt für die

Wirkleistung

(E 32.19) $$P = U I_W = U I \cos\varphi$$

	P	U	I
SI	W	V	A

Den Ausdruck $\cos\varphi$ bezeichnet man als **Leistungsfaktor**.

■ Die Wirkleistung kann als zeitlicher Mittelwert der Momentanleistung p während einer Periode angesehen werden. Es ist

$$p = \hat{i}\sin\omega t \cdot \hat{u}\sin(\omega t + \varphi).$$

Wird über eine Periodendauer T integriert und durch die Periodendauer dividiert, ergibt sich die Wirkleistung P in Übereinstimmung mit (E 32.19) zu

$$P = \frac{1}{T}\int_0^T \hat{i}\sin\omega t \cdot \hat{u}\sin(\omega t + \varphi)\,\mathrm{d}t = \frac{\hat{u}\hat{i}\cos\varphi}{2} = U I \cos\varphi.$$

Beachte:

- Nur in einem Wechselstromkreis *ohne* Blindwiderstand erreicht der Leistungsfaktor mit $\varphi = 0°$ sein Maximum $\cos\varphi = 1$.
- In einem Wechselstromkreis mit *nur* Blindwiderstand wird mit $\varphi = 90°$ der Leistungsfaktor $\cos\varphi = 0$; der Wechselstrom hat keine Wirkleistung (**„wattloser Strom“**).

32.3.2 Blindleistung

Die Blindleistung ergibt sich aus effektiver Spannung mal **Blindstrom** (Stromkomponente *senkrecht zur Spannungsrichtung*).

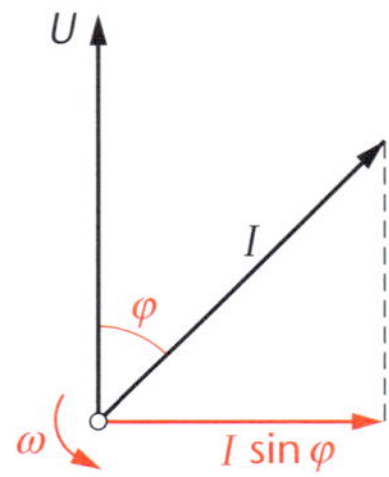

Wenn
Q Blindleistung $= P \cdot \tan\varphi$,
I effektive Stromstärke,
U effektive Spannung,
I_B Blindstrom,
φ Phasenwinkel,

dann gilt für die

Blindleistung

(E 32.20) $$Q = UI_B = UI \sin\varphi$$

	Q	U	I
SI	var	V	A

SI-Einheit der Blindleistung: $[Q]$ = Var (var) = W.
(Var = Voltampère réactif)

32.3.3 Scheinleistung

Sie ist die *geometrische* Summe aus Wirk- und Blindleistung.

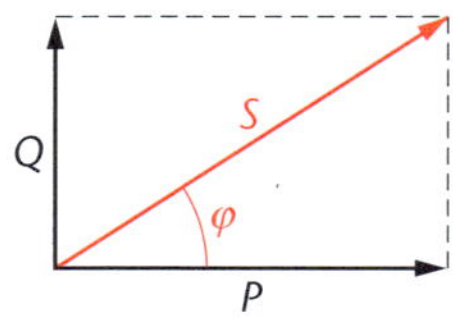

Wenn
S Scheinleistung $= P/\cos\varphi$,
Q Blindleistung $= P \cdot \tan\varphi = S \cdot \sin\varphi$,
P Wirkleistung $= S \cdot \cos\varphi$,
U effektive Spannung,
I effektive Stromstärke,

dann gilt für die

Scheinleistung

(E 32.21) $$S = \sqrt{P^2 + Q^2}$$

	S	P	Q
SI	VA = W	W	var = W

und ferner

(E 32.22) $$S = UI$$

	S	U	I
SI	VA	V	A

SI-Einheit der Scheinleistung: $[S]$ = Voltampere (VA) = V · A = W.

■ Blindströme belasten die Leitungen der Stromversorgungsnetze zusätzlich. Zur Senkung der Blindleistung muss deshalb der Phasenwinkel verkleinert werden. Dazu werden *parallel* zu Verbrauchern mit vorwiegend induktivem Widerstand (Transformatoren, Motorwicklungen,

Drosselspulen u. a.) zur Kompensation zusätzliche kapazitive Widerstände („Phasenschieberkondensator“) geschaltet.

Wenn

φ_1 Phasenwinkel *ohne* Kondensator,
φ_2 Phasenwinkel *mit* Kondensator,
P Wirkleistung,
ω Kreisfrequenz,
C Kapazität des Kondensators,
ΔQ kompensierte Blindleistung,

dann gilt entsprechend dem Diagramm

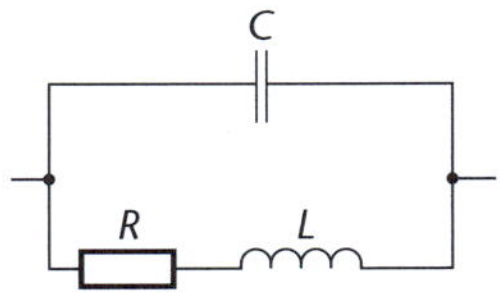

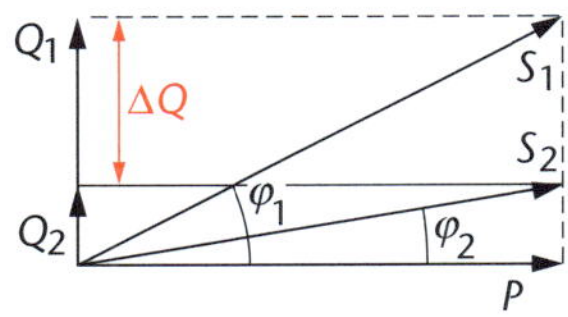

(E 32.23) $$\Delta Q = P(\tan\varphi_1 - \tan\varphi_2)$$

Die dafür nötige Kapazität des Kondensators ergibt sich mit (E 32.20) $Q_C = U I_{BC}$, (E 32.10) $I_{BC} = U/X_C$ und (E 32.5) $X_C = 1/\omega C$ zu

(E 32.24) $$C = \frac{P}{\omega U^2}(\tan\varphi_1 - \tan\varphi_2)$$

	C	ω	P	U	Q
SI	F	$\frac{1}{s}$	W	V	var = W

Vollständige Kompensation, also $\Delta Q = Q_1 = P\tan\varphi_1$, wird erreicht mit

(E 32.25) $$C = \frac{Q}{\omega U^2} = \frac{P\cdot\tan\varphi}{\omega U^2}$$

32.4 Transformator

Er besteht aus zwei meist durch einen Eisenkern induktiv gekoppelten Spulen unterschiedlicher Windungszahl.

Als **Windungszahlverhältnis** eines Transformators bezeichnet man das Verhältnis der Windungszahlen von Sekundär- und Primärspule.

Man benutzt den Transformator zur Veränderung von Wechselspannungen. Die periodischen Stromstärkeänderungen in der Primärwicklung erzeugen entsprechende Änderungen des magnetischen Flusses, die in der Sekundärwicklung eine Wechselspannung induzieren. Primär- und Sekundärspannung unterscheiden sich wegen der unterschiedlichen Windungszahl N beider Spulen.

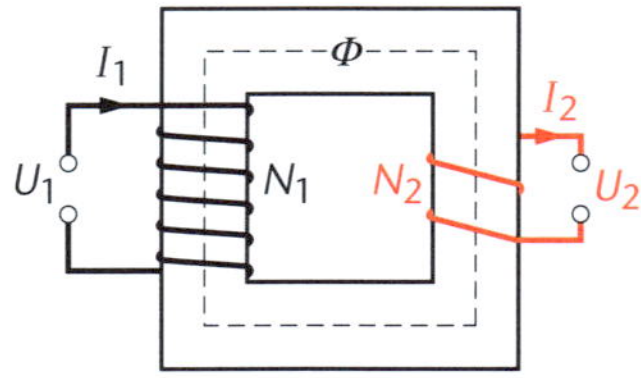

Wenn

N_1 Windungszahl der Primärspule,

N_2 Windungszahl der Sekundärspule,

U_1 Spannung an der Primärspule,

U_2 Spannung an der Sekundärspule,

n Windungszahlenverhältnis, auch Übersetzungsverhältnis *ü*,

dann gilt bei *unbelastetem* Transformator, also ohne Leistungsabgabe,

(E 32.26) $$\frac{U_1}{U_2} = \frac{N_1}{N_2} = n$$

Unter Vernachlässigung der beim Transformator geringen Verluste ergibt sich mit $P_1 = P_2$ und $P = UI$

$U_1 I_1 = U_2 I_2$ und daraus

(E 32.27) $$\frac{U_1}{U_2} = \frac{I_2}{I_1} = n$$

33 Elektrische Leitung

Elektrische Leitung ist stets gebunden an das Vorhandensein beweglicher Ladungsträger. Man unterscheidet

- Elektronenleitung (z. B. bei Festkörpern, im Vakuum),
- Ionenleitung (z. B. in Flüssigkeiten und Gasen).

Die Mechanismen des Ladungstransportes sind in den verschiedenen Aggregatzuständen sehr unterschiedlich. Stets sind jedoch die transportierten Ladungsmengen ganzzahlige Vielfache der elektrischen Elementarladung → (E 28.3).

■ Allen Arten elektrischer Leitung ist gemeinsam, dass sich die Ladungsträger unter der Kraftwirkung eines elektrischen Feldes bewegen:

- *negative* Ladungsträger I_- bewegen sich von minus nach plus.
- *positive* Ladungsträger I_+ bewegen sich von plus nach minus.

Der Gesamtstrom ergibt sich als Summe beider gleichwertiger Ladungsträgerbewegungen.

(E 33.1) $$I = I_+ + I_-$$

■ Beim Schließen des Stromkreises werden die Ladungsträger von der im Feld auf sie wirkenden Kraft in eine beschleunigte Bewegung versetzt. Damit wächst die Geschwindigkeit der Ladungsträger, bis beschleunigende Kraft des Feldes und Widerstandskraft des Leiters entgegengesetzt gleich sind.

Als Konzentration n der Ladungsträger bezeichnet man den Quotienten aus der Anzahl N der bewegungsfähigen Ladungsträger und dem Volumen V:

$$n = \frac{N}{V}.$$

■ Während der Zeit Δt treten durch eine Querschnittsfläche A des Leiters so viel Ladungsträger, wie sich im Teilvolumen $A\overline{v}\Delta t$ befinden, wenn $\overline{v}$ die Durchschnittsgeschwindigkeit (Driftgeschwindigkeit) ist. Das sind $N = nA\overline{v}\Delta t$. Besitzt jeder Ladungsträger *eine* Elementarladung (was bei Ionen nicht so sein muss), dann beträgt die transportierte Ladung

$Q = Ne = neA\overline{v}\Delta t$ und die Stromstärke wegen $I = \Delta Q/\Delta t$

$I = neA\overline{v}$. Mit $I/A = J$ ergibt sich für die Stromdichte

$$J = ne\bar{v} \quad \text{oder mit} \quad I = \frac{U}{R} = \frac{UA}{\varrho l} = \frac{\varkappa UA}{l} = \varkappa EA$$

$$J = \varkappa E.$$

Die Stromdichte ist der Feldstärke proportional: $J \sim E$.

Für die Driftgeschwindigkeit folgt aus $J = ne\bar{v} = \varkappa E$

mit

- $\bar{v}$ Driftgeschwindigkeit, Durchschnittsgeschwindigkeit der Ladungsträger,
- $\varkappa$ elektrische Leitfähigkeit $= 1/\varrho$,
- E elektrische Feldstärke,
- n Konzentration der Ladungsträger,
- e elektrische Elementarladung $= 1{,}602 \cdot 10^{-19}$ C,
- U Spannung zwischen den Enden des Leiters,
- l Länge des Leiters

(E 33.2) $$\bar{v} = \frac{\varkappa E}{ne} = \frac{\varkappa U}{nel}$$

	v	$\varkappa$	E	n	e	U	l
SI	$\frac{\text{m}}{\text{s}}$	$\frac{\text{S}}{\text{m}}$	$\frac{\text{V}}{\text{m}}$	$\frac{1}{\text{m}^3}$	C	V	m

Als **Beweglichkeit** u von Ladungsträgern bezeichnet man das Verhältnis ihrer Geschwindigkeit zur elektrischen Feldstärke.

Mit (E 33.2) ergibt sich dann

(E 33.3) $$u = \frac{\bar{v}}{E} = \frac{\varkappa}{ne}$$

	u	v	E	n	e	$\varkappa$
SI	$\frac{\text{m}^2}{\text{V} \cdot \text{s}}$	$\frac{\text{m}}{\text{s}}$	$\frac{\text{V}}{\text{m}}$	$\frac{1}{\text{m}^3}$	C	$\frac{\text{S}}{\text{m}}$

Die elektrische Leitfähigkeit eines Stoffes lässt sich in der allgemeinsten Form ausdrücken als

(E 33.4) $$\varkappa = n_+ e_+ u_+ + n_- e_- u_-$$

Einheiten → (E 33.3)

Beachte:

- n und u können für beide Ladungsträgerarten unterschiedlich sein. (E 33.4) gilt auch, wenn nur eine Ladungsträgerart vorhanden ist (z. B. Elektronenleitung).
- Das Produkt ne kann ersetzt werden durch $ne = \frac{Ne}{V} = \frac{Q}{V}$. Man nennt es **räumliche Ladungsdichte**.

- Bei Ionen, die mehrere Elementarladungen transportieren, ist der entsprechende Summand in (E 33.4) mit der Wertigkeit z zu multiplizieren.
- Zahlenwerte für die Beweglichkeit $u \rightarrow$ Tabelle 50.

33.1 Stromleitung durch Festkörper

Bezüglich ihrer elektrischen Leitfähigkeit teilt man die Festkörper ein in

- Leiter (Metalle),
- Halbleiter und
- Nichtleiter (Isolatoren).

Gemeinsam ist ihnen der **kristalline Aufbau** (abgesehen von wenigen **amorphen** Stoffen, wie z. B. Glas). Die Atome dieser Kristalle bilden regelmäßige Raumgitter, die für den jeweiligen Stoff charakteristisch sind.

Die elektrischen Eigenschaften der Festkörper resultieren aus den Energieniveaus der Elektronen.

E

33.1.1 Energiebändermodell

Die einzelnen Elektronen eines Atoms unterscheiden sich in ihrer Energie. Alle bei einer bestimmten Atomart möglichen Energiewerte (**Energieniveaus**) werden in einem so genannten **Termschema** $\rightarrow$ [37.4.1] dargestellt.

Bei Molekülen spalten sich die einzelnen Niveaus infolge Wechselwirkung auf. Bei Kristallen ist diese Wechselwirkung zwischen vielen Atomen im Kristallgitter so groß, dass die Niveaus zu Bändern entarten. Die Bereiche zwischen den Bändern entsprechen Energien, die nicht auftreten können, und heißen **verbotene Zonen**.

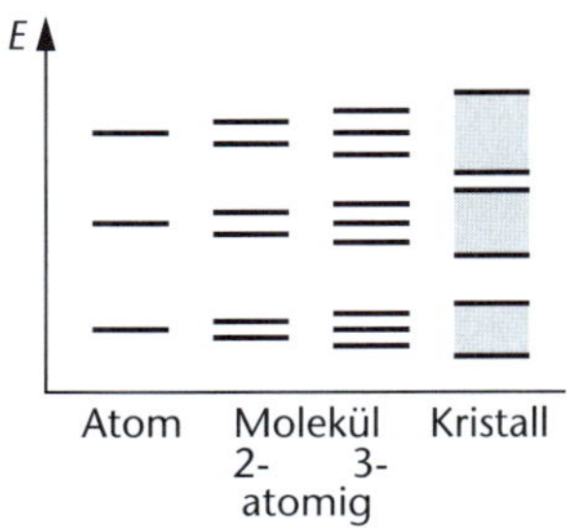

Jedes Energieband besteht aus einer Vielzahl von unmittelbar benachbarten Energieniveaus, die von je zwei Elektronen entgegengesetzter Spinrichtung besetzt sein können.

Elektronen in Energiebändern mit voll besetzten Niveaus sind nicht frei beweglich und ergeben deshalb keine Leitfähigkeit. Das letzte voll besetzte Energieband bezeichnet man als **Valenzband**. Es reicht bis zur Energie E_V.

Elektrische Leitfähigkeit wird von frei beweglichen Elektronen verursacht. Ihr Energieniveau liegt stets in einem nicht voll besetzten Energieband, das deshalb als **Leitungsband** bezeichnet wird. Seine Energie beginnt bei E_L.

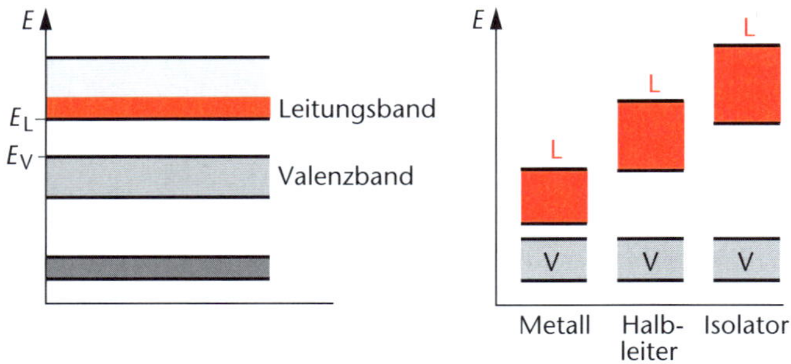

Der Unterschied zwischen Leiter, Halbleiter und Nichtleiter besteht in der Breite der verbotenen Zone zwischen dem Valenz- und dem Leitungsband. Diese kann sogar null sein. Beide Bänder überlappen sich dann.

33.1.2 Metallische Leiter

Metalle besitzen sehr viele freie Elektronen. Auf etwa 1 bis 10 Atome des Kristallgitters kommt ein freies Elektron, das sich zwischen den Atomen unregelmäßig hin- und herbewegt. Daher stammt die Bezeichnung **Elektronengas** für die freien Elektronen. Eine an den Leiter gelegte Spannung erzeugt in ihm ein elektrisches Feld, unter dessen Kraftwirkung die Elektronen in eine gerichtete Bewegung versetzt werden. Ihre **Driftgeschwindigkeit** ist sehr klein. Aus (E 33.2) ergibt sie sich in der Größenordnung von mm/s.

Der Widerstand eines metallischen Leiters ist temperaturabhängig, weil mit wachsender Temperatur die stärker schwingenden Gitteratome die Bewegung der Elektronen mehr und mehr hemmen. Die Anzahl der freien Elektronen dagegen ist *nicht* temperaturabhängig. Beim Abkühlen verringert sich der Widerstand allmählich, nimmt jedoch bei vielen Metallen in der Nähe des absoluten Nullpunktes (0 K) sprunghaft ab.

Beim Unterschreiten der so genannten **Sprungtemperatur** tritt **Supraleitung** auf. Da sich der Übergang zur Supraleitung in einem wenn auch sehr kleinen Temperaturintervall vollzieht, legt man fest, dass bei der Sprungtemperatur der spezifische Widerstand nur noch die Hälfte des Normalwertes beträgt. Zahlenwerte → Tabelle 51.

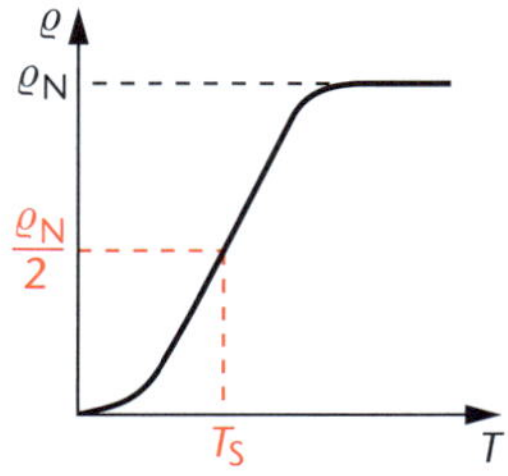

33.1.3 Thermoelektrizität

Einige der frei beweglichen Elektronen können die Oberfläche eines Metalls verlassen, wenn ihre kinetische Energie mindestens gleich der **Austritts-** oder **Ablösearbeit** ist → [33.4.3]. Da diese materialabhängig ist, treten bei einer innigen Berührung zweier unterschiedlicher Metalloberflächen einige Elektronen vom Metall mit niedrigerer Austrittsarbeit in das andere über. Es entsteht eine **Berührungsspannung**, deren Größe temperaturabhängig ist.

Ein Thermoelement besteht aus zwei solcher Berührungsstellen. Besitzen beide die gleiche Temperatur, dann gleichen sich die beiden Berührungsspannungen aus. Haben die beiden (meist verlöteten oder verschweißten) Verbindungsstellen unterschiedliche Temperatur, dann fließt als Folge einer **Thermospannung** ein **Thermostrom**. Seine Größe hängt vom Stromkreiswiderstand sowie von den Materialien und der Temperaturdifferenz ab.

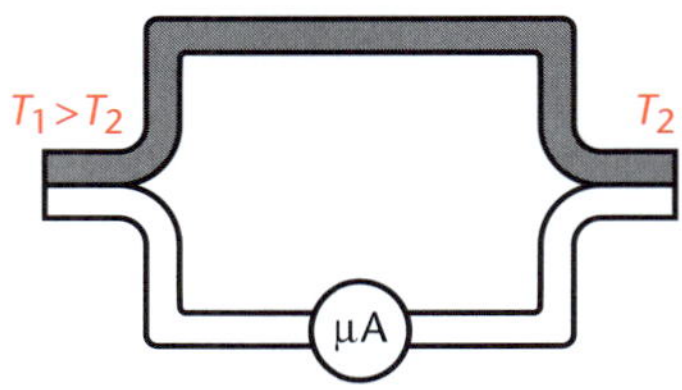

E

Die Metalle lassen sich hinsichtlich ihrer Thermospannung in eine thermoelektrische Spannungsreihe einordnen.

Übersicht:

Thermoelektrische Spannungsreihe [1] (Auswahl) Temperaturdifferenz 100 K; Bezugstemperatur 0 °C										$U_{Th} / \frac{mV}{K}$
Bi	Ni	Pt	Hg	Al	Pb	Ag	Cu	Cd	Fe	Sb
−8	−2,2	−0,7	−0,7	−0,3	−0,3	−0,05	0	+0,1	+1,0	+4,0

[1] bezogen auf Kupfer

Beachte:

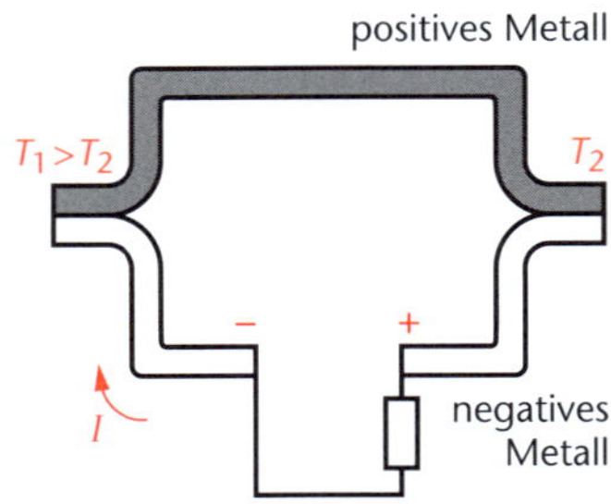

- Die „Thermokraft" einer beliebigen Metallkombination ergibt sich aus der Differenz der angegebenen Thermospannungen.
- Die technische Stromrichtung in einem Thermoelement zeigt nebenstehendes Bild. Als positives Metall gilt das in der Spannungsreihe weiter rechts stehende und umgekehrt.
- Technische Thermoelemente haben meist nur eine Lötstelle, an den beiden anderen Enden wird die Thermospannung abgenommen.

Übersicht:

Thermospannungen Temperaturdifferenz 100 K; Bezugstemperatur 0 °C			U/mV
Kupfer-Konstantan	4,25	Chromnickel-Konstantan	6,21
Eisen-Konstantan	5,37	Platin-Platinrhodium	0,643
Chromnickel-Nickel	4,1	Eisen-Kupfer	1,05

Beachte:

- Die Thermospannungen sind nur innerhalb bestimmter Bereiche den Temperaturdifferenzen annähernd proportional. Genaue Werte → DIN 43 710.
- Besonders große Thermospannungen erzielt man mit Halbleiter-Thermoelementen.
- Der thermoelektrische Effekt wird auch als **SEEBECK-Effekt** bezeichnet.

■ Eine Umkehrung des thermoelektrischen Effektes ist der **PELTIER-Effekt**. Fließt ein Strom durch eine Metallkombination analog dem Thermoelement, dann entsteht zwischen den beiden Berührungsstellen eine Temperaturdifferenz. Und zwar kühlt sich die Stelle ab, die bei gleicher Richtung eines Thermostromes erhitzt werden müsste.

Wenn

Q Wärmemenge, an den Verbindungsstellen aufgenommen bzw. erzeugt (entsteht zusätzlich zur Stromwärme),

I Stromstärke,

t Dauer des Stromflusses,

Π PELTIER-Koeffizient,

dann gilt

(E 33.5) $Q = \Pi I t$

	Q	Π	I	t
SI	J	$\frac{\text{J}}{\text{C}}$	A	s

Beachte:

- Der PELTIER-Koeffizient ist ein für beide Metalle charakteristischer Materialwert von etwa 0,5 ... 5 mJ/C.

33.1.4 Halbleiter

Halbleiter besitzen bei 0 K keine freien Elektronen und sind deshalb Isolatoren. Im Gegensatz zu diesen bekommen sie jedoch bei höheren Temperaturen eine gewisse Leitfähigkeit. Diese ist abhängig von der Breite der verbotenen Zone, also von der Energiedifferenz $E_L - E_V = \Delta E$.

Spezifischer Widerstand fester Körper

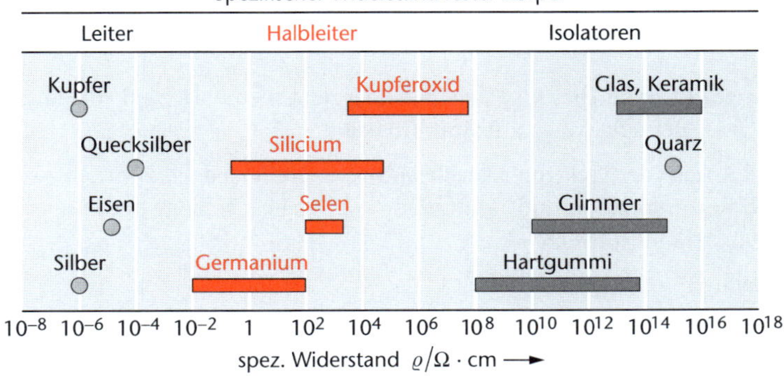

Der Widerstand eines Halbleitermaterials nimmt bei Temperaturerhöhung ab.

Technische Anwendung: Heißleiter (Thermistor) bzw. NTC-Widerstand (von engl. **N**egative **T**emperature **C**oefficient).

33.1.5 Eigenleitung

Die wichtigsten Halbleitermaterialien sind Germanium und Silicium. Bei beiden sind die vier Außenelektronen jedes Atoms mit jeweils einem Elektron jedes Nachbaratoms an der Valenzbindung beteiligt. Durch Zufuhr von Energie (Wärme oder Licht) werden jedoch Elektronen ihre Bindung an die Gitteratome verlieren und eine positive Ladung hinterlassen. Die

Elektronenfehlstelle bezeichnet man als **„Loch“** oder auch **Defektelektron**. Unter der Wirkung einer Spannung wandern die Elektronen zum Pluspol. Die Löcher bewegen sich zum Minuspol, weil andere frei werdende Elektronen nachrücken.

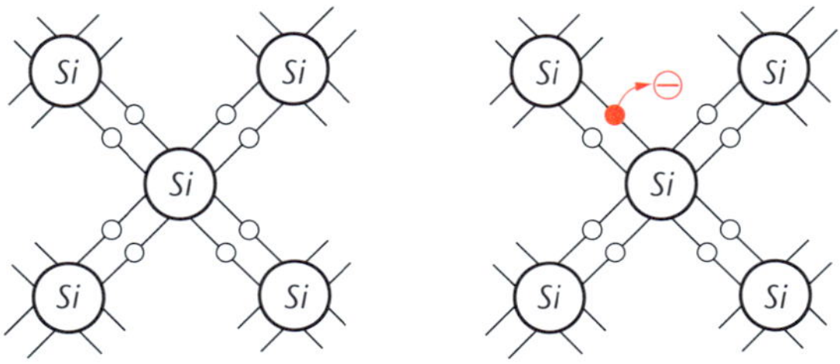

Bei der durch Temperatur angeregten Eigenleitung wandern in einem reinen Halbleiter Elektronen und Defektelektronen gleicher Anzahl in entgegengesetzter Richtung. Die Leitfähigkeit nimmt mit steigender Temperatur zu.

Freie Elektronen, die entsprechende Energie verlieren, werden von einem Loch wieder eingefangen: **Rekombination**.

Die Anzahl der Elektron-Defektelektron-Paare ist jedoch konstant, weil sich Rekombination und Neubildung ausgleichen, solange die Temperatur unverändert bleibt.

Wenn

- n_- Konzentration der Elektronen $= N/V$,
- n_+ Konzentration der Defektelektronen,
- n_0 Proportionalitätsfaktor, abhängig von der Anzahl der Gitteratome/Volumen,
- ΔE Energieabstand von Valenz- und Leitungsband $= E_\mathrm{L} - E_\mathrm{V}$,
- k Boltzmann-Konstante $= 1{,}381 \cdot 10^{-23}\,\mathrm{J/K}$,
- T Temperatur des Halbleiters,

dann gilt

(E 33.6) $$n_- n_+ = n_0\,\mathrm{e}^{-\frac{\Delta E}{kT}}$$

worin $n_- = n_+$

	n	E	k	T
SI	$\frac{1}{\mathrm{m}^3}$	J	$\frac{\mathrm{J}}{\mathrm{K}}$	K

Das Produkt aus Elektronenkonzentration und Defektelektronenkonzentration ist bei bestimmter Temperatur konstant.

Beachte:

- Bei Zimmertemperatur ist bei Germanium $n \approx 2{,}5 \cdot 10^{13}/\text{cm}^3$, während die Anzahl der Atome $4{,}4 \cdot 10^{22}/\text{cm}^3$ beträgt. Auf etwa 10^9 Atome kommt ein Ladungsträgerpaar!

Innerer Fotoeffekt

Der Übergang von Valenzelektronen in das Leitungsband kann auch durch Bestrahlung mit Licht ausgelöst werden. Voraussetzung ist, dass die Lichtquanten → [35] eine entsprechende Energie besitzen, die sich mit (K 35.1) zu $E = hf$ ergibt. Sie muss größer als die verbotene Zone sein, darf aber die Energiedifferenz zwischen oberer Kante des Leitungsbandes und unterer Kante des Valenzbandes nicht überschreiten.

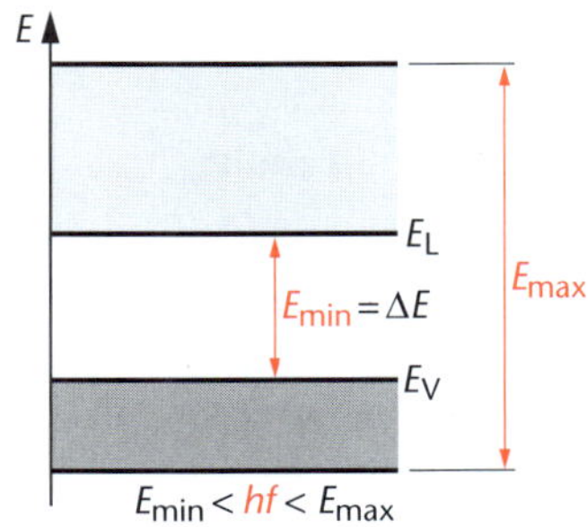

Die Leitfähigkeit des Halbleitermaterials nimmt mit der Anzahl der auftreffenden Lichtquanten geeigneter Wellenlänge bzw. Frequenz zu.

Technische Anwendung: Fotowiderstand.

E

33.1.6 n-Leitung

Die Leitfähigkeit eines Halbleiters kann durch Einlagerung von Fremdatomen (**Dotierung**) gesteigert werden. Wegen der Störung des Gitteraufbaus spricht man von **Störleitung** (statt Eigenleitung). Wird z. B. 4-wertiges Silicium mit 5-wertigem Arsen (oder Antimon, Phosphor usw.) dotiert, so steht an den Störstellen ein weiteres Leitungselektron zur Verfügung. Auf etwa $10^5 \ldots 10^6$ Gitteratome kommt ein Fremdatom.

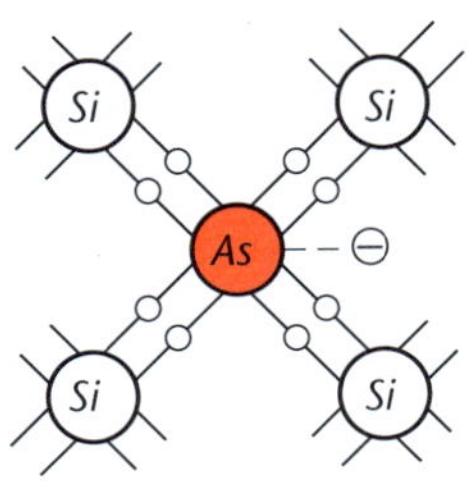

Die je ein Leitungselektron gebenden Fremdatome nennt man **Donatoren**. Ihr Energieniveau E_D liegt dicht unter dem Leitungsband.

Auch hier gilt (E 33.6). Da aber das Dotieren ein Anwachsen der Elektronenkonzentration um den Faktor $\approx 10^3$ bewirkt, muss die Defektelektronenkonzentration um den gleichen Faktor abgenommen haben; $n_- \approx 10^6 n_+$!

Wegen $n_- \gg n_+$ bezeichnet man die Elektronen als **Majoritätsträger**, die Defektelektronen als **Minoritätsträger**, das Silicium in diesem Falle als **Überschusshalbleiter** oder **n-Leiter**.

Die Stromleitung in einem n-Leiter erfolgt fast ausschließlich durch *Elektronen*.

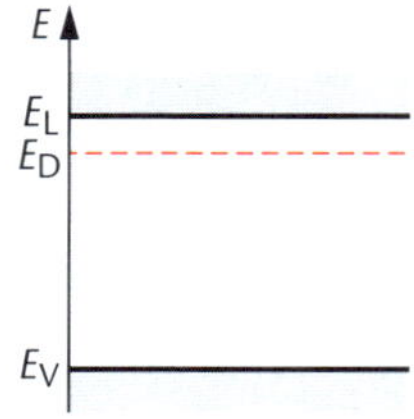

33.1.7 p-Leitung

Die Leitfähigkeit eines Halbleiters kann auch durch Dotierung mit einem wenigerwertigen Material erhöht werden. Dotiert man z. B. Silicium mit 3-wertigem Indium (oder Bor, Gallium usw.), so steht an den Störstellen ein weiteres Loch oder Defektelektron zur Verfügung. Die Elektronen aufnehmenden Fremdatome heißen **Akzeptoren**. Ihr Energieniveau liegt dicht über dem Valenzband. Aus dem Anwachsen der Defektelektronenkonzentration folgt nach (E 33.6) eine entsprechende Abnahme der Elektronenkonzentration.

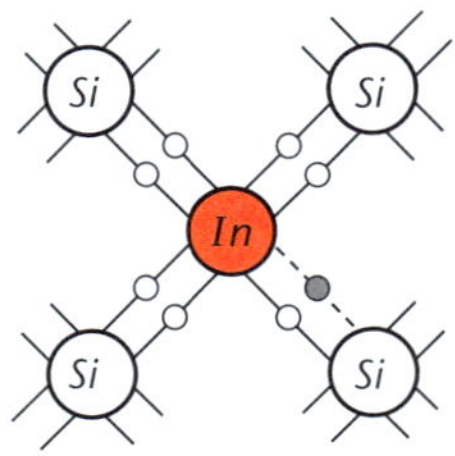

Wegen $n_+ \gg n_-$ bezeichnet man die Defektelektronen als Majoritätsträger und die Elektronen als Minoritätsträger, das Silicium als **Mangelhalbleiter** oder **p-Leiter**.

Die Stromleitung in einem p-Leiter erfolgt fast ausschließlich durch *Defektelektronen*.

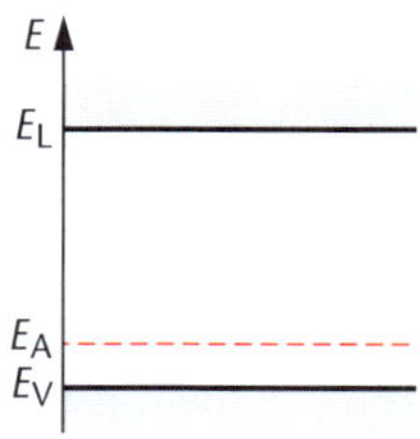

33.1.8 pn-Übergang

Halbleitermaterialien können an verschiedenen Stellen gleichzeitig p- und n-leitend sein. Zwischen beiden Gebieten besteht dann eine pn-Grenzschicht, durch die Majoritätsträger in das jeweilig andere Gebiet diffundieren, bis sich ein Gleichgewichtszustand einstellt. Beiderseits der Grenzfläche entsteht also eine dünne Schicht, die fast frei von beweglichen Ladungsträgern ist.

Eine äußere Spannung verändert die Dicke dieser Schicht. Legt man den Pluspol an die p-Schicht und den Minuspol an die n-Schicht, so gelangen sehr viel Majoritätsträger in die Grenzschicht, wo sie rekombinieren. Es fließt ein relativ starker **Durchlassstrom**. Bei umgekehrter Polung wandern die Majoritätsträger von der Grenzfläche weg. Zur Rekombination gelangen nur noch die wenigen Minoritätsträger, es fließt ein sehr schwacher **Sperrstrom**.

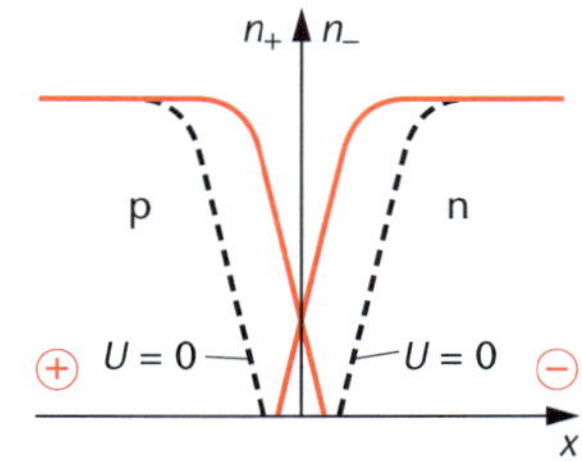

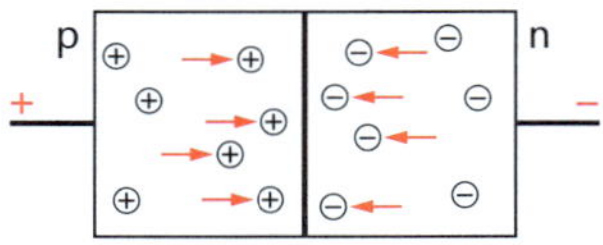

Ein pn-Übergang wirkt als Gleichrichter, er lässt den Strom nur von p nach n fließen.

Ein Halbleiterbauelement mit kombinierter pn-Leitung wird als **Diode** bezeichnet. Es dient der Gleichrichtung von Wechselströmen.

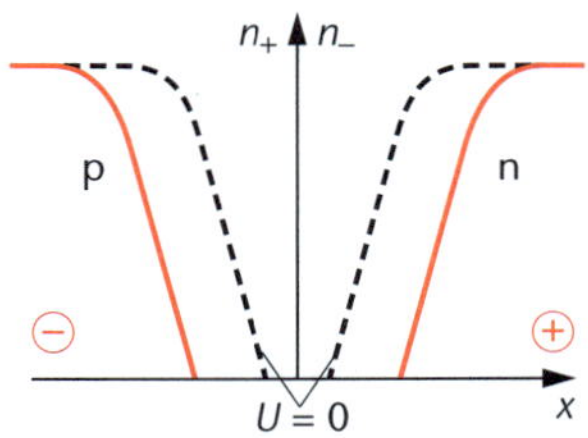

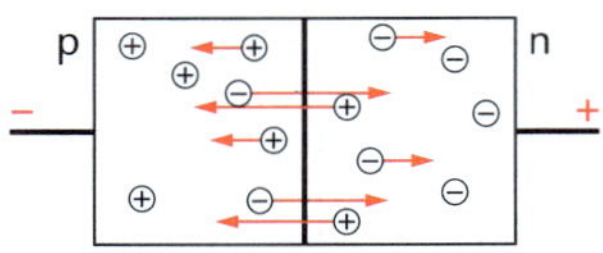

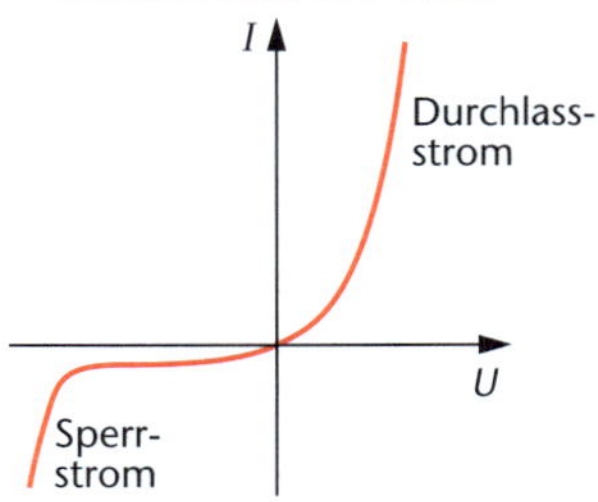

Wenn
I Durchlassstrom,
I_{sp} Sperrstrom,
e elektrische Elementarladung $= 1{,}602 \cdot 10^{-19}$ C,
U angelegte äußere Spannung,
k Boltzmann-Konstante $= 1{,}381 \cdot 10^{-23}$ J/K,
T Temperatur des Halbleiters,
$\Delta E = E_L - E_V$ (bei Germanium: 0,67 eV; bei Silicium: 1,1 eV),

dann gilt

(E 33.7) $$I = I_{sp}\left(e^{\frac{eU}{kT}} - 1\right)$$ mit

$$I_{sp} \sim e^{-\frac{\Delta E}{kT}}$$

	I	e	U	k	T	E
SI	A	C	V	$\frac{\text{J}}{\text{K}}$	K	J

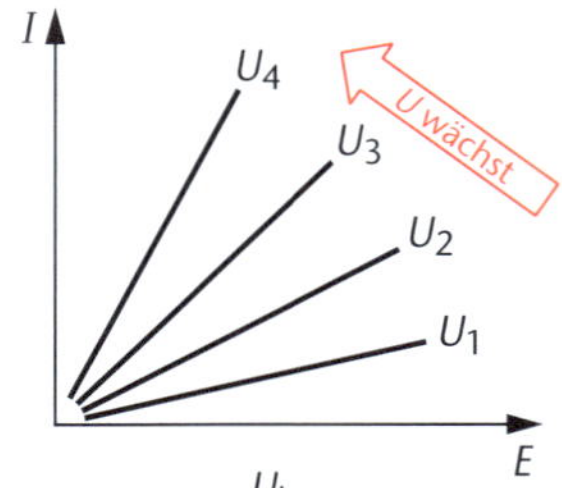

Fotodiode. Bei einer in *Sperrrichtung* geschalteten Diode kann durch Bestrahlung mit Licht der Sperrstrom vergrößert werden, indem zusätzlich freie Minoritätsträger erzeugt werden. Für Messzwecke ist wichtig, dass der Sperrstrom proportional der Beleuchtungsstärke ist.

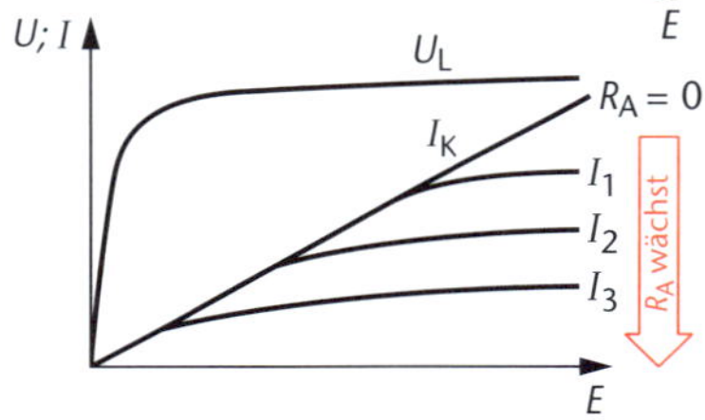

Fotoelement. Ohne äußere Spannung betrieben, wird die Fotodiode zum Fotoelement. Die Abhängigkeit der Leerlaufspannung U_L und des Kurzschlussstroms I_K von der Beleuchtungsstärke E zeigen nebenstehende Kennlinien. Bei einem Außenwiderstand $R_A > 0$ ist der Strom der Beleuchtungsstärke nicht proportional.

Leuchtdiode (LED = Licht emittierende Diode). Bei einer in *Flussrichtung* gepolten Diode wird die bei der **Rekombination** von Elektronen und Defektelektronen (Löcher) Energie in Form von Lichtquanten abgestrahlt. Deren Frequenz (und Farbe) wird vom Halbleitermaterial und der Dotierung bestimmt.

33.1.9 Bipolarer Transistor

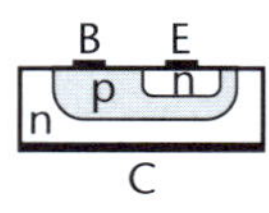

Bei ihm sind Ladungsträger beider Polarität beteiligt: *Elektronen* und *Defektelektronen* (Löcher). Er besteht aus einem Silicium-Kristall mit zwei eng benachbarten pn-Übergängen, die sich infolge des sehr geringen Abstandes von nur wenigen Mikrometern gegenseitig beeinflussen.

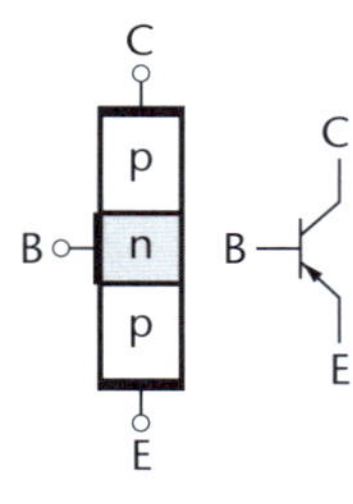

Die Reihenfolge der p- und n-Zonen bestimmt den Typ des Transistors: pnp oder npn. Beide unterscheiden sich lediglich im Vorzeichen der Spannungen und Ströme. In den Funktionen entsprechen sie sich.

Die folgenden Angaben beziehen sich auf den gebräuchlicheren **npn-Transistor**. Bei ihm bildet die p-Schicht die **Basis B** und die beiden n-Schichten den **Emitter E** und den **Kollektor C**.

Entsprechend der **gemeinsamen Bezugselektrode** für Ein- und Ausgang ist zwischen Basis-, Emitter- und Kollektorschaltung zu unterscheiden.

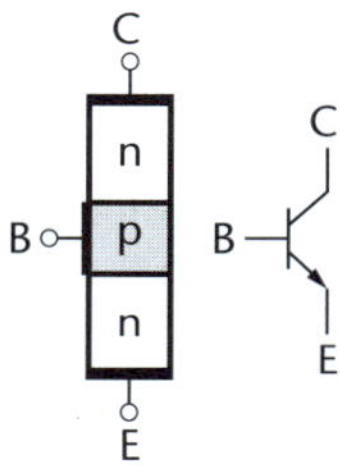

Beachte:

- In den Leitern ist die *technische Stromrichtung* eingezeichnet. Das normgerechte Schaltbild des Transistors zeigt jedoch die *Bewegungsrichtung* der Elektronen.

Basisschaltung

Die Spannung U_{EB} schaltet den Übergang Emitter–Basis in *Durchlassrichtung*, die Spannung U_{CB} den Übergang Basis–Kollektor in *Sperrrichtung*. Als Majoritätsträger gelangen die Elektronen (**Emitterstrom** I_E) durch den 1. pn-Übergang in und durch den sehr schmalen (10 . . . 50 µm) p-Bereich bis zum 2. pn-Übergang. Dort werden sie als Minoritätsträger zu 95 . . . 99 % von der Kraft des elektrischen Feldes in den n-Bereich des Kollektors C befördert (**Kollektorstrom** I_C). Nur der Rest fließt als **Basisstrom** I_B über die Basis ab. Für die Ströme gilt also $I_C = I_E - I_B$. Daraus ergibt sich der

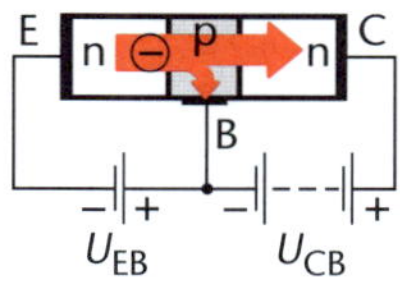

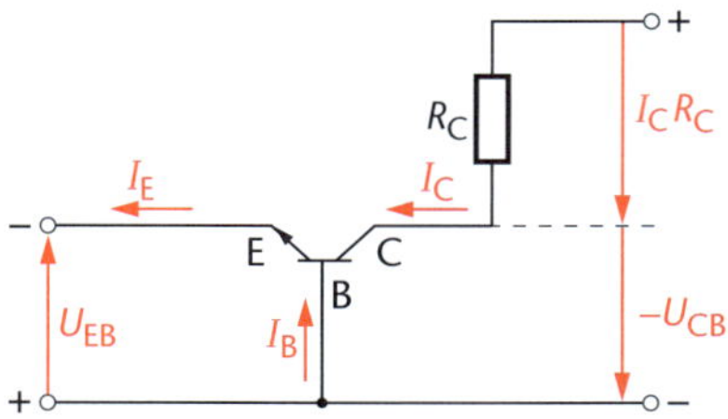

Stromverstärkungsfaktor *A*

(E 33.8)
$$A = \frac{I_C}{I_E}$$

Stromverstärkung je nach Transistortyp: $A = 0{,}95 \ldots 0{,}995$.

Die Verstärkerwirkung (trotz des etwas geringeren Kollektorstroms) beruht darauf, dass die Spannung $U_{CB} \gg U_{EB}$. Die kleine Eingangsleistung $U_{EB} I_E$ steuert die wesentlich größere Ausgangsleistung $U_{CB} I_C$. Weil $I_E \approx I_C$, ergibt sich $U_{CB} I_E \sim U_{EB} I_E$.

Der Transistor ist in Basisschaltung ein **Leistungsverstärker**.

Kleine Änderungen der Eingangsleistung bewirken große Änderungen der Ausgangsleistung.

Emitterschaltung

Sie wird am häufigsten verwendet. Im Eingangsstromkreis fließt nur der sehr kleine **Basisstrom**. Für die Ströme gilt $I_B = I_E - I_C$. Daraus ergibt sich der

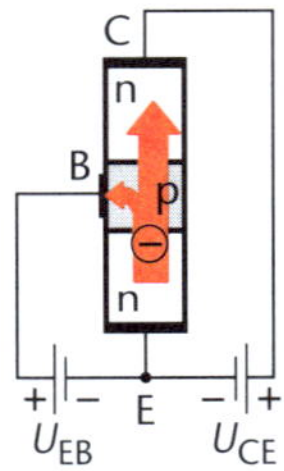

Stromverstärkungsfaktor *B*

(E 33.9) $$B = \frac{I_C}{I_B}$$

Aus (E 33.9) folgt $B = \dfrac{I_C}{I_E - I_C}$. Zähler und Nenner durch I_E dividiert ergibt mit (E 33.8)

(E 33.10) $$B = \frac{A}{1 - A}$$

Aus der Stromverstärkung in Basisschaltung $A = 0{,}95\ldots0{,}995$ ergeben sich die Werte für die Stromverstärkung bei Emitterschaltung zu $B = 20\ldots200$.

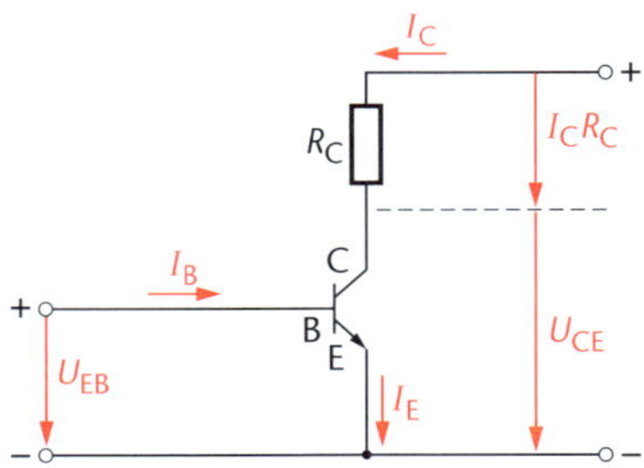

Der Transistor ist in Emitterschaltung ein **Stromverstärker**.

Kleine Änderungen des Basisstroms bewirken große Änderungen des Kollektorstroms.
oder
Der kleine Basisstrom steuert den größeren Kollektorstrom.

Kennlinien

Die Abhängigkeit der wichtigsten Größen (Eingangsspannung und -strom sowie Ausgangsspannung und -strom) zeigen die Kennlinien eines Transistors, die man vielfach in einer einzigen Darstellung zusammenfasst. In jedem Quadranten wird eine andere Beziehung dargestellt.

Basisschaltung	***Emitterschaltung***
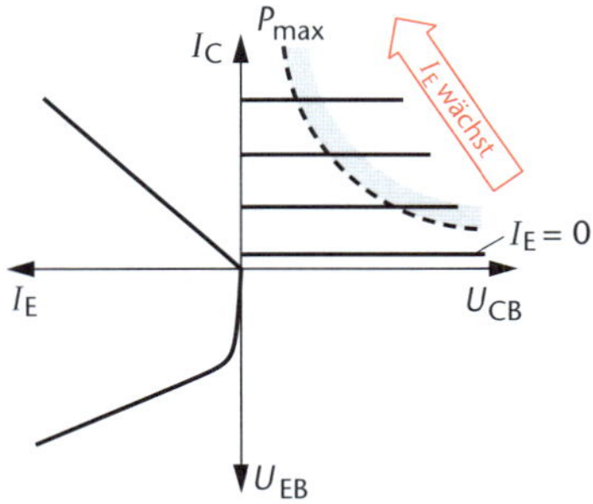	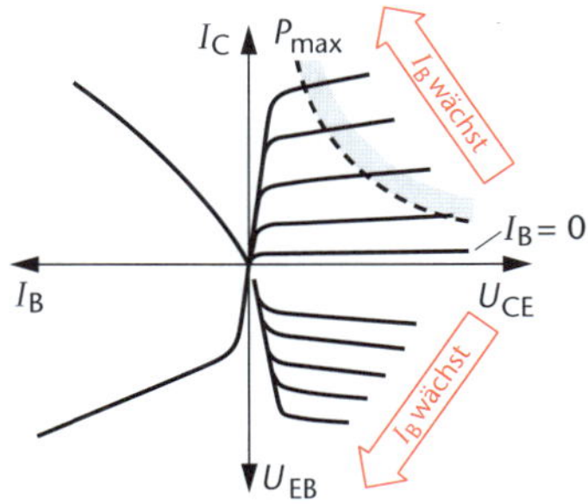

- **I. Quadrant (Ausgangskennlinien)**

$I_C = f(U_{CB})$ bei verschiedenen Emitterströmen I_E. Für $I_E = 0$ ergibt sich der Sperrstrom I_{CB0}.	$I_C = f(U_{CE})$ bei verschiedenen Basisströmen I_B. Für $I_B = 0$ ergibt sich der Reststrom I_{CE0}.

- **II. Quadrant (Stromverstärkungskennlinien)**

$I_C = f(I_E)$ bei $U_{CB} = 5\,V$.	$I_C = f(I_B)$ bei $U_{CE} = 5\,V$.

- **III. Quadrant (Eingangskennlinien)**

$I_E = f(U_{EB})$ bei $U_{CB} = 5\,V$. Es ist die Kennlinie der in Flussrichtung gepolten Emitterdiode.	$I_B = f(U_{EB})$ bei $U_{CE} = 5\,V$.

- **IV. Quadrant (Spannungsrückwirkungskennlinien)**

Auf sie wird vielfach verzichtet, weil man sie aus den anderen Kennlinien ermitteln kann.

$U_{CB} = f(U_{EB})$ bei verschiedenen Emitterströmen I_E.	$U_{CE} = f(U_{EB})$ bei verschiedenen Basisströmen I_B.

33.1.10 Unipolarer Transistor

Bei unipolaren oder **Feldeffekt-Transistoren** (FET, MOSFET u. a.) sind nur die Majoritätsträger an der Stromleitung beteiligt: Elektronen *oder* Defektelektronen (Löcher). Den Stromfluss steuert ein von außen angelegtes elektrisches Feld nahezu *leistungslos*. Damit entfällt die (wenn auch geringe) Erwärmung, wie sie bei bipolaren Transistoren im Basisstromkreis entsteht. So können integrierte Schaltungen (IC) mit Tausenden von Transistoren auf kleinster Fläche konzentriert werden.

33.2 Stromleitung in Flüssigkeiten

Träger des elektrischen Stroms in Flüssigkeiten sind **Ionen**, die beim Zerfall von Molekülen (**Dissoziation**) entstehen.

Positive Ionen (**Kationen**) wandern zur negativen Elektrode (**Kathode**); negative Ionen (**Anionen**) wandern zur positiven Elektrode (**Anode**).

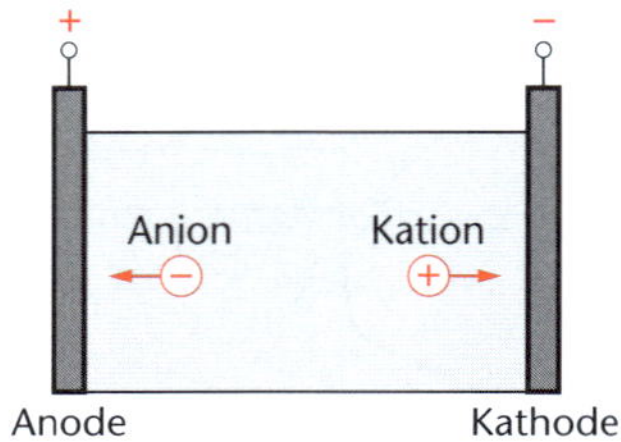

33.2.1 Elektrolyse

Es gibt leitende und nichtleitende, also dissoziierende und nicht dissoziierende Flüssigkeiten. Die Leiter heißen **Elektrolyte**. Sie werden von dem sie durchfließenden Strom zersetzt. Im Wesentlichen sind es wässrige Lösungen von Salzen, Säuren und Laugen. Bei der Elektrolyse scheidet sich an der Kathode (Minuspol) stets das *Metall* oder der *Wasserstoff* ab. Der *Molekülrest* scheidet sich an der Anode (Pluspol) ab.

Übersicht:

Elektrolyse einiger Stoffe		
Elektrolyt	Abgeschiedener Stoff an der	
	Anode (+)	Kathode (−)
Salzsäure (HCl)	Cl_2	H_2
Schwefelsäure (H_2SO_4)	O_2 (aus SO_4)	H_2
Kupfersulfat ($CuSO_4$)	O_2 (aus SO_4)	Cu
Zinkchlorid ($ZnCl_2$)	Cl_2	Zn
Natronlauge (NaOH)	O_2 (aus OH)	H_2

Wenn

m Masse des abgeschiedenen Stoffes,
I Stromstärke im Elektrolyt,
t Dauer des Stromflusses,
$\ddot{A}$ elektrochemisches Äquivalent des Elektrolyts (→ Tabelle 52),
Q transportierte Ladung,

dann gilt als

1. Faraday'sches Gesetz

(E 33.11) $$m = \ddot{A}It = \ddot{A}Q$$

	m	$\ddot{A}$	I	t	Q
SI	kg	$\frac{\text{kg}}{\text{C}}$	A	s	C
VT	mg	$\frac{\text{mg}}{\text{C}}$	A	s	C

■ Für die von gleichen Elektrizitätsmengen bei verschiedenen Elektrolyten abgeschiedenen Massen gilt mit

$\ddot{A}$ elektrochemisches Äquivalent (→ Tabelle 52),
m Masse des abgeschiedenen Stoffes,
M molare Masse = Masse/Stoffmenge,
z Wertigkeit

als

2. Faraday'sches Gesetz

(E 33.12) $$m_1 : m_2 = \ddot{A}_1 : \ddot{A}_2 = \frac{M_1}{z_1} : \frac{M_2}{z_2}$$

	m	$\ddot{A}$	M	z
SI	kg	$\frac{\text{kg}}{\text{C}}$	$\frac{\text{kg}}{\text{mol}}$	–

Die von gleichen Elektrizitätsmengen aus verschiedenen Elektrolyten abgeschiedenen Massen verhalten sich wie die molaren Massen/Wertigkeit.

■ Die für das Abscheiden der Stoffmenge $n = 1$ mol nötige Ladung Q ist bei allen 1wertigen Stoffen gleich. Sie ist das Produkt aus Avogadro-Konstante $N_A = 6{,}022\,14 \cdot 10^{23}/\text{mol}$ und der elektrischen Elementarladung $e = 1{,}602\,176 \cdot 10^{-19}$ C. Man bezeichnet sie als

Faraday-Konstante

(E 33.13) $$F = N_A e = 9{,}648\,533\,65 \cdot 10^4 \, \frac{\text{C}}{\text{mol}}$$

■ Zwischen dem elektrochemischen Äquivalent $\ddot{A}$ und der Faraday-Konstanten F besteht die Beziehung

(E 33.14) $$\ddot{A} = \frac{M}{zF}$$

	$\ddot{A}$	M	z	F
SI	$\frac{\text{kg}}{\text{C}}$	$\frac{\text{kg}}{\text{mol}}$	–	$\frac{\text{C}}{\text{mol}}$

Mit (E 33.14) nimmt (E 33.11) die Form an

(E 33.15) $$m = \frac{ItM}{zF}$$

	I	t	M	z	F	m
SI	A	s	$\frac{\text{kg}}{\text{mol}}$	–	$\frac{\text{C}}{\text{mol}}$	kg

E

Beachte:

- Die molare Masse M (in g/mol) ist zahlengleich der relativen Molekülmasse M_r.

33.2.2 Galvanische Elemente

In galvanischen Elementen findet eine Umwandlung von chemischer Energie in elektrische Energie statt. Da dieser Prozess nicht umkehrbar ist, spricht man von **Primärelementen**.

Taucht ein Metall in einen Elektrolyt, so stellt sich eine Spannung ein, deren Größe stoffabhängig ist. Zwischen zwei in die Flüssigkeit getauchten Metallen muss also die *Differenz* zweier Spannungen entstehen, die sich aus der Stellung der Metalle in der elektrochemischen Spannungsreihe ergibt.

Übersicht:

Elektrochemische Spannungsreihe (Auswahl)											U in V
Au	Hg	Ag	Cu	H	Pb	Ni	Cd	Fe	Zn	Mg	Li
1,4	0,86	0,80	0,34	0,0	0,13	0,24	0,40	0,44	0,76	2,35	3,02
+					−						

Beachte:

- Ausführliche elektrochemische Spannungsreihe → Tabelle 53!

Der durch ein galvanisches Element fließende Strom verändert die Elektroden chemisch, wobei eine Gegenspannung entsteht (**Polarisation**). Dadurch verringert sich die Spannung des Elementes, wie sie sich aus der Übersicht bestimmen lässt, und die Stromstärke geht zurück.

33.2.3 Akkumulatoren

In ihnen wird elektrische Energie in Form von chemischer Energie gespeichert. Im Gegensatz zu den galvanischen Elementen, die sofort eine Spannung liefern, wird bei Akkumulatoren durch Polarisation während des Aufladens erst ein galvanisches Element geschaffen (**Sekundärelement**).

Bleiakkumulator

Er besteht aus zwei Bleiplatten, die in 28%ige Schwefelsäure als Elektrolyt tauchen. Dabei bildet sich an der oxidierten Oberfläche $PbSO_4$ (Bleisulfat). Der Ladestrom verwandelt das Bleisulfat des Pluspols zu PbO_2

(Bleidioxid) und das des Minuspols zu Pb (Blei). Dabei bildet sich unter Aufnahme von Wasser Schwefelsäure. Während des Ladens steigt die Konzentration der Schwefelsäure und damit auch ihre Dichte. Während des Entladens verlaufen sämtliche Prozesse in umgekehrter Richtung.

Man kann sie in folgender Gleichung zusammenfassen:

(E 33.16)
$$2\,PbSO_4 + 2\,H_2O \underset{\text{Entladen}}{\overset{\text{Laden}}{\rightleftarrows}} PbO_2 + 2\,H_2SO_4 + Pb$$

Pluspol Minuspol → Pluspol Minuspol

(links: Pluspol, Minuspol; rechts: Pluspol, Minuspol)

Die *mittlere* Spannung einer Zelle des Bleiakkumulators beträgt bei normaler Belastung etwa 2 V.

■ Die Dichte der Schwefelsäure ist ein Maß für den Ladezustand des Akkumulators.

Wenn
ϱ Dichte der Schwefelsäure,
U Urspannung des Bleiakkumulators,

dann gilt in guter Näherung

(E 33.17)
$$U = \left(\frac{\varrho}{\text{g/cm}^3} + 0{,}84\right)\,\text{V}$$

Nickel-Cadmium-Akkumulator (NiCd-Akku)

Der Pluspol besteht aus Nickelhydroxid $Ni(OH)_2$, der Minuspol aus Cadmiumhydroxid $Cd(OH)_2$. Als Elektrolyt dient 20%ige Kalilauge. Lade- und Entladeprozess lassen sich in folgender Gleichung zusammenfassen:

(E 33.18)
$$2\,Ni(OH)_2 + Cd(OH)_2 \underset{\text{Entladen}}{\overset{\text{Laden}}{\rightleftarrows}} 2\,NiO(OH) + 2\,H_2O + Cd$$

Pluspol Minuspol Pluspol Minuspol

Die *mittlere* Klemmenspannung je Zelle beträgt bei normaler Belastung 1,2 V.

Beachte:

- Wegen der hohen Giftigkeit von Cadmium besteht ein EU-weites Verbot für das Inverkehrbringen von NiCd-Akkumulatoren (aber mit zahlreichen Ausnahmen).

Nickel-Metallhydrid-Akkumulator (NiMH-Akku)

Im prinzipiellen Aufbau gleicht er dem Nickel-Cadmium-Akku. Das giftige Schwermetall Cadmium ist ersetzt durch ein Metallhydrid, eine Metalllegierung, die Wasserstoff binden kann.

Vorteile gegenüber NiCd-Akkus: kein Memory-Effekt (Kapazitätsverlust durch unvollständiges Entladen), höhere Energiedichte (Energie/Masse $\approx$ 3-fach, Energie/Volumen $\approx$ 2-fach), enthält kein Cadmium.

Nachteile gegenüber NiCd-Akkus: größerer Innenwiderstand (deshalb weniger geeignet für kurzzeitige größere Stromentnahme wie Fotoblitz usw.), empfindlicher für Überladung, größere Selbstentladung (1,5 %/Tag gegenüber 0,5 %/Tag).

Lithium-Ionen-Akkumulator (Li-Ion-Akku)

Der Pluspol besteht aus einer Lithiumverbindung mit Cobalt-, Mangan- oder Nickeloxid, der Minuspol aus speziellem Kohlenstoff (Graphit).

Vorteile gegenüber dem NiMH-Akku: größere Spannung (je nach Lithiumverbindung 3,0 … 3,6 V), sehr geringe Selbstentladung (0,2 %/Tag), höhere Energiedichte.

Nachteile: noch größerer Innenwiderstand, empfindlich auf Überladung und Tiefentladung, wesentlich teurer.

33.3 Stromleitung in Gasen

Ladungsträger können Ionen und auch Elektronen sein. Jede Stromleitung in Gasen wird als **Entladung** bezeichnet.

33.3.1 Unselbstständige Entladung

Die Ionen werden im Wesentlichen durch äußere Einflüsse (Röntgenstrahlung, heiße Flammengase, Strahlung radioaktiver Nuklide) im Gas erzeugt. Unter der Wirkung einer angelegten Spannung wandern sie, es fließt ein Strom.

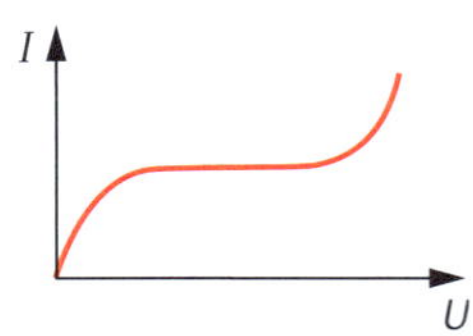

Bis zu einem gewissen Wert wächst er proportional mit der Spannung, erreicht dann aber einen gleich bleibenden Wert, man spricht vom **Sättigungsstrom**. Alle sich bildenden Ionen sind an der Leitung beteiligt. Anwendung u. a. bei Ionisationskammern zur Strahlungsmessung.

33.3.2 Selbstständige Entladung

Wird die Spannung noch weiter erhöht, so wächst auch die Stromstärke wieder, weil durch Zusammenstoß infolge der hohen Energie der Ionen andere Moleküle ionisiert werden (**Stoßionisation**) und so die Anzahl der Ladungsträger stark anwächst. Solche Entladung heißt selbstständig, weil sie keiner Ionisierung durch äußere Einflüsse bedarf. Die hierfür erforderliche Spannung nimmt mit sinkendem Gasdruck ab.

Mit dem Anwachsen des Stroms und der Zahl der Ladungsträger sinkt der Widerstand.

> Gasentladungen müssen stets mit einem den Strom begrenzenden Vorwiderstand betrieben werden.

Vielfach verwendet man dafür eine so genannte **Drossel**, also einen induktiven Wechselstromwiderstand.

33.3.3 Glimmentladung

Bei stark verringertem Gasdruck ist die selbstständige Entladung mit Leuchterscheinungen verbunden. Es entsteht eine kräftige Elektronenemission an der Kathode, hervorgerufen durch auftreffende positive Ionen. Rekombinierende Ionen erzeugen das negative Glimmlicht in der Nähe der Kathode. Die positive Säule besteht aus gleich viel positiven und negativen Ladungsträgern, ist also quasineutral (**Plasma**). Fast die gesamte Spannung fällt bereits in der Nähe der Kathode ab. Den Verlauf von Spannung, Feldstärke und Raumladung entlang der Entladungsröhre zeigt nebenstehendes Bild.

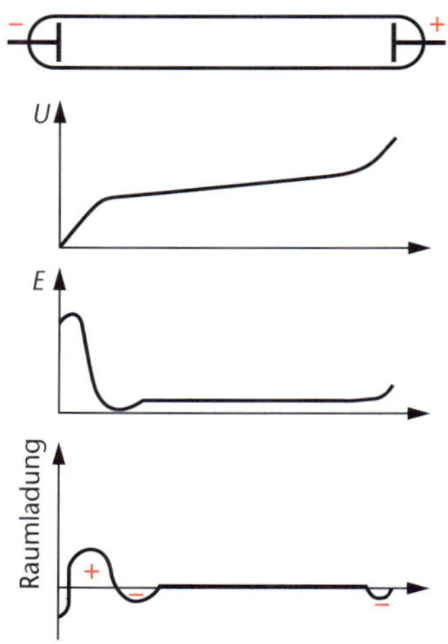

Beispiele:

Leuchtröhren. Die Art des Füllgases bestimmt die Leuchtfarbe.

Leuchtstofflampen. Diese mit Quecksilberdampf geringen Druckes gefüllten Leuchtröhren wandeln mit der auf der Röhreninnenseite aufgetragenen Leuchtstoffschicht unsichtbare ultraviolette Strahlungsanteile in sichtbares Licht um (Fluoreszenz).

Quecksilberdampflampen. Dem Füllgas ist Quecksilberdampf zugesetzt. Je höher der Druck des Dampfes, desto größer die Lichtausbeute. *Höhensonnen* sind Lampen, in denen der Quecksilberdampf in Quarzglasröhren eingeschlossen ist. Diese sind für Ultraviolettstrahlung durchlässig.

Glimmlampen. Sie werden vorwiegend für den Spannungsnachweis und häufig auch als Spannungsstabilisatoren verwendet. Zündspannung ist größer als Löschspannung.

Elektronenblitzröhren. Es sind mit Edelgas (z. B. Xenon) gefüllte Hartglasröhren (Fülldruck 4 ... 13 kPa; Entladungsdauer 0,1 ... 1 ms).

33.3.4 Kathodenstrahlen

Sie entstehen in stark evakuierten Röhren (Druck kleiner als 1 Pa), wenn an den Elektroden eine hohe Gleichspannung liegt. Kathodenstrahlen bestehen aus *Elektronen* hoher Geschwindigkeit.

Eigenschaften:

- Sie breiten sich geradlinig aus,
- sie schwärzen fotografische Schichten,
- Glas, Leuchtfarben und bestimmte Mineralien werden von ihnen zum Leuchten gebracht (Fluoreszenz),
- sie lassen sich durch magnetische und elektrische Felder ablenken.

■ Die Ablenkbarkeit wird in der **BRAUN'schen Röhre** technisch genutzt. Die Elektronen (beschleunigt mit einer Hochspannung zwischen Kathode K und seitlicher Anode A) werden auf dem Weg zum Fluoreszenzschirm → [25.6.1] quer zur Bewegungsrichtung abgelenkt. Dies geschieht entweder mit einem elektrischen Feld → [33.4.2] beim Elektronenstrahloszillographen oder bei Fernsehbildröhren vertikal und horizontal mit Magnetfeldern → [30.4.1].

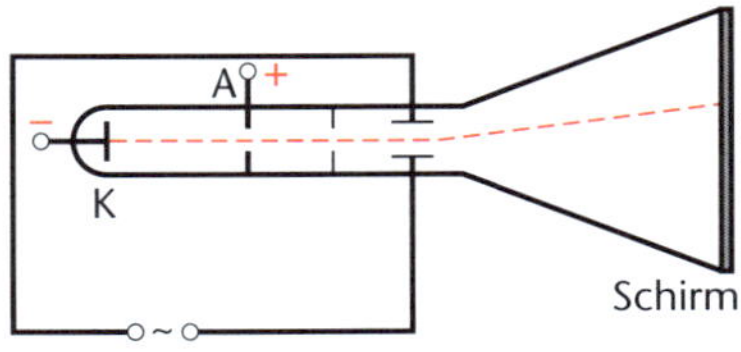

33.3.5 Kanalstrahlen

Sie bestehen aus *positiven Ionen* und bewegen sich auf die Kathode zu. Ihre Geschwindigkeit beträgt 300 ... 3 000 km/s.

33.3.6 Röntgenstrahlung

Sie entsteht, wenn Kathodenstrahlen auf einen Metallkörper treffen. Es sind elektromagnetische Wellen mit Wellenlängen im Bereich von $10^{-2} \ldots 10\,\text{nm}$. Die kurzwelligen Röntgenstrahlen werden als *hart*, die langwelligen als *weich* bezeichnet. Die Strahlung besteht aus zwei Komponenten. Die beim Abbremsen der Elektronen frei werdende Energie erzeugt die **Bremsstrahlung**, deren Wellenlängen lückenlos bis zu einem bestimmten Maximalwert reichen → [37.4.4]. Ein anderer Teil der Elektronen regt die Atome des Metalls zu einer **charakteristischen Strahlung** mit ganz bestimmten Wellenlängen an.

Eigenschaften:

- Sie breiten sich geradlinig aus,
- durchdringen lichtundurchlässige Stoffe wie Fleisch, Holz, Metall usw. je nach Schichtdicke,
- erzeugen beim Auftreffen bei bestimmten Stoffen Fluoreszenz,
- schwärzen fotografische Schichten,
- besitzen zerstörende Wirkung auf lebendes Gewebe,
- werden in elektrischen und magnetischen Feldern nicht abgelenkt.

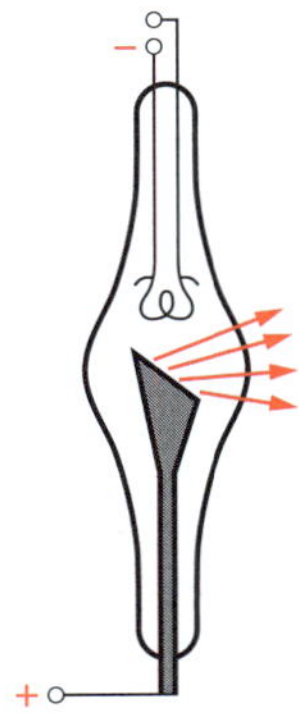

Ihre Intensität wird in Coulomb/Kilogramm (C/kg) angegeben. Zur Erzeugung der Röntgenstrahlen werden spezielle Röhren verwendet, die zwecks hoher Leistung eine geheizte Kathode und eine wassergekühlte Anode besitzen.

33.4 Stromleitung im Vakuum

33.4.1 Energie und Geschwindigkeit freier Elektronen

Ein Elektron wird im elektrischen Feld von den Feldkräften $F = Ee$ (E 29.1) in Richtung Anode beschleunigt. Die Größe dieser Beschleunigung folgt aus $a = F/m = Ee/m_e$. Geschwindigkeit und kinetische Energie wachsen.

Die Energie des Elektrons misst man in Elektronvolt (eV).

Unter einem Elektronvolt versteht man die Energie, die ein Elektron beim Durchlaufen der Spannung von 1 Volt erreicht.

Das Elektronvolt ist eine in der Atom- und Kernphysik *zulässige* SI-fremde Energieeinheit.

Umrechnung:

1 Elektronvolt (eV) = 1,602 176 565 · 10^{-19} J; 1 J = 6,241 509 34 · 10^{18} eV

Wenn
U durchlaufene Spannung,
e Ladung des Elektrons = Elementarladung = $1{,}602 \cdot 10^{-19}$ C,
m_e Ruhemasse des Elektrons = $9{,}109 \cdot 10^{-31}$ kg,
v Endgeschwindigkeit des Elektrons,

dann gilt, weil die Energie des Elektrons gleich der aufgewendeten Arbeit sein muss, $m_e v^2/2 = eU$ und nach Umstellung

(E 33.19) $$v = \sqrt{\frac{2eU}{m_e}}$$

Nach Einsetzen aller Konstanten erhält man die *zugeschnittene Größengleichung*

(E 33.19a) $$v = 593{,}1 \sqrt{\frac{U}{\mathrm{V}}} \frac{\mathrm{km}}{\mathrm{s}}$$

Diese Gleichung gilt nicht für *sehr große* Geschwindigkeiten. Bei Elektronengeschwindigkeiten ab etwa 10 % der Vakuumlichtgeschwindigkeit (> 30 000 km/s) macht sich bereits der relativistische Massenzuwachs → [41.4.1] bemerkbar. (E 33.19) würde zu große Werte ergeben.

Wenn
U durchlaufene Spannung,
e Ladung des Elektrons = $1{,}602 \cdot 10^{-19}$ C,
m_{e0} Ruhemasse des Elektrons = $9{,}109 \cdot 10^{-31}$ kg,
m_e Masse des Elektrons bei der Geschwindigkeit v,
c_0 Lichtgeschwindigkeit im Vakuum = $2{,}998 \cdot 10^8$ m/s,
v Endgeschwindigkeit des Elektrons,

Übersicht:

Elektronenmasse in Abhängigkeit von der Geschwindigkeit				
durchlaufene Spannung U/V	Elektronengeschwindigkeit $\frac{v}{c_0}$	$v\Big/\frac{\mathrm{km}}{\mathrm{s}}$	Elektronenmasse $\frac{m_e}{m_{e0}}$	m/kg
1	$1{,}978 \cdot 10^{-3}$	593	1,000	$0{,}911 \cdot 10^{-30}$
10	$6{,}256 \cdot 10^{-3}$	1 876	1,000	0,911
10^2	$19{,}78 \cdot 10^{-3}$	5 930	1,000	0,911
10^3	$62{,}47 \cdot 10^{-3}$	18 728	1,002	0,913
$2 \cdot 10^3$	$88{,}22 \cdot 10^{-3}$	26 447	1,004	0,915
$5 \cdot 10^3$	0,139	41 633	1,010	0,920
$1 \cdot 10^4$	0,195	58 455	1,020	0,929
$1{,}5 \cdot 10^4$	0,237	71 084	1,029	0,938
$2 \cdot 10^4$	0,272	81 503	1,039	0,947
$3 \cdot 10^4$	0,328	98 445	1,059	0,964
$5 \cdot 10^4$	0,413	123 720	1,098	1,000
$8 \cdot 10^4$	0,502	150 615	1,157	1,054
$1 \cdot 10^5$	0,548	164 352	1,196	1,089
$1{,}5 \cdot 10^5$	0,634	190 164	1,294	1,178
$2 \cdot 10^5$	0,695	208 450	1,391	1,267
$3 \cdot 10^5$	0,777	232 796	1,587	1,446
$5 \cdot 10^5$	0,863	258 679	1,978	1,802
$8 \cdot 10^5$	0,921	276 081	2,566	2,337
$1 \cdot 10^6$	0,941	282 128	2,957	2,694
$1{,}5 \cdot 10^6$	0,967	289 952	3,935	3,585
$2 \cdot 10^6$	0,979	293 519	4,914	4,476
$3 \cdot 10^6$	0,989	296 600	6,871	6,259
$5 \cdot 10^6$	0,996	298 501	10,78	9,824
$8 \cdot 10^6$	0,998	299 252	16,66	$1{,}517 \cdot 10^{-29}$
$1 \cdot 10^7$	0,999	299 438	20,57	1,874
$1{,}5 \cdot 10^7$	$1 - 5{,}43 \cdot 10^{-4}$	299 630	30,35	2,765
$2 \cdot 10^7$	$1 - 3{,}1 \cdot 10^{-4}$	299 699	40,14	3,656
$3 \cdot 10^7$	$1 - 1{,}4 \cdot 10^{-4}$	299 750	59,71	5,439
$5 \cdot 10^7$	$1 - 5{,}12 \cdot 10^{-5}$	299 777	98,85	9,004
$8 \cdot 10^7$	$1 - 2{,}01 \cdot 10^{-5}$	299 786	157,6	$1{,}435 \cdot 10^{-28}$
$1 \cdot 10^8$	$1 - 1{,}29 \cdot 10^{-5}$	299 789	196,7	1,792
$1 \cdot 10^9$	$1 - 1{,}3 \cdot 10^{-7}$	299 792	1 958	$1{,}784 \cdot 10^{-27}$
$1 \cdot 10^{10}$	$1 - 1{,}31 \cdot 10^{-9}$	299 792	19 571	$1{,}783 \cdot 10^{-26}$
$1 \cdot 10^{11}$	1	299 792	195 696	$1{,}783 \cdot 10^{-25}$
$1 \cdot 10^{12}$	1	299 792	1 956 952	$1{,}783 \cdot 10^{-24}$

E

dann ist mit (K 35.2) die dem Elektron zugeführte Energie gleich seiner Gesamtenergie minus seiner Ruheenergie

$$eU = (m_e - m_{e0})c_0^2 = m_{e0}c_0^2 \left(\frac{1}{\sqrt{1 - \frac{v^2}{c_0^2}}} - 1 \right).$$ Daraus folgt für v

(E 33.20) $$v = c_0 \sqrt{1 - \frac{1}{\left(\frac{eU}{m_{e0}c_0^2} + 1 \right)^2}}$$

Nach Einsetzen der Konstanten erhält man die *zugeschnittene Größengleichung*

(E 33.20a) $$v = 2{,}998 \cdot 10^5 \sqrt{1 - \frac{1}{(1 + 1{,}957 \cdot 10^{-6}\, U/\mathrm{V})^2}} \; \frac{\mathrm{km}}{\mathrm{s}}$$

Beachte:

- Die Elektronenmasse abhängig von durchlaufener Spannung und Geschwindigkeit ist vorstehender Übersicht zu entnehmen.

33.4.2 Elektronenbewegung im elektrischen Querfeld

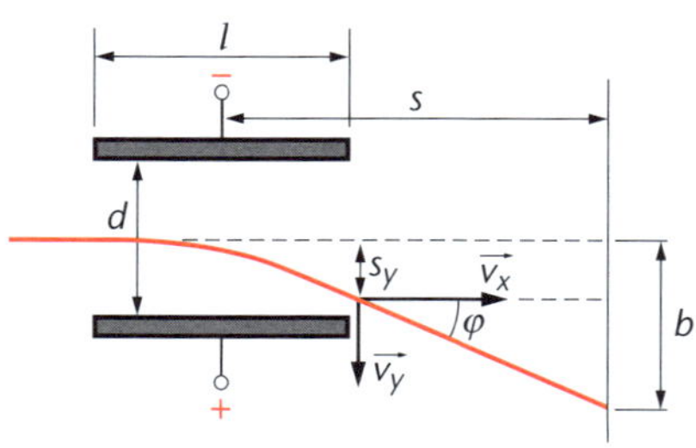

Die Bewegung eines Elektrons quer zur Richtung eines elektrischen Feldes entspricht einem waagerechten Wurf → [6.2.4]. Die Flugbahn hat die Form einer Parabel. An die Stelle der Fallbeschleunigung tritt die vom elektrischen Feld erzeugte Beschleunigung

$$a = \frac{eE}{m_e}.$$

Wenn

- v Geschwindigkeit des Elektrons bei Eintritt in das Feld,
- E elektrische Feldstärke,
- U Spannung zwischen den Platten,
- l Plattenlänge,
- d Plattenabstand,
- m_e Masse des Elektrons,
- s Abstand des Auffangschirms von der Kondensatormitte,
- b Ablenkung auf dem Auffangschirm,

dann gilt für den Bahnpunkt beim Verlassen des Feldes

$$v_y = at = \frac{eEt}{m_e}; \quad s_y = \frac{at^2}{2} = \frac{eEt^2}{2m_e}; \quad \tan\varphi = \frac{v_y}{v_x} = \frac{eEt}{m_e v}.$$

Für die Ablenkung b ergibt sich aus der Zeichnung

$$b = s_y + \left(s - \frac{l}{2}\right)\tan\varphi.$$

Nach Einsetzen erhält man

$$b = \frac{eEt^2}{2m_e} + \left(s - \frac{l}{2}\right)\frac{eEt}{m_e v}, \quad \text{worin}$$

$$t = \frac{l}{v_x} = \frac{l}{v} \quad \text{ist. Es folgt}$$

$$b = \frac{eEl^2}{2m_e v^2} + \left(s - \frac{l}{2}\right)\frac{eEl}{m_e v^2} \quad \text{oder nach Ausklammern}$$

$$b = \left(\frac{l}{2} + s - \frac{l}{2}\right)\frac{eEl}{m_e v^2}, \quad \text{und mit } E = U/d \text{ folgt}$$

(E 33.21) $$\boxed{b = \frac{eUls}{m_e d v^2}}$$

33.4.3 Elektronenemission aus Metallen

Ein ideales Vakuum besitzt keinerlei Ladungsträger, es ist ein Isolator. Selbst in einem technisch erzeugbaren Vakuum führt eine Spannung zwischen zwei Elektroden zu keinem Stromfluss.

Im Vakuum kann ein elektrischer Strom nur fließen, wenn Ladungsträger (Elektronen) in den Raum gebracht werden.

E

Zum Lösen von der Metalloberfläche benötigt ein Elektron eine bestimmte stoffabhängige Energie, die mindestens gleich der so genannten **Ablöse-** oder **Austrittsarbeit** ist.

Übersicht:

Ablösearbeit und Richardson-Konstante einiger Metalle					
Metalle:	Wolfram	Molybdän	Kupfer	Caesium auf Wolfram	Barium-oxid-Paste
W_A/eV	4,50	4,29	4,39	1,4	1,0 ... 1,5
$a\Big/\dfrac{\text{A}}{\text{cm}^2\cdot\text{K}^2}$	60	55		3,2	10^{-2}

Beachte:

- Zahlenwerte für die Ablösearbeit W_A → auch Tabelle 54!

Thermische Elektronenemission

Die technisch wichtigste Art der Elektronenbefreiung ist die Glühemission, bei der den zu befreienden Elektronen thermische Energie zugeführt wird.

Die Anzahl der austretenden Elektronen ist vom Material und vor allem von der *Temperatur* abhängig.

Wenn

J Stromdichte der emittierten Elektronen an der Glühkathode,
a Richardson-Konstante,
T Temperatur der Kathode,
W_A Austrittsarbeit des Kathodenmaterials,
k Boltzmann-Konstante $= 1{,}381\cdot 10^{-23}$ J/K,

dann gilt die

Richardson'sche Gleichung

(E 33.22) $$J = aT^2\,\mathrm{e}^{-\frac{W_A}{kT}}$$

	J	a	T	W_A	k
SI	$\dfrac{\text{A}}{\text{m}^2}$	$\dfrac{\text{A}}{\text{m}^2\cdot\text{K}^2}$	K	J	$\dfrac{\text{J}}{\text{K}}$

Beachte:

- Die der Tabelle entnommene Austrittsarbeit muss in Joule umgerechnet werden: $1\text{ eV} = 1{,}602\cdot 10^{-19}$ J.
- (E 33.22) gilt nur, wenn die Anodenspannung groß genug ist, alle Elektronen aus dem Bereich der Kathode „abzusaugen“.

- Die Richardson-Konstante ist ein experimentell ermittelter Materialwert. Einige Werte → Übersicht auf vorhergehender Seite!

Feldemission

Bei Feldstärken ab $\approx 10^9$ V/m reicht die Kraft des Feldes zur Elektronenbefreiung aus. Um die Spannung klein zu halten, endet die Kathode in einer feinen Spitze. *Anwendung* beim Feldelektronenmikroskop, Blitzableiter u. a.

Fotoemission (äußerer fotoelektrischer Effekt)

Die Energie hf eines auftreffenden Strahlungsquants → [35] reicht für die Befreiung eines Elektrons aus, wenn sie *größer* ist als die erforderliche Ablösearbeit. Die *Differenz* wird zu kinetischer Energie des emittierten Elektrons.

Wenn
m_e Masse eines Elektrons $= 9{,}109 \cdot 10^{-31}$ kg,
v Geschwindigkeit des abgelösten Elektrons,
h Planck-Konstante $= 6{,}626 \cdot 10^{-34}$ J · s,
f Frequenz des auftreffenden Strahlungsquants,
W_A Austrittsarbeit,

dann gilt

(E 33.23) $$hf = W_A + \frac{m_e v^2}{2}$$

	h	W_A	m	v	f
SI	J · s	J	kg	$\frac{m}{s}$	Hz $= \frac{1}{s}$

Die Energie der befreiten Elektronen wächst mit der *Frequenz* der Strahlung.
Die Anzahl der abgelösten Elektronen wächst mit der *Stärke* der Strahlung (Anzahl der Quanten/Zeit).

Aus (E 33.23) folgt, dass die Strahlung eine von W_A abhängige Mindestfrequenz, die **Grenzfrequenz** f_G, haben muss. Sie beträgt

(E 33.24) $$f_G = \frac{W_A}{h}$$

	f	W	h
SI	Hz $= \frac{1}{s}$	J	J · s

Hieraus ergibt sich für den Maximalwert der Wellenlänge λ mit $c_0 = \lambda f$

(E 33.25) $$\lambda_G = \frac{c_0 h}{W_A}$$

	λ	c	h	W
SI	m	$\frac{m}{s}$	J · s	J

Nach Einsetzen der Konstanten erhält man für die Wellenlänge, bei der Fotoemission möglich ist, die *zugeschnittene* Größengleichung

(E 33.26) $$\lambda \leqq \frac{1\,240}{W_\mathrm{A}/\mathrm{eV}}\,\mathrm{nm}$$

Sekundäremission

Die Energie auftreffender Elektronen (und Ionen) kann zur Elektronenbefreiung ausreichen, wenn ihre Geschwindigkeit genügend groß ist.

Anwendung u. a. in Sekundärelektronenvervielfachern (SEV) bzw. verbunden mit der Fotoemission in Fotosekundärelektronen-Vervielfachern (Fotomultiplier).

33.4.4 Elektronenröhren

Es sind Vakuumröhren mit geheizter Kathode ($t = 700 \ldots 800\,^\circ\mathrm{C}$; Bariumoxid; $p < 0{,}1\,\mathrm{mPa}$). Zwischen Anode und Kathode liegt die **Anodenspannung**.

Diode (Zweipolröhre)

Das von der Anodenspannung erzeugte elektrische Feld beschleunigt die aus der Kathode austretenden Elektronen in Richtung Anode. Die Stärke dieses **Anodenstroms** hängt von der Anodenspannung ab, kann jedoch nur bis zum Sättigungsstrom anwachsen. Da die Stromkennlinie nicht geradlinig verläuft, hat der innere Gleichstromwiderstand der Röhre für jeden Punkt der Kennlinie einen anderen Wert.

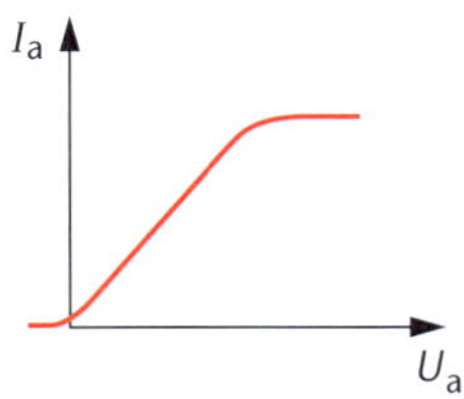

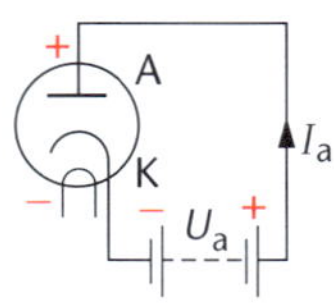

Anwendungen der heute meist durch Halbleiterdioden ersetzten Röhre sind:

- Gleichrichtung von Wechselspannungen,
- Demodulation,
- Erzeugung von Regelspannungen.

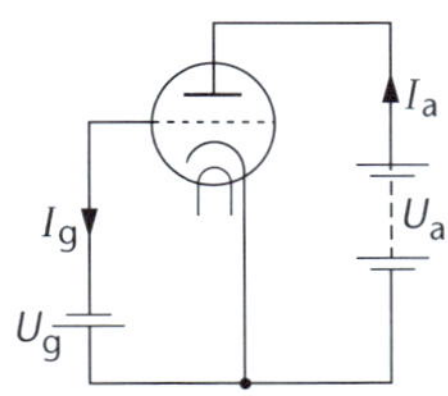

Triode (Dreipolröhre)

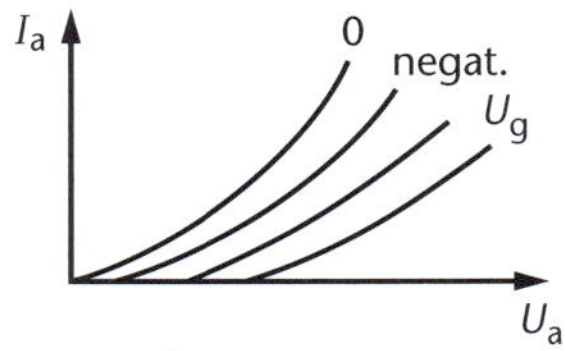

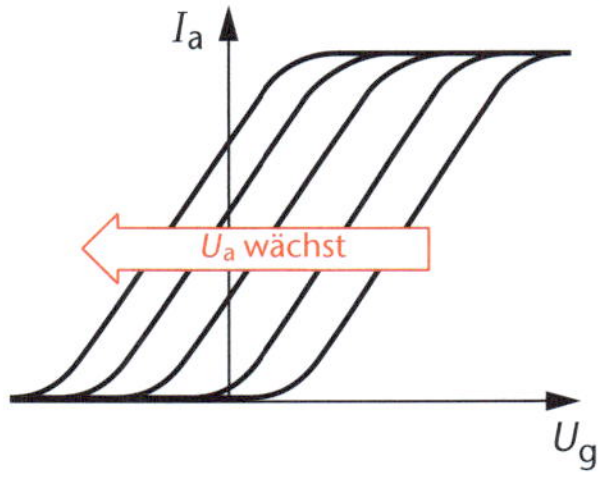

Sie besitzt als dritte Elektrode ein zwischen Anode und Kathode angeordnetes **Steuergitter**, mit dessen Spannung U_g der Anodenstrom I_a gesteuert werden kann. Auf die Kathode bezogen, erhält das Gitter meist eine **negative Vorspannung**. Von dieser hängt die Lage der I_a,U_a-Kennlinie ab. Dagegen wird die Lage der I_a,U_g-Kennlinie von der Anodenspannung bestimmt.

Vier Gleichungen verknüpfen Anodenstrom und -spannung sowie Gitterspannung miteinander.

Wenn
ΔU_a Änderung der Anodenspannung,
ΔI_a Änderung des Anodenstroms,
ΔU_g Änderung der Gitterspannung,
R_i Innenwiderstand der Röhre,
S Steilheit,
D Durchgriff,
V Spannungsverstärkungsfaktor,

dann gelten für die

Steilheit

(E 33.27) $$S = \frac{\Delta I_a}{\Delta U_g}$$ bei konstanter Anodenspannung U_a,

den

Durchgriff

(E 33.28) $$D = \frac{\Delta U_g}{\Delta U_a}$$ bei konstantem Anodenstrom I_a,

den

Innenwiderstand

(E 33.29) $$R_i = \frac{\Delta U_a}{\Delta I_a}$$ bei konstanter Gitterspannung U_g.

Aus den Gleichungen (E 33.27) bis (E 33.29) ergibt sich als Zusammenfassung die

Barkhausen-Gleichung

(E 33.30) $$SR_iD = 1$$ I_a, U_a und U_g konstant.

Den Kehrwert des Durchgriffs D bezeichnet man als

maximalen Verstärkungsfaktor

(E 33.31) $$V_m = \frac{1}{D} = SR_i$$

Diese maximale Spannungsverstärkung ergibt sich für einen Anodenwiderstand $R_a = \infty$. Für $R_a < \infty$ ist die

Spannungsverstärkung

(E 33.32) $$V = V_m \frac{R_a}{R_a + R_i} = S \frac{R_i R_a}{R_i + R_a}$$

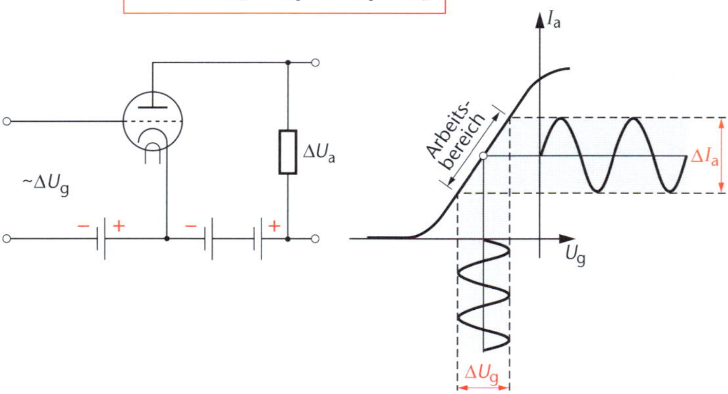

Die Triode wird meist als Verstärkerröhre eingesetzt, also so betrieben, dass geringe Änderungen der Gitterspannung große Änderungen der Anodenspannung (abgegriffen an einem im Anodenkreis liegenden Widerstand R_a) zur Folge haben. Um Verzerrungen zu vermeiden, ist der Arbeitspunkt durch richtige Wahl der Gittervorspannung in den geraden Teil der I_a,U_g-Kennlinie zu legen.

In den meisten Fällen wird die Verstärkerröhre heute durch Transistoren (auch als Bestandteil integrierter Schaltkreise) ersetzt. Jedoch ist sie bei Forderungen nach hoher Leistung, höchsten Frequenzen oder höheren Temperaturen (noch) überlegen.

34 Elektrische Schwingungen und Wellen

34.1 Elektromagnetische Schwingungen

Bei mechanischen Schwingungen findet ein periodischer Wechsel von potenzieller und kinetischer Energie statt. Analog dazu wechseln bei einer elektromagnetischen Schwingung elektrische und magnetische Feldenergie. Die mathematischen Beschreibungen beider Vorgänge entsprechen sich völlig.

34.1.1 Schwingkreis

Elektromagnetische Schwingungen entstehen in Schwingkreisen, bestehend aus Kondensator und Spule. Nach einmaliger Aufladung entlädt sich der Kondensator über die Spule.

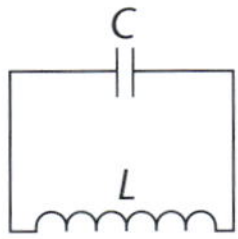

Das dabei entstehende Magnetfeld lädt den Kondensator mit umgekehrter Polung wieder auf. Stromstärke und Spannung ändern sich periodisch als Funktionen der Zeit. Die Schwingung verläuft ungedämpft nur, wenn der Schwingkreis keinen ohmschen Widerstand (Wirkwiderstand) enthält.

Nebenstehende Zeichnung veranschaulicht die Analogie von mechanischer und elektromagnetischer Schwingung.

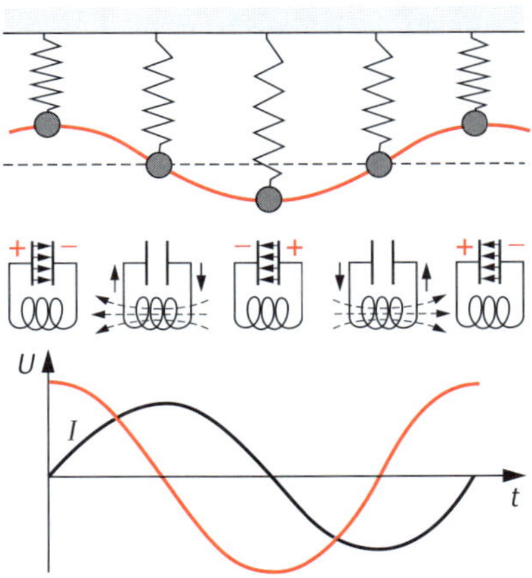

34.1.2 Ungedämpfte elektromagnetische Schwingung

Zur Ableitung der Gesetzmäßigkeiten elektromagnetischer Schwingungen betrachtet man zweckmäßigerweise die Ladung Q als schwingende Größe, deren Augenblickswert q am Kondensator der Kapazität C die

Momentanspannung u_C bestimmt. Ihre Ableitung nach der Zeit $\mathrm{d}q/\mathrm{d}t$ bestimmt den Augenblicksstrom i durch die Spule der Induktivität L.

Zu jedem Zeitpunkt müssen die Spannungen über Spule und Kondensator gleich sein, also $u_C + u_L = 0$, worin $u_C = q/C$ und $u_L = L\mathrm{d}i/\mathrm{d}t = L\ddot{q}$. Es folgt $L\ddot{q} + q/C = 0$ und nach einer Division durch L die Differenzialgleichung der ungedämpften elektromagnetischen Schwingung

(E 34.1) $$\ddot{q} + \frac{q}{LC} = 0$$

Eine Lösung dieser Differenzialgleichung ist

(E 34.2) $$q = \hat{q}\sin(\omega t + \varphi_0) = \hat{q}\sin\varphi$$

mit der **Eigenkreisfrequenz** des Schwingkreises

(E 34.3) $$\omega = \sqrt{\frac{1}{LC}}$$

	ω	L	C
SI	$\frac{1}{\mathrm{s}}$	$\mathrm{H} = \frac{\mathrm{V \cdot s}}{\mathrm{A}}$	$\mathrm{F} = \frac{\mathrm{A \cdot s}}{\mathrm{V}}$

Eine Division von (E 34.2) durch die Kapazität C ergibt für die

Momentanspannung

(E 34.4) $$u = \hat{u}\sin(\omega t + \varphi_0) = \hat{u}\sin\varphi$$

Differenziert man (E 34.2) nach der Zeit, so ergibt sich $\mathrm{d}q/\mathrm{d}t = \hat{q}\omega\cos(\omega t + \varphi_0)$ und damit für den

Momentanstrom

(E 34.5) $$i = \hat{i}\sin\left(\omega t + \varphi_0 - \frac{\pi}{2}\right) = \hat{i}\sin\left(\varphi - \frac{\pi}{2}\right)$$

Gleichung (E 34.3) folgt auch aus der Überlegung → [32.2.6], dass der Schwingkreis mit der Frequenz schwingt, für die kapazitiver und induktiver Widerstand einander gleich sind, also $1/(\omega C) = \omega L$ und daraus $\omega = \sqrt{1/(LC)}$. Wegen $\omega = 2\pi f = 2\pi/T$ ergibt sich für die Periodendauer des Schwingkreises → (E 32.18) die

Thomson'sche Schwingungsgleichung

(E 34.6) $$T = 2\pi\sqrt{LC}$$

	T	L	C
SI	s	$\mathrm{H} = \frac{\mathrm{V \cdot s}}{\mathrm{A}}$	$\mathrm{F} = \frac{\mathrm{A \cdot s}}{\mathrm{V}}$

34.1.3 Erzeugung ungedämpfter elektromagnetischer Schwingungen

Wegen des unvermeidlichen Wirkwiderstandes schwingt jeder Schwingkreis gedämpft, wenn ihm nicht ständig Energie im richtigen Rhythmus zugeführt wird. Die Energiezufuhr lässt man deshalb vom Schwingkreis selbst steuern. Dazu liegt dieser am Ausgang eines Verstärkers (Anodenkreis einer Verstärkerröhre oder Kollektorkreis eines Transistors) und bildet den frequenzabhängigen Arbeitswiderstand. Ein Teil der Schwingungsenergie wird durch induktive Kopplung (**Rückkopplung**) an den Eingangskreis (Gitter bzw. Basis) zurückgeführt und zusätzlich verstärkt, was zur Entdämpfung des Schwingkreises führt.

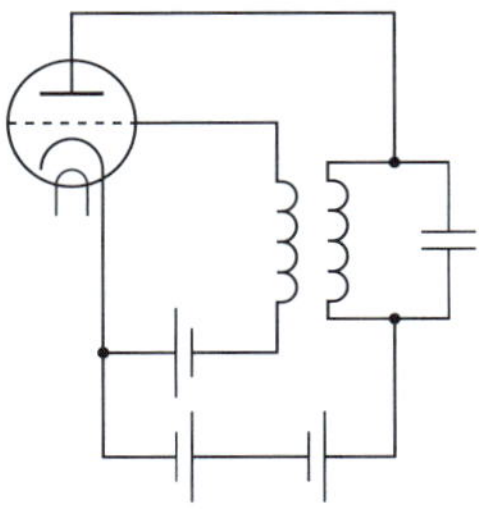

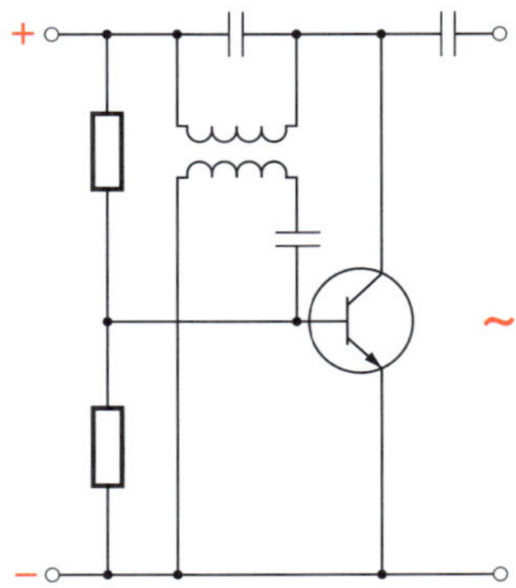

34.1.4 Offener Schwingkreis

Wegen der hohen Frequenz elektromagnetischer Schwingungen benötigen Kondensator und Spule nur *geringe* Kapazität bzw. Induktivität. Schon ein einfacher gestreckter Draht kann als Schwingkreis wirken. Solchen offenen Schwingkreis nennt man **Dipol**. In ihm fließen die Elektronen rhythmisch von einem Ende zum anderen. Er dient der Abstrahlung elektromagnetischer Wellen. Meist ist es ein Halbwellendipol, in dem eine stehende Welle mit Stromknoten an den Enden und Spannungsknoten in der Mitte besteht. Man kann auch Dipole mit einer Länge von $\lambda/4$ verwenden, wenn ein Ende geerdet wird.

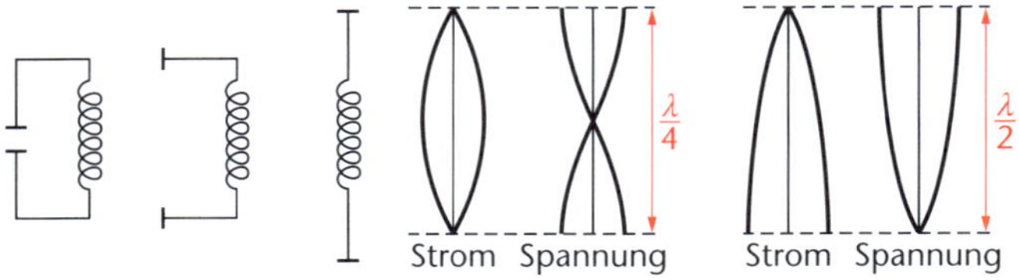

34.1.5 Gedämpfte elektromagnetische Schwingung

Auch bei der gedämpften Schwingung muss die Summe aller Spannungen null sein, wobei auch der Spannungsabfall über dem Wirkwiderstand R, also $u_R = Ri$, zu berücksichtigen ist.

$$u_L + u_C + u_R = 0, \quad \text{worin} \quad u_L = L\ddot{q} \quad \text{und} \quad u_C = \frac{q}{C}.$$

Es folgt $L\ddot{q} + q/C + R\dot{q} = 0$ und nach einer Division durch L die Differenzialgleichung der gedämpften elektromagnetischen Schwingung

(E 34.7) $$\ddot{q} + \frac{R}{L}\dot{q} + \frac{q}{LC} = 0$$

Eine Lösung ist

(E 34.8) $$q = \hat{q}\,\mathrm{e}^{-\delta t}\sin(\omega t + \varphi_0)$$

mit dem

Abklingkoeffizienten

(E 34.9) $$\delta = \frac{R}{2L}$$

und der

Eigenkreisfrequenz der gedämpften Schwingung

(E 34.10) $$\omega = \sqrt{\omega_0^2 - \delta^2} = \sqrt{\frac{1}{LC} - \left(\frac{R}{2L}\right)^2}$$

Für Resonanz, erzwungene elektromagnetische Schwingungen sowie aperiodische Bewegung gelten Gesetze, die denen der mechanischen Schwingung völlig analog sind.

Übersicht:

Mechanische und elektrische Schwingung in Analogie		
Mechanische Schwingung		Elektrische Schwingung
Elongation y		Ladung des Kondensators q
Geschwindigkeit $v = \dot{y}$		Stromstärke $i = \dot{q}$
Masse m		Induktivität L
Richtgröße k		1/Kapazität $1/C$
Rückstellkraft $F = yk$		Kondensatorspannung $u = q\frac{1}{C}$
potenzielle Energie $E_p = \frac{ky^2}{2}$		elektrische Energie $E_e = \frac{q^2}{2C}$
kinetische Energie $E_k = \frac{mv^2}{2}$		magnetische Energie $E_m = \frac{Li^2}{2}$
Dämpfungskonstante β		Wirkwiderstand R
$y = \hat{y}\sin(\omega t + \varphi_0)$	*ungedämpfte Schwingung*	$q = \hat{q}\sin(\omega t + \varphi_0)$
$\omega = \sqrt{\frac{k}{m}}$	Kreisfrequenz der ungedämpften Schwingung	$\omega = \sqrt{\frac{1}{LC}}$
$y = \hat{y}\,e^{-\delta t}\sin(\omega t + \varphi_0)$	*gedämpfte Schwingung*	$q = \hat{q}\,e^{-\delta t}\sin(\omega t + \varphi_0)$
$\omega_d = \sqrt{\omega_0^2 - \delta^2}$	Kreisfrequenz der gedämpften Schwingung	$\omega_d = \sqrt{\omega_0^2 - \delta^2}$
$\delta = \frac{\beta}{2m}$	Abklingkoeffizient	$\delta = \frac{R}{2L}$

34.2 Elektromagnetische Wellen

34.2.1 Elektromagnetische Welle auf einer Leitung

Ersetzt man in der Differenzialgleichung (M 14.2) die Elongation y durch Spannung u oder Stromstärke i als Schwingungsgröße, so erhält man mit

$\hat{u}$ Amplitude der Spannung,
$\hat{i}$ Amplitude der Stromstärke,
ω Kreisfrequenz $= 2\pi f = 2\pi/T$,
t Zeit,
x Laufstrecke der Welle,
T Periodendauer,
λ Wellenlänge,
c Phasengeschwindigkeit der elektromagnetischen Welle

als eine Lösung der Differenzialgleichung analog (M 14.3) und (M 14.4)

(E 34.11) $$u = \hat{u} \sin \omega \left(t - \frac{x}{c}\right) = \hat{u} \sin 2\pi \left(\frac{t}{T} - \frac{x}{\lambda}\right)$$

bzw.

(E 34.12) $$i = \hat{i} \sin \omega \left(t - \frac{x}{c}\right) = \hat{i} \sin 2\pi \left(\frac{t}{T} - \frac{x}{\lambda}\right)$$

Darin ist mit
C/l Kapazität des Leiters/Länge,
L/l Induktivität des Leiters/Länge

die Phasengeschwindigkeit

(E 34.13) $$c = \sqrt{\frac{l^2}{CL}}$$

	c	C	L	l
SI	$\frac{\mathrm{m}}{\mathrm{s}}$	$\mathrm{F} = \frac{\mathrm{A \cdot s}}{\mathrm{V}}$	$\mathrm{H} = \frac{\mathrm{V \cdot s}}{\mathrm{A}}$	m

■ Aus (E 29.28) und (E 30.45) folgt nach einer Division durch die Länge l des Leiters als

längenbezogene Energie

(E 34.14) $$\frac{E}{l} = \frac{C\hat{u}^2}{2l} = \frac{L\hat{i}^2}{2l}$$

	E	l	C	u	L	i
SI	J	m	F	V	H	A

Aus (E 34.14) folgt $\hat{u} = \hat{i}\sqrt{L/C}$, worin die Wurzel die Bedeutung eines Widerstandes hat, den man als **Wellenwiderstand** Z bezeichnet → (M 14.18).

(E 34.15) $$Z = \sqrt{\frac{L}{C}} = \frac{cL}{l}$$

	Z	L	C	c	l
SI	Ω	$\mathrm{H} = \frac{\mathrm{V \cdot s}}{\mathrm{A}}$	$\mathrm{F} = \frac{\mathrm{A \cdot s}}{\mathrm{V}}$	$\frac{\mathrm{m}}{\mathrm{s}}$	m

■ Für die durch die Leitung übertragene Leistung ergibt sich mit (M 7.28) und $c = l/t$

$P = \frac{E}{t} = \frac{cE}{l}$. Mit (E 34.14) folgt daraus

(E 34.16) $$P = \frac{cC\hat{u}^2}{2l} = \frac{cL\hat{i}^2}{2l}$$

	c	l	C	L	u	i
SI	$\frac{\mathrm{m}}{\mathrm{s}}$	m	F	H	V	A

Mit (E 34.13) und (E 34.15) folgt weiter

(E 34.17) $$P = \frac{\hat{u}^2}{2Z} = \frac{Z\hat{i}^2}{2}$$

	P	u	i	Z
SI	W	V	A	Ω

34.2.2 Freie elektromagnetische Wellen

Geschlossene Schwingkreise zeigen eine geringe Dämpfung, offene dagegen eine große, weil ein Teil ihrer Energie in den freien Raum abgestrahlt wird. Während der Dauer T einer Schwingung werden elektrisches und magnetisches Feld in beiden Richtungen je einmal auf- und abgebaut. Abbau des einen und Aufbau des anderen Feldes verlaufen gleichzeitig, beide Felder bedingen sich gegenseitig. Dabei treten während des Aufbaus eines Feldes die Feldlinien nicht mehr in den Dipol zurück, sondern lösen sich von diesem. Zwischen den elektrischen und magnetischen Feldern besteht in Sendernähe ein Gangunterschied von $\lambda/4$. In größerem Abstand sind beide Felder gleichphasig.

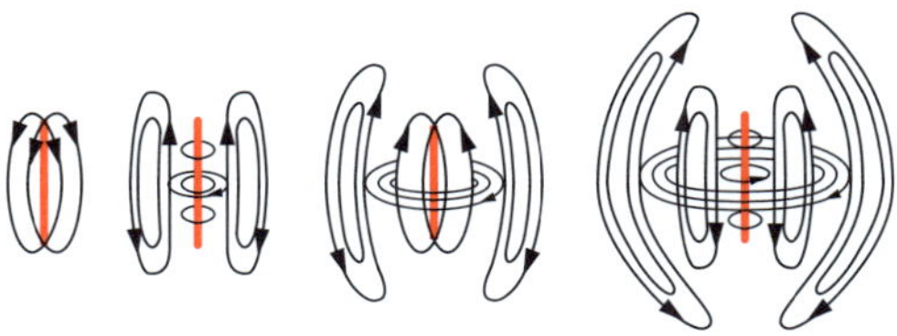

Freie elektromagnetische Wellen breiten sich mit Lichtgeschwindigkeit aus. Elektrisches und magnetisches Feld schwingen gleichphasig. Elektrischer und magnetischer Vektor stehen rechtwinklig zueinander und zur Ausbreitungsrichtung.

■ Die **Ausbreitungsgeschwindigkeit** freier elektromagnetischer Wellen (Phasengeschwindigkeit) ist identisch mit der Geschwindigkeit des Lichts und abhängig vom Medium.

Wenn

- c Phasengeschwindigkeit (Lichtgeschwindigkeit),
- μ Permeabilität des Mediums $= \mu_0\mu_r$,
- ε Permittivität des Mediums $= \varepsilon_0\varepsilon_r$, Dielektrizitätskonstante,
- μ_0 magnetische Feldkonstante $= 1{,}257 \cdot 10^{-6}$ H/m,
- ε_0 elektrische Feldkonstante $= 8{,}854 \cdot 10^{-12}$ F/m,
- μ_r Permeabilitätszahl (→ Tabelle 48),
- ε_r Permittivitätszahl, Dielektrizitätszahl (→ Tabelle 47),

dann gilt

(E 34.18) $$c = \frac{1}{\sqrt{\varepsilon\mu}}$$

	c	ε	μ
SI	$\frac{\text{m}}{\text{s}}$	$\frac{\text{F}}{\text{m}} = \frac{\text{A}\cdot\text{s}}{\text{V}\cdot\text{m}}$	$\frac{\text{H}}{\text{m}} = \frac{\text{V}\cdot\text{s}}{\text{A}\cdot\text{m}}$

und speziell für das Vakuum

(E 34.19) $$c_0 = \frac{1}{\sqrt{\varepsilon_0\mu_0}} = 2{,}998 \cdot 10^8\,\frac{\text{m}}{\text{s}}$$

(E 34.18) und (E 34.19) lassen sich zusammenfassen zu

(E 34.20) $$c = \frac{c_0}{\sqrt{\varepsilon_\text{r}\mu_\text{r}}}$$

Beachte:

- Wegen $\mu_\text{r} \approx 1$ (außer bei ferromagnetischen Soffen, in denen sich elektromagnetische Wellen jedoch nicht ausbreiten können) lässt sich (E 34.20) vereinfachen zu $c \approx c_0/\sqrt{\varepsilon_\text{r}}$.

Die Gleichungen (E 34.11) und (E 34.12) gelten auch für ebene elektromagnetische Wellen, wenn u und i durch die Feldstärken E und H ersetzt werden. Die Maximalwerte (Amplituden) der elektrischen und magnetischen Feldstärke sind dabei durch eine Beziehung verknüpft, die sich aus den hier nicht angeführten **MAXWELL'schen Gleichungen** ergibt: $\hat{E} = c\mu\hat{H}$.

Da bei großem Abstand vom Sender beide Felder gleichphasig schwingen (E und H erreichen gleichzeitig ihr Maximum), gilt zu jedem Zeitpunkt und für jeden Ort des Wellenfeldes $E = c\mu H$, und mit (E 34.18) folgt $E = \sqrt{\frac{\mu}{\varepsilon}}H$ oder

(E 34.21) $$E = ZH$$

	E	H	Z
SI	$\frac{\text{V}}{\text{m}}$	$\frac{\text{A}}{\text{m}}$	$\Omega = \frac{\text{V}}{\text{A}}$

mit dem

Wellenwiderstand

(E 34.22) $$Z = \sqrt{\frac{\mu}{\varepsilon}}$$

	Z	μ	ε
SI	$\Omega = \frac{\text{V}}{\text{A}}$	$\frac{\text{V}\cdot\text{s}}{\text{A}\cdot\text{m}}$	$\frac{\text{A}\cdot\text{s}}{\text{V}\cdot\text{m}}$

Speziell für Vakuum ergibt sich der Wellenwiderstand

(E 34.23) $$Z_0 = \sqrt{\frac{\mu_0}{\varepsilon_0}} = 376{,}730\,313\,461\ldots\ \Omega$$

■ Die Energie in einer elektromagnetischen Welle verteilt sich gleichmäßig auf beide Felder. Für die **Energiedichte** w ergibt sich also

$w = w_\mathrm{e} + w_\mathrm{m} = 2w_\mathrm{e} = 2w_\mathrm{m}$ und mit (E 29.31) und (E 30.50)

$w = \varepsilon E^2 = \mu H^2$ oder mit (E 34.21), (E 34.22) und (E 34.18)

(E 34.24) $$w = \frac{EH}{c}$$

	w	E	H	c
SI	$\frac{\mathrm{J}}{\mathrm{m}^2}$	$\frac{\mathrm{V}}{\mathrm{m}}$	$\frac{\mathrm{A}}{\mathrm{m}}$	$\frac{\mathrm{m}}{\mathrm{s}}$

■ Die Intensität S (Energieflussdichte) ist das Produkt aus Energiedichte und Wellengeschwindigkeit, also

$S = wc = \varepsilon E^2 c = \mu H^2 c$ und daraus mit $c = 1/\sqrt{\varepsilon\mu}$ und (E 34.21)

(E 34.25) $$S = \frac{E^2}{Z} = ZH^2 = EH$$

	Z	H	E	S
SI	$\Omega = \frac{\mathrm{V}}{\mathrm{A}}$	$\frac{\mathrm{A}}{\mathrm{m}}$	$\frac{\mathrm{V}}{\mathrm{m}}$	$\frac{\mathrm{W}}{\mathrm{m}^2}$

E

Beachte:

- Die Intensität S gibt die Feldenergie an, die innerhalb von 1 s durch eine Fläche von 1 m^2 senkrecht hindurchtritt. Ihre Einheit: $[S] = \mathrm{J}/(\mathrm{m}^2 \cdot \mathrm{s}) = \mathrm{W}/\mathrm{m}^2$.
- Bei Kugelwellen nehmen die Feldstärkeamplituden $\hat{E}$ und $\hat{H}$ ab mit dem Quadrat des Abstandes vom Wellenzentrum: $S \sim 1/x^2$.

34.2.3 Spektrum elektromagnetischer Wellen

Die folgende Übersicht soll einen Überblick über die riesige Ausdehnung des gesamten Spektrums elektromagnetischer Wellen vermitteln. Es umfasst den Wellenlängenbereich von 10^{-14} m bis 1 000 km bzw. den Frequenzbereich von 300 Hz bis $3 \cdot 10^{23}$ Hz.

Sowohl die Grenzen zwischen den einzelnen Bereichen als auch die der Anwendungen sind nur schematisch dargestellt und erlauben keine genaue zahlenmäßige Auswertung.

Übersicht:

Elektromagnetische Wellen		
Wellenlänge	Wellenart	
10^6 m = 1 000 km	Telegrafie-	
10^5 m = 100 km	wellen	
10^4 m = 10 km		
10^3 m = 1 km		LW
10^2 m	Rundfunk-	MW
10 m	wellen	KW
1 m		UKW, VHF
10^{-1} m = 10 cm		Fernsehen, UHF
10^{-2} m = 1 cm	Mikrowellen	Radar
10^{-3} m = 1 mm		
10^{-4} m = 0,1 mm = 100 µm	Infrarotwellen	
10^{-5} m = 0,01 mm = 10 µm		
10^{-6} m = 1 µm		770 nm
	sichtbares Licht	
10^{-7} m = 100 nm	Ultraviolett	390 nm
10^{-8} m = 10 nm		
10^{-9} m = 1 nm		weich ↑
10^{-10} m = 100 pm	Röntgen-	
10^{-11} m = 10 pm	strahlen	
10^{-12} m = 1 pm		
10^{-13} m	γ-Strahlen	hart ↓
10^{-14} m		
	kosmische Strahlen	

ATOM- UND KERNPHYSIK K

35 Quanten

Nach PLANCK ist jede Strahlung (auch die Lichtstrahlung) aus Energiequanten zusammengesetzt.

Strahlungsenergie ist also stets ein ganzzahliges Vielfaches der Energie eines Strahlungsquants. Diese ist jedoch frequenzabhängig.

Wenn

E Energie eines Strahlungsquants, elementares Energiequantum,
f Frequenz der Strahlung (bei PLANCK: ν),
h PLANCK-Konstante (PLANCK'sches Wirkungsquantum) $= 6{,}626 \cdot 10^{-34}\,\mathrm{J \cdot s}$,

dann gilt

(K 35.1) $$E = hf$$

	E	h	f
SI	J	J · s	Hz $= \frac{1}{\mathrm{s}}$

Beachte:

- Strahlungsquanten mit Frequenzen (und Wellenlängen) im Bereich des sichtbaren Lichtes werden als **Lichtquanten** bezeichnet.

K

35.1 Energie-Masse-Relation

Energie und Masse jeder Materie sind durch eine von EINSTEIN gefundene Gleichung verknüpft.

Wenn

E Energie (eines Körpers, einer Strahlung, eines Feldes usw.),
m Masse, die der Energie E äquivalent ist,
c_0 Lichtgeschwindigkeit im Vakuum $= 2{,}998 \cdot 10^8\,\mathrm{m/s}$,

dann gilt als

Einstein'sche Gleichung

(K 35.2) $$E = mc_0^2$$

	E	m	c
SI	J	kg	$\frac{\mathrm{m}}{\mathrm{s}}$

Beachte:

- Jeder Masse entspricht eine Energie und umgekehrt.
- Jeder Massenänderung entspricht eine Energieänderung und umgekehrt.
- → auch [41.4.4].

35.2 Photon

Wegen der Quantelung der Energie kann man jede Strahlung als einen Teilchenstrom ansehen. Die Teilchen nennt man **Photonen**. Sie sind nicht Teilchen im klassischen Sinne; denn sie besitzen keine Ruhemasse.

35.2.1 Masse des Photons

Die Masse eines Photons erhält man mit (K 35.2).

Wenn
m_{ph} Masse eines Photons,
h PLANCK-Konstante $= 6{,}626 \cdot 10^{-34}\,\text{J} \cdot \text{s}$,
f Frequenz der Strahlung,
λ Wellenlänge der Strahlung,
c_0 Vakuum-Lichtgeschwindigkeit $= 2{,}998 \cdot 10^8\,\text{m/s}$,

dann gilt, wenn man (K 35.1) und (K 35.2) gleichsetzt, $hf = m_{\text{ph}} c_0^2$.

Daraus folgt

(K 35.3) $$m_{\text{ph}} = \frac{hf}{c_0^2}$$

	m	h	f	c
SI	kg	J · s	Hz	$\frac{\text{m}}{\text{s}}$

Ferner gilt mit $c = \lambda f$ (M 14.1)

(K 35.4) $$m_{\text{ph}} = \frac{h}{c_0 \lambda}$$

	m	h	λ	c
SI	kg	J · s	m	$\frac{\text{m}}{\text{s}}$

Beachte:

- Photonen bewegen sich stets mit Lichtgeschwindigkeit, in Ruhe existieren sie nicht, ihre Ruhemasse ist null.

35.2.2 Impuls des Photons

Durch Umstellung erhält man aus (K 35.3) und (K 35.4) mit $p = m_{\text{ph}} c_0$ den Impuls eines Photons.

Wenn

p Impuls eines Photons,

h PLANCK-Konstante $= 6{,}626 \cdot 10^{-34}\,\mathrm{J \cdot s}$,

f Frequenz der Strahlung,

λ_0 Vakuum-Wellenlänge der Strahlung,

c_0 Vakuum-Lichtgeschwindigkeit $= 2{,}998 \cdot 10^8\,\mathrm{m/s}$,

dann gilt

(K 35.5) $$p = \frac{hf}{c_0} = \frac{h}{\lambda_0}$$

	p	h	f	c	λ
SI	$\frac{\mathrm{kg \cdot m}}{\mathrm{s}}$	$\mathrm{J \cdot s}$	Hz	$\frac{\mathrm{m}}{\mathrm{s}}$	m

Beachte:

- Bei einer Absorption oder Reflexion erzeugen Photonen wegen ihres Impulses einen Druck, den **Strahlungsdruck**.

■ Experimentelle Beweise für die Quantelung der Strahlung und damit für den Teilchencharakter des Photons sind:

- ▶ **Lichtelektrischer Effekt** → auch [33.4.3]: Die Geschwindigkeit emittierter Elektronen hängt nicht von der Intensität der Lichtstrahlung, sondern von deren Frequenz ab. Unterhalb einer bestimmten Grenzfrequenz gibt es keine Elektronenemission.
- ▶ **COMPTON-Effekt** → [35.2.3]: Stößt ein Photon mit einem Elektron zusammen, so überträgt es einen Teil seiner Energie und seines Impulses auf das Elektron. Der Energieverlust wirkt sich als Frequenzverkleinerung aus, während die Geschwindigkeit dem Betrag nach gleich bleibt.

K

35.2.3 Compton-Effekt

Bei einem Stoß eines Photons gegen ein als ruhend betrachtetes Elektron überträgt das Photon einen Teil seiner Energie auf das Elektron. Diesem Energieverlust entspricht eine Abnahme der Frequenz bzw. eine Zunahme der Wellenlänge.

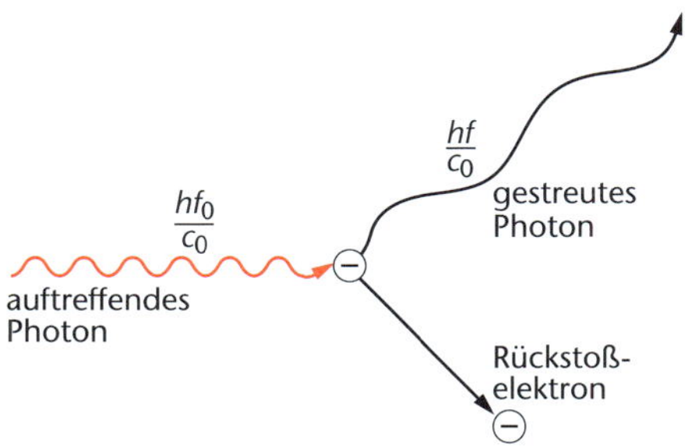

Es gelten Energie- und Impulserhaltungssatz der klassischen Mechanik. Für die Energie gilt $hf_0 = hf + m_e v^2/2$ und für den Impuls

$$\frac{\overrightarrow{hf_0}}{c_0} = \frac{\overrightarrow{hf}}{c_0} + \overrightarrow{m_e v}.$$

Mit

f_0 Frequenz des Photons vor dem Stoß,
f Frequenz des Photons nach dem Stoß,
λ_0 Wellenlänge des Photons vor dem Stoß,
λ Wellenlänge des Photons nach dem Stoß,
c_0 Vakuum-Lichtgeschwindigkeit $= 2{,}998 \cdot 10^8$ m/s,
m_e Elektronenmasse $= 9{,}109 \cdot 10^{-31}$ kg,
v Elektronengeschwindigkeit nach dem Stoß,
φ Streuwinkel, Winkel zwischen neuer und alter Richtung des Photons

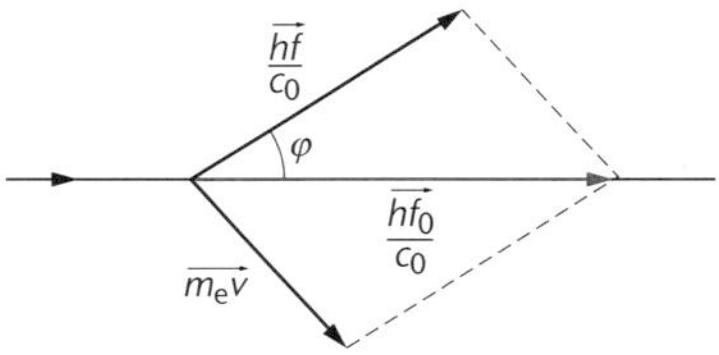

ergibt sich unter Verwendung des Kosinussatzes

$$(m_e v)^2 = \left(\frac{hf_0}{c_0}\right)^2 + \left(\frac{hf}{c_0}\right)^2 - 2\frac{hf_0}{c_0}\frac{hf}{c_0}\cos\varphi = \frac{h^2}{c_0^2}(f_0^2 + f^2 - 2f_0 f\cos\varphi).$$

Division durch m_e ergibt

$$m_e v^2 = \frac{h^2}{m_e c_0^2}(f_0^2 + f^2 - 2f_0 f\cos\varphi).$$

Setzt man den Ausdruck in die Energiegleichung ein, ergibt sich

$$hf_0 = hf + \frac{h^2}{2m_e c_0^2}(f_0^2 + f^2 - 2f_0 f\cos\varphi).$$

Hieraus folgt für die Frequenzänderung

$$f_0 - f = \frac{h}{2m_e c_0^2}(f_0^2 + f^2 - 2f_0 f\cos\varphi).$$

Da in allen praktisch vorkommenden Fällen $f_0 - f \ll f_0$, kann $f_0^2 \approx f^2 \approx f_0 f$ gesetzt werden. Also folgt

$$f_0 - f = \frac{hf_0 f}{2m_e c_0^2}(1 + 1 - 2\cos\varphi)$$ oder vereinfacht

$$f_0 - f = \frac{h f_0 f}{m_e c_0^2}(1 - \cos\varphi).$$ In anderer Schreibweise

$$f_0 - f = \frac{f_0 f}{c_0} \frac{h}{m_e c_0}(1 - \cos\varphi)$$ oder

$$\frac{f_0 c_0}{f_0 f} - \frac{f c_0}{f_0 f} = \frac{h}{m_e c_0}(1 - \cos\varphi).$$

Mit $c/f = \lambda$ folgt daraus $\lambda - \lambda_0 = \frac{h}{m_e c_0}(1 - \cos\varphi)$.

Die Konstanten $h/(m_e c_0)$ fasst man zusammen zur

Compton-Wellenlänge

(K 35.6) $$\lambda_C = 2{,}426\,310\,238\,9 \cdot 10^{-12}\ \text{m}$$

Damit erhält man für die

Zunahme der Wellenlänge

(K 35.7) $$\Delta\lambda = \lambda_C(1 - \cos\varphi)$$

Beachte:

- Die Wellenlängenänderung $\Delta\lambda$ ist unabhängig von der Frequenz des auftreffenden Photons. Deshalb macht sie sich bei kleinen Wellenlängen (hohen Frequenzen) prozentual am stärksten bemerkbar, z. B. bei Röntgenstrahlen.
- Die Wellenlängenänderung $\Delta\lambda$ hängt in starkem Maße vom Streuwinkel φ ab. Am größten ist sie bei entgegengesetzt zur Einfallsrichtung gestreuten Photonen ($\varphi = 180°$).

K

35.3 Materiewellen

Den **Dualismus Welle-Teilchen** der Energiestrahlung übertrug DE BROGLIE auch auf Ströme von Teilchen *mit* Ruhemasse. Deren Wellenlänge, die so genannte **Materiewellenlänge**, ist eine Funktion von Masse und Geschwindigkeit der Teilchen.

Wenn

λ Wellenlänge einer Materiewelle, DE-BROGLIE-Wellenlänge,
h PLANCK-Konstante $= 6{,}626 \cdot 10^{-34}\ \text{J} \cdot \text{s}$,
m Masse des Teilchens, relativistische Masse → [41.4.1], bei Geschwindigkeiten bis zu etwa 30 % der Vakuumlichtgeschwindigkeit in guter Näherung die Ruhemasse m_0,

m_0 Ruhemasse des Teilchens,
v Geschwindigkeit des Teilchens,
p Impuls des Teilchens,

dann gilt mit (K 35.4)

(K 35.8) $$\lambda = \frac{h}{mv} = \frac{h}{p}$$

	λ	h	m	v	p
SI	m	J · s	kg	$\frac{\text{m}}{\text{s}}$	$\frac{\text{kg} \cdot \text{m}}{\text{s}}$

bzw. mit (R 41.13)

(K 35.9) $$\lambda = \frac{h(1-\beta^2)}{m_0 v}$$

Jedem Strahl aus Teilchen gleicher Masse und einheitlicher Geschwindigkeit lässt sich eine Welle mit der Wellenlänge λ zuordnen (Materiewellen).

Bei geladenen Teilchen kann die Materiewellenlänge auch als Funktion der durchlaufenen Spannung ausgedrückt werden.

Wenn
λ Wellenlänge z. B. eines Elektronenstrahls,
h PLANCK-Konstante $= 6{,}626 \cdot 10^{-34}$ J · s,
m_0 Ruhemasse des Teilchens,
Q Ladung des Teilchens,
U durchlaufene Spannung,

dann gilt analog (E 33.19) $v = \sqrt{\frac{2QU}{m_0}}$ und mit (K 35.8)

$$\lambda = \frac{h}{m_0\sqrt{2QU/m_0}} \quad \text{oder}$$

(K 35.10) $$\lambda = \frac{h}{\sqrt{2Qm_0U}}$$

Nach Einsetzen der Konstanten folgt für **Elektronen** die zugeschnittene Größengleichung

(K 35.11) $$\lambda = \frac{1{,}226\,\text{nm}}{\sqrt{U/\text{V}}}$$

Analog ergibt sich nach Einsetzen der Konstanten für **Protonen** die zugeschnittene Größengleichung

(K 35.12) $$\lambda = \frac{0{,}028\,6\,\text{nm}}{\sqrt{U/\text{V}}}$$

Beachte:

- In den Gleichungen (K 35.11) und (K 35.12) ist der relativistische Massenzuwachs → [41.4.1] unberücksichtigt. Materiewellenlängen für Elektronen und Protonen *mit* Berücksichtigung des relativistischen Massenzuwachses → folgende Übersicht.

Übersicht:

Materiewellenlängen für Elektronen und Protonen

U/V	Elektron		Proton	
	$v/\frac{\text{km}}{\text{s}}$	λ/m	$v/\frac{\text{km}}{\text{s}}$	λ/m
0	0	∞	0	∞
1	593	$1{,}23 \cdot 10^{-9}$	14	$2{,}86 \cdot 10^{-11}$
10	1 876	$3{,}88 \cdot 10^{-10}$	44	$9{,}05 \cdot 10^{-12}$
10^2	5 930	$1{,}23 \cdot 10^{-10}$	138	$2{,}86 \cdot 10^{-12}$
10^3	18 728	$3{,}88 \cdot 10^{-11}$	438	$9{,}05 \cdot 10^{-13}$
10^4	58 455	$1{,}22 \cdot 10^{-11}$	1 384	$2{,}86 \cdot 10^{-13}$
10^5	164 352	$3{,}70 \cdot 10^{-12}$	4 377	$9{,}05 \cdot 10^{-14}$
10^6	282 128	$8{,}72 \cdot 10^{-13}$	13 830	$2{,}86 \cdot 10^{-14}$
10^7	299 438	$1{,}18 \cdot 10^{-13}$	43 423	$9{,}03 \cdot 10^{-15}$
10^8	299 789	$1{,}23 \cdot 10^{-14}$	128 370	$2{,}79 \cdot 10^{-15}$
10^9	299 792	$1{,}24 \cdot 10^{-15}$	262 326	$7{,}31 \cdot 10^{-16}$
10^{10}	299 792	$1{,}24 \cdot 10^{-16}$	298 687	$1{,}14 \cdot 10^{-16}$
10^{11}	299 792	$1{,}24 \cdot 10^{-17}$	299 780	$1{,}23 \cdot 10^{-17}$
10^{12}	299 792	$1{,}24 \cdot 10^{-18}$	299 792	$1{,}24 \cdot 10^{-18}$

K

35.4 Unschärferelation

Heisenberg fand, dass niemals einem Teilchen zugleich ein Ort x und ein Impuls p mit beliebiger Genauigkeit zugeschrieben werden können.

Das Produkt der Ungenauigkeiten (Unbestimmtheiten) von Ort und Impuls ($\Delta x \cdot \Delta p$) ist stets größter als $h/(2\pi)$.

Wenn

p Impuls eines Teilchens,

Δp Impulsänderung rechtwinklig zur Bewegungsrichtung,

Δx Spaltbreite,

λ Materiewellenlänge,

h PLANCK-Konstante $= 6{,}626 \cdot 10^{-34}\,\text{J} \cdot \text{s}$,

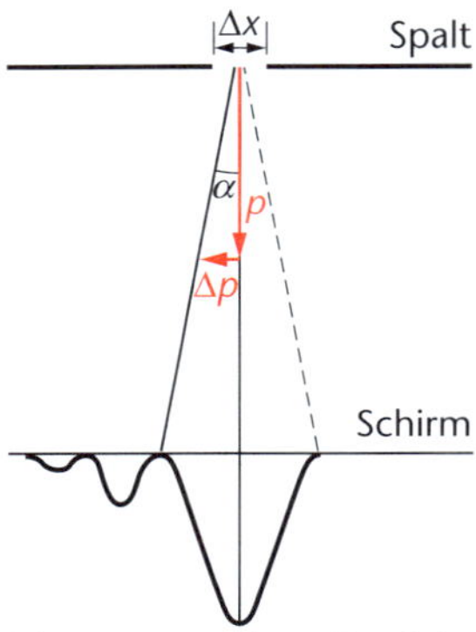

dann ergibt sich für einen Elektronenstrahl, der sich durch einen Spalt der Breite Δx bewegt, die Richtung seines 1. Beugungsminimums analog (O 26.6) zu

$$\sin\alpha = \frac{\lambda}{\Delta x} \quad \text{und} \quad \sin\alpha \approx \tan\alpha = \frac{\Delta p}{p}.$$

Hieraus folgt

$$\frac{\lambda}{\Delta x} = \frac{\Delta p}{p} \quad \text{mit} \quad \lambda = \frac{h}{mv}, \quad \text{also}$$

$$\frac{h}{mv\Delta x} = \frac{\Delta p}{p} \quad \text{oder} \quad \frac{h}{p\Delta x} = \frac{\Delta p}{p}.$$

Umgestellt ergibt dies $\Delta x \Delta p = h$. Berücksichtigt man, dass die Elektronen weiter als bis zum 1. Minimum gebeugt werden, so muss man schreiben: $\Delta x \Delta p > h$. Genauere Untersuchungen ergeben den exakten Wert der

Heisenberg'schen Unschärferelation

(K 35.13) $$\Delta x \Delta p \geqq \frac{h}{2\pi} = \hbar = 1{,}054\,572 \cdot 10^{-34}\,\text{J} \cdot \text{s}$$

Beachte:

- Jede Steigerung der Genauigkeiten in der Ortsbestimmung eines Teilchens geht stets auf Kosten der Genauigkeit in der Impulsbestimmung und umgekehrt.
- Diese Ungenauigkeit ist prinzipieller Natur und unabhängig von technischen Messmöglichkeiten.
- Die Unschärferelation gilt im Prinzip auch für makroskopische Körper. Wegen ihrer Kleinheit gegenüber den technischen Messfehlern spielt sie aber keine Rolle.
- Die Unschärferelation bezieht sich auf alle Messgrößen, deren Produkt die Dimension einer Wirkung hat (z. B. Energie mal Zeit).

36 Atome

Alle Stoffe, ob fest, flüssig oder gasförmig, bestehen aus Atomen oder Molekülen. Dem Aufbau aller Atome liegen gemeinsame Gesetzmäßigkeiten zu Grunde.

36.1 Aufbau und Kennzeichnung

Jedes Atom besteht aus einem Kern und einer Hülle → [37]; beide sind aus Elementarteilchen → [40] zusammengesetzt.

Übersicht:

Aufbau des Atoms

	Atom		
	Atomkern		Atomhülle
	Nukleonen		
Elementarteilchen:	Protonen	Neutronen	Elektronen
Ladung Q:	$+1{,}6 \cdot 10^{-19}$ C	0	$-1{,}6 \cdot 10^{-19}$ C
Ruhemasse m_0:	$1\,836\, m_e$	$1\,839\, m_e$	$9{,}11 \cdot 10^{-31}$ kg $= m_e$
Symbol:	p	n	e

Zur Kennzeichnung eines Atoms verwendet man folgende Schreibweise:

$^{A}_{Z}$Symbol des Elements, z. B. $^{27}_{13}$Al, $^{238}_{92}$U u. a.

mit

Z	Protonenzahl	= Anzahl der Protonen im Kern = Kernladungszahl
		= Anzahl der Elektronen in der Hülle
		= Ordnungszahl des Elements im periodischen System,
A	Nukleonenzahl	= Anzahl der Nukleonen im Kern = $Z + N$
		= gerundete relative Atommasse (Massenzahl).

Beachte:

- Häufig lässt man die Ordnungszahl weg und schreibt kürzer z. B. ^{27}Al oder Al-27.
- **Nuklid** ist der Fachausdruck für eine bestimmte Atomkernart.

36.1.1 Isotope Nuklide

Atomkerne ein und desselben Elements können eine unterschiedliche Anzahl von Neutronen besitzen. Man bezeichnet sie als isotope Nuklide oder kurz als **Isotope** dieses Elements.

> Isotope eines Elements unterscheiden sich voneinander nur in der *Neutronenzahl.*

Isotope haben also

- gleiche Protonenzahl Z (Ordnungszahl),
- ungleiche Nukleonenzahl A (Massenzahl).

Die meisten chemischen Elemente bestehen aus einem *Isotopengemisch* (→ Tabelle 56).

Beispiel:

Isotope des Urans				
Atom	Protonen	Neutronen	Elektronen	Häufigkeit
$^{234}_{92}U$	92	142	92	0,005 5 %
$^{235}_{92}U$	92	143	92	0,720 %
$^{238}_{92}U$	92	146	92	99,275 %

36.1.2 Isobare Nuklide

Atomkerne verschiedener Elemente können gleiche Massenzahl A haben. Man bezeichnet sie als isobare Nuklide oder kurz als **Isobare**. Isobare haben also

- ungleiche Protonenzahl Z (Ordnungszahl),
- gleiche Nukleonenzahl A (Massenzahl).

Beispiel:

Isobare				
Atom	Protonen	Neutronen	Elektronen	Element
$^{210}_{81}Tl$	81	129	81	Thallium
$^{210}_{82}Pb$	82	128	82	Blei
$^{210}_{83}Bi$	83	127	83	Bismut
$^{210}_{84}Po$	84	126	84	Polonium

36.1.3 Isotone Nuklide

Atomkerne verschiedener Elemente können gleiche Neutronenzahl N haben. Man bezeichnet sie als isotone Nuklide oder kurz als **Isotone**. Isotone haben also

- ungleiche Protonenzahl Z (Ordnungszahl),
- ungleiche Nukleonenzahl A (Massenzahl),
- gleiche Neutronenzahl $N = A - Z$.

Beispiel:

Isotone				
Atom	Protonen	Neutronen	Elektronen	Element
$^{37}_{17}\mathrm{Cl}$	17	20	17	Chlor
$^{38}_{18}\mathrm{Ar}$	18	20	18	Argon
$^{40}_{20}\mathrm{Ca}$	20	20	20	Calcium

36.2 Masse

36.2.1 Atommasse

Die absolute Masse von Atomen, Molekülen, Elementarteilchen u. Ä. kann in der SI-Einheit Kilogramm (kg) angegeben worden. Besser eignet sich jedoch die für den Gebrauch in der Atomphysik zulässige **atomare Masseneinheit u**.

Die atomare Masseneinheit u ist gleich 1/12 der Masse eines Atoms des Kohlenstoffisotops $^{12}_{6}\mathrm{C}$.

Kohlenstoff 12 besitzt demnach die Atommasse 12,000 u.

Umrechnung:

$$1\,\mathrm{u} = \frac{1}{12} m_{\mathrm{C12}} = 1{,}660\,538\,921 \cdot 10^{-27}\,\mathrm{kg}; \quad 1\,\mathrm{kg} = 6{,}022\,141\,29 \cdot 10^{26}\,\mathrm{u}$$

Den Quotienten aus der Masse eines Atoms m_{A} und 1/12 der Masse eines Kohlenstoff-12-Atoms bezeichnet man als

relative Atommasse

$$A_{\mathrm{r}} = \frac{m_{\mathrm{A}}}{m_{\mathrm{C12}}/12} \qquad \text{(K 36.1)}$$

K

Daher ergibt sich für die

Masse eines Atoms

(K 36.2) $$m_A = A_r\,u = A_r \cdot 1{,}660\,539 \cdot 10^{-27}\,kg$$

Beachte:

- Die relative Atommasse A_r und die absolute Atommasse m_A in u sind definitionsgemäß *zahlenmäßig* gleich.
- Auch in der Chemie werden relative Atom- bzw. Molekülmassen A_r und M_r auf Kohlenstoff 12 bezogen. Sie unterscheiden sich jedoch von den in der Physik verwendeten, weil sie sich auf das *natürliche Isotopengemisch* beziehen und einen gewichteten Mittelwert darstellen. In den physikalischen Eigenschaften unterscheiden sich jedoch die verschiedenen Isotope eines Elements. Deshalb beziehen sich die relativen Atommassen in der Physik stets auf das jeweilige Isotop.
- (K 36.2) gilt auch für Moleküle, Elementarteilchen, Teilchen ionisierender Strahlen usw.

Übersicht:

Ruhemasse einiger Teilchen und Atome (gerundet auf gesicherte Werte)

Name	Symbol	Anzahl der Protonen	Anzahl der Neutronen	Anzahl der Elektronen	Masse m/u
Elektron	$^{0}_{-1}e$	—	—	1	0,000 548 579 9
Proton (Wasserstoffkern)	$^{1}_{1}p$	1	—	—	1,007 276 467
Neutron	$^{1}_{0}n$	—	1	—	1,008 664 92
Wasserstoffatom	$^{1}_{1}H$	1	—	1	1,007 825 05
Deuteron (Deuteriumkern)	$^{2}_{1}d$	1	1	—	2,013 553 213
Deuteriumatom	$^{2}_{1}H$	1	1	1	2,014 101 793
α-Teilchen (Heliumkern)	$^{4}_{2}\alpha$	2	2	—	4,001 506 179
Heliumatom	$^{4}_{2}He$	2	2	2	4,002 603 16

36.2.2 Anzahl der Atome

Aus der Masse eines Atoms lässt sich die Anzahl der Atome in einem Körper bekannter Masse berechnen.

Wenn
N Anzahl der Atome des Körpers,
m Masse des Körpers,
m_A Masse eines Atoms,
A_r relative Atommasse des Stoffes,
N_A AVOGADRO-Konstante $= 6{,}022 \cdot 10^{23}\,\mathrm{mol}^{-1}$,
M molare Masse,

dann gilt mit $N = m/m_A$

(K 36.3) $$N = \frac{m}{A_r \cdot 1\,\mathrm{u}} = \frac{m_A N_A}{M} = \frac{m}{A_r \cdot 1{,}660\,539 \cdot 10^{-27}\,\mathrm{kg}}$$

36.2.3 Massendefekt

Mit Massenspektrometern sind Kernmassen mit höchster Genauigkeit bestimmbar. Es zeigt sich, dass die Masse eines Atomkerns stets kleiner ist als die Summe der Nukleonenmassen. Diese Erscheinung bezeichnet man als **Massendefekt** B.

Unter dem Massendefekt versteht man die Differenz zwischen der Summe der Massen aller im Kern enthaltenen Nukleonen und der etwas kleineren Kernmasse.

K

Wenn
B Massendefekt,
m_p Masse eines Protons,
m_n Masse eines Neutrons,
Z Anzahl der Protonen,
N Anzahl der Neutronen,
m_K Masse des vollständigen Kerns,

dann gilt

(K 36.4) $$B = Zm_p + Nm_n - m_K$$

Beachte:

- Ursache für den Massendefekt ist die beim Zusammenschluss der Nukleonen frei werdende Kernbindungsenergie E_B → [36.3]. Die der Kernbindungsenergie entsprechende Masse, der Massendefekt, ergibt sich aus der EINSTEIN'schen Energie-Masse-Relation (K 35.2) $E = mc_0^2$.

36.3 Kernbindungsenergie

Die Nukleonen eines Kerns werden von Kernkräften zusammengehalten, die größer sind als die abstoßend wirkende elektrostatische Kraft zwischen den Protonen. Ein Zerlegen des Kerns erfordert die Überwindung dieser Kräfte und damit einen Energieaufwand. Beim Zusammenschluss von Nukleonen zu einem Kern muss dieser Energiebetrag dagegen frei werden. Man bezeichnet ihn als **Kernbindungsenergie** E_B.

Unter der Kernbindungsenergie E_B versteht man die bei der Bildung eines Atomkerns aus Elementarteilchen frei werdende Energie.

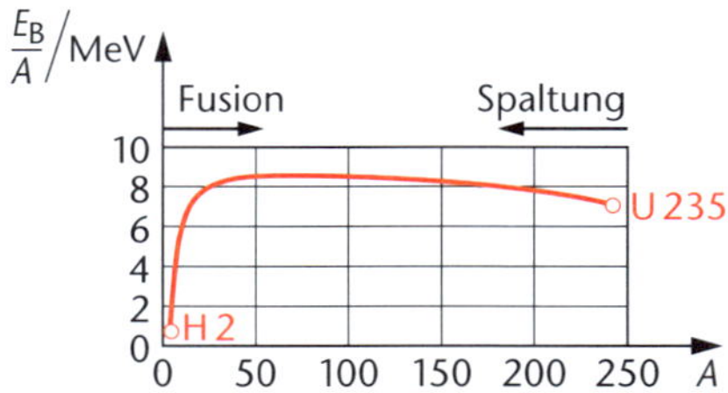

Sie hat für jede Kernart einen anderen Wert. Besonders wichtig ist die Bindungsenergie je Nukleon. Die Kurve zeigt, dass Nuklide mit einer Massenzahl A um 50 die größte Bindungsenergie je Nukleon besitzen. Daraus folgt, dass eine Gewinnung von Kernenergie nur möglich ist, wenn durch eine Umwandlung die mittlere Bindungsenergie je Nukleon vergrößert wird.

Beim Verschmelzen leichter Kerne (Kernfusion) oder Spalten schwerer Kerne (Kernspaltung) kann Kernenergie freigesetzt werden, weil sich bei diesen Prozessen die mittlere Bindungsenergie je Nukleon vergrößert.

Der Zusammenhang zwischen Kernbindungsenergie und Massendefekt folgt aus der Energie-Masse-Relation (K 35.2).

Wenn
E_B Bindungsenergie eines Kerns,
B Massendefekt dieses Kerns,
c_0 Vakuum-Lichtgeschwindigkeit $= 2{,}998 \cdot 10^8$ m/s,

dann gilt

(K 36.5)
$$E_B = Bc_0^2 = (Zm_p + Nm_n - m_K)c_0^2$$

	E	m	c
SI	J	kg	$\frac{m}{s}$

Verwendet man die in der Atomphysik üblichen Einheiten (atomare Masseneinheit u und Energieeinheit MeV), so ergibt sich nach Einsetzen des Zahlenwertes für c_0:

Dem Massendefekt 1 u entspricht die Kernbindungsenergie 931,494 MeV.

(K 36.6)
$$\frac{E_B}{B} = c_0^2 = 8{,}987\,55 \cdot 10^{16}\,\frac{\text{J}}{\text{kg}} = 931{,}494\,\frac{\text{MeV}}{\text{u}}$$

36.4 Größe

36.4.1 Elektronenradius

Als **klassischen Elektronenradius** bezeichnet man den Radius einer Kugel, die als Träger einer Elementarladung e eine elektrische Feldenergie von der Größe der Ruheenergie des Elektrons besitzt.

Wenn
r_e klassischer Elektronenradius,
e elektrische Elementarladung $= 1{,}602\,176\,565 \cdot 10^{-19}$ C,
m_e Ruhemasse des Elektrons $= 9{,}109\,383 \cdot 10^{-31}$ kg,
μ_0 magnetische Feldkonstante $= 1{,}256\,637 \cdot 10^{-6}$ H/m,
ε_0 elektrische Feldkonstante $= 8{,}854\,188 \cdot 10^{-12}$ F/m,
c_0 Vakuum-Lichtgeschwindigkeit $2{,}997\,924\,58 \cdot 10^{8}$ m/s,

dann gilt

(K 36.7)
$$r_e = \frac{e^2}{4\pi m_e \varepsilon_0 c_0^2} = \frac{\mu_0 e^2}{4\pi m_e} = 2{,}817\,940\,326\,7 \cdot 10^{-15}\ \text{m}$$

Beachte:

- Häufig wird die ungesetzliche Einheit Fermi (f) für 10^{-15} m verwendet; richtig: Femtometer (fm).

K

36.4.2 Kernradius

Kernradien sind experimentell bestimmbar.

Mit
r_K Kernradius,
A Massenzahl des Kerns

gilt die empirische Formel

(K 36.8) $$r_K \approx 1{,}4\sqrt[3]{A}\,\text{fm} = 1{,}4 \cdot 10^{-15}\sqrt[3]{A}\,\text{m}$$

Beachte:

- Fast die gesamte Masse eines Atoms ist im Kern konzentriert. Aus Masse und Radius errechnet sich die Dichte der Kernsubstanz zu **$\approx 2 \cdot 10^8\,\text{t/cm}^3$**!

36.4.3 Atomradius

Die Größe der Atomradien ergibt sich aus den Radien der kernfernsten Elektronenbahnen. Er liegt in der Größenordnung von 0,1 Nanometer (nm) $= 10^{-10}$ m. Näherungsweise lässt er sich aus der Atommasse berechnen.

Wenn
r_A Atomradius,
ϱ Dichte des Stoffes,
m_A Atommasse, zu berechnen mit (K 36.2),

dann gilt als Näherungsgleichung

(K 36.9) $$r_A \approx 0{,}5\sqrt[3]{\frac{m_A}{\varrho}}$$

	r	ϱ	m
SI	m	$\frac{\text{kg}}{\text{m}^3}$	kg

37 Atomhülle

Zur Veranschaulichung des Aufbaus der Atomhülle wurden Atommodelle entwickelt und im Laufe der Zeit verbessert. Dennoch sind **Modelle** immer nur der Versuch, für physikalische Vorgänge und Erscheinungen eine *plausible* Erklärung zu finden. Nach RUTHERFORD bewegen sich die Elektronen um den Atomkern wie die Planeten um die Sonne (**Schalenmodell**). Die dafür nötige Zentripetalkraft ist die elektrostatische Anziehungskraft zwischen dem positiven Kern und den negativen Elektronen.

Dabei müsste nach den Gesetzen der Elektrodynamik jedoch das ständig zentralbeschleunigte Elektron (wie jede beschleunigte Ladung) Energie abstrahlen. BOHR erweiterte das Modell durch Postulate, die bestimmte *strahlungsfreie* Elektronenbahnen erklären. Schließlich ergänzte SOMMERFELD die strahlungsfreien Kreisbahnen durch *strahlungsfreie* elliptische Bahnen verschiedener Form und Lage.

Trotz einiger Mängel hat das **Schalenmodell** auch heute noch Bedeutung. Eine lückenlose Erklärung der Vorgänge in der Hülle liefert jedoch das **wellenmechanische Atommodell** → [37.5].

37.1 Bohr'sche Postulate

37.1.1 1. Postulat

Elektronen können den Atomkern nur auf bestimmten Bahnen strahlungslos umlaufen. Diese sind durch *Quantenbedingungen* festgelegt.

K

Wenn

r Radius der Elektronenbahn,
m_e Masse eines Elektrons $= 9{,}109 \cdot 10^{-31}$ kg,
ω Winkelgeschwindigkeit des Elektrons auf der Kreisbahn,
v Bahngeschwindigkeit des Elektrons,
h PLANCK-Konstante $= 6{,}626 \cdot 10^{-34}\ \text{J} \cdot \text{s}$,
$\hbar$ Drehimpulsquantum $= h/(2\pi) = 1{,}055 \cdot 10^{-34}\ \text{J} \cdot \text{s}$,
L Drehimpuls des Elektrons,
n positive ganze Zahl,

dann gilt entsprechend (M 7.66) als

Quantenbedingung

(K 37.1) $$L = J\omega = m_e r^2 \omega = m_e r v = \frac{nh}{2\pi} = n\hbar$$

Der Drehimpuls eines den Kern umlaufenden Elektrons ist ein ganzzahliges Vielfaches des Drehimpulsquantums $\hbar$.

37.1.2 2. Postulat

Jeder nach der Quantenbedingung zulässigen Elektronenbahn entspricht ein Energieniveau. Der Übergang von einer kernferneren zu einer kernnäheren Bahn erfolgt sprunghaft und unter Abgabe eines Strahlungsquants.

Wenn

E_m Energie des Elektrons auf der Bahn m,
E_n Energie des Elektrons auf der Bahn n,
h PLANCK-Konstante $= 6{,}626 \cdot 10^{-34}$ J · s,
f Frequenz des Strahlungsquants,

dann gilt für die bei einem Übergang von Bahn m nach Bahn n frei werdende Energie entsprechend (K 35.1) als

Frequenzbedingung

(K 37.2) $$E = E_m - E_n = hf$$

	E	h	f
SI	J	J · s	Hz

Bei jedem Übergang des Elektrons auf ein niedrigeres Energieniveau wird ein Strahlungsquant abgegeben. Die Frequenzen sind charakteristisch für die Atomart.

37.2 Wasserstoffatom

Mit den BOHR'schen Postulaten ist es möglich, Bahngeschwindigkeit, Bahnradius sowie Energie und Frequenz der Strahlungsquanten zu berechnen. Beim Wasserstoffatom ist dies relativ einfach und genau möglich, weil nur 1 Elektron den Kern umkreist.

37.2.1 Bahngeschwindigkeit

Jede stationäre Elektronenbahn ist ein Gleichgewichtszustand und gekennzeichnet durch die Bedingung

Zentripetalkraft = elektrostatische Anziehung zwischen Elektron und Kern,

$$\frac{m_e v^2}{r} = \frac{e^2}{4\pi\varepsilon_0 r^2}.$$

Wenn

n Zahl der Elektronenbahn, gezählt vom Kern aus,
v_n Geschwindigkeit des Elektrons auf der n-ten stationären Bahn,
e elektrische Elementarladung $= 1{,}602 \cdot 10^{-19}$ C,
ε_0 elektrische Feldkonstante $= 8{,}854 \cdot 10^{-12}$ F/m,
h PLANCK-Konstante $= 6{,}626 \cdot 10^{-34}$ J · s,

dann folgt aus oben stehendem Ansatz $v_n^2 = \dfrac{e^2}{4\pi m_e r_n \varepsilon_0}$. Mit dem aus der BOHR'schen Quantenbedingung (K 37.1) bestimmten Radius $r_n = \dfrac{nh}{2\pi m_e v_n}$ ergibt dies

(K 37.3) $$v_n = \frac{e^2}{2n\varepsilon_0 h}$$

	v	e	n	ε_0	h
SI	$\frac{\text{m}}{\text{s}}$	C	–	$\frac{\text{F}}{\text{m}}$	J · s

Nach Einsetzen aller Konstanten folgt

(K 37.4) $$v_n = \frac{2{,}187\,69 \cdot 10^6}{n} \frac{\text{m}}{\text{s}}$$

Die Geschwindigkeiten des Elektrons auf den verschiedenen Bahnen sind der Bahnzahl umgekehrt proportional: $v \sim 1/n$.

K

37.2.2 Umlauffrequenz

Die Umlauffrequenz auf der n-ten Bahn f_n lässt sich mit $f_n = \dfrac{v_n}{2\pi r_n}$ bestimmen. Ersetzt man hierin r_n mit (K 37.1) und v_n mit (K 37.3), so folgt nach Vereinfachung

(K 37.5) $$f_n = \frac{e^4 m_e}{4n^3 \varepsilon_0^2 h^3}$$

	f	e	m	n	ε_0	h
SI	Hz	C	kg	–	$\frac{\text{F}}{\text{m}}$	J · s

Nach Einsetzen aller Konstanten ergibt sich

(K 37.6) $$f_n = \frac{6{,}579\,68 \cdot 10^{15}}{n^3} \text{Hz}$$

37.2.3 Bahnradius

Mit der in [37.2.1] genannten Gleichgewichtsbedingung und der Quantenbedingung sind Bahngeschwindigkeit und -radius der möglichen Elektronenbahnen bestimmt. Ersetzt man in

$r_n = \dfrac{nh}{2\pi m_e v_n}$ die Bahngeschwindigkeit v_n durch (K 37.3), dann folgt mit

n Zahl der Elektronenbahn, gezählt vom Kern aus,
r_n Radius dieser n-ten Bahn,
e elektrische Elementarladung $= 1{,}602 \cdot 10^{-19}$ C,
m_e Elektronenmasse $= 9{,}109 \cdot 10^{-31}$ kg,
ε_0 elektrische Feldkonstante $= 8{,}854 \cdot 10^{-12}$ F/m,
h PLANCK-Konstante $= 6{,}626 \cdot 10^{-34}$ J · s

(K 37.7)
$$r_n = \frac{h^2 \varepsilon_0 n^2}{\pi m_e e^2}$$

	r	n	h	ε_0	m_e	e
SI	m	–	J · s	$\frac{\mathrm{F}}{\mathrm{m}}$	kg	C

Nach Einsetzen aller Konstanten erhält man

(K 37.8)
$$r_n = n^2 \cdot 5{,}291\,77 \cdot 10^{-11}\ \mathrm{m}$$

Übersicht:

Bahndaten des Elektrons bei Wasserstoff

n	$\dfrac{r_n}{10^{-10}\ \mathrm{m}}$	$\dfrac{v_n}{10^6\ \mathrm{m/s}}$	$\dfrac{f_n}{10^{14}\ \mathrm{Hz}}$
1	0,529 177	2,187 69	65,796 8
2	2,116 709	1,093 85	8,224 60
3	4,762 595	0,729 23	2,436 92
4	8,466 836	0,546 92	1,028 08
5	13,229 43	0,437 54	0,526 374
6	19,050 38	0,364 62	0,304 615

Die möglichen Elektronenbahnradien des Wasserstoffatoms verhalten sich wie die Quadrate der Bahnzahlen:

$1 : 4 : 9 : 16 : 25 : \ldots;$ also $r \sim n^2$.

Der Radius der Bahn $n = 1$, auf der sich das Elektron im nicht angeregten Zustand befindet, kennzeichnet die Größe des Wasserstoffatoms und wird als **BOHR'scher Radius** des Wasserstoffatoms bezeichnet: $r_1 = 5{,}291\,77 \cdot 10^{-11}$ m.

37.2.4 Energieniveau

Zu jeder möglichen Elektronenbahn gehört ein bestimmtes Energieniveau, das sich als Summe von potenzieller Energie E_p und kinetischer Energie E_k des Elektrons darstellen lässt.

Die potenzielle Energie E_p wird für $r = \infty$ mit null festgesetzt. In einem endlichen Abstand $r < \infty$ vom Kern muss sie demnach kleiner, d. h. negativ, sein. Sie entspricht der Arbeit, die erforderlich ist, das Elektron gegen die (abstandsabhängige) elektrostatische Anziehungskraft von r nach ∞ zu bewegen.

Wenn

n	Zahl der Elektronenbahn, gezählt vom Kern aus,
E_p	potenzielle Energie des Elektrons auf dieser Bahn,
m_e	Elektronenmasse $= 9{,}109 \cdot 10^{-31}$ kg,
e	elektrische Elementarladung $= 1{,}602 \cdot 10^{-19}$ C,
ε_0	elektrische Feldkonstante $= 8{,}854 \cdot 10^{-12}$ F/m,
h	PLANCK-Konstante $= 6{,}626 \cdot 10^{-34}$ J · s,

dann gilt

$$E_\text{p} = \int_\infty^r F\,\mathrm{d}r = \int_\infty^r \frac{e^2}{4\pi\varepsilon_0 r^2}\mathrm{d}r = \frac{e^2}{4\pi\varepsilon_0}\int_\infty^r \frac{\mathrm{d}r}{r^2} = -\frac{e^2}{4\pi\varepsilon_0 r}.$$

Mit (K 37.7) für r folgt für die

potenzielle Energie

(K 37.9) $$E_\text{p} = -\frac{m_\text{e} e^4}{4n^2\varepsilon_0^2 h^2}$$

	E	m	e	n	ε_0	h
SI	J	kg	C	–	$\frac{\text{F}}{\text{m}}$	J · s

Nach Einsetzen der Konstanten ergibt sich

(K 37.10) $$E_\text{p} = -\frac{4{,}359\,74 \cdot 10^{-18}\,\text{J}}{n^2} = -\frac{27{,}211\,4\,\text{eV}}{n^2}$$

Die potenzielle Energie des Elektrons auf den verschiedenen Bahnen ist dem Quadrat der Bahnzahl umgekehrt proportional: $E_\text{p} \sim 1/n^2$.

Die kinetische Energie eines Elektrons beträgt nach (M 7.25) $E_\text{k} = mv^2/2$, worin v durch (K 37.3) bestimmt ist. Also gilt für die

kinetische Energie

(K 37.11) $$E_k = \frac{m_e e^4}{8n^2 \varepsilon_0^2 h^2}$$

	E	m	e	n	ε_0	h
SI	J	kg	C	–	$\frac{F}{m}$	J · s
(g)	eV					

Mit (K 37.9) folgt aus (K 37.11)

(K 37.12) $$E_k = -\frac{E_p}{2} = \frac{|E_p|}{2}$$

$1\ \text{eV} = 1{,}602\,18 \cdot 10^{-19}\ \text{J}$
$1\ \text{J} = 6{,}241\,51 \cdot 10^{18}\ \text{eV}$

Auf jeder Bahn ist die kinetische Energie des Elektrons die Hälfte des Betrages der potenziellen Energie.

Für die gesamte Energie des Elektrons auf der n-ten Bahn folgt mit $E_n = E_p + E_k$ als

Energieniveau

(K 37.13) $$E_n = -\frac{m_e e^4}{8n^2 \varepsilon_0^2 h^2}$$

Einheiten → (K 37.11)

Nach Einsetzen der Konstanten ergibt sich

(K 37.14) $$E_n = -\frac{2{,}179\,87 \cdot 10^{-18}\ \text{J}}{n^2} = -\frac{13{,}605\,7\ \text{eV}}{n^2}$$

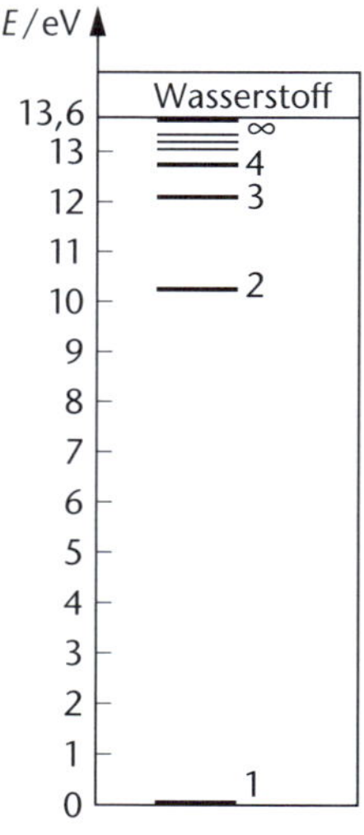

Die Gesamtenergie des Elektrons auf den verschiedenen Bahnen ist dem Quadrat der Bahnzahl umgekehrt proportional: $E_n \sim 1/n^2$.

Mit (K 37.14) lassen sich für die einzelnen Bahnen die Energieniveaus bestimmen. Man stellt sie in einem Schema, dem **Termschema** → [37.4.1], dar. Die Lage des Nullpunktes der Energieskala ist willkürlich. Entweder wählt man dafür die Bahn $n = \infty$ oder wie hier $n = 1$.

37.2.5 Frequenzen der Strahlung

Beim Übergang von der kernferneren Bahn m auf die kernnähere Bahn n wird entsprechend der Bohr'schen Frequenzbedingung die Energie $\Delta E = E_m - E_n = hf$ abgestrahlt. Aus (K 37.13) ergibt sich für die Frequenz

(K 37.15) $$f = \frac{m_e e^4}{8\varepsilon_0^2 h^3}\left(\frac{1}{n^2} - \frac{1}{m^2}\right) = R_H \left(\frac{1}{n^2} - \frac{1}{m^2}\right)$$

Die vor der Klammer stehenden Konstanten fasst man zusammen zur

Rydberg-Frequenz

(K 37.16) $$R_H = 3{,}289\,841\,960\,364 \cdot 10^{15}\ \text{Hz}$$

Das $1/c_0$-fache der Rydberg-Frequenz ist die

Rydberg-Konstante

(K 37.17) $$R_\infty = \frac{R_H}{c_0} = 1{,}097\,373\,156\,853\,9 \cdot 10^7\ \frac{1}{\text{m}}$$

Beachte:

- Den Kehrwert der Wellenlänge, also $1/\lambda = f/c_0$, bezeichnet man in der Spektroskopie als **Wellenzahl**. Sie gibt die Anzahl der Wellenlängen je Längeneinheit an.
- Da die Rydberg-Konstante R_∞ die Dimension 1/Wellenlänge hat, erhält man mit ihr aus (K 37.15) die Wellenzahl des Strahlungsquants.

■ Rydberg-Frequenz und -Konstante berücksichtigen nicht, dass bei der Bewegung des Elektrons um den Kern mit endlicher Masse dieser ebenfalls eine Bewegung ausführt. Beide bewegen sich um den gemeinsamen Schwerpunkt. Berücksichtigt man dies, so erhält man eine etwas kleinere Rydberg-Konstante R' mit
m_e Elektronenmasse,
m_K Masse des Atomkerns = Masse eines Protons

(K 37.18) $$R' = \frac{R_\infty}{1 + \dfrac{m_e}{m_K}}$$

K

Mit den Werten für Wasserstoff folgt dann

(K 37.19) $$R' = 1{,}096\,776 \cdot 10^7\ \frac{1}{\text{m}}$$

37.2.6 Wasserstoffspektrum

Setzt man für m und n die Zahlen $1, 2, 3, \ldots$ ein, so ergeben sich mit (K 37.15) alle beim Wasserstoff möglichen Frequenzen, man erhält das Wasserstoffspektrum.

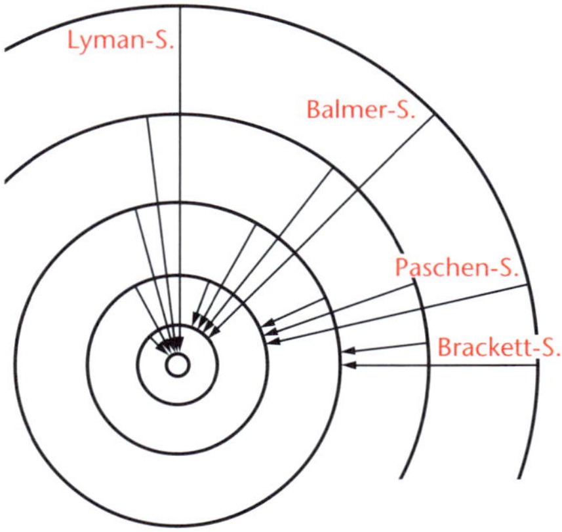

Übersicht:

Wasserstoffspektrum (gerundete experimentelle Werte)				
m	n	Serie	Bereich	Wellenlänge λ /nm
5	1	Lyman-Serie	ultraviolett	94
4	1			97
3	1			103
2	1			122
7	2	Balmer-Serie	sichtbar	397
6	2			410
5	2			434
4	2			486
3	2			656
7	3	Paschen-Serie	infrarot	1 005
6	3			1 094
5	3			1 282
4	3			1 875
7	4	Brackett-Serie	infrarot	2 165
6	4			2 625
5	4			4 051
7	5	Pfund-Serie	infrarot	4 652
6	5			7 458

Die größte Frequenz f, die bei Wasserstoff durch Bahnwechsel eines Elektrons abgestrahlt werden kann, erhält man mit (K 37.15) für $n = 1$ und $m = \infty$; mit $\lambda = c_0/f$ die kürzeste Wellenlänge. Für die Quantenenergie ergibt sich in diesem Falle $2{,}18 \cdot 10^{-18}\,\text{J} = 13{,}6\,\text{eV}$. Das ist die größte Energie, die ein Wasserstoffelektron abstrahlen kann.

Führt man diesen Energiebetrag dagegen einem Elektron auf der Bahn $n = 1$ zu, so wird es auf die Bahn $m = \infty$ gehoben, das heißt vom Kern getrennt, das Atom also ionisiert. Die erforderliche Energieniveaudifferenz $E_\infty - E_1$ heißt **Ionisierungsenergie** E_i.

Bei Wasserstoff beträgt die Ionisierungsenergie 13,6 eV.

37.3 Quantenzahlen

Spektroskopische Messungen zeigen, dass die Elektronen *einer* Schale (K, L, M, ...) geringe Energieunterschiede zeigen, die auf besondere Formen und Lagen der Bahnen zurückzuführen sind. Mit Hilfe der Quantenzahlen ist eine Klassifizierung der Bahnen möglich.

37.3.1 Hauptquantenzahl *n*

Die Hauptquantenzahl n entspricht der Zahl der Kreisbahn:
$n = 1, 2, 3, \ldots$

K

37.3.2 Nebenquantenzahl *l* (Drehimpulsquantenzahl)

Neben der Kreisbahn sind Ellipsenbahnen unterschiedlicher Exzentrizität möglich. Für sie gelten die Bedingungen:

- Auf jeder dieser Bahnen hat das Elektron die gleiche Energie.
- Der Drehimpuls des Elektrons auf diesen Bahnen ist stets ein ganzzahliges Vielfaches des Drehimpulsquantums $\hbar$ (Bohr'sche Quantenbedingung): $L = l\hbar$.

Die Nebenquantenzahl l kennzeichnet die *Bahnform*. Zur Hauptquantenzahl n gehören n verschiedene Bahnformen: die Kreisbahn und $(n-1)$ Ellipsenbahnen unterschiedlicher Exzentrizität.

Für l sind folgende Werte möglich: $0, 1, 2, 3, \ldots, (n-1)$. Dabei ergibt $l = (n-1)$ die Kreisbahn und $l = 0$ die Ellipse mit der größten Exzentrizität.

Zur Kennzeichnung der Bahn ersetzt man
die Zahlen 0 1 2 3 4 5 6 7 … durch die Buchstaben
s p d f g h i k …

Für die Form der Ellipse gilt

- große Halbachse

  $a = r_{\text{Kreisbahn}}$,

- kleine Halbachse

  $$b = \frac{a(l+1)}{n}.$$

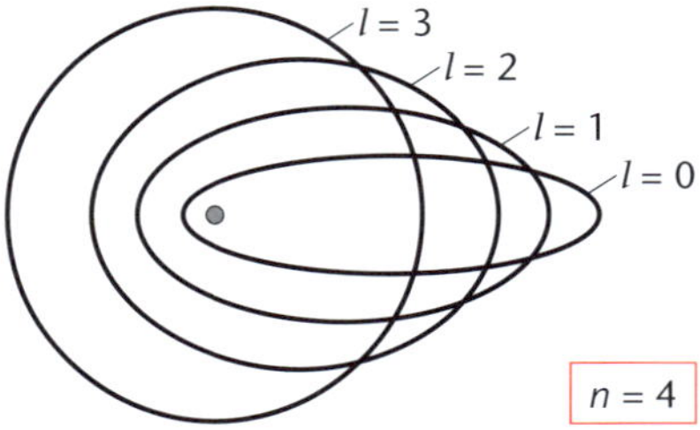

Beachte:

- Auf einer Ellipsenbahn schwankt die Geschwindigkeit eines Elektrons und damit auch seine Masse → relativistische Masse [41.4.1]. Daraus ergeben sich geringe Energieunterschiede zwischen den einzelnen Ellipsen.
- Die Wellenmechanik liefert für den Bahndrehimpuls L die exaktere Beziehung $L = \sqrt{l(l+1)}\,\hbar$.

37.3.3 Magnetische Quantenzahl *m*

Die magnetische Quantenzahl m kennzeichnet die räumliche Lage der Ebenen einer Elektronenbahn. Sie kann $(2l + 1)$ verschiedene Werte annehmen.

Das umlaufende Elektron stellt einen Ringstrom dar, dessen Magnetfeld in Wechselwirkung steht mit einem von außen angelegten Magnetfeld. Dadurch ergeben sich für die Elektronenbahnebene durch *ganzzahlige* magnetische Quantenzahlen gekennzeichnete Lagen.

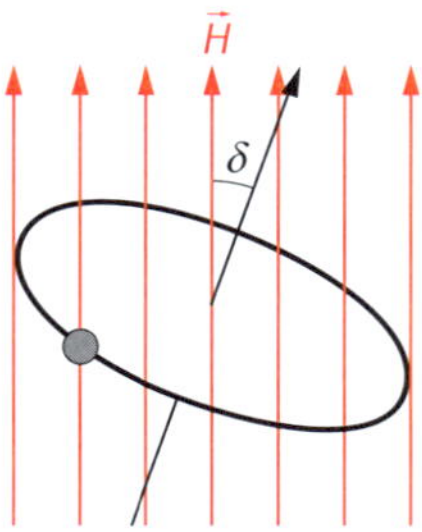

Die Bahnlage wird bestimmt durch den Winkel δ zwischen der Richtung des magnetischen Feldes und der Achse senkrecht zur Bahnebene.

Für m sind folgende Werte möglich:

$0, \pm 1, \pm 2, \pm 3, \ldots, \pm l,$ worin l die Nebenquantenzahl der Bahn ist.

Für den Bahnneigungswinkel gilt

- $\cos\delta = \dfrac{m}{l}$.
- Die Wellenmechanik liefert für den Einstellwinkel den exakteren Wert $\cos\delta = \dfrac{m}{\sqrt{l(l+1)}}$.

Beispiel:

Die Ellipse **4 d** ist die in der 4. Schale liegende, kreisähnlichste Ellipse. Die Nebenquantenzahl ist $l = 2$ (d $\hat{=}$ 2). Die magnetische Quantenzahl m kann $2 \cdot 2 + 1 = 5$ verschiedene Werte besitzen.

Also ergibt sich:

m:	-2	-1	0	$+1$	$+2$
$\frac{m}{l}$:	$\frac{-2}{2}$	$\frac{-1}{2}$	$\frac{0}{2}$	$\frac{+1}{2}$	$\frac{+2}{2}$
$\cos\delta$:	-1	$-0{,}5$	0	$+0{,}5$	$+1$
δ:	$180°$	$120°$	$90°$	$60°$	$0°$

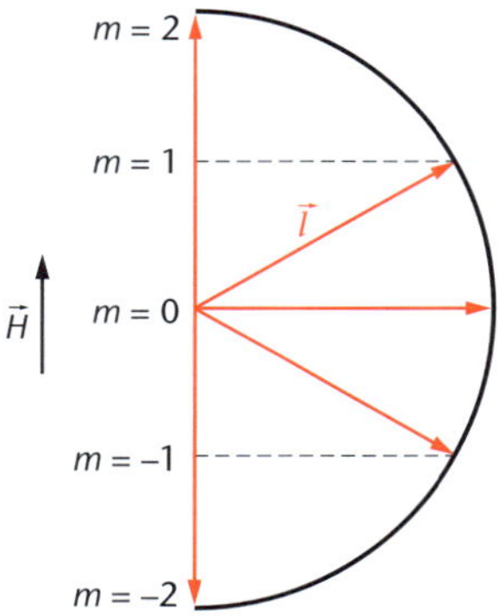

Beachte:

- Betrachtet man die Nebenquantenzahl als Vektor $\vec{l}$ (mit der Richtung des Bahndrehimpulses $\vec{L}$), so sind nur solche Raumlagen möglich, für die die Projektion von $\vec{l}$ auf die Richtung des Magnetfeldes eine ganze Zahl (m) ist.

K

37.3.4 Spinquantenzahl *s*

Die Spinquantenzahl s kennzeichnet den Eigendrehsinn des Elektrons in Bezug auf die Umlaufbahn. Sie kann zwei verschiedene Werte besitzen.

Für s sind die Werte $+1/2$ und $-1/2$ möglich, wobei der positive Wert die Gleichsinnigkeit von Eigenrotation und Umlauf, der negative dagegen die Gegensinnigkeit ausdrückt.

Zwischen Links- und Rechtsrotation des Elektrons muss eine Drehimpulsdifferenz von $\Delta L_e = h/(2\pi) = \hbar$ auftreten → Bohr'sche Quantenbedingung (K 37.1). Demnach ergibt sich für den Eigendrehimpuls $L_e = \pm\frac{1}{2} \cdot \hbar = s\hbar$.

37.3.5 Besetzung der Schalen

Es gelten zwei Grundregeln:

- Jedes Elektron nimmt einen möglichst niedrigen Energiezustand ein.
- Zwei Elektronen eines Atoms müssen sich in mindestens einer Quantenzahl unterscheiden (**Pauli-Prinzip**).

Durch Kombination aller *möglichen* Quantenzahlen ergibt sich für jede Schale eine maximale Anzahl an Elektronen.

Wenn

z Anzahl der auf dieser Schale maximal möglichen Elektronen,

n Hauptquantenzahl,

dann gilt

(K 37.20) $z = 2n^2$

Übersicht:

Elektronenzustände für $n = 1, 2, 3$ und 4							
Schale	n	l	Bezeichnung	m	s	Anzahl der Zustände	Zustände je Schale
K	1	0	1 s	0	±1/2	2	2
L	2	0	2 s	0	±1/2	2	8
		1	2 p	0	±1/2	2	
				±1	±1/2	4	
M	3	0	3 s	0	±1/2	2	18
		1	3 p	0	±1/2	2	
				±1	±1/2	4	
		2	3 d	0	±1/2	2	
				±1	±1/2	4	
				±2	±1/2	4	
N	4	0	4 s	0	±1/2	2	32
		1	4 p	0	±1/2	2	
				±1	±1/2	4	
		2	4 d	0	±1/2	2	
				±1	±1/2	4	
				±2	±1/2	4	
		3	4 f	0	±1/2	2	
				±1	±1/2	4	
				±2	±1/2	4	
				±3	±1/2	4	
usw.							

Beachte:

- Elektronenanordnung bei den einzelnen Elementen → Tabelle 57.

37.4 Strahlungsemission

37.4.1 Termschema

Die Energie eines Elektrons ist bestimmt durch die Quantenzahlen. Die bei einem bestimmten Element möglichen Energieniveaus werden in einem **Termschema** dargestellt. In nebenstehendem Beispiel (Kalium) wurden nur die Energieniveaus berücksichtigt, die sich *merklich* voneinander unterscheiden. Das Niveau p_1 bezieht sich auf die Spinquantenzahl $s = +1/2$, das Niveau p_2 auf $s = -1/2$.

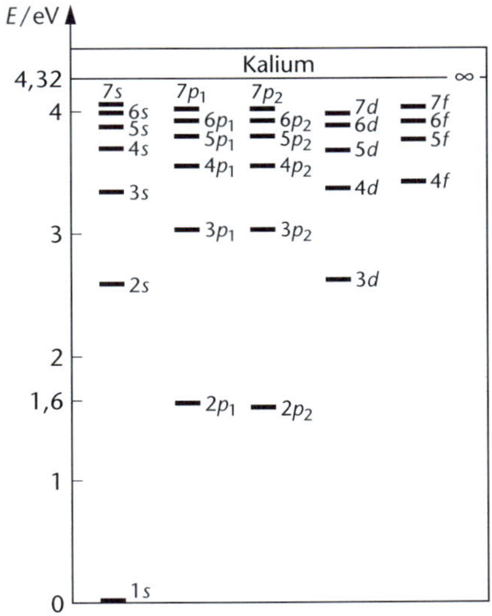

Beim Übergang des Elektrons in einen energieärmeren Zustand wird die *Energiedifferenz* als **Strahlungsquant** emittiert. *Frequenz* und *Wellenlänge* lassen sich aus der Energie bestimmen: $\Delta E = hf$.

Nicht zwischen allen theoretisch möglichen, in einem Termschema darstellbaren Energieniveaus sind Elektronenübergänge „erlaubt". Es bestehen Auswahlregeln, die die möglichen Übergänge einschränken.

Elektronenübergänge sind nur möglich, wenn sich dabei die Nebenquantenzahl l oder die Spinquantenzahl s um 1 ändert.
Auswahlregel: $\Delta l = 1$ **oder** $\Delta s = 1$.

37.4.2 Anregung

Energieabgabe in Form eines Strahlungsquants erfolgt bei einem Übergang auf eine energieärmere (also kernnähere) Bahn. Zuvor muss das

K

Elektron durch entsprechende *Energiezufuhr* auf eine energiereichere (also kernfernere) Bahn „gehoben" worden sein. Dieser Vorgang heißt **Anregung**. Das Termschema zeigt, dass in Kernnähe die Energiedifferenzen zwischen den Bahnen zu groß sind, um eine Strahlung im Bereich des sichtbaren Lichts zu ergeben. An der Lichterzeugung sind demnach nur die äußeren Elektronen des Atoms beteiligt. Für die Anregung gibt es mehrere Möglichkeiten:

- **Thermische Anregung**. Durch Erwärmen wird die Molekularbewegung vergrößert, Stöße zwischen den Atomen heben die Elektronen auf höhere Bahnen.
- **Fotoanregung**. Die Energie auftreffender Photonen hebt die Elektronen auf das höhere Niveau (Fluoreszenz, Phosphoreszenz).
- **Elektrische Anregung**. In Gasentladungslampen treffen Elektronen und Ionen mit hoher Geschwindigkeit auf die Atome, diese werden dadurch angeregt. Bei genügend großer Energiezufuhr wird das Elektron bis zur Schale $n = \infty$ gehoben, das Atom *ionisiert*.

An der Erzeugung sichtbaren Lichts sind nur die äußeren Elektronen thermisch, optisch oder elektrisch angeregter Atome beteiligt.

37.4.3 Metastabile Zustände

Infolge der Auswahlregeln gibt es bei manchen Elementen Energieniveaus, die das Elektron nicht durch einen direkten Übergang auf ein niedrigeres Niveau verlassen kann. Man bezeichnet sie als metastabile Zustände, in die ein Elektron durch Elektronenstoß oder auf dem Umweg über ein höheres Niveau gelangen kann.

Verweildauer in einem metastabilen Zustand: $\approx 10^{-3}$ s. Dagegen Verweildauer im angeregten Zustand: $\approx 10^{-8}$ s.

Es muss unterschieden werden zwischen

- **spontaner Emission**, bei der das Elektron ohne äußere Einwirkung vom angeregten in den Grundzustand zurückkehrt, und

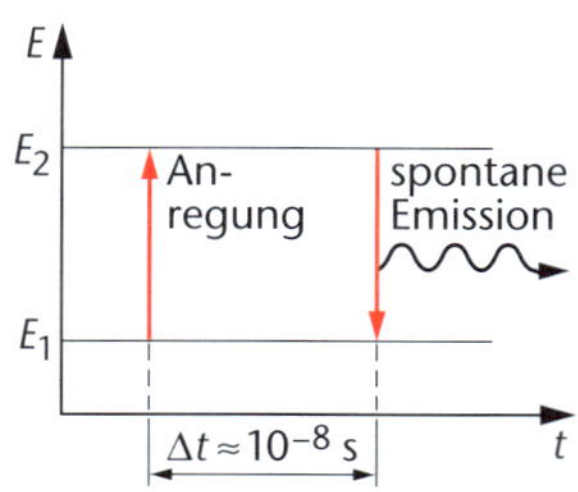

- **induzierter Emission**, bei der nach Einwirkung einer elektromagnetischen Strahlung entsprechender Frequenz der Übergang vom metastabilen zum Grundzustand erfolgt.

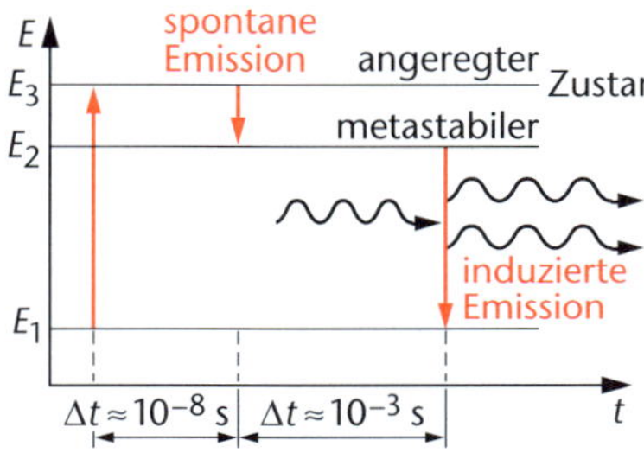

Bei genügend starker Anregung (Pumpen) kann ein großer Teil der Atome mit metastabilen Niveaus gleichzeitig angeregt sein und so Energie speichern. Darauf beruht das Prinzip des **Lasers**. Der durch induzierte Emission ausgelöste Übergang vieler Atome in den Grundzustand führt zu einer intensiven, monochromatischen, kohärenten und eng gebündelten Strahlung. Zwei parallele Spiegel, zwischen denen sich die Strahlung als stehende Welle ausbilden kann, verstärken diesen Effekt noch.

37.4.4 Röntgenstrahlung

Die Anregung der Atome für diese Strahlung erfolgt durch Elektronen, die mit großer Energie auftreffen. Diese dringen bis in die Nähe der Kerne vor und heben ein kernnahes Elektron auf ein höheres Energieniveau. Beim Nachrücken kernfernerer Elektronen in die entstandene Lücke werden Quanten abgestrahlt, deren Wellenlängen im Bereich der Röntgenstrahlung liegen und für das Anodenmaterial charakteristisch sind (**charakteristische Strahlung**).

K

Außerdem werden die auftreffenden Elektronen beim Eindringen in die Hülle gebremst und geben einen Teil ihrer Energie in Form elektromagnetischer Wellen beliebiger Frequenz ab. Diese **Bremsstrahlung** besitzt ein kontinuierliches Spektrum mit einer oberen **Grenzfrequenz** $f_{\max}$. Diese ergibt sich, wenn das Elektron seinen gesamten Energievorrat abstrahlt.

Wenn

$f_{\max}$ Grenzfrequenz der Bremsstrahlung,
U vom Elektron im elektrischen Feld durchlaufene Spannung,
e elektrische Elementarladung $= 1{,}602 \cdot 10^{-19}$ C,
h Planck-Konstante $= 6{,}626 \cdot 10^{-34}$ J · s,
$\lambda_{\min}$ Grenzwellenlänge der Bremsstrahlung,
c_0 Vakuum-Lichtgeschwindigkeit $= 2{,}998 \cdot 10^8$ m/s,

dann gilt, weil die kinetische Energie des Elektrons gleich der Energie des abgestrahlten Quants sein muss, $eU = f_{\max}h$, also

(K 37.21) $$f_{\max} = \frac{eU}{h}$$

	f	e	U	h
SI	Hz	C	V	J

Mit $c = \lambda f$ folgt für λ aus (K 37.21)

(K 37.22) $$\lambda_{\min} = \frac{c_0 h}{eU}$$

	λ	c	h	e	U
SI	m	$\frac{\text{m}}{\text{s}}$	J · s	C	V

oder nach Einsetzen der Konstanten

(K 37.23) $$\lambda_{\min} = \frac{1{,}239\,842 \cdot 10^{-6}\,\text{V} \cdot \text{m}}{U}$$

	λ	U
SI	m	V

37.5 Wellenmechanisches Atommodell

Trotz der allgemeinen Brauchbarkeit des Atommodells von Bohr und Sommerfeld bleiben einige Mängel. Außerdem enthält es einige willkürliche Festlegungen, die zur Erklärung der Versuchsergebnisse getroffen werden mussten. Schrödinger benutzte die Wellenmechanik für ein neues Atommodell: **wellenmechanisches Atommodell**.

Nach de Broglie ist die Materiewellenlänge eines Elektrons $\lambda = h/(m_e v)$. Betrachtet man das um den Kern laufende Elektron als stehende Welle, so muss der Umfang der Elektronenbahn ein ganzzahliges Vielfaches der Wellenlänge sein; es gilt

(K 37.24) $$2\pi r_n = n\lambda = \frac{nh}{m_e v_n}$$

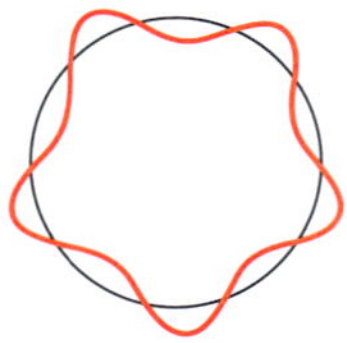

Diese Gleichung stimmt genau mit der Quantenbedingung des 1. Postulates von Bohr überein → (K 37.1).

Im wellenmechanischen Atommodell werden die Bohr'schen Bahnen durch **räumliche stehende Wellen** ersetzt. Jede von ihnen besitzt bestimmte Energie (Eigenwert E) und Eigenfrequenz.

An die Stelle des Übergangs von einer Bahn zur anderen tritt der Übergang von einem Zustand (räumliche stehende Welle) zum anderen. Die

Intensität der Welle an den einzelnen Stellen des Raums ist ein Maß für die **Aufenthaltswahrscheinlichkeit** des Elektrons.

In den „Knotenflächen" der Wellen ist die Intensität und damit die Wahrscheinlichkeit, das Elektron dort anzutreffen, null.

Das Elektron bildet um den Kern eine „Ladungswolke", deren örtliche Dichte der Wellenintensität an dieser Stelle entspricht.

38 Radioaktivität

Als (natürliche) *Radioaktivität* bezeichnet man die Fähigkeit bestimmter Kernarten (Radionuklide), sich unter Aussenden von Strahlung (Kernstrahlung) umzuwandeln. Dieser Vorgang ist nicht durch äußere Einwirkungen (weder physikalisch noch chemisch) beeinflussbar. Man bezeichnet ihn als **radioaktive Umwandlung (Zerfall)**.

Es muss zwischen drei Arten der Kernstrahlung unterschieden werden:

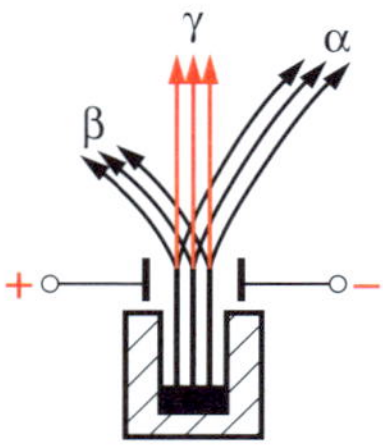

- **α-Strahlung**. Sie setzt sich aus α-Teilchen ($^4_2\alpha$), also Heliumkernen, zusammen. Auf Grund ihrer *positiven* Ladung sind sie durch elektrische und magnetische Felder ablenkbar. Ihre Austrittsgeschwindigkeit beträgt etwa 10^7 m/s.
- **β-Strahlung**. Sie besteht aus Elektronen mit nicht einheitlicher Geschwindigkeit zwischen etwa 10^8 m/s und $0{,}999c_0$. Wegen ihrer *negativen* Ladung werden sie in elektrischen und magnetischen Feldern entgegengesetzt zu den α-Teilchen abgelenkt.
- **γ-Strahlung**. Sie ist eine elektromagnetische Strahlung mit Wellenlängen von etwa 10^{-12} m bzw. Frequenzen von etwa 10^{20} Hz. In elektrischen und magnetischen Feldern ist sie nicht ablenkbar.

Bei *künstlichen* Kernumwandlungen → [39] können Isotope entstehen, bei denen eine vierte Strahlung zu beobachten ist.

- **β⁺-Strahlung**. Sie besteht aus **Positronen**, also Teilchen, die den Elektronen bis auf das Vorzeichen der Ladung gleich sind („positive Elektronen").

38.1 Radioaktive Umwandlung (radioaktiver Zerfall)

38.1.1 Stabilität des Kerns

Das Verhältnis $\dfrac{\text{Neutronenzahl } N}{\text{Protonenzahl } Z}$ nimmt mit steigender Massenzahl A zu. Es zeigt sich, dass Kerne nur dann stabil sind, wenn ein bestimmtes Neutronen-Protonen-Verhältnis annähernd erreicht ist.

Wenn

N Anzahl der Neutronen im Kern,
Z Anzahl der Protonen im Kern,
A Massenzahl = $N + Z$,

dann gilt als Voraussetzung für eine *stabile* Nukleonenverbindung

(K 38.1) $$\frac{N}{Z} \approx 1 + 0{,}015\,A^{2/3} \quad \text{und} \quad A < 250$$

Von den zzt. mehr als 1 700 bekannten Kernarten sind nur etwa 300 stabil.

Die in der Natur überwiegenden Kerne vom Typ g,g (gerade Protonen- und Neutronenzahl) sind besonders stabil.

38.1.2 α-Zerfall

Er tritt nur bei Kernen mit großer Massenzahl *A* auf ($A > 200$). Da ein α-Teilchen ausgeschleudert wird, muss die Massenzahl um 4, die Kernladungszahl um 2 abnehmen.

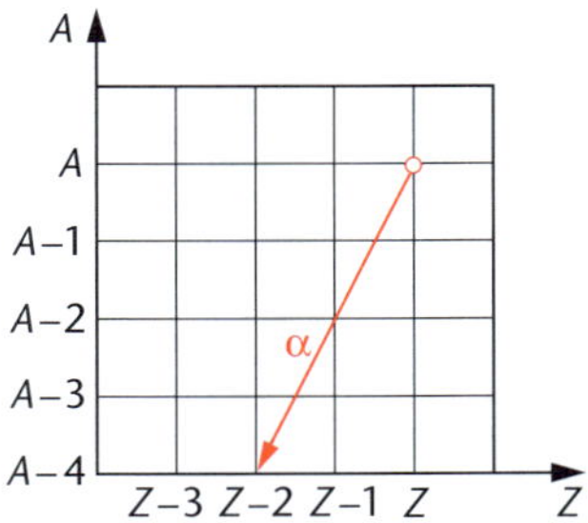

(K 38.2) $$^{A}_{Z}\mathrm{K}_1 \rightarrow {}^{A-4}_{Z-2}\mathrm{K}_2 + {}^{4}_{2}\alpha$$

Beispiel:

- $^{226}_{88}\mathrm{Ra} \rightarrow {}^{222}_{86}\mathrm{Rn} + {}^{4}_{2}\alpha$
- $^{210}_{84}\mathrm{Po} \rightarrow {}^{206}_{82}\mathrm{Pb} + {}^{4}_{2}\alpha$

38.1.3 β-Zerfall

Er tritt bei Kernen mit relativem Neutronenüberschuss (K 38.1) auf. Das abgestoßene Elektron entsteht bei der Umwandlung eines Neutrons in ein Proton:

(K 38.3)

Neutron	→	Proton	+	Elektron	+	Antineutrino
$^{1}_{0}\mathrm{n}$	→	$^{1}_{1}\mathrm{p}$	+	$^{0}_{-1}\mathrm{e}$	+	$^{0}_{0}\overline{\nu}$

K

Beachte:

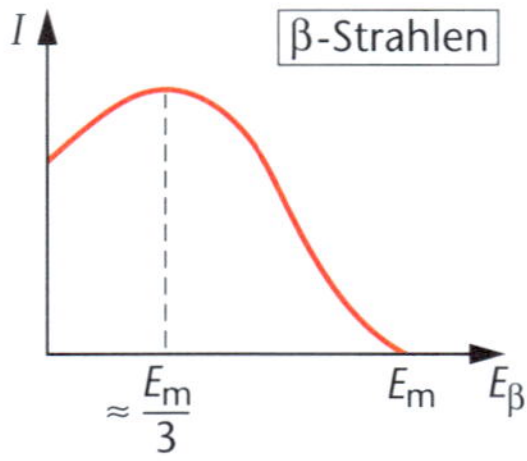

- Das **Antineutrino** (korrekt: Anti-Elektron-Neutrino $\overline{\nu}_e$ → [40.1.1]) besitzt (wie auch das Neutrino) keine Ruhemasse und keine Ladung. Es bindet nur einen Teil der Zerfallsenergie und wird in der Reaktionsgleichung gewöhnlich nicht mitgeschrieben. Die entstehenden β-Teilchen haben demnach keine einheitliche kinetische Energie E_β. In Tabellen wird meist die *Maximalenergie* E_m angegeben. Die häufigste Energie beträgt etwa $E_m/3$. Da beim β^--Zerfall ein Elektron ausgestoßen wird, muss bei konstanter Massenzahl die Kernladungszahl um 1 wachsen.

(K 38.4) $${}^{A}_{Z}K_1 \rightarrow {}_{Z+1}^{A}K_2 + {}^{0}_{-1}e$$

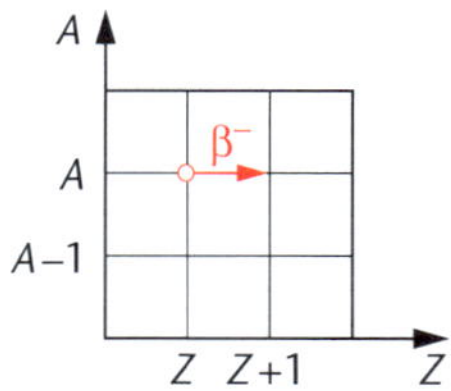

Beispiel:

- ▶ ${}^{90}_{38}Sr \rightarrow {}^{90}_{39}Y + {}^{0}_{-1}e$
- ▶ ${}^{214}_{82}Pb \rightarrow {}^{214}_{83}Bi + {}^{0}_{-1}e$

38.1.4 β^+-Zerfall

Er tritt bei künstlich erzeugten radioaktiven Kernen mit relativem Protonenüberschuss auf (K 38.1). Das abgegebene Positron entsteht bei der Umwandlung eines Protons in ein Neutron:

(K 38.5)
$$\begin{array}{ccccccc} \text{Proton} & \rightarrow & \text{Neutron} & + & \text{Positron} & + & \text{Neutrino} \\ {}^{1}_{1}p & \rightarrow & {}^{1}_{0}n & + & {}^{0}_{1}e & + & {}^{0}_{0}\nu_e \end{array}$$

Beachte:

- Das **Neutrino** (korrekt: Elektron-Neutrino ν_e → [40.1.1]) besitzt weder Ruhemasse noch Ladung. Da es nur einen Teil der Zerfallsenergie bindet, wird es in der Reaktionsgleichung gewöhnlich nicht mitgeschrieben. Die entstehenden β^+-Teilchen haben keine einheitliche Energie.

Da beim β^+-Zerfall ein Positron abgegeben wird, muss bei konstanter Massenzahl die Kernladungszahl des neuen Kerns K_2 um 1 kleiner sein.

(K 38.6) $$ {}^{A}_{Z}\mathrm{K}_1 \rightarrow {}_{Z-1}^{A}\mathrm{K}_2 + {}_{+1}^{0}\mathrm{e} $$

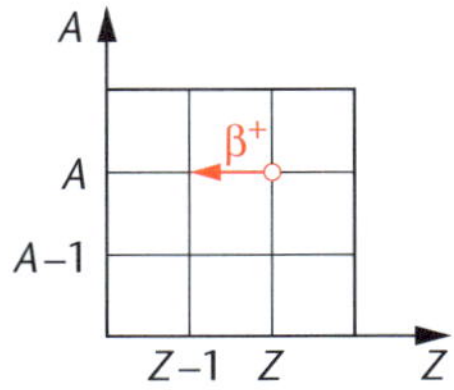

Beispiel:

- $^{30}_{15}\mathrm{P} \rightarrow {}^{30}_{14}\mathrm{Si} + {}^{0}_{+1}\mathrm{e}$
- $^{22}_{11}\mathrm{Na} \rightarrow {}^{22}_{10}\mathrm{Ne} + {}^{0}_{+1}\mathrm{e}$

38.1.5 γ-Emission

Sie ist eine Begleiterscheinung des α- oder β-Zerfalls. Nach diesen Zerfällen vollzieht sich im Kern ein Umsetzungsprozess. Der Kern geht aus einem angeregten Zustand in energieärmere Zustände über. Dabei bleiben Kernladungs- und Massenzahl *unverändert.*

38.2 Statistik des Zerfalls

Der Zerfall der Kerne ist ein statistischer Vorgang. Wegen der *großen* Anzahl der in radioaktiven Stoffen enthaltenen Atome kann man aber für den Zerfall *statistische* Gesetze formulieren.

38.2.1 Zerfallskonstante

In einem bestimmten Zeitabschnitt $\mathrm{d}t$ zerfallen $\mathrm{d}N$ Kerne. Dabei ist $\mathrm{d}N$ der Anzahl der noch vorhandenen zerfallsfähigen Kerne proportional: $\mathrm{d}N/\mathrm{d}t \sim -N$. Der Proportionalitätsfaktor heißt **Zerfallskonstante** λ.

Die Zerfallskonstante gibt den Bruchteil $\mathrm{d}N/N$ an, der von N aktiven Kernen in der Zeit $\mathrm{d}t$ zerfällt; $\lambda = -\mathrm{d}N/(N \cdot \mathrm{d}t)$.

38.2.2 Zerfallsgesetz

Wenn

N_0 Anzahl der zu Beginn des Zeitabschnittes t vorhandenen Kerne,

N Anzahl der nach Ablauf der Zeit t noch nicht zerfallenen Kerne,

t Zeit,

λ Zerfallskonstante,

e Basis der natürlichen Logarithmen $= 2{,}718\,28$,

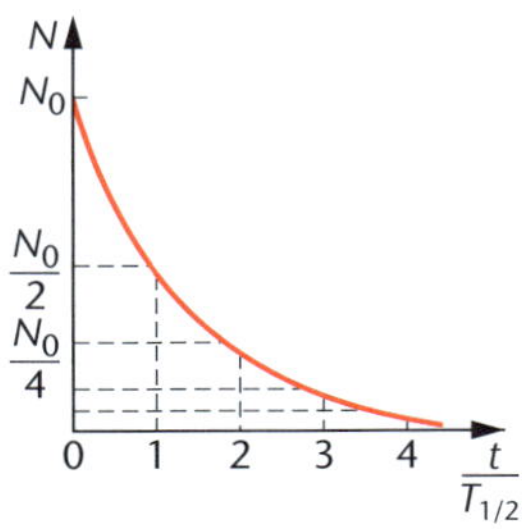

K

dann gilt nach Integration der Gleichung $\frac{\mathrm{d}N}{N} = -\lambda\,\mathrm{d}t$

(K 38.7) $$N = N_0\,\mathrm{e}^{-\lambda t}$$

Ersetzt man λ mit Hilfe von (K 38.9), so erhält man

$N = N_0\,\mathrm{e}^{-t\ln 2/T_{1/2}}$ oder vereinfacht

(K 38.8) $$N = \frac{N_0}{2^{t/T_{1/2}}}$$

38.2.3 Halbwertszeit

Unter der Halbwertszeit $T_{1/2}$ versteht man die Zeit, in der jeweils die Hälfte der vorhandenen zerfallsfähigen Kerne zerfällt.

Aus (K 38.7) folgt $\frac{N_0}{2} = N_0\,\mathrm{e}^{-\lambda T_{1/2}}$ und daraus

(K 38.9) $$T_{1/2} = \frac{\ln 2}{\lambda} = \frac{0{,}693}{\lambda}$$

Beachte:

- Halbwertszeiten wichtiger Radionuklide → Tabelle 57.
- Ein häufig verwendeter Begriff ist die

mittlere Lebensdauer

(K 38.10) $$\tau = \frac{1}{\lambda} = \frac{T_{1/2}}{\ln 2} = \frac{T_{1/2}}{0{,}693}$$

Beachte:

- Die mittlere Lebensdauer ist *größer* als die Halbwertszeit $T_{1/2}$.

38.2.4 Aktivität

Als *Aktivität* A eines radioaktiven Stoffes bezeichnet man die Anzahl der radioaktiven Zerfälle je Zeiteinheit: $A = \mathrm{d}N/\mathrm{d}t$ bzw. bei großen Halbwertszeiten $A = \Delta N/\Delta T$.

SI-Einheit der Aktivität: $[A]$ = Becquerel (Bq) = 1/s.

Ungesetzliche Einheit: Curie (Ci) = $3{,}7 \cdot 10^{10}$ Bq = 37 GBq

1 mCi = $3{,}7 \cdot 10^{7}$ Bq = 37 MBq

1 µCi = $3{,}7 \cdot 10^{4}$ Bq = 37 kBq.

Die *momentane* Aktivität ist eine wichtige Kenngröße einer radioaktiven Substanz und leicht berechenbar.

Wenn
A Aktivität des radioaktiven Stoffs,
λ Zerfallskonstante,
$T_{1/2}$ Halbwertszeit,
N Anzahl der zerfallsfähigen Kerne im Stoff,

dann gilt mit $A = \mathrm{d}N/\mathrm{d}t$ und $\lambda = \mathrm{d}N/(N\mathrm{d}t)$

(K 38.11) $$A = \lambda N = \frac{\ln 2 \cdot N}{T_{1/2}}$$

	A	T	λ
SI	$\mathrm{Bq} = \frac{1}{\mathrm{s}}$	s	$\frac{1}{\mathrm{s}}$

Beachte:

- Die Anzahl der Kerne N in (K 38.11) wird mit Hilfe von (K 36.3) $N = m/m_\mathrm{A} = m/(A_\mathrm{r} \cdot 1{,}660\,5 \cdot 10^{-27}\,\mathrm{kg})$ bestimmt. Bei Verbindungen ist die Anzahl der aktiven Kerne je Molekül zu berücksichtigen.

■ Aus der Definition $A = \mathrm{d}N/\mathrm{d}t = \lambda N$ folgt, dass die Aktivität A *keine konstante* Größe einer Substanz ist, sondern eine Funktion der Zeit. Die Anzahl der noch nicht zerfallenen Kerne nimmt ständig ab. Wegen $A \sim N$ ergibt sich bei sinngemäßer Anwendung von (K 38.7) und (K 38.8)

mit
A_0 Aktivität zu Beginn,
A Aktivität nach der Zeit t

(K 38.12) $$A = A_0\,\mathrm{e}^{-\lambda t} = \frac{A_0}{2^{t/T_{1/2}}}$$

■ Vielfach wird die Aktivität einer Substanz auf ihre Masse bezogen. Man nennt sie dann **spezifische Aktivität** a.

Spezifische Aktivität $a = \dfrac{\text{Aktivität } A}{\text{Masse } m}$.

SI-Einheit der spezifischen Aktivität: $[a] = \dfrac{\text{Bequerel}}{\text{Kilogramm}} \left(\dfrac{\mathrm{Bq}}{\mathrm{kg}}\right)$.

Mit (K 38.11) $A = \ln 2 \cdot N/T_{1/2}$ und (K 36.1) $m = Nm_\mathrm{A} = NA_\mathrm{r} \cdot \mathrm{u}$ erhält man nach Umrechnung $1\,\mathrm{u} = 1{,}660\,5 \cdot 10^{-27}\,\mathrm{kg}$ die Möglichkeit, die spezifische Aktivität eines Stoffes aus der bekannten Halbwertszeit zu bestimmen.

K

spezifische Aktivität

(K 38.13)

$$a = \frac{\ln 2}{T_{1/2} A_r \cdot 1{,}660\,5 \cdot 10^{-27}\,\text{kg}} = \frac{4{,}174 \cdot 10^{26}}{T_{1/2} A_r\,\text{kg}}$$

	a	$T_{1/2}$
SI	$\frac{\text{Bq}}{\text{kg}} = \frac{1}{\text{s} \cdot \text{kg}}$	s

Übersicht:

Spezifische Aktivität einiger radioaktiver Substanzen			
Element	Z	Isotop	$a \big/ \frac{\text{Bq}}{\text{g}}$
Blei	82	Pb 214	$1{,}22 \cdot 10^{18}$
Bismut	83	Bi 214	$1{,}67 \cdot 10^{18}$
Polonium	84	Po 218	$1{,}05 \cdot 10^{19}$
Radon	86	Rn 222	$5{,}74 \cdot 10^{15}$
Radium	88	Ra 226	$3{,}7 \cdot 10^{10}$
Thorium	90	Th 230	$7{,}03 \cdot 10^{8}$
		Th 234	$8{,}47 \cdot 10^{14}$
Uran	92	U 234	$2{,}1 \cdot 10^{8}$
		U 238	$1{,}22 \cdot 10^{4}$

38.3 Zerfallsreihen

Beim Zerfall eines radioaktiven Kerns entsteht meist wieder ein radioaktiver Kern. Es gibt ganze Zerfallsreihen. Drei haben als Ausgangskerne Uran- bzw. Thorium-Isotope, die in der Natur vorkommen. Die vierte Zerfallsreihe beginnt mit einem *künstlich* erzeugten Plutonium-Isotop. Außerhalb der Zerfallsreihen gibt es in der Natur nur noch wenige radioaktive Nuklide.

Übersicht:

Die 4 Zerfallsreihen		
Name	Ausgangskern	Endkern (stabil)
Uran-Radium-Reihe	$^{238}_{92}\text{U}$ (UI)	$^{206}_{82}\text{Pb}$
Uran-Actinium-Reihe	$^{235}_{92}\text{U}$ (AcU)	$^{207}_{82}\text{Pb}$
Thorium-Reihe	$^{232}_{90}\text{Th}$	$^{208}_{82}\text{Pb}$
Neptunium-Reihe	$^{241}_{94}\text{Pu}$	$^{209}_{83}\text{Bi}$

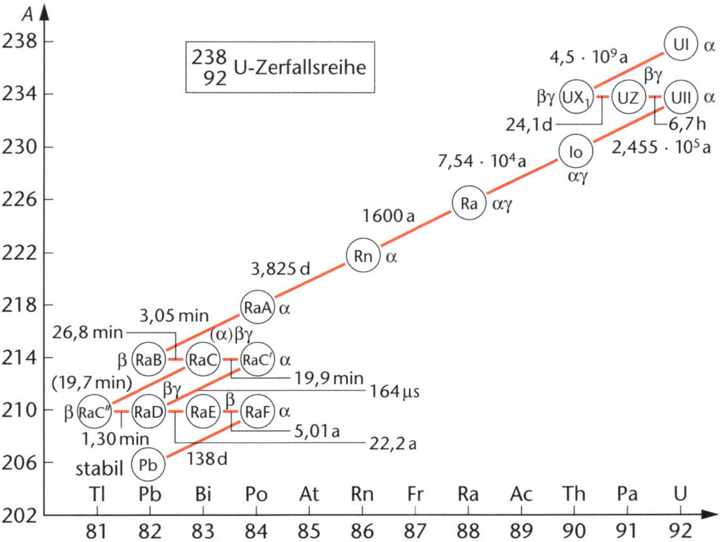

38.4 Schwächung der Kernstrahlung

38.4.1 γ-Strahlung

Die Intensität der γ-Strahlen nimmt mit dem Quadrat der Entfernung ab, wenn von zusätzlicher Absorption abgesehen wird.

Beachte:

- Deshalb ist „möglichst großer Abstand“ ein wichtiges Prinzip des Strahlenschutzes!

Die Schwächung (Absorption) der γ-Strahlen in stofflichen Medien beruht auf folgenden Effekten:

- **Fotoeffekt**. Ein Photon (γ-Quant) dringt in die Hülle eines Atoms und setzt ein Elektron (meist der K-Schale) frei. Dieser Effekt überwiegt bei γ-Quantenenergien unter 0,5 MeV.
- **Compton-Effekt** → [35.2.3]. Ein Photon trifft auf ein äußeres Hüllenelektron und überträgt diesem einen Teil seiner Energie. Dadurch verändert es seine Richtung (Compton-Streuung) und vermindert seine Energie und Frequenz.

▶ **Paarbildung.** Ein Photon dringt bis in unmittelbare Kernnähe. Beträgt seine Energie mindestens 1,02 MeV, so kann es sich in ein Elektron-Positron-Paar umwandeln.

Die Schwächung der γ-Strahlen (Abnahme der Intensität) in stofflichen Medien lässt sich bestimmen. Dabei versteht man unter *Intensität* das Produkt aus der Anzahl der Teilchen je Sekunde und der kinetischen Energie je Teilchen.

Wenn

I_0 Intensität der γ-Strahlen vor der absorbierenden Schicht,
I Intensität hinter der absorbierenden Schicht,
d Dicke der durchstrahlten Schicht,
μ linearer Schwächungskoeffizient (→ Tabellen 58 und 59),

dann gilt als

Absorptionsgesetz

(K 38.14) $$I = I_0\, e^{-\mu d}$$

	μ	d
SI	$\frac{1}{\text{m}}$	m
VT	$\frac{1}{\text{cm}}$	cm

Ersetzt man μ mit Hilfe von (K 38.16), so folgt

(K 38.15) $$I = \frac{I_0}{2^{d/d_{1/2}}}$$

Beachte:

● Der lineare Schwächungskoeffizient μ ist von der Energie des γ-Quants und dem Absorbermaterial abhängig. Zahlenwerte für μ → Tabelle 58 und 59!

■ Die für die Schwächung der Strahlungsintensität auf die Hälfte erforderliche Schichtdicke bezeichnet man als **Halbwertsschichtdicke** $d_{1/2}$. Aus dem Absorptionsgesetz (K 38.14) ergibt sich dafür

(K 38.16) $$d_{1/2} = \frac{\ln 2}{\mu} = \frac{0{,}693}{\mu}$$

	μ	d
SI	$\frac{1}{\text{m}}$	m
VT	$\frac{1}{\text{cm}}$	cm

Gelegentlich wird auch mit der Zehntelwertdicke gerechnet. Sie ist analog zu (K 38.16)

(K 38.17) $$d_{1/10} = \frac{\ln 10}{\mu} = \frac{2{,}303}{\mu}$$

38.4.2 β-Strahlung

Das Absorptionsgesetz (K 38.14) gilt auch hier in guter Näherung. Zweckmäßigerweise wird der Exponent mit der Absorberdichte erweitert: $\mu d = \frac{\mu}{\varrho} \cdot d\varrho = \mu_m m''$. Das hat den Vorteil, dass im Massenschwächungskoeffizienten μ_m die Absorberdichte bereits berücksichtigt ist.

Wenn
I_0 Intensität der β-Strahlen vor der Absorberschicht,
I Intensität hinter der Absorberschicht,
m'' Massenschichtdicke (flächenbezogene Masse) $= m/A = d\varrho$,
μ_m Massenschwächungskoeffizient $= \mu/\varrho$,
dann gilt

(K 38.18) $$I = I_0\,\mathrm{e}^{-\mu_m m''}$$

	μ_m	m''
SI	$\frac{m^2}{kg}$	$\frac{kg}{m^2}$
VT	$\frac{cm^2}{g}$	$\frac{g}{cm^2}$

Beachte:

- Der Massenschwächungskoeffizient μ_m hängt von der Energie der β-Teilchen ab. Da diese aber bei jedem Strahler uneinheitlich ist, wird der Maximalwert E_m benutzt.

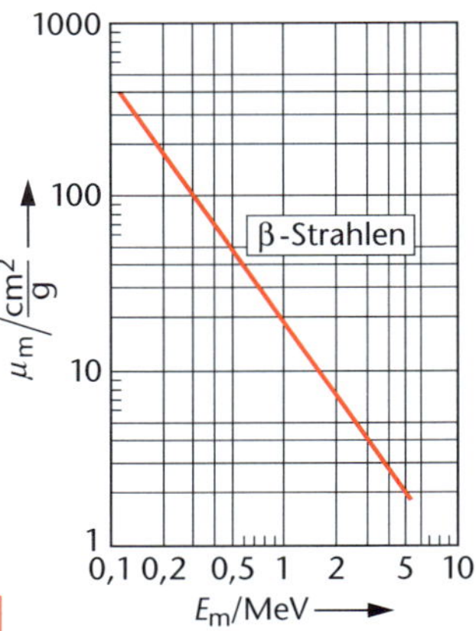

■ $\mu_m = \mu_m(E_m)$ kann nebenstehendem Diagramm entnommen werden.

Ferner kann μ_m mit einer empirischen Formel berechnet werden. Für $E_m > 0{,}5$ MeV gilt in guter Näherung die zugeschnittene Größengleichung

(K 38.19) $$\mu_m \approx \frac{22}{(E_m/\mathrm{MeV})^{1{,}333}} \frac{\mathrm{cm}^2}{\mathrm{g}}$$

Beachte:

- Zahlenwerte für die Maximalenergie der β-Teilchen E_m → Tabelle 57.

■ Die für die Schwächung der Strahlungsintensität auf die Hälfte erforderliche Flächenmasse m'' bezeichnet man als **Halbwertsschicht** $m''_{1/2}$. Analog zu (K 38.16) ergibt sich dafür

(K 38.20) $$m''_{1/2} = \frac{\ln 2}{\mu_m} = \frac{0{,}693\,1}{\mu_m}$$

	μ_m	m''
SI	$\frac{m^2}{kg}$	$\frac{kg}{m^2}$
VT	$\frac{cm^2}{g}$	$\frac{g}{cm^2}$

38.4.3 α-Strahlung

Wegen der starken ionisierenden Wirkung haben α-Strahlen in festen Stoffen meist eine vernachlässigbare Reichweite. Prinzipiell ist sie von der Anfangsenergie der α-Teilchen und vom Absorbermaterial abhängig. Für **Luft** kann die *mittlere* Reichweite nebenstehendem Diagramm entnommen werden. Außerdem lässt sie sich näherungsweise berechnen. Für 15 °C und 101,325 kPa (Normdruck) gilt die zugeschnittene Größengleichung

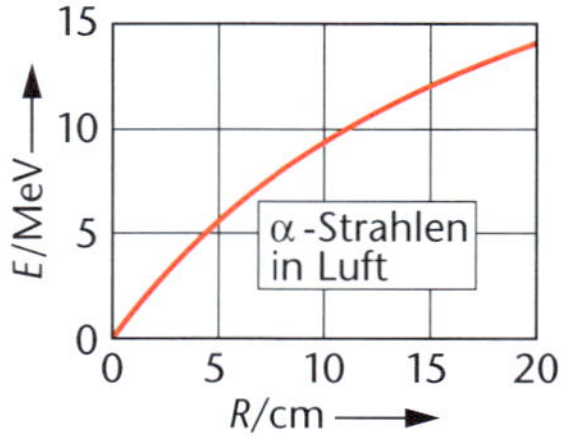

(K 38.21) $$R_L \approx 0{,}32\,\text{cm} \cdot (E/\text{MeV})^{1{,}5}$$

■ Aus der Reichweite in Luft kann näherungsweise die mittlere Reichweite in anderen Stoffen bestimmt werden.

Wenn
R_L mittlere Reichweite in Luft,
R mittlere Reichweite in einem anderen Stoff,
ϱ Dichte dieses Stoffes,
A Massenzahl dieses Stoffes,

dann gilt die zugeschnittene Größengleichung

(K 38.22) $$R \approx 3{,}4 \cdot 10^{-4}\, R_L \frac{\sqrt{A}}{\varrho \Big/ \frac{g}{cm^3}}$$

38.5 Dosimetrie

Die Wirkung **ionisierender Strahlungen** (Strahlung radioaktiver Stoffe einschließlich Neutronen- und Röntgenstrahlung) wird durch die *Energie* ausgedrückt, die vom bestrahlten Körper absorbiert wird.

38.5.1 Energiedosis

Unter der Energiedosis D versteht man das Verhältnis der absorbierten Energie zur Masse des bestrahlten Körpers.

SI-Einheit der Energiedosis: $[D] = \text{Gray (Gy)} = \dfrac{\text{J}}{\text{kg}}$.

Ungesetzliche Einheit: Rad (rd) $= 10^{-2}$ Gy.

Wenn
- D Energiedosis,
- E Energie, absorbiert vom bestrahlten Körper,
- m Masse des bestrahlten Körpers,

dann gilt bei homogener Verteilung von Masse und Energie für die

Energiedosis

(K 38.23) $$D = \frac{E}{m} = \frac{E}{\varrho V}$$

	D	E	m
SI	$\text{Gy} = \dfrac{\text{J}}{\text{kg}}$	J	kg

Beachte:
- Aus messtechnischen Gründen wird die Energiedosis meist aus der *Ionendosis* → [38.5.3] ermittelt.

38.5.2 Energiedosisleistung

Als *Energiedosisleistung* $\dot{D}$ bezeichnet man den Quotienten aus der absorbierten Energiedosis D und der Zeit t.

SI-Einheit der Energiedosisleistung: $[\dot{D}] = \dfrac{\text{Gray}}{\text{Sekunde}} \left(\dfrac{\text{Gy}}{\text{s}}\right) = \dfrac{\text{W}}{\text{kg}}$.

Ungesetzliche Einheit: Rad/Sekunde (rd/s) $= 10^{-2}$ Gy/s.

Wenn
- $\dot{D}$ Energiedosisleistung, Energiedosisrate,
- D Energiedosis,
- t Zeit,

K

dann gilt für die

Energiedosisleistung

(K 38.24) $$\dot{D} = \frac{D}{t}$$

	$\dot{D}$	D	t
SI	$\frac{\text{Gy}}{\text{s}} = \frac{\text{W}}{\text{kg}}$	$\text{Gy} = \frac{\text{J}}{\text{kg}}$	s

38.5.3 Ionendosis

Eine der wichtigsten Eigenschaften der Strahlung radioaktiver Stoffe ist ihre *ionisierende* Wirkung. Die Anzahl der von γ- oder Röntgenstrahlung in Luft gebildeten Ionen ist daher ein Maß für die Intensität der Strahlung.

Als **Ionendosis** J bezeichnet man den Quotienten aus der durch Ionisierung der Luft gebildeten Ladung Q (*eines* Vorzeichens) und der Masse der durchstrahlten Luft.

SI-Einheit der Ionendosis: $[J] = \frac{\text{C}}{\text{kg}}$.

Ungesetzliche Einheit: Röntgen (R) $= 2{,}580 \cdot 10^{-4}\,\frac{\text{C}}{\text{kg}}$.

Wenn

J Ionendosis,
Q Ladung,
m Masse der Luft,

dann gilt für die

Ionendosis

(K 38.25) $$J = \frac{Q}{m}$$

	J	Q	m
SI	$\frac{\text{C}}{\text{kg}}$	C	kg

Die zur Erzeugung eines Ionenpaares notwendige Energie ist bei allen Stoffen bekannt (z. B. Ionisierungskonstante für Luft 33,85 eV). Deshalb lässt sich aus der Ionendosis die entsprechende Energiedosis bestimmen.

Wenn

D Energiedosis,
f Ionisierungsäquivalent,
J Ionendosis,

dann gilt als *Beziehung* zwischen Energie- und Ionendosis

(K 38.26) $$D = fJ$$

	D	J	f
SI	Gy	$\frac{\text{C}}{\text{kg}}$	$\frac{\text{Gy}}{\text{C/kg}}$

Für Quantenenergien von etwa 0,01 ... 2 MeV gelten die Richtwerte

- Luft, trocken im Normzustand $f \approx 34{,}0\,\text{Gy}/(\text{C}/\text{kg})$
- Wasser, Weichteilgewebe $f \approx 37{,}6\,\text{Gy}/(\text{C}/\text{kg})$
- Knochen $f \approx 150\,\text{Gy}/(\text{C}/\text{kg})$

38.5.4 Äquivalentdosis

Für den Strahlenschutz ist die *biologische* Wirkung ionisierender Strahlung auf lebendes Gewebe von Bedeutung. Sie wird bestimmt mit Hilfe der Äquivalentdosis H.

SI-Einheit der Äquivalentdosis: $[H] = \text{Sievert (Sv)} = \dfrac{\text{J}}{\text{kg}}$.

Ungesetzliche Einheit: Rem (rem) $= 10^{-2}$ Sv.

> 1 Sievert einer bestimmten Strahlung ruft die gleiche biologische Wirkung hervor wie 1 Gy Röntgenstrahlung mit der Quantenenergie von 0,2 MeV.

Da die Äquivalentdosis nicht direkt messbar ist, wird sie mit Hilfe eines empirisch ermittelten *Bewertungsfaktors* q aus der Energiedosis D bestimmt.

Wenn
H Äquivalentdosis,
q Bewertungsfaktor,
D Energiedosis,

dann gilt

(K 38.27) $$\boxed{H = qD}$$

	H	q	D
SI	$\text{Sv} = \dfrac{\text{J}}{\text{K}}$	$\dfrac{\text{Sv}}{\text{Gy}} = 1$	$\text{Gy} = \dfrac{\text{J}}{\text{K}}$

Der Bewertungsfaktor ergibt sich aus $q = QN$. Darin ist der Qualitätsfaktor Q von der Art der Strahlung abhängig; N berücksichtigt alle weiteren Einflüsse und kann meist gleich 1 gesetzt werden.

Übersicht:

Qualitätsfaktor	$Q \Big/ \dfrac{\text{Sv}}{\text{Gy}}$
γ-, β- und Röntgenstrahlung	1
thermische (langsame) Neutronen < 0,01 MeV	5
Neutronen 0,01 ... 0,1 MeV; 2 ... 20 MeV	10
Neutronen 0,1 ... 2 MeV	20
Protonen > 2 MeV	5
α-Strahlung, schwere Kerne	20

Beachte:

- Da die Einheiten Sievert und Gray gleiche Dimension besitzen, ist Q *dimensionslos*: $[Q] = \text{Sievert}/\text{Gray} = 1$.

Mit Hilfe der **Dosisleistungskonstanten** Γ_H lässt sich für die Umgebung einer (näherungsweise punktförmigen) Photonen-Strahlungsquelle (Gamma- und Röntgenstrahlung) die Äquivalentdosis bestimmen.

Wenn
H Äquivalentdosis für Photonen-Strahlung,
A Aktivität der Strahlungsquelle,
r Abstand von der Strahlungsquelle,
t Dauer der Bestrahlung,
Γ_H Dosisleistungskonstante (→ Tabelle 62),
dann gilt für die

Äquivalentdosis

(K 38.28) $$H = \Gamma_H \frac{At}{r^2}$$

	H	Γ_H	A	t	r
SI	Sv	$\frac{\text{Sv} \cdot \text{m}^2}{\text{s} \cdot \text{Bq}}$	Bq	s	m

Beachte:

- Die Äquivalentdosis nimmt mit dem **Quadrat** des Abstandes ab: $H \sim 1/r^2$. Deshalb ist „großer Abstand" wichtig für den Strahlenschutz.
- Der Quotient H/t ist die **Äquivalentdosisleistung** $\dot{H}$.
- Die SI-Einheit für Γ_H in (K 38.28) stimmt nicht mit der Einheit in Tabelle 62 überein. Für die Umrechnung von Stunde (h) in Sekunde (s) sind die Tabellenwerte durch 3 600 zu dividieren.

38.6 Strahlenschutz

Wegen der großen Gefährlichkeit ionisierender Strahlung gelten umfangreiche gesetzliche Sicherheitsbestimmungen (**Strahlenschutzverordnung**). Mit ihnen sollen die Bevölkerung sowie beruflich strahlenexponierte Personen vor gesundheitlichen Schäden bewahrt werden.

Als **Dosisgrenzwert** der *natürlichen* Strahlenbelastung für die Bevölkerung im allgemeinen Staatsgebiet gilt: $\dot{H} = 2{,}2\,\text{mSv/a}$.

Grenzwert für beruflich strahlenexponierte Personen in Kontrollbereichen (Kategorie A) bei Ganzkörperbestrahlung: 9 mSv/a.

Grenzwert für beruflich strahlenexponierte Personen in Überwachungsbereichen (Kategorie B) bei Ganzkörperbestrahlung: 15 mSv/a.

Beachte:

- Die *mittlere* Strahlenbelastung der Bevölkerung (in Deutschland) beträgt zzt. etwa $\dot{H} = 1{,}7\,\text{mSv/a}$.
  Davon entfallen etwa 1,1 mSv/a auf *natürliche* Belastung durch Umwelt, Ernährung und Atemluft.
  Auf *zivilisatorische* Belastung (Medizin, Technik, Kernwaffenversuche, Kernkraftwerke u. Ä.) entfallen etwa 0,6 mSv/a.
- Die untere Gefährdungsgrenze (Schwellendosis bei einmaliger Ganzkörperbestrahlung mit Auswirkungen auf das Blutbild) beträgt $H_{\text{max}} = 250\,\text{mSv}$.
- Eine einmalige Dosis von $H = 6\ldots8\,\text{Sv}$ gilt als *tödlich*, 4 Sv führen mit 50%iger Wahrscheinlichkeit zum Tode.

38.7 Strahlennachweis

Für den Nachweis und die Messung ionisierender Strahlen werden u. a. folgende Einrichtungen verwendet:

- **Ionisationskammern**, in denen zwischen zwei Elektroden ein elektrisches Feld herrscht. Die auftreffenden Strahlen erzeugen Ladungsträger und steuern so einen Sättigungsstrom.
- **GEIGER-MÜLLER-Zählrohre**, in denen auftreffende Teilchen durch Ionisierung einen kurzzeitigen Entladungsstoß hervorrufen, der verstärkt und gezählt werden kann.
- **WILSON'sche Nebelkammern**, in deren mit Wasserdampf übersättigter Luft α- und β-Teilchen Kondensspuren hinterlassen.
- **Szintillationszähler**, in denen die auftreffende Strahlung bestimmte Leuchtstoffe zur Lichtemission anregt. Man kann die Lichtblitze durch eine Lupe beobachten und auszählen oder auch auf eine Fotokathode fallen lassen und die dort herausgeschlagenen Elektronen in Sekundärelektronenvervielfachern „verstärken“. So erhält man die empfindlichsten und leistungsfähigsten Strahlenmessgeräte.
- **Kernspurenemulsionen**, in deren lichtempfindlicher Schicht Strahlungen Schwärzungsspuren hinterlassen.

39 Künstliche Kernumwandlungen

Jede Umwandlung eines Kerns (Ausnahme: radioaktiver Zerfall) ist von außen verursacht. Treffen energiereiche Teilchen (α, β, n, p) auf den Kern, dann können verschiedenartige Reaktionen ausgelöst werden. Die „Geschosse“ können einem radioaktiven Zerfall entstammen oder künstlich beschleunigt worden sein.

39.1 Teilchenbeschleuniger

Neben *Hochspannungsanlagen* (*Kaskadengenerator* nach GREINACHER, *Hochspannungsgenerator* nach VAN DE GRAAFF u. a.) und *Linearbeschleunigern* haben *Kreisbeschleuniger* die größte Bedeutung.

Sie haben ein magnetisches Führungsfeld, das die Teilchen auf eine Kreisbahn zwingt, und ein elektrisches Beschleunigungsfeld, das den Teilchen die Geschwindigkeit gibt. Einige Typen sind:

- **Das Zyklotron**. Die im Zentrum eintretenden Teilchen bewegen sich wegen ihrer wachsenden Geschwindigkeit auf einer spiraligen Bahn.
- **Das Synchro-Zyklotron**. Bei sehr hohen Teilchengeschwindigkeiten macht sich der relativistische Massenzuwachs bemerkbar. Die Teilchen gelangen zu spät in die Beschleunigungsfelder, sie kommen außer Takt. Deshalb wird die Beschleunigungsfrequenz moduliert.
- **Das Synchro-Phasotron**. Die Teilchen werden vorbeschleunigt und tangential in die ringförmige Beschleunigungsstrecke gebracht. Es wird vor allem für schwere Teilchen verwendet.
- **Das Betatron**. Es ist eine Beschleunigungsanlage speziell für Elektronen.

39.2 Kernreaktionen

Der Zielkern wandelt sich beim Auftreffen eines energiereichen Teilchens um und schleudert dabei ein anderes Teilchen aus, also

$K_1 + a \rightarrow K_2 + b$ oder kürzer $K_1(a, b)K_2$.

Beispiel:

- Erste Kernumwandlung (RUTHERFORD 1919)

$${}^{14}_{7}N + {}^{4}_{2}\alpha \rightarrow {}^{17}_{8}O + {}^{1}_{1}p \qquad N\,14(\alpha, p)O\,17$$

- Entdeckung des Neutrons (Chadwick 1932)

  $^{9}_{4}Be + ^{4}_{2}\alpha \rightarrow ^{12}_{6}C + ^{1}_{0}n$ Be 9(α, n)C 12

- Erste Verwendung künstlich beschleunigter Geschosse (Protonen), gleichzeitig erste Kernspaltung (1932)

  $^{7}_{3}Li + ^{1}_{1}p \rightarrow ^{4}_{2}He + ^{4}_{2}He$ Li 7(p, −)2 He 4

- Erste Erzeugung eines künstlichen Radionuklids und Entdeckung des Positrons (Joliot-Curie 1932)

  $^{27}_{13}Al + ^{4}_{2}\alpha \rightarrow ^{30}_{15}P^{*} + ^{1}_{0}n$ Al 27(α, n)P 30*

  P-30 ist ein β^{+}-Strahler, der Stern (∗) bedeutet Radioaktivität.

- Entstehung von Transuranen

  $^{238}_{92}U + ^{4}_{2}\alpha \rightarrow ^{241}_{94}Pu^{*} + ^{1}_{0}n$ U 238(α, n)Pu 241*

- Erzeugungsreaktion für Cobalt 60

  $^{59}_{27}Co + ^{1}_{0}n \rightarrow ^{60}_{27}Co^{*} + \gamma$ Co 59(n, γ)Co 60*

- Erzeugungsreaktion für Kohlenstoff 14

  $^{13}_{6}C + ^{1}_{0}n \rightarrow ^{14}_{6}C^{*} + \gamma$ C 13(n, γ)C 14*

  oder

  $^{14}_{7}N + ^{1}_{0}n \rightarrow ^{14}_{6}C^{*} + ^{1}_{1}p$ N 14(n, p)C 14*

39.3 Uranspaltung

Das Element Uran gehört zu den Kernen mit großer Massenzahl. Entsprechend dem Diagramm → [36.3] ist bei ihnen die mittlere Bindungsenergie je Nukleon kleiner als bei Kernen mittlerer Massenzahl. Die Spaltung eines Urankerns in zwei kleinere Kerne bedeutet einen Übergang zu einer größeren Bindungsenergie je Nukleon und damit zum Freisetzen von Energie. Damit verbunden ist ein Anwachsen des Massendefektes, d. h., die Gesamtmasse wird geringfügig kleiner. 1938 gelang Hahn, Strassmann und Meitner die erste Kernspaltung bei U-235:

$$^{235}_{92}U + ^{1}_{0}n \rightarrow ^{145}_{56}Ba^{*} + ^{88}_{36}Kr^{*} + 3^{1}_{0}n$$

$$\text{oder} \rightarrow ^{139}_{54}Xe^{*} + ^{95}_{38}Sr^{*} + 2^{1}_{0}n$$

$$\text{oder} \rightarrow ^{140}_{55}Cs^{*} + ^{94}_{37}Rb^{*} + 2^{1}_{0}n$$

$$\text{oder} \rightarrow ^{145}_{57}La^{*} + ^{87}_{35}Br^{*} + 4^{1}_{0}n$$

Beachte:

- Außerdem können sich viele andere Paare von Spaltprodukten bilden. Die Summe beider Ordnungszahlen ist stets 92.
- Sämtliche entstehenden Spaltprodukte sind radioaktiv.

39.3.1 Kettenreaktion

Bei jeder Uranspaltung stehen einem benötigten Neutron 2 bis 3 gebildete Neutronen gegenüber, die in der Lage sind, weitere Kerne zu spalten. Es tritt eine Kettenreaktion ein, bei der die Anzahl der Neutronen schnell ansteigt.

Unter einer Kettenreaktion versteht man einen Prozess, in dem eine bestimmte Reaktion weitere gleichartige Reaktionen auslöst.

Bedingungen für das Ablaufen einer Kettenreaktion in U-235:

- Es dürfen keine Neutronen absorbierenden Beimischungen vorhanden sein.
- Es muss genügend spaltbares Material vorhanden sein, damit die freigesetzten Neutronen auf neue Kerne treffen können und nicht wirkungslos entweichen. Die Minimalmenge für eine Kettenreaktion nennt man **kritische Masse**.
- Die Geschwindigkeit der Neutronen muss für eine Spaltung ausreichend sein.

Nicht alle der je Spaltung freigesetzten 2 bis 3 Neutronen treffen wieder einen U-235-Kern. Die Anzahl der zu weiteren Spaltungen führenden Neutronen einer Spaltung wird als **Vermehrungs-** oder **Multiplikationsfaktor** k bezeichnet. Es sind drei Fälle zu unterscheiden:

- $\boldsymbol{k = 1}$; die Anzahl der Spaltungen je Zeiteinheit ist konstant, der Reaktor arbeitet mit konstanter Leistung;
- $\boldsymbol{k < 1}$; die Anzahl der Spaltungen je Zeiteinheit nimmt ab, die Kettenreaktion kommt zum Erliegen;
- $\boldsymbol{k > 1}$; die Anzahl der Spaltungen je Zeiteinheit nimmt zu, die Leistung des Reaktors nimmt exponentiell zu; es kommt zur Explosion, wenn nicht rechtzeitig der Vermehrungsfaktor verkleinert wird.

Sind Explosionen beabsichtigt (Bombe, Sprengungen), so wählt man den Vermehrungsfaktor so groß wie technisch möglich.

Natürliches Uran besteht zum größten Teil aus U-238, das schnelle Neutronen einfängt, ohne sich zu spalten. Durch Reflexion an bestimmten Bremssubstanzen (**Moderatoren**) werden die Neutronen auf thermische Geschwindigkeit (d. h. Geschwindigkeit in der Größenordnung der von Gasmolekülen normaler Temperatur) abgebremst. Man verwendet Kohlenstoff (Graphit), schweres Wasser (D_2O) und Wasser (H_2O). Langsame (thermische) Neutronen werden von U-238 nicht eingefangen, spalten aber U-235. Treffen Neutronen vor ihrer Abbremsung direkt auf U-238 und werden eingefangen, so entsteht folgende Reaktion:

$$^{238}_{92}\mathrm{U}(\mathrm{n},\gamma)^{239}_{92}\mathrm{U}^*(\mathrm{e}^-,\gamma)^{239}_{93}\mathrm{Np}^*(\mathrm{e}^-,\gamma)^{239}_{94}\mathrm{Pu}^*.$$

Da dieser Prozess Plutonium 239 bildet, das ebenso wie U-235 durch thermische Neutronen spaltbar ist, wird das sonst überflüssige U-238 in spaltbares Material verwandelt.

■ Die Kettenreaktion kann gesteuert werden durch Absorption eines bestimmten Neutronenanteils. Diese erfolgt mit Hilfe von **Regelstäben**. Solche in die aktive Zone einsenkbaren Regelstäbe bestehen meist aus Borstahl oder Cadmium (Änderung des Vermehrungsfaktors k).

39.3.2 Energiebilanz

Bei jeder Spaltung eines Kerns U-235 werden etwa 200 MeV freigesetzt. Davon entfallen auf die

- kinetische Energie der Spaltprodukte 167 MeV,
- kinetische Energie der Spaltneutronen 5 MeV,
- Gammastrahlung 5 MeV,
- Gamma- und Betastrahlung der Spaltprodukte 13 MeV,
- Energie des Neutrinos 10 MeV.

Bei jeder vollständigen Spaltung von 1 kg U-235 entsteht ein Massendefekt von rund 1 g. Das entspricht einer Energie von etwa

$9 \cdot 10^{13}$ J $\widehat{=}$ 2 500 t Steinkohle oder
$25 \cdot 10^3$ MWh oder 20 000 t TNT-Sprengstoff.

39.4 Kernfusion

Einen größeren Energiegewinn bringt die Kernfusion. Ein zukünftiger Reaktor könnte folgende Reaktionen nutzen:

$$^2_1\mathrm{D} + ^2_1\mathrm{D} \to ^3_1\mathrm{T} + ^1_1\mathrm{p} + 4{,}0\,\mathrm{MeV}$$
$$^2_1\mathrm{D} + ^2_1\mathrm{D} \to ^3_2\mathrm{He} + ^1_0\mathrm{n} + 3{,}25\,\mathrm{MeV}$$
$$^2_1\mathrm{D} + ^3_1\mathrm{T} \to ^4_2\mathrm{He} + ^1_0\mathrm{n} + 17{,}7\,\mathrm{MeV}.$$

Sie laufen gleichzeitig ab und lassen sich zusammenfassen:

$5\,{}^{2}_{1}\mathrm{D} \rightarrow {}^{4}_{2}\mathrm{He} + {}^{3}_{2}\mathrm{He} + 2\,{}^{1}_{0}\mathrm{n} + {}^{1}_{1}\mathrm{p}.$

Die Bildung von etwa 1 g Helium liefert eine Energie von 200 MWh.

39.5 Anwendung radioaktiver Nuklide

Fast ausschließlich werden β- und γ-Strahler verwendet. Man kann folgende grundsätzlichen Methoden unterscheiden:

- **Durchstrahlungsverfahren**
  - Strahlenschranken (Füllstandskontrolle u. Ä.)
  - berührungsfreies Messen von Dicke und Dichte,
  - zerstörungsfreie Werkstoffprüfung (Gammadefektoskopie).
- **Bestrahlungsverfahren**
  - Ionisierung von Gasen (Vakuummeter, Verhinderung elektrostatischer Aufladung u. Ä.),
  - Erzeugung von Gitterstörungen bei festen Körpern (Strukturveränderungen bei Kunststoffen),
  - Tiefenbestrahlung bei Geschwulstkrankheiten (Cobalt 60).
- **Markierungsverfahren (Indikatormethode)**
  - Markierung von Atomen für biologisch-medizinische Forschung,
  - Verschleißmessungen.

40 Elementarteilchen

Außer den Bausteinen der Atome, den Elementarteilchen *Proton, Neutron* und *Elektron*, sind heute Hunderte von Elementarteilchen bekannt. Die meisten von ihnen sind Bestandteil der *kosmischen Strahlung* (Höhenstrahlung) oder entstehen als Wechselwirkung mit der Erdatmosphäre. Bei Experimenten mit Teilchenbeschleunigern wurden weitere Teilchen entdeckt bzw. nachgewiesen.

Noch konnten nicht alle *theoretisch möglichen* Teilchen experimentell nachgewiesen worden.

Neben der Einteilung in *elementare* und *zusammengesetzte* Teilchen ist eine Einteilung nach ihrer *Masse* möglich:

- Leptonen (leichte Teilchen): Elektron, Neutrino, Myon u. a.
- Mesonen (mittelschwere Teilchen): Pion, Kaon u. a.
- Baryonen (schwere Teilchen): Proton, Neutron, Hyperonen.

Zu jedem Teilchen gibt es ein **Antiteilchen**, das sich nur im Vorzeichen der Ladung bzw. ladungsabhängiger Größen unterscheidet. Antiteilchen werden durch einen Querstrich über dem Symbol gekennzeichnet. Werte von *Antiteilchen* sind in den folgenden Übersichten *rot* gedruckt.

Beim Zusammentreffen eines Teilchens mit seinem Antiteilchen kommt es zur **Zerstrahlung (Paarvernichtung)**; beide Teilchen verwandeln sich in ein Photon gleicher Energie und Masse. Die Umkehrung dieses Vorgangs bezeichnet man als **Paarbildung** → [38.4.1].

Die Nukleonen Proton und Neutron galten als unteilbar. Experimente bewiesen, dass sie aus drei elementaren Teilchen zusammengesetzt sein müssen, den so genannten **Quarks**.

Einen schematischen Überblick über die Einteilung der Elementarteilchen zeigt die

Übersicht:

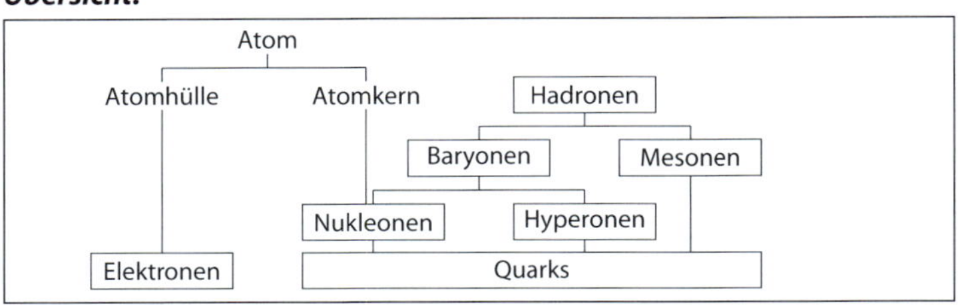

40.1 Elementare Teilchen

Dazu zählen *Leptonen* und *Quarks*. Alle sind strukturlos, also punktförmig.

Beide Teilchenarten können in drei Gruppen eingeteilt werden: leicht, mittelschwer und schwer. Am Aufbau der Materie sind nur Teilchen der jeweils 1. Gruppe beteiligt. Teilchen der 2. und 3. Gruppe entstehen nur unter extremen Bedingungen und sind *instabil*. Sie zerfallen innerhalb sehr kurzer Zeit in Teilchen der 2. und 3. Gruppe.

40.1.1 Leptonen

Übersicht:

Eigenschaften von Leptonen							
Gruppe	Name	Symbol		m/m_e	Q/e		τ/s
1	Elektron Positron	e^-	e^+	1	−1	+1	∞
	Elektron-Neutrino	ν_e	$\overline{\nu}_e$	0	0	0	∞
2	Myon	μ^-	μ^+	207	−1	+1	$2{,}2 \cdot 10^{-6}$
	Myon-Neutrino	ν_μ	$\overline{\nu}_\mu$	$< 0{,}3$	0	0	∞?
3	Tau (Tauon)	τ^-	τ^+	3 477	−1	+1	$3 \cdot 10^{-13}$
	Tau-Neutrino	ν_τ	$\overline{\nu}_\tau$	$< 0{,}4$	0	0	∞?

40.1.2 Quarks

Im Widerspruch zur früheren Ansicht, dass die elektrische Elementarladung *e unteilbar* ist, besitzen Quarks q und Antiquarks $\overline{q}$ Ladungen von *Teilen* einer Elementarladung: $-1/3\,e$ bzw. $+2/3\,e$.

Übersicht:

Eigenschaften von Quarks							
Gruppe	Name	Symbol		m/m_e	Q/e		τ/s
1	down	d	$\overline{d}$	≈ 20	−1/3	+1/3	∞
	up	u	$\overline{u}$	≈ 10	+2/3	−2/3	∞
2	strange	s	$\overline{s}$	≈ 300	−1/3	+1/3	$3 \cdot 10^{-10}$
	charm	c	$\overline{c}$	$\approx 3\,000$	+2/3	−2/3	$5 \cdot 10^{-10}$
3	bottom	b	$\overline{b}$	$\approx 9\,000$	−1/3	+1/3	$5 \cdot 10^{-14}$
	top	t	$\overline{t}$	$\approx 340\,000$	+2/3	−2/3	?

Jedes Quark kann in 3 verschiedenen Zuständen vorkommen. Berücksichtigt wird dies in einer weiteren Quantenzahl, der „Farbladung“ mit den Werten rot, blau und grün. Antiquarks haben dann die „Farben“ antirot, antiblau und antigrün. Mit echten Farben haben diese Fantasiebezeichnungen nichts zu tun.

Bei der Vereinigung von Quarks und Antiquarks sind nur bestimmte „Farbkombinationen“ möglich. Die entstehenden Hadronen besitzen die „Farbladung“ null (farblos, weiß).

■ Unsere Welt einschließlich der stabilen Materie im Weltall besteht aus lediglich 5 *elementaren* Teilchen. Es sind dies

- Elektron (e^-),
- Elektron-Neutrino (ν_e),
- Anti-Elektron-Neutrino ($\overline{\nu}_e$),
- up-Quark (u) und
- down-Quark (d).

40.2 Zusammengesetzte Elementarteilchen (Hadronen)

Zu den Hadronen zählen *Mesonen* und *Baryonen*. Beide setzen sich aus zwei bzw. drei Quarks zusammen.

40.2.1 Mesonen

Mesonen bestehen aus einem **Quark** (q) und einem **Antiquark** ($\overline{q}$), also $q + \overline{q} = q\,\overline{q}$.

Sie sind *instabil* und zerfallen innerhalb sehr kurzer Zeit in Elektronen, Neutrinos und Photonen.

Übersicht:

Eigenschaften von Mesonen (Auswahl)

Name	Symbol	m/m_e	Q/e	τ/s	q-Kombination
Pi-Meson (Pion)	π^0	264	0	$8 \cdot 10^{-17}$	$u\,\overline{u}$ $d\,\overline{d}$
	π^- π^+	273	−1 +1	$2{,}6 \cdot 10^{-8}$	$d\,\overline{u}$ $\overline{d}\,u$
Ka-Meson (Kaon)	K^0 $\overline{K}^0$	974	0 0	$0{,}9 \cdot 10^{-10}$	$d\,\overline{s}$ $\overline{d}\,s$
	K^- K^+	966	−1 +1	$1{,}24 \cdot 10^{-8}$	$\overline{u}\,s$ $\overline{s}\,u$
Eta-Meson	η^0	1 074	0	$2{,}5 \cdot 10^{-19}$	$s\,\overline{s}$

40.2.2 Baryonen

Baryonen bestehen aus 3 Quarks ($q + q + q = qqq$), die jeweiligen Antiteilchen aus drei Antiquarks ($\overline{q}\,\overline{q}\,\overline{q}$). Baryonen zerfallen innerhalb kürzester Zeit in Protonen und Neutronen. Das Neutron ist nur im gebundenen Zustand (z. B. im Atomkern) stabil. Als *freies* Neutron zerfällt es in Proton, Elektron und Anti-Elektron-Neutrino.

Übersicht:

Eigenschaften von Baryonen (Auswahl)

Name	Symbol		m/m_e	Q/e		τ/s	q-Kombination
Proton Antiproton	p	$\overline{p}$	1 836	+1	−1	∞	duu
Neutron Antineutron	n	$\overline{n}$	1 839	0	0	918	ddu
Lambda-Hyperon	Λ^0	$\overline{\Lambda}^0$	2 183	0	0	$2{,}6 \cdot 10^{-10}$	dus
Sigma-Hyperon	Σ^+	$\overline{\Sigma}^+$	2 327	+1	+1	$0{,}8 \cdot 10^{-10}$	uus
	Σ^0	$\overline{\Sigma}^0$	2 333	0	0	$1{,}0 \cdot 10^{-14}$	dus
	Σ^-	$\overline{\Sigma}^-$	2 343	−1	−1	$1{,}6 \cdot 10^{-10}$	dds
Xi-Hyperon	Ξ^0	$\overline{\Xi}^0$	2 573	0	0	$3{,}0 \cdot 10^{-10}$	uss
	Ξ^-	Ξ^+	2 585	−1	+1	$1{,}7 \cdot 10^{-10}$	dss
Omega-Hyperon	Ω^-	Ω^+	3 272	−1	+1	$1{,}3 \cdot 10^{-10}$	sss

Beachte:

- Die Antiteilchen der Baryonen (Antibaryonen) setzen sich aus den entsprechenden Antiquarks zusammen.

RELATIVISTISCHE MECHANIK R

41 Relativistische Mechanik

Angaben von Wegen, Geschwindigkeiten und Beschleunigungen haben nur bei Kenntnis des Bezugssystems einen Sinn. Bei einem Wechsel des Bezugssystems sind die kinematischen Größen umzurechnen (zu transformieren).

Befinden sich beide Bezugssysteme relativ zueinander in Ruhe, dann ändern sich nur die Ortskoordinaten; Wege, Geschwindigkeiten und Beschleunigungen bleiben nach Betrag und Richtung unverändert.

Anders, wenn sich beide Bezugssysteme relativ zueinander geradlinig und gleichförmig bewegen, also zwischen beiden eine nach Betrag und Richtung konstante Geschwindigkeit besteht. Solche Systeme heißen **Inertialsysteme**.

Prinzipiell sind zu unterscheiden:

- Bewegungen der Systeme mit kleiner Relativgeschwindigkeit ($v \ll c_0$): Es gelten die Gesetze der **klassischen Mechanik**;
- Bewegungen der Systeme mit großer Relativgeschwindigkeit ($v < c_0$): Es gelten die Gesetze der **relativistischen Mechanik**.

Beachte:

- In allen Gleichungen der relativistischen Mechanik sind die Gleichungen der klassischen Mechanik als Sonderfall $v \ll c_0$ enthalten.

R

41.1 Galilei-Transformation

Die GALILEI-Transformation beschreibt eine Bewegung in zwei Inertialsystemen mit kleiner Relativgeschwindigkeit.

Mit

x, y, z Ortskoordinaten im System S,
x', y', z' Ortskoordinaten im System S′,
t Zeit, gemessen in S,
t' Zeit, gemessen in S′,

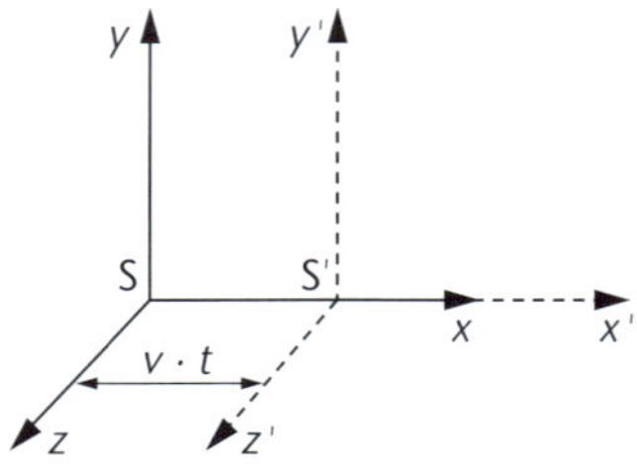

v Geschwindigkeit des Systems S′ in Richtung der x-Achsen, gemessen im System S,
$\vec{u}$ Geschwindigkeit eines Körpers im System S,
$\vec{u}'$ Geschwindigkeit des Körpers im System S′,
$\vec{a}$ Beschleunigung eines Körpers im System S,
$\vec{a}'$ Beschleunigung des Körpers im System S′

gelten für die kinematischen Größen folgende Regeln der GALILEI-Transformation.

41.1.1 Zeitkoordinaten

In beiden Bezugssystemen läuft die Zeit in gleicher Weise ab, also

(R 41.1) $$t' = t$$

41.1.2 Ortskoordinaten

Die Ortskoordinaten beider Systeme für einen Punkt unterscheiden sich durch den zur Zeit t von S′ in x-Richtung zurückgelegten Weg vt.

(R 41.2) $$x' = x - vt; \quad y' = y; \quad z' = z$$
$$x = x' + vt$$

41.1.3 Geschwindigkeit

Die Geschwindigkeit $\vec{u}$ eines Körpers unterscheidet sich in beiden Systemen durch die Geschwindigkeit von S′ in der x-Richtung.

(R 41.3) $$u'_x = \frac{x'}{t} = \frac{x - vt}{t} = u_x - v; \quad u'_y = u_y; \quad u'_z = u_z$$
$$u_x = \frac{x}{t} = u'_x + v$$

worin u_x, u_y und u_z Komponenten von $\vec{u}$
und u'_x, u'_y und u'_z Komponenten von $\vec{u}'$ sind.

41.1.4 Beschleunigung

Beschleunigungen eines Körpers in Richtung der x-Achse sind in beiden Systemen gleich, weil mit $v =$ konstant

$$a_x = \frac{\mathrm{d}u_x}{\mathrm{d}t} = \frac{\mathrm{d}(u_x' + v)}{\mathrm{d}t} = \frac{\mathrm{d}u_x'}{\mathrm{d}t}$$

(R 41.4) $$a_x' = \frac{\mathrm{d}u_x'}{\mathrm{d}t} = \frac{\mathrm{d}u_x}{\mathrm{d}t} = a_x; \quad a_y' = a_y; \quad a_z' = a_z$$

worin a_x, a_y und a_z Komponenten von $\vec{a}$
und a_x', a_y' und a_z' Komponenten von $\vec{a}'$ sind.

Beachte:

- Beim Übergang zu einem Inertialsystem mit geringer Relativgeschwindigkeit sind folgende Größen **invariant** (unverändert): Längen, Zeiten und Beschleunigungen.
- Geschwindigkeiten dagegen ändern sich nach Betrag und Richtung (letzteres nur, sofern sie nicht mit der x-Richtung zusammenfallen).

41.2 Lorentz-Transformation

Die Lorentz-Transformation beschreibt die Koordinatentransformation für zwei Inertialsysteme mit sehr großer Relativgeschwindigkeit.

Aus der speziellen Relativitätstheorie Einsteins und entsprechenden Experimenten folgt:

In jedem System breitet sich das Licht *unabhängig* von der Relativbewegung zwischen Lichtquelle und Beobachter mit der konstanten Vakuumlichtgeschwindigkeit c_0 aus.
Sie ist demnach auch unabhängig von der Bewegung des Beobachters.

Die Transformationsgleichungen für die Orts- und Zeitkoordinaten eines Ereignisses beim Übergang in ein anderes Inertialsystem müssen die Konstanz der Lichtgeschwindigkeit berücksichtigen.

Mit

x, y, z	Ortskoordinaten im System S,
x', y', z'	Ortskoordinaten im System S′,
t	Zeit, gemessen in S,

R

t' Zeit, gemessen in S′,
v Geschwindigkeit des Systems S′ in Richtung der x-Achsen, gemessen in S,
c_0 Vakuum-Lichtgeschwindigkeit $= 2{,}998 \cdot 10^8$ m/s,
β $= v/c_0$

gelten folgende Regeln der Lorentz-Transformation.

41.2.1 Ortskoordinaten

(R 41.5)
$$x' = \frac{x - vt}{\sqrt{1-\beta^2}}; \quad y' = y; \quad z' = z$$
$$x = \frac{x' + vt'}{\sqrt{1-\beta^2}}$$

Beachte:

- Mit $\beta \ll 1$, also $v \ll c_0$, geht (R 41.5) in (R 41.2) über.

41.2.2 Zeitkoordinaten

(R 41.6)
$$t' = \frac{t - \dfrac{\beta x}{c_0}}{\sqrt{1-\beta^2}}; \quad t = \frac{t' + \dfrac{\beta x'}{c_0}}{\sqrt{1-\beta^2}}$$

Beachte:

- Mit $\beta \ll 1$, also $v \ll c_0$, geht (R 41.6) in (R 41.1) über.
- Da Orts- und Zeitkoordinaten reelle Werte sein müssen, kann die Relativgeschwindigkeit zwischen zwei Inertialsystemen *niemals größer* sein als die Vakuum-Lichtgeschwindigkeit.

41.3 Relativistische Kinematik

Aus der Lorentz-Transformation folgt, dass Zeit und Länge (im Gegensatz zur Galilei-Transformation) *nicht invariant* sind.

41.3.1 Zeitdilatation

Wenn zwei Ereignisse im System S am gleichen Ort im zeitlichen Abstand $t_2 - t_1 = \Delta t$ auftreten, so beträgt $t_2' - t_1' = \Delta t'$ im System S′ entsprechend (R 41.6)

(R 41.7) $$\Delta t' = \frac{\Delta t}{\sqrt{1-\beta^2}} \geqq \Delta t$$

Umgekehrt ergibt sich aber auch

(R 41.8) $$\Delta t = \frac{\Delta t'}{\sqrt{1-\beta^2}} \geqq \Delta t'$$

In jedem System erscheint die Zeit eines anderen Inertialsystems *gedehnt* (Uhrenparadoxon).

41.3.2 Längenkontraktion

Nach (R 41.5) ist $x' = (x - vt)/\sqrt{1-\beta^2}$ und nach (R 41.6) $t'\sqrt{1-\beta^2} = t - \beta x/c_0$. Löst man diese Gleichung nach t auf und setzt sie in die 1. Gleichung ein, so erhält man

$$x' = \frac{x - v\left(t'\sqrt{1-\beta^2} + \beta x/c_0\right)}{\sqrt{1-\beta^2}} = \frac{x - \left(vt'\sqrt{1-\beta^2} + \beta^2 x\right)}{\sqrt{1-\beta^2}}.$$

Dies lässt sich vereinfachen zu

$$x' = \frac{x - \beta^2 x}{\sqrt{1-\beta^2}} - vt',$$ und schließlich ergibt sich

$$x' = x\sqrt{1-\beta^2} - vt'.$$

Mit

v Geschwindigkeit des Systems S′ in Richtung beider x-Achsen,
x x-Koordinate im System S,
x' x-Koordinate im System S′,
l Länge einer Strecke im System S (Richtung der x-Achse),
l' Länge einer Strecke im System S′,
c_0 Vakuum-Lichtgeschwindigkeit $= 2{,}998 \cdot 10^8$ m/s,
β $= v/c_0$

gilt also

$$l' = x_2' - x_1' = \left(x_2\sqrt{1-\beta^2} - vt'\right) - \left(x_1\sqrt{1-\beta^2} - vt'\right)$$ oder

(R 41.9) $$l' = (x_2 - x_1)\sqrt{1-\beta^2}$$

R

Umgekehrt ergibt sich aber auch

(R 41.10) $$l = (x_2' - x_1')\sqrt{1-\beta^2}$$

In jedem System erscheinen alle in Bewegungsrichtung liegenden Abmessungen eines Objekts im anderen Inertialsystem *verkürzt*. Senkrecht zur Bewegungsrichtung liegende Strecken erscheinen unverändert.

41.3.3 Addition von Geschwindigkeiten

Als Folge von Zeitdilatation und Längenkontraktion erscheinen in einem anderen Inertialsystem auch Geschwindigkeiten verändert.

Wenn

$\vec{u}'$ Geschwindigkeit eines Körpers im Systems S′ mit den Komponenten u_x', u_y', u_z',

$\vec{u}$ Geschwindigkeit dieses Körpers im Systems S mit den Komponenten u_x, u_y, u_z,

v Geschwindigkeit des Systems S′ gegenüber System S in Richtung beider x-Achsen,

β $= v/c_0$,

t Zeit im System S,

t' Zeit im System S′,

dann gilt für die Geschwindigkeitskomponenten

$$u_x = \frac{\mathrm{d}x}{\mathrm{d}t}; \quad u_y = \frac{\mathrm{d}y}{\mathrm{d}t}; \quad u_z = \frac{\mathrm{d}z}{\mathrm{d}t}.$$

Nach Anwendung der Lorentz-Transformation auf die Ortskoordinaten erhält man

$$u_x = \frac{\frac{\mathrm{d}x'}{\mathrm{d}t'}\frac{\mathrm{d}t'}{\mathrm{d}t} + v\frac{\mathrm{d}t'}{\mathrm{d}t}}{\sqrt{1-\beta^2}} = \frac{\left(\frac{\mathrm{d}x'}{\mathrm{d}t'} + v\right)\frac{\mathrm{d}t'}{\mathrm{d}t}}{\sqrt{1-\beta^2}} = \frac{(u_x' + v)\frac{\mathrm{d}t'}{\mathrm{d}t}}{\sqrt{1-\beta^2}} \quad \text{und}$$

$$u_y = u_y'\frac{\mathrm{d}t'}{\mathrm{d}t} \quad \text{sowie} \quad u_z = u_z'\frac{\mathrm{d}t'}{\mathrm{d}t}.$$ Aus (R 41.6) folgt

$$\frac{\mathrm{d}t}{\mathrm{d}t'} = \frac{\frac{\mathrm{d}t'}{\mathrm{d}t} + \frac{\beta}{c_0}\frac{\mathrm{d}x'}{\mathrm{d}t'}}{\sqrt{1-\beta^2}} = \frac{1 + \frac{\beta u_x}{c_0}}{\sqrt{1-\beta^2}}.$$

Einsetzen in die Geschwindigkeitsansätze ergibt

(R 41.11) $$u_x = \frac{u'_x + v}{1 + \frac{\beta u'_x}{c_0}}; \quad u_y = \frac{u'_y \sqrt{1-\beta^2}}{1 + \frac{\beta u'_x}{c_0}}; \quad u_z = \frac{u'_z \sqrt{1-\beta^2}}{1 + \frac{\beta u'_x}{c_0}}$$

Aus analogen Gründen folgt

(R 41.12) $$u'_x = \frac{u_x - v}{1 - \frac{\beta u_x}{c_0}}; \quad u'_y = \frac{u_y \sqrt{1-\beta^2}}{1 - \frac{\beta u_x}{c_0}}; \quad u'_z = \frac{u_z \sqrt{1-\beta^2}}{1 - \frac{\beta u_x}{c_0}}$$

Beachte:

- Auch Geschwindigkeiten senkrecht zur Bewegung von S′ sind nicht invariant gegenüber einer LORENTZ-Transformation (im Gegensatz zur GALILEI-Transformation).
- Aus (R 41.11) folgt, dass **ein Körper gegenüber einem Inertialsystem keine Geschwindigkeit größer als die Vakuum-Lichtgeschwindigkeit** besitzen kann.

41.4 Relativistische Dynamik

Nach den Gesetzen der klassischen Mechanik wäre mit $F = ma$ als Ergebnis einer lang anhaltenden Beschleunigung jede Geschwindigkeit erreichbar, auch $v > c_0$! Dieser Widerspruch löst sich, wenn man beachtet, dass die Beschleunigung gegen eine LORENTZ-Transformation nicht invariant ist, weil auch die Masse (neben Länge und Zeit) relativistische Veränderungen erfährt.

R

41.4.1 Masse

Wenn

m_0 Ruhemasse eines Körpers,

m Masse des Körpers, wenn er sich mit der Geschwindigkeit v gegenüber einem Bezugssystem bewegt,

v Geschwindigkeit des Körpers gegenüber einem Bezugssystem,

c_0 Vakuum-Lichtgeschwindigkeit $= 2{,}998 \cdot 10^8$ m/s,

β $= v/c_0$,

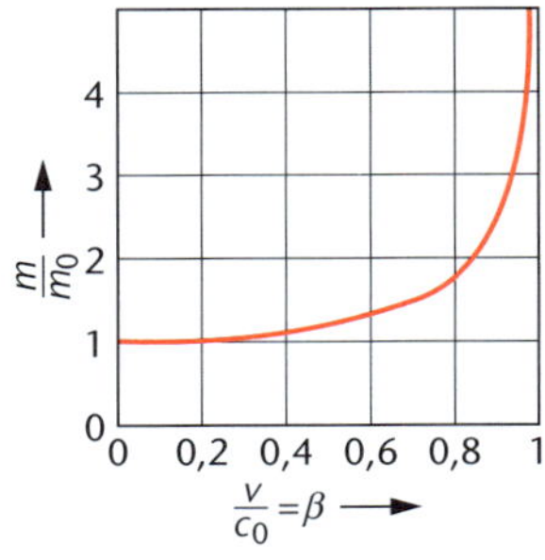

dann gilt in Analogie zur Lorentz-Transformation von Länge und Zeit für die **relativistische Masse**

(R 41.13) $$m = \frac{m_0}{\sqrt{1-\beta^2}}$$

Beachte:

- Teilchen mit einer Ruhemasse $m_0 > 0$ können nur Geschwindigkeiten $v < c_0$ erreichen.
- Teilchen mit einer Ruhemasse $m_0 = 0$ bewegen sich immer mit $v = c_0$. Bei Geschwindigkeiten $v < c_0$ existieren sie nicht.

Übersicht:

Masse als Funktion der Geschwindigkeit

$\beta = \frac{v}{c_0}$	$\frac{m}{m_0}$	$\beta = \frac{v}{c_0}$	$\frac{m}{m_0}$
0,0	1,00	0,991	7,47
0,1	1,01	0,992	7,92
0,2	1,02	0,993	8,47
0,3	1,05	0,994	9,14
0,4	1,09	0,995	10,0
0,5	1,15	0,996	11,2
0,55	1,20	0,997	12,9
0,6	1,25	0,998	15,8
0,65	1,32	0,999	22,4
0,7	1,40	0,999 1	23,6
0,75	1,51	0,999 2	25,0
0,8	1,67	0,999 3	26,7
0,85	1,90	0,999 4	28,9
0,9	2,29	0,999 5	31,6
0,91	2,41	0,999 6	35,4
0,92	2,55	0,999 7	40,8
0,93	2,72	0,999 8	50,0
0,94	2,93	0,999 9	70,7
0,95	3,20	0,999 91	74,5
0,96	3,57	0,999 92	79,1
0,97	4,11	0,999 93	84,5
0,98	5,03	0,999 94	91,3
0,99	7,09	0,999 95	$\approx$ 100

41.4.2 Impuls

Wegen (M 7.33) $\vec{p} = m\vec{v}$ wirken sich relativistische Massenänderungen auch auf den Impuls aus.

Wenn

- $\vec{p}$ Impuls eines Körpers, der sich mit der Geschwindigkeit $\vec{v}$ gegenüber einem Bezugssystem bewegt,
- m_0 Ruhemasse des Körpers,
- $\vec{v}$ Geschwindigkeit des Körpers gegenüber einem Bezugssystem,
- c_0 Vakuum-Lichtgeschwindigkeit $= 2{,}998 \cdot 10^8\ \mathrm{m/s}$,
- β $= v/c_0$,

dann gilt für den **relativistischen Impuls**

(R 41.14) $$\vec{p} = \frac{m_0 \vec{v}}{\sqrt{1-\beta^2}}$$

41.4.3 Kraft

Mit (M 7.36) ergibt sich die Kraft zu

$$\vec{F} = \dot{\vec{p}} = \frac{\mathrm{d}\vec{p}}{\mathrm{d}t} = \frac{\mathrm{d}(m\vec{v})}{\mathrm{d}t}.$$

Im Falle *großer* Geschwindigkeiten muss hierin für m die *relativistische* Masse eingesetzt werden. Mit (R 41.13) folgt also für die

relativistische Kraft (Bewegungsgleichung)

(R 41.15) $$\vec{F} = \frac{\mathrm{d}(m_0\vec{v})}{\mathrm{d}t\sqrt{1-\beta^2}}$$

Durch hier nicht angeführtes Differenzieren gelangt man zu den Gleichungen für die einzelnen Kraftkomponenten.

(R 41.16) $$F_x = \frac{m_0 a_x}{(1-\beta^2)^{3/2}}; \quad F_y = \frac{m_0 a_y}{\sqrt{1-\beta^2}}; \quad F_z = \frac{m_0 a_z}{\sqrt{1-\beta^2}}$$

41.4.4 Energie

Ein aus der Ruhe ($v_0 = 0$) unter der Wirkung der Kraft F beschleunigter Körper erreicht nach der Zeit t die Geschwindigkeit v und besitzt die kinetische Energie E_k. Nur im *Sonderfall* der klassischen Mechanik ($v \ll c_0$) ist diese $E_\mathrm{k} = mv^2/2$. In der *relativistischen* Mechanik muss beachtet werden, dass $m = m(v)$.

R

Mit

m_0 Ruhemasse eines Körpers,

m relativistische Masse dieses Körpers bei einer Geschwindigkeit v relativ zu einem Bezugssystem,

$\Delta m = m - m_0$, relativistischer Massenzuwachs,

v Geschwindigkeit des Körpers relativ zum Bezugssystem in Richtung der wirkenden Kraft $\vec{F}$,

c_0 Vakuum-Lichtgeschwindigkeit $= 2{,}998 \cdot 10^8$ m/s,

β $= v/c_0$,

F beschleunigende Kraft,

E_0 Ruheenergie des Körpers,

E_k kinetische Energie des Körpers bei der Geschwindigkeit v,

E_g Gesamtenergie des Körpers bei der Geschwindigkeit v,

gilt für die Beschleunigungsarbeit (= kinetische Energie E_k)

$$\mathrm{d}E_\mathrm{k} = F_x \mathrm{d}x = \frac{m_0 a_x \,\mathrm{d}x}{(1-\beta^2)^{3/2}} = \frac{m_0}{(1-\beta^2)^{3/2}} \frac{\mathrm{d}v}{\mathrm{d}t}\,\mathrm{d}x = \frac{m_0}{(1-\beta^2)^{3/2}} v\,\mathrm{d}v.$$

Die Integration ergibt

$$\mathrm{d}E_\mathrm{k} = \int_0^v \frac{m_0 v}{(1-\beta^2)^{\frac{3}{2}}}\,\mathrm{d}v = \frac{m_0 c_0^2}{\sqrt{1-\beta^2}} - m_0 c_0^2.$$ Daraus folgt mit (R 41.13)

(R 41.17) $$E_\mathrm{k} = mc_0^2 - m_0 c_0^2 = \Delta m c_0^2 = E_\mathrm{g} - E_0$$

Der Ruhemasse m_0 eines Körpers entspricht auch eine Ruheenergie $E_0 = m_0 c_0^2$.

Die für die kinetische Energie E_k abgeleitete Beziehung (R 41.17) verallgemeinerte Einstein. Für *alle* Energieformen gilt die

Äquivalenz von Energie und Masse

(R 41.18) $$E = mc_0^2; \quad m = \frac{E}{c_0^2}$$

	E	m	c
SI	J	kg	$\frac{\mathrm{m}}{\mathrm{s}}$

Jeder Masse (Massenänderung) entspricht eine Energie (Energieänderung): $\boldsymbol{E \sim m}$ und $\boldsymbol{\Delta E \sim \Delta m}$.

Beachte:

- Neben dem Energieerhaltungsgesetz lässt sich ein ebenso wichtiges **Gesetz von der Erhaltung der Masse** formulieren.
- → auch Energie-Masse-Relation [35.1].

FEHLERRECHNUNG F

42 Fehlerrechnung bei physikalischen Messungen

42.1 Fehlerbegriff

Messungen physikalischer Größen sind grundsätzlich *fehlerbehaftet*, d. h., man erhält Messwerte, die vom wahren – nicht bestimmbaren – Wert mehr oder weniger abweichen.

Es sind keine Fehler im herkömmlichen Sinne, sondern Ungenauigkeiten, die auch als **Messabweichung** oder **Messunsicherheit** bezeichnet werden. Sie sind die Folge objektiver und subjektiver Unzulänglichkeiten bei der Messung.

Deshalb ersetzt man den Messwert durch ein **Intervall**, in dem der wahre Wert mit einer bestimmten **Wahrscheinlichkeit** liegt. Ziel der Fehlerrechnung ist die Bestimmung dieses Intervalls.

Als Symbol für alle Fehlerarten sei hier der griechische Buchstabe Δ verwendet (in der Literatur nicht einheitlich); z. B. Fehler einer Längenmessung Δl.

Je nach Ursache der Abweichung unterscheidet man (abgesehen von auf Irrtümern beruhenden **groben** Fehlern) zwischen **systematischen** und **zufälligen** Fehlern.

Fehler werden absolut (Δx), relativ ($\Delta x/x$) oder vielfach prozentual ($\Delta x/x \cdot 100\,\%$) angegeben.

42.2 Systematische Fehler

Sie entstehen durch

- Unvollkommenheit der Messgeräte und -verfahren (z. B. Funktions- und Eichfehler),
- vernachlässigte Einflüsse (Druck, Temperatur u. a.),
- elektrische und magnetische Streufelder,
- mangelnde Reinheit von Substanzen,

- Einfluss des Messgerätes auf das Messobjekt

und vieles mehr.

Wird die Messung unter *gleichen* Bedingungen wiederholt, dann tritt ein systematischer Fehler in *gleich bleibender* Größe und mit *gleichem* Vorzeichen auf.

Systematische Fehler, die z. B. wegen des erforderlichen Aufwands nicht vermieden oder klein gehalten werden können, sind im Messergebnis durch eine entsprechende **Korrektur** zu berücksichtigen. Das gilt, wenn systematische Fehler bekannt oder leicht bestimmbar sind (Eichkurven u. Ä.).

Auf solche Weise *nicht* erfassbare systematische Fehler werden **geschätzt** → [42.4.4] und zum zufälligen Fehler **addiert**.

42.3 Zufällige Fehler

Für zufällige Fehler gibt es *objektive* und *subjektive* Ursachen. Sie entstehen durch

- Unzulänglichkeiten der Sinnesorgane des Menschen,
- Ungeschicklichkeit beim Messen und Ablesen,
- statistisch wirkende äußere Einflüsse (Erschütterungen, Spannungsschwankungen, Temperaturschwankungen u. Ä.),
- Reibung und toter Gang bei mechanischen Bewegungen (einschließlich der Messgeräte selbst)

und vieles mehr.

Zufällige Fehler haben *statistischen* Charakter und besitzen beiderlei Vorzeichen. Bei wiederholter Messung unter gleichen Bedingungen *streuen* die Messwerte um einen **Mittelwert**.

Bei nur einmaliger Messung ist der zufällige Fehler zu **schätzen** → [42.4.4], bei Mehrfachmessung bzw. Messreihen kann er mit **statistischen Methoden** bestimmt werden.

42.3.1 Mittelwert der Messreihe

Wird eine Größe mehrfach unter völlig *gleichen* Bedingungen gemessen, dann liegen die Messwerte in einem bestimmten Bereich und der am häufigsten vorkommende Messwert etwa in der Mitte dieses Bereiches (sofern *nur* zufällige Fehler auftreten). Dabei sind große Abweichungen von der Mitte des Bereiches selten, kleine Abweichungen häufiger.

Wird die Häufigkeit n, mit der die einzelnen Messwerte auftreten, über dem Messwert x aufgetragen, so ergibt sich eine **Verteilungskurve**, die sich bei einer großen Anzahl von Messungen einer Glockenkurve, der **GAUSS'schen Normalverteilung**, nähert. Das Maximum dieser Kurve, also der *häufigste* Messwert, ist der *wahrscheinlichste* Wert und entspricht dem **arithmetischen Mittelwert** $\overline{x}$. Der Mittelwert ist mit dem wahren Wert nicht identisch, nähert sich diesem aber mit zunehmender Anzahl von Messungen.

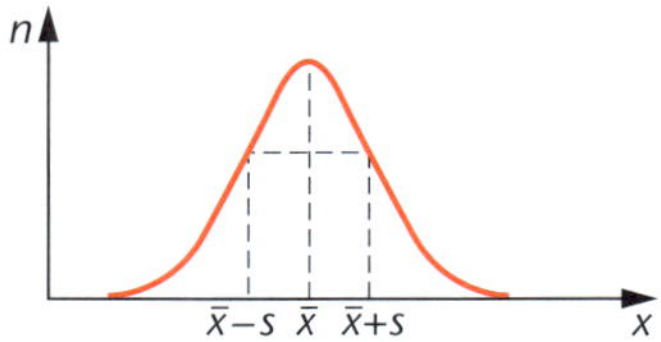

Je häufiger eine Messung wiederholt wird, umso geringer ist die Abweichung des Mittelwertes vom wahren Wert.

Wenn

$\overline{x}$ arithmetischer Mittelwert der Messwerte,

x_i Messwert,

n Anzahl der Messungen,

dann gilt als

arithmetischer Mittelwert

(F 42.1)
$$\overline{x} = \frac{1}{n}\sum_{i=1}^{n} x_i = \frac{x_1 + x_2 + \ldots + x_n}{n}$$

Beachte:

- Bei der Berechnung des Mittelwertes und der anschließenden Fehlerrechnung bleiben als eindeutig falsch erkennbare (auf groben Irrtümern beruhende) Messwerte („Ausreißer") unberücksichtigt.
- Bei elektronischen Rechnern wird der Mittelwert im Statistik-Modus bestimmt.

F

42.3.2 Standardabweichung (mittlerer Fehler) der Einzelmessung

Die Standardabweichung s_x (auch als **Streuung** bezeichnet) ist ein Maß für die „Zuverlässigkeit" der Messwerte innerhalb einer Messreihe. Sie bestimmt einen Bereich, in dem der wahre Wert mit einer bestimmten statistischen Sicherheit liegt, und wird auch als mittlerer (quadratischer) Fehler der Einzelmessung bezeichnet.

Wenn

s_x Standardabweichung der Messgröße x,
x_i Messwert,
$\overline{x}$ Mittelwert der Messwerte,
n Anzahl der Messungen,

dann gilt für die

Standardabweichung der Einzelmessung

(F 42.2)
$$s_x = \sqrt{\frac{1}{n-1}\sum_{i=1}^{n}(x_i - \overline{x})^2} = \sqrt{\frac{1}{n-1}\left(\sum_{i=1}^{n} x_i^2 - n\overline{x}^2\right)}$$

Beachte:

- Mit elektronischen Rechnern wird s_x im *Statistik-Modus* berechnet.

Eine Vergrößerung der Anzahl der Messungen führt zwar zur einer Verbesserung des Mittelwertes $\overline{x}$, aber zu keiner spürbaren Verkleinerung der Standardabweichung s_x, weil mit der Anzahl der Messungen die Genauigkeit der einzelnen Messung kaum steigen kann.

■ Bei einer genügend großen Anzahl von Messungen kann eine Normalverteilung nach GAUSS angenommen werden.

- ► In den Bereich $\overline{x} \pm s_x$ (einfache Standardabweichung) fallen 68,3 % der Messwerte. Es besteht eine **statistische Sicherheit** (Vertrauensniveau) von $\boldsymbol{P = 68{,}3\,\%}$.
- ► Bei einer zweifachen Standardabweichung $\overline{x} \pm 2s_x$ beträgt die statistische Sicherheit $\boldsymbol{P = 95{,}4\,\%}$.
  International wird weitgehend mit $\boldsymbol{P = 95\,\%}$ gerechnet. Das entspricht einem Bereich von $\overline{x} \pm 1{,}96\, s_x$.
- ► Bei einer dreifachen Standardabweichung $\overline{x} \pm 3s_x$, beträgt die statistische Sicherheit $\boldsymbol{P = 99{,}73\,\%}$.

42.3.3 Standardabweichung (mittlerer Fehler) des Mittelwertes

Die Standardabweichung des Mittelwertes $s_{\overline{x}}$ ist ein Maß für die „Zuverlässigkeit“ des Mittelwertes $\overline{x}$ und begrenzt den aus der Messreihe errechneten Bereich, in dem der wahre Wert mit einer bestimmten statistischen Sicherheit P liegt. Sie wird auch als mittlerer Fehler des Mittelwertes bezeichnet.

Wenn

$s_{\overline{x}}, \Delta\overline{x}$ Standardabweichung des Mittelwertes,
x_i Messwert,
$\overline{x}$ Mittelwert der Messwerte,
n Anzahl der Messungen,
t Faktor, der von der gewählten statistischen Sicherheit P und der Anzahl der Messungen abhängt (→ nachstehende Übersicht),
s_x Standardabweichung der Einzelmessung → (F 42.2),

dann gilt als

Standardabweichung des Mittelwertes

(F 42.3)
$$s_{\overline{x}} = \Delta\overline{x} = \frac{t}{\sqrt{n}} s_x = \frac{t}{\sqrt{n}} \sqrt{\frac{1}{n-1} \sum_{i=1}^{n} (x_i - \overline{x})^2}$$

Beachte:

- Die Standardabweichung des Mittelwertes wird kleiner mit wachsender Anzahl der Messungen.
- Der Bereich zwischen $\overline{x} - \Delta\overline{x}$ und $\overline{x} + \Delta\overline{x}$ heißt **Vertrauensbereich**.

Übersicht:

	$n =$	1	2	3	4	5	6	7	8	9
$P = 68{,}3\,\%$	$t =$	1,84	1,32	1,20	1,15	1,11		1,08		
$P = 95{,}0\,\%$	$t =$	12,7	4,30	3,18	2,78	2,57	2,45	2,36	2,31	2,26
	$n =$	10	12	14	16	18	20	30	50	100
$P = 68{,}3\,\%$	$t =$	1,06					1,03		1,01	1,00
$P = 95{,}0\,\%$	$t =$	2,23	2,18	2,14	2,12	2,10	2,09	2,04	2,01	1,98

42.4 Fehlerfortpflanzung

Meist ist die gesuchte Größe nicht *direkt* messbar, sondern eine *Funktion* anderer, messbarer Größen und wird aus diesen berechnet (*indirekte* Messung); z. B. die Geschwindigkeit aus einer Weg- und einer Zeitmessung.

Der aus fehlerbehafteten Messgrößen errechnete Funktionswert ist ebenfalls fehlerbehaftet, die Fehler pflanzen sich fort.

42.4.1 Mittelwert des Funktionswertes

Der Mittelwert des Funktionswertes errechnet sich aus den in Messreihen ermittelten *Mittelwerten* der einzelnen Messgrößen: $F = f(x, y, z)$; $\overline{F} = f(\overline{x}, \overline{y}, \overline{z})$.

42.4.2 Mittlerer Fehler des Funktionswertes

Die in Messreihen ermittelten Fehler der einzelnen Messgrößen pflanzen sich nach dem quadratischen Fehlerfortpflanzungsgesetz von GAUSS fort.

Wenn

$\Delta\overline{F}$	mittlerer Fehler des Funktionswertes,
$\Delta\overline{x}, \Delta\overline{y}, \ldots$	Standardabweichungen des Mittelwertes der einzelnen Messgrößen,
$\dfrac{\partial F}{\partial x}, \dfrac{\partial F}{\partial y}, \ldots$	partielle Ableitungen der Funktion $F = F(x, y, \ldots)$,

dann gilt als

quadratisches Fehlerfortpflanzungsgesetz

(F 42.4)
$$\Delta\overline{F} = \sqrt{\left(\frac{\partial F}{\partial x}\Delta\overline{x}\right)^2 + \left(\frac{\partial F}{\partial y}\Delta\overline{y}\right)^2 + \ldots}$$

■ In den meisten Fällen kann man sich die Bildung der partiellen Differenzialquotienten ersparen, da sich (F 42.4) für bestimmte Funktionen vereinfachen lässt.

Bei einer **algebraischen Summe** der Messgrößen ist der mittlere **Absolutfehler** gleich der geometrischen Summe ihrer mit den Faktoren multiplizierten Standardabweichungen.

(F 42.5)
$$F = ax + by + cz + \ldots$$
$$\Delta\overline{F} = \sqrt{(a\Delta\overline{x})^2 + (b\Delta\overline{y})^2 + (c\Delta\overline{z})^2 + \ldots}$$

Bei einem **Potenzprodukt** der Messgrößen ist der mittlere **Relativfehler** gleich der geometrischen Summe ihrer mit den Exponenten multiplizierten Relativfehler.

(F 42.6)
$$F = f x^a y^b z^c \ldots$$
$$\frac{\Delta\overline{F}}{\overline{F}} = \sqrt{\left(a\frac{\Delta\overline{x}}{x}\right)^2 + \left(b\frac{\Delta\overline{y}}{y}\right)^2 + \left(c\frac{\Delta\overline{z}}{z}\right)^2 + \ldots}$$

Beachte:

- Messgrößen, die mit höherer Potenz in die Funktion eingehen, sind besonders *sorgfältig* zu messen.

42.4.3 Größtfehler des Funktionswertes

Gleichung (F 42.4) kann nicht verwendet werden, wenn die Messgrößen nicht in Messreihen, sondern nur einmal ermittelt wurden, Standardabweichungen also nicht bestimmbar sind.

In solchen Fällen geht man von **geschätzten** Fehlern der Messgrößen → [42.4.4] aus bzw. benutzt die (vielfach genormten) **Fehlergrenzen** der Messgeräte (z. B. Klassen elektrischer Messgeräte).

Wenn
ΔF Größtfehler des Funktionswertes,
$\Delta x, \Delta y, \ldots$ geschätzte Fehler der Messgrößen,

dann gilt als

lineares Fehlerfortpflanzungsgesetz

(F 42.7)
$$\Delta F = \left|\frac{\partial F}{\partial x}\right| \Delta x + \left|\frac{\partial F}{\partial y}\right| \Delta y + \ldots$$

■ Die Bildung der partiellen Differenzialquotienten kann man in den meisten Fällen vermeiden, da sich (F 42.7) für bestimmte Funktionen vereinfachen lässt.

Bei einer **algebraischen Summe** von Messgrößen ist der **absolute** Maximalfehler gleich der Summe ihrer mit den Beträgen der Koeffizienten multiplizierten Absolutfehler.

(F 42.8)
$$F = ax + by + cz + \ldots$$
$$\Delta F = |a|\,\Delta x + |b|\,\Delta y + |c|\,\Delta z + \ldots$$

Bei einem **Potenzprodukt** von Messgrößen ist der **relative** Maximalfehler gleich der Summe ihrer mit den Beträgen der Exponenten multiplizierten Relativfehler.

(F 42.9)
$$F = f x^a y^b z^c \ldots$$
$$\frac{\Delta F}{F} = |a|\,\frac{\Delta x}{x} + |b|\,\frac{\Delta y}{y} + |c|\,\frac{\Delta z}{z} + \ldots$$

Beachte:

- Messgrößen, die mit höherer Potenz in die Funktion eingehen, sind besonders *sorgfältig* zu messen.

F

42.4.4 Fehlerschätzung

Zur Bestimmung des Größtfehlers eines Funktionswertes müssen die Fehler der einzelnen Messgrößen *geschätzt* werden.

Grundlage der Fehlerschätzung bilden die Anzeige- und Ablesegenauigkeiten. Als grobe Richtlinie gilt, dass der Fehler bei nicht zu geringem Skalenstrichabstand etwa die *Hälfte* des Wertes vom Abstand zweier Skalenstriche beträgt. Bei relativ weiter Skalenteilung kann ein *Viertel*, bei enger Teilung der *ganze* Wert genommen werden. Im Zweifelsfall sollte man sich für den größeren Wert entscheiden.

Beispiele:

- Thermometer mit 1/10-Grad-Teilung $\Delta t = \pm 1/20\,\text{K}$
- Thermometer mit enger 1/1-Grad-Teilung $\Delta t = \pm 1\,\text{K}$
- Amperemeter mit 0,2 A/Skalenteil $\Delta I = \pm 0{,}1\,\text{A}$
- Nonius 1/10 mm $\Delta l = \pm 0{,}1\,\text{mm}$
- Quecksilberbarometer (ohne Nonius) $\Delta p = \pm 0{,}5\,\text{mm}$ ($\widehat{=}\, 0{,}5\,\text{Torr} \approx 67\,\text{Pa}$)

Bei Waagen geht man beim Fehlerschätzen von ihrer **Empfindlichkeit** aus. Diese ist **lastabhängig** und wird in folgender Weise ermittelt:

1. Man bestimmt den Schwingungsmittelpunkt der schwingenden (beiderseits *gleich* belasteten) Waage.
2. Durch *einseitiges* Auflegen von kleinen Wägestücken verlagert man den Schwingungsmittelpunkt um eine Skaleneinheit.
3. Die dafür erforderliche einseitige Belastung ist die Empfindlichkeit der Waage und wird als Wägefehler Δm benutzt.

42.5 Darstellung des Endergebnisses

Das Endergebnis bestimmt den Bereich, in dem der wahre Wert mit einer bestimmten Wahrscheinlichkeit liegt. Es lautet mit

- absolutem Fehler: $x = \bar{x} \pm \Delta\bar{x}$
- relativem Fehler: $x = \bar{x} \cdot (1 \pm \Delta\bar{x}/\bar{x})$
- prozentualem Fehler: $x = \bar{x} \cdot (1 \pm \Delta\bar{x}/\bar{x} \cdot 100\,\%)$

■ Ergebniszahl und Fehler sind zu *runden*. Dafür gelten (nach DIN 1333) folgende Regeln:

Ist beim Fehler – von links nach rechts gelesen – die 1. Ziffer nach der Null eine

- 3 bis 9, dann ist *sie* die Rundungsstelle und wird aufgerundet,
- 1 oder 2, dann ist die *nächste* Stelle (rechts daneben) die Rundungsstelle und wird aufgerundet.

Fehler werden **immer aufgerundet**, damit die statistische Sicherheit erhalten bleibt.

Die Ergebniszahl (gleiche Einheit vorausgesetzt) wird auf das Komma bezogen an der **gleichen Stelle** wie der Messfehler nach den bekannten Regeln gerundet: **abrunden**, wenn *nächste* Stelle 0 ... 4;
aufrunden, wenn *nächste* Stelle 5 ... 9.

Beispiel:

Messgröße:	**Arbeit**	**Geschwindigkeit**
Fehler:	$\Delta\overline{W} = \underline{3}1{,}1\,\mathrm{J}$ [1)]	$\Delta\overline{v} = 1{,}\underline{4}81\,\mathrm{m/s}$ [1)]
Fehler gerundet:	$\Delta\overline{W} = 40\,\mathrm{J}$	$\Delta\overline{v} = 1{,}5\,\mathrm{m/s}$
Messwert:	$\overline{W} = 5\underline{4}7{,}68\,\mathrm{J}$ [1)]	$\overline{v} = 14{,}\underline{3}38\,\mathrm{m/s}$ [1)]
Messwert gerundet:	$\overline{W} = 550\,\mathrm{J}$	$\overline{v} = 14{,}3\,\mathrm{m/s}$
Ergebnis mit absolutem Fehler:	$\overline{W} = (550 \pm 40)\,\mathrm{J}$	$\overline{v} = (14{,}3 \pm 1{,}5)\,\mathrm{m/s}$
Ergebnis mit relativem Fehler:	$\overline{W} = 550 \cdot (1 \pm 0{,}073)\,\mathrm{J}$	$\overline{v} = 14{,}3 \cdot (1 \pm 0{,}105)\,\mathrm{m/s}$
Ergebnis mit prozentualem Fehler:	$\overline{W} = 550 \cdot (1 \pm 7{,}3\,\%)\,\mathrm{J}$	$\overline{v} = 14{,}3 \cdot (1 \pm 10{,}5\,\%)\,\mathrm{m/s}$

[1)] Rundungsstelle unterstrichen

Beachte:

- Der *absolute* Fehler ermöglicht die Überprüfung, ob der erwartete Wert – bei Praktikumsübungen ist das meist ein bekannter Tabellenwert – im Fehlerintervall liegt.
- Der *relative* Fehler (meist in Prozent) ermöglicht die Beurteilung der Genauigkeit der Messung.
- Die häufig verwendete Angabe des Ergebnisses mit prozentualem Fehler, z. B. $\overline{V} = 1{,}76\,\mathrm{cm}^3 \pm 2{,}3\,\%$ ist **nicht korrekt**, weil aus einer physikalischen *Größe* und einer *Zahl* ($\% = 0{,}01$) keine *Summe* gebildet werden kann.

TABELLEN

T

Tabelle 1a

Dichte fester Stoffe			$\varrho / \frac{kg}{dm^3}$
Achat	2,5 … 2,8	Dachziegel	2,6
Aluminium, rein	2,702	Diamant	3,51
Blech	2,73	Duraluminium	2,75 … 2,87
gegossen	2,56	Eis (0 °C)	0,917
Anthrazit	1,3 … 1,5	Eisen, Roh-, grau	6,6 … 7,4
Apatit	3,16 … 3,22	Eisen, Roh-, weiß	7,6 … 7,8
Asbestplatten	1,5 … 2,0	Elektron	1,7 … 1,8
Asphalt	2,0	Elfenbein	1,8 … 1,9
Bakelit	1,335	Erdreich	1,3 … 2,0
Basalt	2,4 … 3,1	Fette	0,90 … 0,95
Bauxit	2,4 … 2,6	Germanium	5,33
Bergkristall	2,64	Glas,- Apparate-	
Bernstein	1,0 … 1,1	Duranglas 50	2,23
Beton, Gas-	0,5 … 0,9	Geräteglas 50	2,40
Beton, Kies-	1,8 … 2,4	Rasothermglas	2,55
Beton, Leicht-	0,3 … 1,6	Normalglas 16 III	2,48
Beton, Schwer-	1,9 … 2,8	Thermometerglas	2,42
Beton, Schwerst-	bis 5,0	Suprax	2,31
Bimsstein, natürlich	0,37 … 0,9	Supremaxglas	2,56
Bitumen	1,05	Glas, Fenster-	2,48
Blei	11,34	Glas, Flaschen-	2,6
Bleiglanz	7,4 … 7,6	Glas, Flint-, leicht	2,5 … 3,2
Bleiglas (25 % PbO)	2,89	Glas, Flint-, schwer	3,5 … 5,9
Bleiglätte, natürlich	7,8 … 8,0	Glas, Kron-, leicht	2,2 … 2,7
Braunkohle	1,2 … 1,4	Glas, Kron-, schwer	2,9 … 3,8
Braunkohlenbrikett	1,25	Glas, Quarz-	2,2
Braunstein	4,9 … 5,0	Glaswolle	0,1 … 0,3
Bronze (Rotguss)	8,7 … 8,9	Glimmer	2,6 … 3,2
Celluloid	1,3 … 1,4	Gold	19,29
Chromnickelstahl	7,8 … 8,0	Granit	2,6 … 3,0
Cobalt	8,9	Graphit, Natur-	2,0 … 2,5
Dachpappe	1,1 … 1,2	Grauguss	7,2
Dachschiefer	2,7 … 2,8	Gummi	0,92

Tabelle 1a (Fortsetzung)

Dichte fester Stoffe			$\varrho / \frac{kg}{dm^3}$
Hartgewebe	1,3 ... 1,4	Neusilber	8,7
Hartgummi (Ebonit)	1,1 ... 1,2	Nickel	8,91
Holz, trocken	0,4 ... 0,8	Nickelin	8,77
Balsaholz	0,08 ... 0,2	Papier	0,7 ... 1,2
Birkenholz	0,52 ... 0,8	Paraffin	0,8 ... 0,9
Ebenholz	1,2	Pertinax	1,3 ... 1,4
Eichenholz	0,7 ... 1,0	Plexiglas	1,2
Fichtenholz	0,4 ... 0,7	Piatherm	0,015
Holzkohle	0,4	Platin	21,45
Holzspanplatten	0,4 ... 0,8	Platiniridium (10 %)	21,6
Holzwolleplatten	0,4 ... 0,5	Polyamid (Perlon,	
Hostaflon	2,1 ... 2,2	Nylon u. Ä.)	1,08 ... 1,14
Invarstahl	8,0 ... 8,1	Polyethylen	0,9 ... 1,0
Iridium	22,42	Polystyrol (Trolitul)	1,05 ... 1,20
Kalkmörtel, trocken	1,6	PVC	1,38
Kalkspat	2,6 ... 2,8	Porzellan	2,3 ... 2,5
Kaolin	2,2 ... 2,5	Rose'sches Metall	10,7
Keramik	2,1 ... 2,3	Sand, erdfeucht	2,0
Koks, Zechen-	0,9	Sand, trocken	1,5 ... 1,6
Kolophonium	1,08	Sandstein	1,9 ... 2,3
Konstantan	8,8	Schamotte	1,7 ... 2,2
Kork (Platten)	0,20 ... 0,35	Schaumstoff	0,02 ... 0,05
Korund	3,8 ... 4,0	Schiefer	2,7 ... 2,8
Kupfer, rein	8,933	Seide	0,06
Kupferdraht	8,96	Silber	10,5
Leder (trocken)	0,9 ... 1,0	Silicium	2,33
Lehm	1,5 ... 1,8	Speckstein	2,6 ... 2,8
Leim	1,27	Stahl, Bau-	7,85
Lot, Aluminium-	2,7 ... 5,9	Chrom-	7,7
Blei-	11,2	Chromnickel- 18/10	7,9
Messing-	8,1 ... 8,7	Cobalt-	7,8
Silber-	8,27 ... 9,18	Nickel-	8,13
Zink-	7,2	Niro-	7,3 ... 7,4
Zinn-	7,5 ... 10,8	V2A-	7,9
Magnesia	3,2 ... 3,6	Steinkohle	1,2 ... 1,4
Magnesium	1,74	Steinsalz, krist.	2,3 ... 2,4
Manganin	8,4	Titan	4,15
Marmor	2,6 ... 2,8	Uran	19,1
Messing	8,3 ... 8,6	Weißmetall	9,5
gelb	8,5	Wolfram	19,27
rot	8,8	Wolle	0,1 ... 0,3
weiß	8,2	Wood'sches Metall	9,7
Mikanit	2,5	Ziegelstein	1,4 ... 1,8
Molybdän	10,22	Zinkblech	7,0
Natriumchlorid	2,163	Zinn, gegossen	7,2

Tabelle 1b

Dichte von Flüssigkeiten (bei 20 °C)	$\varrho / \frac{kg}{dm^3}$		
Aceton	0,791	Oktan	0,7027
Ammoniakwasser		Olivenöl	0,91
(24 %)	0,910	Paraffinöl	0,9 ... 1,0
(35 %)	0,882	Petroleum	0,81
Benzin, Fahr-	0,78	Quecksilber	13,546
Flug-	0,72	Rizinusöl	0,96
Benzol (Benzen)	0,878	Salpetersäure	
Chloroform	1,489	(50 %)	1,31
Dieselkraftstoff	0,85 ... 0,88	(100 %)	1,512
Diethylether	0,714	Salzsäure (40 %)	1,195
Erdöl	0,73 ... 0,94	Schwefelsäure	
Ethylalkohol		(50 %)	1,40
(Ethanol)	0,789	(100 %)	1,834
Glycerin	1,261	Siliconöl	0,76 ... 0,97
Heizöl	0,95 ... 1,08	Spiritus	0,83
Kalilauge		Terpentinöl	0,855
(40 %; 15 °C)	1,395	Tetrachlor-	
Maschinenöl	≈ 0,9	kohlenstoff	1,594
Methylalkohol		Toluol	0,8669
(Methanol)	0,7915	Transformatorenöl	0,87
Milch, Voll-	1,032	Wasser	0,9982
Mineralöl,		Wasser, schweres	1,105
Schmier-	≈ 0,85	Wasserstoffperoxid	1,463
Zylinder-	0,93	Xylol	0,88
Natronlauge			
(40 %; 15 °C)	1,434		

Tabelle 1c

Normdichte gasförmiger Stoffe (bei 0 °C und 1 013 hPa)	$\varrho / \frac{kg}{m^3}$		
Ammoniak	0,771 4	Luft	1,292 3
Argon	1,784	Methan	0,717 4
Butan	2,703	Neon	0,900 2
Chlor	3,214	Propan	2,009 6
Chlorwasserstoff	1,642 2	Sauerstoff	1,428 95
Dimethylether	2,109 8	Stadtgas	≈ 0,6
Helium	0,178 5	Stickstoff	1,250 5
Kohlenstoffdioxid	1,976 9	Wasserdampf (100 °C)	0,768
Kohlenstoffmonooxid	1,250	Wasserstoff	0,089 89
Krypton	3,744	Xenon	5,897

Tabelle 2

Reibungszahlen μ (Richtwerte)	**Haftreibungszahl μ_0**			
	trocken	wenig fettig	ge-schmiert	mit Wasser
Bronze auf Bronze	0,18		0,11	
Grauguss	0,28		0,16	
Stahl	0,19			
Grauguss auf Bronze	0,28		0,18	
Eiche				0,65
Grauguss		0,16	0,19	
Eiche auf Eiche	0,54			0,71
Lederriemen auf Eiche		0,47		
Grauguss	0,48	0,28	0,12	0,38
Messing auf Eiche	0,62		0,16	
Stahl auf Bronze	0,19			
Eiche			0,11	0,65
Eis	0,027			
Grauguss	0,19			
Stahl	0,15	0,13		
Hanfseil auf Holz	0,5			
	trocken	nass sauber	nass schmierig	vereist
Luftreifen auf				
Ackerböden	0,45		0,2	< 0,2
Asphalt	0,55	0,3	0,2	< 0,2
Beton	0,65	0,5	0,3	< 0,2
Erdweg	0,45		0,2	< 0,2
Holzpflaster	0,55	0,3	0,2	< 0,2
Kleinpflaster	0,55	0,3	0,2	< 0,2
Kopfsteinpflaster	0,6	0,4	0,3	< 0,2
Schotter, gewalzt	0,7	0,5	0,4	< 0,2
Schotter, gewalzt, geteert	0,6	0,4	0,3	< 0,2
Teerdecke	0,55	0,4	0,3	< 0,2
Greiferräder auf Ackerboden	0,5			
Kettenfahrzeuge auf Ackerboden	0,8			

Tabelle 2 (Fortsetzung)

Reibungszahlen μ (Richtwerte)				
	Gleitreibungszahl μ			
	trocken	wenig fettig	geschmiert	mit Wasser
Bronze auf Bronze	0,20		0,06	
Grauguss	0,21	0,08		
Stahl	0,18	0,16	0,07	
Grauguss auf Bronze	0,20	0,15	0,08	
Eiche	0,49	0,19		0,22
Grauguss	0,28	0,15	0,08	0,31
Eiche auf Eiche	0,34		0,1	0,25
Lederriemen auf Eiche	0,27			0,29
Grauguss	0,56	0,27	0,12	0,36
Messing auf Eiche	0,60		0,44	0,24
Stahl auf Bronze	0,18	0,16	0,07	
Eiche	0,5		0,08	0,26
Eis	0,014			
Grauguss	0,18		0,06	
Stahl	0,12		0,01	
Weißmetall	0,2	0,1	0,04	
Gebremstes Auto auf Pflaster	0,5			0,2
Gebremstes Auto auf Asphalt	0,3			0,15

	Fahrwiderstandszahl μ_F
Straßenbahn	0,006
Eisenbahn	0,002
Bergwerksloren	0,01
Fuhrwerk auf gutem Erdweg	0,05
guter Landstraße	0,025
Asphalt	0,015
Auto auf Pflaster	0,04
Asphalt	0,015 ... 0,025
Greiferräder auf Ackerboden	0,14 ... 0,24
Kettenfahrzeuge auf Ackerboden	0,07 ... 0,12

Tabelle 3

Stoßzahl *k* (Richtwerte für $v_1 \approx 3$ m/s)			
Elfenbein	$8/9 = 0{,}89$	Kork	$5/9 = 0{,}56$
Glas	$15/16 = 0{,}94$	Stahl	$5/6 = 0{,}83$
Holz	$1/2 = 0{,}5$		

Tabelle 4

Kompressibilität von Flüssigkeiten (bei 20 °C)	$\varkappa / \frac{1}{\text{GPa}}$
Aceton (Propanon)	1,22
Anilin	0,45
Benzol (Benzen)	0,95
Brom	0,65
Bromoform (Tribrommethan)	0,51
Chlorbenzol (Chlorbenzen)	0,73
Chloroform (Trichlormethan)	0,97
Diethylether	1,84
Essigsäure (Ethansäure)	0,91
Ethanol	1,24
Ethylacetat	1,79
Ethylbromid (Bromethan)	1,28
Glycerin (Propantriol)	0,22
Heptan	1,39
Hexan	1,59
Hydrauliköl	≈ 0,55
Methanol	1,10
Nitrobenzol (Nitrobenzen)	0,49
Oktan	1,16
Olivenöl	0,61
Paraffin	0,85
Pentan	1,47
Pentanol	0,88
Petroleum	0,8
Quecksilber	0,038
Rizinusöl	0,5
Schwefelkohlenstoff (Kohlenstoffdisulfid)	0,94
Schwefelsäure	2,85
Terpentinöl	0,81
Tetrachlorkohlenstoff (Tetrachlormethan)	1,13
Toluol (Methylbenzen)	0,89
Wasser	0,47
(0 °C)	0,53
Xylol (Xylen)	0,85

Tabelle 5

Luftdruck *p* in Abhängigkeit von der Höhe *h* (Normatmosphäre)			
h/m	*p*/hPa	*h*/m	*p*/hPa
0	1 013,25	6 800	422,3
100	1 001,3	7 000	410,6
200	989,5	7 200	399,2
300	977,7	7 400	388,0
400	966,1	7 600	377,1
500	954,6	7 800	366,4
600	943,2	8 000	356,0
700	931,9	8 200	345,8
800	920,8	8 400	335,9
900	909,7	8 600	326,2
1 000	898,8	8 800	316,7
1 200	877,2	9 000	307,4
1 400	856,0	9 200	298,4
1 600	835,3	9 400	289,6
1 800	814,9	9 600	281,0
2 000	795,0	9 800	272,6
2 200	775,4	10 000	264,4
2 400	756,3	10 500	244,7
2 600	737,5	11 000	226,3
2 800	719,1	11 500	209,2
3 000	701,1	12 000	193,3
3 200	683,4	12 500	178,6
3 400	666,2	13 000	165,1
3 600	649,2	13 500	152,6
3 800	632,6	14 000	141,0
4 000	616,4	14 500	130,3
4 200	600,5	15 000	120,4
4 400	584,9	15 500	111,3
4 600	569,7	16 000	102,9
4 800	554,8	16 500	95,07
5 000	540,2	17 000	87,87
5 200	525,9	17 500	81,20
5 400	511,9	18 000	75,05
5 600	498,3	18 500	69,36
5 800	484,9	19 000	64,10
6 000	471,8	19 500	59,24
6 200	459,0	20 000	54,75
6 400	446,5	21 000	46,78
6 600	434,3	22 000	40,00

Tabelle 6

Dynamische Viskosität η und kinematische Viskosität ν			
Flüssigkeiten	η / mPa · s		$\nu \Big/ \frac{mm^2}{s}$
	bei 20 °C	bei 0 °C	bei 20 °C
Aceton (Propanon)	0,322	0,395	0,407
Ameisensäure	1,78		1,46
Anilin (Aminobenzen)	4,40	10,2	4,31
Benzol (Benzen)	0,648	0,91	0,737
Chlorbenzen	0,80	1,06	0,72
Chloroform (Trichlormethan)	0,57	0,70	0,38
Diethylether	0,240	0,290	0,336
Dioxan	1,26		1,22
Essigsäure	1,22		1,16
Ethanol	1,20	1,78	1,52
Glycerin (Propantriol)	1 480	12 100	1 170
Heptan	0,409	0,517	0,596
Methanol	0,587	0,820	0,742
Nitrobenzol	2,01	3,09	1,67
Olivenöl	80,8		89
Pentan, n-	0,232	0,282	0,370
Quecksilber	1,554	1,685	0,115
Rizinusöl	990	2 420	1 031
Schwefelkohlenstoff	0,366	0,433	2,14
Schwefelsäure, konzentriert	29		16
Terpentinöl	1,46		1,71
Tetrachlorkohlenstoff	0,97	1,35	0,61
Toluol (Methylbenzen)	0,585	0,768	0,675
Wasser	1,002	1,792	1,004
Wasser, schweres	1,26		1,14
Xylol, m-	0,61	0,80	0,71
Gase bei 0 °C; 1 013 hPa	η / µPa · s		$\nu \Big/ \frac{mm^2}{s}$
Acetylen	9,5		8,1
Ammoniak	9,3		12,1
Argon	21,2		11,9
Bromwasserstoff	17,0		4,67
Butan, Iso-	6,9		2,58
Chlor	12,3		3,83
Chlorwasserstoff	13,1		7,99
Ethan	8,6		6,34
Ethylen (Ethen)	9,4		7,46
Helium	18,7		105

Tabelle 6 (Fortsetzung)

Dynamische Viskosität η und kinematische Viskosität ν		
Gase bei 0 °C; 1 013 hPa	$\eta/\mu\text{Pa}\cdot\text{s}$	$\nu\Big/\frac{\text{mm}^2}{\text{s}}$
Iodwasserstoff	17,3	2,99
Kohlenstoffdioxid	13,7	6,93
Kohlenstoffmonooxid	16,6	13,3
Krypton	23,3	6,22
Luft	17,2	13,3
Methan	10,2	14,2
Neon	29,8	33,1
Propan	7,5	3,7
Sauerstoff	19,2	13,4
Schwefeldioxid	11,6	3,96
Schwefelwasserstoff	11,7	7,62
Stickstoffmonooxid	17,9	13,4
Stickstoff	16,5	13,2
Wasserstoff	8,42	93,7
Xenon	21,1	3,58

Tabelle 7

Widerstandsbeiwert c_w (Richtwerte)	
Dünne, ebene Platte, senkrecht zur Strömung	1,11
Kugel	0,1 . . . 0,4
Halbkugel, offen, Öffnung gegen Strömung	1,33
Rundung gegen Strömung	0,35
geschlossen, Boden gegen Strömung	1,17
Rundung gegen Strömung	0,4
Stromlinienkörper	0,05
Kreiszylinder, Strömung quer zur Längsachse	0,6 . . . 1,0
Strömung senkrecht zur Stirnfläche	0,9 . . . 1,0
Pkw, geschlossen	≈ 0,4
offen	≈ 0,9
Lkw	≈ 0,9
Rennwagen	0,15 . . . 0,2

Tabelle 8

Oberflächenspannung (bei 20 °C)	$\sigma / \frac{mN}{m}$
Acetaldehyd (Ethanal)	21,2
Aceton (Propanon)	23,3
Ameisensäure	37,6
Anilin (Aminobenzen)	43,3
Benzol (Benzen)	28,9
Brom	41,5
Bromoform (Tribrommethan)	41,6
Chlorbenzol (Chlorbenzen)	33,5
Chloroform (Trichlormethan)	27,3
Chlortoluol, m- (3-Chlormethylbenzen)	33,4
Cyanwasserstoff	17,9
Cyclohexan	25,0
Diethylether	17,1
Dioxan	33,7
Essigsäure (Ethansäure)	27,4
Ethanol	22,3
Glycerin (Propantriol)	65,7
Heptan	20,3
Hexan	18,4
Methanol	22,6
Methylenchlorid (Dichlormethan)	26,5
Nitrobenzol (Nitrobenzen)	43,3
Oktan	21,8
Pentan, n-	16,0
Petroleum (0 °C)	28,9
Propan-2-ol	21,4
Propan-1-ol	23,7
Pyridin	37,2
Quecksilber	465
Salzsäure (10 %)	73
Schwefelkohlenstoff (Kohlenstoffdisulfid)	32,2
Schwefelsäure	55,1
Terpentinöl	26,8
Tetrachlorkohlenstoff (Tetrachlormethan)	26,8
Tetralin (Tetrahydronaphthalen)	35,4
Toluol (Methylbenzen)	28,5
Wasser (0 °C)	75,6
(20 °C)	72,7
(50 °C)	67,8
(100 °C)	58,8
Xylol, o- (1,2-Dimethylbenzen)	30,1
m- (1,3-Dimethylhenzen)	28,6
p- (1,4-Dimethylhenzen)	28,4

Tabelle 9

Elastizitätsmodul *E*, Schubmodul *G*, Kompressionsmodul *K*
und **Poisson-Zahl μ**

	E/GPa	G/GPa	K/GPa	μ
Aluminium	70	26	75	0,34
Basalt	50...100	27		03
Beton	20...40	8...18	8...22	0,10...0,20
Blei	16	6	46	0,44
Bronze	110	45		
Cadmium	51	20	43	0,30
Celluloid	2,5			
Chromnickelstahl	200	76	166	0,30
Duraluminium	74	28	80	0,34
Eis (−4 °C)	10	3,4	10	0,33
Eisen	211	82	168	0,29
Elektron	45	17	37	0,30
Federstahl	220	82	51	0,29
Germanium	81	31	70	0,31
Glas, Geräte-	40...90	16...35	21...27	0,19...0,28
Glas, Quarz-	73	31	37	0,17
Glimmer	160...210			
Gneis	13...36			
Gold	78	27	185	0,43
Gusseisen	90...145	35...60	50...120	0,21...0,30
Hartgummi	5	2	3	0,25
Holz	10...15			
Invar	146	56	124	0,30
Iridium	538	210	370	0,26
Kautschuk	bis 0,05			
Keramik	0,3...30			
Klinker	27			
Konstantan	166	63	160	0,33
Korund	411	166	263	0,24
Kunsthorn	3			
Kupfer	128	48	136	0,34
Magnesium	45	17,1	35	0,29
Manganin	126	47	120	0,33
Marmor	72	27	61	0,30
Messing	105	39	117	0,35
Molybdän	325	126	262	0,29
Neusilber	130	49	127	0,33
Nickel	205	78	180	0,31
Pertinax	9,5			
Platin	170	61	260	0,39

Tabelle 9 (Fortsetzung)

Elastizitätsmodul *E*, Schubmodul *G*, Kompressionsmodul *K* und **Poisson-Zahl μ**

	E/GPa	G/GPa	K/GPa	μ
Plexiglas	3,2	1,2	3,6	0,35
Polypropylen	4,1	1,5	4,3	0,34
Polystryrol	2...4	1...2	2...4	0,34
Polyuretan-Schaumstoff	0,000 25	0,000 1	0,000 2	0,25
Porzellan	60...80	24...33	37...49	0,23
Sandstein	20...50	8...22	10...33	0,15...0,25
Schmiedeeisen	213	81	167	0,28
Silber	82	30	100	0,36
Silicium	100	34	320	0,45
Stahl, Bau	210	85	160	0,28
V2A-	200	80	170	0,28
Tantal	186	69	186	0,34
Titan	110	41	122	0,35
Vanadium	128	47	156	0,36
Vulkanfiber	4,9			
Wolfram	405	158	307	0,28
Zink	70...130	30...50	40...110	0,2...0,3
Zinn	53	20	55	0,34
Zirconium	80	30	91	0,35

Tabelle 10

Längenausdehnungskoeffizient fester Stoffe (0...100 °C) $\alpha \Big/ \frac{10^{-6}}{\mathrm{K}}$

Aluminium	23,8	Elektron	24
Antimon	10,9	Erde	≈ 2
Asphalt	≈ 200	Fette	≈ 100
Bakelit	30	Germanium	6
Bernstein	56	Gips	25
Beryllium	12,3	Glas	
Bismut	13,5	Duran 50	3,2
Blei	29,4	Flintglas	7,9
Bronze	17,5	Geräteglas 20	4,9
Caesium	97	Kronglas	9,5
Celluloid	100...150	Normalglas 16 III	8,2
Chrom	6,6	Pyrex	3,3
Cobalt	12,6	Quarzglas	0,45
Diamant	1,3	Suprax	3,9
Duraluminium	23	Supremax 56	3,7
Eis (0 °C)	0,502	Thermometerglas 2954	6,0
Eisen	12,1	Glimmer	9...13

T

Tabelle 10 (Fortsetzung)

Längenausdehnungskoeffizient fester Stoffe (0 ... 100 °C)			$\alpha / \frac{10^{-6}}{\text{K}}$
Gold	14,3	Piacryl (Plexiglas)	70 ... 100
Granit	3 ... 8	Platin	9,1
Graphit	7,9	Platin-Iridium (10 %)	8,9
Gusseisen	11,8	Platin-Rhodium (10 %)	9
Hartgummi	75 ... 100	Polyamid (Perlon, Nylon)	100 ... 140
Hartpapier	20 ... 40	Polyethylen	200
Harz	212	Polystyrol	60 ... 80
Indium	30	Polyvinylchlorid (PVC)	150 ... 200
Invar	0,9	Porzellan	3 ... 4
Iod	83	Rohrzucker	82
Iridium	6,5	Sandstein	7 ... 12
Kalium	84	Schamotte	5
Kaliumchlorid	33	Schwefel, rhomb.	90
Kaliumnitrat	78	Silber	19,7
Kalk, gebr., pulv.	20	Silicium	7,6
Klinker	3	Siliciumcarbid	
Kolophonium	85	(Karborund)	6,6
Konstantan	15	Sinterkorund	6
Kunsthorn	60 ... 80	Speckstein	9 ... 10
Kupfer	16,8	Stahl, Bau-	12
Lithium	56	Chrom-	10,0
Magnesium	26	Nickel-	12
Mangan	23	V2A-	16
Manganin	18	Stahlbeton	10 ... 15
Marmor	≈ 11	Steinsalz (Kristall)	40
Messing	16,7	Suprainvar	0,3
Molybdän	5,1	Tantal	6,5
Naphthalen	94	Teflon	60 ... 100
Natrium	71	Thallium	29
Natriumchlorid	40	Thorium	11,7
Neusilber	18	Titan	8,35
Nickel	13	Vulkanfiber	25
Palladium	11,9	Wolfram	4,5
Pertinax	10 ... 30	Ziegel	5
Phenol	290	Zink	26,3
Phosphor, weiß	124	Zinn	27

Tabelle 11

Volumenausdehnungskoeffizient von Flüssigkeiten (bei 20 °C)	$\gamma / \frac{10^{-5}}{K}$		
Aceton (Propanon)	149	Methylenchlorid	137
Ameisensäure	102	Nitrobenzol	83
Anilin	84	Oktan	114
Benzin	106	Olivenöl	72
Benzol (Benzen)	123	Pentan	161
Brom	113	in Jenaer Glas 16 III	158
Bromoform	91	Pentanol	90
Chlorbenzol	98	Petroleum	96
Chloroform (Trichlormethan)	128	Pyridin	112
Cyanwasserstoff	193	Quecksilber	18,2
Diethylether	162	in Jenaer Glas 16 III	15,7
Dioxan	109	in Quarzglas	17,9
Essigsäure (Ethansäure)	107	Salpetersäure	124
Ethanol	110	Schwefelkohlenstoff	118
in Jenaer Glas 16 III	108	Schwefelsäure	57
Ethylacetat	138	Siliconöl	90 ... 160
Ethylbenzoat	88	Terpentinöl	97
Glycerin (Propantriol)	47	Tetrachlormethan	123
Glykol	64	Tetralin	78
Heptan	124	Toluol	111
Hexan	135	Wasser	20,7
Methanol	120	Xylol	98

Tabelle 12

Volumenausdehnungskoeffizient gasförmiger Stoffe (für 0 ... 100 °C und 1 013 hPa)	$\gamma / \frac{10^{-5}}{K}$		
Ammoniak	377	Luft	367
Argon	368	Methan	368
Chlor	383	Neon	366
Chlorwasserstoff	372	Sauerstoff	367
Ethan	375	Schwefeldioxid	385
Ethin	373	Stickstoff	367
Helium	366	Stickstoffmonooxid	368
Kohlenstoffdioxid	373	Wasserdampf	394
Kohlenstoffmonooxid	367	Wasserstoff	366
Krypton	369	Xenon	372

Tabelle 13

Luftdichte in Abhängigkeit von Druck und Temperatur									$\varrho / \frac{kg}{m^3}$
	p/hPa						$p_n =$		
t/°C	960	970	980	990	1 000	1 010	1 013	1 020	1 030
0	1,224	1,237	1,250	1,263	1,275	1,288	1,293	1,301	1,314
2	1,216	1,228	1,240	1,253	1,266	1,279	1,283	1,291	1,304
4	1,207	1,219	1,232	1,244	1,257	1,270	1,274	1,282	1,295
6	1,198	1,211	1,223	1,236	1,248	1,260	1,265	1,273	1,285
8	1,190	1,202	1,214	1,227	1,239	1,252	1,256	1,264	1,276
10	1,181	1,193	1,206	1,218	1,230	1,243	1,247	1,255	1,267
12	1,173	1,185	1,197	1,210	1,222	1,234	1,238	1,246	1,258
14	1,165	1,177	1,189	1,201	1,213	1,225	1,229	1,238	1,250
16	1,157	1,169	1,181	1,193	1,205	1,217	1,221	1,229	1,241
18	1,149	1,161	1,173	1,185	1,200	1,209	1,212	1,221	1,232
20	1,141	1,153	1,165	1,177	1,188	1,200	1,204	1,212	1,224
22	1,133	1,145	1,157	1,169	1,180	1,192	1,196	1,204	1,216
24	1,126	1,137	1,149	1,161	1,172	1,184	1,188	1,196	1,208
26	1,118	1,130	1,141	1,153	1,165	1,176	1,180	1,188	1,200
28	1,111	1,122	1,134	1,145	1,157	1,168	1,172	1,180	1,192
30	1,103	1,115	1,126	1,138	1,149	1,161	1,164	1,172	1,184
32	1,096	1,107	1,119	1,130	1,142	1,153	1,157	1,165	1,176
34	1,085	1,098	1,110	1,122	1,135	1,147	1,151	1,159	1,172

Tabelle 14

Spezielle Gaskonstante			$R_i / \frac{J}{kg \cdot K}$
Ammoniak	481	Methan	518
Argon	208	Methylchlorid	161
Butan	137	Neon	412
Chlor	115	Ozon	173
Chlorwasserstoff	226	Phosgen	82
Distickstoffmonooxid	188	Propan	185
Ethan	273	Propylen (Propen)	194
Ethen	294	Sauerstoff	260
Ethin	316	Schwefeldioxid	127
Helium	2 078	Schwefelwasserstoff	241
Kohlenstoffdioxid	188	Stickstoff	297
Kohlenstoffmonooxid	297	Stickstoffoxid	277
Krypton	99	Wasserstoff	4 127
Luft	287	Xenon	63

Tabelle 15

Dichte des Wassers in Abhängigkeit von der Temperatur (bei p_n = 1 013,25 hPa)					
$t/°C$	$\varrho / \frac{g}{cm^3}$	$t/°C$	$\varrho / \frac{g}{cm^3}$	$t/°C$	$\varrho / \frac{g}{cm^3}$
0	0,999 840	20	0,998 206	40	0,992 22
1	0,999 899	21	0,997 994	41	0,991 83
2	0,999 940	22	0,997 772	42	0,991 44
3	0,999 964	23	0,997 540	43	0,991 04
4	0,999 972	24	0,997 299	44	0,990 63
5	0,999 964	25	0,997 047	45	0,990 22
6	0,999 940	26	0,996 786	46	0,989 80
7	0,999 902	27	0,996 516	47	0,989 37
8	0,999 849	28	0,996 236	48	0,988 93
9	0,999 781	29	0,995 948	49	0,988 49
10	0,999 700	30	0,995 650	50	0,988 04
11	0,999 605	31	0,995 344	55	0,985 69
12	0,999 498	32	0,995 030	60	0,983 20
13	0,999 378	33	0,994 705	65	0,980 55
14	0,999 245	34	0,994 373	70	0,977 76
15	0,999 101	35	0,994 036	75	0,974 84
16	0,998 944	36	0,993 686	80	0,971 79
17	0,998 776	37	0,993 331	85	0,968 61
18	0,998 597	38	0,992 968	90	0,965 30
19	0,998 407	39	0,992 598	95	0,961 89
				100	0,958 35

Tabelle 16

Spezifische Wärmekapazität fester Stoffe (bei 20 °C)	$c / \frac{kJ}{kg \cdot K}$		
Achat	0,80	Beton (lufttrocken)	0,84
Aluminium	0,896	Bismut	0,124
Aluminiumoxid	0,764	Blei	0,129
Anthrazit	≈ 0,96	Bleiglätte (natürlich)	0,21
Antimon	0,208	Bor	1,043
Asbestfaser	0,80	Braunkohle (roh, 40 % W.)	2,5
Asbestplatten	0,84	Bronze (Rotguss)	0,38
Asphalt	0,92	Cadmium	0,230
Bakelit	1,59	Caesium	0,236
Barium	0,192	Calcium	0,654
Baumwolle (trocken)	1,3	Celluloid	≈ 1,5
Beryllium	1,59	Chrom	0,440

Tabelle 16 (Fortsetzung)

Spezifische Wärmekapazität fester Stoffe (bei 20 °C)	$c / \frac{kJ}{kg \cdot K}$		
Cobalt	0,423	Kolophonium	≈ 1,15
Diamant	0,502	Konstantan	0,410
Dolomit	0,88	Kork	≈ 1,9
Duraluminium	0,92	Kupfer	0,382
Eis (0 °C)	2,1	Leder (trocken)	≈ 1,5
Eisen	0,452	Lithium	3,55
Elektronmetall	1,0	Magnesium	1,017
Fette	≈ 2	Magnesiumoxid (Magnesia)	0,917
Gallium	0,372	Mangan	0,473
Germanium	0,322	Manganin	0,41
Gips (gebrannt)	0,8	Marmor	0,80
Glas		Messing	0,384
Duran 50	0,80	Molybdän	0,251
Flintglas	0,481	Natrium	1,221
Jena 16 III	0,779	Natriumcarbonat	1,043
59 III	0,791	Natriumchlorid	0,867
2954	0,80	Natriumnitrat	1,084
Kronglas	0,666	Natriumsulfat	0,892
Pyrex	0,75	Neusilber	0,40
Quarzglas	0,71	Nickel	0,448
Supremax 56	1,16	Osmium	0,130
Glaswolle	0,80	Palladium	0,245
Glimmer	0,88	Papier	≈ 1,5
Gold	0,129	Pertinax	≈ 1,5
Granit	0,75	Phosphor (weiß)	0,75
Graphit	0,71	Piacryl (Plexiglas)	≈ 1,7
Grauguss	0,54	Platin	0,133
Hartgummi	≈ 1,5	Platin-Iridium (10 %)	0,13
Harz (Fichte)	1,8	Platin-Rhodium (10 %)	0,15
Holz	≈ 2,5	Polyamid (Perlon u. a.)	≈ 1,85
Holz, trocken	≈ 1,5	Polyethylen	2,5
Holzkohle, fest	0,8	Polystyrol (Trolitul u. a.)	1,3
Pulver	1,0	Polyvinylchlorid PVC	≈ 1,8
Invar	0,46	Porzellan	≈ 0,84
Iod	0,214	Rhenium	0,137
Iridium	0,130	Rhodium	0,248
Kalium	0,760	Rohrzucker	1,15
Kaliumchlorid	0,682	Rose'sches Metall	0,17
Kaliumnitrat	0,942	Sand (trocken)	0,84
Kalkspat	0,80	Sandstein	0,71
Kaolin	≈ 0,9	Schamotte	0,84
Kautschuk (roh)	2	Schaumstoff	≈ 1,5
Koks (Zechen-)	≈ 0,8	Schiefer	0,75

Tabelle 16 (Fortsetzung)

Spezifische Wärmekapazität fester Stoffe (bei 20 °C)	$c / \frac{kJ}{kg \cdot K}$		
Schlacke	0,84	Thorium	0,118
Schwefel, monoklin	0,704	Thoriumdioxid	0,232
Selen	0,32	Thoriumoxid (ges.)	0,25
Silber	0,235	Titan	0,520
Silicium	0,703	Ton (10 % feucht)	0,88
Siliciumcarbid	0,655	Uran	0,115
Sinterkorund	0,75	Vanadium	0,490
Speckstein	0,84	Wachs (Bienen-)	≈ 2,5
Stahl, Bau-	≈ 0,47	Wolfram	0,134
hoch legiert	0,48	Wolle	≈ 1,5
V2A-	0,50	Wood'sches Metall	0,15
Steinkohle	≈ 1,15	Zement (Portland)	0,75
Steinsalz (Kristall)	0,84	Ziegelstein (massiv)	0,84
Tantal	0,138	Zink	0,387
Teflon	1,0	Zinn	0,226
Thallium	0,132	Zirconium	0,275

Tabelle 17

Spezifische Wärmekapazität von Flüssigkeiten (bei 20 °C)	$c / \frac{kJ}{kg \cdot K}$		
Aceton (Propanon)	2,16	Methanol	2,495
Ameisensäure (Methan-)	2,15	Methylacetat	2,14
Amylalkohol, Iso-	2,24	Nitrobenzol	1,47
Anilin (Aminobenzol)	2,05	Oktan	2,186
Benzol (Benzen)	1,725	Olivenöl	1,97
Brom	0,46	Petroleum	2,14
Bromoform (Tribrommethan)	0,54	Pyridin	1,72
		Quecksilber	0,139
Chlorbenzol	1,33	Salpetersäure	1,72
Chloroform (Trichlormethan)	0,959	Schwefelkohlenstoff	0,996
		Schwefelsäure	1,38
Diethylether	2,310	Siliconöl	≈ 1,45
Essigsäure (Ethan-)	2,052	Terpentinöl	1,80
Ethanol	2,43	Tetrachlormethan	0,861
Ethylacetat	1,922	Tetralin	1,67
Ethylbromid (Bromethan)	0,88	Toluol (Methylbenzol)	1,687
Glycerin (Propantriol)	2,39	Trichlorethen	0,96
Heptan	2,202	Wasser	4,182
Hexan	2,253	Wasser, schweres	4,212

T

Tabelle 18

Spezifische Wärmekapazität von Gasen (bei 20 °C)			$c / \frac{kJ}{kg \cdot K}$
	c_p	c_V	$\varkappa$
Ammoniak	2,160	1,655	1,305
Argon	0,523	0,317	1,648
Bromwasserstoff	0,360	0,254	1,42
Butan	1,658		
Butylen	1,507		
Chlor	0,745	0,552	1,35
Chlorethan	1,151	0,967	1,19
Chlormethan	0,762	0,593	1,285
Chlorwasserstoff	0,803	0,578	1,39
Deuterium	0,498		
Ethan	1,729	1,455	1,188
Ethen	1,549	1,249	1,24
Ethin	1,683	1,368	1,23
Fluor	0,342		
Fluorwasserstoff	1,415		
Generatorgas	1,05	0,75	1,40
Helium	5,23	3,21	1,63
Iodwasserstoff	0,226	0,161	1,40
Kohlenstoffdioxid	0,837	0,647	1,293
Kohlenstoffmonooxid	1,042	0,744	1,40
Luft	1,005	0,717	1,402
Methan	2,219	1,696	1,308
Neon	1,030	0,628	1,64
Ozon	0,795	0,568	1,40
Propan	1,595	1,412	1,13
Propylen (Propen)	1,503		
Sauerstoff	0,917	0,656	1,398
Schwefeldioxid	0,640	0,504	1,27
Schwefelwasserstoff	1,047	0,799	1,31
Stickstoff	1,038	0,741	1,401
Stickstoff(I)-oxid	0,883	0,690	1,28
Stickstoff(II)-oxid	0,996	0,717	1,39
Wasserstoff	14,32	10,17	1,41
Xenon	0,159	0,095	1,67

Tabelle 19

Spezifischer Heizwert fester Brennstoffe (Durchschnittswerte)	$H/\frac{MJ}{kg}$		$H/\frac{MJ}{kg}$
Anthrazit	31	Holzkohle	31
Braunkohle, hart	17	Koks (Zechen-)	30
weich	8	Magerkohle	33
Braunkohlenbrikett	20	Steinkohle	30
Holz, trocken	16	Torf, lufttrocken	14
frisch	8,4	grubenfeucht	0,9

Tabelle 20

Spezifischer Heizwert flüssiger Brennstoffe	$H/\frac{MJ}{kg}$		$H/\frac{MJ}{kg}$
Benzin	$\approx$ 42	Hexan	44,7
Benzol (Benzen)	40,2	Methanol	19,5
Dieselkraftstoff	$\approx$ 41	Naphthalen	38,9
Diethylether	34	Oktan	44,6
Erdöl	$\approx$ 41	Pentan	45,4
Ethanol	27	Petroleum	$\approx$ 40,8
Heizöl	$\approx$ 41	Steinkohlenteer	34
Heptan	44,6		

Tabelle 21

Spezifischer Heizwert gasförmiger Brennstoffe (bei 0 °C und 1 013 hPa)	$H'/\frac{MJ}{m^3}$		$H'/\frac{MJ}{m^3}$
Ammoniak	14,2	Gichtgas	4,0
Butan	124	Kohlenstoffmonooxid	12,6
Erdgas, nass	$\approx$ 42	Methan	35,9
trocken	$\approx$ 29	Propan	93,4
Ethan	64,5	Propylen (Propen)	88,0
Ethen	60,0	Schwefelwasserstoff	23,7
Ethin	56,9	Stadtgas	$\approx$ 20
Generatorgas	5,0	Wasserstoff	10,8

Tabelle 22

Schmelztemperatur t_{sm} und spezifische Schmelzwärme s	$t_{sm}/°C$	$q \Big/ \frac{kJ}{kg}$
Aceton (Propanon)	−95	98
Aluminium	660	397
Aluminiumoxid (Korund)	2 250	1 108
Ameisensäure	8,4	276
Ammoniak	−77,7	339
Amylalkohol	−117	
Anilin (Aminobenzen)	−6,1	113
Antimon	631	167
Argon	−189	
Barium	710	56
Benzol (Benzen)	5,5	128
Beryllium	1 278	1 390
Bismut	271	52,2
Blei	327	23,0
Bor	2 300	
Brom	−7,2	67,8
Butan	−138	29,3
Butylalkohol	−108	125
Cadmium	321	56
Caesium	28,6	16,4
Calcium	850	216
Chlor	−101	90,4
Chloroform	−63,5	75
Chlorwasserstoff	−114	56,1
Chrom	1 875	280
Cobalt	1 492	263
Deuterium	−254	
Diamant	3 540	
Diethylether	−116	
Eisen	1535	277
Essigsäure	16,6	192
Ethan	−183	92,9
Ethanol	−114	108
Ethin	−81	96,3
Ethylchlorid (Chlorethan)	−139	69,1
Ethylen (Ethen)	−169	104,7
Fluor	−220	37,7
Fluorwasserstoff	−83,4	196,3

Tabelle 22 (Fortsetzung)

Schmelztemperatur t_{sm} und spezifische Schmelzwärme s		
	$t_{sm}/°C$	$q / \frac{kJ}{kg}$
Gallium	29,8	80,8
Germanium	959	410
Glycerin	18,4	201
Gold	1 064	65,7
Graphit	3 650	
Heptan	−90,6	141
Hexan	−94,3	152
Indium	156	28,5
Iod	114	124
Iodwasserstoff	−50,8	
Iridium	2 450	117
Kalium	63,3	59,6
Kaliumchlorid	770	342
Kaliumnitrat	334	107
Kohlenstoffdioxid	−56,6	184
Kohlenstoffmonooxid	−205	30,1
Krypton	−157	19,7
Kupfer	1 083	205
Lanthan	900	81,3
Lithium	180	603
Magnesium	650	368
Magnesiumoxid	2 800	1 017
Mangan	1 244	266
Methan	−183	58,6
Methanol	−97,7	92
Methylacetat	−98,1	
Molybdän	2 620	290
Naphthalen	80,3	148
Natrium	97,8	113
Natriumchlorid	801	500
Neon	−249	16,7
Nickel	1 453	303
Nitrobenzen	5,7	94,2
Oktan	−56,8	181
Ozon	−192,5	43,8
Palladium	1 555	157
Pentan	−131	116
Phenol	41	122

T

Tabelle 22 (Fortsetzung)

Schmelztemperatur t_{sm} und spezifische Schmelzwärme s		
	$t_{sm}/°C$	$q \Big/ \frac{kJ}{kg}$
Phosphor, weiß	44,2	21,0
Phosphorwasserstoff	−134	
Platin	1 769	111
Propan	−190	80,0
Propanol-1	−126	86,5
Propylen (Propen)	−185	69,9
Pyridin	−41,6	105
Quecksilber	−38,9	11,8
Rhenium	3 180	178
Rhodium	1 966	218
Rohrzucker	186	56
Rose'sches Metall	94	
Rubidium	38,7	25,7
Ruthenium	2 450	193
Salpetersäure	−42	166,7
Sauerstoff	−219	13,8
Schwefel (monokl.)	119	42
(rhomb.)	113	42
Schwefeldioxid	−76	116,8
Schwefelkohlenstoff	−112	57,8
Schwefelsäure	10,5	109
Schwefelwasserstoff	−85,7	69,5
Selen	217	68,6
Silber	961	105
Silicium	1 420	164
Stickstoff	−210	25,8
Stickstoff(I)-oxid	−90,8	148,6
Stickstoff(II)-oxid	−164	77,0
Tetrachlormethan	−22,9	16,3
Titan	1 725	324
Toluol (Methylbenzen)	−95	72,0
Vanadium	1 730	344
Wasser	0	334
Wasser, schweres	3,8	318
Wasserstoff	−259	58,6
Wolfram	3 380	192
Wood'sches Metall	71,7	
Xenon	−112	17,6
Xylol	−47,9	109
Zink	420	111
Zinn	232	59,6
Zirconium	1 855	219

Tabelle 23

Siedetemperatur t_{sd} und spezifische Verdampfungswärme r		
(bei 1 013 hPa)	$t_{sd}/°C$	$r/\frac{kJ}{kg}$
Aceton (Propanon)	56,3	525
Aluminium	2450	10 900
Aluminiumoxid (Korund)	2 980	4 730
Ameisensäure	101	432
Ammoniak	−33,4	1 370
Amylalkohol	132	502
Anilin (Aminobenzen)	184	485
Antimon	1 637	1 050
Argon	−186	163
Barium	1 637	1 100
Benzol (Benzen)	80,1	394
Beryllium	2 965	32 600
Bismut	1 560	725
Blei	1 750	8 600
Bor	2 550	50 000
Brom	58,8	183
Bromwasserstoff	−66,7	218
Butan	−0,65	385
Butanol, n-	108	616
Cadmium	765	890
Caesium	685	496
Calcium	1 487	3 750
Chlor	−34,1	290
Chloroform	61,3	279
Chlorwasserstoff	−85	443
Chrom	2 640	6 712
Cobalt	2 900	4 800
Deuterium	−250	304
Diethylether	34,5	384
Dimethylether	−24,8	467
Eisen	2 735	6 339
Essigsäure	118	406
Ethan	−88,6	489
Ethanol	78,3	840
Ethen (Ethylen)	−104	483
Ethin	−84,0	687
Ethylacetat	77,2	366
Ethylchlorid (Chlorethan)	12,3	382
Fluor	−188	172
Fluorwasserstoff	19,5	332,5

Tabelle 23 (Fortsetzung)

Siedetemperatur t_{sd} und spezifische Verdampfungswärme r		
(bei 1 013 hPa)	$t_{sd}/°C$	$r/\frac{kJ}{kg}$
Gallium	2 230	3 640
Germanium	2 830	4 600
Glycerin	291	825
Gold	2 700	1 650
Helium	−269	20,6
Heptan	98,4	318
Hexan	68,7	332
Indium	2 050	1 970
Iod	183	172
Iodwasserstoff	−35,4	154
Iridium	4 350	3 900
Kalium	754	1 980
Kaliumchlorid	1 410	2 160
Kohlenstoffdioxid	−78,5	574
Kohlenstoffmonooxid	−192	216
Krypton	−153	108
Kupfer	2 590	4 790
Lanthan	3 400	2 880
Lithium	1 330	20 500
Magnesium	1 110	5 420
Mangan	2 090	4 190
Methan	−162	510
Methanol	64,6	1 100
Methylacetat	57,0	406
Methylchlorid	−23,8	428
Molybdän	4 800	5 610
Naphthalen	218	314
Natrium	890	3 900
Natriumchlorid	1 465	2 900
Neon	−246,1	105
Nickel	2 800	6 480
Nitrobenzen	211	397
Oktan	126	299
Ozon	−113	316
Pentan	36,1	360
Phenol	182	510
Phosgen (Kohlensäuredichlorid)	8,2	246
Phosphor	280	400
Phosphorwasserstoff	−87,8	430
Platin	4 300	2 290

Tabelle 23 (Fortsetzung)

Siedetemperatur t_{sd} und spezifische Verdampfungswärme r		
(bei 1 013 hPa)	$t_{sd}/°C$	$r\Big/\frac{kJ}{kg}$
Propan	−42,1	426
Propanol-1	97,2	750
Propylen (Propen)	−47,7	438
Pyridin	115,4	427
Quecksilber	356,6	285
Rubidium	700	880
Salpetersäure	86	622
Sauerstoff	−183	213
Schwefel	445	290
Schwefeldioxid	−10	389
Schwefelkohlenstoff	46,3	352
Schwefelsäure	338	512
Schwefelwasserstoff	−60,4	548
Selen	685	1 200
Silber	2 180	2 350
Silicium	2 355	14 050
Stickstoff	−195,8	201
Stickstoff(I)-oxid	−88,5	376
Stickstoff(II)-oxid	−151,8	461
Tetrachlormethan	76,6	195
Titan	3 300	8 980
Toluen	110,7	356
Vanadium	3 400	8 990
Wasser	100	2 257
Wasser, schweres	101,42	2 072
Wasserstoff	−252,8	461
Wolfram	5 500	4 350
Xenon	−108,2	96
Xylen, m-	139	343
Zink	907	1 755
Zinn	2 690	2 450

Tabelle 24

Siedetemperatur des Wassers in Abhängigkeit vom Druck							
p/kPa	t_{sd}/°C	p/kPa	t_{sd}/°C	p/kPa	t_{sd}/°C	p/MPa	t_{sd}/°C
0,611	0,01	38,54	75,0	100,0	99,63	0,270 5	130,0
0,872	5,0	47,34	80,0	101,0	99,91	0,30	133,5
1,227	10,0	57,81	85,0	101,325	100,0	0,313 1	135,0
1,704	15,0	70,96	90,0	102,0	100,18	0,377 9	140,0
2,337	20,0	84,51	95,0	103,0	100,46	0,40	143,6
3,168	25,0	91,0	97,01	104,0	100,73	0,415 4	145,0
4,242	30,0	92,0	97,32	105,0	101,0	0,50	151,8
5,624	35,0	93,0	97,62	106,0	101,27	0,60	158,8
7,378	40,0	94,0	97,91	107,0	101,53	0,70	164,9
9,586	45,0	95,0	98,20	120,58	105,0	0,80	170,4
12,35	50,0	96,0	98,49	142,87	110,0	1,0	180,0
15,74	55,0	97,0	98,78	169,21	115,0	2,0	212,7
19,92	60,0	98,0	99,07	198,60	120,0	5,0	264,4
25,00	65,0	99,0	99,35	232,03	125,0	10,0	311,4
31,16	70,0	100,0	99,63				

Tabelle 25

Siedetemperatur des Wassers in Abhängigkeit vom Luftdruck										
p/hPa	+0	1	2	3	4	5	6	7	8	9
940	97,9 °C	,9	,0$^+$	0$^+$	,0$^+$	,1$^+$	,1$^+$	,1$^+$	,1$^+$	,2$^+$
950	98,2	,2	,3	,3	,3	,4	,4	,4	,4	,5
960	98,5	,5	,6	,6	,6	,6	,7	,7	,7	,8
970	98,8	,8	,8	,9	,9	,9	,0$^+$	,0$^+$	,0$^+$	,0$^+$
980	99,1	,1	,1	,2	,2	,2	,2	,3	,3	,3
990	99,4	,4	,4	,4	,5	,5	,5	,6	,6	,6
1000	99,6	,7	,7	,7	,7	,8	,8	,8	,9	,9
1010	99,9	,9	,0$^+$	,0$^+$	,0$^+$	,0$^+$	,1$^+$	,1$^+$	,1$^+$	,2$^+$
1 020	100,2	,2	,2	,3	,3	,3	,4	,4	,4	,4
1 030	100,5	,5	,5	,5	,6	,6	,6	,6	,7	,7
1 040	100,7	,8	,8	,8	,8	,9	,9	,9	,9	,0$^+$
1 050	101,0	,0	,1	,1	,1	,1	,2	,2	,2	,2

$^+$: Ziffern vor dem Komma siehe nächste Zeile

Tabelle 26

Sättigungsdruck (bei 20 °C)			p/MPa
Aceton	0,024	Methylenchlorid	46,1
Ammoniak	857	Pentan	0,056 5
Benzol (Benzen)	0,010	Propan	834
Butan	206	Quecksilber	$1{,}63 \cdot 10^{-7}$
Chloroform	0,021 3	Schwefeldioxid	330
Chlorwasserstoff	4 217	Schwefelkohlenstoff	0,040
Diethylether	0,058 4	Tetrachlormethan	0,012 1
Ethanol	0,005 87	Toluol	0,002 93
Methanol	0,012 9	Trichlorethylen	0,007 2
Methylchlorid	489	Wasser	0,002 34

Tabelle 27

Sättigungsdruck und Sättigungsmenge für Wasserdampf

$t/{}^\circ\mathrm{C}$	p/kPa	$f_{max}\Big/\frac{\mathrm{g}}{\mathrm{m}^3}$	$t/{}^\circ\mathrm{C}$	p/kPa	$f_{max}\Big/\frac{\mathrm{g}}{\mathrm{m}^3}$
−5	0,401	3,25	18	2,062	15,39
−4	0,437	3,53	19	2,196	16,32
−3	0,463	3,83	20	2,337	17,32
−2	0,517	4,14	21	2,486	18,35
−1	0,563	4,49	22	2,642	19,44
0	0,611	4,85	23	2,809	20,60
1	0,656	5,20	24	2,984	21,81
2	0,705	5,57	25	3,168	23,07
3	0,757	5,95	26	3,361	24,40
4	0,813	6,37	27	3,565	25,79
5	0,872	6,80	28	3,780	27,26
6	0,935	7,27	29	4,005	28,79
7	1,005	7,79	30	4,242	30,39
8	1,072	8,28	31	4,493	32,08
9	1,148	8,83	32	4,756	33,85
10	1,227	9,41	33	5,030	35,78
11	1,312	10,02	34	5,320	37,61
12	1,401	10,67	35	5,624	39,63
13	1,497	11,36	36	5,942	41,74
14	1,597	12,08	37	6,277	43,95
15	1,704	12,84	38	6,626	46,25
16	1,817	13,65	39	6,994	48,66
17	1,937	14,50	40	7,378	50,17

Tabelle 28

Kryoskopische und ebullioskopische Konstante		
Lösungsmittel	$K/10^3$ K	$E/10^3$ K
Ammoniak	1,32	0,34
Benzol (Benzen)	5,07	2,64
Chloroform	4,90	3,80
Diethylether	1,79	1,83
Essigsäure	3,9	3,07
Ethanol		1,07
Schwefelkohlenstoff		2,29
Tetrachlormethan	29,8	4,88
Wasser	1,86	0,52

Tabelle 29

Van-der-Waals-Konstanten		
	$a/10^3\ \frac{N \cdot m^4}{kmol^2}$	$b/10^{-2}\ \frac{m^3}{kmol}$
Ammoniak	424	3,72
Argon	136	3,22
Butan	1490	12,50
Chlor	655	5,60
Chlorwasserstoff	361	3,97
Ethan	551	6,41
Ethen	452	5,71
Ethin	441	5,08
Ethylchlorid (Chlorethan)	1186	9,15
Helium	3,34	2,40
Kohlenstoffdioxid	362	4,25
Kohlenstoffmonooxid	147	3,95
Krypton	231	3,94
Luft	136	3,66
Methan	229	4,27
Neon	21	1,69
Propan	93	9,00
Sauerstoff	137	3,16
Schwefeldioxid	680	5,64
Stickstoff	136	3,85
Stickstoff(I)-oxid	381	4,40
Stickstoff(II)-oxid	140	2,83
Wasserdampf	555	3,10
Wasserstoff	25	2,67
Xenon	413	5,12

Tabelle 30

Kritische Temperatur und kritischer Druck		
	$t_k/°C$	p_k/MPa
Ammoniak	132	11,3
Argon	−122	4,90
Bromwasserstoff	90	8,5
Butadien	152	4,32
Butan	152	3,8
Chlor	144	7,7
Chlorwasserstoff	52	8,31
Dimethylamin	165	5,31
Dimethylether	127	5,37
Ethan	32	4,88
Ethen	9,3	5,07
Ethin	35,9	6,26
Ethylchlorid (Chlorethan)	187	5,27
Fluor	−129	5,6
Helium	−268	0,23
Hexan	235	3,03
Iodwasserstoff	151	8,31
Kohlenstoffdioxid	31	7,38
Kohlenstoffmonooxid	−140	3,50
Krypton	−63,8	5,49
Luft	−141	3,78
Methan	−82	4,64
Methylamin	157	7,40
Methylchlorid	143	6,67
Neon	−229	2,65
Pentan	197	3,37
Phosphorwasserstoff	52	6,47
Propan	97	4,23
Propylen (Propen)	92	4,62
Sauerstoff	−118	5,08
Schwefeldioxid	158	7,88
Schwefelwasserstoff	100	9,01
Stickstoff	−147	3,39
Stickstoff(I)-oxid	36,4	7,27
Stickstoff(II)-oxid	−92,9	6,54
Wasserdampf	374	22,0
Wasserstoff	−240	1,30

Tabelle 31

Wärmeleitfähigkeit (bei 20 °C)	$\lambda / \frac{W}{m \cdot K}$		
Aceton (Propanon)	0,162	Gips-Wandbauplatten	0,3 ... 0,6
Aluminium (99 %)	220	Glas, Blei-	0,90
Antimon, rein	17,5	Flint-	0,78
Anilin	0,173	Kron-	1,07
Anthrazit	≈ 0,25	Jena 16 III	1,00
Argon	0,0173	Quarz-	1,36
Asbestplatten	0,7	Glaswolle	0,042
Asbestwolle	0,156	Glimmer	0,4 ... 0,6
Asphalt	0,7	Glycerin	0,285
Bakelit	0,23	Gold	316
Basalt	2,0	Granit	2,9
Baumwollgewebe	≈ 0,07	Graphit	169
Benzin	0,12	Gummi	0,15
Benzol (Benzen)	0,146	Gusseisen	30 ... 50
Beton, Normal-	2,1	Hartgummi	0,17 ... 0,67
Bismut	8	Hartpapier	≈ 0,26
Bitumen	0,17	Helium	0,15
Blei	34,8	Heptan	0,124
Blut, menschl. (38 °C)	0,51	Hexan	0,119
Bronze	≈ 50	Hochofenschlacke	0,57
Butan	0,108	Holz (trocken)	0,1 ... 0,2
Cadmium	97	Invar	11
Celluloid	0,022	Iridium	147
Chloroform	0,116	Kalium	97
Chrom	91	Kalkstein	2,2
Chromnickel-Heizdraht	11,6	Kesselstein	≈ 3
Cobalt	100	Klinker-Mauerwerk	1,0
Diethylether	0,13	Kohlenstoffdioxid	0,016
Duraluminium	165	Kohlenstoffmonooxid	0,025
Eis (0 °C)	2,25	Koks	≈ 1,0
Eisen	81	Konstantan	22
Elektron	116	Korkplatten	0,045 ... 0,055
Elfenbein	≈ 0,55	Korkschrot	0,036
Erdreich, feucht	1,4	Kreide	0,92
Erdreich, kiesig	0,6	Kunsthorn	0,17
Essigsäure	0,161	Kunstseidegewebe	0,06
Ethan	0,0207	Kupfer	399
Ethanol	0,165	Leder (trocken)	0,15
Fett	0,17	Leinengewebe	0,07
Gasbeton-Blockstein	0,2 ... 0,3	Leinöl	0,16
Germanium	63	Luft	0,026
Gips-Kartonplatten	0,2	Magnesium	156

Tabelle 31 (Fortsetzung)

Wärmeleitfähigkeit (bei 20 °C)	$\lambda / \frac{W}{m \cdot K}$		
Manganin	22	Sauerstoff	0,026
Marmor	2,8	Schamotte	≈ 1,0
Messing	≈ 142	Schaumgummi	0,07 ... 0,08
Methan	0,033	Schaumstoff	0,04
Methanol	2,00	Schiefer	2,0
Methylchlorid	0,011	Schnee	0,2 ... 1,1
Methylenchlorid	0,143	Schwefelkohlenstoff	0,150
Milch	0,550	Seidengewebe	0,035
Mineralöl	≈ 0,15	Silber	427
Molybdän	138	Siliconöl	≈ 0,13
Monelmetall	22	Siliconkautschuk	0,17
Motorenöl	0,14	Speckstein	3,3
Natrium	133	Sperrholz	0,15
Neusilber	25,0	Stahl	≈ 45
Nickel	91	V2A-	15
Olivenöl	0,17	Steinkohle	0,21 ... 0,24
Papier	0,12	Steinsalz	4,5 ... 5,7
Paraffin	0,26	Stickstoff	0,026
Paraffinöl	0,124	Styropor-Schaumstoff	0,03 ... 0,045
Pentan	0,113	Tantal	56
Pertinax	0,2 ... 0,35	Teflon	0,26
Petroleum	0,127	Terpentinöl	0,14
Phenolharz	≈ 0,2	Tetrachlormethan	0,101
Piacryl (Plexiglas)	0,19	Titan	22
Platin	71	Toluol	0,135
Platin-Iridium (10 %)	31	Torfmull	0,07
Platin-Rhodium (10 %)	30	Transformatorenöl	0,13
Polyamid (Perlon, Nylon u. a.)	0,31	Trichlorethylen	0,115
		Vollmilch 3,5 % Fett	0,55
Polyethylen	≈ 0,40	Vulkanfiber	0,30
Polypropylen	0,22	Wachs	0,1
Polystyrol	≈ 0,16	Wasser	0,598
Polyvinylchlorid PVC	0,17	Wasserstoff	0,184
Porzellan	1,2 ... 1,6	Watte	0,035
Propan	0,093	Wolfram	167
Propylalkohol (Propanol)	0,153	Wollgewebe	0,04
		Wood'sches Metall	13
Quecksilber	8,2	Xylol	0,134
Rizinusöl	0,181	Ziegelstein	≈ 0,6
Rose'sches Metall	16	Zink	121
Sand (trocken)	0,35	Zinn	67
Sandstein	1,6 ... 2,1	Zylinderöl	0,138

T

Tabelle 32

Wärmeübergangskoeffizient (Richtwerte)	$\alpha / \frac{W}{m^2 \cdot K}$
Geschlossene Räume	
Luft an Innenseite der Wand	8,1
Außenseite der Wand	23
bei Sturm bis zu	116
Innenfenster	8,1
Außenfenster	12
Fußböden und Decken	
(von unten nach oben)	8,1
(von oben nach unten)	5,8
Luft senkrecht zur Metallwand	
ruhend	3,5 ... 35
mäßig bewegt	23 ... 70
kräftig bewegt	58 ... 290
Luft längs ebener Wände	
polierte Oberfläche	
$(v \leqq 5\,m/s)$	$5{,}6 + 4v/(m \cdot s^{-1})$
$(v > 5\,m/s)$	$7{,}12(v/(m \cdot s^{-1}))^{0{,}78}$
Eisenwand	
$(v \leqq 5\,m/s)$	$5{,}8 + 4v/(m \cdot s^{-1})$
$(v > 5\,m/s)$	$7{,}14(v/(m \cdot s^{-1}))^{0{,}78}$
Mauerwerk	
$(v \leqq 5\,m/s)$	$6{,}2 + 4{,}2v/(m \cdot s^{-1})$
$(v > 5\,m/s)$	$7{,}52(v/(m \cdot s^{-1}))^{0{,}78}$
Wasser um Rohre	
ruhend	350 ... 580
strömend	$350 + 2\,100\sqrt{v/(m \cdot s^{-1})}$
Wasser in Kesseln und Behältern	580 ... 2 300
mit Rührwerk	2 300 ... 4 700
Strömendes Wasser in Rohren	2 300 ... 4 700
Siedendes Wasser in Rohren	4 700 ... 7 000
Siedendes Wasser an Metallfläche	3 500 ... 5 800
Kondensierender Wasserdampf	11 600

Tabelle 33

Wärmedurchgangskoeffizient (Richtwerte) $k \Big/ \frac{\text{W}}{\text{m}^2 \cdot \text{K}}$

	Innenwand			Außenwand			
Wanddicke d/cm:	9	19	24	24	30	39	49
Vollziegel	2,56	1,94	1,73	2,00	1,78	1,45	1,22
Langlochziegel	2,00	1,63	1,36	1,50	1,28	1,10	0,87
Hochlochziegel	2,36	1,69	1,49	1,69	1,48	1,19	1,00
Hochbauklinker	2,73		1,99	2,35			
Kalksand-Lochsteine	2,24	1,88	1,62	1,85	1,57	1,37	1,10
-Vollsteine	2,52	2,19	1,94	2,28	1,97	1,74	1,43
-Hartsteine	2,56	2,23	2,02	2,35	2,04	1,80	1,49
Hüttensteine	2,24	1,88	1,60	1,81	1,57	1,37	1,10
Hüttenhartsteine	2,43	2,08	1,80	2,08	1,81	1,60	1,30
Gas- und Schaumbetonsteine							
600 kg/m³	1,64	1,28	1,04	1,12	0,94	0,80	0,62
800 kg/m³	1,77	1,41	1,15	1,26	1,06	0,91	0,71
1 000 kg/m³	1,90	1,52	1,26	1,38	1,17	1,01	0,79
Leichtbetonvollsteine							
1 200 kg/m³	2,00	1,63	1,36	1,50	1,30	1,10	0,87
1 400 kg/m³	2,17	1,81	1,52	1,72	1,48	1,29	1,02
1 600 kg/m³	2,36	1,99	1,71	1,97	1,71	1,50	1,21
Leichtbeton-Hohlblocksteine							
1 400 kg/m³			1,30	1,45	1,27		
1 600 kg/m³			1,42	1,59	1,38		

Wanddicke d/cm:	0,3	1	2	5	10	12	15	20	25
Glas	5,8	5,6							
Holzwand			3,8	2,4		1,7			
Kiesbeton				4,1	3,5		3,1	2,8	
Schlackenstein						2,7			1,7
Stahlbeton				4,2	3,7		3,3	2,9	

Ziegeldach ohne Fugendichtung	12
Ziegeldach mit Fugendichtung	6
Außenfenster, einfach	7
Außenfenster, doppelt	3,3
Außentür, Holz	4,1

T

Tabelle 34

Emissionsgrad ε			
	Oberfläche	$t/°C$	ε
Aluminium	poliert	20	0,04
	gewalzt	20	0,07
	Sandguss	20	0,3
	stark oxidiert	20	0,3
		500	0,2 ... 0,5
Aluminiumbronze	Anstrich	100	0,55
Asbestpappe		20	0,90
		1 000	0,70
Beton		20	0,88
		500	0,2 ... 0,5
Blei	grau oxidiert	20	0,28
Chrom	poliert	150	0,075
Dachpappe		20	0,90
Eis	glatt	0	0,92
Eisen	verzinkt	20	0,22 ... 0,28
	gerostet	20	0,65
	matt verzinnt	20	0,09
Eisenblech	blankverzinnt	20	0,08
Emaillelack	weiß	20	0,83 ... 0,97
Gips		20	0,8 ... 0,9
Glas		90	0,88
Gold	poliert	20	0,02
		500	0,03
Gummi	weich	20	0,87
Gusseisen	blank	20	0,25
	oxidiert	20	0,6 ... 0,8
	flüssig	1 600	0,3
	rauer Guss	20	0,94
Hartgummi		20	0,95
Holz		20	0,85
Kachel	weiß glasiert	20	0,87
Kupfer	poliert	20	0,04
	leicht angelaufen	20	0,05
	schwarz oxidiert	20	0,6 ... 0,8
	flüssig		0,15
	oxidiert	200	0,6
Mauerwerk	verputzt	20	0,93
Menschliche Haut		34	0,95 ... 0,99
Messing	poliert	20	0,05
	brüniert	20	0,4
	geschmirgelt	20	0,20
	oxidiert	200	0,6
	rohe Walzfläche	20	0,07

Tabelle 34 (Fortsetzung)

Emissionsgrad ε			
	Oberfläche	$t/°C$	ε
Nickel	poliert	100	0,055
		1 000	0,19
Nitrolack	schwarz, glänzend	20	0,83
	blank, matt	100	0,05
Öl		20	0,93
Organische Kunststoffe		20	0,90
Papier		20	0,9
Platin	fein poliert	100	0,05
		1 500	0,19
Porzellan	glasiert	20	0,95
		500	0,87
Quecksilber		0 ... 100	0,09 ... 0,12
Ruß		0 ... 300	0,95
Sand			0,76
Schamotte		20	0,88
		1 000	0,55
Schmelzemaille	weiß	20	0,90 ... 0,95
Schwarzer Körper			1,00
Silber	blank	20	0,02
		500	0,035
Stahlblech	Walzhaut	20	0,67
	poliert		0,286
	stark verrostet	20	0,85
	vernickelt		0,06
	verzinkt		0,25
Wasser		0 ... 100	0,92
Wolfram	nicht oxidiert	100	0,03
		1 000	0,15
		2 000	0,28
Ziegel		20	0,93
Zink	grau oxidiert	20	0,25
Zinn	poliert	20	0,06
	nicht poliert	100	0,035

T

Tabelle 35

Schallgeschwindigkeit			$c / \frac{m}{s}$
Feste Stoffe (bei 20 °C)		**Flüssigkeiten** (bei 20 °C)	
Aluminium	5 110	Aceton	1 190
Basalt	5 080	Anilin	1 660
Blei	1 200	Benzol (Benzen)	1 320
Duraluminium	5 150	Bromoform	928
Eis (−4 °C)	3 200	Chlorbenzen	1 290
Eisen	5 180	Chloroform	1 000
Elfenbein	3 000	Diethylether	985
Flintglas	4 000	Dioxan	1 380
Gold	2 000	Ethanol	1 170
Granit	4 000	Glycerin	1 923
Gummi	54	Methanol	1 123
Hartgummi	1 570	Nitrobenzol	1 470
Holz, Ahorn	4 100	Oktan	1 192
Buche	3 300	Pentan	1 020
Eiche	3 800	Paraffinöl	1 420
Esche	4 700	Petroleum	1 320
Tanne	4 500	Propanol	1 220
Kork	500	Pyridin	1 415
Kronglas	5 300	Quecksilber	1 421
Kupfer	3 800	Schwefelkohlenstoff	1 158
Manganin	3 900	schweres Wasser	1 399
Marmor	3 800	Tetrachlormethan	943
Messing	3 500	Toluol	1 308
Neusilber	3 580	Xylol	1 357
Nickel	4 900	Wasser, dest. 0 °C	1 403
Paraffin	1 300	20 °C	1 483
Platin	2 820	40 °C	1 529
Porzellan	4 880	60 °C	1 551
Pyrexglas	5 170	80 °C	1 555
Quarzglas	5 400	100 °C	1 543
Silber	2 790	Wasser, Meer-	1 531
Stahl	5 100		
Wolfram	4 310	**Gase** (bei 0 °C und 101,3 kPa)	
Ziegel	3 650	Ammoniak	415
Zink	3 800	Argon	308
Zinn	2 700	Brom	135
		Bromwasserstoff	200

Tabelle 35 (Fortsetzung)

Schallgeschwindigkeit			in $c/\frac{m}{s}$
Gase (bei 0 °C und 101,3 kPa)			
Chlor	206	Luft, trocken +40 °C	355
Chlorwasserstoff	296	Methan	430
Ethan	305	Neon	433
Ethen	317	Sauerstoff	315
Ethin	327	Schwefeldioxid	212
Helium	971	Schwefelwasserstoff	290
Kohlenstoffdioxid	258	Stadtgas	450
Kohlenstoffmonooxid	337	Stickstoff	334
Luft, trocken −40 °C	307	Stickstoff(I)-oxid	257
−20 °C	319	Stickstoff(II)-oxid	326
0 °C	332	Wasserstoff	1 286
+20 °C	344	Xenon	170

Tabelle 36

Schalldämmmaß *R* (Richtwerte)	Dicke d/cm	R/dB
Ziegelwand, verputzt 1/4 Stein	9	42
1/2 Stein	15	44
1/1 Stein	27	50
Betonwand	16	48
Leichtbauplatte	2,5	35
	8	43
Heraklithwand, verputzt		38
Koksascheplatte, verputzt	6,5	34
Bimsbetonplatte, verputzt	11	41
Sperrholz, lackiert	0,5	19
Fensterglas		28
Dachpappe		13
Einfachfenster		15 ... 25
Doppelfenster		25 ... 35
Einfachtür		15 ... 20
Doppeltür		30 ... 40
Geforderte Mindestwerte:		
Außenwände		50
Trennwände zwischen Wohnungen		40

T

Tabelle 37

Lautstärkepegel	$L_N/\mathrm{dB(A)}$
Hörschwelle	0
Leises Uhrticken, schalltoter Raum (gut isoliert)	10
Blätterrauschen, leises Flüstern, ruhiger Garten	20
Flüstern, mittlere Wohngeräusche, sehr ruhige Wohnstraße	30
Gedämpfte Unterhaltung, Wohnviertel nachts, leise Rundfunkmusik im Zimmer	40
Unterhaltung, Geräusche in Geschäftsräumen, stärkere Wohngeräusche, schwacher Straßenverkehr	50
Angeregte Unterhaltung, Schreibmaschine, Staubsauger	60
Unterhaltungssprache (1 m)	65
Laute Sprache, mittlerer Straßenverkehr, Straßenbahn	70
Büro mit Buchungsmaschinen	75
Schreien, laute Rundfunkmusik im Zimmer, starker Straßenverkehr, Pkw (7 m)	80
Motorrad (7 m)	85
Hupe, Druckluftbohrer, Lkw (7 m)	90
Kesselschmiede, in Webereien	100
Niethammer, Hupe (1 m), elektrische Sirene (7 m), Diskothek	110
Flugzeug mit Strahlantrieb (200 m), Sandstrahlgebläse (1 m)	115
Flugzeug (3 ... 4 m)	120
Schmerzgrenze, Druckluftsirene (7 m)	130
Düsenflugzeug beim Start (33 m)	140

Tabelle 38

Lichtgeschwindigkeit	$c/10^8\,\frac{\mathrm{m}}{\mathrm{s}}$		
Aceton	2,21	Kohlenstoffdioxid	2,66
Ammoniak	2,26	Kronglas, leicht	1,97
Bariumoxid	1,52	schwer	1,86
Benzol (Benzen)	2,00	Kupfer(I)-oxid	1,11
Brom	1,81	Luft	2,997 11
Calciumoxid	1,65	Magnesiumoxid	1,73
Chlor	2,20	Plexiglas	2,01
Chrom(III)-oxid	1,20	Quarz	1,94
Diamant	1,22	Schwefelkohlenstoff (Kohlenstoffdisulfid)	1,84
Eis	2,29	Steinsalz	1,94
Ethanol	2,20	Sylvin	2,02
Flintglas, leicht	1,86	Wasser	2,24
schwer	1,71		

Tabelle 39

Brechzahl *n* (bezogen auf Luft von 20 °C und 1 013 hPa für $\lambda = 589{,}3$ nm)			
Acetylcelluloid	1,47 … 1,50	Kronglas BK 7	1, 516 73
Aluminiumoxid	1,64	K 3	1,518 15
Ammoniak	1,325	SK 1	1,610 16
Amylalkohol	1,408	Leinöl	1,486
Anilin	1,586 2	Lithiumfluorid	1,391 7
Bariumoxid	1,980	Lithiumoxid	1,644
Benzol (Benzen)	1,501 4	Magnesiumoxid	1,736
Bleinitrat	1,782	Methanol	1,329 0
Bleisulfid	3,912	Methyleniodid	1,742 0
Calciumfluorid	1,434	Monobromnaphthalen	1,658 2
Calciumoxid	1,83	Phenolharz	1,63
Calciumsulfid	2,137	Plexiglas	1,491
Chlorbenzol	1,526 8	Polyethylen	1,51
Chrom(III)-oxid	2,5	Polystyrol	1,588
Chrom(III)-sulfat	1,564	Propanol	1,385 8
Diamant	2,417 3	Pyridin	1,509 4
Diethylether	1,352 9	Quarz, Achse, o	1,544 22
Eis (0 °C), o	1,309 1	ao	1,553 32
ao	1,310 5	Quarzglas	1,458 86
Ethanol	1,361 8	Rizinusöl	1,478
Flintglas F 3	1,612 79	Schwefelkohlenstoff	1,627 74
SF 4	1,754 96	Silberchlorid	2,071
SFS 1	1,922 50	Steinsalz	1,544 37
SF 59	1,952 10	Strontiumnitrat	1,567
Fluor	1,000 2	Strontiumoxid	1,870
Flussspat	1,433 872	Sylvin	1,490 29
Glycerin	1,455	Terpentinöl	1,472 30
Heptan	1,387 77	Tetrachlormethan	1,460 7
Hexan	1,375 4	Trolon	1,577
Kalkspat, o	1,658 38	Wasser	1,332 99
ao	1,486 43	Wasser, schwer	1,328 44
Kanadabalsam	1,542	o-Xylol	1,502 7
Kassiaöl	1,604	m-Xylol	1,497 9
Korund, o	1,768	p-Xylol	1,495 8
ao	1,760	Zedernholzöl	1,505
Kronglas FK 54	1,436 96	Zimtaldehyd	1,619 49
FK 3	1,464 44	Zinn(IV)-chlorid	1,511 2
BK 1	1,510 02		

T

Tabelle 40

Grenzwinkel		$\alpha_G/°$
Übergang von	nach Luft	nach Wasser
Benzol (Benzen)	41,763	(62,602)
Diamant	24,437	33,466
Ethanol	47,250	(78,194)
Flintglas F 3	38,319	55,742
SF 4	34,737	49,425
SFS 1	31,343	43,897
Glycerin	43,416	(66,369)
Kassiaöl	38,568	(56,206)
Kronglas FK 3	43,067	65,538
BK 1	41,471	61,978
BK 7	41,263	61,538
K 3	41,201	61,407
SK 1	38,393	55,880
Methanol	48,803	—
Plexiglas	42,120	63,383
Polystyrol	39,030	57,078
Quarzglas	43,272	66,025
Schwefelkohlenstoff	37,905	(54,977)
Steinsalz	40,358	(59,677)
Tetrachlormethan	43,204	(65,863)
Wasser	48,607	—

Klammerwerte wegen Durchmischung kaum realisierbar

Tabelle 41

Polarisationswinkel ($t = 20\,°C$; $\lambda = 589{,}3$ nm)			$\alpha_p/°$
Ammoniak	52,96	Kronglas BK 7	56,59
Diamant	67,53	K 3	56,63
Ethanol	53,71	SK 1	58,16
Flintglas F 3	58,20	Plexiglas	56,15
SF 4	60,32	Polystyrol	57,80
SFS 1	62,52	Quarzglas	55,57
Kanadabalsam	57,04	Schwefelkohlenstoff	58,44
Kassiaöl	58,06	Steinsalz	57,07
Kronglas FK 3	55,67	Tetrachlormethan	55,60
BK 1	56,49	Wasser	53,12

Tabelle 42

Wellenlängen wichtiger Spektrallinien (Auswahl) (sichtbarer Bereich)					λ/nm
393,366	Calcium	Ca	576,960	Quecksilber	Hg
394,401	Aluminium	Al	579,006	Quecksilber	Hg
396,152	Aluminium	Al	587,562	Helium	He
396,847	Calcium	Ca	588,995 0	Natrium	Na
399,864	Titan	Ti	589,592 4	Natrium	Na
404,656 1	Quecksilber	Hg	610,354	Lithium	Li
405,781	Blei	Pb	636,234	Zink	Zn
410,174	Wasserstoff	H	643,847	Cadmium	Cd
430,790 1	Eisen	Fe	656,272	Wasserstoff	H
434,047	Wasserstoff	H	667,815	Helium	He
435,833	Quecksilber	Hg	670,776	Lithium	Li
441,563	Cadmium	Cd	696,543	Argon	Ar
447,148	Helium	He	705,994	Barium	Ba
453,324	Titan	Ti	706,519	Helium	He
460,733	Strontium	Sr	706,722	Argon	Ar
479,991	Cadmium	Cd	734,567	Cadmium	Cd
486,133	Wasserstoff	H	738,398	Argon	Ar
492,193	Helium	He	742,364	Stickstoff	N
508,582	Cadmium	Cd	744,229	Stickstoff	N
520,908	Silber	Ag	746,831	Stickstoff	N
527,036 02	Eisen	Fe	750,387	Argon	Ar
535,046	Thallium	Tl	766,490	Kalium	K
546,074	Quecksilber	Hg	769,896	Kalium	K
546,550	Silber	Ag			

Tabelle 43

Hauptdispersion ϑ und Abbe'sche Zahl ν					(bei 20 °C)
Aceton	0,006 9	52,01	Kronglas FK 3	0,007 07	65,69
Anilin	0,027 2	21,55	BK 1	0,008 05	63,36
Benzol (Benzen)	0,016 6	30,20	BK 7	0,008 06	63,80
Brombenzol	0,0192	29,16	K 3	0,008 79	58,95
Diethylether	0,006 4	55,14	SK 1	0,010 80	56,50
Essigsäure	0,006 6	56,33	Pyridin	0,016 90	30,14
Ethanol	0,007 1	50,94	Quarz, Achse, o	0,007 79	69,87
Flintglas F 3	0,016 6	36,94	ao	0,008 07	68,57
SF 4	0,027 43	27,52	Quarzglas	0,006 80	67,41
SFS 1	0,044 10	20,92	Schwefelkohlenstoff	0,034 05	18,44
Flussspat	0,004 56	93,22	Steinsalz	0,012 71	42,82
Glycerin	0,007 71	60,89	Sylvin	0,011 11	44,13
Kalkspat, o	0,013 45	48,95	Terpentinöl	0,010 03	47,09
ao	0,006 18	78,71	Wasser	0,005 97	55,76

Tabelle 44

Gesamtlichtstrom Φ und Lichtausbeute Φ/P von Lampen				
		P/W	Φ/lm	$\frac{\Phi}{P}\Big/\frac{\mathrm{lm}}{\mathrm{W}}$
Allgebrauchslampen (230 V)		15	120	8,0
(klar, Sockel E 27)		25	230	9,2
D = Doppelwendel		40D	430	10,75
		60D	730	12,17
		75D	960	12,8
		100D	1 380	13,8
		150D	2 220	14,8
		200D	3 150	15,75
(klar, Sockel E 40)		300	5 000	16,67
		500	8 400	16,8
		1 000	18 800	18,8
		2 000	40 000	20,0
Leuchtstofflampen (230 V); 38 mm ∅				
L 15 W	Universal-Weiß 25	23	600	26,1
L 20 W	Hellweiß 20	31	1 120	36,1
	Universal-Weiß 25		950	30,6
	Warmton 30		1 150	37,1
L 25 W	Hellweiß 20	33	1 650	50,0
	Universal-Weiß 25		1 350	40,9
	Warmton 30		1 700	51,5
L 40 W	Hellweiß 20	50	2 900	58,0
	Universal-Weiß 25		2 300	46,0
	Warmton 30		2 950	59,0
L 65 W	Hellweiß 20	78	4 500	57,7
	Universal-Weiß 25		3 600	46,2
	Warmton 30		4 600	59,0
L 100 W	Hellweiß 20	120	5 400	45,0
	Universal-Weiß 25		4 800	40,0
L 120 W	Hellweiß 20	144	7 000	48,6
	Universal-Weiß 25		5 800	40,3
Leuchtstofflampen (230 V); U-Form				
L 16 W	Universal-Weiß 25 U	24	820	34,2
	Warmton 30 U		920	38,3
L 20 W	Universal-Weiß 25 U	31	860	27,7
	Warmton 30 U		970	31,3

Tabelle 44 (Fortsetzung)

Gesamtlichtstrom Φ und Lichtausbeute Φ/P von Lampen				
		P/W	Φ/lm	$\frac{\Phi}{P}/\frac{\text{lm}}{\text{W}}$
L 40 W	Hellweiß 20 U	50	2 350	47,0
	Universal-Weiß 25 U		2 100	42,0
	Warmton 30 U		2 450	49,0
L 65 W	Hellweiß 20 U	78	3 900	50,0
	Universal-Weiß 25 U		3 350	42,9
	Warmton 30 U		4 000	51,3
Leuchtstofflampen (230 V); Ringform				
L 22 W	Universal-Weiß 25 C	33	850	25,8
	Warmton 30 C		1 050	31,8
L 32 W	Universal-Weiß 25 C	41	1 550	37,8
	Warmton 30 C		1 850	45,1
L 40 W	Universal-Weiß 25 C	50	2 100	42,0
	Warmton 30 C		2 650	53,0
L 65 W	Universal-Weiß 25 C	78	3 100	39,7
	Warmton 30 C		3 900	50,0
Quecksilber-Hochdrucklampen (230 V)				
Klarglaskolben HQA mit Leuchtstoff HQL				
HQA und HQL 80 W		90	3 100	34,4
HQA und HQL 125 W		138	5 400	39,1
HQA und HQL 250 W		268	11 500	42,9
HQA und HQL 400 W		426	20 500	48,1
HQL 700 W		740	37 000	50,0
HQA und HQL 1 000 W		1 065	52 000	49,3
HQA und HQL 2 000 W (400 V)		2 080	125 000	60,1
Lichtquellen im Vergleich (etwa-Werte)				
Allgebrauchsglühlampe			25 ... 2 000	9 ... 20
Halogenglühlampe				bis 35
Quecksilberdampf-Hochdrucklampe			90 ... 2 080	35 ... 60
Leuchtstofflampe			600 ... 7 000	26 ... 80
Leuchtdiode (LED), weiß			> 2	20 ... 100
Natriumdampf-Niederdrucklampe				150 ... 200
Kerze			5 ... 15	
Petroleumlampe			150	
Gaslampe			200 ... 1 000	
Elektronenblitzröhre			bis $40 \cdot 10^6$	

T

Tabelle 45

Spezifischer elektrischer Widerstand ϱ (bei 20 °C)			
Leiter	$\varrho / \frac{\Omega \cdot mm^2}{m}$	**Isolierstoffe** (Richtwerte)	$\varrho / \Omega \cdot m$
Aluminium	0,027	Bakelit	10^{14}
Leitungs-	0,028 7	Benzol (Benzen)	$10^{15} \ldots 10^{16}$
Bismut	1,17	Bernstein	$> 10^{16}$
Blei	0,208	Celluloid	$10^{8} \ldots 10^{10}$
Cadmium	0,076	Elfenbein	$2 \cdot 10^{6}$
Chromnickel		Erde, feucht	$> 10^{6}$
(80Ni, 20Cr)	1,12	Flintglas	$3 \cdot 10^{8}$
Eisen	0,10	Galalith	$\approx 10^{14}$
Flussstahl	0,13	Glas	$> 10^{11}$
Gold	0,022	Glimmer	$10^{13} \ldots 10^{15}$
Goldchrom	0,33	Guttapercha	$\approx 4 \cdot 10^{7}$
Graphit	8,00	Hartgummi	$10^{13} \ldots 10^{16}$
Iridium	0,053	Holz, trocken	$10^{9} \ldots 10^{13}$
Isabellin	0,50	Marmor	$10^{7} \ldots 10^{8}$
Kalium	0,072	Kautschuk	$6 \cdot 10^{14}$
Kohle, Bürsten-	40	Kolophonium	$5 \cdot 10^{14}$
Konstantan	0,50	Papier	$10^{15} \ldots 10^{16}$
Kupfer	0,017 2	Paraffin	$10^{14} \ldots 10^{16}$
Leitungs-	0,017 8	Paraffinöl	10^{14}
Magnesium	0,044	Petroleum	$10^{10} \ldots 10^{12}$
Manganin	0,43	Plexiglas	10^{13}
Molybdän	0,054	Polyethylen	$10^{10} \ldots 10^{13}$
Natrium	0,046	Polystyrol	$10^{15} \ldots 10^{16}$
Neusilber	0,30	Polyvinylchlorid	bis 10^{13}
Nickel	0,087	Porzellan	$5 \cdot 10^{12}$
Nickelin	0,43	Quarzglas	$5 \cdot 10^{16}$
Novokonstant	0,45	Schellack	10^{14}
Palladium	0,11	Schiefer	10^{6}
Platin	0,107	Siegellack	$8 \cdot 10^{13}$
Platin-Iridium (20 %)	0,32	Silicium (undotiert)	$1{,}2 \cdot 10^{7}$
Platin-Rhodium (10 %)	0,20	Siliconöl	10^{13}
Quecksilber	0,96	Transformatorenöl	$10^{10} \ldots 10^{13}$
Resistin	0,51	Vaseline	$10^{10} \ldots 10^{13}$
Rotguss	0,127	Vulkanfiber	$10^{10} \ldots 10^{11}$
Silber	0,016	Wasser, destilliert	$(1 \ldots 4) \cdot 10^{4}$
Wolfram	0,055	Fluss-	$10 \ldots 100$
Zink	0,061	See-	0,3
Zinn	0,11		

Tabelle 46

Temperaturkoeffizient (0 ... 100 °C)	$\alpha / \frac{10^{-3}}{\text{K}}$		
Aluminium	4,7	Molybdän	4,7
Leitungs-	3,8	Natrium	5,5
Bismut	4,5	Neusilber	0,4
Blei	4,2	Nickel	6,5
Cadmium	3,8	Nickelin	0,2
Chromnickel (80Ni, 20Cr)	0,2	Novokonstant	0,04
Eisen	6,1	Palladium	3,3
Gold	3,9	Platin	3,9
Goldchrom	0,001	Platin-Iridium (20 %)	2,0
Graphit	−0,2	Platin-Rhodium (10 %)	1,7
Iridium	4,3	Quecksilber	0,99
Isabellin	0,02	Resistin	0,008
Kalium	5,5	Rotguss	1,5
Konstantan	0,03	Silber	3,8
Kupfer	3,9	Wolfram	4,5
Magnesium	4,2	Zink	4,1
Manganin	0,02	Zinn	4,6

Tabelle 47

Permittivitätszahl ε_r			
Aceton	21,4	Marmor	8,4 ... 14
Argon (NB: 0 °C; 101,3 kPa)	1,000 504	Methanol	33,5
		Mikanit	5
Asbest	4,8	Mineralöl	2,15
Asbestkautschuk	4	Naphthalen	3,78
Asphalt	2,66	Nitrobenzol	35,5
Bakelit	3 ... 5	Olivenöl	3
Benzol (Benzen)	2,28	Ölpapier	5
Bernstein	2,2 ... 2,9	Papier	1,2 ... 3,0
Brom	3,1	Paraffin	2,2
Calit	6,5	Paraffinöl	2,2
Chloroform	4,8	Pertinax	3,5 ... 5,5
Condensa C und F	80	Petroleum	2,2
Condensa N	40	Polyethylen	2,3
Diacond	16	Polystyrol	2,3 ... 2,5
Diethylether	4,34	Ouarz	3,5 ... 4,5
Ethanol	25,1	Quarzglas	4
Gips	2,65	Rapsöl	2,2
Glas	3 ... 15	Rizinusöl	4,7
Glimmer	5 ... 9	Sauerstoff (NB)	1,000 486
Glycerin	41,1	Schellack	3,6 ... 4
Gummi	2,5 ... 3,0	Schiefer	6 ... 10
Guttapercha	4	Schwefelkohlenstoff	2,63
Hartgummi	3 ... 4	Siegellack	4,3
Hartpapierplatten	5	Siliconöl	2,2 ... 2,8
Hartporzellan	5 ... 6,5	Steatit	5,5 ... 6,5
Helium (NB)	1,000 066	Stickstoff (NB)	1,000 528
Holz, imprägniert	3,5 ... 5	Teflon	2,0
Isolierleinen	3,5 ... 4	Tempa S	14
Kabelöl	2,25	Tempa X	30
Kabelpapier, imprägn.	4 ... 4,3	Tempa T	40
Kabelvergussmasse	2,5	Terpentinöl	2,2
Kerafar U	64	Toluol	2,38
Kerafar R	80	Transformatorenöl	2,2 ... 2,5
Kerafar W und X	32	Trolit	4 ... 7
Keravar S	70	Vaseline	2,1 ... 2,3
Keravar TT	45	Vulkanfiber	2,5
Keravar V	19	Wasser	81
Kohlenstoffdioxid (NB)	1,000 985	Wasserstoff (NB)	1,000 252
Luft, trocken (NB)	1,000 594	Ziegel	2,3

Tabelle 48

Permeabilitätszahl μ_r			
Ferromagnetische Stoffe		Anfangswert μ_{ra} $(H = 0)$	Maximalwert $\mu_{r\,max}$
Armco-Eisen	0,1 C	300	5 000
Baustahl	0,2 ... 0,4 C	100	800 ... 2 000
Flussstahl	0,1 C	200	2 000 ... 4 000
Gusseisen	3,3 Si 3,1 C	50 ... 100	500
Hyperm 0	100 Fe	300	10 000
Hyperm 1	3 ... 4 Si	500	8 500
Hyperm 4	3 Si	800	8 000
Hyperm 5 T	3 Si	2 500	35 000
Hyperm 20	20 Cr 5 Al	1 300	3 800
Hyperm 36 M	36 Ni	3 000	16 000
Hyperm 50 T	50 Ni	250	60 000
Hyperm 52	50 Ni	12 000	80 000
Hyperm 766	70 ... 80 Ni	35 000	90 000
Hyperm 900	70 ... 80 Ni	80 000	180 000
Hyperm Co 50	50 Co 2 V	1 000	11 000
Megaperm 6510	65 Ni 10 Mn	3 000	26 000
Nicalloy	40 Ni	1 400	10 000
Permalloy	78,5 Ni 3 Mo	6 000	70 000
Mo-Permalloy	75,5 Ni 3,8 Mo	25 000	85 000
Paramagnetische Stoffe	μ_r	$\mu_r - 1 = \varkappa$	$\dfrac{\varkappa}{\varrho} \Big/ 10^{-9}\,\dfrac{m^3}{kg}$
Aluminium	1,000 020 8	$2{,}08 \cdot 10^{-5}$	+7,7
Barium	1,000 006 94	$6{,}94 \cdot 10^{-6}$	+1,9
Chlorwasserstoff	1,0156	$1{,}56 \cdot 10^{-2}$	+9 500
Chrom	1,000 278	$2{,}78 \cdot 10^{-4}$	+38,7
Cobalt 1 200 °C	1,033 3	$3{,}33 \cdot 10^{-2}$	+3 800
1 400 °C	1,007 71	$7{,}71 \cdot 10^{-3}$	+880
Cobaltchlorid	1,004 3	$4{,}30 \cdot 10^{-3}$	+1 280
Eisen 800 °C	1,149	0,149	+18 900
1 200 °C	1,002 59	$2{,}59 \cdot 10^{-3}$	+330
Eisen(II)-chlorid	1,003 93	$3{,}93 \cdot 10^{-3}$	+1 320
Eisensulfid	1,000 871	$8{,}71 \cdot 10^{-4}$	+180
Kupfer(II)-chlorid	1,003 42	$3{,}42 \cdot 10^{-3}$	+1 120
Magnesium	1,000 017 4	$1{,}74 \cdot 10^{-5}$	+10,0
Mangan	1,000 871	$8{,}71 \cdot 10^{-4}$	+121
600 °C	1,000 814	$8{,}14 \cdot 10^{-4}$	+113
Manganchlorid	1,00431	$4{,}31 \cdot 10^{-3}$	+1 450
420 °C	1,001 01	$1{,}01 \cdot 10^{-3}$	+340

Tabelle 48 (Fortsetzung)

Permeabilitätszahl μ_r			
Paramagnetische Stoffe	μ_r	$\mu_r - 1 = \varkappa$	$\frac{\varkappa}{\varrho} / 10^{-9}\ \frac{m^3}{kg}$
Mangan(II)-oxid	1,004 56	$4{,}56 \cdot 10^{-3}$	+880
Mangansulfat	1,002 43	$2{,}43 \cdot 10^{-3}$	+1 150
550 °C	1,000 907	$9{,}07 \cdot 10^{-4}$	+430
Nickel 400 °C			+2 400
500 °C			+630
800 °C			+151
Nickelchlorid 17 °C	1,002 13	$2{,}13 \cdot 10^{-3}$	+600
Nickelsulfat	1,001 21	$1{,}21 \cdot 10^{-3}$	+330
Platin	1,000 257	$2{,}57 \cdot 10^{-4}$	+12,0
Sauerstoff	1,000 001 86	$1{,}86 \cdot 10^{-6}$	+1 300
Titan	1,000 18	$1{,}80 \cdot 10^{-4}$	+40,0
Uran	1,000 574	$5{,}74 \cdot 10^{-4}$	+30,0
Vanadium	1,000 348	$3{,}48 \cdot 10^{-4}$	+57,0
Diamagnetische Stoffe			
Aceton	0,999 986 4	$-1{,}37 \cdot 10^{-5}$	−7,3
Aluminiumoxid	0,999 986 4	$-1{,}37 \cdot 10^{-5}$	−3,5
Ameisensäure	0,999 993 3	$-6{,}71 \cdot 10^{-6}$	−5,5
Anilin	0,999 990 5	$-9{,}50 \cdot 10^{-6}$	−9,3
Argon		$-1{,}09 \cdot 10^{-8}$	−6,1
Benzol (Benzen)	0,999 992 2	$-7{,}82 \cdot 10^{-6}$	−8,9
Bismut	0,999 843 2	$-1{,}57 \cdot 10^{-4}$	−16,0
Caiciumcarbonat	0,999 987 2	$-1{,}29 \cdot 10^{-5}$	−4,4
Calciumoxid	0,999 988 5	$-1{,}16 \cdot 10^{-5}$	−3,4
Calciumsulfat	0,999 985 8	$-1{,}42 \cdot 10^{-5}$	−4,8
Chlor		$-2{,}38 \cdot 10^{-8}$	−7,4
Chloroform	0,999 988 6	$-1{,}14 \cdot 10^{-5}$	−7,7
Diethylether	0,999 991 6	$-8{,}42 \cdot 10^{-6}$	−11,8
Essigsäure	0,999 992 9	$-7{,}13 \cdot 10^{-6}$	−6,8
Ethan		$-1{,}55 \cdot 10^{-8}$	−11,4
Ethanol	0,999 992 7	$-7{,}34 \cdot 10^{-6}$	−9,3
Glycerin	0,999 990 2	$-9{,}84 \cdot 10^{-6}$	−7,8
Helium		$-1{,}05 \cdot 10^{-9}$	−5,9
Kohlenstoffdioxid		$-1{,}19 \cdot 10^{-8}$	−6,0
Kupfer	0,999 990 4	$-9{,}65 \cdot 10^{-6}$	−1,08
Kupfer(I)-oxid	0,999 985	$-1{,}5 \cdot 10^{-5}$	−2,5
Methan		$-6{,}88 \cdot 10^{-9}$	−9,6
Methanol	0,999 993 1	$-6{,}97 \cdot 10^{-6}$	−8,8

Tabelle 48 (Fortsetzung)

Permeabilitätszahl μ_r			
Diamagnetische Stoffe	μ_r	$\mu_r - 1 = \varkappa$	$\frac{\varkappa}{\varrho} / 10^{-9} \frac{m^3}{kg}$
Neon		$-4{,}05 \cdot 10^{-9}$	$-4{,}5$
Nitrobenzol	0,999 992 42	$-7{,}58 \cdot 10^{-6}$	$-6{,}3$
Pentan	0,999 991 36	$-8{,}64 \cdot 10^{-6}$	$-13{,}8$
Petroleum	0,999 989 06	$-1{,}09 \cdot 10^{-5}$	$-11{,}4$
Schwefelkohlenstoff	0,999 991 17	$-8{,}83 \cdot 10^{-6}$	$-7{,}0$
Schwefelsäure	0,999 990 83	$-9{,}17 \cdot 10^{-6}$	$-5{,}0$
Stickstoff		$-8{,}60 \cdot 10^{-9}$	$-5{,}4$
Tetrachlormethan	0,999 991 23	$-8{,}77 \cdot 10^{-6}$	$-5{,}5$
Toluol	0,999 992 21	$-7{,}79 \cdot 10^{-6}$	$-9{,}0$
Wasser	0,999 990 97	$-9{,}03 \cdot 10^{-6}$	$-9{,}05$
Wasser, schweres	0,999 991 27	$-8{,}73 \cdot 10^{-6}$	$-7{,}9$
Wasserstoff		$-2{,}25 \cdot 10^{-9}$	$-25{,}0$
Zinkoxid	0,999 975 93	$-2{,}41 \cdot 10^{-5}$	$-4{,}4$

Tabelle 49

Curie-Temperatur ferromagnetischer Stoffe		$t_C/°C$
Bariumferrit		435
Cobalt		1 130
Eisen, rein		768
Eisencarbid		215
Heusler'sche Legierung	je nach Zusammensetzung	60 ... 380
Kupferferrit		450
Mangan-Zink-Ferrit		115
Nickel		360
Nickel-Zink-Ferrit		350
AlNi 090	12 Al 22 Ni, Rest Fe	730
AlNi 120	14 Al 28 Ni, Rest Fe	730
AlNiCo 160	10 Al 20 Ni 15 Co + CuTi	720
AlNiCo 190	Fe + 19 Ni 12 Al 15 Co 4 Cu	760
Co 050	Fe + 1C 6,5 Co 8,5 Cr	750
Hyperm 5 und 5 T	Fe + 3 Si	750
Hyperm 36 M	Fe + 36 Ni	250
Hyperm 52 und 50 T	Fe + $\approx$ 50 Ni	470
Hyperm 766 und 900	Fe + 70 ... 80 Ni; Cu; Cr; Mo	400
Hyperm Co 90	Fe + 60 Co; 2 V	950

Tabelle 50

Beweglichkeit *u* von Ladungsträgern

Ionen (in wässriger Lösung bei 18 °C und unendlicher Verdünnung)

Kationen	$u / 10^{-8}\,\frac{m^2}{V \cdot s}$	Anionen	$u / 10^{-8}\,\frac{m^2}{V \cdot s}$
H^+	33	OH^-	18,2
Li^+	3,5	Cl^-	6,85
Na^+	4,6	Br^-	7,0
K^+	6,75	I^-	6,95
Ag^+	5,7	NO_3^-	6,5
NH_4^+	6,7	MnO_4^-	5,6
Zn^{++}	4,8	SO_4^{--}	6,1
Fe^{+++}	4,8	CO_2^{--}	6,2

Elektronen und Defektelektronen in Halbleitern (18 °C)

	$u_e^- / 10^{-4}\,\frac{m^2}{V \cdot s}$	$u_e^+ / 10^{-4}\,\frac{m^2}{V \cdot s}$		$u_e^- / 10^{-4}\,\frac{m^2}{V \cdot s}$	$u_e^+ / 10^{-4}\,\frac{m^2}{V \cdot s}$
C (Diamant)		1 400	PbS	550	600
Si	1 300	480	PbSe	1 020	930
Ge	3 800	1 800	PbTe	1 620	750
Se		$\approx$ 0,1	Bi_2Te_3	1 250	515
Te	$\approx$ 1 000	1 400	CdSb	300	300
AlAs	1 200	200	ZnO	190	
AlSb	400	150	ZnS	100	
GaP	80	17	ZnSe	100	16
GaAs	8 500	400	ZnTe		50
GaSb	4 000	650	CdS	200	
InP	4 600	700	CdSe	500	
InAs	30 000	240	CdTe	650	45
InSb	70 000	1 000	HgSe	18 500	
SiC	60	8	HgTe	22 000	160

Tabelle 51

Sprungtemperatur T_S bei Supraleitern				
Elemente		T_S/K	**Legierungen Verbindungen**	T_S/K
Niob	Nb	9,46	BiPb	8,8
Technetium	Tc	7,81	AsPb	8,4
Blei	Pb	7,19	PPb	7,8
Vanadium	V	5,30	AgPb	7,2
Lanthan	La	4,71	LiPb	7,2
Tantal	Ta	4,48	AuPb	7,0
Quecksilber	Hg	4,17	CaPb	7,0
Zinn	Sn	3,72	SbPb	6,6
Indium	In	3,40	CuPb	2,25
Thallium	Tl	2,39		
Thorium	Th	1,37	Nb_4Sn	18,5
Rhenium	Re	1,70	Nb_3Sn	18,05
Uran	U	1,25	$AlNb_3$	17,5 ... 18
Aluminium	Al	1,18	SiV_3	17,0
Gallium	Ga	1,09	GaV_3	16,8
Molybdän	Mo	0,92	NNb	16
Zink	Zn	0,85	$GaNb_3$	14,5
Osmium	Os	0,65	CNb	14
Zirconium	Zr	0,55	NbH	13 ... 14
Cadmium	Cd	0,54	MoN	12,0
Ruthenium	Ru	0,49	$AuNb_3$	11,5
Titan	Ti	0,39	CTa	11
Hafnium	Hf	0,35	Nb_2Zr	10,8
Wolfram	W	0,011	Nb_2N	9,5

T

Tabelle 52

Elektrochemisches Äquivalent *Ä*					
	Wertigkeit *z*	$Ä / \frac{mg}{C}$		Wertigkeit *z*	$Ä / \frac{mg}{C}$
Aluminium	3	0,093 2	Lithium	1	0,071 9
Barium	2	0,711 7	Magnesium	2	0,126 0
Bismut	3	0,721 9	Mangan	2	0,284 6
Blei	2	1,073 7		3	0,189 8
Brom	1	0,828 2	Natrium	1	0,238 3
Cadmium	2	0,582 4	Nickel	2	0,304 1
Caesium	1	1,377 3		3	0,202 7
Calcium	2	0,207 7	OH-Gruppe	1	0,176 3
Chlor	1	0,367 4	Platin	4	0,505 7
Chrom	3	0,179 7	Quecksilber	1	2,078 9
Cobalt	2	0,305 4	Sauerstoff	2	0,082 9
	3	0,203 6	Schwefel	2	0,166 1
Eisen	2	0,289 4	Silber	1	1,117 9
	3	0,192 9	Strontium	2	0,454 1
Gold	3	0,681 2	Wasserstoff	1	0,010 45
Kalium	1	0,405 2	Zink	2	0,338 8
Knallgas	—	0,093 37	Zinn	2	0,615 0
Kupfer	1	0,658 8		4	0,307 5
	2	0,329 4			

Tabelle 53

Elektrochemische Spannungsreihe $\left(\frac{1\ \text{g Ion}}{1\ \text{l Lösung}}\right.$ bei 25 °C$\left.\right)$					
	Wertigkeit *z*	Normalpotenzial *U*/V		Wertigkeit *z*	Normalpotenzial *U*/V
Lithium	1	−3,02	Cobalt	2	−0,283
Caesium	1	−2,92	Nickel	2	−0,236
Kalium	1	−2,92	Zinn	2	−0,136
Calcium	2	−2,84	Blei	2	−0,126
Natrium	1	−2,71	Wasserstoff	1	±0,000
Magnesium	2	−2,35	Kupfer	2	+0,345
Aluminium	3	−1,67		3	+0,52
Mangan	2	−1,05	Silber	1	+0,799
Zink	2	−0,763	Quecksilber	2	+0,861
Eisen	2	−0,441	Platin	2	+1,2
Cadmium	2	−0,400	Gold	3	+1,42

Tabelle 54

Ablösearbeit W_A			
Fotoemission	W_A/eV	**Thermische Emission**	W_A/eV
Aluminium	4,20	*Metalikathoden*	
Barium	2,52		
Blei	4,02	Caesium	1,94
Cadmium	4,11	Molybdän	4,29
Calcium	3,20	Nickel	4,91
Cobalt	4,97	Platin	5,30
Eisen	4,63	Thorium	3,35
Germanium	5,02	Wolfram	4,50
Gold	4,83	*Metallfilmkathoden*	
Kalium	2,25		
Kupfer	4,39	Bariumfilm	
Magnesium	3,70	auf Wolfram	1,5 ... 2,1
Molybdän	4,29	Caesiumfilm	
Natrium	2,28	auf Wolfram	1,4
Nickel	5,09	Thoriumfilm	
Platin	5,66	auf Wolfram	2,8
Rhodium	5,03	Bariumfilm	
Selen	4,87	auf Wolframoxid	1,3
Silber	4,43	*Oxidkathoden*	
Silicium	3,59		
Thorium	3,47	Bariumoxid	1,0 ... 1,5
Wolfram	4,50	Bariumoxid	
Zink	4,34	mit Strontiumoxid	0,9 ... 1,3
Zinn	4,31	Thoriumdioxid	2,6

T

Tabelle 55

Elektronenanordnung bei den Elementen																			
Z		K	L		M			N				O				P			Q
		1s	2s	2p	3s	3p	3d	4s	4p	4d	4f	5s	5p	5d	5f	6s	6p	6d	7s
1. Periode																			
1	H	1																	
2	He	2																	
2. Periode																			
3	Li	2	1																
4	Be	2	2																
5	B	2	2	1															
6	C	2	2	2															
7	N	2	2	3															
8	O	2	2	4															
9	F	2	2	5															
10	Ne	2	2	6															
3. Periode																			
11	Na	2	2	6	1														
12	Mg	2	2	6	2														
13	Al	2	2	6	2	1													
14	Si	2	2	6	2	2													
15	P	2	2	6	2	3													
16	S	2	2	6	2	4													
17	Cl	2	2	6	2	5													
18	Ar	2	2	6	2	6													
4. Periode																			
19	K	2	2	6	2	6		1											
20	Ca	2	2	6	2	6		2											
21	Sc	2	2	6	2	6	1	2											
22	Ti	2	2	6	2	6	2	2											
23	V	2	2	6	2	6	3	2											
24	Cr	2	2	6	2	6	5	1											
25	Mn	2	2	6	2	6	5	2											
26	Fe	2	2	6	2	6	6	2											
27	Co	2	2	6	2	6	7	2											
28	Ni	2	2	6	2	6	8	2											
29	Cu	2	2	6	2	6	10	1											
30	Zn	2	2	6	2	6	10	2											
31	Ga	2	2	6	2	6	10	2	1										
32	Ge	2	2	6	2	6	10	2	2										
33	As	2	2	6	2	6	10	2	3										
34	Se	2	2	6	2	6	10	2	4										
35	Br	2	2	6	2	6	10	2	5										
36	Kr	2	2	6	2	6	10	2	6										
5. Periode																			
37	Rb	2	2	6	2	6	10	2	6			1							
38	Sr	2	2	6	2	6	10	2	6			2							
39	Y	2	2	6	2	6	10	2	6	1		2							
40	Zr	2	2	6	2	6	10	2	6	2		2							

Tabelle 55 (Fortsetzung)

Elektronenanordnung bei den Elementen

Z		K	L		M			N				O				P			Q
		1s	2s	2p	3s	3p	3d	4s	4p	4d	4f	5s	5p	5d	5f	6s	6p	6d	7s
5. Periode (Fortsetzung)																			
41	Nb	2	2	6	2	6	10	2	6	4		1							
42	Mo	2	2	6	2	6	10	2	6	5		1							
43	Tc	2	2	6	2	6	10	2	6	6		1							
44	Ru	2	2	6	2	6	10	2	6	7		1							
45	Rh	2	2	6	2	6	10	2	6	8		1							
46	Pd	2	2	6	2	6	10	2	6	10									
47	Ag	2	2	6	2	6	10	2	6	10		1							
48	Cd	2	2	6	2	6	10	2	6	10		2							
49	In	2	2	6	2	6	10	2	6	10		2	1						
50	Sn	2	2	6	2	6	10	2	6	10		2	2						
51	Sb	2	2	6	2	6	10	2	6	10		2	3						
52	Te	2	2	6	2	6	10	2	6	10		2	4						
53	I	2	2	6	2	6	10	2	6	10		2	5						
54	Xe	2	2	6	2	6	10	2	6	10		2	6						
6. Periode																			
55	Cs	2	2	6	2	6	10	2	6	10		2	6			1			
56	Ba	2	2	6	2	6	10	2	6	10		2	6			2			
57	La	2	2	6	2	6	10	2	6	10		2	6	1		2			
58	Ce	2	2	6	2	6	10	2	6	10	2	2	6			2			
59	Pr	2	2	6	2	6	10	2	6	10	3	2	6			2			
60	Nd	2	2	6	2	6	10	2	6	10	4	2	6			2			
61	Pm	2	2	6	2	6	10	2	6	10	5	2	6			2			
62	Sm	2	2	6	2	6	10	2	6	10	6	2	6			2			
63	Eu	2	2	6	2	6	10	2	6	10	7	2	6			2			
64	Gd	2	2	6	2	6	10	2	6	10	7	2	6	1		2			
65	Tb	2	2	6	2	6	10	2	6	10	9	2	6			2			
66	Dy	2	2	6	2	6	10	2	6	10	10	2	6			2			
67	Ho	2	2	6	2	6	10	2	6	10	11	2	6			2			
68	Er	2	2	6	2	6	10	2	6	10	12	2	6			2			
69	Tm	2	2	6	2	6	10	2	6	10	13	2	6			2			
70	Yb	2	2	6	2	6	10	2	6	10	14	2	6			2			
71	Lu	2	2	6	2	6	10	2	6	10	14	2	6	1		2			
72	Hf	2	2	6	2	6	10	2	6	10	14	2	6	2		2			
73	Ta	2	2	6	2	6	10	2	6	10	14	2	6	3		2			
74	W	2	2	6	2	6	10	2	6	10	14	2	6	4		2			
75	Re	2	2	6	2	6	10	2	6	10	14	2	6	5		2			
76	Os	2	2	6	2	6	10	2	6	10	14	2	6	6		2			
77	Ir	2	2	6	2	6	10	2	6	10	14	2	6	7		2			
78	Pt	2	2	6	2	6	10	2	6	10	14	2	6	9		1			
79	Au	2	2	6	2	6	10	2	6	10	14	2	6	10		1			
80	Hg	2	2	6	2	6	10	2	6	10	14	2	6	10		2			
81	Tl	2	2	6	2	6	10	2	6	10	14	2	6	10		2	1		
82	Pb	2	2	6	2	6	10	2	6	10	14	2	6	10		2	2		
83	Bi	2	2	6	2	6	10	2	6	10	14	2	6	10		2	3		

T

Tabelle 55 (Fortsetzung)

Elektronenanordnung bei den Elementen

Z	K	L		M			N				O				P			Q
	1s	2s	2p	3s	3p	3d	4s	4p	4d	4f	5s	5p	5d	5f	6s	6p	6d	7s
6. Periode (Fortsetzung)																		
84 Po	2	2	6	2	6	10	2	6	10	14	2	6	10		2	4		
85 At	2	2	6	2	6	10	2	6	10	14	2	6	10		2	5		
86 Rn	2	2	6	2	6	10	2	6	10	14	2	6	10		2	6		
7. Periode																		
87 Fr	2	2	6	2	6	10	2	6	10	14	2	6	10		2	6		1
88 Ra	2	2	6	2	6	10	2	6	10	14	2	6	10		2	6		2
89 Ac	2	2	6	2	6	10	2	6	10	14	2	6	10		2	6	1	2
90 Th	2	2	6	2	6	10	2	6	10	14	3	6	10		2	6	2	2
91 Pa	2	2	6	2	6	10	2	6	10	14	2	6	10	2	2	6	1	2
92 U	2	2	6	2	6	10	2	6	10	14	2	6	10	3	2	6	1	2
93 Np	2	2	6	2	6	10	2	6	10	14	2	6	10	4	2	6	1	2
94 Pu	2	2	6	2	6	10	2	6	10	14	2	6	10	6	2	6		2
95 Am	2	2	6	2	6	10	2	6	10	14	2	6	10	7	2	6		2
96 Cm	2	2	6	2	6	10	2	6	10	14	2	6	10	7	2	6	1	2
97 Bk	2	2	6	2	6	10	2	6	10	14	2	6	10	9	2	6		2
98 Cf	2	2	6	2	6	10	2	6	10	14	2	6	10	10	2	6		2
99 Es	2	2	6	2	6	10	2	6	10	14	2	6	10	11	2	6		2
100 Fm	2	2	6	2	6	10	2	6	10	14	2	6	10	12	2	6		2
101 Md	2	2	6	2	6	10	2	6	10	14	2	6	10	13	2	6		2
102 No	2	2	6	2	6	10	2	6	10	14	2	6	10	14	2	6		2
103 Lr	2	2	6	2	6	10	2	6	10	14	2	6	10	14	2	6	1	2
104 Rf	2	2	6	2	6	10	2	6	10	14	2	6	10	14	2	6	2	2
105 Db	2	2	6	2	6	10	2	6	10	14	2	6	10	14	2	6	3	2
106 Sg	2	2	6	2	6	10	2	6	10	14	2	6	10	14	2	6	4	2
107 Bh	2	2	6	2	6	10	2	6	10	14	2	6	10	14	2	6	5	2
108 Hs	2	2	6	2	6	10	2	6	10	14	2	6	10	14	2	6	6	2
109 Mt	2	2	6	2	6	10	2	6	10	14	2	6	10	14	2	6	7	2
110 Ds	2	2	6	2	6	10	2	6	10	14	2	6	10	14	2	6	8	2
111 Rg	2	2	6	2	6	10	2	6	10	14	2	6	10	14	2	6	9	2
112 Cn	2	2	6	2	6	10	2	6	10	14	2	6	10	14	2	6	10	2

Tabelle 56

Chemische Elemente und ihre Isotope (Auswahl)

S	Symbol, *Z* Ordnungzahl, *A* Nukleonenzahl (Massenzahl)
A_r	relative Atommasse (bei künstlich erzeugten radioaktiven Elementen ist die Nukleonenzahl des Isotops mit der größten Halbwertszeit angegeben)
H	Häufigkeit des Isotops im natürlichen Mischelement (in %)
k	künstlich erzeugtes Element bzw. Isotop
ZA	Zerfallsart bei instabilen Nukliden
$T_{1/2}$	Halbwertszeit bei instabilen Nukliden
AZ	Aggregatzustand im Normzustand (0 °C; 101,325 kPa) fe fest, fl flüssig, gf gasförmig
	instabile Nuklide sind rot gedruckt

Element	S	Z	*A*	A_r	AZ; H	ZA	$T_{1/2}$
Actinium	Ac	89		227,027 8	fe		
			227	227,027 75		β^-	21,773 a
			228	228,031 08		β^-	6,13 h
Aluminium	Al	13		26,981 538	fe		
			24	24,000 1	k	β^+	2,07 s
			25	24,990 41	k	β^+	7,18 s
			26	25,986 89		β^+	$7{,}16 \cdot 10^5$ a
			27	26,981 539	100		
			28	27,981 905	k	β^-	2,246 min
			29	28,980 442	k	β^-	6,6 min
			30	29,981 6	k	β^-	3,60 s
Americium	Am	95		243	fe k		
			241	241,056 71	k	β^-	432,2 a
			242	242,059 50	k	β^-	16 h
			243	243,061 37	k	α	7 370 a
			245	245,066 34	k	β^-	2,05 h
Antimon	Sb	51		121,760	fe		
			121	120,903 82	57,36		
			122	121,905 19	k	β^-	2,40 h
			123	122,904 22	42,64		
			124	123,905 98	k	β^-	60,3 d
			125	124,905 24	k	β^-	2,77 a
Argon	Ar	18		39,948	gf		
			35	34,975 25	k	β^+	1,78 s
			36	35,967 544	0,337		
			38	37,962 728	0,063		
			39	38,964 317		β^-	269 a
			40	39,962 384	99,6		
			41	40,964 50	k	β^-	1,83 h
Arsen	As	33		74,921 60	fe		
			74	73,923 933	k	β^+, β^-	17,7 d
			75	74,921 596	100		
			76	75,922 40	k	β^-	26,4 h
			77	76,920 65	k	β^-	38,8 h

T

Tabelle 56 (Fortsetzung)

Chemische Elemente und ihre Isotope (Auswahl)							
Element	S	Z	*A*	A_r	AZ; H	ZA	$T_{1/2}$
Astat	At	85		210	fe		
			215	214,998 66		α	0,1 ms
			216	216,002 41	k	α	0,3 ms
			218	218,008 61		α	≈ 2 s
Barium	Ba	56		137,327	fe		
			130	129,906 24	0,106		
			132	131,905 1	0,101		
			134	133,904 61	2,417		
			135	134,905 6	6,592		
			136	135,904 3	7,854		
			137	136,905 5	11,23		
			138	137,905 0	71,70		
Berkelium	Bk	97			fe k		
			247	247,070 26	k	α	1 380 a
			249	249,074 88	k	$β^-$	320 d
			250	250,078 27	k	$β^-$	3,217 h
Beryllium	Be	4		9,012 182	fe		
			9	9,012 186	100		
			10	10,013 534		$β^-$	$1{,}6 \cdot 10^6$ a
			11	11,021 67	k	$β^-$	13,8 s
Bismut	Bi	83		208,980 38	fe		
			209	208,980 394	100		
	(RaE)		210	209,984 121		$β^-$; α	5,013 d; $3{,}0 \cdot 10^6$ a
	(AcC)		211	210,987 30		α	2,17 min
	(ThC)		212	211,991 279		α; $β^-$	60,6 min; 9,0 min
	(RaC)		214	213,998 69		$β^-$	19,9 min
Blei	Pb	82		207,2	fe		
			204	203,973 044	1,4		
			206	205,974 468	24,1		
			207	206,975 903	22,1		
			208	207,976 65	52,4		
			209	208,981 08	k	$β^-$	3,253 h
	(RaD)		210	209,984 187		$β^-$	22,2 a
	(AcB)		211	210,988 74		$β^-$	36,1 min
	(ThB)		212	211,991 90		$β^-$	10,64 h
	(RaB)		214	213,999 77		$β^-$	26,8 min
Bohrium	Bh	107		264	k		
			261			α	11,8 ms
			262			α	102 ms
			267			α	17 s
Bor	B	5		10,811	fe		
			10	10,012 939	19,9		
			11	11,009 305	80,1		
Brom	Br	35		79,904	fl		
			79	78,918 329	50,69		
			81	80,916 292	49,31		
			82	81,916 802	k	$β^-$	35,34 h

Tabelle 56 (Fortsetzung)

Chemische Elemente und ihre Isotope (Auswahl)							
Element	S	Z	*A*	A_r	AZ; H	ZA	$T_{1/2}$
Cadmium	Cd	48		112,411	fe		
			106	105,906 463	1,25		
			108	107,904 187	0,89		
			110	109,903 012	12,49		
			111	110,904 188	12,80		
			112	111,902 762	24,13		
			113	112,904 408	12,22	β^-	$9 \cdot 10^{15}$ a
			114	113,903 360	28,73		
			115	114,905 43	k	β^-	53,48 h
			116	115,904 762	7,49	β^-	$2{,}6 \cdot 10^{19}$ a
			117	116,907 24	k	β^-	2,42 h
Caesium	Cs	55		132,905 45	fe		
			133	132,905 36	100		
			134	133,906 82	k	β^-	2,06 a
			135	134,905 8	k	β^-	$2 \cdot 10^{6}$ a
			136	135,907 34	k	β^-	13,16 d
			137	136,906 77	k	β^-	30,17 a
Calcium	Ca	20		40,078	fe		
			40	39,962 589	96,941		
			42	41,958 625	0,647		
			43	42,958 780	0,135		
			44	43,955 490	2,086		
			45	44,956 190	k	β^-	163 d
			46	45,953 69	0,004		
			47	46,954 538	k	β^-	4,54 d
			48	47,952 53	0,187		
			49	48,955 68	k	β^-	8,72 min
Californium	Cf	98		251	fe k		
			246	246,068 77	k	α	35,7 h
			248	248,072 26	k	α	333,5 d
			249	249,074 75	k	α	350,6 a
			250	250,076 38	k	α	13,08 a
			251	251,079	k	α	898 a
			252	252,082	k	α	2,645 a
Cer	Ce	58		140,116	fe		
			136	135,907 1	0,19		
			138	137,905 83	0,25		
			140	139,905 39	88,48		
			141	140,908 22	k	β^-	32,5 d
			142	141,909 14	11,08		
			143	142,912 33	k	β^-	33 h
			144	143,913 59	k	β^-	284,8 d
Chlor	Cl	17		35,453	gf		
			35	34,968 851	75,77		
			36	35,968 309		β^-	$3 \cdot 10^{5}$ a
			37	36,965 898	24,23		
			38	37,968 005	k	β^-	37,18 min
			39	38,968 01	k	β^-	56 min
			40	39,970 4	k	β^-	1,35 min

T

Tabelle 56 (Fortsetzung)

Chemische Elemente und ihre Isotope (Auswahl)							
Element	S	Z	A	A_r	AZ; H	ZA	$T_{1/2}$
Chrom	Cr	24		51,996 1	fe		
			49	48,951 27	k	β^+	42 min
			50	49,946 054	4,345		
			52	51,940 513	83,789		
			53	52,940 653	9,501		
			54	53,938 82	2,365		
			55	54,940 833	k	β^-	3,5 min
Cobalt	Co	27		58,933 20	fe		
			59	58,933 189	100		
			60	59,933 813	k	β^-	5,272 a
Copernicium	Cn	112		277	k		
			277				
			283				4 s
			285			α	34 s
Curium	Cm	96		247	fe k		
			242	242,058 79	k	α	162,94 d
			243	243,061 37	k	α	29,1 a
			244	244,062 82	k	α	18,1 a
			245	245,065 37	k	α	8 500 a
			246	246,067 20	k	α	4 730 a
			247	247,070	k	α	$1,56 \cdot 10^7$ a
			248	248,072	k	α	$3,40 \cdot 10^5$ a
Darmstadtium	Ds	110		271	k		
			269			α	179 ms
			273			α	0,17 ms
Dubnium	Db	105		262	k		
			262	262,114 1		α	34 s
Dysprosium	Dy	66		162,50	fe		
			156	155,923 9	0,06		
			158	157,924 45	0,1		
			160	159,925 20	2,34		
			161	160,926 94	18,9		
			162	161,926 80	25,5		
			163	162,928 76	24,9		
			164	163,929 20	28,2		
			165	164,931 82	k	β^-	2,35 h
			166	165,932 81	k	β^-	81,5 h
Einsteinium	Es	99		252	fe k		
			252	252,082 9	k	α	471,7 d
			253	253,084 73	k	α	20,47 d
Eisen	Fe	26		55,845	fe		
			53	52,945 57	k	β^+	8,51 min
			54	53,939 617	5,8		
			56	55,934 936	91,7		
			57	56,935 398	2,2		
			58	57,933 282	0,3		
			59	58,934 878	k	β^-	44,503 d

Tabelle 56 (Fortsetzung)

Chemische Elemente und ihre Isotope (Auswahl)							
Element	S	Z	*A*	A_r	AZ; H	ZA	$T_{1/2}$
Erbium	Er	68		167,259	fe		
			162	161,928 74	0,14		
			164	163,929 29	1,61		
			166	165,930 31	33,6		
			167	166,932 06	22,95		
			168	167,932 38	26,8		
			169	168,934 61	k	β^-	9,40 d
			170	169,935 56	14,9		
			171	170,938 13	k	β^-	7,52 h
Europium	Eu	63		151,964	fe		
			151	150,919 84	47,8		
			153	152,921 24	52,2		
			154	153,923 05	k	β^-	8,8 a
			155	154,922 93	k	β^-	4,761 a
Fermium	Fm	100		257	fe k		
			252	252,082 56	k	α	25,39 h
			254	254,086 84	k	α	3,24 h
			255	255,090	k	α	20,1 h
			257	257,095 1	k	α	100,5 d
Fluor	F	9		18,998 403 2	gf		
			17	17,002 096	k	β^+	64,8 s
			18	18,000 937	k	β^+	109,7 min
			19	18,998 403	100		
			20	19,999 987	k	β^-	11 s
Francium	Fr	87		223	fe		
	(AcK)		223	223,019 7		β^-	21,8 min
Gadolinium	Gd	64		157,25	fe		
			152	151,919 79	0,20	α	$1{,}1 \cdot 10^{14}$ a
			154	153,920 93	2,18		
			155	154,922 66	14,8		
			156	155,922 18	20,47		
			157	156,924 02	15,65		
			158	157,924 18	24,84		
			159	159,926 37	k	β^-	18,48 h
			160	159,927 12	21,86		
			161	160,929 72	k	β^-	3,66 min
Gallium	Ga	31		69,723	fe		
			68	67,927 992	k	β^+	67,63 min
			69	68,925 574	60,108		
			70	69,926 035	k	β^-	21 min
			71	70,924 706	39,892		
			72	71,926 372	k	β^-	14 h
Germanium	Ge	32		72,61	fe		
			70	69,924 252	21,23		
			72	71,922 082	27,66		
			73	72,923 462	7,73		
			74	73,921 181	35,94		
			75	74,922 88	k	β^-	83 min
			76	75,921 405	7,44	β^-	$1{,}53 \cdot 10^{21}$ a
			77	76,923 60	k	β^-	11,3 h

Tabelle 56 (Fortsetzung)

Chemische Elemente und ihre Isotope (Auswahl)

Element	S	Z	A	A_r	AZ; H	ZA	$T_{1/2}$
Gold	Au	79		196,966 54	fe		
			197	196,966 54	100		
			198	197,968 231	k	β^-	2,694 3 d
			199	198,968 77	k	β^-	3,139 d
Hafnium	Hf	72		178,49	fe		
			174	173,940 36	0,162	α	$2 \cdot 10^{15}$ a
			176	175,941 57	5,206		
			177	176,943 40	18,60		
			178	177,943 88	27,30		
			179	178,946 03	13,63		
			180	179,946 8	35,10		
			181	180,949 10	k	β^-	42,39 d
Hassium	Hs	108		277	k		
			266			α	2,3 ms
			269			α	9,7 s
Helium	He	2		4,002 602	gf		
			3	3,016 029 7	$1,37 \cdot 10^{-4}$		
			4	4,002 603 1	$\approx$ 100		
			6	6,018 893	k	β^-	0,806 7 s
Holmium	Ho	67		164,930 32	fe		
			165	164,930 42	100		
			166	165,932 29	k	β^-	26,80 h
Indium	In	49		114,818	fe		
			113	112,904 089	4,3		
			114	113,904 905	k	β^-	71,9 s
			115	114,903 871	95,7	β^-	$4,4 \cdot 10^{14}$ a
			116	115,905 32	k	β^-	14 s
Iod	I	53		126,904 47	fe		
			127	126,904 470	100		
			128	127,905 838	k	β^-	25,0 min
			129	128,904 987	k	β^-	$1,57 \cdot 10^7$ a
			130	129,906 68	k	β^-	12,36 h
			131	130,906 127	k	β^-	8,02 d
			132	131,907 981	k	β^-	2,3 h
			133	132,907 75	k	β^-	20,8 h
			134	133,909 85	k	β^-	52 min
			135	134,910	k	β^-	6,61 d
Iridium	Ir	77		192,217	fe		
			191	190,960 64	37,3		
			192	191,962 70	k	β^-	73,83 d
			193	192,963 01	62,7		
			194	193,965 12	k	β^-	19,15 h
Kalium	K	19		39,098 3	fe		
			37	36,973 36	k	β^+	1,22 s
			38	37,969 10	k	β^+	7,6 min
			39	38,963 710	93,2581		
			40	39,964 400	0,011 7	β^-	$1,28 \cdot 10^9$ a
			41	40,961 832	6,730 2		
			42	41,962 41	k	β^-	12,36 h
			43	42,960 73	k	β^-	22,2 h

Tabelle 56 (Fortsetzung)

Chemische Elemente und ihre Isotope (Auswahl)							
Element	S	Z	*A*	A_r	AZ; H	ZA	$T_{1/2}$
Kohlenstoff	C	6		12,010 7	fe		
			10	10,016 81	k	β^+	19,3 s
			11	11,011 432	k	β^+	20,38 min
			12	12,000 000	98,9		
			13	13,003 354	1,1		
			14	14,003 242		β^-	5 730 a
			15	15,010 600	k	β^-	2,3 s
Krypton	Kr	36		83,798	gf		
			78	77,920 403	0,35		
			80	79,916 380	2,25		
			82	81,913 482	11,6		
			83	82,914 131	11,5		
			84	83,911 503	57,0		
			85	84,912 523	k	β^-	10,76 a
			86	85,910 616	17,3		
			87	86,913 06	k	β^-	76,3 min
Kupfer	Cu	29		63,546	fe		
			62	61,932 57	k	β^+	9,74 min
			63	62,929 592	69,17		
			65	64,927 786	30,83		
			66	65,928 871	k	β^-	5,1 min
Lanthan	La	57		138,905 5	fe		
			138	137,906 91	0,090 2	β^-	10^{11} a
			139	138,906 14	99,909 8		
			140	139,909 44	k	β^-	40,272 h
Lawrencium	Lr	103		262	k		
			260	260,105 3	k	α	3 min
Lithium	Li	3		6,941			
			6	6,015 125	7,5		
			7	7,016 004	92,5		
Lutetium	Lu	71		174,967	fe		
			175	174,940 64	97,41		
			176	175,942 66	2,59	β^-	$3{,}8 \cdot 10^{10}$ a
			177	176,943 93	k	β^-	6,71 d
Magnesium	Mg	12		24,305 0	fe		
			23	22,994 125	k	β^+	11,3 s
			24	23,985 042	78,99		
			25	24,985 839	10,0		
			26	25,982 593	11,01		
			27	26,984 345	k	β^-	9,46 min
			28	27,983 875	k	β^-	20,9 h
Mangan	Mn	25		54,938 049	fe		
			55	54,938 050	100		
			56	55,938 910	k	β^-	2,58 h
Meitnerium	Mt	109		268	k		
			266			α	1,7 ms
			268			α	21 ms

T

Tabelle 56 (Fortsetzung)

Chemische Elemente und ihre Isotope (Auswahl)							
Element	S	Z	A	A_r	AZ; H	ZA	$T_{1/2}$
Mendelevium	Md	101		258	fe k		
			258	258,098 6	k	α	51,5 d
Molybdän	Mo	42		95,94	fe		
			92	91,906 81	14,84		
			94	93,905 090	9,25		
			95	94,905 839	15,92		
			96	95,904 674	16,68		
			97	96,906 022	9,55		
			98	97,905 409	24,13		
			99	98,907 72	k	β^-	66 h
			100	99,907 475	9,63	β^-	$1,15 \cdot 10^{19}$ a
			101	100,910 35	k	β^-	14,6 min
Natrium	Na	11		22,989 770	fe		
			21	20,997 655	k	β^+	22,48 s
			22	21,994 437	k	β^+	2,603 a
			23	22,989 771	100		
			24	23,990 962	k	β^-	14,96 h
			25	24,989 955	k	β^-	59,6 s
Neodym	Nd	60		144,24	fe		
			142	141,907 66	27,13		
			143	142,909 78	12,18		
			144	143,910 04	23,80	α	$2,29 \cdot 10^{15}$ a
			145	144,912 54	8,3		
			146	145,913 09	17,19		
			147	146,916 07	k	β^-	10,98 d
			148	147,916 87	5,76		
			149	148,920 12	k	β^-	1,73 h
			150	149,920 92	5,64	β^-	$1,7 \cdot 10^{19}$ a
Neon	Ne	10		20,179 7	gf		
			18	18,005 711	k	β^+	1,67 s
			19	19,001 881	k	β^+	17,22 s
			20	19,992 440	90,48		
			21	20,993 849	0,27		
			22	21,991 385	9,25		
			23	22,994 473	k	β^-	37,2 s
			24	23,993 61	k	β^-	3,38 min
Neptunium	Np	93		237	fe k		
			237	237,048 06	k	α	$2,144 \cdot 10^{6}$ a
			238	238,050 90	k	β^-	2,117 d
			239	239,052 92	k	β^-	2,355 d
			240	240,056 08	k	β^-	65 min
Nickel	Ni	28		58,693 4	fe		
			58	57,935 342	68,077		
			60	59,930 787	26,233		
			61	60,931 056	1,140		
			62	61,928 342	3,634		
			63	62,929 664	k	β^-	100 a
			64	63,927 958	0,926		
			65	64,930 072	k	β^-	2,52 h

Tabelle 56 (Fortsetzung)

Chemische Elemente und ihre Isotope (Auswahl)							
Element	S	Z	*A*	A_r	AZ; H	ZA	$T_{1/2}$
Niob	Nb	41		92,906 38	fe		
			93	92,906 382	100		
			94	93,907 30	k	β^-	$2 \cdot 10^4$ a
			95	94,906 832	k	β^-	34,97 d
			96	95,908 06	k	β^-	23,4 h
			97	96,908 096		β^-	74 min
Nobelium	No	102		259	fe k		
			253	253,091 3	k	α	1,7 min
			259	259,100 9	k	α	58 min
Osmium	Os	76		190,23	fe		
			184	183,952 75	0,02		
			186	185,953 87	1,58	α	$2{,}0 \cdot 10^{15}$ a
			187	186,955 83	1,6		
			188	187,956 08	13,3		
			189	188,958 30	16,1		
			190	189,958 63	26,4		
			191	190,960 97	k	β^-	15,4 d
			192	191,961 45	41,0		
			193	192,964 23	k	β^-	30,11 h
Palladium	Pd	46		106,42	fe		
			102	101,905 61	1,02		
			104	103,904 01	11,14		
			105	104,905 06	22,33		
			106	105,903 479	27,33		
			108	107,903 891	26,46		
			109	108,905 954	k	β^-	13,43 h
			110	109,905 16	11,72		
			111	110,907 67	k	β^-	23,4 min
Phosphor	P	15		30,973 761	fe		
			30	29,978 317	k	β^+	2,56 min
			31	30,973 765	100		
			32	31,973 910	k	β^-	14,26 d
			33	32,971 728	k	β^-	25,34 d
Platin	Pt	78		195,078	fe		
			190	189,959 95	0,01	α	$6{,}5 \cdot 10^{11}$ a
			192	191,961 15	0,79		
			194	193,962 72	32,9		
			195	194,964 81	33,8		
			196	195,964 97	25,3		
			197	196,967 35	k	β^-	18,3 h
			198	197,967 90	7,2		
			199	198,970 58	k	β^-	30,8 min
Plutonium	Pu	94		244	fe		
			238	238,049 51	k	α	87,74 a
			239	239,052 15		α	$2{,}411 \cdot 10^4$ a
			240	240,053 88	k	α	$6{,}563 \cdot 10^3$ a
			241	241,056 74	k	β^-	14,35 a
			242	242,058 72	k	α	$3{,}750 \cdot 10^5$ a
			244	244,064	k	α	$8{,}00 \cdot 10^7$ a

Tabelle 56 (Fortsetzung)

Chemische Elemente und ihre Isotope (Auswahl)							
Element	S	Z	*A*	A_r	AZ; H	ZA	$T_{1/2}$
Polonium	Po	84		208,982 4	fe		
			209	208,982 43	k	α	102 a
	(RaF)		210	209,982 876		α	138,38 d
	(AcC′)		211	210,986 657		α	25,2 s; 0,516 s
	(ThC′)		212	211,988 866		α	0,3 µs; 45,1 s
	(RaC′)		214	213,995 201		α	164 µs
	(AcA)		215	214,999 42		α	1,78 ms
	(ThA)		216	216,001 92		α	0,15 s
	(RaA)		218	218,008 93		α	3,05 min
Praseodym	Pr	59		140,907 65	fe		
			141	140,907 65	100		
			142	141,909 98	k	β^-	19,13 h
			143	142,910 78	k	β^-	13,57 d
			144	143,913 25	k	β^-	17,3 min
Promethium	Pm	61		145	fe		
			147	146,915 11	k	β^-	2,62 a
			149	148,918 33	k	β^-	53,1 h
			151	150,921 20	k	β^-	28,4 h
Protactinium	Pa	91		231,035 88	fe		
			231	231,035 88	≈ 100	α	$3{,}276 \cdot 10^4$ a
			233	233,040 13	k	β^-	27,0 d
	(UZ)		234	234,043 30	10^{-9}	β^-	6,70 h
			235	235,045 4	k	β^-	24,2 min
Quecksilber	Hg	80		200,59	fl		
			196	195,965 82	0,15		
			198	197,966 756	9,97		
			199	198,968 279	16,87		
			200	199,968 327	23,10		
			201	200,970 308	13,18		
			202	201,970 642	29,86		
			203	202,972 880	k	β^-	46,59 d
			204	203,973 495	6,87		
			205	204,976 2	k	β^-	5,2 min
Radium	Ra	88		226,025 4	fe		
	(AcX)		223	223,018 50		α	11,43 d
	(ThX)		224	224,020 22		α	3,66 d
			226	226,025 36	100	α	$1{,}6 \cdot 10^3$ a
	($MsTh_1$)		228	228,031 14		β^-	5,75 a
Radon	Rn	86		222,017 6	gf		
	(An)		219	219,009 48		α	3,96 s
	(Tn)		220	220,011 40		α	55,6 s
	(Rn)		222	222,017 53		α	3,825 d
Rhenium	Re	75		186,207	fe		
			185	184,953 06	37,40		
			186	185,955 02	k	β^-	89,25 h
			187	186,955 83	62,60	β^-	$5 \cdot 10^{10}$ a
			188	187,958 35	k	β^-	16,98 h

Tabelle 56 (Fortsetzung)

Chemische Elemente und ihre Isotope (Auswahl)							
Element	S	Z	A	A_r	AZ; H	ZA	$T_{1/2}$
Rhodium	Rh	45		102,905 50	fe		
			103	102,905 511	100		
			105	104,905 67	k	β^-	35,4 h
Roentgenium	Rg	111		272	k		
			272			α	3,8 ms
Rubidium	Rb	37		85,467 8	fe		
			85	84,911 800	72,165		
			86	85,911 193	k	β^-	18,7 d
			87	86,909 186	27,835	β^-	$4{,}8 \cdot 10^{10}$ a
			88	87,911 3	k	β^-	17,8 min
Ruthenium	Ru	44		101,07	fe		
			96	95,907 598	5,52		
			98	97,905 289	1,88		
			99	98,905 936	12,7		
			100	99,904 218	12,6		
			101	100,905 577	17,0		
			102	101,904 348	31,6		
			103	102,906 31	k	β^-	39,35 d
			104	103,905 430	18,7		
Rutherfordium	Rf	104		261	k		
			261	261,108 8		α	78 s
Samarium	Sm	62		150,36	fe		
			144	143,911 99	3,1		
			146	145,912 99	k		$1{,}03 \cdot 10^{8}$ a
			147	146,914 87	15,0	α	$1{,}06 \cdot 10^{11}$ a
			148	147,914 79	11,3	α	$7 \cdot 10^{15}$ a
			149	148,917 18	13,8		
			150	149,917 28	7,4		
			151	150,919 92	k	β^-	93 a
			152	151,919 76	26,7		
			153	152,922 10	k	β^-	46,27 h
			154	153,922 28	22,7		
Sauerstoff	O	8		15,999 4	gf		
			14	14,008 597	k	β^+	72 s
			15	15,003 070	k	β^+	124 s
			16	15,994 915	99,762		
			17	16,999 133	0,038		
			18	17,999 160	0,20		
			19	19,003 578	k	β^-	27,1 s
Scandium	Sc	21		44,955 910	fe		
			43	42,961 165	k	β^+	3,89 h
			44	43,959 406	k	β^+	3,92 h
			45	44,955 919	100		
			46	45,955 173	k	β^-	83,82 d
			47	46,952 413	k	β^-	3,35 d
			48	47,952 221	k	β^-	1,82 d

Tabelle 56 (Fortsetzung)

Chemische Elemente und ihre Isotope (Auswahl)							
Element	S	Z	*A*	A_r	AZ; H	ZA	$T_{1/2}$
Schwefel	S	16		32,065	fe		
			32	31,972 974	95,02		
			33	32,971 462	0,75		
			34	33,967 965	4,21		
			35	34,967 865	k	β^-	87,5 d
			36	35,967 090	0,02		
			37	36,971 01	k	β^-	5,0 min
			38	37,971 2	k	β^-	2,83 h
Seaborgium	Sg	106		266	k		
			265			α	7,4 s
			266			α	21 s
Selen	Se	34		78,96	fe		
			74	73,922 476	0,89		
			76	75,919 207	9,36		
			77	76,919 911	7,63		
			78	77,917 314	23,78		
			79	78,918 494	k	β^-	$4{,}8 \cdot 10^5$ a
			80	79,916 527	49,61		
			81	80,917 984	k	β^-	18 min
			82	81,916 707	8,73	β^-	$1{,}08 \cdot 10^{20}$ a
			83	82,918 9	k	β^-	22,4 min; 69 s
Silber	Ag	47		107,868 2	fe		
			107	106,905 094	51,839		
			108	107,905 949	k	β^-	2,41 min
			109	108,904 756	48,161		
			111	110,905 32	k	β^-	7,45 d
Silicium	Si	14		28,085 5	fe		
			28	27,976 929	92,23		
			29	28,976 496	4,67		
			30	29,973 763	3,10		
			31	30,975 349	k	β^-	2,62 h
			32	31,974 02		β^-	172 a
Stickstoff	N	7		14,006 7	gf		
			13	13,005 738	k	β^+	9,96 min
			14	14,003 074	99,634		
			15	15,000 108	0,366		
Strontium	Sr	38		87,62	fe		
			84	83,913 430	0,56		
			86	85,909 285	9,86		
			87	86,908 892	7,0		
			88	87,905 641	82,58		
			89	88,907 442	k	β^-	50,5 d
			90	89,907 747	k	β^-	28,64 a
			91	90,910 16	k	β^-	9,5 h
			92	91,910 98	k	β^-	2,71 h
Tantal	Ta	73		180,947 9	fe		
			180	179,947 54	0,012	β^-	8,15 h
			181	180,948 01	99,988		
			182	181,950 17	k	β^-	114,43 d

Tabelle 56 (Fortsetzung)

Chemische Elemente und ihre Isotope (Auswahl)							
Element	S	Z	*A*	A_r	AZ; H	ZA	$T_{1/2}$
Technetium	Tc	43			fe		
			98	97,907 1	k	β^-	$4{,}2 \cdot 10^6$ a
			99	98,906 249	k	β^-	$2{,}1 \cdot 10^5$ a
			101	100,907 33	k	β^-	14,2 min
Tellur	Te	52		127,60	fe		
			120	119,904 02	0,096		
			122	121,903 066	2,603		
			123	122,904 277	0,908	β^+	$1{,}24 \cdot 10^{13}$ a
			124	123,902 842	4,816		
			125	124,904 418	7,139		
			126	125,903 322	18,95		
			127	126,905 209	k	β^-	9,35 h
			128	127,904 476	31,69	β^-	$7{,}2 \cdot 10^{24}$ a
			129	128,906 575	k	β^-	69,6 min
			130	129,906 238	33,8	β^-	$2{,}7 \cdot 10^{21}$ a
			131	130,908 58	k	β^-	25 min
			132	131,908 52	k	β^-	76,3 h
Terbium	Tb	65		158,925 34	fe		
			159	158,925 34	100		
			160	159,927 15	k	β^-	72,3 d
Thallium	Tl	81		204,383 3	fe		
			203	202,972 353	29,524		
			204	203,973 865	k	β^-	3,78 a
			205	204,974 442	70,476		
			206	205,976 104	k	β^-	4,20 min
	(AcC″)		207	206,977 45		β^-	4,77 min
	(ThC″)		208	207,982 013		β^-	3,053 min
	(RaC″)		210	209,990 05		β^-	1,30 min
Thorium	Th	90		232,038 1	fe		
	(RdAc)		227	227,027 71		α	18,72 d
	(RdTh)		228	228,028 75		α	1,913 a
			229	229,031 65	k	α	7 880 a
	(Io)		230	230,033 09	$\approx 5 \cdot 10^{-4}$	α	$7{,}54 \cdot 10^4$ a
	(UY)		231	231,036 29		β^-	25,4 h
			232	232,038 12	≈ 100	α	$1{,}405 \cdot 10^{10}$ a
			233	233,041 47	k	β^-	22,3 min
	(UX_1)		234	234,043 58		β^-	24,1 d
Thulium	Tm	69		168,934 21	fe		
			169	168,934 24	100		
			170	169,936 06	k	β^-	128,6 d
			171	170,936 53	k	β^-	1,92 a
Titan	Ti	22		47,867	fe		
			45	44,958 129	k	β^+	3,08 h
			46	45,952 632	8,0		
			47	46,951 768	7,3		
			48	47,947 950	73,8		
			49	48,947 870	5,5		
			50	49,944 786	5,4		

Tabelle 56 (Fortsetzung)

Chemische Elemente und ihre Isotope (Auswahl)							
Element	S	Z	*A*	A_r	AZ; H	ZA	$T_{1/2}$
Uran	U	92		238,028 91	fe		
			233	233,039 52	k	α	$1{,}592 \cdot 10^5$ a
	(U II)		234	234,040 90	0,005 5	α	$2{,}455 \cdot 10^5$ a
	(AcU)		235	235,043 92	0,720 0	α	$7{,}038 \cdot 10^8$ a
			236	236,045 64	k	α	$2{,}342 \cdot 10^7$ a
			237	237,048 61	k	β^-	6,75 d
	(U I)		238	238,050 77	99,274 2	α	$4{,}468 \cdot 10^9$ a
			239	239,054 30	k	β^-	23,5 min
			240	240,056 59	k	β^-	14,1 h
Ununquadium	Uuq	114			k		
			289			α	30 s
Vanadium	V	23		50,941 5	fe		
			48	47,952 259	k	β^+	15,47 d
			50	49,947 164	0,250	β^-	$1{,}5 \cdot 10^{17}$ a
			51	50,943 961	99,750		
			52	51,944 780	k	β^-	3,75 min
Wasserstoff	H	1		1,007 94	gf		
			1	1,007 825 2	99,985		
	D		2	2,014 102 2	0,015		
	T		3	3,016 049 7		β^-	12,323 a
Wolfram	W	74		183,84	fe		
			180	179,947 00	0,13		
			182	181,948 30	26,3		
			183	182,950 32	14,3		
			184	183,951 02	30,67		
			185	184,953 52	k	β^-	75,1 d
			186	185,954 44	28 ,6		
			187	186,957 24	k	β^-	23,72 h
Xenon	Xe	54		131,293	gf		
			124	123,906 1	0,10		
			126	125,904 288	0,09		
			128	127,903 540	1,91		
			129	128,904 784	26,4		
			130	129,903 509	4,1		
			131	130,905 085	21,2		
			132	131,904 161	26,9		
			133	132,905 82	k	β^-	5,25 d
			134	133,905 397	10,4		
			135	134,907 0	k	β^-	9,1 h
			136	135,907 221	8,9		
			137	136,911 1	k	β^-	3,83 min

Tabelle 56 (Fortsetzung)

Chemische Elemente und ihre Isotope (Auswahl)							
Element	S	Z	*A*	A_r	AZ; H	ZA	$T_{1/2}$
Ytterbium	Yb	70		173,04	fe		
			168	167,934 2	0,13		
			170	169,935 02	3,05		
			171	170,936 43	14,3		
			172	171,936 36	21,9		
			173	172,938 06	16,12		
			174	173,938 74	31,8		
			175	174,941 14	k	β^-	4,2 d
			176	175,942 68	12,7		
			177	176,945 41	k	β^-	1,9 h
Yttrium	Y	39		88,905 85	fe		
			89	88,905 872	100		
			90	89,907 163	k	β^-	64,1 h
			91	90,907 30	k	β^-	58,5 d
			92	91,908 93	k	β^-	3,54 h
			93	92,909 55	k	β^-	10,1 h
Zink	Zn	30		65,409	fe		
			64	63,929 145	48,6		
			66	65,926 052	27,9		
			67	66,927 14	4,1		
			68	67,924 857	18,8		
			69	68,926 541	k	β^-	56 min
			70	69,925 334	0,6		
			71	70,927 51	k	β^-	2,4 min
Zinn	Sn	50		118,710	fe		
			112	111,904 84	0,97		
			114	113,902 773	0,65		
			115	114,903 346	0,34		
			116	115,901 745	14,53		
			117	116,902 958	7,68		
			118	117,901 606	24,23		
			119	118,903 313	8,59		
			120	119,902 198	32,59		
			121	120,904 227	k	β^-	27,0 h
			122	121,903 441	4,63		
			123	122,905 74	k	β^-	40,1 min; 129,2 d
			124	123,905 272	5,79		
			125	124,907 75	k	β^-	9,4 min; 9,64 d
Zirconium	Zr	40		91,224	fe		
			90	89,904 700	51,45		
			91	90,905 642	11,22		
			92	91,905 031	17,15		
			93	92,906 450	k	β^-	$1,5 \cdot 10^6$ a
			94	93,906 313	17,38		
			95	94,908 035	k	β^-	64,0 d
			96	95,908 286	2,8 %	β^-	$3,9 \cdot 10^{19}$ a
			97	96,910 97	k	β^-	16,8 h

T

Tabelle 57

Halbwertszeit und Zerfallsenergie radioaktiver Isotope (Auswahl)							
Z	Element		A	ZA	$T_{1/2}$	E_k/MeV	E_γ/MeV
1	T	Wasserstoff	3	β^-	12,323 a	0,02	—
6	C	Kohlenstoff	11	β^+	20,38 min	1,0	—
			14	β^-	5 730 a	0,2	—
8	O	Sauerstoff	15	β^+	2,03 min	1,7	—
11	Na	Natrium	22	β^+	2,603 a	0,5; 1,8	1,275
			24	β^-	14,96 h	1,4	2,75; 1,369
15	P	Phosphor	32	β^-	14,26 d	1,7	—
16	S	Schwefel	35	β^-	87,5 d	0,2	—
17	Cl	Chlor	36	β^-	$3 \cdot 10^5$ a	0,7	—
			38	β^-	37,18 min	4,9	2,17; 1,64
19	K	Kalium	40	β^-	$1{,}28 \cdot 10^9$ a	1,3	1,461
			42	β^-	12,36 h	3,5...	1,525...
20	Ca	Calcium	45	β^-	163 d	0,3...	—
21	Sc	Scandium	46	β^-	83,82 d	0,4...	1,12; 0,89
23	V	Vanadium	48	β^+	15,47 d	0,7	0,984; 1,312...
24	Cr	Chrom	55	β^-	3,5 min	2,6	—
25	Mn	Mangan	52	β^+	5,6 d	0,6	1,434; 0,936...
26	Fe	Eisen	59	β^-	44,503 d	0,5; 1,6...	1,099; 1,29...
27	Co	Cobalt	60	β^-	5,272 a	0,3; 1,5...	1,33; 1,17...
28	Ni	Nickel	63	β^-	100 a	0,07	—
30	Zn	Zink	65	β^+	244,3 d	0,3	1,115...
33	As	Arsen	76	β^-	26,4 h	3,0...	0,56; 0,66
			77	β^-	38,8 h	0,7	0,24; 0,52
35	Br	Brom	82	β^-	35,34 h	0,4...	0,776; 0,554
36	Kr	Krypton	85	β^-	10,76 a	0,7	0,51
37	Rb	Rubidium	87	β^-	$4{,}8 \cdot 10^{10}$ a	0,3	—
38	Sr	Strontium	89	β^-	50,5 d	1,5...	0,909
			90	β^-	28,64 a	0,5	—
39	Y	Yttrium	90	β^-	64,1 h	2,3...	2,186...
43	Tc	Technetium	99	β^-	$2{,}1 \cdot 10^5$ a	0,3...	0,090
47	Ag	Silber	111	β^-	7,45 d	1,0	0,342; 0,245
49	In	Indium	115	β^-	$4{,}40 \cdot 10^{14}$ a	0,5	—
51	Sb	Antimon	124	β^-	60,3 d	0,6; 2,3...	0,603; 1,691...
53	I	Iod	131	β^-	8,02 d	0,6...	0,364; 0,637...
54	Xe	Xenon	133	β^-	5,25 d	0,3...	0,081...
55	Cs	Caesium	134	β^-	2,06 a	0,7...	0,605; 0,796...
			137	β^-	30,17 a	0,5; 1,2	—
57	La	Lanthan	140	β^-	40,272 h	1,4; 2,2...	1,596; 0,487...
58	Ce	Cer	141	β^-	32,50 d	0,4; 0,6	0,145
			144	β^-	284,8 d	0,3...	0,134; 0,08...

Tabelle 57 (Fortsetzung)

Halbwertszeit und Zerfallsenergie radioaktiver Isotope (Auswahl)

Z	Element		A	ZA	$T_{1/2}$	E_k/MeV	E_γ/MeV
60	Nd	Neodym	144	α	$2{,}29 \cdot 10^{15}$ a	1,83	—
61	Pm	Promethium	147	β^-	2,62 a	0,2...	0,121...
63	Eu	Europium	154	β^-	8,8 a	0,6; 1,8...	0,123; 1,274...
69	Tm	Thulium	170	β^-	128,6 d	1,0...	0,084
73	Ta	Tantal	182	β^-	114,43 d	0,5; 1,7...	0,068; 1,121...
74	W	Wolfram	185	β^-	75,1 d	0,4...	0,125
75	Re	Rhenium	187	β^-	$5 \cdot 10^{10}$ a	0,0026	—
79	Au	Gold	198	β^-	2,694 3 d	1,0; 1,4...	0,412...
81	Tl	Thallium	204	β^-	3,78 a	0,8	—
84	Po	Polonium	210	α	138,38 d	5,3...	0,803
85	At	Astat	210	α	8,3 h	5,524; 5,442...	1,181; 0,245...
86	Rn	Radon	220	α	55,6 s	6,288...	0,550
			222	α	3,825 d	5,49...	0,510
87	Fr	Francium	223	β^-	21,8 min	1,1...	0,05; 0,080...
88	Ra	Radium	226	α	1 600 a	4,78; 4,60...	0,186...
89	Ac	Actinium	227	β^-	21,773 a	0,04...	0,100...
				α		4,953...	
90	Th	Thorium	232	α	$1{,}405 \cdot 10^{10}$ a	4,013...	0,064...
91	Pa	Protactinium	231	α	$3{,}276 \cdot 10^{4}$ a	5,014...	0,027...
			233	β^-	27,0 d	0,3; 0,6...	0,312; 0,300...
92	U	Uran	234	α	$2{,}455 \cdot 10^{5}$ a	4,77; 4,72...	0,053; 0,121...
			235	α	$7{,}038 \cdot 10^{8}$ a	4,398...	0,186...
			238	α	$4{,}468 \cdot 10^{9}$ a	4,198...	0,050
93	Np	Neptunium	239	β^-	2,355 d	0,4; 0,7...	0,106; 0,278...
94	Pu	Plutonium	239	α	$2{,}411 \cdot 10^{4}$ a	5,157...	0,052...
95	Am	Americium	243	α	7 370 a	5,275...	0,075; 0,044...
96	Cm	Curium	245	α	8 500 a	5,36; 5,3...	0,175; 0,133...
97	Bk	Berkelium	247	α	1 380 a	5,53; 5,71...	0,084...
98	Cf	Californium	250	α	13,08 a	6,03...	0,043...
99	Es	Einsteinium	254	α	275,7 d	6,429...	0,063...
100	Fm	Fermium	255	α	20,1 h	7,022...	0,081; 0,058...
101	Md	Mendelevium	255	α	27 min	7,327	0,453
102	No	Nobelium	254	α	55 s	8,1	—
103	Lr	Lawrencium	257	α	0,65 s	8,86; 8,80	—
104	Rf	Rutherfordium	261	α	78 s	8,28	—
105	Db	Dubnium	260	α	1,5 s	9,04	—
106	Sg	Seaborgium	259	α	0,48 s	9,62	—
107	Bh	Bohrium	267	α	17 s	9,08	—
108	Hs	Hassium	269	α	9,7 s	9,18	—

Tabelle 58

Schwächungskoeffizient für γ-Strahlung in Abhängigkeit von der Quantenenergie *E*						$\mu / \frac{1}{\text{cm}}$
E/MeV	Blei	Wasser	Aluminium	Eisen	Graphit	Luft
0,010	1 610	5,18	70,5	1 415	5,00	$6{,}44 \cdot 10^{-3}$
0,015		1,60	21,3	459	1,70	$2{,}00 \cdot 10^{-3}$
0,02	1 043	0,772	9,07	200	0,954	$9{,}68 \cdot 10^{-4}$
0,03	361	0,368	2,99	64,1	0,569	$4{,}49 \cdot 10^{-4}$
0,04	171	0,262	1,46	28,4	0,461	$3{,}14 \cdot 10^{-4}$
0,05	96,3	0,221	0,950	14,9	0,333	$2{,}62 \cdot 10^{-4}$
0,06	58,1	0,204	0,721	9,27	0,392	$2{,}39 \cdot 10^{-4}$
0,08	26,9	0,183	0,530	4,64	0,362	$2{,}15 \cdot 10^{-4}$
0,10	65,0	0,171	0,455	2,91	0,342	$2{,}00 \cdot 10^{-4}$
0,15	22,8	0,151	0,371	1,55	0,304	$1{,}76 \cdot 10^{-4}$
0,20	11,1	0,137	0,328	1,15	0,277	$1{,}59 \cdot 10^{-4}$
0,30	4,43	0,119	0,280	0,865	0,241	$1{,}38 \cdot 10^{-4}$
0,40	2,62	0,106	0,249	0,740	0,214	$1{,}23 \cdot 10^{-4}$
0,50	1,80	0,096 6	0,227	0,661	0,196	$1{,}12 \cdot 10^{-4}$
0,60	1,41	0,089 6	0,210	0,605	0,181	$1{,}04 \cdot 10^{-4}$
0,80	0,999	0,078 6	0,184	0,526	0,159	$9{,}13 \cdot 10^{-5}$
1,0	0,798	0,067 9	0,165	0,471	0,143	$8{,}21 \cdot 10^{-5}$
1,5	0,591	0,057 5	0,135	0,382	0,117	$6{,}68 \cdot 10^{-5}$
2,0	0,518	0,049 3	0,116	0,334	0,099 9	$5{,}74 \cdot 10^{-5}$
3,0	0,475	0,039 6	0,095 0	0,284	0,080 1	$5{,}74 \cdot 10^{-5}$
4,0	0,472	0,034 0	0,083 4	0,260	0,068 4	$3{,}98 \cdot 10^{-5}$
5,0	0,480	0,030 2	0,076 1	0,247	0,060 3	$3{,}54 \cdot 10^{-5}$
6,0	0,491	0,027 6	0,071 3	0,240	0,055 4	$3{,}25 \cdot 10^{-5}$
8,0	0,519	0,024 2	0,065 1	0,233	0,048 2	$2{,}87 \cdot 10^{-5}$
10	0,552	0,022 0	0,061 9	0,233	0,043 9	$2{,}62 \cdot 10^{-5}$
15	0,628	0,019 3	0,058 4	0,241	0,038 0	$2{,}31 \cdot 10^{-5}$
20	0,694	0,018 0	0,057 8	0,250	0,035 1	$2{,}19 \cdot 10^{-5}$
30	0,792	0,017 0	0,058 4	0,269	0,032 9	$2{,}08 \cdot 10^{-5}$
40	0,863	0,016 6	0,060 3	0,285	0,032 0	$2{,}06 \cdot 10^{-5}$
50	0,915	0,016 6	0,061 6	0,299	0,032 0	$2{,}08 \cdot 10^{-5}$
60	0,960	0,016 6	0,062 9	0,310	0,032 0	$2{,}08 \cdot 10^{-5}$
80	1,024	0,016 9	0,065 4	0,326	0,032 2	$2{,}12 \cdot 10^{-5}$
100	1,070	0,016 9	0,067 5	0,339	0,032 6	$2{,}17 \cdot 10^{-5}$

Tabelle 59

Schwächungskoeffizient für γ-Strahlung des Co-60					
	$\varrho / \frac{kg}{dm^3}$	$\mu / \frac{1}{cm}$		$\varrho / \frac{kg}{dm^3}$	$\mu / \frac{1}{cm}$
Blei	11,34	0,53	Beton	2,4	0,1
Stahl	7,7	0,34		2,05	0,09
Gusseisen	7,4	0,3	Ziegel	1,7	0,075
Beton	3,2	0,14		1,5	0,065
	2,7	0,12			

Tabelle 60

Halbwertsschichtdicke für γ-Strahlung									$d_{1/2}$/cm
E_γ/MeV:	0,1	0,25	0,5	1,0	2,0	3,0	5,0	10,0	2,5[1)]
Blei	0,012		0,41	0,88	1,39	1,57	1,45	1,14	1,6
Kupfer	0,18	0,76	1,0	1,4	1,96	2,17	2,57	2,24	
Eisen	0,25		1,0	1,5	2,23	2,28	2,84	3,24	
Aluminium	1,6	2,4	3,1	4,2	6,1	7,1	9,25	11,35	
Stahl									2,8
Beton	1,7			4,9					10
Erde									15
Wasser	4,1			9,8					20
Holz									25
Schnee, locker									50
Luft									250 m

[1)] mittlere Quantenenergie bei Mischstrahlungen

Tabelle 61

Maximale Reichweite R_m und Halbwertsschichtdicke $d_{1/2}$ für β-Strahlung in Aluminium		
β-Strahler	R_m/mm	$d_{1/2}$/mm
Kohlenstoff 14	0,1	0,007
Schwefel 35	0,11	0,01
Krypton 85	1	0,093
Strontium 90	4,06	0,59
Yttrium 90	4,06	0,59

T

Tabelle 62

Dosisleistungskonstante		$\Gamma_H / 10^{-13} \frac{Sv \cdot m^2}{h \cdot Bq}$			
Natrium	Na-22	3,1	Iod	I-131	0,56
	Na-24	4,8		I-132	3,1
Kalium	K-40	5,0	Caesium	Cs-134	2,3
	K-42	0,37		Cs-137	0,81
Chrom	Cr-51	0,039	Lanthan	La-140	3,1
Mangan	Mn-52	4,9	Cer	Ce-144	0,047
	Mn-54	1,2	Europium	Eu-152	1,3
Eisen	Fe-59	1,7		Eu-154	1,6
Cobalt	Co-58	1,5		Eu-155	0,087
	Co-60	3,4	Thulium	Tm-170	0,006 6
Kupfer	Cu-64	0,31	Tantal	Ta-182	1,6
Zink	Zn-65	0,73	Iridium	Ir-192	1,3
Brom	Br-82	3,8	Gold	Au-198	0,60
Rubidium	Rb-86	0,13	Radium	Ra-226	2,2
Antimon	Sb-124	2,6	Thorium	Th-228	1,84
Iod	I-130	3,2	Uran	U-238	0,024

Tabelle 63

Griechische Buchstaben							
A	α	a	Alpha	N	ν	n	Ny
B	β	b	Beta	Ξ	ξ	x	Xi
Γ	γ	g	Gamma	O	o	o	Omikron
Δ	δ	d	Delta	Π	π	p	Pi
E	ε	e	Epsilon	P	ϱ	r	Rho
Z	ζ	z	Zeta	Σ	σ, ς	s	Sigma
H	η	e	Eta	T	τ	t	Tau
Θ	θ, ϑ	th	Theta	Y	υ	y	Ypsilon
I	ι	j	Jota	Φ	φ	ph	Phi
K	$\varkappa$	k	Kappa	X	χ	ch	Chi
Λ	λ	l	Lambda	Ψ	ψ	ps	Psi
M	μ	m	My	Ω	ω	o	Omega

SACHWORTVERZEICHNIS

S

A

B

S

E

F

S

G

S

L

M

S

N

O

P

Q

R

S

S

T

U

V

Z

KONSTANTEN DER PHYSIK (Auswahl)

Atomare Massenkonstante	u	$1{,}660\,538\,921(73) \cdot 10^{-27}$ kg 931,494 043 MeV
Avogadro-Konstante	N_A	$6{,}022\,141\,29(27) \cdot 10^{23}$ 1/mol
Bohr-Atomradius	r_1	$5{,}291\,772\,109\,2(17) \cdot 10^{-11}$ m
Boltzmann-Konstante	k	$1{,}380\,648\,8(13) \cdot 10^{-23}$ J/K
Compton-Wellenlänge	λ_C	$2{,}426\,310\,238\,9(16) \cdot 10^{-12}$ m
Drehimpulsquantum	$\hbar$	$1{,}054\,571\,726(47) \cdot 10^{-34}$ J · s
Elektrische Feldkonstante	ε_0	$8{,}854\,187\,817\ldots \cdot 10^{-12}$ F/m
Elektronenradius	r_e	$2{,}817\,940\,326\,7(27) \cdot 10^{-15}$ m
Elementarladung	e	$1{,}602\,176\,565(35) \cdot 10^{-19}$ C
Faraday-Konstante	F	$9{,}648\,533\,65(21) \cdot 10^{4}$ C/mol
Gaskonstante, allgemeine	R	$8{,}314\,462\,1(75)$ J/(mol · K)
Gravitationskonstante	G	$6{,}673\,84(80) \cdot 10^{-11}$ N · m²/kg²
Lichtgeschwindigkeit (Vakuum)	c_0	$2{,}997\,924\,58 \cdot 10^{8}$ m/s
Loschmidt-Konstante	n_0	$2{,}686\,780\,5(24) \cdot 10^{25}$ 1/m³
Magnetische Feldkonstante	μ_0	$1{,}256\,637\,061\,4\ldots \cdot 10^{-6}$ H/m
Molares Normvolumen	$V_{m\,n}$	$22{,}413\,968(20) \cdot 10^{-3}$ m³/mol
Normdruck	p_n	101,325 kPa
Normfallbeschleunigung	g_n	9,806 65 m/s²
Normtemperatur	T_n	273,15 K
Planck-Konstante	h	$6{,}626\,069\,57(29) \cdot 10^{-34}$ J · s
Ruhemasse des α-Teilchens	m_α	$6{,}644\,656\,75(29) \cdot 10^{-27}$ kg 4,001 506 179 125(62) u
Ruhemasse des Elektrons	m_e	$9{,}109\,382\,91(40) \cdot 10^{-31}$ kg $5{,}485\,799\,094\,6(22) \cdot 10^{-4}$ u
Ruhemasse des Neutrons	m_n	$1{,}674\,927\,351(74) \cdot 10^{-27}$ kg 1,008 664 916 00(43) u
Ruhemasse des Protons	m_p	$1{,}672\,621\,777(74) \cdot 10^{-27}$ kg 1,007 276 466 812(90) u
Rydberg-Frequenz	R_H	$3{,}289\,841\,960\,364(17) \cdot 10^{15}$ Hz
Rydberg-Konstante	R_∞	$1{,}097\,373\,156\,853\,9(55) \cdot 10^{7}$ 1/m
Stefan-Boltzmann-Konstante	σ	$5{,}670\,373(21) \cdot 10^{-8}$ W/(m² · K⁴)
Wellenwiderstand (Vakuum)	Z_0	$376{,}730\,313\,461\ldots\ \Omega$
Wien-Konstante	b	$2{,}897\,772\,1(26) \cdot 10^{-3}$ m · K

Die Klammerwerte geben die Standardabweichung der letzten Stellen vor der Klammer an. Werte ohne diese Angabe sind exakt festgelegt.